“十三五”科学技术专著丛书

量子保密通信协议新进展

秦素娟　温巧燕　高　飞　李丹丹　著

U0282112

北京邮电大学出版社
www.buptpress.com

内 容 简 介

本书以作者及其课题组多年的研究成果为主体，结合国内外学者在量子保密通信领域的代表性成果，对这一领域的几个主要研究内容作了系统论述，并提出一些与目前研究紧密相关的新研究课题。全书共分 8 章，第 1 章介绍量子保密通信研究所需要的量子力学基础知识；第 2 章研究量子密钥分发；第 3 章研究量子秘密共享；第 4 章研究量子安全多方计算；第 5 章研究量子保密查询；第 6 章研究量子签名；第 7 章研究量子匿名通信；第 8 章研究可验证的量子随机数扩展。

本书自成体系，内容由浅入深，参考文献丰富，方便读者自学。它既可作为对量子保密通信感兴趣的读者的入门教材，帮助他们尽快熟悉量子密码领域并了解国际前沿进展，也可作为量子保密通信领域研究工作者的参考用书，适用于物理学、密码学、数学等学科的科研人员、教师、研究生和高年级本科生。

图书在版编目（CIP）数据

量子保密通信协议新进展 / 秦素娟等著．-- 北京：北京邮电大学出版社，2017.8（2020.11 重印）
ISBN 978-7-5635-5107-1

Ⅰ．①量…　Ⅱ．①秦…　Ⅲ．①量子力学—保密通信　Ⅳ．①O413．1②TN918

中国版本图书馆 CIP 数据核字（2017）第 114593 号

书　　　名：量子保密通信协议新进展
著作责任者：秦素娟　温巧燕　高　飞　李丹丹　著
责 任 编 辑：满志文　姚　顺
出 版 发 行：北京邮电大学出版社
社　　　址：北京市海淀区西土城路 10 号（邮编：100876）
发　行　部：电话：010-62282185　传真：010-62283578
E-mail：publish@bupt.edu.cn
经　　　销：各地新华书店
印　　　刷：北京九州迅驰传媒文化有限公司
开　　　本：787 mm×1 092 mm　1/16
印　　　张：20.5
字　　　数：511 千字
版　　　次：2017 年 8 月第 1 版　2020 年 11 月第 3 次印刷

ISBN 978-7-5635-5107-1　　定　价：58.00 元

前　言

随着信息与网络技术的快速发展和普及,人类处理和交换信息的能力及方式都发生了巨大的变化。信息网络使得身处世界各地的人们联系得更加紧密,并且在社会、文化、经济和军事等领域中发挥着越来越重要的作用。然而,任何事物都具有两面性,信息时代在给人类社会带来巨大进步的同时,也带来了许多严峻的挑战。在信息社会中,每时每刻都有大量的数据和信息在网络中进行传输。随着云计算、大数据、物联网等新技术的发展和应用,未来人们生活中的绝大部分信息都将通过网络进行传输和存储。这些信息小到个人隐私,大到国家决策,大都是和国计民生息息相关的,足见保护信息安全已经成为信息时代的一个必须解决的关键问题。

密码技术是保障信息安全的核心手段,它的发展由来已久。从最初的移位密码、置换密码到如今的公钥密码体制,密码学已经由一种技术逐步发展成了一门科学。我们目前使用的大部分经典密码学协议是基于数学难解问题的,例如大整数分解问题、离散对数问题等。在现有计算能力下,上述难题都难以在短时间内获得结果,所以基于这些难题的经典密码协议也无法在有效时间内被破解。换句话说,在现有的运算速度下,大部分经典密码协议都是计算安全的。然而,随着计算机运算能力的飞速提高(特别是量子计算机的研制)以及各种先进算法(尤其是量子算法)的提出,基于计算复杂性假设的经典密码系统的安全性受到了严峻挑战。为了应对量子计算机及量子算法带给经典密码体制的威胁,人们开始研究能够对抗量子攻击的新型密码算法,量子密码就是在这种背景下应运而生的。

量子密码是经典密码理论和量子力学基本原理相结合而产生的新型密码体制。不同于经典数字信号的正交编码方式,量子信息往往是非正交的且多样化的。这种特殊的编码方式以量子态作为信息载体,依据物理规律而设计,其安全性由 Heisenberg 测不准原理,非正交量子态不可可靠区分定理以及量子不可克隆定理等量子力学特性所保证,与攻击者计算能力的大小无关。根据量子力学性质,窃听者(或非法参与者)对量子密码系统的任何有效窃听行为都将不可避免地给相应的量子信息载体(量子态)带来扰动,从而会在窃听检测中被合法参与者察觉,这正是量子密码独特的特点。目前量子保密通信理论已成为国内外研究热点,相关的理论和实验研究都获得了快速发展,本书着重从理论角度系统介绍量子保密通信在各个方面的研究进展。

本书是在课题组于2009年出版的《量子保密通信协议的设计与分析》基础上写作而成,是作者及课题组成员对量子保密通信理论近几年理论研究工作最新成果的详细归纳和整理,其内容包括了在量子密钥分发、量子保密查询、量子签名、量子随机数等相关方向取得的一系列成果。希望这些有助于本领域的研究者尽快对量子保密通信研究有一个全面的了解,进而走在国际前沿。

全书共分8章,第1章介绍量子保密通信研究所需要的量子力学基础知识;第2章研究量子密钥分发;第3章研究量子秘密共享;第4章研究量子安全多方计算;第5章研究量子保密查询;第6章研究量子签名;第7章研究量子匿名通信;第8章研究可验证的量子随机数扩展。

本书的完成离不开课题组全体成员的帮助和支持。课题组的林崧博士、王天银博士、孙莹博士、贾恒越博士、宋婷婷博士、黄伟博士、刘斌博士、张可佳博士、王庆乐博士、王玉坤博士、周玉倩博士等的研究工作为本书提供了丰富的资料,在此表示深深的感谢。全书的编写工作还得到了实验室的曹雅博士、李新慧博士、潘世杰博士、万林春博士、宋燕琪硕士、李润泽硕士等的协助,在此一并对他们表示衷心的感谢。

本书的出版得到了国家自然科学基金项目(编号:61671082)和网络与交换技术国家重点实验室课题的资助,也得到了很多学者的鼓励和帮助,在此深表谢意。

希望本书能为广大读者带来帮助。鉴于编者水平有限,对书中的疏漏与不足之处,敬请读者批评指正。

秦素娟

目　　录

第 1 章　量子力学基础知识 …… 1

1.1　基本概念 …… 1

1.1.1　状态空间和量子态 …… 1

1.1.2　完备正交基 …… 2

1.1.3　量子比特 …… 3

1.1.4　算子 …… 4

1.1.5　测量 …… 6

1.1.6　表象及表象变换 …… 7

1.1.7　密度算子 …… 9

1.1.8　Schmidt 分解和纠缠态 …… 11

1.1.9　纠缠交换 …… 12

1.1.10　密集编码 …… 12

1.2　基本原理 …… 13

1.2.1　测不准原理 …… 13

1.2.2　量子不可克隆定理 …… 13

1.2.3　非正交量子态不可区分定理 …… 14

本章参考文献 …… 14

第 2 章　量子密钥分发 …… 16

2.1　能够抵抗集体噪声的安全 BB84 改进方案 …… 17

2.1.1　截获重发攻击下的 DF-BB84 协议 …… 18

2.1.2　改进方案 …… 19

2.1.3　结束语 …… 26

2.2　高效的反事实量子密钥分发方案 …… 26

2.2.1　反事实 QKD 协议原理 …… 26

2.2.2　改进的高效的反事实 QKD 协议 …… 28

2.2.3　结束语 …… 31

2.3　单光子联合检测的多方量子密码协议 …… 31

2.3.1　三方 QKD 协议 …… 32

2.3.2　超密编码攻击方案 …… 33

2.3.3　三方 QKD 协议改进 …… 37

2.3.4 单光子联合检测多方量子密码协议模型 …… 39
2.3.5 结束语 …… 42
2.4 联合检测的抗集体噪声的多用户量子密钥分发协议 …… 42
2.4.1 构造 MQCP-CD 中酉正操作的方法 …… 42
2.4.2 星形网络结构的基于单粒子和联合测量的 MQKD 协议 …… 45
2.4.3 安全性分析 …… 50
2.4.4 结束语 …… 52
2.5 利用选择测量基编码的量子密钥分发协议 …… 52
2.5.1 KMR13 协议回顾 …… 52
2.5.2 基于 KMR13 的 QKD 协议 …… 53
2.5.3 安全性证明 …… 54
2.5.4 结束语 …… 60
2.6 诱骗态量子密钥分发的有限密钥分析 …… 60
2.6.1 量子密钥分发模型 …… 60
2.6.2 偏差估计 …… 62
2.6.3 安全密钥界 …… 63
2.6.4 实验实现 …… 65
2.7 测量设备无关的量子密钥分发协议的安全性分析 …… 67
2.7.1 MDI QKD 协议过程 …… 67
2.7.2 有限密钥安全性分析 …… 68
2.7.3 模拟结果 …… 72
2.7.4 结束语 …… 75
本章参考文献 …… 75

第 3 章 量子秘密共享 …… 82

3.1 基于集体窃听检测的多方量子秘密共享协议 …… 83
3.1.1 三方 QSS 协议 …… 83
3.1.2 安全性分析 …… 84
3.1.3 多方 QSS 协议 …… 92
3.1.4 结束语 …… 93
3.2 动态量子秘密共享 …… 93
3.2.1 拟星形 Cluster 态 …… 93
3.2.2 经典信息的动态共享 …… 94
3.2.3 量子信息的动态共享 …… 99
3.2.4 结束语 …… 102
3.3 利用局域操作和经典通信的量子秘密共享 …… 102
3.3.1 在高维系统中量子态的局域区分性 …… 103
3.3.2 LOCC-QSS 协议 …… 105
3.3.3 结束语 …… 110

3.4 对 KKI 量子秘密共享协议的安全性分析 …… 110
3.4.1 KKI 协议简介 …… 111
3.4.2 安全性分析 …… 112
3.4.3 结束语 …… 116
3.5 一类利用单光子的量子秘密共享协议的安全性 …… 116
3.5.1 一般模型 …… 117
3.5.2 安全性条件 …… 117
3.5.3 安全协议的构造方法 …… 119
3.5.4 结束语 …… 121
本章参考文献 …… 121

第 4 章 量子安全多方计算 …… 124

4.1 量子百万富翁协议 …… 124
4.1.1 协议描述 …… 125
4.1.2 安全性分析 …… 128
4.1.3 与现有方案的比较 …… 129
4.1.4 结束语 …… 130
4.2 抗集体噪声的联合测量保密比较协议 …… 131
4.2.1 利用单光子和联合测量的 QPC 协议 …… 131
4.2.2 与现有方案的比较 …… 133
4.2.3 能够抵抗集体噪声的鲁棒 QPC 协议 …… 133
4.2.4 安全性分析 …… 136
4.2.5 结束语 …… 138
4.3 量子匿名排序 …… 139
4.3.1 安全单方单数据排序 …… 139
4.3.2 半诚实模型下的量子匿名多方多数据排序协议 …… 140
4.3.3 基于量子密钥共享的量子匿名多方多数据排序协议 …… 142
4.3.4 基于量子密钥分发的量子匿名多方多数据排序协议 …… 145
4.3.5 协议的安全性分析 …… 146
4.3.6 结束语 …… 153
4.4 注记 …… 154
本章参考文献 …… 154

第 5 章 量子保密查询 …… 157

5.1 基于量子密钥分配的灵活的量子保密查询方案 …… 158
5.1.1 协议描述 …… 158
5.1.2 安全性分析 …… 161
5.1.3 结束语 …… 164
5.2 基于不均衡态 BB84QKD 的实用量子保密块查询方案 …… 164

5.2.1 不均衡态 BB84 量子密钥分发技术 …… 165
5.2.2 量子保密块查询协议 …… 167
5.2.3 安全性分析 …… 168
5.2.4 结束语 …… 172
5.3 基于单光子多脉冲态的量子保密查询方案 …… 172
5.3.1 利用单光子多脉冲的信息编码方式 …… 172
5.3.2 协议描述 …… 173
5.3.3 安全性分析 …… 175
5.3.4 结束语 …… 177
5.4 具有抗联合测量攻击性能的实用量子保密查询方案 …… 177
5.4.1 协议描述 …… 178
5.4.2 安全性分析 …… 178
5.4.3 结束语 …… 183
5.5 量子保密查询中不经意密钥的后处理 …… 183
5.5.1 稀释方法 …… 184
5.5.2 改进稀释方法的安全性分析 …… 185
5.5.3 纠错方法 …… 191
5.5.4 结束语 …… 196
5.6 注记 …… 197
本章参考文献 …… 197

第 6 章 量子签名 …… 201

6.1 仲裁量子签名基础知识和典型方案 …… 202
6.1.1 未知量子态相等性比较技术 …… 202
6.1.2 量子加密算法 …… 203
6.1.3 典型仲裁量子签名方案介绍 …… 205
6.1.4 小结 …… 208
6.2 仲裁量子签名的安全性分析 …… 209
6.2.1 用 Bell 态的 AQS 方案的分析 …… 209
6.2.2 不用纠缠态的 AQS 方案的分析 …… 211
6.2.3 讨论 …… 212
6.2.4 小结 …… 212
6.3 仲裁量子签名安全性再分析 …… 213
6.3.1 Choi 加密算法的脆弱性分析 …… 213
6.3.2 一般性加密算法的脆弱性分析 …… 215
6.3.3 小结 …… 219
6.4 提高仲裁量子签名安全性的策略 …… 219
6.4.1 特定条件下的 Choi 加密算法改进 …… 219
6.4.2 一般情况下的改进加密算法设计 …… 223

6.4.3 小结 …… 226
6.5 仲裁量子群签名方案的安全性分析 …… 226
6.5.1 针对 Wen 的 Bell 态仲裁量子群签名方案分析 …… 226
6.5.2 针对 Xu 的非纠缠态仲裁量子群签名方案分析 …… 229
6.5.3 讨论 …… 231
6.5.4 小结 …… 232
6.6 基于对称密钥的量子公钥密码 …… 232
6.6.1 对 GMN 方案的安全性分析 …… 233
6.6.2 基于量子加密的 QPKC …… 234
6.6.3 安全性分析 …… 236
6.6.4 讨论与结论 …… 237
6.7 本章总结 …… 238
本章参考文献 …… 239

第 7 章 量子匿名通信 …… 242

7.1 预备知识 …… 242
7.2 匿名接收者的量子传输 …… 244
7.2.1 协议描述 …… 244
7.2.2 协议分析 …… 245
7.2.3 结束语 …… 247
7.3 完全匿名的量子传输 …… 247
7.3.1 协议描述 …… 248
7.3.2 协议分析 …… 250
7.3.3 结束语 …… 252
7.4 基于量子一次一密的匿名量子通信 …… 252
7.4.1 协议描述 …… 252
7.4.2 协议分析 …… 253
7.4.3 结束语 …… 255
7.5 自统计量子匿名投票 …… 256
7.5.1 量子资源 …… 256
7.5.2 协议描述 …… 257
7.5.3 协议分析 …… 259
7.5.4 协议扩展 …… 263
7.5.5 结束语 …… 264
本章参考文献 …… 264

第 8 章 可验证的量子随机数扩展协议 …… 267

8.1 设备无关的量子随机数扩展 …… 267
8.2 放松假设条件对半设备无关随机数扩展协议的影响 …… 269

8.2.1 半设备无关模型描述 …… 269
8.2.2 模拟量子相关性 …… 271
8.2.3 结束语 …… 275
8.3 半设备无关随机数扩展协议的安全性 …… 276
8.3.1 在理想的条件下的解析关系 …… 276
8.3.2 实际条件下的解析关系 …… 277
8.3.3 刻画非经典相关的程度 …… 278
8.3.4 结束语 …… 282
8.4 提高半设备无关随机数扩展协议中可验证的随机性 …… 282
8.4.1 利用全部观测值量化随机性 …… 284
8.4.2 结束语 …… 289
8.5 半设备无关部分自由随机源的随机性增强方案 …… 289
8.5.1 模型简介 …… 289
8.5.2 可行域和随机性认证 …… 290
8.5.3 解析函数 …… 294
8.5.4 结束语 …… 298
8.6 基于 3→1QRAC 的半设备无关部分自由随机源随机性扩展协议 …… 298
8.6.1 可行域 …… 299
8.6.2 随机性认证和解析函数 …… 301
8.6.3 结束语 …… 303
8.7 测量相关对广义 CHSH-Bell 测试在单轮和多轮情况的影响 …… 303
8.7.1 单轮场景 …… 304
8.7.2 多轮场景 …… 309
8.7.3 结束语 …… 315
本章参考文献 …… 315

第1章　量子力学基础知识

这一章把本书所用到的量子力学基础知识简单加以论述，使一些对量子力学不太熟悉的读者易于掌握后面的内容。有关量子力学的参考资料有很多，本章的写作主要参考了文献[1-8]。

1.1　基本概念

量子保密通信以量子力学为基础，其安全性由量子力学基本原理来保证。在介绍协议的设计与分析之前先介绍所使用的一些量子力学基本概念。掌握初等线性代数是理解好量子力学的基础。所以为方便读者阅读，下面先给出本书中出现的量子力学术语(或其记号)所对应的线性代数解释，如表1.1所示。

表1.1　常见记号及其含义

记号	含义
z^*	复数 z 的复共轭，例如：$(1+\mathrm{i})^*=1-\mathrm{i}$
$\|\psi\rangle$	系统的状态向量(Hilbert 空间中的一个列向量)
$\langle\psi\|$	$\|\psi\rangle$的对偶向量($\|\psi\rangle$的转置加复共轭)
$\langle\phi\|\psi\rangle$	向量$\|\phi\rangle$和$\|\psi\rangle$的内积
$\|\phi\rangle\otimes\|\psi\rangle$	$\|\phi\rangle$和$\|\psi\rangle$的张量积
$\|\phi\rangle\|\psi\rangle$	$\|\phi\rangle$和$\|\psi\rangle$的张量积的缩写
$\boldsymbol{A}^*$	矩阵 $\boldsymbol{A}$ 的复共轭
$\boldsymbol{A}^{\mathrm{T}}$	矩阵 $\boldsymbol{A}$ 的转置
$\boldsymbol{A}^{\dagger}$	矩阵 $\boldsymbol{A}$ 的厄米共轭，$\boldsymbol{A}^{\dagger}=(\boldsymbol{A}^{\mathrm{T}})^*$
$\langle\phi\|\boldsymbol{A}\|\psi\rangle$	向量$\|\phi\rangle$和 $A\|\psi\rangle$的内积，或者 $\boldsymbol{A}^{\dagger}\|\phi\rangle$和$\|\psi\rangle$的内积

1.1.1　状态空间和量子态

任一孤立物理系统都有一个系统状态空间，该状态空间用线性代数的语言描述就是定义了内积的复向量空间——Hilbert 空间。

具体地说，一个复向量空间 $\boldsymbol{L}$ 就是一个集合 $\boldsymbol{L}=\{\boldsymbol{a}_1,\boldsymbol{a}_2,\boldsymbol{a}_3,\cdots,\boldsymbol{a}_n\}$，满足：(1) 任取 $\boldsymbol{a}_i$，$\boldsymbol{a}_j\in\boldsymbol{L}$，都有 $\boldsymbol{a}_i+\boldsymbol{a}_j\in\boldsymbol{L}$。(2) 任取复数 $c\in\mathbb{C}$，$\boldsymbol{a}_i\in\boldsymbol{L}$，都有 $c\cdot\boldsymbol{a}_i\in\boldsymbol{L}$，则称 $\boldsymbol{L}$ 为复向量空间，$\boldsymbol{L}$ 中元素称为向量。复向量空间 $\boldsymbol{L}$ 上的内积定义为一种映射：对于任意的一对向量 $\boldsymbol{a}_i$，$\boldsymbol{a}_j\in$

$\boldsymbol{L}$，都有一个复数 $c=(\boldsymbol{a}_i,\boldsymbol{a}_j)$ 与之对应，称为 $\boldsymbol{a}_i$ 和 $\boldsymbol{a}_j$ 的内积，它具有如下性质：

$$\left.\begin{aligned}&(\boldsymbol{a}_i,\boldsymbol{a}_i)\geqslant 0\\&(\boldsymbol{a}_i,\boldsymbol{a}_j)=(\boldsymbol{a}_j,\boldsymbol{a}_i)^*\\&(\boldsymbol{a}_l,c_1\boldsymbol{a}_i+c_2\boldsymbol{a}_j)=c_1(\boldsymbol{a}_l,\boldsymbol{a}_i)+c_2(\boldsymbol{a}_l,\boldsymbol{a}_j)\end{aligned}\right\}\tag{1-1}$$

上述定义了内积的复向量空间 $\boldsymbol{L}$ 称为 Hilbert 空间，对应量子系统的状态空间。量子力学系统所处的状态称为量子态，由 Hilbert 空间中的单位列向量描述，该向量通常称为态向量（或态矢），常用 $|\cdot\rangle$ 表示，也称为右矢。例如 $|\phi\rangle$，$|0\rangle$ 等都表示量子态，其中 ϕ 和 0 是量子态的标号。一个量子态可以用任意标号，习惯上常用 ϕ，φ 和 ψ 等。$\langle\phi|$ 表示 $|\phi\rangle$ 的对偶向量，由 Hilbert 空间中的单位行向量描述。

量子态满足态叠加原理：若量子力学系统可能处在 $|\phi\rangle$ 和 $|\psi\rangle$ 描述的态中，则系统也可能处于态 $|\Phi\rangle=c_1|\phi\rangle+c_2|\psi\rangle$，其中 c_1，c_2 是两复数，且满足 $|c_1|^2+|c_2|^2=1$。当系统处于态 $|\Phi\rangle=c_1|\phi\rangle+c_2|\psi\rangle$ 时，处于 $|\phi\rangle$ 的概率为 $|c_1|^2$，处于 $|\psi\rangle$ 的概率为 $|c_2|^2$。态叠加原理使得量子力学系统具有呈指数增长的存储能力，使得量子计算具有并行计算能力，是量子力学系统与经典系统之间最重要的区别之一。

若量子系统由系统 1 和系统 2 复合而成，且系统 1 处于态 $|\phi_1\rangle$，系统 2 处于态 $|\phi_2\rangle$，则复合系统的状态为两子系统状态的张量积 $|\phi_1\rangle\otimes|\phi_2\rangle$，常记为 $|\phi_1\rangle|\phi_2\rangle$ 或 $|\phi_1\phi_2\rangle$。

设 $\boldsymbol{V}$ 和 $\boldsymbol{W}$ 是维数分别为 m 和 n 的希尔伯特空间，于是 $\boldsymbol{V}\otimes\boldsymbol{W}$ 是一个 mn 维向量空间，具体的来说，设

$$|\phi_1\rangle=\begin{pmatrix}a_1\\a_2\\\vdots\\a_m\end{pmatrix},\quad|\phi_2\rangle=\begin{pmatrix}b_1\\b_2\\\vdots\\b_n\end{pmatrix}\tag{1-2}$$

则 $|\phi_1\rangle$ 和 $|\phi_2\rangle$ 的张量积定义为

$$|\phi_1\rangle\otimes|\phi_2\rangle=(a_1b_1,a_1b_2,\cdots,a_1b_n,a_2b_1,a_2b_2,\cdots,a_2b_n,\cdots,a_mb_1,a_mb_2,\cdots,a_mb_n)^{\mathrm{T}}$$

或者等价的表示为

$$|\phi_1\rangle\otimes|\phi_2\rangle=\begin{pmatrix}a_1|\phi_2\rangle\\a_2|\phi_2\rangle\\\vdots\\a_m|\phi_2\rangle\end{pmatrix}\tag{1-3}$$

1.1.2 完备正交基

一个 n 维 Hilbert 空间 $\boldsymbol{L}$ 的一组基是其上的一组线性无关的向量 $\{|v_1\rangle,|v_2\rangle,\cdots,|v_n\rangle\}$，使得对于任意的 $|u\rangle\in\boldsymbol{L}$，满足 $|u\rangle=\sum\limits_{i=1}^{n}a_i|v_i\rangle$，其中 $a_i\neq 0$ 且是复数。进一步，若其中的向量两两相互正交（内积为 0），且任一向量的模（即 $\sqrt{\langle v_i|v_i\rangle}$）均为 1，则这样的一组基称为完备正交基（或标准正交基）。采用 Gram-Schmidt 正交归一化过程可以把空间的任意一组基构造一组完备正交基。

例如，$\mathbb{C}^2$ 的一组基是

$$|v_1\rangle=\begin{pmatrix}1\\0\end{pmatrix},\quad |v_2\rangle=\begin{pmatrix}0\\1\end{pmatrix} \tag{1-4}$$

因为$\mathbb{C}^2$中任意向量$|v\rangle=(a_1,a_2)^{\mathrm{T}}=a_1|v_1\rangle+a_2|v_2\rangle$。又因为$|v_1\rangle$和$|v_2\rangle$相互正交，且每一个向量的模都为1，所以$\{|v_1\rangle,|v_2\rangle\}$是$C^2$的一组完备正交基。通常记$|v_1\rangle$为$|0\rangle$，$|v_2\rangle$为$|1\rangle$。此外$\mathbb{C}^2$的另一组常见完备正交基是：

$$|v_3\rangle=\frac{1}{\sqrt{2}}\begin{pmatrix}1\\1\end{pmatrix},\quad |v_4\rangle=\frac{1}{\sqrt{2}}\begin{pmatrix}1\\-1\end{pmatrix} \tag{1-5}$$

因为$\mathbb{C}^2$中任意向量$|v\rangle=\frac{a_1+a_2}{2}|v_3\rangle+\frac{a_1-a_2}{2}|v_4\rangle$，且$|v_3\rangle$和$|v_4\rangle$相互正交，模为1。通常记$|v_3\rangle$为$|+\rangle$，$|v_4\rangle$为$|-\rangle$。容易验证这两组基满足如下关系：

$$|+\rangle=\frac{1}{\sqrt{2}}(|0\rangle+|1\rangle),\quad |-\rangle=\frac{1}{\sqrt{2}}(|0\rangle-|1\rangle) \tag{1-6}$$

可以看出一个Hilbert空间可以由其一组完备正交基完全确定，基中的向量称为基态，基中所含向量的个数称为空间的维数。

进一步地，由于$|0\rangle$和$|1\rangle$恰好是Pauli算子$\boldsymbol{\sigma}_z$的本征向量，$|+\rangle$和$|-\rangle$恰好是σ_x的本征向量，所以也常常把基$\{|0\rangle,|1\rangle\}$记作$\{|z+\rangle,|z-\rangle\}$，把$\{|+\rangle,|-\rangle\}$记作$\{|x+\rangle,|x-\rangle\}$。此外，有的文献里面还会记作$\{|+z\rangle,|-z\rangle\}$和$\{|+x\rangle,|-x\rangle\}$。总之，量子态记号可能会随着不同作者的写作习惯而不同，大家只需要理解其本质表示的是哪个态向量即可。既然$\boldsymbol{\sigma}_z$和$\boldsymbol{\sigma}_x$的本征向量都构成$\mathbb{C}^2$的一组完备正交基，$\boldsymbol{\sigma}_y$的本征向量是否也构成$\mathbb{C}^2$的一组完备正交基呢？答案是肯定的。习惯上把由$\boldsymbol{\sigma}_y$的本征向量构成的基记作$\{|+y\rangle,|-y\rangle\}$或$\{|y+\rangle,|y-\rangle\}$。有关Pauli算子及其本征向量的介绍读者可以参看本书1.1.4节。在不影响阅读的情况下，本书在不同章节也没有对这些记号做最终统一。

1.1.3 量子比特

量子比特(qubit)，或称为量子位，是量子信息中最关心的量子系统。它是经典比特(bit)的量子对应，但不同于经典比特。一个量子比特是一个二维Hilbert空间，或者说是一个双态量子系统。对量子比特的讨论总是相对于某个已固定的完备正交基进行的。如果记该空间的一组基为$\{|0\rangle,|1\rangle\}$，这个量子比特可以处在$|0\rangle$和$|1\rangle$这两个状态。则根据态叠加原理，它也可以处于叠加态$|\varphi\rangle=c_1|0\rangle+c_2|1\rangle$，其中$c_1,c_2$是复数，且满足$|c_1|^2+|c_2|^2=1$。于是原则上①通过确定$c_1$和$c_2$，可以在一个量子比特中编码无穷多的信息。

如表1.1所示，两个或多个量子比特系统是单个量子比特系统的张量积，若一个量子系统由两个量子比特组成，则这个量子系统的状态是两量子比特状态的张量积。例如：两量子比特可处于态$|0\rangle\otimes|1\rangle\equiv|0\rangle|1\rangle\equiv|01\rangle$，具体为

$$|0\rangle\otimes|1\rangle\equiv|01\rangle=\begin{pmatrix}1\\0\end{pmatrix}\otimes\begin{pmatrix}0\\1\end{pmatrix}=\begin{bmatrix}0\\1\\0\\0\end{bmatrix} \tag{1-7}$$

① 因为这样的态并不相互正交，没有可靠的量子方法可以将编码的信息提取出来，所以编码无穷多的信息只是理论上成立。

显然，两个量子比特系统是一个四维 Hilbert 空间，两量子比特所处的状态是四维 Hilbert 空间的一个向量。$\{|00\rangle,|01\rangle,|10\rangle,|11\rangle\}$构成该空间的一组完备正交基。一个两量子比特态可以处在任意一个基态中，因而也可以处在它们的均匀（每个态前面复系数的模平方相同或者说是处在每个态上的概率相同）叠加态中。依此类推，n 个量子比特系统是一个 2^n 维 Hilbert 空间，系统所处状态是该空间中的一个向量，系统的状态可以是 2^n 个相互正交的态的均匀叠加态。量子系统的存储能力正是以这种方式呈指数增长。需要指出，两量子比特系统的完备正交基可以由单量子比特系统的完备正交基通过张量积运算得到，$\{|00\rangle,|01\rangle,|10\rangle,|11\rangle\}$就是由$\{|0\rangle,|1\rangle\}$得来。类似可以求得任意 n 个量子比特系统的一组完备正交基。

此外，两量子比特系统还有另外一组完备正交基，即$\{|\phi^+\rangle,|\phi^-\rangle,|\psi^+\rangle,|\psi^-\rangle\}$，其中：

$$|\phi^{\pm}\rangle=\frac{1}{\sqrt{2}}(|00\rangle\pm|11\rangle),|\psi^{\pm}\rangle=\frac{1}{\sqrt{2}}(|01\rangle\pm|10\rangle) \tag{1-8}$$

这一组基常称为 Bell 基。四个基态通常被称为 Bell 态，有时候也称为 EPR 态（或 EPR 对），这是根据首次发现这些状态的奇特性质的学者 Bell 和 Einstein、Podolsky 与 Rosen 命名的。这里仍然需要强调的是$|\phi^+\rangle$，$|\phi^-\rangle$，$|\psi^+\rangle$和$|\psi^-\rangle$只是 Bell 态的一种习惯记号，有的文献里面也经常采用其他记号，包括$|\Phi^+\rangle$，$|\Phi^-\rangle$，$|\Psi^+\rangle$和$|\Psi^-\rangle$来表示。在不影响阅读的情况下，本书也没有作最终统一。

1.1.4 算子

算子（operator）是作用到态矢上的一种运算或操作。通常，如果运算 $\hat{F}$ 作用到态矢$|\boldsymbol{\psi}\rangle$上，结果仍然是一个态矢$|\phi\rangle$，即有$|\phi\rangle=\hat{F}|\psi\rangle$成立，则 $\hat{F}$ 为一个算子。若 $\hat{F}$ 的作用满足式（1-9）所示关系，则称 $\hat{F}$ 为线性算子，其中 c_1，c_2 是复数。

$$\hat{F}(c_1|\psi_1\rangle+c_2|\psi_2\rangle)=c_1\hat{F}|\psi_1\rangle+c_2\hat{F}|\psi_2\rangle \tag{1-9}$$

在量子力学中用到的算子都是线性的，所以本书后面不再特别指出线性二字，而直接称算子。在 Hilbert 空间中，一个算子对应一个矩阵[①]。算子 $\hat{F}$ 作用到态矢$|\boldsymbol{\psi}\rangle$上定义为用其对应矩阵 F 去乘该态矢，即 $\hat{F}|\psi\rangle=F|\psi\rangle$。算子 $\hat{F}_1$ 和 $\hat{F}_2$ 的复合定义为：

$$\hat{F}_1\hat{F}_2|\psi\rangle=\hat{F}_1(\hat{F}_2|\psi\rangle)=\hat{F}_1|\phi\rangle \tag{1-10}$$

其中$|\phi\rangle=\hat{F}_2|\psi\rangle$，算子复合相当于对应矩阵的乘积运算。若 $\hat{F}_1\hat{F}_2=\hat{I}$，则称 $\hat{F}_1$ 和 $\hat{F}_2$ 互为逆算子，记为 $\hat{F}_1=\hat{F}_2^{-1}$。此外，与矩阵完全对应，可以定义单位算子，转置算子和共轭算子等。$\hat{F}$ 的厄米共轭算子 $\hat{F}^\dagger$ 定义为 $\hat{F}$ 的转置算子 $\hat{F}^{\mathrm{T}}$ 再取复共轭，即 $\hat{F}^\dagger=(\hat{F}^{\mathrm{T}})^*$。

若 $\hat{F}^\dagger=\hat{F}$，则称 $\hat{F}$ 为厄米算子。

若 $\hat{F}^\dagger=\hat{F}^{-1}$，则称 $\hat{F}$ 为酉算子。

---

① 这里算子对应的矩阵和前面态矢对应的向量（或矩阵）实际都是根据某种表象得来，同线性代数中线性变换和向量的表示对应于所选的基类似。表象的概念将在 1.1.6 节介绍。

厄米算子和酉算子是量子力学乃至量子保密通信中所用到的最重要的两类算子。

厄米算子对应的厄米矩阵有很多重要的性质，最重要的一条就是可以对角化。将厄米矩阵对角化可以借助其本征值和本征向量。与线性代数中完全类似，若算子 $\hat{F}$ 作用到某个态矢 $|u\rangle$ 上的结果等于一个常数 u 与这个态矢的乘积：

$$\hat{F}|u\rangle=u|u\rangle \tag{1-11}$$

则上述方程称为算子 $\hat{F}$ 的本征方程，其中 u 称为本征值，$|u\rangle$ 称为算子 $\hat{F}$ 属于本征值 u 的本征向量。其本征值和本征向量还具有特性：本征值都是实数；属于不同本征值的本征向量正交；属于同一本征值的本征向量可以通过 Schmidt 正交化方法使其相互正交；所有本征向量张起一个向量空间，经过 Schmidt 正交化过程后得到的相互正交的本征向量经过归一化构成该向量空间的一组完备正交基 $\{|u_1\rangle,|u_2\rangle,\cdots,|u_n\rangle\}$；算子 $\hat{F}$ 具有谱分解

$$F=\sum_{i=1}^{n}u_i\mid u_i\rangle \tag{1-12}$$

厄米算子的这些性质决定了它可以表示物理系统的可观测力学量。

酉算子也是非常重要的一类，酉算子是可逆的，酉变换不改变两个态矢的内积，不改变算子的本征值，不改变算子所对应的矩阵的迹，不改变算子的线性性质和厄米性质，也不改变算子间的代数关系。这些性质决定了酉算子可以描述孤立量子系统态矢随时间的变化和量子计算中的一切逻辑操作。

量子信息处理就是对编码的量子态进行一系列酉演化，对量子比特最基本的操作称为逻辑门，逻辑门按照其作用的量子比特个数可分为一位门、二位门、三位门等。逻辑门的操作按照它对 Hilbert 空间基矢的作用来定义。常见的一位门有相位门和 Pauli 门，其中相位门定义为

$$\boldsymbol{p}(\theta)=|0\rangle\langle 0|+\mathrm{e}^{\mathrm{i}\theta}|1\rangle\langle 1|=\begin{pmatrix}1 & 0\\ 0 & \mathrm{e}^{\mathrm{i}\theta}\end{pmatrix} \tag{1-13}$$

其作用为 $\boldsymbol{p}(\theta)|0\rangle=|0\rangle,\boldsymbol{p}(\theta)|1\rangle=\mathrm{e}^{\mathrm{i}\theta}|1\rangle$，可以改变两个基矢的相对相位。四个 Pauli 门定义为

$$\boldsymbol{I}=|0\rangle\langle 0|+|1\rangle\langle 1|=\begin{pmatrix}1 & 0\\ 0 & 1\end{pmatrix}\qquad \boldsymbol{X}(\boldsymbol{\sigma}_x)=|0\rangle\langle 1|+|1\rangle\langle 0|=\begin{pmatrix}0 & 1\\ 1 & 0\end{pmatrix}$$

$$\boldsymbol{Z}(\boldsymbol{\sigma}_z)=|0\rangle\langle 0|-|1\rangle\langle 1|=\begin{pmatrix}1 & 0\\ 0 & -1\end{pmatrix}\quad \boldsymbol{Y}(\boldsymbol{\sigma}_y)=-\mathrm{i}|0\rangle\langle 1|+\mathrm{i}|1\rangle\langle 0|=\begin{pmatrix}0 & -i\\ i & 0\end{pmatrix} \tag{1-14}$$

通常也称为 Pauli 算子(矩阵)，有时 Pauli 算子只指后面三个算子。另外一个重要的一位门是 Hadamard 门

$$\boldsymbol{H}=\frac{1}{\sqrt{2}}[(|0\rangle+|1\rangle)|0\rangle+(|0\rangle-|1\rangle)|1\rangle]=\frac{1}{\sqrt{2}}\begin{pmatrix}1 & 1\\ 1 & -1\end{pmatrix} \tag{1-15}$$

这个门将基矢 $|0\rangle$ 和 $|1\rangle$ 分别变成 $|+\rangle=(1/\sqrt{2})(|0\rangle+|1\rangle)$ 和 $|-\rangle=(1/\sqrt{2})(|0\rangle-|1\rangle)$，即 $|0\rangle$ 和 $|1\rangle$ 的均匀叠加态，系统等概率地(以 1/2 的概率)处于 $|0\rangle$ 和 $|1\rangle$ 态。量子保密通信中经常用 $\boldsymbol{H}$ 变换来产生这种最大“不确定态”来保证安全性。

两位门中最常用的是控制-$\boldsymbol{U}$ 门，定义为：

$$\boldsymbol{U}_C = |0\rangle\langle 0| \otimes I + |1\rangle\langle 1| \otimes U \tag{1-16}$$

式中 I 是对一个量子比特的恒等操作，$\boldsymbol{U}$ 是另外一个一位门，第一个量子比特称为控制量子比特，第二个称为目标量子比特。$\boldsymbol{U}_C$ 对目标量子比特作用 $\boldsymbol{I}$ 或 $\boldsymbol{U}$，取决于控制量子比特处于$|0\rangle$还是$|1\rangle$。例如控制-非门(C-NOT)的作用定义为：

$$|00\rangle \to |00\rangle, |01\rangle \to |01\rangle, |10\rangle \to |11\rangle, |11\rangle \to |10\rangle \tag{1-17}$$

1.1.5 测量

测量算子是量子信息中提取信息的重要手段。与经典环境中测量物体的位置、速度等类似，对量子系统的观测实际也是对其某个力学量(可能是位置、动量、电子自旋等)的测量。本书常用的两类特殊测量有投影测量和 POVM 测量。

投影测量由被观测系统状态空间上的一个力学量算子描述。每一个力学量 F 都用一个厄米算子 $\hat{F}$ 表示。对力学量 $\boldsymbol{F}$ 测量的所有可能值是算子 $\hat{F}$ 的本征值谱。

一般地，若对系统测量力学量 $\boldsymbol{F}$，且 $\boldsymbol{F}$ 具有式(1-12)给出的谱分解，将式中属于同一本征值 m 的部分项合并为与本征值 m 对应的本征空间上的投影算子 $\boldsymbol{P}_m$，谱分解进一步化简为

$$\boldsymbol{F} = \sum_m m\boldsymbol{P}_m \tag{1-18}$$

则对应的一组测量算子可描述为$\{\boldsymbol{P}_m\}$，测量的可能结果对应于其本征值 m。测量量子态$|\varphi\rangle$时，得到结果 m 的概率为

$$p(m) = \langle\varphi|\boldsymbol{P}_m|\varphi\rangle \tag{1-19}$$

给定测量结果 m，测量后量子系统的状态塌缩为

$$\frac{\boldsymbol{P}_m|\varphi\rangle}{\sqrt{p(m)}} \tag{1-20}$$

测量平均值为

$$E(m) = \sum_m mp(m) = \langle\varphi \mid \boldsymbol{F} \mid \varphi\rangle \tag{1-21}$$

投影测量算子 $\boldsymbol{P}_m$ 满足完备性关系和正交投影算子的条件：

$$\sum_m \boldsymbol{P}_m^\dagger \boldsymbol{P}_m = \boldsymbol{I}, \boldsymbol{P}_m^\dagger = \boldsymbol{P}_m, \text{且 } \boldsymbol{P}_m \boldsymbol{P}_{m'} = \boldsymbol{\delta}_{m,m'} \boldsymbol{P}_m \tag{1-22}$$

特别地，若 F 对应于不同本征向量的本征值都不同，则测量算子可描述为$\{|u_i\rangle\langle u_i|\}$。当量子系统处在 $\hat{F}$ 的本征态$|u_i\rangle$时，测量力学量 F 得到唯一可能的测量结果，即本征态$|u_i\rangle$对应的本征值。当系统处于态

$$|\Phi\rangle = c_1|u_1\rangle + c_2|u_2\rangle + \cdots + c_n|u_n\rangle \tag{1-23}$$

时，测量得到值 u_i 的概率是$|c_i|^2$，测量后的态塌缩为对应于测量结果 u_i 的本征向量$|u_i\rangle$。

所以经常把测量一个系统的某力学量 $\boldsymbol{F}$，称为用 $\boldsymbol{F}$ 的本征向量组成的基$\{|u_1\rangle, |u_2\rangle, \cdots, |u_n\rangle\}$测量该系统，也就是使用投影测量$\{|u_i\rangle\langle u_i|\}$，本书中多采用这一说法。

以常见的力学量——电子的自旋($\hat{\boldsymbol{\sigma}}_z$)为例，其本征值(可能的测量结果)为 1 和 -1，对应的本征向量分别为$|0\rangle$和$|1\rangle$，$\{|0\rangle, |1\rangle\}$构成二维 Hilbert 空间的一组完备正交基，对应

的测量算子为

$$M=|0\rangle\langle 0|-|1\rangle\langle 1| \tag{1-24}$$

若对状态$|\theta\rangle=(|0\rangle+\sqrt{3}|1\rangle)/2$测量力学量$\hat{\boldsymbol{\sigma}}_z$(或者说用$\{|0\rangle,|1\rangle\}$基测量),得到1的概率为$\langle\theta|0\rangle\langle 0|\theta\rangle=1/4$,类似可求得到$-1$的概率为3/4。

对于两量子比特系统,最常见的测量基是Bell基,用Bell基测量系统(有时称为对该系统进行Bell测量),其测量后的态会塌缩为四个Bell态之一。

显然,上面的投影测量不仅给出了分别得到不同测量结果的概率,还给出了测量完毕后系统所处状态的规则。在某些应用中,知道测量后的状态几乎没什么意义,主要关心的是测量的统计特性,即测量得到不同结果的概率,POVM测量就是针对这种情形引入的。

设有一组半正定算子$\{\boldsymbol{E}_m\}$,满足$\sum_m \boldsymbol{E}_m=\boldsymbol{I}$,这些算子作用在状态为$|\psi\rangle$的被测系统上,指标$m$表示可能的测量结果,得到$m$的概率为$p(m)=\langle\psi|\boldsymbol{E}_m|\psi\rangle$。则称$\{\boldsymbol{E}_m\}$构成一个POVM测量。显然,上面的投影测量实际也是POVM测量的一个特例,只需定义$\boldsymbol{E}_m\equiv\boldsymbol{P}_m^\dagger\boldsymbol{P}_m=\boldsymbol{P}_m$即可。但引入POVM测量的实际意义远不在此。设有一个随机处于$|\psi_1\rangle=|0\rangle$和$|\psi_2\rangle=(|0\rangle+|1\rangle)/\sqrt{2}$的量子比特,由非正交态不可区分定理(见1.2.3节)可知不能准确判别究竟处于哪个态。但可以做POVM测量使得能以一定概率区分状态但永远不会误判。考虑POVM测量$\{\boldsymbol{E}_1,\boldsymbol{E}_2,\boldsymbol{E}_3\}$,其中$\boldsymbol{E}_1\equiv\frac{\sqrt{2}}{1+\sqrt{2}}|1\rangle\langle 1|$,$\boldsymbol{E}_2\equiv\frac{\sqrt{2}}{1+\sqrt{2}}\frac{(|0\rangle-|1\rangle)(\langle 0|-\langle 1|)}{2}$,$\boldsymbol{E}_3\equiv\boldsymbol{I}-\boldsymbol{E}_1-\boldsymbol{E}_2$。如果测量结果是$\boldsymbol{E}_1$,则可以判别量子比特所处状态为$|\psi_2\rangle$,因为$\langle\psi_1|\boldsymbol{E}_1|\psi_1\rangle=0$。同理,如果测量结果是$\boldsymbol{E}_2$,则可以判别量子比特所处状态为$|\psi_1\rangle$。但如果测量结果为$\boldsymbol{E}_3$,则无法判别。POVM测量的优势在于永远不会判断错误,这是以有时得不到任何状态判别信息为代价的。

1.1.6 表象及表象变换

设有力学量算子$\hat{F}$是厄米算子。其本征向量可以构成一组完备正交基,记为$\{|\boldsymbol{u}_n\rangle\}$。为了简单,假设$\hat{F}$的不同的本征向量对应不同的本征值,用这一组基表示量子态,就称为量子力学的$\hat{F}$表象。

设有态矢$|\psi\rangle$,按照$\hat{F}$表象下的基矢$\{|u_n\rangle\}$展开为$|\psi\rangle=\sum_i c_i|u_i\rangle$,展开系数$c_i=\langle u_i|\psi\rangle$就是$|\psi\rangle$沿各个基矢的分量。将$\{c_i\}$排成一个列矩阵:

$$\psi(f)=\begin{pmatrix} c_1 \\ c_2 \\ \vdots \end{pmatrix}=\begin{pmatrix} \langle u_1|\psi\rangle \\ \langle u_2|\psi\rangle \\ \vdots \end{pmatrix} \tag{1-25}$$

则这个列矩阵和态矢$|\psi\rangle$一一对应,称列矩阵$\psi(f)$就是$|\psi\rangle$在$\hat{F}$表象中的表示。特别地,如果系统状态为$\hat{F}$的本征向量$|u_i\rangle$,它所对应的列矩阵只有第i行元素等于1,其他元素都为0。

算子$\hat{G}$的作用就是将一个态矢转变为另一个态矢,$|\phi\rangle=\hat{G}|\psi\rangle$。下面由此式导出$\hat{G}$在

$\hat{F}$ 表象中的矩阵表示。首先用$\langle u_i|$左乘式$|\phi\rangle=\hat{G}|\psi\rangle$得：

$$\langle u_i|\phi\rangle=\langle u_i|\hat{G}|\psi\rangle \tag{1-26}$$

因为$|\psi\rangle=\sum_i c_i|u_i\rangle$，其中$c_i=\langle u_i|\psi\rangle$，即$|\psi\rangle=\sum_i|u_i\rangle c_i=\sum_i|u_i\rangle\langle u_i|\psi\rangle$，又由于$|\psi\rangle$是任意态矢，所以可推出本征向量的完备性条件

$$\sum_i|u_i\rangle\langle u_i|=I \tag{1-27}$$

将完备性条件代入式 (1-26) 得：

$$\langle u_i|\phi\rangle=\sum_j\langle u_i|\hat{G}|u_j\rangle\langle u_j|\psi\rangle \tag{1-28}$$

将上式写成矩阵形式就是：

$$\begin{pmatrix}\langle u_1|\phi\rangle\\ \langle u_2|\phi\rangle\\ \vdots\end{pmatrix}=\begin{pmatrix}\langle u_1|\hat{G}|u_1\rangle & \langle u_1|\hat{G}|u_2\rangle & \cdots\\ \langle u_2|\hat{G}|u_1\rangle & \langle u_2|\hat{G}|u_2\rangle & \cdots\\ \vdots & \vdots & \end{pmatrix}\times\begin{pmatrix}\langle u_1|\psi\rangle\\ \langle u_2|\psi\rangle\\ \vdots\end{pmatrix} \tag{1-29}$$

上式可简写为$\phi(f)=\boldsymbol{G}(f)\psi(f)$，其中$\phi(f)$和$\psi(f)$分别是态矢$|\phi\rangle$和$|\psi\rangle$在$\hat{F}$表象中的矩阵表示。$\boldsymbol{G}(f)$是算子$\hat{G}$在$\hat{F}$表象中的矩阵表示，其矩阵元为

$$\boldsymbol{G}(f)_{nm}=\langle u_n|\hat{G}|u_m\rangle \tag{1-30}$$

特别地，$\hat{F}$算子在自己的表象$\hat{F}$表象中的矩阵元为

$$\boldsymbol{F}(f)_{nm}=\langle u_n|\hat{F}|u_m\rangle=\boldsymbol{F}_m\delta_{nm} \tag{1-31}$$

可以看出$F(f)$是一个对角矩阵，对角矩阵元为$\hat{F}$的本征值。前面介绍的量子比特系统完备正交基态，以及量子门对应矩阵都是它们在$\hat{\sigma}_z$表象中的矩阵表示。

与线性代数中一个空间有不同的基类似，在量子力学中有不同的表象，态矢在不同表象中有不同的矩阵表示，不同表象下的矩阵之间有一个酉变换矩阵。具体地，设$\{|u_n\rangle\}$和$\{|v_m\rangle\}$分别是U表象和V表象的基，态矢$|\psi\rangle$在U表象中的矩阵元是$\langle u_n|\psi\rangle$，在V表象中的矩阵元是$\langle v_m|\psi\rangle$，则由完备性条件有

$$\langle u_n|\psi\rangle=\sum_m\langle u_n|v_m\rangle\langle v_m|\psi\rangle \tag{1-32}$$

即$\psi(u)=S\psi(v)$成立，其中$\psi(u)$和$\psi(v)$分别是$|\psi\rangle$在U表象和V表象中的矩阵，称$\boldsymbol{S}$为由V表象到U表象的变换矩阵，其矩阵元为

$$\boldsymbol{S}_{nm}=\langle u_n|v_m\rangle \tag{1-33}$$

同理，由U表象到V表象的变换矩阵为$\boldsymbol{S}_{mn}^{-1}=\langle v_m|u_n\rangle$。容易验证$\boldsymbol{S}_{nm}^{-1}=\boldsymbol{S}_{nm}^{\dagger}$，即态矢在不同表象间的变换是酉变换。

类似可以得到力学量算子在不同表象上的矩阵之间的变换。具体地，若$\hat{F}$在U表象中的矩阵元为$\boldsymbol{F}_{mn}^{U}=\langle u_m|\hat{F}|u_n\rangle$，在$V$表象中的矩阵元是$\boldsymbol{F}_{mn}^{V}=\langle v_m|\hat{F}|v_n\rangle$，则由完备性条件可得

$$\boldsymbol{F}^{V}=\boldsymbol{S}\boldsymbol{F}^{U}\boldsymbol{S}^{-1} \tag{1-34}$$

式中，$\boldsymbol{F}^V$ 和 $\boldsymbol{F}^U$ 分别是算子 $\hat{F}$ 在 V 和 U 表象中的矩阵，$\boldsymbol{S}$ 是 U 表象到 V 表象的变换矩阵。

在量子保密通信中常见的 Pauli 算子

$$\boldsymbol{X}=\begin{pmatrix}0 & 1\\1 & 0\end{pmatrix},\ \boldsymbol{Y}=\begin{pmatrix}0 & -\mathrm{i}\\\mathrm{i} & 0\end{pmatrix},\ \boldsymbol{Z}=\begin{pmatrix}1 & 0\\0 & -1\end{pmatrix} \tag{1-35}$$

是自旋算子的三个分量 $\hat{\sigma}_x,\hat{\sigma}_y,\hat{\sigma}_z$ 在 $\hat{\sigma}_z$ 表象中的矩阵表示。它们有共同的本征值 ±1，对应的本征向量分别为 $\left\{\frac{|0\rangle+|1\rangle}{\sqrt{2}},\frac{|0\rangle-|1\rangle}{\sqrt{2}}\right\}$，$\left\{\frac{|0\rangle+i|1\rangle}{\sqrt{2}},\frac{|0\rangle-i|1\rangle}{\sqrt{2}}\right\}$ 和 $\{|0\rangle,|1\rangle\}$。

每个算子的本征向量都构成二维 Hilbert 空间的一组基，量子保密通信协议中经常用这些基测量粒子来提取粒子携带的信息，通常也说用 $\boldsymbol{X}(\boldsymbol{B}_x)$ 基，$\boldsymbol{Y}(\boldsymbol{B}_y)$ 基或 $\boldsymbol{Z}(\boldsymbol{B}_z)$ 基测量。这三组基两两相互共轭，或称为互补，不严格地说，就是用其中一组基去测量另一组基的基矢，得到 1 和 -1 的结果各为 1/2。例如用 $\boldsymbol{X}$ 基测量 $|0\rangle$，因为

$$|0\rangle=\frac{1}{\sqrt{2}}\left(\frac{|0\rangle+|1\rangle}{\sqrt{2}}+\frac{|0\rangle-|1\rangle}{\sqrt{2}}\right) \tag{1-36}$$

所以得到 1(对应结果状态为 $(|0\rangle+|1\rangle)/\sqrt{2}$) 的概率为 $(1/\sqrt{2})^2=1/2$，得到 0 的概率也为 $(1/\sqrt{2})^2=1/2$。这一性质正好可以用于量子保密通信协议以保证协议的安全性。

此外，前面介绍的 Hadamard 门也是量子保密通信中为保证安全性经常用到的，它是由 $\hat{\sigma}_z$ 表象到 $\hat{\sigma}_x$ 表象的变换矩阵，可以完成 $\boldsymbol{X}$ 基与 $\boldsymbol{Z}$ 基等互相共轭的基之间的相互转化。

1.1.7　密度算子

设量子系统以概率 p_i 处于状态 $|\varphi_i\rangle$，称 $\{p_i,\ |\varphi_i\rangle\}$ 为一个系综，其中 $p_i\geqslant0$，且 $\sum_i p_i=1$，系统的密度算子为

$$\boldsymbol{\rho}=\sum_i p_i|\varphi_i\rangle\langle\varphi_i| \tag{1-37}$$

它是一个迹为 1 的半正定厄米算子。密度算子通常也称为密度矩阵。一个量子系统可以由作用在状态空间上的密度算子完全描述。

如果系统以概率 p_i 处于状态 $\boldsymbol{\rho}_i$，则系统的密度算子为

$$\sum_i p_i\boldsymbol{\rho}_i \tag{1-38}$$

若系统在某时刻状态为 $\boldsymbol{\rho}$，经过一段时间变为 $\boldsymbol{\rho}'$，则必有某酉矩阵 $\boldsymbol{U}$，使得 $\boldsymbol{\rho}'=\boldsymbol{U}\boldsymbol{\rho}\boldsymbol{U}^\dagger$。若系统在测量前的状态是 $\boldsymbol{\rho}$，测量由算子 $\{\boldsymbol{M}_i\}$ 描述，其中 i 表示可能出现的测量结果，测量算子满足完备性关系

$$\sum_i \boldsymbol{M}_i^\dagger\boldsymbol{M}_i=I \tag{1-39}$$

则测量得到 i 的概率为

$$p(i)=\mathrm{tr}(\boldsymbol{M}_i^\dagger\boldsymbol{M}_i\boldsymbol{\rho}) \tag{1-40}$$

测量后系统状态变为

$$\frac{\boldsymbol{M}_i\boldsymbol{\rho}\boldsymbol{M}_i^\dagger}{\mathrm{tr}(\boldsymbol{M}_i^\dagger\boldsymbol{M}_i\boldsymbol{\rho})} \tag{1-41}$$

若复合系统的两子系统分别处于态 $\boldsymbol{\rho}_1$ 和 $\boldsymbol{\rho}_2$，则复合系统态为 $\boldsymbol{\rho}_1\otimes\boldsymbol{\rho}_2$。用密度算子描述量子

系统在数学上完全等价于用状态向量描述，但密度算子在描述未知量子系统和复合系统子系统方面更具有优越性。

在密度算子的定义中若系统以概率 1 处于某个态 $|\varphi\rangle$，即系统由一个态矢表示，则称该系统是一个纯态，其密度算子为 $|\varphi\rangle\langle\varphi|$。若定义中每一个概率 p_i 都不为 1，则说明系统只能由若干不同的态矢描述，每个子系统 $|\varphi_i\rangle$ 以一定的概率 p_i 出现，这样的系统称为混合态。这进一步说明了密度算子表示系统状态较之于态矢的优越性。纯态和混合态的最大区别是 $\mathrm{tr}(\boldsymbol{\rho}_{纯}^2)=1$，而 $\mathrm{tr}(\boldsymbol{\rho}_{混}^2)<1$。

复合系统子系统用约化密度算子描述。假设有物理系统 A 和 B，其状态由密度算子 $\boldsymbol{\rho}^{AB}$ 描述，针对系统 A 的约化密度算子定义为

$$\boldsymbol{\rho}^{A}\equiv\mathrm{tr}_B(\boldsymbol{\rho}^{AB}) \tag{1-42}$$

式中，tr_B 是一个算子，称为在系统 B 上的偏迹。具体地，若 $\{|u_m^{(A)}\rangle\}$ 为子系统 A 的正交归一化基矢，$\{|v_n^{(B)}\rangle\}$ 为子系统 B 的正交归一化基矢，此时 $|\varphi_{mn}\rangle=|u_m^{(A)}\rangle\otimes|v_n^{(B)}\rangle$ 对所有的 m，n 构成总系统的正交归一化基矢，于是

$$\begin{aligned}\boldsymbol{\rho}^{A} &\equiv \mathrm{tr}_B(\boldsymbol{\rho}^{AB}) = \sum_n\langle v_n^{(B)} \mid \boldsymbol{\rho}^{AB} \mid v_n^{(B)}\rangle \\ \boldsymbol{\rho}^{B} &\equiv \mathrm{tr}_A(\boldsymbol{\rho}^{AB}) = \sum_m\langle u_m^{(A)} \mid \boldsymbol{\rho}^{AB} \mid u_m^{(A)}\rangle\end{aligned} \tag{1-43}$$

分别是描述子系统 A 和 B 的约化密度算子，容易验证如上定义的约化密度算子满足厄米性和半正定性，且迹为 1。对于只作用在子系统 A 上的任意力学量算子 $\hat{F}_A$，其测量平均值为 $\overline{F}_A=\mathrm{tr}_A(\boldsymbol{\rho}^A\hat{F}_A)$。一般即使总系统处在一个纯态，其子系统也只能确定到一个混合态。例如前面提到的 Bell 态是一个两量子比特系统纯态

$$|\psi^+\rangle=(1/\sqrt{2})(|0^{(1)}\rangle|1^{(2)}\rangle+|1^{(1)}\rangle|0^{(2)}\rangle) \tag{1-44}$$

其密度算子为

$$\begin{aligned}\boldsymbol{\rho}=|\psi^+\rangle\langle\psi^+|=\frac{1}{2}(&|0^{(1)}\rangle|1^{(2)}\rangle\langle1^{(2)}|\langle0^{(1)}|+|0^{(1)}\rangle|1^{(2)}\rangle\langle0^{(2)}|\langle1^{(1)}|+\\&|1^{(1)}\rangle|0^{(2)}\rangle\langle1^{(2)}|\langle0^{(1)}|+|1^{(1)}\rangle|0^{(2)}\rangle\langle0^{(2)}|\langle1^{(1)}|)\end{aligned} \tag{1-45}$$

描述量子比特 1 的密度算子为

$$\boldsymbol{\rho}^{(1)}=\mathrm{tr}_{(2)}\boldsymbol{\rho}=\langle0^{(2)}|\boldsymbol{\rho}|0^{(2)}\rangle+\langle1^{(2)}|\boldsymbol{\rho}|1^{(2)}\rangle=\frac{1}{2}(|0^{(1)}\rangle\langle0^{(1)}|+|1^{(1)}\rangle\langle1^{(1)}|) \tag{1-46}$$

显然，该密度算子的平方迹小于 1，且它表示的状态不能用一个态矢表示，是一个混合态。进一步，对量子比特 1 进行测量，得到 0 的概率为 1/2，得到 1 的概率为 1/2，即该量子比特处于 $|0^{(1)}\rangle$ 的概率与处于 $|1^{(1)}\rangle$ 的概率相同，称这样的混合态为最大混合态。系统处于最大混合态就是处于所有基态的概率相同。例如两量子比特最大混合态

$$\begin{aligned}&\frac{1}{4}(|0^{(1)}\rangle|0^{(2)}\rangle\langle0^{(2)}|\langle0^{(1)}|+|0^{(1)}\rangle|1^{(2)}\rangle\langle1^{(2)}|\langle0^{(1)}|\\&+|1^{(1)}\rangle|0^{(2)}\rangle\langle0^{(2)}|\langle1^{(1)}|+|1^{(1)}\rangle|1^{(2)}\rangle\langle1^{(2)}|\langle1^{(1)}|)\end{aligned} \tag{1-47}$$

和

$$\frac{1}{4}(|\phi^+\rangle\langle\phi^+|+|\phi^-\rangle\langle\phi^-|+|\psi^+\rangle\langle\psi^+|+|\psi^-\rangle\langle\psi^-|) \tag{1-48}$$

最大混合态的概念在量子保密通信中有很大用途。一般地，如果一个量子态对于窃听

者来说是一个最大混合态，则窃听者即使截获这个量子态，她也不能提取到任何有用信息，反而会引入最大错误率从而被合法通信者检测到。

1.1.8 Schmidt 分解和纠缠态

设$|\boldsymbol{\varphi}\rangle$是复合系统 AB 的一个纯态，则存在系统 A 的完备正交基$|i_A\rangle$和系统 B 的完备正交基$|i_B\rangle$，使得

$$|\varphi\rangle = \sum_i \lambda_i |i_A\rangle |i_B\rangle \tag{1-49}$$

式中$\lambda_i \geqslant 0$，且满足$\sum_i \lambda_i{}^2 = 1$，称为 Schmidt 系数。容易计算系统 A 和 B 的约化密度矩阵的特征值均为λ_i^2。基$|i_A\rangle$和$|i_B\rangle$分别称为 A 和 B 的 Schmidt 基，非零λ_i的个数称为$|\boldsymbol{\varphi}\rangle$的 Schmidt 数。Schmidt 数在局域酉变化下保持不变，即

$$|\varphi'\rangle = \sum_i \lambda_i (U|i_A\rangle)|i_B\rangle \tag{1-50}$$

是$\boldsymbol{U}|\varphi\rangle$的 Schmidt 分解，其中$\boldsymbol{U}$是只作用在子系统 A 上的酉算子。

Schmidt 分解在协议的设计和分析中起着重要作用。例如，在协议的安全性分析过程中，对窃听者与合法通信者的复合系统进行 Schmidt 分解会使证明步骤条理清晰，便于分析。Schmidt 分解之所以如此重要，是因为可以用它来定义量子力学中奇妙的纠缠现象。

若两子系统构成的复合系统纯态$|\varphi\rangle$的上述 Schmidt 分解中含有两项或两项以上(即描述子系统的密度算子有两个或两个以上非零本征值)，则称$|\varphi\rangle$是一个纠缠态。反过来，若 Schmidt 分解中只有一项，即

$$|\varphi\rangle = |\phi^{(1)}\rangle|\phi^{(2)}\rangle \tag{1-51}$$

就称$|\varphi\rangle$是非纠缠的(或可分离的)。非纠缠态是两子系统的直积态(张量积)。所以复合系统的一个纯态纠缠态$|\varphi\rangle$，也可以按照不能写成两子系统纯态的直积态$|\phi^{(1)}\rangle|\phi^{(2)}\rangle$来定义。纠缠是量子力学所特有的一个基本性质，指的是两个或多个量子系统之间存在非定域、非经典的强关联。也就是说，无论相互纠缠的子系统之间相隔多远，一个子系统的变化都会影响另一个子系统的行为。例如 Bell 态$|\psi^+\rangle = (1/\sqrt{2})(|0^{(1)}\rangle|1^{(2)}\rangle + |1^{(1)}\rangle|0^{(2)}\rangle)$是常见的两粒子纠缠态，无论子系统 1 和 2 相距多么遥远，如果用$\{|0\rangle, |1\rangle\}$基测量子系统 1，当测量结果得到$|0\rangle$态时，测量者立刻知道子系统 2 此时已处于$|1\rangle$态。反之亦然。

进一步地，从式(1-45)、式(1-46)可以看出对 Bell 态$|\psi^+\rangle$，两量子比特系统的约化密度矩阵都是单位矩阵的 1/2 倍。事实上，其他三个 Bell 态的子系统约化密度矩阵也是如此。称子系统约化密度矩阵是单位矩阵倍数的纠缠态为最大纠缠态。Bell 态就是最常见的两粒子最大纠缠态。

两子系统构成的复合系统的混合态是纠缠态，当且仅当它不能表示成

$$\hat{\rho}(A,B) = \sum_i \boldsymbol{p}_i |\varphi_i(A,B)\rangle\langle\varphi_i(A,B)|$$

式中

$$\boldsymbol{p}_i \geqslant 0, \sum_i \boldsymbol{p}_i = 1 \tag{1-52}$$

的形式，其中每个成分态$|\varphi_i(A,B)\rangle$都是可分离态，否则就说它是混合非纠缠态。

在量子信息世界，纠缠态扮演着极其重要的角色。纠缠态的奇妙物理特性使之被广泛应用在量子通信、量子密码和量子计算等领域。目前人们对纠缠态的研究已经取得了很大

的进展，但由于实验条件有限等种种原因，人们对它的认识水平和操作能力还远远不够，有关纠缠态的性质以及物理实现还有很大的发展空间。

1.1.9 纠缠交换

纠缠交换实际就是在不同的粒子间通过测量交换纠缠[9]。用线性代数的语言描述就是展开、交换位置和重新展开（测量）等一系列过程。下面以纠缠态

$$|\phi^{+}\rangle_{12}=(1/\sqrt{2})(|00\rangle_{12}+|11\rangle_{12}),\ |\psi^{+}\rangle_{34}=(1/\sqrt{2})(|01\rangle_{34}+|10\rangle_{34}) \tag{1-53}$$

之间进行的纠缠交换为例进行说明。

$$\begin{aligned}
&|\phi^{+}\rangle_{12}\otimes|\psi^{+}\rangle_{34}\\
&=\frac{1}{2}(|00\rangle_{12}+|11\rangle_{12})\otimes(|01\rangle_{34}+|10\rangle_{34})\\
&=\frac{1}{2}(|0001\rangle_{1234}+|0010\rangle_{1234}+|1101\rangle_{1234}+|1110\rangle_{1234})\\
&=\frac{1}{2}(|0100\rangle_{1432}+|0010\rangle_{1432}+|1101\rangle_{1432}+|1011\rangle_{1432})\\
&=\frac{1}{4}[(|\psi^{+}\rangle_{14}+|\psi^{-}\rangle_{14})(|\phi^{+}\rangle_{32}+|\phi^{-}\rangle_{32})+(|\phi^{+}\rangle_{14}+|\phi^{-}\rangle_{14})(|\psi^{+}\rangle_{32}-|\psi^{-}\rangle_{32})\\
&\quad+(|\phi^{+}\rangle_{14}-|\phi^{-}\rangle_{14})(|\psi^{+}\rangle_{32}+|\psi^{-}\rangle_{32})+(|\psi^{+}\rangle_{14}-|\psi^{-}\rangle_{14})(|\phi^{+}\rangle_{32}-|\phi^{-}\rangle_{32})]\\
&=\frac{1}{2}(|\psi^{+}\rangle_{14}|\phi^{+}\rangle_{32}+|\psi^{-}\rangle_{14}|\phi^{-}\rangle_{32}+|\phi^{+}\rangle_{14}|\psi^{+}\rangle_{32}-|\phi^{-}\rangle_{14}|\psi^{-}\rangle_{32})
\end{aligned} \tag{1-54}$$

可以看出粒子 1 和 2，以及粒子 3 和 4 之间的纠缠通过上述交换过程变成了粒子 1 和 4，以及粒子 2 和 3 之间的纠缠。也就是说给定粒子 1 和 2 处于态 $|\phi^{+}\rangle_{12}$，粒子 3 和 4 处于态 $|\psi^{+}\rangle_{34}$，若对粒子 1 和 4 进行 Bell 测量，则四粒子状态均匀塌缩为上述最后一个等式中的四项之一。事实上，Bell 态之间的纠缠交换遵循下面的规律，即：

$$|\varphi(v_1,v_2)\rangle\otimes|\varphi(u_1,u_2)\rangle\rightarrow\boldsymbol{\sigma}|\varphi(v_1,v_2)\rangle\otimes\boldsymbol{\sigma}|\varphi(u_1,u_2)\rangle \tag{1-55}$$

式中，$|\varphi(v_1,v_2)\rangle$ 和 $|\varphi(u_1,u_2)\rangle$ 为初始两粒子所处的纠缠态，后面 $\boldsymbol{\sigma}|\varphi(v_1,v_2)\rangle$ 和 $\boldsymbol{\sigma}|\varphi(u_1,u_2)\rangle$ 为任意的（例如粒子 1 和粒子 3 交换，则 1 和 2 以及 3 和 4 之间的纠缠最终变为 1 和 4，以及 3 和 2 之间的纠缠）纠缠交换测量后的两粒子纠缠态。$\boldsymbol{\sigma}$ 为四个 Pauli 算子之一。$\boldsymbol{\sigma}|\varphi(v_1,v_2)\rangle$ 表示 $\boldsymbol{\sigma}$ 作用到两粒子纠缠态 $|\varphi(v_1,v_2)\rangle$ 中的第 1 个粒子上所得到的纠缠态。例如上面 $|\phi^{+}\rangle_{12}$ 和 $|\psi^{+}\rangle_{34}$ 之间进行的纠缠交换结果中可能出现的四项中，$|\psi^{+}\rangle_{14}|\phi^{+}\rangle_{32}$ 是对应的 $|\phi^{+}\rangle_{12}$ 和 $|\psi^{+}\rangle_{34}$ 中第 1 个粒子做了 $\boldsymbol{X}$ 变换，$|\psi^{-}\rangle_{14}|\phi^{-}\rangle_{32}$ 是对应的 $|\phi^{+}\rangle_{12}$ 和 $|\psi^{+}\rangle_{34}$ 中第 1 个粒子做了 $\boldsymbol{Y}$ 变换，其他两项可能的结果也类似。

与上述过程类似，多粒子之间的纠缠交换也是通过展开、交换位置和重新展开（测量）等一系列过程进行的。只不过重新展开时用的可能不是 Bell 基，而是按照被测量的多粒子纠缠态量子系统中的一组完备正交基展开。

1.1.10 密集编码

密集编码[10]是指应用量子纠缠现象可以实现只传送一个量子位，就传输两个比特的经典信息。假设 Alice 和 Bob 共享一个 Bell 态 $|\psi^{+}\rangle=(1/\sqrt{2})(|01\rangle+|10\rangle)$，Alice 拥有第 1 个粒子，Bob 拥有第 2 个粒子。Alice 对自己的粒子随机选择四个不同的操作

$$\hat{I}^{(1)}|\psi^{+}\rangle=|\psi^{+}\rangle,\hat{\sigma}_x^{(1)}|\psi^{+}\rangle=|\phi^{+}\rangle,\ i\hat{\sigma}_y^{(1)}|\psi^{+}\rangle=-|\phi^{-}\rangle,\hat{\sigma}_z^{(1)}|\psi^{+}\rangle=|\psi^{-}\rangle \quad (1\text{-}56)$$

其中上标(1)表示对 Bell 态中的第 1 个粒子作操作。这样，Alice 通过对自己的粒子随机做四个操作$\{\hat{I},\hat{\sigma}_x,i\hat{\sigma}_y,\hat{\sigma}_z\}$之一，可以产生 Bell 态中的任意一个(忽略全局相位)。由于等概率地存在四种可能，所以它对操作的选择可以代表两比特的经典信息。然后，Alice 将自己的粒子发送给 Bob，Bob 用 Bell 基测量可以导出 Alice 所做的操作，即她所编码的经典信息。

四个 Bell 态的这种性质被广泛用于保密通信协议的设计中，可以说密集编码是许多协议设计的基本框架。但从上面的描述中，读者也可以体会到，Alice 和 Bob 初始如何共享 Bell 态也是需要重点考虑的，如果是一个人制备好，将其中的一个粒子发送给另一方的话，要共享两比特经典信息还是需要传输两个量子比特的。

1.2 基本原理

前面介绍了量子保密通信中用到的一些基本概念，熟悉线性代数的读者可以很容易理解。有了这些基础，就比较容易理解本书所介绍的协议设计和协议分析。量子保密通信最大的特点就是具有无条件安全性，下面介绍其无条件安全性所依赖的三个基本原理。

1.2.1 测不准原理

如果有大量相同状态$|\psi\rangle$的量子系统，对一部分系统测量力学量 $\boldsymbol{C}$，对另一部分系统测量力学量 $\boldsymbol{D}$，则测量 $\boldsymbol{C}$ 的结果的标准偏差$\Delta\boldsymbol{C}$ 与测量 $\boldsymbol{D}$ 的结果的标准偏差$\Delta\boldsymbol{D}$ 满足：

$$\Delta\boldsymbol{C}\cdot\Delta\boldsymbol{D}\geqslant\frac{|\langle\psi|[\boldsymbol{C},\boldsymbol{D}]\psi\rangle}{2}$$

式中，

$$[\boldsymbol{C},\boldsymbol{D}]=\boldsymbol{CD}-\boldsymbol{DC} \quad (1\text{-}57)$$

若记测量力学量 $\boldsymbol{M}$ 的平均值为$\langle\boldsymbol{M}\rangle$，则其标准偏差定义为

$$\Delta\boldsymbol{M}=\sqrt{\langle\boldsymbol{M}^2\rangle-\langle\boldsymbol{M}\rangle^2} \quad (1\text{-}58)$$

不确定公式的一个常用推论就是，只要力学量 $\boldsymbol{C}$ 和 $\boldsymbol{D}$ 不对易，即$[\boldsymbol{C},\boldsymbol{D}]\neq0$，则

$$\Delta\boldsymbol{C}\cdot\Delta\boldsymbol{D}>0 \quad (1\text{-}59)$$

例如，若系统状态为$|0\rangle$，对其测量力学量 $\boldsymbol{X}$ 和 $\boldsymbol{Y}$。因为$[\boldsymbol{X},\boldsymbol{Y}]=2i\boldsymbol{Z}$，于是由测不准原理有

$$\Delta(\boldsymbol{X})\Delta(\boldsymbol{Y})\geqslant\langle0|\boldsymbol{Z}|0\rangle=1 \quad (1\text{-}60)$$

从上式可以看出 $\Delta(\boldsymbol{X})$和 $\Delta(\boldsymbol{Y})$一定都严格大于 0。

1.2.2 量子不可克隆定理

定理 一个未知的量子态不能被完全复制。

证明： $|\psi\rangle$是一个未知量子态，假设存在一个物理过程能完全复制它，即 $\boldsymbol{U}(|\psi\rangle|0\rangle)=|\psi\rangle|\psi\rangle$，且该物理过程与态$|\psi\rangle$无关。对任意的$|\phi\rangle\neq|\psi\rangle$，也有 $\boldsymbol{U}(|\phi\rangle|0\rangle)=|\phi\rangle|\phi\rangle$。从而对$|\gamma\rangle=|\psi\rangle+|\phi\rangle$，有

$$U(|\gamma\rangle|0\rangle)=U((|\psi\rangle+|\phi\rangle)|0\rangle)=|\psi\rangle|\psi\rangle+|\phi\rangle|\phi\rangle\neq|\gamma\rangle|\gamma\rangle \tag{1-61}$$

其结果不是$|\gamma\rangle$的副本，所以假设不成立，这样的物理过程不可能存在。

1.2.3 非正交量子态不可区分定理

定理 没有测量能够可靠区分非正交量子态$|\psi_1\rangle$和$|\psi_2\rangle$。

证明：假设存在测量能可靠区分$|\psi_1\rangle$和$|\psi_2\rangle$，即如果状态是$|\psi_1\rangle$($|\psi_2\rangle$)，则测量到 j 使得 $f(j)=1$ ($f(j)=2$)的概率必为 1。

定义

$$\boldsymbol{E}_i=\sum_{j:f(j)=i}\boldsymbol{M}_j^{\dagger}\boldsymbol{M}_j \tag{1-62}$$

则上述测量可描述为

$$\langle\psi_1|\boldsymbol{E}_1|\psi_1\rangle=1,\quad \langle\psi_2|\boldsymbol{E}_2|\psi_2\rangle=1 \tag{1-63}$$

由于$\sum_i\boldsymbol{E}_i=I$，所以$\sum_i\langle\psi_1|\boldsymbol{E}_i|\psi_1\rangle=1$，所以$\langle\psi_1|\boldsymbol{E}_2|\psi_1\rangle=0$，于是$\sqrt{\boldsymbol{E}_2}|\psi_1\rangle=0$。设$|\psi_2\rangle=a|\psi_1\rangle+b|\varphi\rangle$，其中$|\varphi\rangle$与$|\psi_1\rangle$正交，$|a^2|+|b^2|=1$，且$|b|<1$。于是$\sqrt{\boldsymbol{E}_2}|\psi_2\rangle=b\sqrt{\boldsymbol{E}_2}|\varphi\rangle$，从而$\langle\psi_2|\boldsymbol{E}_2|\psi_2\rangle=|b|^2\langle\varphi|\boldsymbol{E}_2|\varphi\rangle\leqslant|b|^2\sum_i\langle\varphi|\boldsymbol{E}_i|\varphi\rangle=|b|^2<1$。这与式(1-62) 矛盾。所以假设不成立，即没有测量可以完全区分非正交态。

例如，$|0\rangle$与$|+\rangle=(1/\sqrt{2})(|0\rangle+|1\rangle)$非正交，要想精确测量$|0\rangle$态，就必须用$\{|0\rangle,|1\rangle\}$基($\boldsymbol{Z}$基)。用$\boldsymbol{Z}$基测量$|+\rangle$，结果态为$|0\rangle$的概率为 1/2，所以当测量得到$|0\rangle$时，并不能确定初始量子态是哪个，得到$|1\rangle$也一样不能确定。同理，用$\{|+\rangle,|-\rangle\}$或其他任何基也不能完全区分这两个态。

上述三个原理在本质上是统一的。例如，由测不准原理可以推出量子不可克隆定理。假设存在物理过程能够完全复制未知量子态$|\varphi\rangle$，也即能够得到它的足够多的完全相同的副本，从而可以对部分相同的态测量$\boldsymbol{\sigma}_x$，$\boldsymbol{\sigma}_y$和$\boldsymbol{\sigma}_z$等互相不对易的力学量到任意精度，这与测不准原理矛盾！所以假设不成立，量子不可克隆定理成立。这些原理告诉我们：量子比特不像经典比特那样可以被任意复制；如果在量子保密通信协议中，随机传送的是非正交量子态，则窃听者不能通过克隆信号态窃取密钥；用非正交量子态编码的经典信息是不能用任何测量完全提取出来的。所有这些都是量子保密通信具有无条件安全性的依据。

本章参考文献

[1] M. A. Nielsen and I. L. Chuang. Quantum computation and quantum information. (Cambridge university press, Cambridge, 2000).

[2] 曾贵华. 量子密码学. 北京：科学出版社，2006.

[3] 李承祖，等. 量子通信和量子计算. 长沙：国防科技大学出版社，2000.

[4] 马瑞霖. 量子密码通信. 北京：科学出版社，2006.

[5] 张永德. 量子信息物理原理. 北京：科学出版社，2005.

[6] 陈汉武. 量子信息与量子计算简明教程. 南京：东南大学出版社，2006.

[7] 赵千川，等译. 量子计算和量子信息. 北京：清华大学出版社，2005.

[8] 温巧燕，等. 量子保密通信协议的设计与分析. 北京：科学出版社，2009.

[9] M. Zukowski, A. Zeilinger, M. A. Horne, et al. Event-Ready-Detectors Bell Experiment Via Entanglement Swapping. Physical Review Letters,1993,71:4287.

[10] C. H. Bennett and S. J. Wiesner. Communication via one-and two-particle operators on Einstein-Podolsky-Rosen states. Physical Review Letters,1992, 69:2881.

第 2 章　量子密钥分发

密码学是在公共环境中使数据保密的学科。众所周知，大部分经典密码系统的安全性是基于计算复杂性实现的。但是这种安全性很容易受到量子计算的威胁[1,2]，即一旦量子计算机出现，很多现存的密码系统将不再安全。幸运的是量子密码学可以解决这个难题[3,4]。不同于经典密码学，量子密码学结合了量子物理机制和密码学。量子物理中的海森堡测不准定理、量子不可克隆原理等保证了量子密码的安全性。现在量子密码由于可以抵制拥有量子计算能力的攻击者的威胁，已经引起了广泛的关注。

1984 年，Bennett 和 Brassard 共同提出了第一个量子密钥分发协议（Quantum Key Distribution，QKD），记为 BB84[5]。此协议的两个参与方 Alice 和 Bob 可以在窃听者 Eve 存在的情况下产生一串安全的密钥串[6,7]。从那以后，针对 QKD 的研究[8,9]如雨后春笋般出现。1996 年，Mayers[10]给出了 QKD 的有限密钥分析，即当通信方发出的脉冲个数是有限时 QKD 协议的安全性。接着在 Hwang[11]给出标准 BB84 协议非单光子源情况下的安全性分析后，Mayers 和 Inamori 以及 Lutkenhaus 共同分析了实际设备（高损耗信道和非单光子源）下 QKD 的安全性[12]。尽管如此，Konig 等人[13]指出之前利用互信息差的安全性证明存在潜在的问题，并给出一个全局可构造的安全性定义。新定义指出安全性可由最终密钥和完美密钥之间的距离来衡量，所谓完美密钥是分布均匀且与窃听者的量子系统完全独立的。根据修改后的安全性定义，Cai 和 Scarani 分析了 BB84 协议简化后的有限密钥安全性[14]，同时其他研究工作者给出了窃听者获取信息的上界和在联合攻击下的有限密钥安全性分析[15-17]。

众所周知，设计和分析是密码学的两个重要的分支，两者共同促进密码学领域的发展。事实上，密码分析是量子密码学中的一项重要而有趣的工作。正如 Lo 和 Ko 指出的那样，攻击密码系统和建造密码系统一样重要[18]。在 QKD 协议中一般假设量子信道可以被任何不违背量子机制的方法攻击，而经典信道只能被窃听不能被篡改[3,5]。如果窃听者能够在不被 Alice 和 Bob 发现的条件下获得全部或者部分密钥，则这种攻击就是成功的攻击方案。

虽然量子密码中的合法使用者一般有能力发现潜在的窃听行为，但是并不是所有的协议都具有被期望的安全性。有的协议会被一些在其设计时未考虑到巧妙的攻击策略攻破。很多有效的攻击策略已经被提出，例如截获重发攻击[19]，纠缠交换攻击[20]，隐形传态攻击[21-23]，信道损耗攻击[24,25]，拒绝服务攻击[26,27]，相关性提取攻击[28,29]，特洛伊木马攻击[30,31]，参与者攻击[32-34]等等。理解这些攻击方案将有利于我们设计高度安全的新协议。

本章从 BB84 协议的非消相干版本[35]的安全性入手，证明了该方案在截获重发攻击下是不安全的。提出了两种改进方案，其中任何一种改进方案都可以保持抵抗集体噪声的特性，且修复了原方案的缺陷。2.2 节分析并改进了 Noh 提出的基于量子反事实效应的 QKD 协议[36]（下文简称为 N09 协议），虽然从安全性的角度来说，利用量子反事实效应分发密钥的方法很具有吸引力，但N09协议在理想条件下的效率最大只能达到12.5%，并不令人满意，尤其在实际应用中还需要考虑设备的不完美和量子信道噪声等这些不可避免的问题，所以更需要提高理想状态下的密钥生成率。本节改进的方案克服了原方案效率较低的缺点，并分析了改进方案中的最优效率，给出了协议效率与设备中分束器参数的关系，证明了改进的方案在效率方面始终优于No9协。2.3节给出一个单光子联合检测的多方量子密码协议。首先分析了Shih,Lee和Hwang提出两个新的三方QKD协议[37]，协议为节省成本，Alice和Bob不需要量子比特生成设备和测量设备[37]。在这节中分析的安全性并且发现它们会被超密编码攻击，并提出了可能的改进方法；其次提出了一种单光子联合检测多方量子密码协议的模型。这个模型是高效而且容易实现的模型，可以广泛运用于各种量子密码协议。2.4节中介绍了一个在MQCP-CD中需要的编码操作和控制操作的构造方法，利用单粒子和联合检测提出了一个能够同时抵抗来自外部攻击者和不诚实参与者攻击的具有星形网络的多方QKD协议。2.5节基于Amir Kalev等人提出协议中传输的信号是通过一个参与者(Bob)对测量基的选择进行编码这一有趣的思想设计了一个QKD协议[38]，将对测量基的选择转化为密钥，并给出了该协议在零错情况下的安全性证明。本章的2.6节分析了有限资源下诱骗态量子密钥分发的安全性，并通过引入发送k-光子脉冲概率和量子态错误率的偏差给出实际实现的密钥更安全、紧致的界。最后2.7节分析了MDI QKD的有限密钥安全性，且在相对频率的统计波动下得到最终密钥率的下界，在可观测参数的合理取值下，得到了密钥率的模拟结果。

2.1 能够抵抗集体噪声的安全BB84改进方案

当光子在某些介质(例如光纤)中传输时，环境与量子比特相互作用，会出现一种特殊的对称特性，使环境对所有量子比特都产生同样的影响，这种作用被称为集体噪声。集体噪声的作用可以用一个酉算子$\boldsymbol{U}(t)$表示，其中t表示传输时间，这意味着集体噪声是随时间变化的。正如文献[39]所述，如果两个光子间的时延足够小，则作用在N量子比特上的集体噪声可以由下列模型近似地表示：

$$\boldsymbol{\rho}_N \Rightarrow [\boldsymbol{U}(t)]^{\otimes N}\boldsymbol{\rho}_N\,[\boldsymbol{U}\,(t)^{\dagger}]^{\otimes N} \tag{2-1}$$

式中，$[\boldsymbol{U}(t)]^{\otimes N}=\boldsymbol{U}(t)\otimes\cdots\otimes\boldsymbol{U}(t)$表示$N$个酉转换$\boldsymbol{U}(t)$的直积。事实上，存在一种在集体噪声条件下能保持不变的量子态，而且这种稳定的特性不因集体噪声影响的大小而改变。这种被称为无消相干(Decohererce Free,DF)态的量子态已经在多项研究中被用于保护量子信息[39-47]。下面的等式描述了DF态的性质：

$$\boldsymbol{\rho}_N = [\boldsymbol{U}(t)]^{\otimes N}\boldsymbol{\rho}_N\,[\boldsymbol{U}\,(t)^{\dagger}]^{\otimes N} \tag{2-2}$$

DF态在$[\boldsymbol{U}(t)]^{\otimes N}$下的免疫性质已经在实验中获得证实[48-50]。最近，Boileau等人利用DF子空间和DF子系统提出了一种不受集体噪声影响的量子密钥分发(QKD)协议[45]，该协议本质上是B92协议[46]的DF版本。接下来，Cabello在6量子比特DF子空间上实现了能够抵抗集体噪声的BB84协议[35]。该协议除了能够具有能够抵抗集体噪声的优点外，还具有以下两个特点：(1)协议用到的4个量子态可以通过对一个DF态作粒子置换获得；(2)任一组基的两个正交态都可以通过固定的单量子比特测量序列可靠区分。基于上述几种特性，这个协议具有在当前技术下易于实现的优势。

但是，Cabello 所提出的这个方案在截获重发攻击下会泄露部分信息，且该情况下的窃听者 Eve 不会被检测发现。本节我们将证明 Eve 在不引入错误的情况下如何获取该 DF 版 BB84 协议[35]（为了简便，下文称该协议为 DF-BB84 协议）的有效信息，随后给出两个安全有效的改进方案。

2.1.1 截获重发攻击下的 DF-BB84 协议

为了更清晰地描述攻击策略，先来回顾一下 DF-BB84 协议。在该协议中，两组正交基 $\{|\hat{0}\rangle,|\hat{1}\rangle\}$ 和 $\{|\hat{\oplus}\rangle,|\hat{\ominus}\rangle\}$ 分别表示如下：

$$|\hat{0}\rangle=|\psi^-\rangle_{12}\otimes\frac{1}{2\sqrt{3}}(2|0011\rangle-|0101\rangle-|0110\rangle-|1001\rangle-|1010\rangle+2|1100\rangle)_{3456} \tag{2-3}$$

$$|\hat{1}\rangle=P_{1\leftrightarrow3,2\leftrightarrow4}|\hat{0}\rangle=|\psi^-\rangle_{34}\otimes\frac{1}{2\sqrt{3}}(2|0011\rangle-|0101\rangle-|0110\rangle-|1001\rangle-|1010\rangle+2|1100\rangle)_{1256} \tag{2-4}$$

$$|\hat{\oplus}\rangle=P_{1\leftrightarrow3}|\hat{0}\rangle=|\psi^-\rangle_{32}\otimes\frac{1}{2\sqrt{3}}(2|0011\rangle-|0101\rangle-|0110\rangle-|1001\rangle-|1010\rangle+2|1100\rangle)_{1456} \tag{2-5}$$

$$|\hat{\ominus}\rangle=P_{2\leftrightarrow4}|\hat{0}\rangle=|\psi^-\rangle_{14}\otimes\frac{1}{2\sqrt{3}}(2|0011\rangle-|0101\rangle-|0110\rangle-|1001\rangle-|1010\rangle+2|1100\rangle)_{3256} \tag{2-6}$$

式中，$|\psi^-\rangle=\frac{1}{\sqrt{2}}(|01\rangle-|10\rangle)$，且 $P_{i\leftrightarrow j}$ 表示置换第 i 个和第 j 个量子比特。基于前文所述的协议特性，显然，只需要制备 $|\hat{0}\rangle$ 态的装置，而这个装置可以通过组合中的设备获得[46]。其他 3 个态只需要置换制备 $|\hat{0}\rangle$ 态装置的输出即可获得[51]。发送者 Alice 随机制备的 6 量子比特态。接收者 Bob 收到 6 量子比特态，都随机选择测量基序列中的一个来测量。每一个测量基序列都由 6 个单量子比特测量构成，其中 $\boldsymbol{X}_i(\boldsymbol{Z}_i)(i=1,2,\cdots)$ 表示用 $\boldsymbol{X}$ 基（$\boldsymbol{Z}$ 基）测量第 i 个量子比特。Bob 记录测量结果 $|\hat{0}\rangle$、$|\hat{1}\rangle$、$|\hat{\oplus}\rangle$ 或 $|\hat{\ominus}\rangle$。最后，当且仅当 Bob 选择的测量基序列和 Alice 制备的态相符，对应的测量结果才被用于转化为生密钥：$|\hat{0}\rangle,|\hat{\oplus}\rangle\rightarrow0$，$|\hat{1}\rangle,|\hat{\ominus}\rangle\rightarrow1$。

从 DF-BB84 协议中所用到的 2 个固定单量子比特测量基序列和，可以看出，粗体标出的 4 个单量子比特测量在两个基序列中保持不变。正是这一现象的存在，使 Eve 能够在不被检测发现的情况下获取协议中传输的有效信息。假设 Eve 截获了 Alice 发给 Bob 的 6 量子比特态，然后仅用测量量子态中的第 2、4、5 和 6 粒子，然后重新将量子态发送给 Bob，则两个通信者均不会发现该窃听行为。表 2-1 给出了在这种攻击策略下 Eve 可以获得的所有测量结果。

表 2-1 窃听者 Eve 采用截获重发攻击和测量可能获取的测量结果

初始态	可能的结果
$\lvert\hat{0}\rangle$	$\lvert 0\rangle_2\lvert\pm\rangle_4\lvert 0\rangle_5\lvert 0\rangle_6,\lvert 1\rangle_2\lvert\pm\rangle_4\lvert 1\rangle_5\lvert 1\rangle_6$
	$\lvert 0\rangle_2\lvert\pm\rangle_4\lvert 1\rangle_5\lvert 1\rangle_6,\lvert 1\rangle_2\lvert\pm\rangle_4\lvert 0\rangle_5\lvert 0\rangle_6$
	$\lvert 0\rangle_2\lvert\pm\rangle_4\lvert 0\rangle_5\lvert 1\rangle_6,\lvert 1\rangle_2\lvert\pm\rangle_4\lvert 0\rangle_5\lvert 1\rangle_6$
	$\lvert 0\rangle_2\lvert\pm\rangle_4\lvert 1\rangle_5\lvert 0\rangle_6,\lvert 1\rangle_2\lvert\pm\rangle_4\lvert 1\rangle_5\lvert 0\rangle_6$
$\lvert\hat{1}\rangle$	$\lvert 0\rangle_2\lvert\pm\rangle_4\lvert 1\rangle_5\lvert 1\rangle_6,\lvert 1\rangle_2\lvert\pm\rangle_4\lvert 0\rangle_5\lvert 0\rangle_6$
	$\lvert 0\rangle_2\lvert\pm\rangle_4\lvert 0\rangle_5\lvert 1\rangle_6,\lvert 1\rangle_2\lvert\pm\rangle_4\lvert 0\rangle_5\lvert 1\rangle_6$
	$\lvert 0\rangle_2\lvert\pm\rangle_4\lvert 1\rangle_5\lvert 0\rangle_6,\lvert 1\rangle_2\lvert\pm\rangle_4\lvert 1\rangle_5\lvert 0\rangle_6$
$\lvert\hat{\oplus}\rangle$	$\lvert 0\rangle_2\lvert\pm\rangle_4\lvert 0\rangle_5\lvert 0\rangle_6,\lvert 1\rangle_2\lvert\pm\rangle_4\lvert 1\rangle_5\lvert 1\rangle_6$
	$\lvert 0\rangle_2\lvert\pm\rangle_4\lvert 1\rangle_5\lvert 1\rangle_6,\lvert 1\rangle_2\lvert\pm\rangle_4\lvert 0\rangle_5\lvert 0\rangle_6$
	$\lvert 0\rangle_2\lvert\pm\rangle_4\lvert 0\rangle_5\lvert 1\rangle_6,\lvert 1\rangle_2\lvert\pm\rangle_4\lvert 0\rangle_5\lvert 1\rangle_6$
	$\lvert 0\rangle_2\lvert\pm\rangle_4\lvert 1\rangle_5\lvert 0\rangle_6,\lvert 1\rangle_2\lvert\pm\rangle_4\lvert 1\rangle_5\lvert 0\rangle_6$
$\lvert\hat{\ominus}\rangle$	$\lvert 0\rangle_2\lvert\pm\rangle_4\lvert 1\rangle_5\lvert 1\rangle_6,\lvert 1\rangle_2\lvert\pm\rangle_4\lvert 0\rangle_5\lvert 0\rangle_6$
	$\lvert 0\rangle_2\lvert\pm\rangle_4\lvert 0\rangle_5\lvert 1\rangle_6,\lvert 1\rangle_2\lvert\pm\rangle_4\lvert 0\rangle_5\lvert 1\rangle_6$
	$\lvert 0\rangle_2\lvert\pm\rangle_4\lvert 1\rangle_5\lvert 0\rangle_6,\lvert 1\rangle_2\lvert\pm\rangle_4\lvert 1\rangle_5\lvert 0\rangle_6$

从表 2-1 中我们可以看出，当 Alice 发送$|\hat{0}\rangle$态和$|\hat{\oplus}\rangle$态时，Eve 能获取一部分测量结果，这些测量结果是测量$|\hat{1}$和$|\hat{\ominus}\rangle$时所不可能得到的，即$|0\rangle_2|\pm\rangle_4|0\rangle_5|0\rangle_6$和$|1\rangle_2|\pm\rangle_4|1\rangle_5|1\rangle_6$。这种信息泄露的本质原因可以由等式(2-7)表示。

$$\boldsymbol{\rho}_{2456}^{0}\neq\boldsymbol{\rho}_{2456}^{1},\boldsymbol{\rho}_{2456}^{0'}\neq\boldsymbol{\rho}_{2456}^{1'} \tag{2-7}$$

式中，$\boldsymbol{\rho}_{2456}^{0}$，$\boldsymbol{\rho}_{2456}^{1}$，$\boldsymbol{\rho}_{2456}^{0'}$和$\boldsymbol{\rho}_{2456}^{1'}$分别表示等式(2-3)～式(2-6)所示的量子系统的约化密度矩阵。如果将$|\hat{0}\rangle$与$|\hat{\oplus}\rangle$在$\boldsymbol{Z}_1\boldsymbol{Z}_2\boldsymbol{X}_3\boldsymbol{X}_4\boldsymbol{Z}_5\boldsymbol{Z}_6$和$\boldsymbol{X}_1\boldsymbol{Z}_2\boldsymbol{Z}_3\boldsymbol{X}_4\boldsymbol{Z}_5\boldsymbol{Z}_6$展开，可以发现$|0\rangle_2|\pm\rangle_4|0\rangle_5|0\rangle_6$与$|1\rangle_2|\pm\rangle_4|1\rangle_5|1\rangle_6$出现的概率都是 2/5。因此，如果 Eve 测量获得了这 4 个结果之一，那她就可以准确地判断若 Bob 选择了正确的测量基，则该位置的生密钥比特为“0”。由于 Alice 是随机发送 4 个量子态，发送$|\hat{0}\rangle$态和$|\hat{\oplus}\rangle$态的概率之和为 1/2，所以 Eve 能够获取有效信息的概率为$\frac{1}{2}\times\frac{2}{5}=\frac{1}{5}$。虽然 Eve 的攻击扰动了传输的 6 量子比特 DF 态，使这些态塌缩为直积态，但无论 Bob 选择哪一个单量子比特测量基序列，这些扰动都不会在 Bob 的测量结果中引入错误。

2.1.2 改进方案

1. 第一个改进方案

下面将给出一个 DF-BB84 协议的改进方案。参考 BB84 协议中用到的 4 个量子态($|0\rangle,|1\rangle,|+\rangle,|-\rangle$)，保留 DF-BB84 协议中的正交基$\{|\hat{0}\rangle,|\hat{1}\rangle\}$，而另一组正交基选择等式(2-8)所示的$\{|\hat{\varphi}_0\rangle,|\hat{\varphi}_1\rangle\}$替换了 DF-BB84 协议中的$\{|\hat{\oplus}\rangle,|\hat{\ominus}\rangle\}$。

$$|\hat{\varphi}_0\rangle=\frac{1}{\sqrt{2}}(|\hat{0}\rangle+|\hat{1}\rangle),|\hat{\varphi}_1\rangle=\frac{1}{\sqrt{2}}(|\hat{0}\rangle-|\hat{1}\rangle) \tag{2-8}$$

为了保留DF-BB84协议的优点，我们希望仍然采用单量子比特测量来区分正交态。然而，我们发现$|\hat{\varphi}_0\rangle$态和$|\hat{\varphi}_1\rangle$态不能通过固定的单量子比特测量序列可靠区分。幸运的是，已有研究表明任何两个正交态都可以由本地操作和经典通信(LOCC)辅助的单量子比特测量可靠区分[52]。也就是说可以利用条件单量子比特测量基序列可靠区分$|\hat{\varphi}_0\rangle$态和$|\hat{\varphi}_1\rangle$态。在这些序列里，一个量子比特的测量依赖于同一个态中前一个量子比特的测量结果。基于等式(2-9)和式(2-10)，可以获得符合条件的测量基序列，如表2-2所示。

$$
\begin{aligned}
|\hat{\varphi}_0\rangle=\frac{1}{4\sqrt{3}}\{&|0\rangle|+\rangle|0\rangle[|+\rangle(2|11\rangle-|01\rangle-|10\rangle)+|-\rangle(|01\rangle+|10\rangle)]\\
&+|0\rangle|-\rangle|0\rangle[|+\rangle(|01\rangle+|10\rangle)+|-\rangle(-2|11\rangle-|01\rangle-|10\rangle)]\\
&+|1\rangle|+\rangle|1\rangle[|+\rangle(-2|11\rangle+|01\rangle+|10\rangle)+|-\rangle(|01\rangle+|10\rangle)]\\
&+|1\rangle|-\rangle|1\rangle[|+\rangle(|01\rangle+|10\rangle)+|-\rangle(2|11\rangle+|01\rangle+|10\rangle)]\\
&+|0\rangle|+\rangle|1\rangle[|+\rangle(|a_0\rangle|c_0\rangle+|a_1\rangle|d_1\rangle)-|-\rangle(|+\rangle|+\rangle+|-\rangle|-\rangle)]\\
&+|0\rangle|-\rangle|1\rangle[-|+\rangle(|+\rangle|+\rangle+|-\rangle|-\rangle)+|-\rangle(|b_0\rangle|e_0\rangle+|b_1\rangle|f_1\rangle)]\\
&+|1\rangle|+\rangle|0\rangle[|+\rangle(|+\rangle|-\rangle+|-\rangle|+\rangle)+|-\rangle(|a_0\rangle|e_0\rangle+|a_1\rangle|f_1\rangle)]\\
&+|1\rangle|-\rangle|0\rangle[|+\rangle(|b_0\rangle|c_0\rangle+|b_1\rangle|d_1\rangle)+|-\rangle(|+\rangle|-\rangle+|-\rangle|+\rangle)]\}
\end{aligned}
\tag{2-9}
$$

以及

$$
\begin{aligned}
|\hat{\varphi}_1\rangle=\frac{1}{4\sqrt{3}}\{&2|0\rangle|+\rangle|0\rangle|-\rangle|11\rangle-2|0\rangle|-\rangle|0\rangle|+\rangle|11\rangle\\
&+2|1\rangle|+\rangle|1\rangle|-\rangle|00\rangle-2|1\rangle|-\rangle|1\rangle|+\rangle|00\rangle\\
&+|0\rangle|+\rangle|1\rangle[|+\rangle(|a_0\rangle|c_1\rangle+|a_1\rangle|d_0\rangle)-|-\rangle|+\rangle|-\rangle]\\
&+|0\rangle|-\rangle|1\rangle[-|+\rangle|-\rangle|+\rangle+|-\rangle(|b_0\rangle|e_1\rangle+|b_1\rangle|f_0\rangle)]\\
&+|1\rangle|+\rangle|0\rangle[-|+\rangle|-\rangle|-\rangle+|-\rangle(|a_0\rangle|e_1\rangle+|a_1\rangle|f_0\rangle)]\\
&+|1\rangle|-\rangle|0\rangle[|+\rangle(|b_0\rangle|c_1\rangle+|b_1\rangle|d_0\rangle)-|-\rangle|+\rangle|+\rangle]\}
\end{aligned}
\tag{2-10}
$$

其中，

$$|a_0\rangle=\frac{p}{p^2+q^2}|0\rangle+\frac{q}{p^2+q^2}|1\rangle \tag{2-11}$$

$$|a_1\rangle=\frac{q}{p^2+q^2}|0\rangle-\frac{p}{p^2+q^2}|1\rangle \tag{2-12}$$

$$|b_0\rangle=-\frac{p}{p^2+q^2}|0\rangle+\frac{q}{p^2+q^2}|1\rangle \tag{2-13}$$

$$|b_1\rangle=\frac{q}{p^2+q^2}|0\rangle+\frac{p}{p^2+q^2}|1\rangle \tag{2-14}$$

$$|c_0\rangle=p|0\rangle-q|1\rangle,\ |c_1\rangle=(p-q)|0\rangle-(p+q)|1\rangle \tag{2-15}$$

$$|d_0\rangle=(p+q)|0\rangle+(q-p)|1\rangle,\ |d_1\rangle=q|0\rangle+p|1\rangle \tag{2-16}$$

$$|e_0\rangle=-p|0\rangle-q|1\rangle,\ |e_1\rangle=(q-p)|0\rangle+(p+q)|1\rangle \tag{2-17}$$

$$|f_0\rangle=(p+q)|0\rangle+(p-q)|1\rangle,\ |f_1\rangle=q|0\rangle-p|1\rangle \tag{2-18}$$

式中，$p=\frac{\sqrt{2+\sqrt{2}}}{2}$，$q=\frac{\sqrt{2-\sqrt{2}}}{2}$。

表 2-2 用于可靠区分 $\vert\hat{\varphi}_0\rangle$ 与 $\vert\hat{\varphi}_1\rangle$ 的条件基序列

基	结果	基	结果	结论
$Z_1X_2Z_3X_4$	$\vert 0\rangle\vert +\rangle\vert 0\rangle\vert +\rangle$, $\vert 0\rangle\vert -\rangle\vert 0\rangle\vert -\rangle$	Z_5Z_6	$\vert 11\rangle$, $\vert 01\rangle$, $\vert 10\rangle$	$\vert\hat{\varphi}_0\rangle$
$Z_1X_2Z_3X_4$	$\vert 1\rangle\vert +\rangle\vert 1\rangle\vert +\rangle$, $\vert 1\rangle\vert -\rangle\vert 1\rangle\vert -\rangle$	Z_5Z_6	$\vert 00\rangle$, $\vert 01\rangle$, $\vert 10\rangle$	$\vert\hat{\varphi}_0\rangle$
$Z_1X_2Z_3X_4$	$\vert 0\rangle\vert +\rangle\vert 0\rangle\vert -\rangle$, $\vert 0\rangle\vert -\rangle\vert 0\rangle\vert +\rangle$	Z_5Z_6	$\vert 01\rangle$, $\vert 10\rangle$	$\vert\hat{\varphi}_0\rangle$
$Z_1X_2Z_3X_4$	$\vert 0\rangle\vert +\rangle\vert 0\rangle\vert -\rangle$, $\vert 0\rangle\vert -\rangle\vert 0\rangle\vert +\rangle$	Z_5Z_6	$\vert 11\rangle$	$\vert\hat{\varphi}_1\rangle$
$Z_1X_2Z_3X_4$	$\vert 1\rangle\vert +\rangle\vert 1\rangle\vert -\rangle$, $\vert 1\rangle\vert -\rangle\vert 1\rangle\vert +\rangle$	Z_5Z_6	$\vert 00\rangle$	$\vert\hat{\varphi}_1\rangle$
$Z_1X_2Z_3X_4$	$\vert 1\rangle\vert +\rangle\vert 1\rangle\vert -\rangle$, $\vert 1\rangle\vert -\rangle\vert 1\rangle\vert +\rangle$	Z_5Z_6	$\vert 01\rangle$, $\vert 10\rangle$	$\vert\hat{\varphi}_0\rangle$
$Z_1X_2Z_3X_4$	$\vert 0\rangle\vert +\rangle\vert 1\rangle\vert -\rangle$	X_5X_6	$\vert ++\rangle$, $\vert --\rangle$	$\vert\hat{\varphi}_0\rangle$
$Z_1X_2Z_3X_4$	$\vert 0\rangle\vert +\rangle\vert 1\rangle\vert -\rangle$	X_5X_6	$\vert +-\rangle$	$\vert\hat{\varphi}_1\rangle$
$Z_1X_2Z_3X_4$	$\vert 0\rangle\vert -\rangle\vert 1\rangle\vert +\rangle$	X_5X_6	$\vert -+\rangle$	$\vert\hat{\varphi}_1\rangle$
$Z_1X_2Z_3X_4$	$\vert 0\rangle\vert -\rangle\vert 1\rangle\vert +\rangle$	X_5X_6	$\vert ++\rangle$, $\vert --\rangle$	$\vert\hat{\varphi}_0\rangle$
$Z_1X_2Z_3X_4$	$\vert 1\rangle\vert +\rangle\vert 0\rangle\vert +\rangle$	X_5X_6	$\vert +-\rangle$, $\vert -+\rangle$	$\vert\hat{\varphi}_0\rangle$
$Z_1X_2Z_3X_4$	$\vert 1\rangle\vert +\rangle\vert 0\rangle\vert +\rangle$	X_5X_6	$\vert --\rangle$	$\vert\hat{\varphi}_1\rangle$
$Z_1X_2Z_3X_4$	$\vert 1\rangle\vert -\rangle\vert 0\rangle\vert -\rangle$	X_5X_6	$\vert ++\rangle$	$\vert\hat{\varphi}_1\rangle$
$Z_1X_2Z_3X_4$	$\vert 1\rangle\vert -\rangle\vert 0\rangle\vert -\rangle$	X_5X_6	$\vert --\rangle$	$\vert\hat{\varphi}_0\rangle$

基	结果	基	结果	基	结果	结论
$Z_1X_2Z_3X_4$	$\vert 0\rangle\vert +\rangle\vert 1\rangle\vert +\rangle$	A_5	$\vert a_0\rangle$	C_6	$\vert c_0\rangle$	$\vert\hat{\varphi}_0\rangle$
$Z_1X_2Z_3X_4$	$\vert 0\rangle\vert +\rangle\vert 1\rangle\vert +\rangle$	A_5	$\vert a_0\rangle$	C_6	$\vert c_1\rangle$	$\vert\hat{\varphi}_1\rangle$
$Z_1X_2Z_3X_4$	$\vert 0\rangle\vert +\rangle\vert 1\rangle\vert +\rangle$	A_5	$\vert a_1\rangle$	D_6	$\vert d_0\rangle$	$\vert\hat{\varphi}_1\rangle$
$Z_1X_2Z_3X_4$	$\vert 0\rangle\vert +\rangle\vert 1\rangle\vert +\rangle$	A_5	$\vert a_1\rangle$	D_6	$\vert d_1\rangle$	$\vert\hat{\varphi}_0\rangle$
$Z_1X_2Z_3X_4$	$\vert 0\rangle\vert -\rangle\vert 1\rangle\vert -\rangle$	B_5	$\vert b_0\rangle$	E_6	$\vert e_0\rangle$	$\vert\hat{\varphi}_0\rangle$
$Z_1X_2Z_3X_4$	$\vert 0\rangle\vert -\rangle\vert 1\rangle\vert -\rangle$	B_5	$\vert b_0\rangle$	E_6	$\vert e_1\rangle$	$\vert\hat{\varphi}_1\rangle$
$Z_1X_2Z_3X_4$	$\vert 0\rangle\vert -\rangle\vert 1\rangle\vert -\rangle$	B_5	$\vert b_1\rangle$	F_6	$\vert f_0\rangle$	$\vert\hat{\varphi}_1\rangle$
$Z_1X_2Z_3X_4$	$\vert 0\rangle\vert -\rangle\vert 1\rangle\vert -\rangle$	B_5	$\vert b_1\rangle$	F_6	$\vert f_1\rangle$	$\vert\hat{\varphi}_0\rangle$
$Z_1X_2Z_3X_4$	$\vert 1\rangle\vert +\rangle\vert 0\rangle\vert -\rangle$	A_5	$\vert a_0\rangle$	E_6	$\vert e_0\rangle$	$\vert\hat{\varphi}_0\rangle$
$Z_1X_2Z_3X_4$	$\vert 1\rangle\vert +\rangle\vert 0\rangle\vert -\rangle$	A_5	$\vert a_0\rangle$	E_6	$\vert e_1\rangle$	$\vert\hat{\varphi}_1\rangle$
$Z_1X_2Z_3X_4$	$\vert 1\rangle\vert +\rangle\vert 0\rangle\vert -\rangle$	A_5	$\vert a_1\rangle$	F_6	$\vert f_0\rangle$	$\vert\hat{\varphi}_1\rangle$
$Z_1X_2Z_3X_4$	$\vert 1\rangle\vert +\rangle\vert 0\rangle\vert -\rangle$	A_5	$\vert a_1\rangle$	F_6	$\vert f_1\rangle$	$\vert\hat{\varphi}_0\rangle$
$Z_1X_2Z_3X_4$	$\vert 0\rangle\vert +\rangle\vert 1\rangle\vert -\rangle$	B_5	$\vert b_0\rangle$	C_6	$\vert c_0\rangle$	$\vert\hat{\varphi}_0\rangle$
$Z_1X_2Z_3X_4$	$\vert 0\rangle\vert +\rangle\vert 1\rangle\vert -\rangle$	B_5	$\vert b_0\rangle$	C_6	$\vert c_1\rangle$	$\vert\hat{\varphi}_1\rangle$
$Z_1X_2Z_3X_4$	$\vert 0\rangle\vert +\rangle\vert 1\rangle\vert -\rangle$	B_5	$\vert b_1\rangle$	D_6	$\vert d_0\rangle$	$\vert\hat{\varphi}_1\rangle$
$Z_1X_2Z_3X_4$	$\vert 0\rangle\vert +\rangle\vert 1\rangle\vert -\rangle$	B_5	$\vert b_1\rangle$	D_6	$\vert d_1\rangle$	$\vert\hat{\varphi}0\rangle$

但是，DF-BB84 协议的一些特性在这一改进方案中没有体现，如量子比特置换的性质。因此要考虑是否能够实现一种保留 DF-BB84 协议所有优点的改进方案。同时，要尝试在更低维的 DF 子空间上实现这个目标，从而达到更高的效率。

2. 第二个改进方案

众所周知，量子态上最多可编码的比特数量依赖于这些量子态张成的空间的维度。因此在DF态上编码1比特经典信息则需要DF子空间至少是二维。所以，利用二维DF子空间上两组正交基实现了一种效率最高的改进方案。在二维DF子空间中最常见的一组正交基如下[42]。Bourennane等人利用参数下转换的极化纠缠光子首次在实验上生成了该正交基[45]。

$$\begin{cases} |\varphi_0\rangle=\dfrac{1}{2}(|0101\rangle_{1234}-|0110\rangle_{1234}-|1001\rangle_{1234}+|1010\rangle_{1234})=|\psi^-\rangle_{12}\otimes|\psi^-\rangle_{34} \\ |\varphi_1\rangle=\dfrac{1}{2\sqrt{3}}(|0011\rangle_{1234}-|0101\rangle_{1234}-|0110\rangle_{1234}-|1001\rangle_{1234}-|1010\rangle_{1234}+2|1100\rangle_{1234}) \end{cases} \tag{2-19}$$

如果分别置换等式(2-19)所示的两个态的第1和第4个量子比特，可以获得所需的另外一组正交基：

$$\begin{cases} |\varphi_0'\rangle=P_{1\leftrightarrow 4}|\varphi_0\rangle=|\psi^-\rangle_{42}\otimes|\psi^-\rangle_{31} \\ |\varphi_1'\rangle=P_{1\leftrightarrow 4}|\varphi_1\rangle=\dfrac{1}{\sqrt{3}}(_{|}\otimes|\varphi^+\rangle_{31}-|\phi^-\rangle_{42}\otimes|\phi^-\rangle_{31}-|\psi^+\rangle_{42}\otimes|\psi^+\rangle_{31}) \end{cases} \tag{2-20}$$

文献[45]已经证明了$|\varphi_0\rangle$和$|\varphi_1\rangle$可以由单量子比特测量序列可靠区分。所以单量子测量基序列$\boldsymbol{X}_1\boldsymbol{Z}_2\boldsymbol{X}_3\boldsymbol{Z}_4$和$\boldsymbol{Z}_1\boldsymbol{Z}_2\boldsymbol{X}_3\boldsymbol{X}_4$可以被用作改进方案中Bob随机选择的测量基。显然，$\boldsymbol{Z}_2\boldsymbol{X}_3$在两个测量基序列$\boldsymbol{Z}_1\boldsymbol{Z}_2\boldsymbol{X}_3\boldsymbol{X}_4$和$\boldsymbol{X}_1\boldsymbol{Z}_2\boldsymbol{X}_3\boldsymbol{Z}_4$下保持不变。本节，简称这个应用了4量子比特DF态的BB84改进方案为FQDF-BB84协议。该协议的具体步骤与BB84协议和DF-BB84协议类似，在这里就不赘述了。显然，FQDF-BB84协议最显著特点就是能够在集体噪声环境下分发密钥。

与Cabbello的DF-BB84协议相比，FQDF-BB84协议拥有更多优点。一方面，它的理论密钥生成率达到了12.5%，相比于DF-BB84协议的8.33%有了很大的提高。另一方面，FQDF-BB84协议不仅具备DF-BB84协议的所有优点，而且克服了它的安全缺陷。从等式(2-19)和式(2-20)中可以得出以下结论，即$|\varphi_0\rangle$、$|\varphi_1\rangle$、$|\varphi_0'\rangle$和$|\varphi_1'\rangle$在$\boldsymbol{Z}_2\boldsymbol{X}_3$测量下的约化密度矩阵是相等的：

$$\boldsymbol{\rho}_{23}^{\varphi_0}=\boldsymbol{\rho}_{23}^{\varphi_1}=\boldsymbol{\rho}_{23}^{\varphi_0'}=\boldsymbol{\rho}_{23}^{\varphi_1'} \tag{2-21}$$

其中，$\boldsymbol{\rho}_{23}^{\varphi_0}$，$\boldsymbol{\rho}_{23}^{\varphi_1}$，$\boldsymbol{\rho}_{23}^{\varphi_0'}$和$\boldsymbol{\rho}_{23}^{\varphi_1'}$表示等式(2-19)和式(2-20)所示系统的约化密度矩阵。因此，仅利用测量第2和第3个量子比特不可能可靠区分$|\varphi_0\rangle$、$|\varphi_1\rangle$、$|\varphi_0'\rangle$和$|\varphi_1'\rangle$。这个结论可以通过表2-3更直观地看出。

表2-3 用单量子比特测量基序列和分别测量$|\varphi_0\rangle$，$|\varphi_1\rangle$，$|\varphi_0'\rangle$和$|\varphi_1'\rangle$所获得的可能结果

态	$Z_1Z_2X_3X_4$ 基	$X_1Z_2X_3Z_4$ 基
$\|\varphi_0\rangle$	$\|0\rangle\|1\rangle\|+\rangle\|-\rangle,\|0\rangle\|1\rangle\|-\rangle\|+\rangle,$	$\|\pm\rangle\|0\rangle\|\pm\rangle\|1\rangle,\|\pm\rangle\|1\rangle\|\pm\rangle\|1\rangle,$
	$\|1\rangle\|0\rangle\|+\rangle\|-\rangle,\|1\rangle\|0\rangle\|-\rangle\|+\rangle.$	$\|\pm\rangle\|0\rangle\|\pm\rangle\|0\rangle,\|\pm\rangle\|1\rangle\|\pm\rangle\|0\rangle.$
$\|\varphi_1\rangle$	$\|0\rangle\|0\rangle\|\pm\rangle\|\pm\rangle,\|1\rangle\|1\rangle\|\pm\rangle\|\pm\rangle,$ $\|0\rangle\|1\rangle\|+\rangle\|+\rangle,\|0\rangle\|1\rangle\|-\rangle\|-\rangle,$ $\|1\rangle\|0\rangle\|+\rangle\|+\rangle,\|1\rangle\|0\rangle\|-\rangle\|-\rangle.$	$\|+\rangle\|0\rangle\|+\rangle\|0\rangle,\|-\rangle\|1\rangle\|-\rangle\|1\rangle,$ $\|\pm\rangle\|0\rangle\|\pm\rangle\|1\rangle,\|-\rangle\|0\rangle\|-\rangle\|0\rangle,$ $\|\pm\rangle\|1\rangle\|\pm\rangle\|0\rangle,\|+\rangle\|1\rangle\|+\rangle\|1\rangle.$

续表

态	$Z_1Z_2X_3X_4$ 基	$X_1Z_2X_3Z_4$ 基
$\|\varphi_0'\rangle$	$\|-\rangle\|1\rangle\|+\rangle\|0\rangle,\|+\rangle\|1\rangle\|-\rangle\|0\rangle,$	$\|0\rangle\|1\rangle\|\pm\rangle\|\pm\rangle,\|1\rangle\|1\rangle\|\pm\rangle\|\pm\rangle,$
	$\|0\rangle\|0\rangle\|\pm\rangle\|\pm\rangle,\|1\rangle\|0\rangle\|\pm\rangle\|\pm\rangle$	$\|-\rangle\|0\rangle\|+\rangle\|1\rangle,\|+\rangle\|0\rangle\|-\rangle\|1\rangle.$
$\|\varphi_1'\rangle$	$\|0\rangle\|0\rangle\|+\rangle\|+\rangle,\|1\rangle\|1\rangle\|-\rangle\|-\rangle,$	$\|\pm\rangle\|0\rangle\|\pm\rangle\|0\rangle,\|\pm\rangle\|1\rangle\|\pm\rangle\|1\rangle,$
	$\|0\rangle\|1\rangle\|\pm\rangle\|\pm\rangle,\|0\rangle\|0\rangle\|-\rangle\|-\rangle,$	$\|+\rangle\|0\rangle\|+\rangle\|1\rangle,\|-\rangle\|0\rangle\|-\rangle\|1\rangle,$
	$\|1\rangle\|0\rangle\|\pm\rangle\|\pm\rangle,\|1\rangle\|1\rangle\|+\rangle\|+\rangle.$	$\|+\rangle\|1\rangle\|+\rangle\|0\rangle,\|-\rangle\|1\rangle\|-\rangle\|0\rangle.$

下面采用一种更为严格的方法来证明 FQDF-BB84 协议的安全性。该协议的安全性显然依赖于量子比特传输的安全，根据 Stingspring dilation 原理[53]，Eve 的窃听被限制在 Alice 与 Bob 之间量子信道，该窃听可以由一个希尔伯特空间 $\boldsymbol{H}_B\otimes\boldsymbol{H}_E$ 上的酉变换$\hat{\boldsymbol{U}}$表示。因为单量子比特测量基序列 $\boldsymbol{Z}_1\boldsymbol{Z}_2\boldsymbol{X}_3\boldsymbol{X}_4$ 和 $\boldsymbol{X}_1\boldsymbol{Z}_2\boldsymbol{X}_3\boldsymbol{X}_4$ 中的第 2 和第 3 位的测量是相同的，所以对每个 DF 态的第 2 和第 3 个量子比特的最优攻击就是采用 $\boldsymbol{Z}_2\boldsymbol{X}_3$ 直接测量。对于传输的每一个 4 量子比特 DF 态，Eve 只需要继续考虑第 1 和第 4 个量子比特。Eve 分别在 $|\varphi_0\rangle$，$|\varphi_1\rangle$，$|\varphi_0'\rangle$和$|\varphi_1'\rangle$的第 1 和第 4 个量子比特上的窃听影响可以由下列等式表示：

$$\hat{\boldsymbol{U}}|0+\rangle|\varepsilon\rangle=|0+\rangle|\varepsilon_{00}^1\rangle+|0-\rangle|\varepsilon_{01}^1\rangle+|1+\rangle|\varepsilon_{10}^1\rangle+|1-\rangle|\varepsilon_{11}^1\rangle \tag{2-22}$$

$$\hat{\boldsymbol{U}}|0-\rangle|\varepsilon\rangle=|0+\rangle|\varepsilon_{00}^2\rangle+|0-\rangle|\varepsilon_{01}^2\rangle+|1+\rangle|\varepsilon_{10}^2\rangle+|1-\rangle|\varepsilon_{11}^2\rangle \tag{2-23}$$

$$\hat{\boldsymbol{U}}|1+\rangle|\varepsilon\rangle=|0+\rangle|\varepsilon_{00}^3\rangle+|0-\rangle|\varepsilon_{01}^3\rangle+|1+\rangle|\varepsilon_{10}^3\rangle+|1-\rangle|\varepsilon_{11}^3\rangle \tag{2-24}$$

$$\hat{\boldsymbol{U}}|1-\rangle|\varepsilon\rangle=|0+\rangle|\varepsilon_{00}^4\rangle+|0-\rangle|\varepsilon_{01}^4\rangle+|1+\rangle|\varepsilon_{10}^4\rangle+|1-\rangle|\varepsilon_{11}^4\rangle \tag{2-25}$$

$$\hat{\boldsymbol{U}}|+0\rangle|\varepsilon\rangle=\frac{1}{4}(|+0\rangle_{14}|\xi_{0000}\rangle+|+1\rangle_{14}|\xi_{0001}\rangle+|-0\rangle_{14}|\xi_{0010}\rangle+|-1\rangle_{14}|\xi_{0011}\rangle) \tag{2-26}$$

$$\hat{\boldsymbol{U}}|+1\rangle|\varepsilon\rangle=\frac{1}{4}(|+0\rangle_{14}|\xi_{0100}\rangle+|+1\rangle_{14}|\xi_{0101}\rangle+|-0\rangle_{14}|\xi_{0110}\rangle+|-1\rangle_{14}|\xi_{0111}\rangle) \tag{2-27}$$

$$\hat{\boldsymbol{U}}|-0\rangle|\varepsilon\rangle=\frac{1}{4}(|+0\rangle_{14}|\xi_{1000}\rangle+|+1\rangle_{14}|\xi_{1001}\rangle+|-0\rangle_{14}|\xi_{1010}\rangle+|-1\rangle_{14}|\xi_{1011}\rangle) \tag{2-28}$$

$$\hat{\boldsymbol{U}}|-1\rangle|\varepsilon\rangle=\frac{1}{4}(|+0\rangle_{14}|\xi_{1100}\rangle+|+1\rangle_{14}|\xi_{1101}\rangle+|-0\rangle_{14}|\xi_{1110}\rangle+|-1\rangle_{14}|\xi_{1111}\rangle) \tag{2-29}$$

其中，$|\varepsilon\rangle$是 Eve 附加在每一个 DF 态的第 1 和第 4 个量子比特上的态；$|\varepsilon_{ij}^k\rangle$ $(i,j\in\{0,1\},$ $k=1,2,3,4)$是由酉操作$\hat{\boldsymbol{U}}$唯一确定的纯态；且

$$\begin{aligned}|\xi_{0000}\rangle=&|\varepsilon_{00}^1\rangle+|\varepsilon_{00}^2\rangle+|\varepsilon_{00}^3\rangle+|\varepsilon_{00}^4\rangle+|\varepsilon_{01}^1\rangle+|\varepsilon_{01}^2\rangle+|\varepsilon_{01}^3\rangle+|\varepsilon_{01}^4\rangle\\&+|\varepsilon_{10}^1\rangle+|\varepsilon_{10}^2\rangle+|\varepsilon_{10}^3\rangle+|\varepsilon_{10}^4\rangle+|\varepsilon_{11}^1\rangle+|\varepsilon_{11}^2\rangle+|\varepsilon_{11}^3\rangle+|\varepsilon_{11}^4\rangle\end{aligned} \tag{2-30}$$

$$\begin{aligned}|\xi_{0001}\rangle=&|\varepsilon_{00}^1\rangle+|\varepsilon_{00}^2\rangle+|\varepsilon_{00}^3\rangle+|\varepsilon_{00}^4\rangle-|\varepsilon_{01}^1\rangle-|\varepsilon_{01}^2\rangle-|\varepsilon_{01}^3\rangle-|\varepsilon_{01}^4\rangle\\&+|\varepsilon_{10}^1\rangle+|\varepsilon_{10}^2\rangle+|\varepsilon_{10}^3\rangle+|\varepsilon_{10}^4\rangle-|\varepsilon_{11}^1\rangle-|\varepsilon_{11}^2\rangle-|\varepsilon_{11}^3\rangle-|\varepsilon_{11}^4\rangle\end{aligned} \tag{2-31}$$

$$|\xi_{0010}\rangle=|\varepsilon_{00}^{1}\rangle+|\varepsilon_{00}^{2}\rangle+|\varepsilon_{00}^{3}+|\varepsilon_{00}^{4}\rangle+|\varepsilon_{01}^{1}\rangle+|\varepsilon_{01}^{2}\rangle+|\varepsilon_{01}^{3}\rangle+|\varepsilon_{01}^{4}\rangle \\ -|\varepsilon_{10}^{1}\rangle-|\varepsilon_{10}^{2}\rangle-|\varepsilon_{10}^{3}\rangle-|\varepsilon_{10}^{4}\rangle-|\varepsilon_{11}^{1}\rangle-|\varepsilon_{11}^{2}\rangle-|\varepsilon_{11}^{3}\rangle-|\varepsilon_{11}^{4}\rangle \tag{2-32}$$

$$|\xi_{0011}\rangle=|\varepsilon_{00}^{1}\rangle+|\varepsilon_{00}^{2}\rangle+|\varepsilon_{00}^{3}\rangle+|\varepsilon_{00}^{4}\rangle-|\varepsilon_{01}^{1}\rangle-|\varepsilon_{01}^{2}\rangle-|\varepsilon_{01}^{3}\rangle-|\varepsilon_{01}^{4}\rangle \\ -|\varepsilon_{10}^{1}\rangle-|\varepsilon_{10}^{2}\rangle-|\varepsilon_{10}^{3}\rangle-|\varepsilon_{10}^{4}\rangle+|\varepsilon_{11}^{1}\rangle+|\varepsilon_{11}^{2}\rangle+|\varepsilon_{11}^{3}\rangle+|\varepsilon_{11}^{4}\rangle \tag{2-33}$$

$$|\xi_{0100}\rangle=|\varepsilon_{00}^{1}\rangle-|\varepsilon_{00}^{2}\rangle+|\varepsilon_{00}^{3}\rangle-|\varepsilon_{00}^{4}\rangle+|\varepsilon_{01}^{1}\rangle-|\varepsilon_{01}^{2}\rangle+|\varepsilon_{01}^{3}\rangle-|\varepsilon_{01}^{4}\rangle \\ +|\varepsilon_{10}^{1}\rangle-|\varepsilon_{10}^{2}\rangle+|\varepsilon_{10}^{3}\rangle-|\varepsilon_{10}^{4}\rangle+|\varepsilon_{11}^{1}\rangle-|\varepsilon_{11}^{2}\rangle+|\varepsilon_{11}^{3}\rangle-|\varepsilon_{11}^{4}\rangle \tag{2-34}$$

$$|\xi_{0101}\rangle=|\varepsilon_{00}^{1}\rangle-|\varepsilon_{00}^{2}\rangle+|\varepsilon_{00}^{3}\rangle-|\varepsilon_{00}^{4}\rangle-|\varepsilon_{01}^{1}\rangle+|\varepsilon_{01}^{2}\rangle-|\varepsilon_{01}^{3}\rangle+|\varepsilon_{01}^{4}\rangle \\ +|\varepsilon_{10}^{1}\rangle-|\varepsilon_{10}^{2}\rangle+|\varepsilon_{10}^{3}\rangle-|\varepsilon_{10}^{4}\rangle-|\varepsilon_{11}^{1}\rangle+|\varepsilon_{11}^{2}\rangle-|\varepsilon_{11}^{3}\rangle+|\varepsilon_{11}^{4}\rangle \tag{2-35}$$

$$|\xi_{0110}\rangle=|\varepsilon_{00}^{1}\rangle-|\varepsilon_{00}^{2}\rangle+|\varepsilon_{00}^{3}\rangle-|\varepsilon_{00}^{4}\rangle+|\varepsilon_{01}^{1}\rangle-|\varepsilon_{01}^{2}\rangle+|\varepsilon_{01}^{3}\rangle-|\varepsilon_{01}^{4}\rangle \\ -|\varepsilon_{10}^{1}\rangle+|\varepsilon_{10}^{2}\rangle-|\varepsilon_{10}^{3}\rangle+|\varepsilon_{10}^{4}\rangle-|\varepsilon_{11}^{1}\rangle+|\varepsilon_{11}^{2}\rangle-|\varepsilon_{11}^{3}\rangle+|\varepsilon_{11}^{4}\rangle \tag{2-36}$$

$$|\xi_{0111}\rangle=|\varepsilon_{00}^{1}\rangle-|\varepsilon_{00}^{2}\rangle+|\varepsilon_{00}^{3}\rangle-|\varepsilon_{00}^{4}\rangle-|\varepsilon_{01}^{1}\rangle+|\varepsilon_{01}^{2}\rangle-|\varepsilon_{01}^{3}\rangle+|\varepsilon_{01}^{4}\rangle \\ -|\varepsilon_{10}^{1}\rangle+|\varepsilon_{10}^{2}\rangle-|\varepsilon_{10}^{3}\rangle+|\varepsilon_{10}^{4}\rangle+|\varepsilon_{11}^{1}\rangle-|\varepsilon_{11}^{2}\rangle+|\varepsilon_{11}^{3}\rangle-|\varepsilon_{11}^{4}\rangle \tag{2-37}$$

$$|\xi_{1000}\rangle=|\varepsilon_{00}^{1}\rangle+|\varepsilon_{00}^{2}\rangle-|\varepsilon_{00}^{3}\rangle-|\varepsilon_{00}^{4}\rangle+|\varepsilon_{01}^{1}\rangle+|\varepsilon_{01}^{2}\rangle-|\varepsilon_{01}^{3}\rangle-|\varepsilon_{01}^{4}\rangle \\ +|\varepsilon_{10}^{1}\rangle+|\varepsilon_{10}^{2}\rangle-|\varepsilon_{10}^{3}\rangle-|\varepsilon_{10}^{4}\rangle+|\varepsilon_{11}^{1}\rangle+|\varepsilon_{11}^{2}\rangle-|\varepsilon_{11}^{3}\rangle-|\varepsilon_{11}^{4}\rangle \tag{2-38}$$

$$|\xi_{1001}\rangle=|\varepsilon_{00}^{1}\rangle+|\varepsilon_{00}^{2}\rangle-|\varepsilon_{00}^{3}\rangle-|\varepsilon_{00}^{4}\rangle-|\varepsilon_{01}^{1}\rangle-|\varepsilon_{01}^{2}\rangle+|\varepsilon_{01}^{3}\rangle+|\varepsilon_{01}^{4}\rangle \\ +|\varepsilon_{10}^{1}\rangle+|\varepsilon_{10}^{2}\rangle-|\varepsilon_{10}^{3}\rangle-|\varepsilon_{10}^{4}\rangle-|\varepsilon_{11}^{1}\rangle-|\varepsilon_{11}^{2}\rangle+|\varepsilon_{11}^{3}\rangle+|\varepsilon_{11}^{4}\rangle \tag{2-39}$$

$$|\xi_{1010}\rangle=|\varepsilon_{00}^{1}\rangle+|\varepsilon_{00}^{2}\rangle-|\varepsilon_{00}^{3}\rangle-|\varepsilon_{00}^{4}\rangle+|\varepsilon_{01}^{1}\rangle+|\varepsilon_{01}^{2}\rangle-|\varepsilon_{01}^{3}\rangle-|\varepsilon_{01}^{4}\rangle \\ -|\varepsilon_{10}^{1}\rangle-|\varepsilon_{10}^{2}\rangle+|\varepsilon_{10}^{3}\rangle+|\varepsilon_{10}^{4}\rangle-|\varepsilon_{11}^{1}\rangle-|\varepsilon_{11}^{2}\rangle+|\varepsilon_{11}^{3}\rangle+|\varepsilon_{11}^{4}\rangle \tag{2-40}$$

$$|\xi_{1011}\rangle=|\varepsilon_{00}^{1}\rangle+|\varepsilon_{00}^{2}\rangle-|\varepsilon_{00}^{3}\rangle-|\varepsilon_{00}^{4}\rangle-|\varepsilon_{01}^{1}\rangle-|\varepsilon_{01}^{2}\rangle+|\varepsilon_{01}^{3}\rangle+|\varepsilon_{01}^{4}\rangle \\ -|\varepsilon_{10}^{1}\rangle-|\varepsilon_{10}^{2}\rangle+|\varepsilon_{10}^{3}\rangle+|\varepsilon_{10}^{4}\rangle+|\varepsilon_{11}^{1}\rangle+|\varepsilon_{11}^{2}\rangle-|\varepsilon_{11}^{3}\rangle-|\varepsilon_{11}^{4}\rangle \tag{2-41}$$

$$|\xi_{1100}\rangle=|\varepsilon_{00}^{1}\rangle-|\varepsilon_{00}^{2}\rangle-|\varepsilon_{00}^{3}\rangle+|\varepsilon_{00}^{4}\rangle+|\varepsilon_{01}^{1}\rangle-|\varepsilon_{01}^{2}\rangle-|\varepsilon_{01}^{3}\rangle+|\varepsilon_{01}^{4}\rangle \\ +|\varepsilon_{10}^{1}\rangle-|\varepsilon_{10}^{2}\rangle-|\varepsilon_{10}^{3}\rangle+|\varepsilon_{10}^{4}\rangle+|\varepsilon_{11}^{1}\rangle-|\varepsilon_{11}^{2}\rangle-|\varepsilon_{11}^{3}\rangle+|\varepsilon_{11}^{4}\rangle \tag{2-42}$$

$$|\xi_{1101}\rangle=|\varepsilon_{00}^{1}\rangle-|\varepsilon_{00}^{2}\rangle-|\varepsilon_{00}^{3}\rangle+|\varepsilon_{00}^{4}\rangle-|\varepsilon_{01}^{1}\rangle+|\varepsilon_{01}^{2}\rangle+|\varepsilon_{01}^{3}\rangle-|\varepsilon_{01}^{4}\rangle \\ +|\varepsilon_{10}^{1}\rangle-|\varepsilon_{10}^{2}\rangle-|\varepsilon_{10}^{3}\rangle+|\varepsilon_{10}^{4}\rangle-|\varepsilon_{11}^{1}\rangle+|\varepsilon_{11}^{2}\rangle+|\varepsilon_{11}^{3}\rangle-|\varepsilon_{11}^{4}\rangle \tag{2-43}$$

$$|\xi_{1110}\rangle=|\varepsilon_{00}^{1}\rangle-|\varepsilon_{00}^{2}\rangle-|\varepsilon_{00}^{3}\rangle+|\varepsilon_{00}^{4}\rangle+|\varepsilon_{01}^{1}\rangle-|\varepsilon_{01}^{2}\rangle-|\varepsilon_{01}^{3}\rangle+|\varepsilon_{01}^{4}\rangle \\ -|\varepsilon_{10}^{1}\rangle+|\varepsilon_{10}^{2}\rangle+|\varepsilon_{10}^{3}\rangle-|\varepsilon_{10}^{4}\rangle-|\varepsilon_{11}^{1}\rangle+|\varepsilon_{11}^{2}\rangle+|\varepsilon_{11}^{3}\rangle-|\varepsilon_{11}^{4}\rangle \tag{2-44}$$

$$|\xi_{1111}\rangle=|\varepsilon_{00}^{1}\rangle-|\varepsilon_{00}^{2}\rangle-|\varepsilon_{00}^{3}\rangle+|\varepsilon_{00}^{4}\rangle-|\varepsilon_{01}^{1}\rangle+|\varepsilon_{01}^{2}\rangle+|\varepsilon_{01}^{3}\rangle-|\varepsilon_{01}^{4}\rangle \\ -|\varepsilon_{10}^{1}\rangle+|\varepsilon_{10}^{2}\rangle+|\varepsilon_{10}^{3}\rangle-|\varepsilon_{10}^{4}\rangle+|\varepsilon_{11}^{1}\rangle-|\varepsilon_{11}^{2}\rangle-|\varepsilon_{11}^{3}\rangle+|\varepsilon_{11}^{4}\rangle \tag{2-45}$$

显然$|\varepsilon_{ij}^{k}\rangle$ $(i,j\in\{0,1\},k=1,2,3,4)$必须满足关系$\hat{\boldsymbol{U}}^{\dagger}\hat{\boldsymbol{U}}=\boldsymbol{I}$，即

$$\begin{cases}\sum_{k=1}^{4}\langle\varepsilon_{ij}^{k}\mid\varepsilon_{ij}^{k}\rangle=1,\text{ 其中 } i,j\in\{0,1\}\\ \sum_{k=0}^{4}\langle\varepsilon_{ij}^{k}\mid\varepsilon_{mn}^{k}\rangle-\sum_{l=1}^{4}\langle\varepsilon_{ij}^{l}\mid\varepsilon_{ij}^{l}\rangle=0,\text{其中 } i,j,m,n\in\{0,1\}.\end{cases} \tag{2-46}$$

在 Eve 的窃听下，等式(2-11)和式(2-12)所示的量子系统可以被重新表示为

$$\hat{\boldsymbol{U}}|\varphi_0\rangle|\varepsilon\rangle=\frac{1}{2}[|1-\rangle_{23}(1+\rangle_{14}||\varepsilon_{00}^{1}\rangle+|0-\rangle_{14}|\varepsilon_{01}^{1}\rangle+|1+\rangle_{14}|\varepsilon_{10}^{1}\rangle+|1-\rangle_{14}|\varepsilon_{11}^{1}\rangle) \\ -|1+\rangle_{23}(|0+\rangle_{14}|\varepsilon_{00}^{2}\rangle+|0-\rangle_{14}|\varepsilon_{01}^{2}\rangle+|1+\rangle_{14}|\varepsilon_{10}^{2}\rangle+|1-\rangle_{14}|\varepsilon_{11}^{2}\rangle) \\ -|0-\rangle_{23}(|0+\rangle_{14}|\varepsilon_{00}^{3}\rangle+|0-\rangle_{14}|\varepsilon_{01}^{3}\rangle+|1+\rangle_{14}|\varepsilon_{10}^{3}\rangle+|1-\rangle_{14}|\varepsilon_{11}^{3}\rangle)$$

$$+|0+\rangle_{23}(|0+\rangle_{14}|\varepsilon_{00}^{4}\rangle+|0-\rangle_{14}|\varepsilon_{01}^{4}\rangle+|1+\rangle_{14}|\varepsilon_{10}^{4}\rangle+|1-\rangle_{14}|\varepsilon_{11}^{4}\rangle)] \quad (2\text{-}47)$$

$$\hat{U}|\varphi_1\rangle|\varepsilon\rangle=\frac{1}{2\sqrt{3}}[(|0+\rangle-|0-\rangle-|1+\rangle)_{23}(|0+\rangle_{14}|\varepsilon_{00}^{1}\rangle+|0-\rangle_{14}|\varepsilon_{01}^{1}\rangle+|1+\rangle_{14}|\varepsilon_{10}^{1}\rangle+$$
$$|1-\rangle_{14}|\varepsilon_{11}^{1}\rangle)+(|0-\rangle-|0+\rangle+|1-\rangle)_{23}(|0-\rangle_{14}|\varepsilon_{01}^{2}\rangle+|1+\rangle_{14}|\varepsilon_{10}^{2}\rangle+|1-\rangle_{14}|\varepsilon_{11}^{2}\rangle+$$
$$|0+\rangle_{14}|\varepsilon_{00}^{2}\rangle)+(|1+\rangle+|1-\rangle-|0+\rangle)_{23}(|1+\rangle_{14}|\varepsilon_{10}^{3}\rangle+|1-\rangle_{14}|\varepsilon_{11}^{3}\rangle+|0+\rangle_{14}|\varepsilon_{00}^{3}\rangle$$
$$+|0-\rangle_{14}|\varepsilon_{01}^{3}\rangle)+(|0-\rangle+|1+\rangle+|1-\rangle)_{23}(|1-\rangle_{14}|\varepsilon_{11}^{4}\rangle+|0+\rangle_{14}|\varepsilon_{00}^{4}\rangle+|0-\rangle_{14}|\varepsilon_{01}^{4}\rangle$$
$$+|1+\rangle_{14}|\varepsilon_{10}^{4}\rangle)]$$

(2-48)

$$\hat{U}|\varphi_0'\rangle|\varepsilon\rangle=\frac{1}{8}[|1-\rangle_{23}(1+0\rangle_{14}|\xi_{0000}\rangle+|+1\rangle_{14}|\xi_{0001}\rangle+|-0\rangle_{14}|\xi_{0010}\rangle+|-1\rangle_{14}|\xi_{0011}\rangle)$$
$$-|1+\rangle_{23}(|1+0\rangle_{14}|\xi_{0100}\rangle+|+1\rangle_{14}|\xi_{0101}\rangle+|-0\rangle_{14}|\xi_{0110}\rangle+|-1\rangle_{14}|\xi_{0111}\rangle)$$
$$-|0-\rangle_{23}(|1+0\rangle_{14}|\xi_{1000}\rangle+|+1\rangle_{14}|\xi_{1001}\rangle+|-0\rangle_{14}|\xi_{1010}\rangle+|-1\rangle_{14}|\xi_{1011}\rangle)$$
$$+|0+\rangle_{23}(|+0\rangle_{14}|\xi_{1100}\rangle+|+1\rangle_{14}|\xi_{1101}\rangle+|-0\rangle_{14}|\xi_{1110}\rangle+|-1\rangle_{14}|\xi_{1111}\rangle)] \quad (2\text{-}49)$$

$$\hat{U}|\varphi_1'\rangle|\varepsilon\rangle=\frac{1}{8\sqrt{3}}[(|0+\rangle-|0-\rangle-|1+\rangle)_{23}(|+0\rangle_{14}|\xi_{0000}\rangle+|+1\rangle_{14}|\xi_{0001}\rangle+|-0\rangle_{14}|\xi_{0010}\rangle$$
$$+|-1\rangle_{14}|\xi_{0011}\rangle)+(|0-\rangle-|0+\rangle+|1-\rangle)_{23}(|+0\rangle_{14}|\xi_{0100}\rangle+|+1\rangle_{14}|\xi_{0101}\rangle+|-0\rangle_{14}|\xi_{0110}\rangle$$
$$+|-1\rangle_{14}|\xi_{0111}\rangle)+(|1+\rangle+|1-\rangle-|0+\rangle)_{23}(|+0\rangle_{14}|\xi_{1000}\rangle+|+1\rangle_{14}|\xi_{1001}\rangle+|-0\rangle_{14}|\xi_{1010}\rangle$$
$$+|-1\rangle_{14}|\xi_{1011}\rangle)+(|0-\rangle+|1+\rangle+|1-\rangle)_{23}(|+0\rangle_{14}|\xi_{1100}\rangle+|+1\rangle_{14}|\xi_{1101}\rangle+|-0\rangle_{14}|\xi_{1110}\rangle$$
$$+|-1\rangle_{14}|\xi_{1111}\rangle)]$$

(2-50)

对每一个被窃听的 4 量子比特 DF 态来说，Eve 的攻击都会分别以如下概率引入错误：

$$P_e^{\varphi_0}=1-\frac{1}{4}(\langle\varepsilon_{00}^{1}|\varepsilon_{00}^{1}\rangle+\langle\varepsilon_{01}^{2}|\varepsilon_{01}^{2}\rangle+\langle\varepsilon_{10}^{3}|\varepsilon_{10}^{3}\rangle+\langle\varepsilon_{11}^{4}|\varepsilon_{11}^{4}\rangle), \quad (2\text{-}51)$$

$$P_e^{\varphi_1}=\frac{1}{12}(\langle\varepsilon_{11}^{1}|\varepsilon_{11}^{1}\rangle+\langle\varepsilon_{11}^{2}|\varepsilon_{11}^{2}\rangle+\langle\varepsilon_{11}^{3}|\varepsilon_{11}^{3}\rangle-2\langle\varepsilon_{11}^{1}|\varepsilon_{11}^{2}\rangle-\langle\varepsilon_{11}^{1}|\varepsilon_{11}^{3}\rangle+2\langle\varepsilon_{11}^{2}|\varepsilon_{11}^{3}\rangle+\langle\varepsilon_{10}^{1}|\varepsilon_{10}^{1}\rangle$$
$$+\langle\varepsilon_{10}^{2}|\varepsilon_{10}^{2}\rangle+\langle\varepsilon_{10}^{4}|\varepsilon_{10}^{4}\rangle-2\langle\varepsilon_{10}^{1}|\varepsilon_{10}^{2}\rangle-2\langle\varepsilon_{10}^{1}|\varepsilon_{10}^{4}\rangle+2\langle\varepsilon_{10}^{2}|\varepsilon_{10}^{4}\rangle+\langle\varepsilon_{01}^{1}|\varepsilon_{01}^{1}\rangle+\langle\varepsilon_{01}^{3}|\varepsilon_{01}^{3}\rangle$$
$$+\langle\varepsilon_{01}^{4}|\varepsilon_{01}^{4}\rangle-2\langle\varepsilon_{01}^{1}|\varepsilon_{01}^{3}\rangle-2\langle\varepsilon_{01}^{1}|\varepsilon_{01}^{4}\rangle+2\langle\varepsilon_{01}^{3}|\varepsilon_{01}^{4}\rangle+\langle\varepsilon_{00}^{2}|\varepsilon_{00}^{2}\rangle+\langle\varepsilon_{00}^{3}|\varepsilon_{00}^{3}\rangle+\langle\varepsilon_{00}^{4}|\varepsilon_{00}^{4}\rangle$$
$$+2\langle\varepsilon_{00}^{2}|\varepsilon_{00}^{3}\rangle+2\langle\varepsilon_{00}^{2}|\varepsilon_{00}^{4}\rangle+2\langle\varepsilon_{00}^{3}|\varepsilon_{00}^{4}\rangle)$$

(2-52)

$$P_e^{\varphi_0'}=1-\frac{1}{64}(\langle\xi_{0000}|\xi_{0000}\rangle+\langle\xi_{0101}|\xi_{0101}\rangle+\langle\xi_{1010}|\xi_{1010}\rangle+\langle\xi_{1111}|\xi_{1111}\rangle) \quad (2\text{-}53)$$

$$P_e^{\varphi_1'}=\frac{1}{192}(\langle\xi_{0011}|\xi_{0011}\rangle+\langle\xi_{0100}|\xi_{0100}\rangle+\langle\xi_{10141}|\xi_{1011}\rangle-2\langle\xi_{0011}|\xi_{0110}\rangle-2\langle\xi_{0011}|\xi_{1011}\rangle$$
$$+2\langle\xi_{0110}|\xi_{1011}\rangle+\langle\xi_{0010}|\xi_{0010}\rangle+\langle\xi_{0110}|\xi_{0110}\rangle+\langle\xi_{1110}|\xi_{1110}\rangle-2\langle\xi_{0010}|\xi_{0110}\rangle-2\langle\xi_{0010}|\xi_{1110}\rangle$$
$$+2\langle\xi_{0110}|\xi_{1110}\rangle+\langle\xi_{0001}^{1}|\xi_{0001}\rangle+\langle\xi_{1001}|\xi_{1001}\rangle+\langle\xi_{1101}|\xi_{1101}\rangle-2\langle\xi_{0001}|\xi_{1001}\rangle-2\langle\xi_{0001}|\xi_{1101}\rangle$$
$$+2\langle\xi_{1001}|\xi_{1101}\rangle+\langle\xi_{0100}|\xi_{0100}\rangle+\langle\xi_{1000}|\xi_{1000}\rangle+\langle\xi_{1100}|\xi_{1100}\rangle+2\langle\xi_{0100}|\xi_{1000}\rangle+2\langle\xi_{0100}|\xi_{1100}\rangle$$
$$+2\langle\xi_{1000}|\xi_{1100}\rangle)$$

(2-54)

Eve 必须防止 Alice 和 Bob 通过不同量子态的错误率差异发现窃听，因此

$$P_e^{\varphi_0}=P_e^{\varphi_1}=P_e^{\varphi_0'}=P_e^{\varphi_1'} \quad (2\text{-}55)$$

若 Eve 试图窃听成功，在理想条件下错误率 $P_e^{\varphi_0}$，$P_e^{\varphi_1}$，$P_e^{\varphi_0'}$ 和 $P_e^{\varphi_1'}$ 必须等于 0 才能避免被检测到。从而可得到等式(2-56)。

$$\begin{cases} |\varepsilon_{00}^1\rangle = |\varepsilon_{01}^2\rangle = |\varepsilon_{10}^3\rangle = |\varepsilon_{11}^4\rangle \\ |\varepsilon_{00}^2\rangle = |\varepsilon_{00}^3\rangle = |\varepsilon_{00}^4\rangle = 0 \\ |\varepsilon_{01}^1\rangle = |\varepsilon_{01}^3\rangle = |\varepsilon_{01}^4\rangle = 0 \\ |\varepsilon_{10}^1\rangle = |\varepsilon_{10}^2\rangle = |\varepsilon_{10}^4\rangle = 0 \\ |\varepsilon_{11}^1\rangle = |\varepsilon_{11}^2\rangle = |\varepsilon_{11}^3\rangle = 0 \end{cases} \tag{2-56}$$

结合等式(2-56)所示的关系，可以将等式(2-47)～式(2-50)所示的量子系统重新表示为一个 Eve 的附加态$|\varepsilon_{00}^1\rangle$与初始量子系统($|\varphi_0\rangle$，$|\varphi_1\rangle$，$|\varphi_0'\rangle$和$|\varphi_1'\rangle$)的直积形式。这意味着如果 Eve 试图不被检测到，那她的窃听不会对整个量子系统产生任何影响。换句话说，Eve 能够获得有效信息的窃听行为都将被检测到。这充分证明了能够抵抗集体噪声的 FQDF-BB84 协议是安全的。

2.1.3 结束语

本节证明了窃听者可以窃取到 DF-BB84 协议中的部分有效信息而不被检测到。这种信息泄露的本质可以被归结为在不变基的测量下，4 种量子态的约化密度矩阵并不完全相等。随后提出了 2 种克服该安全缺陷的改进方案。特别地，第 2 种改进方案，即 FQDF-BB84 协议，不仅保留了原始的 DF-BB84 协议的全部优点，而且具有更高的效率。

2.2 高效的反事实量子密钥分发方案

最近，Noh 在“无相互作用测量”[55-58] 的启发下，提出了一种基于量子反事实效应的 QKD 协议[36]（下文简称为 N09 协议）。Noh 的协议与以往所有 QKD 协议的传统粒子传输方案完全不同。由于 N09 协议中的筛选密钥完全来自于未在量子信道中真正传输的那些光子，所以理论上所有密钥都来自于没有被 Eve 窃听的光子。从安全性的角度来说，Noh 的这种利用量子反事实效应分发密钥的方法很具有吸引力。但是 N09 协议在理想条件下的效率最大只能达到 12.5%，并不令人满意。

本节，在此基础上给出了一个效率更高的改进协议。

2.2.1 反事实 QKD 协议原理

下面结合图 2-1 回顾一下 N09 协议的关键步骤。图 2-1 给出了 N09 协议的整个过程。首先，Alice 触发单光子源 S 发射含有一个单光子的短脉冲。她随机制备这个光子的状态 $|\psi\rangle$为水平极化态$|H\rangle$（代表 0）或垂直极化态$|V\rangle$（代表 1）。

经过光循环器 C，这个脉冲被一个分束器 BS 分裂成两路：a 与 b。此时，整个量子系统的状态演化为

$$|\varphi\rangle = \sqrt{t}\,|0\rangle_a |\psi\rangle_b + i\sqrt{r}\,|\psi\rangle_a |0\rangle_b \tag{2-57}$$

式中，r 和 $t=1-r$ 分别是分束器 BS 的反射率和透射率，$|0\rangle$代表控制态，下标 $a(b)$ 表示该量子态沿路径 $a(b)$ 传输。只有沿路径 b 传输的分裂脉冲才通过公共量子信道发送给 Bob。

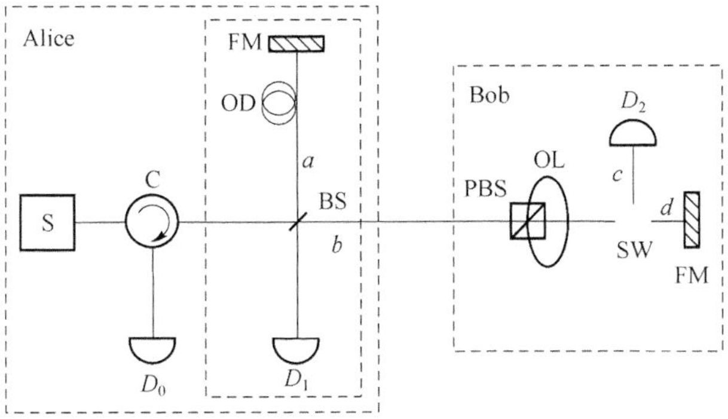

图 2-1 N09 协议原理图

在 Bob 这一端，若量子态的初态为 $|H\rangle$，则分裂脉冲通过极化分束器(PBS)；若量子态的初态为 $|H\rangle$，则分裂脉冲通过极化分束器(PBS)，否则它被 PBS 反射经过光环路(OL)。从图 2-1 中可以看出不同的极化状态到达图中高速光开关 SW 的时间是不同的。因此，Bob 能够通过控制开关时间选择使何种极化态进入探测器 D_2。选择使 $|H\rangle$($|V\rangle$)进入 D_2 代表 Bob 选择了比特"0"("1")。当 Alice 与 Bob 选择了相同的比特值时，这个量子系统会发生如下演化

$$\begin{aligned}|\phi_s\rangle &= \sqrt{t}\,|0\rangle_a|\psi\rangle_b + i\sqrt{r}(\sqrt{t}\,|\psi\rangle_e|0\rangle_f + i\sqrt{r}\,|0\rangle_e|\psi\rangle_f) \\ &= \sqrt{t}\,|0\rangle_a|\psi\rangle_b + i\sqrt{rt}\,|\psi\rangle_e|0\rangle_f - r|0\rangle_e|\psi\rangle_f \end{aligned} \tag{2-58}$$

因此会出现三种不同的可能情况：

(1) 单光子存在于由路径 b 传输的分裂脉冲中，并触发了探测器 D_2，这种情况发生的概率为 t；

(2) 单光子存在于由路径 a 传输的分裂脉冲中，并触发了探测器 D_1，这种情况发生的概率为 rt；

(3) 单光子存在于由路径 a 传输的分裂脉冲中，并触发了探测器 D_0，这种情况发生的概率为 r^2。

如果双方选择了不同的比特值，则 Bob 端的脉冲不会由开关控制进入 D_2，而是通过法拉第镜(FM)被反射回到 Alice 端的 BS 处。在光学延时(OD)的控制下，由单光子脉冲分裂获得的两部分能够同时返回 BS，发生干涉，形成完整的单光子脉冲。但当 $r\neq t$，当且仅当在两路分裂的脉冲返回 BS 前对其中一路相移 π 才会发生这种确定的干涉[59]。这可以通过一个极化独立的相位调制器(PM)实现，图中省略了这一点。假设相移 π 在路径 b 的分裂脉冲在返回 BS 前被引入。这个过程可以表示为

$$\begin{aligned}|\phi_d\rangle &= -\sqrt{t}(\sqrt{t}\,|0\rangle_e|\psi\rangle_f + i\sqrt{r}\,|\psi\rangle_e|0\rangle_f) + i\sqrt{r}(\sqrt{t}\,|\rangle\psi_e|0\rangle_f + i\sqrt{r}\,|0\rangle_e|\psi\rangle_f) \\ &= -|0\rangle_e|\psi\rangle_f \end{aligned} \tag{2-59}$$

显然，这种情况下，单光子将唯一地触发探测器 D_0。协议的最后，Alice 与 Bob 公布哪些探测器响应了。当且仅当只有探测器 D_1 响应，且测量结果与 Alice 制备的初态相同，这个测量结果对应的比特值才被用于生成密钥。其他结果用于检测窃听。

考虑理想条件并且忽略那些用于检测光子传输错误率的粒子，N09 协议的密钥生成率为 $R_{N09}=rt/2$，该值在 $r=t=0.5$ 时达到最大值 12.5%。在相同的条件下，BB84 协议的密

钥生成率为 $R_{BB84}=25\%$。与 BB84 协议相比，N09 协议的效率并不令人满意，尽管它具有良好的安全性优势。下面，将讨论如何改进这个反事实 QKD 协议，使之获得更高的效率。

2.2.2 改进的高效的反事实 QKD 协议

我们通过在原 N09 协议的 QKD 系统中加入一个模块来提高整个协议的效率。如图 2-2 所示，该模块由一个红色虚线框标注。

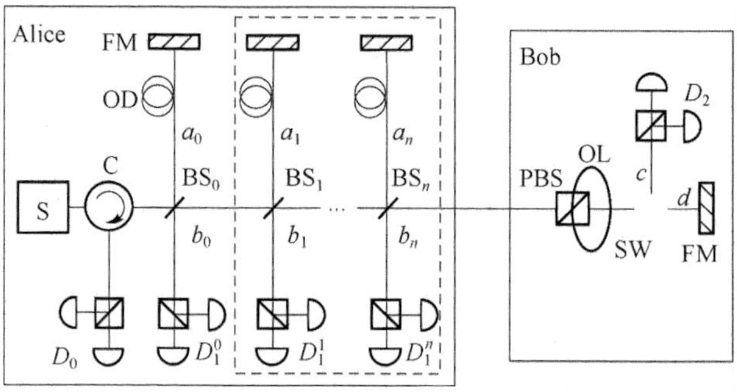

图 2-2 反事实 QKD 协议改进方案原理图

从图 2-2 中，可以看到这个增加的模块（记为 M_{add}）实际上是图 2-1 点线框所圈出部分的 n 次重复。而且无论 n 为多大，M_{add} 的基本工作原理与图 2-1 的圈出部分都是相同的。为了清楚地介绍改进方案，首先以 $n=1$ 为例来说明。一个进入迈克尔逊型干涉仪的单光子脉冲被第一个分束器 BS_0 分裂为两部分 a_0 和 b_0。接下来脉冲分量 b_0 又被第二个分束器 BS_1 分裂为两部分 a_1 和 b_1。最后只有脉冲分量 b_1 被发送给 Bob。如果 Alice 与 Bob 选择了不同的比特值，b_1 会被反射回来，在 BS_1 处与 a_1 重新结合，继而在 BS_0 处与 a_0 重新结合。理想情况下，D_0 能确定地探测到光子。另一方面，如果 Alice 与 Bob 选择了相同的比特值，脉冲分量 b_1 滞留在 Bob 处，原单光子脉冲的干涉被破坏。D_1^0 与 D_1^1 探测到光子的总概率是 $p_1^1(t_0,t_1)$（为了简便，记作 p_1^1），其中 t_0 和 t_1 分别是 BS_0 和 BS_1 的透射率。最后 D_1^0 与 D_1^1 探测到光子的情况被用于建立密钥。理论上 D_1^0 与 D_1^1 响应的总概率为

$$\begin{aligned}p_1^1(t_0,t_1)&=1-p_0^1(t_0,t_1)-p_2^1(t_0,t_1)\\&=1-(r_0r_0+t_0r_1r_1t_0)-t_0t_1\\&=1-t_0t_1-(1-t_0)2-(t_0)^2(1-t_1)^2\end{aligned}\tag{2-60}$$

式中，$p_0^1(t_0,t_1)$ 与 $p_2^1(t_0,t_1)$ 分别是探测器 D_0 与 D_2 响应的概率；$r_0=1-t_0$ 和 $r_1=1-t_1$ 分别表示分束器 BS_0 和 BS_1 的反射率。

在这种情况下，由一个单光子脉冲传送的平均信息量可以计算为

$$I_1(A;B)=-\frac{p_1^1}{2}\log_2\frac{1}{2}=\frac{p_1^1}{2}\tag{2-61}$$

众所周知，$I_1(A;B)$ 的值越大表示协议的平均信息量越大。图 2-3 给出了这个平均信息量的值与 Alice 的分束器参数的关系。从这个图中，可以看出，$I_1(A;B)$ 在 $t_0=0.5$ 且 $t_1=0$ 处达到最大值 0.25。换句话说，当 $n=1$ 时，平均一个单光子脉冲理想情况下能够传输 0.25 比特的信息。

上述最优结果是在分束器 BS_1 的透射率 t_1 趋于 0 的条件下获得的。在实际应用中，

$t_1=0$则表示没有脉冲分量发送给 Bob。显然,这种情况下 Alice 与 Bob 之间的比特选择是没有关联的,不可能用于生成共同密钥。另一方面,根据通信环境,透射脉冲的强度最好是可调节的。因为投射强度是由 Alice 端的所有分束器共同透射作用的结果,所以下面将讨论 $I_1(A;B)$与总透射率之间的关系。

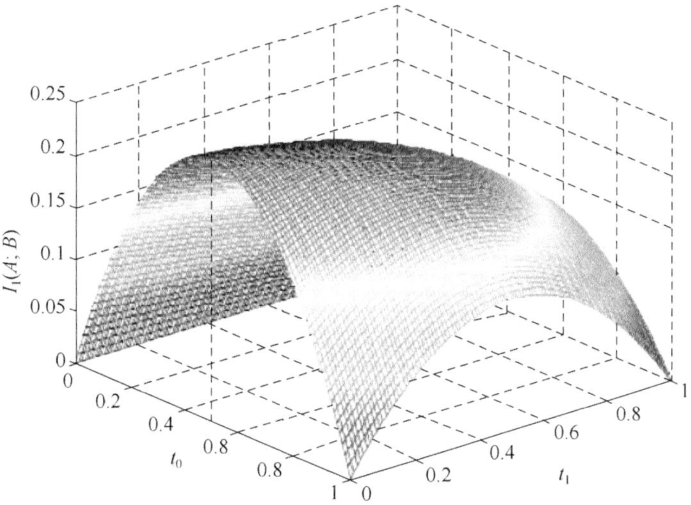

图 2-3 $I_1(A;B)$与 BS_0 和 BS_1 的透射率关系图

由图 2-4 可以看出 Alice 端由两个分束器的改进方案始终是优于 N09 协议的,即使在总透射率达到 0.5 的情况下(此时 N09 协议达到最优效率)。

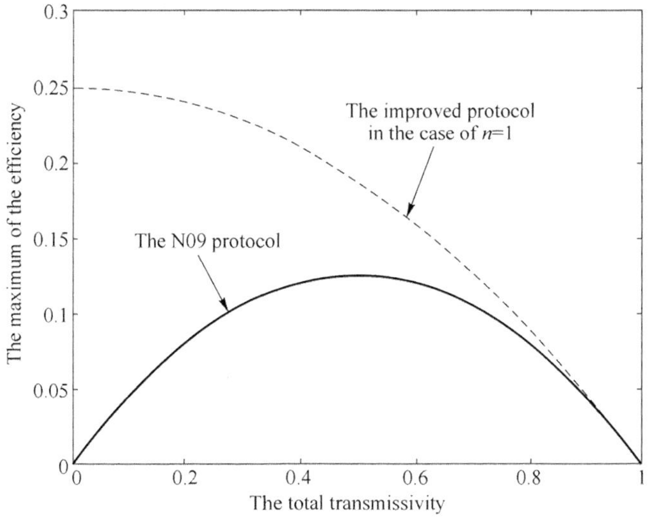

图 2-4 最优效率与总透射率的关系图

改进方案的最优效率是否与分束器增加的数量 n 有关系呢?下面将证明它们之间的确是存在确定性的关系的。在模块 M_{add} 拥有 n 个分束器的情况下,其响应用于生成密钥的探测器(即 $D_1^0,D_1^1,\cdots,D_1^n$)共有 $n+1$ 个。记它们响应的总概率为 $p_1^n(t_0,t_1,\cdots,t_n)$(或简单记为 p_1^n),其中 $t_i(i=0,1,\cdots,n)$代表第$(i+1)$个探测器(即BS_i)的透射率。下面将证明 p_1^n 的

最大值为 $n/n+1$。首先证明

$$p_1^n=g(1-t_0)+g[t_0(1-t_1)]+\cdots+g[t_0\cdots t_{n-1}(1-t_n)] \tag{2-62}$$

式中，$g(x)=x-x^2$，满足 $g(1-x)=g(x)$。

第 1 步：当 $n=1$ 时，等式(2-60)已经给出了这个概率，把它写成下面的形式：

$$p_1^1(t_0,t_1)=t_0-(t_0)^2+t_0(1-t_1)-[t_0(1-t_1)]^2 \tag{2-63}$$

因此，等式(2-62)在 $n=1$ 时成立。

第 2 步：假设等式(2-62)在 $n=k$ 时成立，即

$$p_1^k(t_0,t_1,\cdots,t_k)=g(1-t_0)+g[t_0(1-t_1)]+\cdots+g[t_0\cdots t_{k-1}(1-t_k)] \tag{2-64}$$

该式可以写为

$$p_1^k(t_0,t_1,\cdots,t_k)=1-p_0^k(t_0,t_1,\cdots,t_k)-p_2^k(t_0,t_1,\cdots,t_k) \tag{2-65}$$

第 3 步：考虑等式(2-62)在 $n=k+1$ 时是否成立。探测器 D_0 与 D_2 响应的概率可以如下分别计算：

$$p_0^{k+1}(t_0,t_1,\cdots,t_{k+1})=p_0^k(t_0,t_1,\cdots,t_k)+[t_0t_1\cdots t_k(1-t_{k+1})]^2 \tag{2-66}$$

$$\begin{aligned}&p_2^{k+1}(t_0,t_1,\cdots,t_{k+1})\\&=t_0t_1\cdots t_kt_{k+1}=p_2^k(t_0,t_1,\cdots,t_k)-p_2^k(t_0,t_1,\cdots,t_k)+t_0t_1\cdots t_kt_{k+1}\\&=p_2^k(t_0,t_1,\cdots,t_k)-t_0t_1\cdots t_k(1-t_{k+1})\end{aligned} \tag{2-67}$$

从等式(2-65)到式(2-67)，可以推出

$$\begin{aligned}&p_1^{k+1}=1-p_2^{k+1}(t_0,t_1,\cdots,t_{k+1})-p_3^{k+1}(t_0,t_1,\cdots,t_{k+1})\\&=1-p_2^k(t_0,t_1,\cdots,t_k)-[{}^t_0t_1\cdots t_k(1-t_{k+1})]2-p_3^k(t_0,t_1,\cdots,t_k)+t_0t_1\cdots t_k(1-t_{k+1})\\&=p_1^k(t_0,t_1,\cdots,t_k)+t_0t_1\cdots t_k(1-t_{k+1})-[t_0t_1\cdots t_k(1-t_{k+1})]^2\\&=g(1-t_0)+g[t_0(1-t_1)]+\cdots+g[t_0\cdots t_k(1-t_{k+1})]\end{aligned} \tag{2-68}$$

因此，如果等式(2-62)在 $n=k$ 时成立，则它在 $n=k+1$ 时一定成立。在第 1 步中，已经证明等式(2-62)在 $n=1$ 时成立。所以我们可以得出结论：等式(2-62)对于所有的正整数 n 都是成立的。

因为 $g(x)=x-x^2$，所以由等式(2-62)可以得到等式(2-69)，即

$$p_1^n=\sum_{i=0}^{n}\left(\prod_{j=0}^{i-1}t_j\right)(1-t_i)-\sum_{i=0}^{n}\left[\left(\prod_{j=0}^{i-1}t_j\right)(1-t_i)\right]^2 \tag{2-69}$$

现在，p_1^n 的表达式已经得到了。接下来，我们容易得到

$$\begin{aligned}p_1^n&\leqslant\sum_{i=0}^{n}\left(\prod_{j=0}^{i-1}t_j\right)(1-t_i)-\frac{\left[\sum_{i=0}^{n}\left(\prod_{j=0}^{i-1}t_j\right)(1-t_i)\right]^2}{n+1}\\&=1-\prod_{i=0}^{n}t_i-\frac{\left(1-\prod_{i=0}^{n}t_i\right)^2}{n+1}\\&=-\frac{1}{n+1}\left(1-\prod_{i=0}^{n}t_i-\frac{n+1}{2}\right)^2+\frac{n+1}{4}\end{aligned} \tag{2-70}$$

由于 $0\leqslant t_i\leqslant 1$，所以 $0\leqslant 1-\prod_{i=0}^{n}t_i\leqslant 1$。在 $n\geqslant 1$ 的情况下，当 $\prod_{i=0}^{n}t_i=0$ 时，p_1^n 达到最大值

$n/(n+1)$。

当 n 趋于无穷大时,可以计算得到 p_1^n 的极值:

$$\lim_{n\to+\infty} p_1^n(t_0,t_1,\cdots,t_n)=\lim_{n\to+\infty}\frac{n}{n+1}=1 \tag{2-71}$$

当 Alice 端使用 $n+1$ 个分束器时,改进方案中平均一个单光子脉冲能够传送的信息量为

$$I_n(A;B)=-\frac{p_1^n}{2}\log_2\frac{1}{2}=\frac{p_1^n}{2} \tag{2-72}$$

如图 2-5 所示,改进方案的效率在 $n\to+\infty$时趋近于 50%。但即使在理想条件下,该方案的效率也是不可能达到这个极限值的,这是因为这个极限值成立的条件是 $t_n=0$,而这表示通过的单光子脉冲的强度为 0。在实际应用中,可以做与 $n=1$ 的情况类似的分析,通过选择合适数量的分束器,并根据实际应用环境适当调节它们的参数,从而达到效率最优。

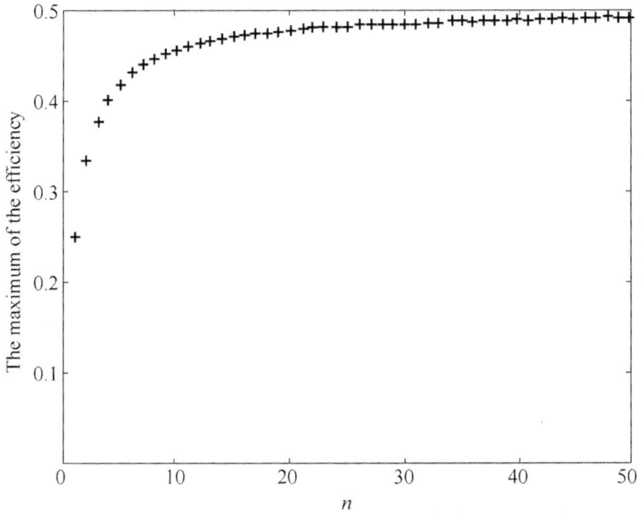

图 2-5　最优效率与 Alice 增加的分束器数目关系图

2.2.3　结束语

文献[36]首次提出了基于量子反直观现象创建密钥的思想。与传统 QKD 协议不同的是,这一类型的协议仅依赖于粒子在信道中传输的可能性来产生密钥,而并没有发生真正的粒子传输,而且窃听者无法访问到信号粒子。因此,这一类型的协议具有非常好的安全优势。但是文献[36]提出的方案的密钥生成率比较低,尤其在实际应用中还需要考虑设备的不完美和量子信道噪声等这些不可避免的问题,所以更需要提高理想状态下的密钥生成率。通过改进,克服了原方案效率较低的缺点,并分析了改进方案中的最优效率。本节给出了协议效率与设备中分束器参数的关系,证明了改进的方案在效率方面始终优于文献[36]提出的原方案。

2.3　单光子联合检测的多方量子密码协议

QKD 利用量子力学保证安全的通信,它能够使协议双方产生一串只有他们自己知道的

随机密钥。这个密钥可以用来加密和解密信息。最近 Shih,Lee 和 Hwang 提出两个新的三方 QKD 协议[37],分别有一个诚实的 center 和不可信的 center。这里"诚实"是指 center 诚实地执行协议,"不可信"是指 center 可能欺骗 Alice 和 Bob,并且像攻击者那样试图获得密钥。Gao 等[23]分析了这两个三方 QKD 协议的安全性并且指出 Eve 可以在不被 Alice 和 Bob 发现的情况下获得他们之间传输的全部的密钥。这种攻击是基于超密编码技术进行的[60-63]。然后分析攻击成功的原因,并利用量子态区分和量子操作区分理论设计了一种单光子联合检测的多方量子密码协议模型[64]。该模型是高效而且容易实现的。因为在此模型中除 center 之外,其他参与者只需要拥有对单光子做酉操作的能力。此模型还可以广泛运用于各种量子密码协议。

2.3.1 三方 QKD 协议

文献[37]提出两个三方 QKD 协议:一个的第三方是诚实的 center,另一个的第三方是不可信的 center。接下来为了简洁,将这两个协议分别称为 QKDP-Ⅰ和 QKDP-Ⅱ,并且使用和文献[37]相同的符号。

首先看文献[37]中提出的使用了"分块传输"技术的 QKDP-I。协议步骤如下(见图 2-6)。

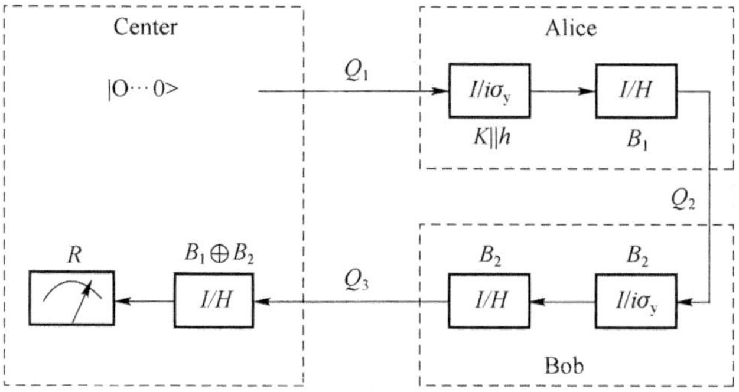

图 2-6 QKDP-I 的流程图(为了简洁所有经典通信都已省略)

(1) center 生成 n 长的量子比特 $|0\rangle$ 并且将其发送给 Alice(记为 Q_1)。

(2) Alice 接收到 Q_1 之后,从中选择 u 比特的随机密钥串 K 并且计算其 m 比特的哈希函数值 $h=H(K)$ 作为校验和,其中 $u+m=n$。如果 $k\parallel h$ 中的第 i 比特值为 0(1),则 Alice 在 Q_1 中的第 i 个量子比特上执行酉操作 $\boldsymbol{U}_0=\boldsymbol{I}(\boldsymbol{U}_1=i\boldsymbol{\sigma}_y)(1\leqslant i\leqslant n)$。然后 Alice 生成 n 长的随机比特串 B_1。如果 B_1 中的第 i 比特值为 0(1)则 Alice 在 Q_1 中的第 i 个量子比特上执行酉操作 $\boldsymbol{U}_0=\boldsymbol{I}(\boldsymbol{U}_2=\boldsymbol{H})(1\leqslant i\leqslant n)$。这些操作结束后,Alice 将新的量子比特串(记为 Q_2)发送给 Bob。其中

$$\boldsymbol{I}=\begin{pmatrix}1 & 0\\0 & 1\end{pmatrix},i\boldsymbol{\sigma}_y=\begin{pmatrix}0 & 1\\-1 & 0\end{pmatrix},\boldsymbol{H}=\begin{pmatrix}1 & 1\\1 & -1\end{pmatrix} \tag{2-73}$$

(3) 接收到 Q_2 之后,Bob 选择两个随机比特串 R_2 和 B_2。然后他根据 R_2 对 Q_2 中的每个量子比特做酉操作 $\boldsymbol{U}_0$ 或 $\boldsymbol{U}_1$,根据 B_2 对 Q_2 中的每个量子比特做酉操作 $\boldsymbol{U}_0$ 或 $\boldsymbol{U}_2$。这些编码操作与上一步中 Alice 执行的相同。最后 Bob 将新的量子比特串(记为 Q_3)发送给 center。

(4) center 接收到 Q_3 后告知 Alice 和 Bob。

(5) Alice 和 Bob 分别告诉 center B_1 和 B_2。

(6) 根据 $B_1 \oplus B_2$，center 通过执行和第 2、3 步中相同的 $\boldsymbol{U}_0$ 或 $\boldsymbol{U}_2$ 操作恢复量子比特的原始极化基。然后 center 用基 $R=\{|0\rangle,|1\rangle\}$ 测量所有的量子比特，获得测量结果 $C'=R_2 \oplus (K \parallel h)$。最后 center 将 C' 告诉 Bob。

以上为 QKDP-I 协议的内容。另外，Alice 和 Bob 为了抵抗特洛伊木马攻击也会执行一些测量。在这个协议中量子比特的生成和测量都集中在了 center 的实验室，而 Alice 和 Bob 只需要在量子比特上执行酉操作。正如文献[37]分析的那样，这个协议的效率很高。

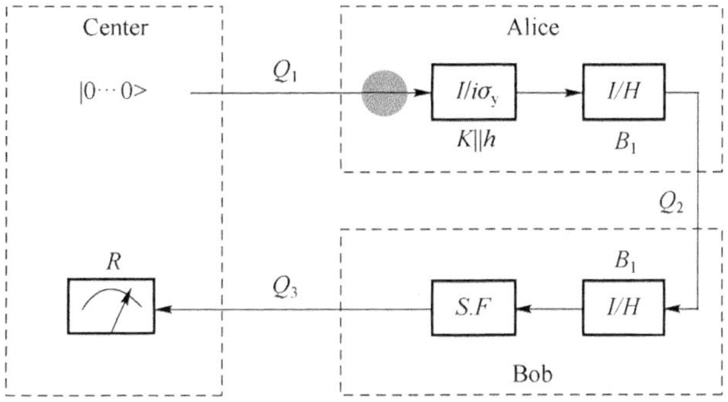

图 2-7 QKDP-Ⅱ流程(经典通信已省略)。其中 $S.F$ 指的是重新排序操作，灰色圆圈代表为了提高协议另一个重新排序应该加在的位置

很容易看出如果 center 不诚实，他可以获得 QKDP-Ⅰ中的密钥[37]。QKDP-Ⅱ适用于 center 不可信的情况，从而可以解决这个问题。现在简单介绍 QKDP-Ⅱ(见图 2-7)。前两步和 QKDP-Ⅰ的完全相同。Bob 接收到 Q_2 后，Alice 将 B_1 告诉 Bob。根据 B_1，Bob 通过执行 $\boldsymbol{I}$ 或 $\boldsymbol{H}$ 操作恢复量子比特的原始极化基。然后 Bob 将量子比特串的顺序打乱将其发送给 center(记为 Q_3)。这里打乱顺序就是文献[61]中提出的“重新排序”技术。center 收到 Q_3 后，用基 R 测量所有的量子比特并且将 $C'=\text{shuffle}d\_(k \parallel h)$ 告诉 Bob。最后 Bob 将 C' 重新排序获得 $k \parallel h$，并且检验 $h=H(K)$ 是否成立。如果成立，Bob 告诉 Alice 协议成功完成。

2.3.2 超密编码攻击方案

本节介绍攻击方案中用到的量子纠缠的一种特殊性质——超密编码和具体的攻击方案。

1. 超密编码原理

1992 年 C. H. bennett 和 S. J. Wiesner 提出 Einstein-pldolsky-rosen(EPR)态的一个特殊性质——超密编码[60]。通过一粒子的酉操作两比特的经典信息可以被编码到一个 EPR 态中。具体地如果 Alice 和 Bob 各自有 EPR 态中的一个粒子，Alice 能够通过对其手中的粒子执行四个酉操作中的一个并且将其发送给 Bob 的方法将两比特的信息发送给 Bob。正因为一个粒子带有两比特的信息，这种编码方式才被称为超密编码。现在我们简单介绍超密编码过程。

四个 EPR 态为

$$|\Phi^{\pm}\rangle_{12}=1/\sqrt{2}(|00\rangle+|11\rangle)_{12} \tag{2-74}$$

$$|\Psi^{\pm}\rangle_{12}=1/\sqrt{2}(|01\rangle+|10\rangle)_{12} \tag{2-75}$$

其中下面 1,2 指不同的粒子。这些态彼此正交且组成一个完备基——贝尔基 B_{bell}。四个酉操作分别为 $\boldsymbol{I},\boldsymbol{\sigma}_x,i\boldsymbol{\sigma}_y,\boldsymbol{\sigma}_z$,其中

$$\boldsymbol{\sigma}_x=\begin{pmatrix}0 & 1\\ 1 & 0\end{pmatrix},\sigma_z=\begin{pmatrix}1 & 0\\ 0 & -1\end{pmatrix} \tag{2-76}$$

不失一般性,假设 Alice 和 Bob 共享一个 EPR 态 $|\Phi^{+}\rangle_{12}$ 即 Alice 有粒子 1 而 Bob 有粒子 2。Alice 可以通过对粒子 1 执行上面四种操作中的一种将两比特的信息编码到量子态中,其中态的变化如下:

$$\boldsymbol{I}^1|\Phi^{+}\rangle_{12}=|\Phi^{+}\rangle_{12},\boldsymbol{\sigma}_x^1|\Phi^{+}\rangle_{12}=|\Psi^{+}\rangle_{12} \tag{2-77}$$

$$(i\boldsymbol{\sigma}_y)^1|\Phi^{+}\rangle_{12}=|\Psi^{-}\rangle_{12},\boldsymbol{\sigma}_z{}^1|\Phi^{+}\rangle_{12}=|\Phi^{-}\rangle_{12} \tag{2-78}$$

这里上标代表操作所作用的粒子。最后 Alice 将粒子 1 发送给 Bob。Bob 通过对粒子 1、2 进行贝尔测量可以区分出 Alice 选择了那种操作。如果 $\boldsymbol{I},\boldsymbol{\sigma}_x,i\boldsymbol{\sigma}_y,\boldsymbol{\sigma}_z$ 分别代表 00,01,10,11,Bob 可以从 Alice 发来的粒子获得两比特信息。例如:如果 Bob 的测量结果为 $|\Psi^{-}\rangle_{12}$,则知道 Alice 的信息是 10。类似地,四个 EPR 态中的任何一个都可以用做这种通信的初始态。

事实上,上面的超密编码可以被推广即使用其他的纠缠态和操作。接下来利用这种思想来设计一个对 QKDP-Ⅰ和 QKDP-Ⅱ有效的攻击方案,其中 Eve 在不被发现的情况下可以获得全部的传输密钥。

2. 攻击方案

这里以 QKDP-Ⅰ为例分析其安全性。在这个协议中,Alice 通过酉操作 $\boldsymbol{I},i\boldsymbol{\sigma}_y$ 将会话密钥 K 编码为 Q_1 中的量子比特。为了防止 Eve 从这些量子比特中获得 K,Alice 用 $\boldsymbol{I}$ 和 $\boldsymbol{H}$ 随机地改变每个量子比特的基。上述两个操作结束后,每个量子比特随机地处于以下四个正交态之一$\{|0\rangle,|1\rangle,|+\rangle,|-\rangle\}$。然后 Alice 将新的量子比特串 Q_2 发送给 Bob。如果 Eve 截获 Q_2 并且想通过测量获得 K,由于上述四个态不能准确地区分,她不可避免地会给量子态引入干扰。这点和 BB84QKD 协议十分相似[62]。

但是,众所周知伪信号攻击在量子密码分析中十分普遍[33]。如果 Eve 用纠缠态中的粒子代替了 Q_1,在 Alice 编码、发送之后她是否能够通过联合测量获得 K?这个有趣的问题比较难给出答案。事实上,答案是能。这种攻击很像 Alice 通过"隐形的超密编码"发送密钥给 Eve。接下来先描述这种攻击再证明其正确性。

Eve 的超密编码攻击步骤如下(见图 2-8)。

E1. Eve 生成 n 对处于 $|\Psi^{-}\rangle_{12}$ 的 EPR 对。所有的下标为 1(2)的粒子组成量子比特串 $Q_1'(Q_E)$。

E2. 当 center 发送在第一步中发送 Q_1 给 Alice 时,Eve 截获所有的量子比特并且用量子比特串 Q_1' 代替 Q_1。

E3. 当 Alice 在第二步中将编码操作之后的量子比特串 Q_2' 发送给 Bob,Eve 将其截获并且对 Q_2' 和 Q_E 中对应的粒子对用基 $B_E=\{|\Psi^{-}\rangle,|\Phi^{+}\rangle,|\Omega\rangle,|\Gamma\rangle\}$ 进行联合测量。其中,

$$|\Omega\rangle_{12}=1/2(|00\rangle-|01\rangle-|10\rangle-|11\rangle)_{12} \tag{2-79}$$

$$|\Gamma\rangle_{12}=1/2(|00\rangle+|01\rangle+|10\rangle-|11\rangle)_{12} \tag{2-80}$$

很容易验证 $|\Psi^{-}\rangle,|\Phi^{+}\rangle,|\Omega\rangle,|\Gamma\rangle$ 两两正交。

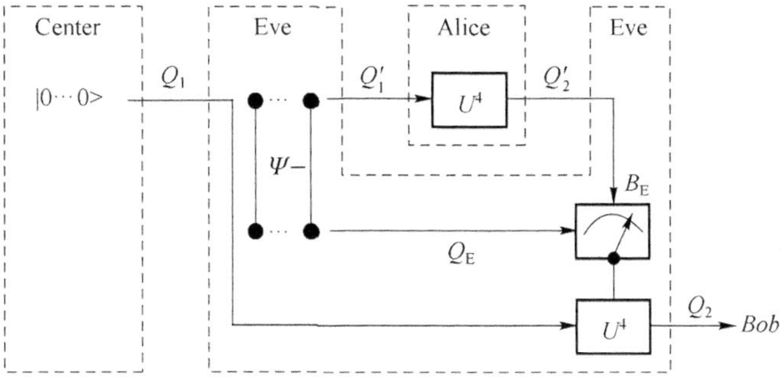

图 2-8 对 QKDP-Ⅰ的超密编码攻击(经典通信已省略)。
U^4 代表四个操作$\{\boldsymbol{I},i\boldsymbol{\sigma}_y,\boldsymbol{H},\boldsymbol{H}i\boldsymbol{\sigma}_y\}$中的一个

E4. Eve 根据其测量结果对每个合法量子比特执行四个酉操作$\{\boldsymbol{I},i\boldsymbol{\sigma}_y,\boldsymbol{H},\boldsymbol{H}i\boldsymbol{\sigma}_y\}$中的一个。具体地,当第 i 对粒子的测量结果分别为$|\Psi^-\rangle$,$|\Phi^+\rangle$,$|\Omega\rangle$,$|\Gamma\rangle$时,Eve 对 Q_1 中的第 i 个粒子执行$\boldsymbol{I},i\boldsymbol{\sigma}_y,\boldsymbol{H},\boldsymbol{H}i\boldsymbol{\sigma}_y$ 操作。然后 Eve 将新的量子比特串 Q_2(合法的量子比特串)发送给 Bob。

E5. Eve 在第三步中从其测量结果获得 $k\|h$。即如果测量第 i 对粒子的测量结果分别为$|\Psi^-\rangle$或$|\Phi^+\rangle$($|\Omega\rangle$或$|\Gamma\rangle$)时,她得到 $k\|h$ 中的第 i 个比特为 0(1)。

如果不考虑信道噪声及其他窃听的话,使用这种策略,Eve 可以正确的获得密钥 K。而且,正如我们所指出的,这种攻击并不会被合法使用者发现。因此,这种攻击策略虽然看起来很简单但却是十分的有效。

现在证明对 QKDP-Ⅰ的攻击方案的正确性。事实上,Alice 的两个编码操作 $\boldsymbol{I}/i\boldsymbol{\sigma}_y$ 和 $\boldsymbol{I}/\boldsymbol{H}$ 可以看为一个操作即$\{\boldsymbol{I},i\boldsymbol{\sigma}_y,\boldsymbol{H},\boldsymbol{H}i\boldsymbol{\sigma}_y\}$中的一个。如果 Eve 可以区分 Alice 编码时用的是四个操作中的哪一个,她将不仅获得 $k\|h$ 而且还有 B_1。这种情况和超密编码非常相似。很容易验证 Eve 的测量基中的四个态满足下式:

$$|\Psi^-\rangle_{12}=\boldsymbol{I}^1|\Psi^-\rangle_{12},\ |\Phi^+\rangle_{12}=(i\boldsymbol{\sigma}_y)^1|\Psi^-\rangle_{12} \tag{2-81}$$

$$|\Omega\rangle_{12}=\boldsymbol{H}^1|\Psi^-\rangle_{12},\ |\Psi^-\rangle_{12}=(\boldsymbol{H}i\boldsymbol{\sigma}_y)^1|\Psi^-\rangle_{12} \tag{2-82}$$

因此,当 Alice 在伪量子比特上执行编码操作时,量子比特的变化如表 2-4 所示。

表 2-4 Alice 编码之后伪量子态的变化。第一栏和最后一栏分别为 Eve 纠缠态的原始态和最终的态。第二栏和第三栏分别为 $k\|h$ 和 B_1 的值。第四栏为 Alice 编码的联合操作

原始态	$k\|h$	B_1	联合操作	终态
$\|\Psi^-\rangle$	0	0	$\boldsymbol{I}$	$\|\Psi^-\rangle$
$\|\Psi^-\rangle$	0	1	$\boldsymbol{H}$	$\|\Omega\rangle$
$\|\Psi^-\rangle$	1	0	$i\boldsymbol{\sigma}_y$	$\|\Phi^+\rangle$
$\|\Psi^-\rangle$	1	1	$\boldsymbol{H}i\boldsymbol{\sigma}_y$	$\|\Gamma\rangle$

以 Eve 生成的原始态为$|\Psi^-\rangle_{12}$的第 i 对量子比特为例。当 Eve 在 E2 步发送第一量子比特给 Alice 时,Alice 将 $k\|h$ 中的第 i 比特和 B_1 编码在这个量子比特上。不失一般性,正如表 2-4 所示如果 $k\|h$ 中的第 i 比特和 B_1 分别为 0 和 1,Alice 的联合操作为 $i\boldsymbol{\sigma}_y$ 且编码之后的量子态为$|\Phi^+\rangle$。

从表 2-4 可见，四个最终的态($|\Psi^-\rangle$，$|\Phi^+\rangle$，$|\Omega\rangle$，$|\Gamma\rangle$)彼此正交且可以通过在 B_z 基下测量确定地区分。因此 Eve 在第 i 对粒子上的测量结果 $|\Psi^-\rangle$，$|\Phi^+\rangle$，$|\Omega\rangle$，$|\Gamma\rangle$ 意味着 $k \| h$ 中的第 i 比特和 B_1 分别为 00，10，01，11。因此，Eve 可以在 E5 步中获得正确的会话密钥。

很明显，Eve 知道 Alice 所选择的操作，在 E5 步中对 Q_1 中的合法量子比特上进行相同的操作，则新量子比特串 Q_2 中的量子态和无窃听时的态是相同的。因此窃听过程没有引入错误且 Eve 不会被发现。注意到与间谍光子和不可见光子不同，Eve 发送给 Alice 的每个伪信号只包含有一个正常的量子比特，因此 Eve 的攻击不会被 Alice 的能防止特洛伊木马攻击的探测器发现。

总之，超密编码攻击是对 QKDP-Ⅰ正确的有效的攻击方案。另外，这种攻击对 QKDP-Ⅱ也适用，因为两个协议中 Alice 的操作是相同的(见图 2-6 和图 2-7)。

3. 攻击方案分析

现在我们给出两个三方 QKD 的安全性和攻击方案的分析。

众所周知，伪信号攻击是量子密码中很寻常的一种攻击方法并且已经发现了一些有效的方法可以抵御这种攻击。疑问是为什么这两个三方 QKD 会被这种寻常的攻击方法攻破。事实上，很多协议利用了单粒子的包括载体态和酉操作等的类似的性质却不会被这种攻击方法攻破[63-65]。经过仔细的比较三方 QKDP 和这些安全的协议，我们发现了上述疑问的答案。那就是，在安全的协议中使用者接收到粒子后会通过使用像共轭基测量的方法进行检测窃听，而三方的 QKDP 中没有。很明显，没有任何检测 Alice 根本不能发现在公开信道中传输的粒子已经被 Eve 替换。在三方 QKDP 中为了减少使用者的成本，Alice 和 Bob 没有测量探测器，因此不能使用一般的测量检测窃听。虽然最后 Bob 检测 $h=H(K)$ 是否成立(三方 QKDP 中唯一的检测)，但是还是不够全面。由于低成本往往意味着比较小的检测窃听能力，在追求降低使用者成本的同时更应该注意协议的安全性。

现在讨论怎样提高三方 QKDP 的安全性使其能够抵御超密编码攻击。注意到在 QKDP-Ⅱ中为阻止不可信 Center 获得密钥使用到重新排序的操作。事实上，这种技术也可以用于抵御 Eve 的超密编码攻击。在 QKDP-Ⅱ中如果 Alice 在编码之前增加了重新排序操作(位置在图 2-7 中用灰色圆圈标示)，Eve 的攻击将会失效。一方面，Alice 编码后 Q_2' 中的每个粒子的态相同即最大混合态 $\boldsymbol{\rho}=\boldsymbol{I}$，则 Eve 不能区分这些态且不知道那两个量子比特原来为一对纠缠态。因此，如果 Eve 仍然测量处于在 Q_1' 和 Q_E 中相同位置的两个量子比特，测量结果将是随机的。因此 Eve 不能从其测量结果中获得密钥而且当 Bob 检验 $h=H(K)$ 是否成立时会发现窃听。另一方面，由于 Q_1 中的所有量子比特都处于相同的态 $|0\rangle$，附加的重新排序不会使合法粒子发生变化。因此这种修改非常有效和有趣的，因为它能够抵御超密编码攻击但是当无窃听发生时不会影响原协议。

正如上面指出的，三方 QKDP 在超密编码攻击时是不安全的。有人可能想知道文献[37]中哪里有错误。事实上，文献[37]的作者利用了经典密码学中经常使用的 sequence-games 方法提出了正式的证明[66-68]。但是这种证明中考虑的攻击策略并不全面并且超密编码攻击被忽视了。众所周知，量子机制有很多有趣或者是不同寻常的性质。它们不只是给分发密钥的使用者提供了方便也为窃听者提供了各种新的攻击策略。因此，在分析量子密码协议时更应该注意各种可能的攻击。

2.3.3　三方 QKD 协议改进

前面给出了具体的攻击，并分析了可能的抵抗措施。本节利用量子态区分和量子操作区分的相关结论[69-75]，深入分析文献[37]协议不安全的原因，然后提出一类可以保证单光子联合检测的多方量子密码协议安全的酉操作，在此基础上，改进文献[37]的三方 QKD 协议。

1. 量子态区分和量子操作区分[71-75]

定理 2.3.1[71]　一个量子态可能是 $\boldsymbol{\rho}_1,\boldsymbol{\rho}_2,\cdots,\boldsymbol{\rho}_n$ 中的一个，且其概率分别是 $p_1,p_2,\cdots,p_n(p_1+p_2+\cdots+p_n=1)$。则区分他们的最小错误概率 $P_E\geqslant L$，其中，

$$L=1-\sum_{i=1}^{d}p_i' \tag{2-83}$$

d 表示由 $\{\boldsymbol{\rho}_i\}$ 张成的空间的维数，$\{p_i'\}$ 表示 $\{p_i\}$ 的降序排列，即 $p_1'\geqslant p_2'\geqslant\cdots\geqslant p_n'$。

定理 2.3.2[72]　在设备只能被访问一次的条件下，区分两个操作 $\boldsymbol{U}_1$ 和 $\boldsymbol{U}_2$ 的最小错误概率为

$$P_E=\frac{1}{2}[1-\sqrt{1-4p_1p_2r(\boldsymbol{U}_1^\dagger\boldsymbol{U}_2)^2}] \tag{2-84}$$

式中，$r(\boldsymbol{U}_1^\dagger\boldsymbol{U}_2)$ 表示在复平面内由 $\boldsymbol{U}_1^\dagger\boldsymbol{U}_2$ 的特征值围成的区域距原点的最短距离（图 2-9(a)），$\boldsymbol{U}^\dagger$ 表示矩阵 $\boldsymbol{U}$ 的共轭转置。

例如，矩阵 $\boldsymbol{H}'^\dagger i\boldsymbol{\sigma}_y$ 的特征值为 $-1+\mathrm{i}/\sqrt{2}$ 和 $-1-\mathrm{i}/\sqrt{2}$，所以 $r(\boldsymbol{H}'^\dagger i\boldsymbol{\sigma}_y)=1/\sqrt{2}$（图 2-9(b)），并且区分这两个操作的最小错误概率就是 $1/2-\sqrt{2}/4$。这里，

$$\boldsymbol{H}'=\frac{\sqrt{2}\boldsymbol{\sigma}_y}{1+\mathrm{i}}=\frac{1}{\sqrt{2}}\begin{pmatrix}1 & -1\\ 1 & 1\end{pmatrix} \tag{2-85}$$

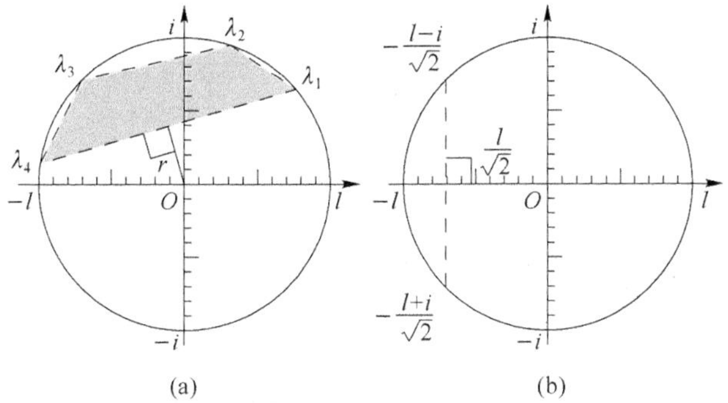

图 2-9　(a)为 $r(\boldsymbol{U}_1^\dagger\boldsymbol{U}_2)$ 的定义，(b)一个例子

推论 2.3.1　在设备只能被访问一次的条件下，两个单量子比特操作 $\boldsymbol{U}_1$ 和 $\boldsymbol{U}_2$ 能够被准确区分的充要条件是：$\mathrm{Tr}(\boldsymbol{U}_1^\dagger\boldsymbol{U}_2)=0$，其中 $\mathrm{Tr}(\boldsymbol{U})$ 表示矩阵 $\boldsymbol{U}$ 的迹。

证明： 因为单量子比特酉操作可以看成 2×2 矩阵。而 2×2 矩阵只有两个特征值，显然，当且仅当 $\mathrm{Tr}(\boldsymbol{U}_1^\dagger\boldsymbol{U}_2)=0$ 时 $\mathrm{Tr}(\boldsymbol{U}_1^\dagger\boldsymbol{U}_2)=0$。而 $\mathrm{Tr}(\boldsymbol{U}_1^\dagger\boldsymbol{U}_2)=0$ 时 $P_E=0$，也就是说 $\boldsymbol{U}_1$ 和 $\boldsymbol{U}_2$ 能被准确区分。

定理 2.3.3　在设备只能被访问一次的条件下，最多能准确区分 n^2 个酉操作。这里的酉操作可以看作 $n\times n$ 矩阵。

证明： 因为酉操作的维度最大是 n^2，所以输出的量子态的维度最大也是 n^2。如果可能的操作集合元素大于 n^2，那么他们就不能被准确区分了。

下面根据以上量子区分的定理来分析 Shih 等人协议不安全的原因。在步骤 2 中，Alice 首先对收到的粒子随机作用 $\boldsymbol{Y}_0=\boldsymbol{I}$ 和 $\boldsymbol{Y}_1=i\boldsymbol{\sigma}$（一般称这两个操作为编码操作）来编码会话密钥，然后随机作用 $\boldsymbol{H}_0=\boldsymbol{Z}$ 和 $H_1=\boldsymbol{H}$（一般称这两个操作为控制操作）来阻止 Eve 的窃听。总体上，Alice 相当于对收到的粒子随机作用了以下四个操作 $\{\boldsymbol{U}_1=\boldsymbol{I},\boldsymbol{U}_2=i\boldsymbol{\sigma}_y,\boldsymbol{U}_3=H,\boldsymbol{U}_4=\boldsymbol{H}i\boldsymbol{\sigma}_y\}$。可以发现 $\mathrm{Tr}(\boldsymbol{U}_i^\dagger\boldsymbol{U}_j)=\delta_{ij}$，这里 $i,j=1,2,3,4$。根据推论 2.3.1 和定理 2.3.3，可以发现这四个操作可以被一次准确区分。这就是 Shih 等人的协议可以被 dense-coding 攻击完全攻破的原因。事实上，dense-coding 攻击可以看作是区分 $\boldsymbol{U}_1,\boldsymbol{U}_2,\boldsymbol{U}_3$ 和 $\boldsymbol{U}_4$ 的一个最优策略。

接下来的问题是是否存在其他的编码操作和控制操作可以抵抗这种攻击。这样的编码操作和控制操作必须满足两个条件。一是它们必须可交换，这样 center 可以在参与者公布控制操作后作用一个酉操作抵消控制操作的作用(恢复粒子最初的基态)。二是从整体来看 $\{\boldsymbol{U}_1,\boldsymbol{U}_2,\boldsymbol{U}_3,\boldsymbol{U}_4\}$ 这四个操作不能被准确区分。事实上，找到一个简单有效的方法来构造这样的操作：编码操作设为 Pauli 操作 $\boldsymbol{I}$ 和 $\boldsymbol{U}$，控制操作设为 $\boldsymbol{I}$ 和 $\sqrt{\boldsymbol{U}}$。例如，

$$\boldsymbol{Y}_0=\boldsymbol{I}=\begin{pmatrix}1&0\\0&1\end{pmatrix},\boldsymbol{Y}_1=i\boldsymbol{\sigma}_y=\begin{pmatrix}0&1\\-1&0\end{pmatrix}\tag{2-86}$$

$$\boldsymbol{H}_0=\boldsymbol{I}=\begin{pmatrix}1&0\\0&1\end{pmatrix},\boldsymbol{H}_1=\boldsymbol{H}'=\frac{1}{\sqrt{2}}\begin{pmatrix}1&-1\\1&1\end{pmatrix}\tag{2-87}$$

这里，$\boldsymbol{H}'^2=-i\sigma_y$。忽略全局相位 -1，$\boldsymbol{H}'$ 可以看成是 $i\sigma_y$ 的平方根。总体来看，Alice 相当于对收到的粒子随机作用了以下四个操作 $\{\boldsymbol{U}_1=\boldsymbol{I},\boldsymbol{U}_2=i\sigma_y,\boldsymbol{U}_3=\boldsymbol{H}',\boldsymbol{U}_4=\boldsymbol{H}'i\sigma_y\}$。根据推论 2.3.1 以及 $\mathrm{Tr}(\boldsymbol{U}_i^\dagger\boldsymbol{U}_j)$ 的值，可以发现以下操作组合是无法被准确区分的：$\{\boldsymbol{U}_1,\boldsymbol{U}_3\}$，$\{\boldsymbol{U}_1,\boldsymbol{U}_4\}$，$\{\boldsymbol{U}_2,\boldsymbol{U}_3\}$，$\{\boldsymbol{U}_2,\boldsymbol{U}_4\}$。换句话说，也就是 Eve 无法准确区分这四个操作。

2. 改进协议

很明显如果将 Shih 等人协议中的编码操作 $\boldsymbol{H}_1$ 换成 $\boldsymbol{H}_1'$，他们的协议就可以抵抗超密编码攻击了。然而上述协议中用到了校验和的检测策略，这种策略要求非常高精度的量子信道。根据哈希函数的性质，只要传输过程中发生一比特错误，整个协议就要被放弃。为了避免这种现象发生，采用了其他的检测策略。下面是我们改进的拥有可信 Center 的三方 QKD 协议。

(1) Center 制备一个处于 $|0\rangle$ 态的粒子 T 并发给 Alice。

(2) Alice 收到 T 后，通过粒子 T 上作用操作 $\boldsymbol{U}^A$ 来编码密钥，这里 A 就是 Alice 的密钥。之后，Alice 在 T 上随机作用 $H^{A'}$。这里 $A,A'\in\{0,1\}$，$\boldsymbol{U}^0=\boldsymbol{H}^0=\boldsymbol{I}$，$\boldsymbol{U}^1=i\sigma_y$，$\boldsymbol{H}^1=\boldsymbol{H}'$。最后 Alice 将粒子 T 发给 Bob。

(3) 收到粒子 T 后，Bob 对 T 先作用 $\boldsymbol{U}^B$，再作用 $\boldsymbol{H}^{B'}$。这里，$B,B'\in\{0,1\}$。在这个操作后，Bob 将粒子 T 发回 Center。

(4) 收到粒子 T 后，Center 让 Alice 和 Bob 公布他们的控制比特。如果 H^1 操作的总个数是 0(1 或 2)，Center 对粒子 T 作用操作 $\boldsymbol{I}$($\boldsymbol{H}^{-1}$ 或 $i\boldsymbol{\sigma}_y$)。然后 Center 用 $\{|0\rangle,|1\rangle\}$ 基测量粒子 T。如果测量结果是 $|0\rangle$($|1\rangle$)，Center 得到秘密比特 $C=0$ ($C=1$)。这里 $C=A\oplus B$。

(5) 以上步骤进行 n 轮后，Center 从 n 比特秘密中随机选出 m 比特进行检测窃听。他要求 Alice 和 Bob 公布这 m 个秘密对应的编码操作。然后他检查公布的操作是否与测量结果一致。若窃听检测的错误率在可接受的范围内，Center 将剩下 $n-m$ 的比特测量结果发给 Bob。根据 Center 的测量结果以及自己的编码操作，Bob 就可以推断出 Alice 的密钥。

在 Shih 等人拥有诚实可信方的三方 QKD 采用了单光子和联合检测窃听的策略。改进版的协议保持了原协议的上述优点：参与者只需要拥有对单光子作酉操作的能力。此外，改进后的协议能够成功地抵抗密集编码攻击并且可以容忍一定的信道错误。

下面同样给出了 Shih 等人的拥有不可信第三方的 QKD 的改进，改进后协议的步骤与原协议相比有一些变化。在步骤(2)中，Alice 用 $\boldsymbol{H}'$ 代替 $\boldsymbol{H}$，用插入检测粒子的检测方法代替计算校验和。Alice 的秘密比特与检测比特组成的新比特串称为 KD。在 Bob 接收到 C' 和 KD 后，Alice 公布她的控制操作和检测粒子的位置。Bob 可以借助 center 通过这些检测粒子检测信道是否安全。

2.3.4 单光子联合检测多方量子密码协议模型

正如所看到的，在引入单光子和联合检测后，三方 QKD 协议变得高校而且容易实现。这两个策略在其他量子密码协议中同样有广泛的应用。在这一节中，将提出一个单光子联合检测的多方量子密码协议模型。这个模型可以广泛应用于多种密码学协议。同时还将介绍该模型在量子秘密共享(Quantum Secret Sharing，QSS)中的应用。首先介绍该模型。

(1) Center 制备一个随机处于$\{|0\rangle,|1\rangle,|+\rangle,|-\rangle\}$四个态之一的粒子 T 并发给参与者 1。这里，

$$|+\rangle=\frac{1}{\sqrt{2}}(|0\rangle+|1\rangle),|-\rangle=\frac{1}{\sqrt{2}}(|0\rangle-|1\rangle) \tag{2-88}$$

(2) 在收到粒子后，参与者 1 通过对 T 进行操作 U^{i_1} 编码自己的秘密。然后，他随机地对 T 作用操作 $\boldsymbol{H}^{i_1'}$。这里 $i_1,i_1'\in\{0,1\}$，$\boldsymbol{U}^0=\boldsymbol{H}^0=\boldsymbol{I}$，$\boldsymbol{U}^1=i\boldsymbol{\sigma}_y$，$\boldsymbol{H}^1=\boldsymbol{H}'$。最后他将粒子发给参与者 2。

(3) 在收到粒子 T 后，参与者 2 做与参与者 1 同样的操作。之后每个参与者所做的都与前两个参与者一样。最后一个参与者将粒子 T 发回给 Center。

(4) Center 在收到粒子 T 后随机地从检测模式和消息模式两种模式中选择一种。①检测模式(以概率 c 选择)：Center 让所有参与者公布他们的编码操作和控制操作。然后 center 通过对粒子 T 作用操作 $\boldsymbol{H}^{-(i_1'+i_2'+\cdots+i_{N-1}')}$ 来恢复它最初的基底并在最初的基底下对 T 进行测量。根据测量结果与参与者的编码操作，Center 可以检测整个信道是否安全。②消息模式(以概率 $1-c$ 选择)：首先 Center 让所有参与者公布他们的控制操作，然后 Center 对粒子 T 进行操作 $\boldsymbol{H}^{-(i_1'+i_2'+\cdots+i_{N-1}')}$。最后 Center 在最初的基底上测量，如果测量结果与原来的状态一致(不一致)，Center 得到秘密比特 0(1)。

(5) 在以上步骤进行 n 轮之后 Center 得到 cn 检测比特与 $n-cn$ 秘密比特。如果检测比特的错误率在可接受范围之内，Center 宣布协议成功。将 Center 剩余的 $n-cn$ 比特信息记为秘密 s，对应的参与者 j 的秘密记为 s_j，这里 $j=1,2,\cdots,N-1$(见图 2-10)。

步骤(1)中的态以及步骤(2)中的操作还可以换成：$\{|0\rangle,|1\rangle,|r\rangle,|t\rangle\}$($\{|r\rangle,|t\rangle,|+\rangle,|-\rangle\}$)、$\{\boldsymbol{U}^0=\boldsymbol{H}^0=\boldsymbol{I},\boldsymbol{U}^1=\boldsymbol{\sigma}_x,\boldsymbol{H}^1=\boldsymbol{C}\}$和($\{\boldsymbol{U}^0=\boldsymbol{H}^0=\boldsymbol{I},\boldsymbol{U}^1=\boldsymbol{\sigma}_z,\boldsymbol{H}^1=\boldsymbol{S}\}$)。这里，

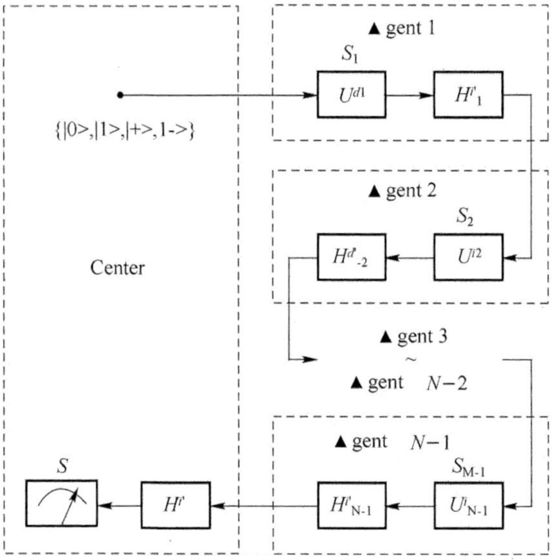

图 2-10　协议模型流程图

$$|r\rangle=\frac{1}{\sqrt{2}}(|0\rangle+i|1\rangle),|t\rangle=\frac{1}{\sqrt{2}}(|0\rangle-i|1\rangle) \tag{2-89}$$

$$\boldsymbol{\sigma}_x=\begin{pmatrix}0 & 1\\ 1 & 0\end{pmatrix},\boldsymbol{C}=\frac{1}{\sqrt{2}}\begin{pmatrix}1 & -i\\ -i & 1\end{pmatrix} \tag{2-90}$$

$$\boldsymbol{\sigma}_z=\begin{pmatrix}1 & 0\\ 0 & -1\end{pmatrix},\boldsymbol{C}=\begin{pmatrix}1 & 0\\ 0 & i\end{pmatrix} \tag{2-91}$$

接下来通过数据模拟来分析该模型的密钥分享的效率。我们假设信道是去极化信道(表示为 ε)。量子态在通过去极化后,以 p 的概率被完全混合态代替,以 $1-p$ 的概率保持不变:

$$\varepsilon(\boldsymbol{\rho})=(1-p)\boldsymbol{\rho}+\frac{pI}{2} \tag{2-92}$$

首先,考虑量子密码协议在去极化信道中的密钥生成率。模型的密钥生成率为

$$(1-c)(1-p)^N \tag{2-93}$$

而采用步步检测的量子密码协议的密钥生成率为

$$(1-c)^N(1-p)^N \tag{2-94}$$

这里 c 表示检测比率。然后考虑分享 1 比特信息的平均时间。联合检测模型与一般的步步检测模型分享 1 比特信息的平均时间分别为

$$\frac{Nt_1+ct_2}{(1-c)(1-p)^N} \tag{2-95}$$

和

$$\frac{Nct_1+(1-c+(1-c)^{N+1})t_2}{c(1-c)^N(1-p)^N} \tag{2-96}$$

这里表示粒子传输的平均时间,表示检测窃听的平均时间。很明显我们的模型比采用步步检测的量子密码协议更加高效(图 2-11 和图 2-12)。此外,一般情况下 c 的值为 0.5。

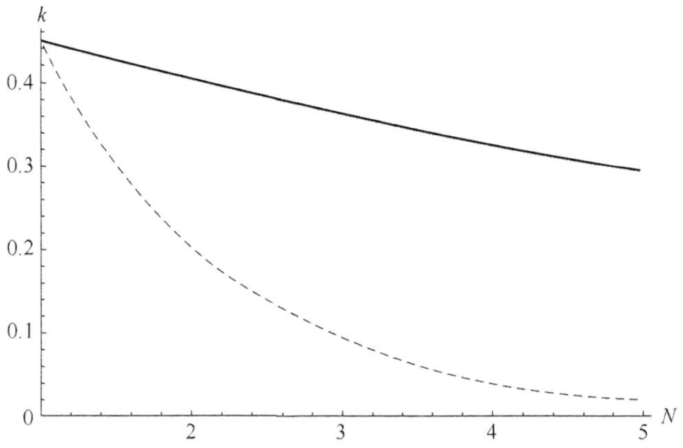

图 2-11　比特生成率对比

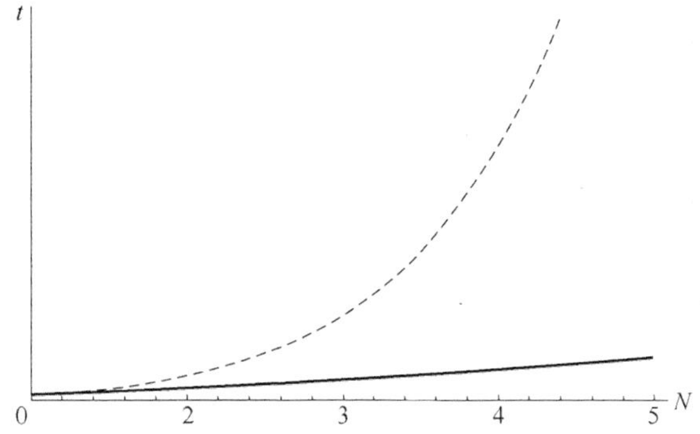

图 2-12　平均传输比特耗费时间对比

对于外部窃听者以及除 Center 外的参与者来说，初态为最大混合态，而且是非正交态。此外，参与者的操作也是无法被准确区分的。所以，外部窃听者以及不诚实的参与者无法在不引入错误的前提下从量子态以及操作中得到任何信息。我们的协议在理想信道下是安全的。然而正如 Yuen 等人所说的，实际信道中 QKD 的安全性是一个极为复杂的问题，需要进一步的研究。

事实上，当所有参与者都是诚实的或者无须考虑参与者欺骗的情况下，初态可以确定为一个态。因为所有的信息都编码在操作中。很明显，当 $N=3$ 并且 Center 将 s 发给 Bob，该模型就变为我们改进的三方 QKD 了。该模型可以应用于其他量子密码协议中。

以量子秘密共享协议为例说明模型的应用。QSS 是量子密码协议的重要组成部分，最近成为了一个研究热点。大部分 QSS 协议都采用了步步检测的策略[76-78]。最近人们设计了一些采用联合检测的 QSS。但是所有这类协议都被证明有安全问题[79-81]。

利用我们设计的模型，可以构造一个安全的利用联合检测的 QSS 协议。消息的分发阶段正如模型描述一样，Center 是信息的发送者，其他参与者是代理人，s 是要分割的秘密。在消息的恢复阶段，在没有 Alice 帮助的情况下，代理人可以一起恢复出 $s(s=s_1\oplus s_2\oplus\cdots\oplus s_{N-1})$。正如文献[78]中的 QSS 协议一样，协议中的量子态是最大混合态而且量子操作无法被准确区分，所以我们的协议可以抵抗文献[78]中分析到的所有攻击。并且它同样可以抵抗文献[81]中提到的纠缠交换攻击,因为我们的编码比特少于纠缠交换测量的结果,当测量出现非编码操作时,在检测阶段就会发生错误。

2.3.5 结束语

本节的开始我们回顾两个三方 QKD 协议。这两个协议为节省成本,Alice 和 Bob 不需要量子比特生成设备和测量设备[37]。然后分析了这些协议的安全性并且发现他们会被一种特殊的攻击攻破——超密编码攻击方案。在这种攻击策略中 Eve 通过发送给 Alice 纠缠态粒子并且在 Alice 编码之后执行联合测量获得所有的会话密钥。这个过程类似于 Eve 和 Alice 之间进行超密编码通信。而且这种攻击不会引入任何错误且不会被 Alice 和 Bob 发现。这种攻击策略的详细描述和正确性的证明已经给出。最后提出了这些协议可能的提高的方法。

随后设计了一个利用单光子联合检测的量子密码协议模型,并利用该模型设计了多方 QSS 协议。该模型高效,易实现且应用广泛。因为在该模型中,除了 Center 之外其他参与者只需要拥有对单光子做酉操作的能力。

2.4 联合检测的抗集体噪声的多用户量子密钥分发协议

作为量子密码学协议的重要部分之一,诸如量子保密比较(Quantum Pravite Compare, QPC)协议和 QSS 协议等至少涉及三个参与者的多方量子密码协议(Multi-party/user Quantum Cryptographic Protocol, MQCP)比两方协议复杂得多。在大多数 MQCPs 中,量子信息载体需要被传输多次,而在传输过程中的每一步都需要进行窃听检测,然而要求每一个参与者都配备这些量子设备是不经济的。显然,如果在协议整个执行过程中只需要进行一次窃听检测,MQCPs 将会变得更加高效且易于实现。联合检测的 MQCP(MQCP-CD)就可以实现这一点。在一个 MQCP-CD 中,所有用户(除了中心以外)都仅仅只需要执行某些酉操作[82,83]。因此,他们执行的操作对协议的安全性是非常重要的。本节给出一种构造 MQCP-CD 中所需酉操作的方法。这种方法可以用来构造基于不同种类的量子态(如单光子态、EPR 对和 GHZ 态)满足 MQCP-CD 安全性的酉操作。利用这个方法,提出了一个基于单粒子和联合检测的多用户量子密钥分发协议。该协议具有星形网络结构,网络中任意两个用户都可以在一个中心的帮助下实现量子密钥分发。

2.4.1 构造 MQCP-CD 中酉操作的方法

到目前为止,许多 MQCP-CD[84-86]已经被攻击了。这些协议被攻击是因为它们使用的酉操作能够被攻击者采用一些特殊的攻击策略(如密集编码攻击[23]和假粒子攻击[84]进行一次无错区分。正是因为没有一个有效的构造此类酉操作的方法,所以这些协议使用了不适当的操作。在本节中,详细给出一种可以用来构造在设计 MQCP-CD 时需要用到的酉操作的方法。这个方法可以根据不同的量子态来构造需要的酉操作。之后,我们利用关于量子操作区分的结论证明该方法的正确性。

A 具体方法

在给出这个酉操作构造方法之前，首先简要介绍一下 MQCP-CD 的基本原则[84-86]。在这类协议中，为了进行安全通信，首先需要两组相互无偏基（记为$\{|a\rangle,|b\rangle\}$和$\{|c\rangle,|d\rangle\}$）。这里，这两组基需要满足

$$\langle a|b\rangle=\langle c|d\rangle=0,\quad |\langle a|c\rangle|^2=|\langle a|d\rangle|^2=|\langle b|c\rangle|^2=|\langle b|d\rangle|^2=1/2 \tag{2-97}$$

此外，协议中还需要有一个负责产生和制备量子态的中心。这个中心首先生成一串处于这两组基中直积态的序列，然后将该量子态序列发送给第一个用户。第一个用户根据自己的秘密比特串和控制比特串对收到的序列进行用四个量子操作进行处理。在执行完操作以后，第一个用户将处理过的序列发送给下一个用户。接着剩下的用户依次按照第一个用户的方法对收到的序列进行处理。当最后一个用户完成操作以后，他/她将序列发送给中心。当中心收到序列以后，他们随机地选择一些量子态，然后根据这些量子态的测量结果以及 Alice 和 Bob 在它们上执行的操作的信息来检测窃听。如果整个传输过程是安全的，剩下的量子态（或者测量结果）就可以用来完成协议的主要功能。

具体地，当一个用户接收到量子态序列以后，如果他/她的秘密序列中的某一位的比特值是 0/1，则他/她在序列中相应的量子态上执行操作 $\boldsymbol{I}$（单位操作）/$\boldsymbol{U}$（编码操作）。酉操作 $\boldsymbol{U}$ 可以将同一组基中的量子态进行翻转，即 $\boldsymbol{U}|a\rangle=\alpha|b\rangle$，$\boldsymbol{U}|b\rangle=\beta|a\rangle$，$\boldsymbol{U}|c\rangle=\gamma|d\rangle$，$\boldsymbol{U}|b\rangle=\delta|a\rangle$。这里 α，β，γ 和 δ 是可以被忽略的全局相位。如果他/她的控制序列中的某一位的比特值是 0/1，则他/她在序列中相应的量子态上执行操作 $\boldsymbol{I}$（单位操作）/$\boldsymbol{C}$（控制操作）。这里控制操作 $\boldsymbol{C}$ 能够使得$\{|a\rangle,|b\rangle,|c\rangle,|d\rangle\}$中任何一个量子态从一组基跳转到另一组基。当一个用户将他/她的比特序列编码到接收到的量子态上时，这个序列中的每一个比特都只会被用一次。如果一个窃听者想要在无窃听检测中留下任何痕迹的条件下得到其秘密比特串中某一比特的部分信息，他/她就应该具备一次无错区分操作 $\boldsymbol{I}$、$\boldsymbol{U}$、$\boldsymbol{C}$ 以及 $\boldsymbol{UC}$ 的能力。因此，在设计一个安全 MQCP-CD 时，找到合适的操作 $\boldsymbol{U}$ 和 $\boldsymbol{C}$，从而使得操作 $\boldsymbol{I}$、$\boldsymbol{U}$、$\boldsymbol{C}$ 和 $\boldsymbol{UC}$ 不能被一次无错区别，就成了一个关键的步骤。

现在，我们给出构造相应酉操作的方法。假设 V 是一个 d 维的希尔伯特空间。利用 Schmidt 正交化过程，我们可以构造 V 的正交基$\{|0'\rangle,|1'\rangle\cdots,|(d-1)'\rangle\}$。很容易验证$\{|0'\rangle,|1'\rangle\}$和$\{|+'\rangle,|-'\rangle\}$是两组相互无偏基，这里

$$|+'\rangle=\frac{1}{\sqrt{2}}(|0'\rangle-i|1'\rangle),\quad |-'\rangle=\frac{1}{\sqrt{2}}(|0'\rangle-i|1'\rangle) \tag{2-98}$$

然后编码操作的形式为

$$\boldsymbol{U}=|0'\rangle\langle 1'|+|1'\rangle\langle 0'|+\boldsymbol{M} \tag{2-99}$$

这里 $\boldsymbol{M}$ 需要满足如下两个条件。首先，$\boldsymbol{M}$ 应该使得 $\boldsymbol{U}$ 成为一个酉操作，即 $\boldsymbol{U}^\dagger\boldsymbol{U}=\boldsymbol{U}\boldsymbol{U}^\dagger=\boldsymbol{I}$；其次，$\boldsymbol{M}$ 应该正交于$|0'\rangle$和$|1'\rangle$。很容易验证，当 $\boldsymbol{M}$ 的形式满足这两个条件时，$\boldsymbol{U}$ 可以使得$\{|0'\rangle,|1'\rangle,|+'\rangle,|-'\rangle\}$中的每一个态都在自己所属的基之中翻转。这里 $\boldsymbol{M}$ 的形式可以有很多选择，如 $\boldsymbol{M}=|2'\rangle\langle 2'|+\cdots+|(d-1)'\rangle\langle(d-1)'|$ 或 $\boldsymbol{M}=|2'\rangle\langle 3'|+|3'\rangle\langle 4'|\cdots+|(d-1)'\rangle\langle 2'|$。在得到编码操作 $\boldsymbol{U}$ 以后，可以选择 $\boldsymbol{U}$ 的一个平方根作为控制操作，这个被记为 $\boldsymbol{C}=\sqrt{\boldsymbol{U}}$ 的控制操作可以使得$\{|0'\rangle,|1'\rangle,|+'\rangle,|-'\rangle\}$中的任何一个量子态从一个基跳到另一个基。

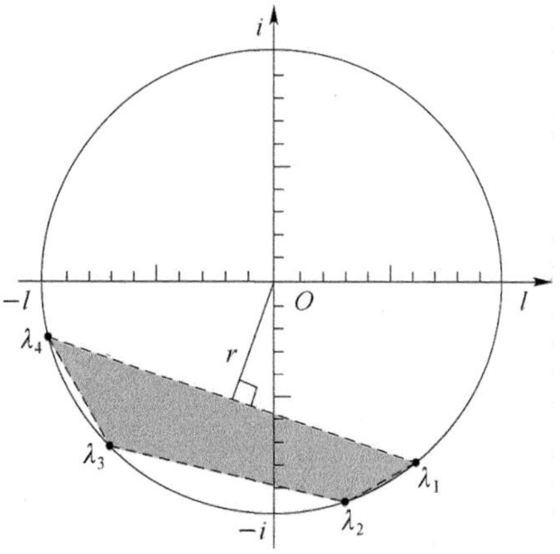

图 2-13　以两量子比特酉操作为例，本图展示函数 $r(\boldsymbol{U})=r$ 的定义，这里 $\lambda_1,\lambda_2,\lambda_3$ 和 λ_4 是矩阵 $\boldsymbol{U}$ 的四个特征值，r 是复平面的原点 o 到多边形 $\lambda_1\lambda_2\lambda_3\lambda_4$ 的距离（$r=0$ 表示 o 在多边形的边上或者内部）

B 对该方法的证明

这里我们证明如果操作 $\boldsymbol{U}$ 和 $\boldsymbol{C}$ 是按照我们的方法构造的话，则操作 $\boldsymbol{I},\boldsymbol{U},\boldsymbol{C}$ 和 $\boldsymbol{UC}$ 不能被一次无错区分。

根据 2.3.3 节推论 2.3.1，在设备只能使用一次的情况，两个酉操作 U_1 和 U_2 可以无错区分当且仅当 $r(\boldsymbol{U}_1^\dagger\boldsymbol{U}_2)=0$。如方法中定义的一样，$\boldsymbol{C}=\sqrt{\boldsymbol{U}}(\boldsymbol{U}=\boldsymbol{C}^2)$。很容易发现 $r(\boldsymbol{I}^\dagger\boldsymbol{C})=r(\boldsymbol{U}^\dagger\boldsymbol{UC})=r(\boldsymbol{C})$，$r(\boldsymbol{U}^\dagger\boldsymbol{C})=r(\boldsymbol{U}^{-1}\boldsymbol{C})=r(\boldsymbol{C}^{-1})=r(\boldsymbol{C}^\dagger)$。所以，在设备只能接触一次的条件下，由我们的方法构造的操作 $\boldsymbol{U}$ 和 $\boldsymbol{I}$（$\boldsymbol{C}$ 和 $\boldsymbol{I}$，$\boldsymbol{U}$ 和 $\boldsymbol{UC}$）不能被无错区分当且仅当 $r(\boldsymbol{C}^\dagger)$ 和 $r(\boldsymbol{C})$ 都不等于 0，即 $r(\boldsymbol{C})>0$ 且 $r(\boldsymbol{C}^\dagger)>0$。因为 $\boldsymbol{U}$ 是一个酉操作，所有 $\boldsymbol{U}$ 的所有特征值都是复平面上单位圆上的点。也就是说，$\boldsymbol{U}$ 的所有特征值都可以表示成 $\mathrm{e}^{i(\theta+2k\pi)}$，这里 $\mathrm{e}^{i(\theta+2k\pi)}=\mathrm{e}^{i\theta}$，$\theta\in[0,2\pi)$，$k\in Z$。显而易见，$\boldsymbol{U}$ 的平方根不止一个。以 Pauli 算子 $\boldsymbol{\sigma}_0$ 为例，由于 $\boldsymbol{\sigma}_0$ 可以被表示为 $\mathrm{e}^{i\cdot 0}|0\rangle\langle 0|+\mathrm{e}^{i\cdot 0}|1\rangle\langle 1|$ 或 $\mathrm{e}^{i\cdot 0}|0\rangle\langle 0|+\mathrm{e}^{i\cdot 2\pi}|1\rangle\langle 1|$，所以 $\mathrm{e}^{i\cdot 0}|0\rangle\langle 0|+\mathrm{e}^{i\cdot 0}|1\rangle\langle 1|$ 和 $\mathrm{e}^{i\cdot 0}|0\rangle\langle 0|+\mathrm{e}^{i\cdot\pi}|1\rangle\langle 1|$ 都是 $\boldsymbol{\sigma}_0$ 的平方根，即 $\boldsymbol{\sigma}_0=\boldsymbol{\sigma}_0^2=\boldsymbol{\sigma}_z$。这里 $|0\rangle$ 和 $|1\rangle$ 分表代表水平偏振和竖直偏振的光子。

如上所示，操作 $\sqrt{\boldsymbol{U}}$ 的所有特征值都可以被表示为 $\mathrm{e}^{i(\theta+k\pi)}$，$k\in Z$。在上面的方法中，选择 $\boldsymbol{U}$ 的平方根中所有特征值都具有形式 $\mathrm{e}^{i\theta}$（也就是说 k 是偶数时）的那一个作为控制操作 $\boldsymbol{C}$。由于 $\beta\in[0,\pi)$，$\boldsymbol{C}$ 的所有特征值都在复平面中单位圆的上半部分（-1 除外），因而 $r(\boldsymbol{C})>0$。此外，由于 $\boldsymbol{C}$ 的所有特征值都在单位圆的上半部分（-1 除外），所有 $\boldsymbol{C}^\dagger$ 的所有特征值都在单位圆的下半部分（-1 除外），这就意味着 $r(\boldsymbol{C}^\dagger)>0$。也就是说，由方法构造的操作 $\boldsymbol{U}$ 和 $\boldsymbol{I}$（$\boldsymbol{I}$ 和 $\boldsymbol{C}$，$\boldsymbol{U}$ 和 $\boldsymbol{UC}$）在设备只能接触一次的条件下不能被无错区分。到目前为止，已经证明由上面方法构造的操作 $\boldsymbol{I},\boldsymbol{U},\boldsymbol{C}$ 和 $\boldsymbol{UC}$ 不能被一次无错区分。利用这个方法，可以根据不同的量子态构造在设计安全 MQCP-CD 时所需的酉操作。

C 该方法的作用

如果一个人想要用自己想用的量子态设计一个 MQCP-CD，他首先需要完成的一项重要工作就是找到能够满足 MQCP-CD 安全性要求的相应的编码操作 $\boldsymbol{U}$ 和控制操作 $\boldsymbol{C}$。显

然，上面提出的方法就用来根据不同的量子态构造相应的酉操作。比如说，如果使用单光子设计一个 MQCP-CD，很自然会选择$\{|0\rangle,|1\rangle\}$作为两组基之一。利用我们的方法，另外一组基应该是$\{|+\rangle,|-\rangle\}$，这里$|+\rangle=\frac{1}{\sqrt{2}}(|0\rangle-i|1\rangle)$，$|-\rangle=\frac{1}{\sqrt{2}}(|1\rangle-i|0\rangle)$，并且相应的编码操作$\boldsymbol{U}_{\mathrm{s}}$和控制操作$\boldsymbol{C}_{\mathrm{s}}$按如下构造：

$$\boldsymbol{U}_{\mathrm{s}}=|0\rangle\langle 1|+|1\rangle\langle 0|=\begin{pmatrix}0&1\\1&0\end{pmatrix},\boldsymbol{C}_{\mathrm{s}}=\sqrt{\boldsymbol{U}_{\mathrm{s}}}=\frac{1+i}{2}\begin{pmatrix}1&-i\\-i&1\end{pmatrix}\tag{2-100}$$

很容易验证$\{|0\rangle,|1\rangle\}$和$\{|+\rangle,|-\rangle\}$构成两组相互无偏基。操作$\boldsymbol{U}_{\mathrm{s}}$和$\boldsymbol{C}_{\mathrm{s}}$作用在这四种量子态上的效果如下

$$\boldsymbol{U}_{\mathrm{s}}|0\rangle=|1\rangle,\quad \boldsymbol{U}_{\mathrm{s}}|1\rangle=|0\rangle,\quad \boldsymbol{U}_{\mathrm{s}}|+\rangle=|-\rangle,\quad \boldsymbol{U}_{\mathrm{s}}|-\rangle=|+\rangle\tag{2-101}$$

$$\boldsymbol{C}_{\mathrm{s}}|0\rangle=(\frac{1+i}{\sqrt{2}})|+\rangle,\quad \boldsymbol{C}_{\mathrm{s}}|1\rangle_L=(\frac{1+i}{\sqrt{2}})|-\rangle\tag{2-102}$$

$$\boldsymbol{C}_{\mathrm{s}}|+\rangle=\left(\frac{1-i}{\sqrt{2}}\right)|1\rangle,\quad \boldsymbol{C}_{\mathrm{s}}|-\rangle_L=\left(\frac{1-i}{\sqrt{2}}\right)|0\rangle\tag{2-103}$$

利用这两组基以及操作$\boldsymbol{U}_{\mathrm{s}}$和$\boldsymbol{C}_{\mathrm{s}}$，人们就可以设计不同种类的基于单光子的 MQCP-CDs(如 QSS，QPC 等)。显然，如果选择其他的单粒子态来作为量子信息载体，可以得到另外的两个相应的酉操作。到目前为止，为了提高协议的量子比特效率或者降低对用户硬件的需求，人们已经利用单粒子设计了一些 MQCP-CD[64,80,83,87]。不幸的是，所有这些协议都需要存储量子态。然而量子态的存储仍然是一个技术难题。为了在现有的技术条件下很好的利用联合测量，下节提出一个不需要运用量子存储的更加易于实现的 MQKD 协议。更重要的是，该协议还能够抵抗不同的集体噪声。

2.4.2 星形网络结构的基于单粒子和联合测量的 MQKD 协议

本节提出一个具有星形网络结构的基于单粒子和联合测量的 MQKD 协议，星形网络结构如图 2-14 所示。

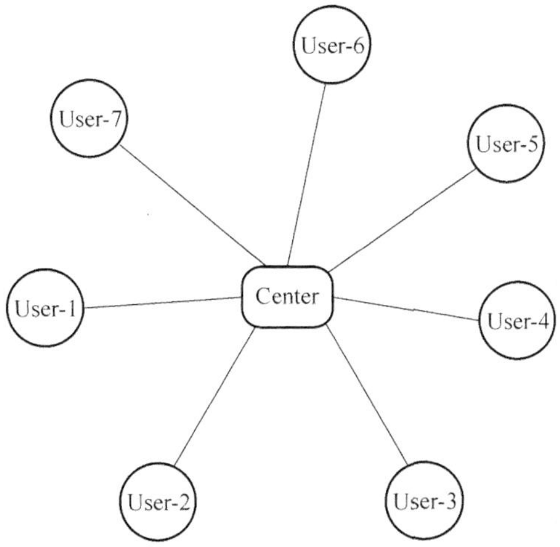

图 2-14 一个有 7 用户星形网络结构的多方密钥分发协议的简单图示。在这个网络中，7 个用户中的任意两个都可以仅仅通过执行酉操作建立安全密钥

协议中有一个负责制备和测量量子态的中心。在这个中心的帮助下，网络中任何两个用户仅仅通过在传递给他们的量子态上执行酉操作就可以安全地建立起一组随机密钥。如果用户 i 想要和用户 j 建立一组随机密钥，用户一i 和用户 j 可以将自己的随机比特串编码到中心制备的量子态上，然后他们就可以根据中心公布的测量结果推断出一组随机密钥。在这种情况下，用户 i 和用户 j 仅仅只需要将他们/她们的秘密通过核实的酉操作隐藏在传输的量子态中。和现有的同样采取联合检测的 MQKD 协议[64,87]相比，本节协议有以下两个主要优点。一方面，协议能够抵抗同时来自外部攻击者和不诚实参与者的攻击；另一方面，该协议不需要利用到量子存储设备，这就意味着在现有的技术条件下更加可行。下面基于两量子比特态给出该协议的两个容错版本。一个可以抵抗集体移相噪声，一个可以抵抗集体旋转噪声。然后我们还基于四量子比特态给出了一个能够抵抗所有种类酉集体噪声的更加鲁棒的版本。

A 利用单粒子的 MQKD 协议

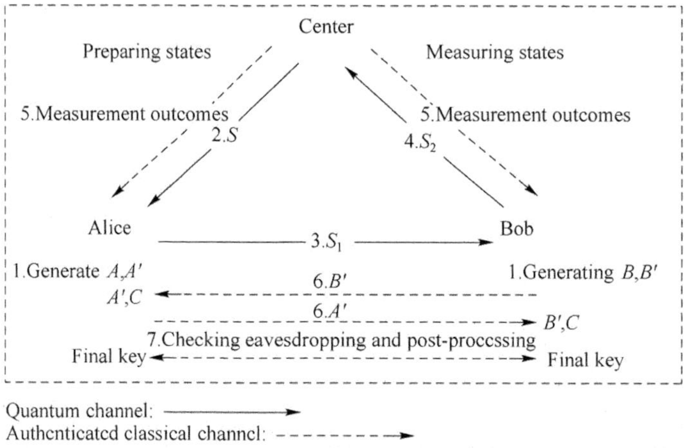

图 2-15　基于单粒子的多 MQKD 协议的子系统

表 2-5　当没有错误发生时 A_j，B_j，$A'_j \oplus B'_j$ 和 C_j 之间的关系

A_j	B_j	$A'_j \oplus B'_j$	C_j
A_j	B_j	0 或 1	$A_j \oplus B_j$
A_j	B_j	2	$A_j \oplus B_j \oplus 1$

假设网络中叫做 Alice 和 Bob 的两个用户想要共享一组随机密钥，他们可以执行如下基于单粒子的多方 QKD 协议。

(1) Alice 生成两串分别记为 A 和 A' 且长度为 $4n$ 的随机比特序列。类似地，Bob 也生成两串分别记为 B 和 B' 且长度为 $4n$ 的随机比特序列。然后，Alice 通知中心她想要和 Bob 建立一组随机密钥。

(2) 一旦接收到 Alice 的请求，中心制备一串有 $4n$ 个 $|0\rangle$ 态组成的量子态序列（记为 S）并将它发送给 Alice。

(3) 一旦收到 S，Alice 就在 S 中的第 i 个粒子上执行操作 $\boldsymbol{U}^{A_i}$。与此同时，她在序列的第 i 个粒子上执行操作 $\boldsymbol{C}^{A'_i}$，$i=0,1,\cdots,4n$。这里 A_i 和 A'_i 分别是序列 A 和 A' 中的第 i 个比

特。$U^1=U_s$，$C^1=C_s$ 且 $U^0=C^0=I_s$ 是二维希尔伯特空间上的单位算子，即 $I_s=|0\rangle\langle 0|+|1\rangle\langle 1|$。然后，她将这个新的序列（记为 S_1）发送给 Bob。

(4) 一旦 Bob 收到序列 S_1，他就在 S_1 中的第 i 个粒子上执行操作 U^{B_i}。与此同时，她在序列的第 i 个粒子上执行操作 $C^{B_i'}$，$i=0,1,\cdots,4n$。然后，他将新的序列（记为 S_2）发还给中心。

(5) 一旦接收到 S_2，中心对序列中的每一个粒子随机地使用 σ_z 基或 σ_y 基进行测量，这里 $\boldsymbol{\sigma}_z=\{|0\rangle,|1\rangle\}$，$\boldsymbol{\sigma}_y=\{|+\rangle,|-\rangle\}$。之后，他/她将 S_2 中每一个粒子的测量结果都公开。根据中心公布的第 i 个测量结果，Alice 和 Bob 可以判断 S_2 中的第 i 个粒子是否是用哪一组基测量的。具体地，如果相应的测量结果是 $|0\rangle$ 或 $|1\rangle$（$|+\rangle$ 或 $|-\rangle$），则中心使用了 σ_z 基（σ_y 基）。

(6) 在中心公布了对 S_2 中所有粒子的测量结果以后，Alice 和 Bob 分别公开 A' 和 B'，这里 A_i'（B_i'）表示 Alice(Bob)是否在传输序列的第 i 个粒子上执行操作 C_s。基于这些公开的信息，Alice 和 Bob 就能够判断 S_2 中的哪些粒子是用正确的测量基测量的。这里用正确的基测量第 i 个粒子指的是当测量的结果是当 $A_i'+B_i'$ 的值是 0 或 2(1)时，测量结果是 $|0\rangle$ 或 $|1\rangle$（$|+\rangle$ 或 $|-\rangle$）。从概率上讲，S_2 中的一半粒子（即 S_2 中的 $2n$ 个粒子）会被中心用正确的测量基测量。对于使用错误的测量的位置，Alice 和 Bob 丢弃 A，B，A' 和 B' 中相应的比特，从而得到的新序列记为 $\overline{A}$，$\overline{B}$，$\overline{A}'$ 和 $\overline{B}'$。然后，Alice 和 Bob 可以从使用正确的测量基得到的测量结果中推得 $2n$ 长的比特序列 C。具体地，如果测量结果是 $|0\rangle$ 或 $|+\rangle$（$|1\rangle$）或 $|-\rangle$），则 C 中相应的比特是 0(1)。当没有错误发生时，$\overline{A}_j$，$\overline{B}_j$，$\overline{A}_j'$，$\overline{B}_j'$ 和 C_j 之间的关系如表 2-5 所示，这里 $1\leqslant j\leqslant 2n$ 且⊕表示模二加。

为了检测窃听，Bob 随机地从比特串 C 中选择 n 个位置并要求 Alice 公开 $\overline{A}$ 中相应的比特值。根据 Alice 公开的信息和表 2-5，Bob 核对测量结果是否和理论值一样。如果错误率超过一个可容忍的值，他们就放弃结果。如果错误率可以接受，Bob 就可以根据 C 和 $\overline{B}$ 中剩余的比特值确定一个 n 比特的生密钥。最后，Alice 和 Bob 可以利用纠错和保密放大来建立一个安全的会话密钥。

在这个协议中，任何两个参与者都可以在中心的帮助下只通过酉操作就建立一组随机密钥。尽管我们协议的比特效率是文献[64,80,83,87]中协议比特效率的议案，我们协议却不需要存储量子比特。因此，我们协议在现有的技术条件下更容易实现。此外，为了防止特洛伊木马攻击和无可见光子攻击，用户还应该配备滤波器和分束器。

B 能够抵抗集体噪声的容错 MQKD 协议

利用之前给出的方法和 DFS 的思想，这里我们介绍上面给出的 MQKD 协议的三个容错版本。这三个协议分别能够抵抗集体移相噪声，集体旋转噪声和所有种类的酉集体噪声。

B1 能够抵抗集体移相噪声的容错 MQKD 协议

集体移相噪声可以用如下过程描述

$$|0\rangle\to|0\rangle,\quad |1\rangle\to e^{i\phi}|1\rangle \tag{2-104}$$

这里 ϕ 是随着时间浮动的噪声参数。一个由如下两个具有 2 反对称性的量子比特组成的逻辑比特能够抵抗集体移相噪声，因为当它们在这个信道中传递时，都能够得到一个相同的相位因子 $e^{i\phi}$。

$$|0\rangle_L=|0\rangle|1\rangle,\quad |1\rangle_L=|1\rangle|0\rangle \tag{2-105}$$

为了进行安全的通信，至少需要两组正交的测量基，根据上面的方法，一组可以选为$\{|0\rangle_L, |1\rangle_L\}$，而另一组基是$\{|+\rangle_L, |-\rangle_L\}$，这里

$$|+\rangle_L=\frac{1}{\sqrt{2}}(|0\rangle_L-i|1\rangle_L),\quad |-\rangle_L=\frac{1}{\sqrt{2}}(|1\rangle_L-i|0\rangle_L) \tag{2-106}$$

很容易验证$|\langle+|0\rangle_L|^2=|\langle+|1\rangle_L|^2=|\langle-|0\rangle_L|^2=|\langle-|1\rangle_L|^2=\frac{1}{2}$，这就意味着$\{|0\rangle_L, |0\rangle_L\}$和$\{|+\rangle_L, |-\rangle_L\}$构成两组相互无偏基。基于前文给出的方法，可以为抵抗集体移相噪声的 MQKD 协议构造如下的编码操作$\boldsymbol{U}_{\mathrm{dp}}$和控制操作$\boldsymbol{C}_{\mathrm{dp}}$

$$\begin{aligned}\boldsymbol{U}_{\mathrm{dp}}&=|0\rangle_{LL}\langle 1|+|1\rangle_{LL}\langle 0|+\boldsymbol{M}\\&=|01\rangle\langle 10|+|10\rangle\langle 01|+|00\rangle\langle 11|+|11\rangle\langle 00|\\&=\begin{pmatrix}0&0&0&1\\0&0&1&0\\0&1&0&0\\1&0&0&0\end{pmatrix}\end{aligned} \tag{2-107}$$

$$\boldsymbol{C}_{\mathrm{dp}}=\sqrt{\boldsymbol{U}_{\mathrm{dp}}}=\frac{1+i}{2}\begin{pmatrix}1&0&0&-i\\0&1&-i&0\\0&-i&1&0\\-i&0&0&1\end{pmatrix} \tag{2-108}$$

操作$\boldsymbol{U}_{\mathrm{dp}}$和$\boldsymbol{C}_{\mathrm{dp}}$在这四个态上的作用可以表述如下：

$$\begin{aligned}\boldsymbol{U}_{\mathrm{dp}}|0\rangle_L=|1\rangle_L,\quad \boldsymbol{U}_{\mathrm{dp}}|1\rangle_L=|0\rangle_L\\ \boldsymbol{U}_{\mathrm{dp}}|+\rangle_L=|-\rangle_L,\quad \boldsymbol{U}_{\mathrm{dp}}|-\rangle_L=|+\rangle_L\end{aligned} \tag{2-109}$$

$$\begin{aligned}\boldsymbol{C}_{\mathrm{dp}}|0\rangle_L=(\frac{1+i}{\sqrt{2}})|+\rangle_L,\quad \boldsymbol{C}_{\mathrm{dp}}|+\rangle_L=(\frac{1-i}{\sqrt{2}})|1\rangle_L\\ \boldsymbol{C}_{\mathrm{dp}}|1\rangle_L=(\frac{1+i}{\sqrt{2}})|-\rangle_L,\quad \boldsymbol{C}_{\mathrm{dp}}|-\rangle_L=(\frac{1-i}{\sqrt{2}})|0\rangle_L\end{aligned} \tag{2-110}$$

在这种存在集体移相噪声的情况下，协议中任意两个用户同样在中心的帮助下利用和2.4.2(A)中协议相同的步骤在集体移相噪声信道中建立随机密钥。当然，这两种情况还是有一些区别的。一方面，状态$|0\rangle$，$|1\rangle$，$|+\rangle$和$|-\rangle$需要被分别替换为$|0\rangle_L$，$|1\rangle_L$，$|+\rangle_L$和$|-\rangle_L$。另一方面操作U_s和C_s也应该非分别替换为$\boldsymbol{U}_{\mathrm{dp}}$和$\boldsymbol{C}_{\mathrm{dp}}$。相应地，步骤 5 中的测量基也应该被$\{|0\rangle_L, |1\rangle_L\}$和$\{|+\rangle_L, |-\rangle_L\}$替代。

B2 能够抵抗集体旋转噪声的容错 MQKD 协议

集体移相噪声可以用如下过程描述

$$|0\rangle\rightarrow\cos\theta|0\rangle+\sin\theta|1\rangle,\ |1\rangle\rightarrow-\sin\theta|0\rangle+\cos\theta|1\rangle \tag{2-111}$$

这里，θ是随着时间浮动的噪声参数。Bell 态$|\Phi^+\rangle=\frac{1}{\sqrt{2}}(|00\rangle+|11\rangle)$和$|\Psi^-\rangle=\frac{1}{\sqrt{2}}(|01\rangle-|10\rangle)$在集体旋转噪声下是不变的。自然地，这种噪声下的逻辑比特可以选为

$$|0_r\rangle_L=|\Phi^+\rangle,\quad |1_r\rangle_L=|\Psi^-\rangle \tag{2-112}$$

为了进行安全的通信，至少需要两组正交的测量基，根据上面的方法，一组可以选为$\{|0_r\rangle_L, |0_r\rangle_L\}$，而另一组基是$\{|+_r\rangle_L, |-_r\rangle_L\}$这里

$$|+_r\rangle_L=\frac{1}{\sqrt{2}}(|0_r\rangle_L-i|1_r\rangle_L),\quad |-_r\rangle_L=\frac{1}{\sqrt{2}}(|1_r\rangle_L-i|0_r\rangle_L) \tag{2-113}$$

很容易验证$|\langle_r+|0_r\rangle_L|^2=|\langle_r+|1_r\rangle_L|^2=|\langle_r-|0_r\rangle_L|^2=|\langle_r-|1_r\rangle_L|^2=\frac{1}{2}$，这就意味着$\{|0_r\rangle_L,|0_r\rangle_L\}$和$\{|+_r\rangle_L,|-_r\rangle_L\}$构成两组相互无偏基。基于 2.4.1 给出的方法，可以为抵抗集体移相噪声的 MQKD 协议构造如下的编码操作 U_r 和控制操作 C_r

$$\begin{aligned}\boldsymbol{U}_r&=|0_r\rangle_{LL}\langle 1_r|+|1_r\rangle_{LL}\langle_r 0|+M_r\\&=|\Phi^+\rangle\langle\Psi^-|+|\Psi^-\rangle\langle\Phi^+|+|\Psi^+\rangle\langle\Phi^-|+|\Phi^-\rangle\langle\Psi^+|\\&=\begin{pmatrix}0&1&0&0\\1&0&0&0\\0&0&0&-1\\0&0&-1&0\end{pmatrix}\end{aligned} \tag{2-114}$$

$$\boldsymbol{C}_r=\sqrt{\boldsymbol{U}_r}=\frac{1+i}{2}\begin{pmatrix}1&-i&0&0\\-i&1&0&0\\0&0&1&i\\0&0&i&1\end{pmatrix} \tag{2-115}$$

操作 $\boldsymbol{U}_r$ 和 $\boldsymbol{C}_r$ 在这四个态上的作用可以表述如下：

$$\begin{cases}\boldsymbol{U}_r|0_r\rangle_L=|1_r\rangle_L,\quad \boldsymbol{U}_r|1_r\rangle_L=|0_r\rangle_L\\ \boldsymbol{U}_r|+_r\rangle_L=|-_r\rangle_L,\quad \boldsymbol{U}_r|-_r\rangle_L=|+_r\rangle_L\end{cases} \tag{2-116}$$

$$\begin{cases}\boldsymbol{C}_r|0_r\rangle_L=(\frac{1+i}{\sqrt{2}})|+_r\rangle_L,\quad \boldsymbol{C}_r|+_r\rangle_L=(\frac{1-i}{\sqrt{2}})|1_r\rangle_L\\ \boldsymbol{C}_r|1_r\rangle_L=(\frac{1+i}{\sqrt{2}})|-_r\rangle_L,\quad \boldsymbol{C}_r|-_r\rangle_L=(\frac{1-i}{\sqrt{2}})|0_r\rangle_L\end{cases} \tag{2-117}$$

在这种存在集体移相噪声的情况下，协议中任意两个用户同样在中心的帮助下利用和 2.4.2(A)中协议相同的步骤在集体移相噪声信道中建立随机密钥。当然，这两种情况还是有一些区别的。一方面，状态$|0\rangle$，$|1\rangle$，$|+\rangle$和$|-\rangle$需要被分别替换为$|0_r\rangle_L$，$|1_r\rangle_L$，$|+_r\rangle_L$和$|-_r\rangle_L$。另一方面操作 $\boldsymbol{U}_s$ 和 $\boldsymbol{C}_s$ 也应该分别替换为 $\boldsymbol{U}_r$ 和 $\boldsymbol{C}_r$。相应地，步骤 5 中的测量基也应该被$\{|0_r\rangle_L,|1_r\rangle_L\}$和$\{|+_r\rangle_L,|-_r\rangle_L\}$替代。

B3 能够所有种类酉集体旋转噪声的容错 MQKD 协议

无消相干(DF)态[40,48]是一种可以正变化下保持不变的量子态(即 $\boldsymbol{U}^{\otimes n}|\psi^-\rangle=|\psi^-\rangle$，这里 $\boldsymbol{U}^{\otimes n}=\boldsymbol{U}\otimes\cdots\otimes\boldsymbol{U}$ 表示 n 个酉操作 $\boldsymbol{U}$ 的直积)。一个给定的 N 量子比特无消相干子空间(DFS)可以保护的信息量主要是和组成它的量子态的量子比特数有关的。对于 N 是偶数的情况，由整个量子态—环境系统组成的 DFS 有如下的维度[35,40]

$$d(N)=\frac{N!}{(N/2)!\ (N/2+1)!} \tag{2-118}$$

当 $N=2$ 时，存在唯一的 DF 态。当 $N=4$ 时，相应 DFS 的维度是 2。因此，4 量子比特足以在存在任何种类酉集体噪声的条件下保护一比特任意逻辑信息[88]。4 量子比特 DFS 正交基的一个自然选择是

$$\begin{cases} |\bar{0}\rangle_L = |\Psi^-\rangle_{12}|\Psi^-\rangle_{34} = \frac{1}{2}(|0101\rangle + |1010\rangle - |0110\rangle - |1001\rangle)_{1234} \\ |\bar{1}\rangle_L = \frac{1}{2\sqrt{3}}(2|0011\rangle + 2|1100\rangle - |0101\rangle - |1010\rangle - |0110\rangle - |1001\rangle)_{1234} \end{cases} \tag{2-119}$$

为了进行安全的量子通信，至少需要两组非正交的测量基。根据上面提出的方法，一组正交基是$\{|\bar{0}\rangle_L, |\bar{1}\rangle_L\}$，另一组正交基是$\{|\bar{\mp}\rangle_L, |\bar{=}\rangle_L\}$，这里

$$|\bar{\mp}\rangle_L = \frac{1}{\sqrt{2}}(|\bar{0}\rangle_L - i|\bar{1}\rangle_L), \quad |\bar{=}\rangle_L = \frac{1}{\sqrt{2}}(|\bar{1}\rangle_L - i|\bar{0}\rangle_L) \tag{2-120}$$

很容易验证$|\langle\bar{\mp}|\bar{0}\rangle_L|^2 = |\langle\bar{\mp}|\bar{1}\rangle_L|^2 = |\langle\bar{=}|\bar{0}\rangle_L|^2 = |\langle\bar{=}|\bar{1}\rangle_L|^2 = \frac{1}{2}$。也就是说，$\{|\bar{0}\rangle_L, |\bar{1}\rangle_L\}$和$\{|\bar{\mp}\rangle_L, |\bar{=}\rangle_L\}$是两组相互无偏基。假设$W$是一个16维的4量子比特希尔伯特空间，可以利用Schmidt正交化的方法找到它的一组正交基$\{|\bar{0}\rangle_L, |\bar{1}\rangle_L, \cdots, |\overline{15}\rangle\}$。由于Schmidt正交化并不复杂，为了简单起见，这里就不再给出$|\bar{2}\rangle_L, |\bar{3}\rangle_L, \cdots, |\overline{15}\rangle$的具体形式。一旦得到这组正交基的所有态，就可以更具上面给出的方法构造相应的MQKD中需要的编码操作$\bar{\boldsymbol{U}}$和控制操作$\bar{\boldsymbol{C}}$，两个操作的具体形式如下：

$$\bar{\boldsymbol{U}} = |\bar{0}\rangle\langle\bar{1}| + |\bar{1}\rangle\langle\bar{0}| + \boldsymbol{O}, \quad \bar{\boldsymbol{C}} = \sqrt{\bar{\boldsymbol{U}}} \tag{2-121}$$

这里，$\boldsymbol{O}$有多重形式可以选择，如$\boldsymbol{O} = |\bar{2}\rangle\langle\bar{2}| + \cdots + |\overline{15}\rangle\langle\overline{15}|$和$\boldsymbol{O} = |\bar{2}\rangle\langle\bar{3}| + |\bar{3}\rangle\langle\bar{4}| + \cdots + |\overline{15}\rangle\langle\bar{2}|$。比如说，当$\boldsymbol{O} = |\bar{2}\rangle\langle\bar{3}| + |\bar{3}\rangle\langle\bar{4}| + \cdots + |\overline{15}\rangle\langle\bar{2}|$。操作和$\bar{\boldsymbol{C}}$相应量子态上的作用如下：

$$\begin{cases} \bar{\boldsymbol{U}}|\bar{0}\rangle_L = |\bar{1}\rangle_L, & \bar{\boldsymbol{U}}|\bar{1}\rangle_L = |\bar{0}\rangle_L \\ \bar{\boldsymbol{U}}|\bar{\mp}\rangle_L = |\bar{=}\rangle_L, & \bar{\boldsymbol{U}}|\bar{=}\rangle_L = |\bar{\mp}\rangle_L \end{cases} \tag{2-122}$$

以及

$$\begin{cases} \bar{\boldsymbol{C}}|\bar{0}\rangle_L = (\frac{1+i}{\sqrt{2}})|\bar{\mp}\rangle_L, & \bar{\boldsymbol{C}}|\bar{\mp}\rangle_L = (\frac{1-i}{\sqrt{2}})|\bar{1}\rangle_L \\ \bar{\boldsymbol{C}}|\bar{1}\rangle_L = (\frac{1+i}{\sqrt{2}})|\bar{=}\rangle_L & \bar{\boldsymbol{C}}|\bar{=}\rangle_L = (\frac{1-i}{\sqrt{2}})|\bar{0}\rangle_L \end{cases} \tag{2-123}$$

在这种存在集体移相噪声的情况下，协议中任意两个用户同样在中心的帮助下利用和2.4.2(A)协议相同的步骤在集体移相噪声信道中建立随机密钥。当然，这两种情况还是有一些区别的。一方面，状态$|0\rangle$，$|1\rangle$，$|+\rangle$和需要被分别替换为$|\bar{0}\rangle_L$，$|\bar{1}\rangle_L$，$|\bar{\mp}\rangle_L$和$|\bar{=}\rangle_L$。另一方面操作$\boldsymbol{U}_s$和$\boldsymbol{C}_s$也应该分别替换为$\bar{\boldsymbol{U}}$和$\bar{\boldsymbol{C}}$。相应地，步骤5中的测量基也应该被$\{|\bar{0}\rangle_L, |\bar{1}\rangle_L\}$和$\{|\bar{\mp}\rangle_L, |\bar{=}\rangle_L\}$替代。

2.4.3 安全性分析

在本节中，对基于单粒子的MQKD协议进行安全性分析。对于针对集体噪声情况的协议，可以用相同的方法进行分析。为了简单起见，首先考虑来自外部窃听者的攻击，然后考虑不诚实的攻击者想要窃取密钥的情况。

A 针对外部攻击的安全性

假设Eve是一个想在不被窃听检测发现的情况下窃取用户之间共享的密钥的攻击者。Eve可以截获并且用自己制备的粒子替换发送给接收者的粒子[84]，或者她在传输的粒子上

纠缠上附加状态并尝试从这些状态中提取信息[30]。由于用户的秘密比特序列是编码在执行在传输粒子上的酉操作中的,所以窃取一个用户的秘密序列就等价区分他/她所执行的操作。比如说,如果 Eve 想要获得 A_i 的值($1\leqslant i\leqslant 4n$),她就应该知道 Alice 在相应的粒子上执行了 $\boldsymbol{I}_s,\boldsymbol{U}_s,\boldsymbol{C}_s$ 和 $\boldsymbol{U}_s\boldsymbol{C}_s$ 中的哪一个操作。换句话说,Eve 需要具备区分这四个操作的能力。实际上,关于量子操作区分的结论已经被研究得比较充分了。除了定理 2.3.2 和推论 2.3.2 以外,在这里再介绍一个定理。

定理 2.4.1[89] 在设备只能被使用一次的情况下,量子操作 $\xi_1,\cdots,\xi_2$ 能够被准确区分当且仅当对任意 $i=1,\cdots,n$,有 $\mathrm{supp}(\xi_i)\not\subset\mathrm{supp}(S_i)$,这里 supp ($\xi$)表示量子操作 ξ 的支集,$S_i=\{\xi_j:j\neq i\}$。

在本文中给出的单粒子协议中,两个参与者(Alice 和 Bob)执行的酉操作可以从整体上被看作四个操作,即 $\boldsymbol{I}_s,\boldsymbol{U}_s,\boldsymbol{C}_s$ 和 $\boldsymbol{U}_s\boldsymbol{C}_s$。这里 I_s 是二维希尔伯特空间上的单位算子,$\boldsymbol{U}_s$ 和 $\boldsymbol{C}_s$ 是公式(2-75)中定理的编码操作和控制操作。很容易验证这四个操作满足关系 $C_s=\frac{1+i}{2}(1\cdot I_s-i\cdot U_s+0\cdot U_sC_s)=\frac{1+i}{2}(I_s-iU_s)$,也就是说,$\mathrm{supp}\{\boldsymbol{C}_s\}\subseteq\mathrm{supp}\{\boldsymbol{I}_s,\boldsymbol{U}_s,\boldsymbol{U}_s\boldsymbol{C}_s\}$。因此,根据定理 2.4.1,这四个酉操作不能够被一次无措区分。此外,还可以根据定理 2.3.2 得出相同的结论。比如说,操作 $\boldsymbol{U}_s^{\dagger}\boldsymbol{C}_s$ 的特征值是 $-i$ 和 1,因此,$r(\boldsymbol{U}_s^{\dagger}\boldsymbol{C}_s)=1/\sqrt{2}$ 并且区分 $\boldsymbol{U}_s$ 和 $\boldsymbol{C}_s$ 的最小错误概率是 $P_e=\frac{1}{2}\left[1-\sqrt{1-(1/\sqrt{2})^2}\right]\approx 0.15$。

按照同样的方法,我们同样可以得到区分操作 $\boldsymbol{I}$ 和 $\boldsymbol{C}_r/I$ 和 $\boldsymbol{U}_r\boldsymbol{C}_r/\boldsymbol{U}_r$ 和 $\boldsymbol{U}_r\boldsymbol{C}_r$,也就是说,这些操作同样不能被一次无错区分。

在本协议中,用户的秘密比特串是被编码在他们在量子态上执行的操作中的。如果 Eve 想要在不在窃听检测中留下痕迹的情况下得到一个用户秘密比特串中的一个比特,她就应该具备能够一次无错的区分出相应的粒子上执行了哪一个操作的能力。然后,正如我们上面所分析,这四个操作不能被一次无错区分。因此,来自外部攻击者的诸如截获重返攻击,测量重发攻击,纠缠—测量攻击以及密集编码攻击等著名的攻击都将不可避免地在窃听检测中引入错误。

此外,对于针对双向量子通信的量子特殊攻击,即特洛伊木马攻击和不可见光子攻击。用户和中心可以利用文献[90,91]中的方法来抵抗这两种攻击,因此,这里略去具体的抵抗方法。

B 针对不诚实中心的安全性

众所周知,来自不诚实参与者的攻击往往比来自外部窃听者的攻击更加有威胁。一方面,他/她知道部分合法的信息,一方面,他/她可能在协议的执行过程中通过以避免在窃听检测中引入错误。因此,来自不诚实参与者的攻击往往更加具有威胁。我们的协议同样应该考虑这种情况。首先,如果中心被其他人攻破了,它就可能尝试窃取用户之间的密钥。其次,在一些特殊情况下,中心可能不能正常提供服务,在这种情况下,用户可能会在替代中心执行量子态制备和测量的第三方帮助下建立密钥,而这个替代者很可能想要窃取这个密钥。现在,我们说明,如果两个用户执行我们提出的协议,不诚实的中心不能够在不引入错误的情况下获得密钥。

和外部攻击者相比,一个不诚实的中心有如下两个优势。首先,他/她可以把 S 中的量子态替换成任何一种他/她喜欢的量子态。其次，他/她可以在步骤 5 中更改公布的测量结果。然后在我们的协议中，他/她仍然不能在无窃听检测中留下踪迹的情况下获得用户之间共享密钥。此外，协议中的用户只会在中心公布对 S_2 中所有粒子的测量结果之后才控制串 A'和 B'。同样，用于检测窃听的比特也是在中心公布测量结果以后由用户随机选择的。因此，不论这个不诚实的中心采取怎样的攻击策略，一旦他/她得到部分关于秘密比特串的有用信息，他/她将不可避免的在检测窃听中引入错入从何被用户注意到。

到目前为止，已经对 2.4.1 节中的 MQKD 协议进行了安全性分析并说明它可以抵抗来自外部攻击者和不诚实中心的攻击。当然，对于针对集体移相噪声/集体旋转噪声/所有种类酉集体噪声的情况，可以用同样的方法来说明它们是安全的，因为根据上面的定理，操作 $\boldsymbol{I}^{\otimes 2}$，$\boldsymbol{U}_{\mathrm{dp}}$，$\boldsymbol{C}_{\mathrm{dp}}$和 $\boldsymbol{U}_{\mathrm{dp}}\boldsymbol{C}_{\mathrm{dp}}$/$\boldsymbol{I}^{\otimes 2}$，$\boldsymbol{U}_{\mathrm{r}}$，$\boldsymbol{C}_{\mathrm{r}}$ 和 $\boldsymbol{U}_{\mathrm{r}}\boldsymbol{C}_{\mathrm{r}}$/$\boldsymbol{I}^{\otimes 4}$，$\overline{\boldsymbol{U}}$，$\overline{\boldsymbol{C}}$和$\overline{\boldsymbol{U}}\,\overline{\boldsymbol{C}}$也不能被一次无错区分。为了简便，我们忽略相应的证明过程。

2.4.4 结束语

在本节中，我们介绍了一个构造在 MQCP-CD 中需要的编码操作和控制操作的方法，并利用单粒子和联合检测提出了一个能够同时抵抗来自外部攻击者和不诚实参与者攻击的具有星形网络的多方 QKD 协议。基于这个方法和 DFS 的思想，还介绍了这个协议的三个分别能够抵抗集体移相噪声，集体旋转噪声和所有种类酉集体噪声的版本。

显然，在本节给出的方法是有用的，因为它可以根据 MQCP-CD 所用的量子态构造对应的酉操作，和之前已有的 MQCP-CD[84;86]，本节中提出的协议有如下的优点。首先，该协议不需要用到量子存储，所以更加易于实现。其次，这个协议不但御用了联合测量，同时也能够抵抗集体噪声。

2.5 利用选择测量基编码的量子密钥分发协议

在绝大多数量子通信协议中，信息是利用制备不同量子态和对量子态进行不同操作来编码的，而测量往往用于提信息的。然而，最近 Amir Kalev 等人设计了一个利用测量基编码的量子公开通信协议[39]（KMR13 协议）。然而，KMR13 协议并不是安全的，因为攻击者可以在不引入任何错误的前提下轻易地得到所传输的信息。本节通过在 Bob 处增加另一组相互无偏正交基(MUB)，并相应地在 Alice 处增加一个两粒子测量基，我们将这个有趣的协议修正为一个 QKD，即安全的通信协议并对所提出协议给出了在零错情况下的安全性证明。

2.5.1 KMR13 协议回顾

本节介绍 KMR13 协议，即 Kalev 等人提出的利用基选择编码的量子通信协议[39]。该协议的具体步骤如下：

(1) Alice 制备一个两粒子态$|c_0,r_0;s_0\rangle_{1,2}$，并将其中一个粒子($P_1$)发给 Bob。这里，$|c_0,r_0;s_0\rangle_{1,2}$是下列 d^3 个 2-qudit 最大纠缠态之一：

$$|c,r;s\rangle_{1,2}=\frac{1}{\sqrt{2}}\sum_{n=0}^{d-1}\omega^{sn^2-2rn}|n\rangle_1|c-n\rangle_2 \tag{2-124}$$

这里，$\omega=e^{i2\pi/d}$；$c,r,s=0,1,\cdots,d-1$；对任意 n 有 $|n\rangle=|n+d\rangle$。（注意，对于某个确定的 s，剩下的 n^2 个量子态就构成了这个 2-qudit 空间上的一组基。）

（2）当 Bob 收到 P_1 后，他通过对它进行一个非选择性测量，即随机从以下 $d+1$ 组基中选择一组对 P_1 进行测量，这 $d+1$ 组基用 $b=\ddot{0},0,1,\cdots,d-1$ 来表示，当 $b=\ddot{0}$ 时，

$$\{|n\rangle\}_{n=0}^{d-1} \tag{2-125}$$

当 $b=0,1,\cdots,d-1$ 时，

$$\{|m;b\rangle=\frac{1}{\sqrt{d}}\sum_{n=0}^{d-1}\omega^{bn^2-2mn}|n\rangle\}_{m=0}^{d-1} \tag{2-126}$$

然后，他将 P_1 发给 Alice。

（3）当 Alice 收到 P_1 后，对手中的两个粒子在 $\{|c,r;s_0\rangle\}_{c,r=0}^{d-1}$ 基下进行测量。根据测量结果，她可以以 $(d-1)/d$ 的概率推测出 Bob 选择了哪组基，这个基序号就是消息。具体地，如果 Alice 的初态是 $|c_0,r_0;s_0\rangle$ 且她的测量结果是 $|c_1,r_1;s_0\rangle$，可以得到

$$\begin{aligned} c_0\neq c_1 &\Rightarrow b=s+\frac{r_0-r_1}{c_1-c_0}\\ c_0=c_1,r_0\neq r_1 &\Rightarrow b=\ddot{0}\\ c_0=c_1,r_0=r_1 &\Rightarrow \text{inconclusive}\end{aligned} \tag{2-127}$$

上述公式中所有的运算符号均是定义在有限域 F_d 上的。

在上述协议中，Bob 的编码方式是选择基测量，而不是通常的制备不同的量子态或者进行不同的酉操作。因为 Bob 的测量结果读数是完全没有意义的，所以，该协议在 Bob 的测量设备无法正确读数的情况下依然可以顺利执行。另外，根据公式(2-127)，Alice 制备的初态可以是确定的，例如 $c_0=r_0=s_0=0$。

2.5.2 基于 KMR13 的 QKD 协议

比较 BB84 协议与最简单的用 $|0\rangle$、$|1\rangle$ 态编码的量子通信协议，区别是 BB84 采用了两组编码基，而后者只用了一组。鉴于此，通过在 KMR13 协议中 Bob 端增加另一组 MUB 集合，设计了一个 QKD 协议。

这里，先考虑最简单也是最普遍的情况，即 $d=2$ 的情况。关键问题是，Alice 需要制备一个可以在两组不同 MUB 下均可执行 KMR13 的协议。幸运的是，二维条件下的单态可以在任何一组 MUB 下执行 KMR13 协议。QKD 协议的具体过程如下：

（1）Alice 制备一个最大纠缠态

$$|\Psi^-\rangle_{1,2}=\frac{1}{\sqrt{2}}(|01\rangle-|10\rangle)_{1,2} \tag{2-128}$$

即上文提到的单态，两个粒子分别表示为 P_1 和 P_2。并将 P_2 发给 Bob。

（2）在收到 P_2 后，Bob 随机产生两个随机比特 $p\in\{0,1\}$ 和 $q\in\{0,1,2\}$，并在 M_{pq} 基下测量收到的粒子，这里

$$\begin{aligned}\boldsymbol{M}_{00}&=\boldsymbol{Z}:\{|0\rangle,|1\rangle\}\\ \boldsymbol{M}_{01}&=\boldsymbol{X}:\{|+\rangle,|-\rangle\}\\ \boldsymbol{M}_{02}&=\boldsymbol{Y}:\{|y^+\rangle,|y^-\rangle\}\end{aligned} \tag{2-129}$$

$$\boldsymbol{M}_{10}=\boldsymbol{Z}':\{|m_{10}^{+}\rangle,|m_{10}^{-}\rangle\}$$
$$\boldsymbol{M}_{11}=\boldsymbol{X}':\{|m_{11}^{+}\rangle,|m_{11}^{-}\rangle\}$$
$$\boldsymbol{M}_{12}=\boldsymbol{Y}':\{|m_{12}^{+}\rangle,|m_{12}^{-}\rangle\} \tag{2-130}$$

这里,$\boldsymbol{Z}'$、$\boldsymbol{X}'$、$\boldsymbol{Y}'$构成了 Bloch 球上的另一组不同于 $\boldsymbol{X}$、$\boldsymbol{Y}$、$\boldsymbol{Z}$ 的标准正交基[33]。然后他将粒子发回给 Alice。(这里$\{\boldsymbol{M}_{0q}\}_{q=0}^{2}$与$\{\boldsymbol{M}_{1q}\}_{q=0}^{2}$即上面提到的两组 MUB 集合。)

(3) Alice 收到 P_2 并公布这个事实。

(4) Bob 公布 p。

(5) Alice 有 $\boldsymbol{M}_{\mathrm{p}}$ 基测量 P_1 和 P_2,这里

$$\boldsymbol{M}_0=\{|\Psi^{-}\rangle,\frac{1}{\sqrt{2}}(|01\rangle+|10\rangle)$$
$$\frac{1}{\sqrt{2}}(|+-\rangle+|-+\rangle),\frac{1}{\sqrt{2}}(|y^{+}y^{-}\rangle+|y^{-}y^{+}\rangle)\} \tag{2-131}$$

$$\boldsymbol{M}_1=\{|\Psi^{-}\rangle,\frac{1}{\sqrt{2}}(|m_{10}^{+}m_{10}^{-}\rangle+|m_{10}^{-}m_{10}^{+}\rangle)$$
$$\frac{1}{\sqrt{2}}(|m_{11}^{+}m_{11}^{-}\rangle+|m_{11}^{-}m_{11}^{+}\rangle),\frac{1}{\sqrt{2}}(|m_{12}^{+}m_{12}^{-}\rangle+|m_{12}^{-}m_{12}^{+}\rangle)\} \tag{2-132}$$

对于每一次测量,根据对应的测量结果,Alice 可以提取到如下信息 $q=x,0,1,2$,这里,x 表示不确定的,即 Alice 没有成功提取到 q。

(6) 在经过一定数量的上述步骤后,Alice 和 Bob 丢弃结果为 x 的轮次。然后 Alice 公布剩余结果中的一半进行检测窃听。Bob 检查是否有错误,如果没有,那么另一半就是密钥。

在上述协议中,没有给出$\{\boldsymbol{M}_{1q}\}_{q=0}^{2}$中元素的具体形式。事实上,在理想条件下,$\{\boldsymbol{M}_{1q}\}_{q=0}^{2}$可以是任何一组不同于$\{X,Y,Z\}$的集合。

对于其他奇素数 d,只要能找到可以在两组 MUB 下执行 KMR13 协议的初态,就可以类似地给出对应的 QKD 协议。事实上,下面的初态和两组 MUB 集合就满足条件。初态形式如下:

$$\frac{1}{\sqrt{d}}|0\rangle|0\rangle+\frac{1}{\sqrt{d}}\sum_{n=1}^{\frac{d-1}{2}}(|2n-1\rangle|2n-1\rangle+|2n\rangle|2n\rangle)$$
$$=\frac{1}{\sqrt{d}}|0\rangle|0\rangle+\frac{1}{\sqrt{d}}\sum_{n=1}^{\frac{d-1}{2}}(|n^{+}\rangle|n^{+}\rangle+|n^{-}\rangle|n^{-}\rangle) \tag{2-133}$$

这里,$|n^{+}\rangle=1/\sqrt{2}(|2n-1\rangle+|2n\rangle)$,$|n^{-}\rangle=1/\sqrt{2}(|2n-1\rangle-|2n\rangle)$。其中一个基集合就是 KMR13 中采用的,见式(2-125)和式(2-126)。另一个基集合为计算基$\{|0\rangle\}\cup\{|n^{+}\rangle,|n^{-}\rangle\}_{n=1}^{(d-1)/2}$与在它基础上延伸出的 d 组无偏基。

2.5.3 安全性证明

本节将证明提出协议的二维 QKD 的安全性。首先将构建窃听者攻击的一般模型,然后在此基础上证明协议的安全性。

A. 窃听者攻击的一般模型

在整个协议过程中,窃听者 Eve 只有两次接触参与者量子系统的机会:第 1 步中 P_2 从

Alice 向 Bob 传递的过程与第 2 步中 P_2 从 Bob 向 Alice 传递的过程。

量子力学第二条基本假设是：任何封闭的量子系统的演化都可以用酉操作表示[92]。例如，当把测量设备与被测系统看作一个整体时，测量也可以被看作是酉操作。因此，假设 Eve 在提取信息前的所有操作都是酉的。

1. Alice-Bob 阶段

当 Alice 将 P_2 发出后，Eve 截获它，并在 P_2 和自己的系统 E 上作用一个联合操作 U。这里假设 Eve 自己的系统 E 的状态是 $|\phi\rangle$。那么，在 Eve 的操作之后，Alice 和 Bob 的系统 1 和 2，还有 Eve 的系统 E 的联合状态为

$$\begin{aligned}|\Phi\rangle_{1,2,E}^{U}&=\boldsymbol{I}_1\otimes\boldsymbol{U}_{2,E}(|\Psi^-\rangle_{1,2}|\phi\rangle_E)\\&=\boldsymbol{I}_1\otimes\boldsymbol{U}_{2,E}\frac{1}{\sqrt{2}}(|01\rangle_{1,2}|\phi\rangle_E-|10\rangle_{1,2}|\phi\rangle_E)\\&=\frac{1}{\sqrt{2}}(|0\rangle_1|a\rangle_{2,E}+|1\rangle_1|b\rangle_{2,E})\\&=(|00a_0\rangle+|01a_1\rangle+|10b_0\rangle+|11b_1\rangle)_{1,2,E}\end{aligned}\tag{2-134}$$

这里，

$$\langle a|a\rangle=\langle b|b\rangle=1,\langle a|b\rangle=0\tag{2-135}$$

$$\langle a_0|a_0\rangle+\langle a_1|a_1\rangle=\langle b_0|b_0\rangle+\langle b_1|b_1\rangle=\frac{1}{2}\tag{2-136}$$

这里 $|a_i\rangle$ 和 $|b_i\rangle$ 是非归一化形式，$\langle a_i|a_i\rangle=0$（后面我们也会用 $|a_i\rangle=0$ 表示）表示包含 $|a_i\rangle$ 的这一项不存在，$i=1,2$。然后 Eve 将 P_2 发送给 Bob。

不失一般性，我们假设 Bob 选取了 $\boldsymbol{M}_{pq}$ 测量 P_2。那么，当 Bob 测量之后，总系统的态变成了

$$\begin{aligned}\boldsymbol{\rho}_{1,2,E}^{pq}=&p_{pq}^{+}|m_{pq}^{+}\rangle\langle m_{pq}^{+}|_2\otimes|l_{pq}^{+}\rangle\langle l_{pq}^{+}|_{1,E}\\&+p_{pq}^{-}|m_{pq}^{-}\rangle\langle m_{pq}^{-}|_2\otimes|l_{pq}^{-}\rangle\langle l_{pq}^{-}|_{1,E}\end{aligned}\tag{2-137}$$

这里，$p_{pq}^{+}(p_{pq}^{-})$ 是测量结果 $|m_{pq}^{+}\rangle(|m_{pq}^{-}\rangle)$ 出现的概率，$|l_{pq}^{+}\rangle(|l_{pq}^{-}\rangle)$ 对应的剩余系统的状态。

2. Bob-Alice 阶段

当 Bob 将 P_2 发回给 Alice 时，Eve 再次截获它。然后她继续在系统 2 和 E 执行另一个联合操作 $\boldsymbol{U}'$。之后，她将 P_2 发给 Alice，在 Bob 公布 p 之后，通过对 E 系统的测量来提取秘密 q。

B. Bob 的选择 p 对 Eve 来说是完全无法区分的

我们将证明：无论 Eve 在 Alice-Bob 阶段采取何种操作，在 Bob 公布之前，她都无法分辨 Bob 选择了那个 MUB 集合，即 p 的值。

假设在 Eve 攻击操作之后，P_2 属于一个纯态系统 $|\varphi\rangle_{2,E'}$。例如，当 $\boldsymbol{U}$ 是一个作用在 P_2 和 E 系统中某个粒子上的置换操作时。$|\varphi\rangle_{2,E'}$ 的 Schmidt 分解为

$$|\varphi\rangle_{2,E'}=|0'\rangle|v_0\rangle+|1'\rangle|v_1\rangle\tag{2-138}$$

这里，

$$\langle 0'|0'\rangle=\langle 1'|1'\rangle=1,\quad\langle v_0|v_0\rangle+\langle v_1|v_1\rangle=1\tag{2-139}$$

如果 $p=0$，Bob 将在 $\{\boldsymbol{X},\boldsymbol{Y},\boldsymbol{Z}\}$ 这三组基中随机选择一组对 P_2 进行测量。假设

$$|0\rangle=\cos\frac{\theta_1}{2}|0'\rangle+\mathrm{e}^{-\varphi_1 i}\sin\frac{\theta_1}{2}|1'\rangle\tag{2-140}$$

$$|1\rangle=\sin\frac{\theta_1}{2}|0'\rangle-\mathrm{e}^{-\varphi_1 i}\cos\frac{\theta_1}{2}|1'\rangle \tag{2-141}$$

$$|+\rangle=\cos\frac{\theta_2}{2}|0'\rangle+\mathrm{e}^{-\varphi_2 i}\sin\frac{\theta_2}{2}|1'\rangle \tag{2-142}$$

$$|-\rangle=\sin\frac{\theta_2}{2}|0'\rangle-\mathrm{e}^{-\varphi_2 i}\cos\frac{\theta_2}{2}|1'\rangle \tag{2-143}$$

$$|y^+\rangle=\cos\frac{\theta_3}{2}|0'\rangle+\mathrm{e}^{-\varphi_3 i}\sin\frac{\theta_3}{2}|1'\rangle \tag{2-144}$$

$$|y^-\rangle=\sin\frac{\theta_3}{2}|0'\rangle-\mathrm{e}^{-\varphi_3 i}\cos\frac{\theta_3}{2}|1'\rangle \tag{2-145}$$

Bob 测量之后，系统{2,E}的状态变为

$$\begin{aligned}\boldsymbol{\rho}_{2,E}^{0} &= \frac{1}{3}(\boldsymbol{\rho}_{2,E}^{00}+\boldsymbol{\rho}_{2,E}^{01}+\boldsymbol{\rho}_{2,E}^{02}) \\ &= \frac{1}{6}(\sum_{k=1}^{3}2-\sin^2\theta_k)(|0'v_0\rangle\langle 0'v_0|+|1'v_1\rangle\langle 1'v_1|) \\ &+\frac{1}{6}(\sum_{k=1}^{3}\sin^2\theta_k)(|0'v_1\rangle\langle 0'v_1|+|1'v_0\rangle\langle 1'v_0| \\ &+|0'v_0\rangle\langle 1'v_1|+|1'v_1\rangle\langle 0'v_0|) \\ &+\frac{1}{6}(\sum_{k=1}^{3}e^{\varphi_k i}\sin\theta_k\cos\theta_k)(|0'v_0\rangle\langle 0'v_1|+|1'v_0\rangle\langle 0'v_0| \\ &-|1'v_0\rangle\langle 1'v_1|-|1'v_1\rangle\langle 0'v_1|) \\ &+\frac{1}{6}(\sum_{k=1}^{3}e^{-\varphi_k i}\sin\theta_k\cos\theta_k)(|0'v_1\rangle\langle 0'v_0|+|0'v_0\rangle\langle 1'v_0| \\ &-|1'v_1\rangle\langle 1'v_0|-|0'v_1\rangle\langle 1'v_1|) \\ &+\frac{1}{6}(\sum_{k=1}^{3}e^{-2\varphi_k i}\sin^2\theta_k)\ |0'v_1\rangle\langle 1'v_0| \\ &+\frac{1}{6}(\sum_{k=1}^{3}\mathrm{e}^{2\varphi_k i}\sin^2\theta_k)\ |1'v_0\rangle\langle 0'v_1|\end{aligned} \tag{2-146}$$

这里，$\boldsymbol{\rho}_{2,E}^{pq}$表示在 Bob 用 $\boldsymbol{M}_{pq}$ 测量后 P_2 后系统{2,E}的状态。根据{$\boldsymbol{X}$,$\boldsymbol{Y}$,$\boldsymbol{Z}$}在 Bloch 球上的正交性，上式可化简为

$$\begin{aligned}\boldsymbol{\rho}_{2,E}^{0}=\frac{1}{6}(&2|0'v_0\rangle\langle 0'v_0|+2|1'v_1\rangle\langle 1'v_1| \\ &+|0'v_1\rangle\langle 0'v_1|+|1'v_0\rangle\langle 1'v_0| \\ &+|0'v_0\rangle\langle 1'v_1|+|1'v_1\rangle\langle 0'v_0|)\end{aligned} \tag{2-147}$$

上式与参数 θ_k 和 φ_k 无关，$k=1,2,3$。因此，当 $p=1$ 时，我们可以得到同样的结果，即

$$\boldsymbol{\rho}_{2,E}^{0}=\boldsymbol{\rho}_{2,E}^{1} \tag{2-148}$$

很明显，上面的结论在 P_2 属于一个混合态时仍然成立，因为混合态都是纯态的线性叠加。因此，可以得到结论：Eve 无法在 Bob 公布之前得到 p 的任何信息。

C. Eve 无法在不引入任何错误的前提下提取到有用信息

正如上文中分析的，Eve 在第二次截获 P_2 的时候，无法得到 p 的任何信息，所以她无法

区别地对待这两种情况。假设 $\boldsymbol{U}'$,即 Eve 第二次作用在系统{2,E}上操作的效果如下:

$$\boldsymbol{U}'|i\rangle|x_j\rangle=|0\rangle|x_{ij}^0\rangle+|1\rangle|x_{ij}^1\rangle \tag{2-149}$$

这里,$x=a,b,i,j=0,1$。当 Bob 选择 M_{pq}时,我们假设

$$|m_{pq}^+\rangle=\cos\frac{\theta}{2}|0\rangle+\mathrm{e}^{\varphi i}\sin\frac{\theta}{2}|1\rangle,\quad |m_{pq}^-\rangle=\sin\frac{\theta}{2}|0\rangle-\mathrm{e}^{\varphi i}\cos\frac{\theta}{2}|1\rangle \tag{2-150}$$

这样,式(2-134),即整个系统在 Eve 作用 $\boldsymbol{U}$ 之后的状态,为

$$\begin{aligned}|\Phi\rangle_{1,2,E}^U=&|m_{pq}^+m_{pq}^+\rangle_{1,2}\left(\cos^2\frac{\theta}{2}|a_0\rangle+\mathrm{e}^{-\varphi i}\cos\frac{\theta}{2}\sin\frac{\theta}{2}|a_1\rangle\right.\\&\left.+\mathrm{e}^{-\varphi i}\cos\frac{\theta}{2}\sin\frac{\theta}{2}|b_0\rangle+\mathrm{e}^{-2\varphi i}\sin^2\frac{\theta}{2}|b_1\rangle\right)_E\\&+|m_{pq}^+m_{pq}^-\rangle_{1,2}\left(\cos\frac{\theta}{2}\sin\frac{\theta}{2}|a_0\rangle-\mathrm{e}^{-\varphi i}\cos^2\frac{\theta}{2}|a_1\rangle\right.\\&\left.+\mathrm{e}^{-\varphi i}\sin^2\frac{\theta}{2}|b_0\rangle-\mathrm{e}^{-2\varphi i}\cos\frac{\theta}{2}\sin\frac{\theta}{2}|b_1\rangle\right)_E\\&+|m_{pq}^-m_{pq}^+\rangle_{1,2}\left(\cos\frac{\theta}{2}\sin\frac{\theta}{2}|a_0\rangle+\mathrm{e}^{-\varphi i}\sin^2\frac{\theta}{2}|a_1\rangle\right.\\&\left.-\mathrm{e}^{-\varphi i}\cos^2\frac{\theta}{2}|b_0\rangle-\mathrm{e}^{-2\varphi i}\cos\frac{\theta}{2}\sin\frac{\theta}{2}|b_1\rangle\right)_E\\&+|m_{pq}^-m_{pq}^-\rangle_{1,2}\left(\sin^2\frac{\theta}{2}|a_0\rangle-\mathrm{e}^{-\varphi i}\cos\frac{\theta}{2}\sin\frac{\theta}{2}|a_1\rangle\right.\\&\left.-\mathrm{e}^{-\varphi i}\cos\frac{\theta}{2}\sin\frac{\theta}{2}|b_0\rangle+\mathrm{e}^{-2\varphi i}\cos^2\frac{\theta}{2}|b_1\rangle\right)_E\end{aligned} \tag{2-151}$$

式(2-137),即整个系统在 Bob 用 $\boldsymbol{M}_{pq}$ 测量 P_2 后的状态为

$$\begin{aligned}\boldsymbol{\rho}_{1,2,E}^{pq}=&|m_{pq}^+\rangle\langle m_{pq}^+|_2\otimes|l_{pq}'^+\rangle\langle l_{pq}'^+|_{1,E}\\&+|m_{pq}^-\rangle\langle m_{pq}^-|_2\otimes|l_{pq}'^-\rangle\langle l_{pq}'^-|_{1,E}\end{aligned} \tag{2-152}$$

这里

$$\begin{aligned}|l_{pq}'^+\rangle=&|m_{pq}^+\rangle_1\left(\cos^2\frac{\theta}{2}|a_0\rangle+\mathrm{e}^{-\varphi i}\cos\frac{\theta}{2}\sin\frac{\theta}{2}|a_1\rangle\right.\\&\left.+\mathrm{e}^{-\varphi i}\cos\frac{\theta}{2}\sin\frac{\theta}{2}|b_0\rangle+\mathrm{e}^{-2\varphi i}\sin^2\frac{\theta}{2}|b_1\rangle\right)_E\\&+|m_{pq}^-\rangle_1\left(\cos\frac{\theta}{2}\sin\frac{\theta}{2}|a_0\rangle+\mathrm{e}^{-\varphi i}\sin^2\frac{\theta}{2}|a_1\rangle\right.\\&\left.-\mathrm{e}^{-\varphi i}\cos^2\frac{\theta}{2}|b_0\rangle-\mathrm{e}^{-2\varphi i}\cos\frac{\theta}{2}\sin\frac{\theta}{2}|b_1\rangle\right)_E\end{aligned} \tag{2-153}$$

以及

$$\begin{aligned}|l_{pq}'^-\rangle=&|m_{pq}^+\rangle_1\left(\cos\frac{\theta}{2}\sin\frac{\theta}{2}|a_0\rangle-\mathrm{e}^{-\varphi i}\cos^2\frac{\theta}{2}|a_1\rangle\right.\\&\left.+\mathrm{e}^{-\varphi i}\sin^2\frac{\theta}{2}|b_0\rangle-\mathrm{e}^{-2\varphi i}\cos\frac{\theta}{2}\sin\frac{\theta}{2}|b_1\rangle\right)_E\\&+|m_{pq}^-\rangle_1\left(\sin^2\frac{\theta}{2}|a_0\rangle-\mathrm{e}^{-\varphi i}\cos\frac{\theta}{2}\sin\frac{\theta}{2}|a_1\rangle\right.\\&\left.-\mathrm{e}^{-\varphi i}\cos\frac{\theta}{2}\sin\frac{\theta}{2}|b_0\rangle+\mathrm{e}^{-2\varphi i}\cos^2\frac{\theta}{2}|b_1\rangle\right)_E\end{aligned} \tag{2-154}$$

更具体一些，考虑 Bob 选择的是 $\boldsymbol{M}_{00}$，即 Bob 用$\{|0\rangle,|1\rangle\}$基测量 P_2，那么式(2-151)就是式(2-134)，式(2-154)变成了

$$\begin{aligned}\boldsymbol{\rho}_{1,2,E}^{00}=(&|00a_0\rangle\langle 00a_0|+|00a_0\rangle\langle 10b_0|\\&+|10b_0\rangle\langle 00a_0|+|10b_0\rangle\langle 10b_0|\\&+|01a_1\rangle\langle 01a_1|+|01a_1\rangle\langle 11b_1|\\&+|11b_1\rangle\langle 01a_1|+|11b_1\rangle\langle 11b_1|)_{1,2,E}\end{aligned}\tag{2-155}$$

在 Eve 的操作 $\boldsymbol{U}'$之后，根据式(2-152)，整个系统的状态为

$$\begin{aligned}\boldsymbol{U}'\rho_{1,2,E}^{00}=&|00a_{00}^0\rangle\langle 00a_{00}^0|+|00a_{00}^0\rangle\langle 01a_{00}^1|\\&+|01a_{00}^1\rangle\langle 00a_{00}^0|+|01a_{00}^1\rangle\langle 01a_{00}^1|\\&+\cdots\\&+|10b_{11}^0\rangle\langle 10b_{11}^0|+|10b_{11}^0\rangle\langle 11b_{11}^1|\\&+|11b_{11}^1\rangle\langle 10b_{11}^0|+|11b_{11}^1\rangle\langle 11b_{11}^1|\end{aligned}\tag{2-156}$$

如果要在检测窃听阶段没有任何错误发生，那么操作后的系统必须满足

$$\mathrm{tr}[(|00\rangle\langle 00|+|11\rangle\langle 11|)\mathrm{tr}_E(\boldsymbol{U}'\rho_{1,2,E}^{00})(|00\rangle\langle 00|+|11\rangle\langle 11|)]=0\tag{2-157}$$

那么可以得到

$$|a_{00}^0\rangle=|a_{11}^0\rangle=|b_{00}^1\rangle=|b_{11}^1\rangle=0\tag{2-158}$$

类似地，考虑 Bob 选择 $\boldsymbol{M}_{01}$时，即 Bob 选择$\{|+\rangle,|-\rangle\}$测量 P_2，那么在式(2-167)的基础上，可以得到

$$|a_{00}^1\rangle+|a_{11}^1\rangle+|b_{00}^0\rangle+|b_{11}^0\rangle=0\tag{2-159}$$

$$|a_{01}^0\rangle+|b_{01}^1\rangle+|a_{10}^0\rangle+|b_{10}^1\rangle=0\tag{2-160}$$

$$|b_{01}^0\rangle+|a_{01}^1\rangle+|b_{10}^0\rangle+|a_{10}^0\rangle=0\tag{2-161}$$

再考虑 $\boldsymbol{M}_{02}$，可以得到

$$|a_{01}^0\rangle-|b_{01}^1\rangle-|a_{10}^0\rangle+|b_{10}^1\rangle=0\tag{2-162}$$

$$|b_{01}^0\rangle+|a_{01}^1\rangle-|b_{10}^0\rangle-|a_{10}^0\rangle=0\tag{2-163}$$

更一般地，考虑 $\boldsymbol{M}_{1q}$，在式(2-158)～式(2-163)的基础上，可以得到

$$\mathrm{e}^{-2\varphi_q i}|b_{01}^1\rangle+\mathrm{e}^{2\varphi_q i}|a_{10}^0\rangle=0\tag{2-164}$$

$$\cos^2\frac{\theta_q}{2}(|a_{11}^1\rangle+|b_{11}^0\rangle+|a_{01}^0\rangle)=\sin^2\frac{\theta_q}{2}(-|a_{00}^1\rangle-|b_{00}^0\rangle+|a_{01}^0\rangle)\tag{2-165}$$

$$\sin^2\frac{\theta_q}{2}(|a_{11}^1\rangle+|b_{11}^0\rangle+|a_{01}^0\rangle)=\cos^2\frac{\theta_q}{2}(-|a_{00}^1\rangle-|b_{00}^0\rangle+|a_{01}^0\rangle)\tag{2-166}$$

这里 $q=1,2,3$。很明显，上述公式可以化简为

$$|b_{01}^1\rangle=|a_{10}^0\rangle=0\tag{2-167}$$

$$|a_{01}^0\rangle=-|a_{11}^1\rangle-|b_{11}^0\rangle=|a_{00}^1\rangle+|b_{00}^0\rangle\tag{2-168}$$

现在，总结一下之前得到的结论。如果 Eve 想要在 Alice 和 Bob 的检测窃听阶段不引入任何错误，她的操作 $\boldsymbol{U}'$必须满足

$$|a_{00}^0\rangle=|a_{11}^0\rangle=|b_{00}^1\rangle=0\tag{2-169}$$

$$|b_{11}^1\rangle=|b_{01}^1\rangle=|a_{10}^0\rangle=0\tag{2-170}$$

$$|b_{10}^1\rangle=-|a_{01}^0\rangle,|b_{01}^0\rangle=-|a_{01}^1\rangle,|b_{10}^0\rangle=-|a_{10}^0\rangle\tag{2-171}$$

$$|b_{11}^0\rangle=-|a_{01}^0\rangle-|a_{11}^1\rangle,|b_{00}^0\rangle=|a_{01}^0\rangle-|a_{00}^1\rangle\tag{2-172}$$

现在，式(2-152)，即$\boldsymbol{U}'$的作用，可以写成

$$\boldsymbol{U}'|0a_0\rangle=|1a_{00}^1\rangle,U'|1a_1\rangle=|1a_{11}^1\rangle$$
$$\boldsymbol{U}'|0b_0\rangle=|0b_{00}^0\rangle=|0a_{01}^0\rangle-|0a_{00}^1\rangle$$
$$\boldsymbol{U}'|1b_1\rangle=|0b_{11}^0\rangle=-|0a_{01}^0\rangle-|0a_{11}^1\rangle$$
$$\boldsymbol{U}'|1a_0\rangle=|1a_{10}^0\rangle,U'|0a_1\rangle=|0a_{01}^0\rangle+|1a_{01}^1\rangle$$
$$\boldsymbol{U}'|1b_0\rangle=-|0a_{10}^0\rangle-|1a_{01}^0\rangle,U'|0b_1\rangle=-|0a_{01}^1\rangle \tag{2-173}$$

当 Bob 公布 p 后，Alice 用 $\boldsymbol{M}_p$ 这组基测量 P_1 和 P_2。Alice 的测量结果应该是$|\Psi^-\rangle$或者$|\Psi_{pq}^+\rangle=1/\sqrt{2}(|m_{pq}^+m_{pq}^-\rangle+|m_{pq}^-m_{pq}^+\rangle)$之一。如果 Alice 得到了$|\Psi^-\rangle$，那么，$E$ 的状态应该是

$$\begin{aligned}\boldsymbol{\rho}_{pq}^-=\mathrm{tr}_{1,2}[&(|\Psi^-\rangle\langle\Psi^-|_{1,2}\otimes I_E)(I_1\otimes U'_{2,E})\\&\times\boldsymbol{\rho}_{1,2,E}^{pq}(I_1\otimes U'_{2,E})(|\Psi^-\rangle\langle\Psi^-|_{1,2}\otimes I_E)]\end{aligned} \tag{2-174}$$

如果 Alice 得到的是$|\Psi_{pq}^+\rangle$，系统 E 的状态应该是

$$\begin{aligned}\boldsymbol{\rho}_{pq}^+=\mathrm{tr}_{1,2}[&(|\Psi_{pq}^+\rangle\langle\Psi_{pq}^+|_{1,2}\otimes I_E)(I_1\otimes U'_{2,E})\\&\times\boldsymbol{\rho}_{1,2,E}^{pq}(I_1\otimes U'_{2,E})(|\Psi_{pq}^+\rangle\langle\Psi_{pq}^+|_{1,2}\otimes I_E)]\end{aligned} \tag{2-175}$$

因为只有当 Alice 得到$|\Psi_{pq}^+\rangle$的情况才产生密钥，所以我们只需要考虑后者，经过计算可得

$$\begin{aligned}\boldsymbol{\rho}_{pq}^+=&|n_{pq}^{++}\rangle\langle n_{pq}^{++}|+|n_{pq}^{-+}\rangle\langle n_{pq}^{++}|+|n_{pq}^{++}\rangle\langle n_{pq}^{-+}|+|n_{pq}^{-+}\rangle\langle n_{pq}^{-+}|\\&+|n_{pq}^{+-}\rangle\langle n_{pq}^{+-}|+|n_{pq}^{--}\rangle\langle n_{pq}^{+-}|+|n_{pq}^{+-}\rangle\langle n_{pq}^{--}|+|n_{pq}^{--}\rangle\langle n_{pq}^{--}|\\=&2|a_{01}^0\rangle\langle a_{01}^0|\end{aligned} \tag{2-176}$$

这里

$$\begin{aligned}|n_{pq}^{++}\rangle=&\mathrm{e}^{-\varphi i}\cos^2\frac{\theta}{2}|b_{00}^0\rangle+\mathrm{e}^{-\varphi i}\sin^2\frac{\theta}{2}|b_{11}^0\rangle\\&+\mathrm{e}^{-\varphi i}\cos^2\frac{\theta}{2}|a_{01}^0\rangle+\mathrm{e}^{-2\varphi i}\cos\frac{\theta}{2}\sin\frac{\theta}{2}|b_{01}^0\rangle\\&+\mathrm{e}^{\varphi i}\cos^2\frac{\theta}{2}|a_{10}^0\rangle+\cos\frac{\theta}{2}\sin\frac{\theta}{2}|b_{10}^0\rangle\end{aligned} \tag{2-177}$$

$$\begin{aligned}|n_{pq}^{-+}\rangle=&-\mathrm{e}^{-\varphi i}\cos^2\frac{\theta}{2}|b_{00}^0\rangle-\mathrm{e}^{-\varphi i}\sin^2\frac{\theta}{2}|b_{11}^0\rangle\\&+\mathrm{e}^{-\varphi i}\sin^2\frac{\theta}{2}|a_{01}^0\rangle-\mathrm{e}^{-2\varphi i}\cos\frac{\theta}{2}\sin\frac{\theta}{2}|b_{01}^0\rangle\\&+\mathrm{e}^{\varphi i}\sin^2\frac{\theta}{2}|a_{10}^0\rangle-\cos\frac{\theta}{2}\sin\frac{\theta}{2}|b_{10}^0\rangle\end{aligned} \tag{2-178}$$

$$\begin{aligned}|n_{pq}^{+-}\rangle=&\mathrm{e}^{-\varphi i}\sin^2\frac{\theta}{2}|b_{00}^0\rangle+\mathrm{e}^{-\varphi i}\cos^2\frac{\theta}{2}|b_{11}^0\rangle\\&-\mathrm{e}^{-\varphi i}\cos^2\frac{\theta}{2}|a_{01}^0\rangle-\mathrm{e}^{-2\varphi i}\cos\frac{\theta}{2}\sin\frac{\theta}{2}|b_{01}^0\rangle\\&-\mathrm{e}^{\varphi i}\cos^2\frac{\theta}{2}|a_{10}^0\rangle+\cos\frac{\theta}{2}\sin\frac{\theta}{2}|b_{10}^0\rangle\end{aligned} \tag{2-179}$$

$$\begin{aligned}|n_{pq}^{--}\rangle=&-\mathrm{e}^{-\varphi i}\sin^2\frac{\theta}{2}|b_{00}^0\rangle-\mathrm{e}^{-\varphi i}\cos^2\frac{\theta}{2}|b_{11}^0\rangle\\&-\mathrm{e}^{-\varphi i}\sin^2\frac{\theta}{2}|a_{01}^0\rangle+\mathrm{e}^{-2\varphi i}\cos\frac{\theta}{2}\sin\frac{\theta}{2}|b_{01}^0\rangle\\&-\mathrm{e}^{\varphi i}\sin^2\frac{\theta}{2}|a_{10}^0\rangle+\cos\frac{\theta}{2}\sin\frac{\theta}{2}|b_{10}^0\rangle\end{aligned} \tag{2-180}$$

式(2-176)表明,当 Alice 能够成功提取 Bob 编码的信息时,Eve 的系统 E 的状态在 6 种不同(p,q 取不同的值时)情况下都一样。

到这里,已经证明了该协议最简单的安全性,即任何有效的攻击手段都会在检测窃听阶段引入错误。

2.5.4 结束语

Kalev 等人提出的利用选择测量基的方式编码是一种很有趣的量子通信类型。我们知道,相比经典密码,量子密码最重要的优势就在它更高的安全性。因此,正如 Kalev 等人提到的,如何利用这种有趣的编码方式设计保密通信协议(即将对测量基的选择转化为秘密)是一个既有趣又重要的课题。这里,我们设计了一个基于这种有趣编码方式的 QKD 协议。正如 KMR13 协议一样,在本协议中,Bob 只需要拥有一个无法显示测量结果的"损坏的"测量设备。此外,我们还给出了协议的安全性证明。

2.6 诱骗态量子密钥分发的有限密钥分析

R. König 等指出基于可获取信息量的安全性分析可能存在潜在的问题,并且引入了一个可构造的 ε 安全性定义[13]。在这个定义下,安全性分析的目标转化为以 $1-\varepsilon$ 的概率产生一个安全密钥串。R. Renner 在文献[93]中给出了 ε 安全性定义的具体形式。基于这个定义,他和 V. Scarani 还给出了有限资源情况下的安全性证明[94,95]。后来,Y. Q. Cai 和 V. Scarani 给出了联合攻击下无诱骗态时有限密钥 BB84 协议和基于纠缠的协议的安全密钥界[14]。但是对于诱骗态有限密钥 BB84 协议的安全密钥界,计算比较困难。换句话说,这种计算方法太复杂,不适用于诱骗态有限密钥分析。这几位作者简化计算,给出了一个近似界。然而,有限密钥分析的初衷是得到实际情况下的安全密钥界。显然,近似界不能达到目标。本节给出了诱骗态有限 BB84 协议的更紧致的安全界。

2.6.1 量子密钥分发模型

最终密钥率 K 与 QKD 协议的模型和窃听者采取的策略相关。文献[96, 97]讨论了不同窃听策略下有限密钥 QKD 协议的安全性。本文不对窃听者的攻击行为做任何约束,只假设量子力学是正确的。进而由于文献[98]指出对于对称协议来说,相干攻击不会强于联合攻击,所以本文只考虑在联合攻击下协议的安全性,也就是在测量和块独立操作后 Alice 和 Bob 的联合系统与 Eve 的系统不相关。

在引入密钥率 K 之前,我们先介绍 QKD 的具体结构和本节涉及的符号。T. Meyer 等[96]指出,一般 QKD 协议可以分为量子态分发和经典后处理两部分。具体内容如下所示。

(1) 制备和测量。Alice 和 Bob 想共享一串密钥串。首先,Alice 制备一个脉冲序列,每个脉冲分别以概率 p_x、p_z 处于 $\boldsymbol{X}$ 基、$\boldsymbol{Z}$ 基。之后,她将这个脉冲序列发送给 Bob。且这个脉冲序列中的每一个脉冲是由三种强度的光源发出,强度为 u_s 的信号光源和其他两种强度分别为 u_{d_1} 和 u_{d_2} 的诱骗光源。不失一般性设 $0 \leqslant u_s, u_{d_1}, u_{d_2} \leqslant 1$。脉冲处于信号光源和诱骗光源的概率分别为 p_s、p_{d_1}、$p_{d_2}=1-p_s-p_{d_1}$。Alice 发出的所有脉冲都是弱相干脉冲,且连续脉冲之间没有相位相干性,因此每个光源发出脉冲中所含光子数服从以 u_γ 为均值的泊松分布，其中 γ 取自集合 $\{s,d_1,d_2\}$（下同）。因此从强度为 u_γ 的光源中发出 k-光子脉冲的概率为 $p_{k\gamma}=\frac{e^{-u_\gamma}u_\gamma^k}{k!}$。Bob 也以 p_x 和 p_z 的概率选择共轭基 $\boldsymbol{X}$、$\boldsymbol{Z}$ 测量探测到的脉冲。记 Bob 接收到的脉冲数量为 N，Q_s、Q_{d_1} 和 Q_{d_2} 分别为三种脉冲强度的探测率。假设 Bob 的探测器是理想探测器且探测效率相同，则强度为 u_γ 的脉冲被探测到的平均概率为 $Q_\gamma=1-(1-2p_d)e^{-u_\gamma t\eta}$，其中 t 为 Alice-Bob 之间信道的穿透率，η、p_d 分别为 Bob 探测器的效率和暗记数率。

(2) 错误率估计。Alice 和 Bob 随机选择部分脉冲估计分发过程中出现的错误率。不失一般性设 Alice-Bob 之间的量子信道是极化信道，比特翻转和相位翻转的概率相同，记为 e_c。强度 u_γ 的量子比特错误率（即，QBER）为 $E_\gamma Q_\gamma$。理论上，$E_\gamma Q_\gamma=((1-e^{-u_\gamma t\eta})e_c+e^{-u_\gamma t\eta}p_d)/Q_\gamma$。根据错误率的值，Alice 和 Bob 判断是否放弃协议。参数估计失败的概率记为 ε_{PE}。

(3) 筛选阶段。Alice 和 Bob 通过经典信道公开测量基。双方将采用相同基测量的粒子作为生密钥序列，抛弃其余采用不同基测量的粒子。量子态分发过程到此结束。下面是经典后处理过程。

(4) 纠错和保密放大。一般说来，由于存在信道噪声和窃听者的攻击，Alice 得到的生密钥序列与 Bob 得到的不相同。因此，Alice 通过经典信道给 Bob 发送错误图样，使得 Bob 恢复出和 Alice 相同的生密钥序列。保密放大阶段，Alice 和 Bob 共同选择一个 hash 函数来压缩纠错阶段得到的比特序列，尽可能减少 Eve 得到的序列信息。最后得到的比特串就是最终的密钥序列。记纠错和保密放大失败的概率分别为 ε_{EC} 和 ε_{PA}。

以上是一般 QKD 的结构。在实验计算时，得到的信号脉冲和诱骗脉冲探测率的观测值分别为

$$Q_\gamma = \sum_k p_{k\gamma}Y_k,\gamma = s,d_1,d_2 \tag{2-181}$$

式中，Y_k 是指当 Alice 发送 k-光子脉冲时 Bob 探测器相应的概率。由于窃听者不能区分信道中脉冲是来自哪个光源，所以不同脉冲对应的响应率 Y_k 均相同。记 $Q_{k\gamma}=p_{k\gamma}Y_k$①。设接收到强度为 u_γ 的脉冲个数为 N_γ，则存在 $N_\gamma=(Np_\gamma Q_\gamma)/(p_sQ_s+p_{d_1}Q_{d_1}+p_{d_2}Q_{d_2})$。进而信号态和诱骗态的 QBERs 由下式得到

$$E_\gamma Q_\gamma = (\sum_k Q_{k\gamma}e_k)/Q_\gamma,\gamma = s,d_1,d_2 \tag{2-182}$$

式中，e_k 是指 k-光子态的 QBER。如果强度 u_γ 的脉冲中用来检测窃听的个数为 n_γ，而且密钥只能由信号脉冲产生，则生密钥率为 $[p_sQ_s(N_s-n_s)(p_x^2+p_z^2)]/N_s$。本文只考虑没有预处理的单向经典后处理过程，但是本文方法同样适用于有预处理的双向后处理过程。基于上述分析，最终的密钥率为[14]

$$r=\frac{p_sQ_s(N_s-n_s)(p_x^2+p_z^2)}{N_s}[S_\xi(X|E)-f_{EC}H(X|Y)]-\frac{p_sQ_s(p_x^2+p_z^2)}{N_s}\Delta \tag{2-183}$$

式中，$S_\xi(X|E)$ 是 Eve 在单粒子上不确定度 $S(X|E)$ 的修改项，$H(X|Y)$ 表示在纠错阶段 Alice 泄露给 Eve 的信息量，f_{EC} 表示实际纠错码和香农界的偏差，以及 Δ 表示理想情况与包

---

① 与文献[14]相比，本文符号 Y_k 的意义与文献[14]中的符号 f_k 相同，但是本文中 $Q_{k\gamma}$ 与文献[14]中的 $Y_k(\gamma)$ 不同，它们的关系是 $Q_{k\gamma}=Y_k(\gamma)*Q_\gamma$。

括失败概率的实际密钥率的偏差。文献[94,95]给出 Δ 由下式确定

$$\Delta=7\sqrt{\frac{N_s-n_s}{2}\log_2(2/\bar{\varepsilon})+2\log_2(1/\varepsilon_{PA})+\log_2(2/\varepsilon_{EC})} \quad (2\text{-}184)$$

式中，$\bar{\varepsilon}$ 是一安全系数，衡量了条件熵 $S_{\xi}(X|E)$ 的平滑程度[94,95]，则总失败概率为

$$\varepsilon=\varepsilon_{PA}+\varepsilon_{EC}+\bar{\varepsilon}+n_{PE}\varepsilon_{PE} \quad (2\text{-}185)$$

式中，n_{PE}表示需要估计的参数的个数，设所有参数的波动值都相同，记为 ε_{PE}。

Eve 肯定会将单光子发送给 Bob，则有[14]

$$S(X|E)=\{Q_{0s}+Q_{1s}[1-\tilde{h}(e_1)]\}/Q_s \quad (2\text{-}186)$$

和

$$H(X|Y)=\tilde{h}(E_sQ_s) \quad (2\text{-}187)$$

式中，生密钥中“0”“1”出现的概率相同，Bob 总能用正确的基测量记数，而且函数 $\tilde{h}(\cdot)$ 是指

$$\tilde{h}(x):=\begin{cases}-x\log x-(1-x)\log(1-x), & 0\leqslant x\leqslant 1/2\\ 1, & 1/2<x\leqslant 1\end{cases} \quad (2\text{-}188)$$

上文是指 QKD 的具体过程。下面将分析协议中引入的参数对密钥率的影响。

2.6.2 偏差估计

下面将分析等式(2-183)中出现的参数的偏差。

- 实验开始前，Alice 必须确定三种光强 u_s, u_{d_1}, u_{d_2} 的具体值，而且还需和 Bob 协商出一个在纠错阶段使用的编码方式。
- Alice 和 Bob 计算得到的值 Q_γ 可由实验测量得到(同上，γ 选自集合$\{s, d_1, d_2\}$。)，因此参数 Q_γ 没有偏差。
- $\varepsilon_{PA}Z$，ε_{EC}，$\bar{\varepsilon}$ 和 ε_{PE}是失败概率，ε 是总失败概率。和文献[14]相同，概率 ε 和 ε_{EC}将在实验开始前设置，其他失败概率是密钥率的优化参数。因此，这些参数也不需要估计。
- $Q_{0s}Z$ 和 Q_{1s}是指信号脉冲中空脉冲和单光子脉冲的产出率，与 Alice 脉冲中包含空脉冲和信号脉冲的概率 p_{0s}, p_{1s}相关。显然，实验数据出现的频率与期望值概率不同，因此参数 $p_{k\gamma}$存在偏差，而且参数 Y_0 和 Y_1 需要估计。
- 等式(2-182)中筛选阶段后剩余比特序列的错误率 $E_\gamma Q_\gamma$ 由 n_γ 个样品测量值估计，则生密钥序列的错误率与 n_γ 个样品错误率存在偏差。因此计算等式(2-182)中生密钥序列错误率时需对参数 $E_\gamma Q_\gamma$ 引入统计波动。事实上，只有信号脉冲被用来生成密钥串，其他所有诱骗脉冲都用来估计错误率，则设 $n_{d_1(d_2)}=N_{d_1(d_2)}$。

综上，参数 $p_{k\gamma}$和 $E_\gamma Q_\gamma$ 满足统计波动。安全性证明需要计算密钥率，并且给出密钥率的下界。要想得到等式(2-183)中给出的最终密钥率下界，需要估计 Q_{0s}、Q_{1s}的下界和 e_1 的上界。在计算 Q_{0s}、Q_{1s}和 e_1 边界之前，先给出偏差的具体形式。

文献[94, 95]量化描述了大数法则，具体形式如下。

引理 2.6.1 如果统计量 λ^m 是对 m 个样品的观测量 $\boldsymbol{\sigma}$ 执行 d 个输出结果的正定算符值测量(POVM)得到的，对任意 $\varepsilon_{PE}>0$，$\boldsymbol{\sigma}$ 以概率 $1-\varepsilon_{PE}$包含在下面集合中

$$\Gamma_{\xi}=\{\boldsymbol{\sigma}:|\lambda^{m}(\boldsymbol{\sigma})-\lambda^{\infty}(\boldsymbol{\sigma})|\leqslant\xi(m,d):=\frac{1}{2}\sqrt{\frac{2\ln(1/\varepsilon_{PE})+d\times\ln(m+1)}{m}}\} \tag{2-189}$$

式中，$\lambda^{\infty}(\boldsymbol{\sigma})$为对 $\boldsymbol{\sigma}$ 执行 POVM 的概率分布①。

偏差 $\xi(m,d)$衡量了 λ^{m} 和 λ^{∞}之间的波动。λ^{m} 以概率 $1-\varepsilon_{\mathrm{PE}}$包含于区间$(\lambda^{\infty}-\xi(m,d),\lambda^{\infty}+\xi(m,d))$。本文需要估计的参数都是概率值，所以本文需要估计参数的上下界可以写为

$$\lambda^{U}=\min(\lambda^{\infty}+\xi(m,d),1),\lambda^{L}=\max(\lambda^{\infty}-\xi(m,d),0) \tag{2-190}$$

此处只考虑绝对错误，不对基础分布做任何具体假设。现对三种光源中 k一光子脉冲的概率引入波动。由于 k一光子($k\geqslant10$)脉冲的概率小于 $\xi(m,d)$的值，下面只按照 POVM 的 11 个输出结果($k=0,1,2,3,4,5,6,7,8,9$ 以及 $k\geqslant10$)区分脉冲。Alice 发出的脉冲到达 Bob 处信号强度为 u_{γ} 的个数是 N_{γ}，所以以 $1-\varepsilon_{\mathrm{PE}}$的概率实际值 $p_{k\gamma}^{m}$与期望值 $p_{k\gamma}^{\infty}$的偏差至多为$\xi(N_{\gamma},11)$。类似的，n_{γ} 个样品估计错误率 $E_{\gamma}Q_{\gamma}$，且 POVM 有两个输出结果("Alice=Bob"和"Alice≠Bob")，则偏差至多为 $\xi(n_{\gamma},2)$。因此

$$|p_{k\gamma}^{m}-p_{k\gamma}^{\infty}|\leqslant\xi(N_{\gamma},11) \tag{2-191}$$

$$|E_{\gamma}Q_{\gamma}^{m}-E_{\gamma}Q_{\gamma}^{\infty}|\leqslant\xi(n_{\gamma},2) \tag{2-192}$$

等式(2-186)中 $S(X|E)$可修改为

$$S_{\xi}(X|E)=\{Q_{0s}^{L}+Q_{1s}^{L}[1-\tilde{h}(e_{1}^{U})]\}/Q_{s} \tag{2-193}$$

式中，Q_{0s}^{L}、Q_{1s}^{L}、e_{1}^{U} 表示 Q_{0s}、Q_{1s}的下界和 e_{1} 的上界。

2.6.3 安全密钥界

本节将给出有限资源 QKD 的安全密钥率。为简化计算，设其中一种诱骗激光源为空光源。不失一般性设 $u_{d_2}=\varnothing$，且第一种诱骗光源强度大于信号光源，即 $u_{d_1}\geqslant u_{s}$。通过 2.6.3 分析可知，等式(2-183)最终密钥率的下界与 Q_{0s}^{L}、Q_{1s}^{L}和 e_{1}^{U} 相关。其中 Q_{0s}^{L}可由公式

$$Q_{0s}^{L}=p_{0s}^{L}\times Y_{0}^{L}=\max\{\mathrm{e}^{-u_{s}}-\xi(N_{s},11),0\}\times\max\{Q_{\phi}-\xi(N_{\phi},2),0\} \tag{2-194}$$

计算得到，e_{1}^{U} 可由等式(2-182)估计。因此接下来的主要任务就是计算单光子产出率 Y_{1} 的下界，即 Y_{1}^{L}。

我们建立一个数学模型来估计 Y_{1}^{L} 的值，则计算 Y_{1}^{L} 的值等价于解决下面这个最优化问题②。

$$\begin{aligned}
&\min \quad Y_{1}\\
&st.\ Q_{\gamma}=\sum_{k}p_{k\gamma}Y_{k},\gamma=s,d_{1}\\
&Y_{0}=Q_{\varnothing}\\
&0\leqslant Y_{k}\leqslant1,k\geqslant1\\
&p_{k\gamma}^{L}\leqslant p_{k\gamma}\leqslant p_{k\gamma}^{U},k\geqslant0,\gamma=s,d_{1}
\end{aligned} \tag{2-195}$$

① Y. Sano 等[101]使引理中的波动值 $\xi(m,d)$更紧致。由于此计算比较复杂而且超出本文范围，所以只考虑文献[94]给出的偏差。这里忽略观测量 $\boldsymbol{\sigma}$，将 $\lambda^{m}(\boldsymbol{\sigma})$简写为 λ^{m}。

② 目的是得到信号脉冲中单光子的产出率 Q_{1s}。从以上分析知 $Q_{1s}=p_{1s}*Y_{1}$。由于 Q_{1s}的下界可由 $p_{1s}^{L}*Y_{1}^{L}$ 计算得到，因此，主要任务转化为计算 Y_{1}^{L} 的值。文献[14]的困难点在于有限密钥协议中对于 Eve 来说波动的最优分布，所以文献[14]不引入波动利用诱骗态的近似界结论求解等式(1)。本文考虑所有的波动分布，对于任意的 $k>2$，将 Y_{k} 的界拓展为区间[0,1]。而且范围$\otimes\{[0,1]\}_{k}$ 大于所有攻击策略下波动分布的范围，因此基于范围$\otimes\{[0,1]\}_{k}$ 的优化问题的界 Y_{1}^{L} 低于任意攻击策略下解的界。所以，基于区间$\otimes\{[0,1]\}_{k}$，Y_{1}^{L} 可以给出一个安全密钥串。

此优化问题中只有 Q_γ 是测量值，其他参数都需要被估计。为了得到 Y_1^L 的值，很自然的想法是保持多光子项正定。一种策略是寻找 Q_s 和 Q_{d_1} 的恰当线性组合。线性组合中的多光子项正定，则其下界可设为 0。在所有多光子脉冲中，两光子脉冲的权重最大。为了消除线性组合中的两光子项，则有

$$\begin{aligned} Q_{d_1} p_{2s}^U - Q_s p_{2d_1}^L &= \sum_k (p_{kd_1} p_{2s}^U - p_{ks} p_{2d_1}^L) Y_k \\ &\geqslant \sum_k (p_{kd_1}^L p_{2s}^U - p_{ks}^U p_{2d_1}^L) Y_k \\ &= a_0 Y_0 + a_1 Y_1 + \sum_{k=3}^{n} a_k Y_k + a \end{aligned} \tag{2-196}$$

此时有

$$p_{ks}^U = \min\{\frac{e^{-u_s} u_s^k}{k!} + \xi(N_s, 11), 1\} \tag{2-197}$$

$$\begin{aligned} p_{kd_1}^L &= \max\{\frac{e^{-u_{d_1}} u_{d_1}^k}{k!} - \xi(N_{d_1}, 11), 0\} \\ &= \begin{cases} \dfrac{e^{-u_{d_1}} u_{d_1}^k}{k!} - \xi(N_{d_1}, 11), & k \leqslant n \\ 0, & k > n \end{cases} \end{aligned} \tag{2-198}$$

$$\begin{cases} a_0 = p_{0d_1}^L p_{2s}^U - p_{0s}^U p_{2d_1}^L, a_1 = p_{1d_1}^L p_{2s}^U - p_{1s}^U p_{2d_1}^L \\ a_k = p_{kd_1}^L p_{2s}^U - p_{ks}^U p_{2d_1}^L, a = \sum_{i=n+1}^{\infty} (-p_{is}^U p_{2d_1}^L) Y_i \end{cases} \tag{2-199}$$

等式(2-196)中的两光子项被消除。由于 a_0 可由等式(2-164)可得，以及 Y_0 的界为 $Y_0^U = \min\{Q_\phi + \xi(N_\varnothing, 2), 1\}$，则很容易得到空光子项($a_0 Y_0$)的下界。为了得到 Y_1^L 的值，必须得到一些项(a_k 和 a)的界。文献[17]证明了在某个条件下 a_1 是负数。因此，只有得到 a_k 和 a 的下界才能计算出 Y_1^L 的值。文献[17]给出了 a_k 和 a 的下界，则 Y_1 的下界可以计算出。同时，根据等式(2-164)中 p_{1s}^L 的值，利用 $Q_{1s}^L = p_{1s}^L Y_1^L$ 可以得到 Q_{1s} 的下界。等式(2-181)中 Q_{0s}^L 的值可由

$$Q_{0s}^L = \max\{e^{-u_s} - \xi(N_s, 11), 0\} \times \max\{Q_\phi - \xi(N_\phi, 2), 0\} \tag{2-200}$$

估计。得到 e_1^U 的值后，就可以得到 $S_\xi(X|E)$ 了。此处有个问题。为什么要消除两光子项？消除两光子项是 Eve 安排波动的最佳策略？接下来解释这个问题。只有等式(2-181)中线性组合的多光子项大于 0 且单光子项小于 0 时，才能得到 Y_1^L。当且仅当多光子项的下界设为 0 时，最优化问题才能给出 Y_1^L 的解。存在不等式

$$Q_{d_1} p_{ks}^U - Q_s p_{kd_1}^L \geqslant Q_{d_1}^L p_{ks}^U - Q_s^U p_{kd_1}^L = \sum\nolimits_{k'} (p_{k'd_1}^L p_{ks}^U - p_{k's}^U p_{kd_1}^L) Y_{k'} \tag{2-201}$$

对于 $k > 2$，以及

$$p_{k'd_1}^L p_{ks}^U - p_{k's}^U p_{kd_1}^L \begin{cases} < 0, & k' < k \\ = 0, & k' = k \\ > 0, & k < k' < m_k \\ < 0, & k' \geqslant m_k \end{cases} \tag{2-202}$$

式中，m_k 与 k 相关。以上等式中对于 $k < k' < m_k$，k'-光子项可设为 0，正数项为 $m_k - k - 1$ 个。简单计算后可知对于所有 $m_k - k - 1$，$k \geqslant 2$，$m_2 - 3$ 的值最大。因此，令 $k = 2$ 可得 Y_1^L 的值。在

$k=2$ 时，两光子项被消除了，同时优化问题的解也得到了。这就是消除两光子项的原因。接下来的主要工作是利用等式(2-196)的线性组合计算 Y_1^L。基于下面命题，很容易得到 Y_1^L。

定理 2.6.1 Y_1 的下界为

$$Y_1^L = \max\{\frac{1}{p_{1s}^U p_{2d_1}^L - p_{1d_1}^L p_{2s}^U}\{Q_s p_{2d_1}^L - Q_{d_1} p_{2s}^U + (p_{0d_1}^L p_{2s}^U - p_{0s}^U p_{2d_1}^L)[Q_\phi + \xi(N_\phi,2)] + \sum_{k=m}^{n}(p_{kd_1}^L p_{2s}^U - p_{ks}^U p_{2d_1}^L) + p_{2d_1}^L[C-1-(n+1)\xi(N_s,11)]\},0\} \tag{2-203}$$

当 $u_{d_1} > \max\{u_{d'}, u_{d''}\}$ 时，其中

$$u_{d'_1} = \frac{u_s^2 + 2e^{u_s}\xi(N_s,11) + \sqrt{[u_s^2+2e^{u_s}\xi(N_s,11)]^2 + 4eu_s(2-u_s)\xi(N_{d_1},11)[u_s + e^{u_s}\xi(N_s,11)]}}{2[u_s + e^{u_s}\xi(N_s,11)]} \tag{2-204}$$

$$u_{d''_1} = \frac{\sqrt{[1+e^{u_s}\xi(N_s,11)][u_s^2 + 2e^{u_s}\xi(N_s,11) + e(2-u_s^2)\xi(N_{d_1},11)]}}{1+e^{u_s}\xi(N_s,11)} \tag{2-205}$$

$$C = \sum_{i=0}^{n}\frac{e^{-u_s}u_s^i}{i!} \tag{2-206}$$

当 $3 \leqslant k < m$ 时 $a_k > 0$，当 $m \leqslant k \leqslant n$ 时 $a_k < 0$。

证明：详见文献[17]。

以上给出了 Y_1^L 的解。则 Q_{0s}、Q_{1s} 的下界也可得到。根据等式(2-193)，还需解出另一个参数 e_1 的界。下面定理给出了 e_1 的上界。

定理 2.6.2 e_1 的上界为

$$e_1 \langle e_1^U = \min\{\frac{E_s Q_s^U \times Q_s - Q_{0s}^L e_0^L}{Q_{1s}^L}, \frac{E_{d_1} Q_{d_1}^U \times Q_{d_1} - Q_{0d_1}^L e_0^L}{Q_{1d_1}^L}\} \tag{2-207}$$

式中，$e_0^L = \max\{e_\varnothing - \xi(n_\phi,2),0\}Q_{0\gamma}^L = p_{0\gamma}^L \times \max\{Q_\varnothing - \xi(N_\phi,2),0\}$，以及 $E_\gamma Q_\gamma^U = \min\{E_\gamma Q_\gamma + \xi(n_\gamma,2),1\}$，$\gamma \in \{s,d_1\}$。

证明：详见文献[17]。

2.6.4 实验实现

考虑诱骗态的实际实现，设 **X** 基测量的脉冲全部用来估计错误率。由于诱骗脉冲不产生密钥，为了更精确地估计错误率，诱骗脉冲全部用 **X** 基测量。在错误估计阶段，Alice 公布用 **X** 基制备的脉冲的位置，Bob 公布对应位置的测量结果。通过比较测量结果，通信双方估计错误率。筛选阶段之后，剩余脉冲全部处于 **Z** 基的本征空间。经过保密放大，这些比特生成最终的密钥。等式(2-183)和式(2-184)变为

$$r = p_s Q_s p_z^2[S_\xi(X|E) - f_{\mathrm{EC}}H(X|Y)] - \frac{p_s Q_s}{N_s}\Delta \tag{2-208}$$

式中

$$\Delta = 7\sqrt{\frac{N_s p_z^2}{2}\log_2(2/\bar{\varepsilon})} + 2\log_2(1/\varepsilon_{\mathrm{PA}}) + \log_2(2/\varepsilon_{\mathrm{EC}}) \tag{2-209}$$

根据文献[14]中参数的值模拟密钥率。固定诱骗脉冲强度后，最终密钥率界的优化参数为信号光强 u_s、安全参数以及每一种光源发射的概率值。令 $u_{d_1}=0.65$，结果如图 2-16 所

示。在 N 小于 10^9 时不能得到密钥。当 N 大于 10^{10} 时，可以得到非零密钥率。值得关注的是密钥率的变化趋势。在一定距离之后，随着信道损耗的增加，密钥率急剧下降。

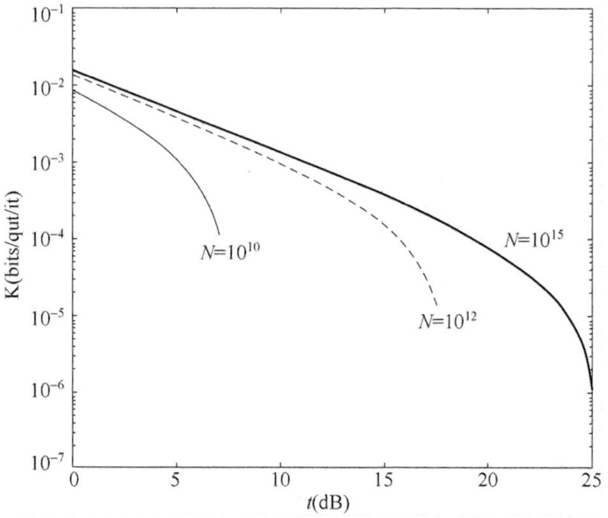

图 2-16　联合攻击下对于量子信道不同通过率 t 的密钥生成率。其中：$u_{d_1}=0.65$，$\varepsilon=10^{-5}$，$\varepsilon_{EC}=10^{-10}$，$f_{EC}=1.05$，$e_c=0.005$，$\eta=0.1$ 以及 $p_d=10^{-5}$

本节基于文献[14]的结论，通过引入发送 k-光子脉冲的概率偏差和量子态错误率，得到最终的密钥率。本节方法容易计算。文献[14]指出 Bob 接收到的脉冲个数小于 10^6 时通信双方不能得到密钥，而本节对于 $N\geqslant10^{10}$ 时才能得到非零密钥率。当 $N=10^{10}$ 时，比较结果如图 2-17 所示。当量子信道损耗很大时，文献[14]得到的密钥率几乎是本节结果的十倍，可能的原因是本节不仅考虑了所有参数的波动和所有攻击方式，而且引入了失败概率。

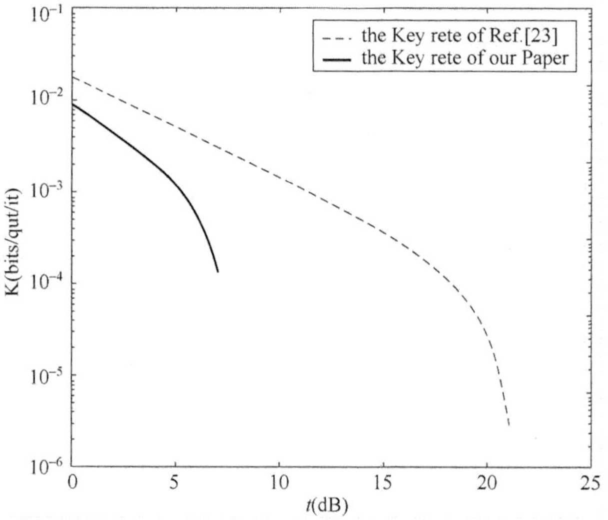

图 2-17　当相应个数为 $N=10^{10}$ 时，文献[14]得到的密钥率与本文得到的密钥率的比较。实线表示文献[14]的结果，虚线表示本节结论。具体参数为(与文献[14]相同)：$u_{d_1}=0.65$，$\varepsilon=10^{-5}$，$\varepsilon_{EC}=10^{-10}$，$f_{EC}=1.05$，$e_c=0.005$，$\eta=0.1$ 以及 $p_d=10^{-5}$

另一方面，文献[98]分析了不同光源下错误率与 $m(1\leqslant m\leqslant 10)$ 光子的产出率，而本节讨论的是所有光子的波动。因此，本节方法得到的最终密钥率更安全。

2.7 测量设备无关的量子密钥分发协议的安全性分析

近来，一种称为测量设备无关 QKD（Measurement-Device-Independent QKD，MDI QKD）被提出[99]，MDI QKD 的密钥率是设备无关 QKD（Device-Independent QKD，DI QKD）的很多倍。MDI QKD 协议中通信双发 Alice 和 Bob 不需要执行测量，只需要将他们自己制备脉冲发给位于他们中间的不可信传递方，由不可信传递方来执行测量。目前的实际光源是由衰减后的激光脉冲，特别是弱相干光源。基于弱相干光源的 MDI QKD 的安全性已经被验证，但是在实际中 MDI QKD 有一个弱点，即此协议假设光脉冲近似无限，可是实际实现时此条件不能被满足，且文献[99]没有考虑此问题。

因此，有限密钥情况下的 MDI QKD 的安全性分析亟待解决。为了得到密钥率的下界，本节给出了一个关于信号脉冲响应率和单光子脉冲产出率的优化问题。同时根据诱骗态方法，密钥率的下界可以在利用不同光源发出的脉冲的概率分布不同的性质下得到。最后密钥生成率在可观测参数的一些合理数值下得到模拟结果。模拟结果显示当成功输出结果为 10^{10} 时，有限密钥长度下诱骗态 MDI QKD 的安全传输距离大于 10 km，此结果可直接用于实际。本节理论模型同时可应用于其他 QKD 协议。

2.7.1 MDI QKD 协议过程

Lo 等近来给出 MDI QKD 的思想[99]。协议具体步骤如下。通信双方 Alice 和 Bob 各自准备可发出随机相位的弱相干脉冲的光源，并根据他们自己手中的经典密钥串和一定的编码策略，将脉冲调制为相应的 BB84 粒子，最后将调制结果分别发给位于 Alice 和 Bob 中间的不可信传递方。接着不可信传递方执行 Bell 测量。当结果为成功响应时，传递方公布此测量结果。所谓成功响应是指测量结果为 $|\Psi^-\rangle$ 或 $|\Psi^+\rangle$。参与者重复执行以上步骤数次。根据所有的成功响应，Alice 和 Bob 对他们手中的粒子执行后向选择，保存所有基匹配的成功响应比特，此结果称作筛选后的数据。为了保证 Alice 和 Bob 手中的筛选后的数据相同，由对角基脉冲触发的成功响应为 $|\Psi^+\rangle$ 的数据保持不变，其余筛选后的数据需要其中一方翻转其手中的经典比特。在检测窃听阶段，Alice 和 Bob 选择所有对角基对应的筛选后的数据做测试，估计剩余编码比特的比特错误率和相位错误率。如果错误率均低于门限值，Alice 和 Bob 执行余下的经典过程，纠错和保密放大。否则，他们放弃协议。此时，Alice 和 Bob 手中的比特即为最终的安全密钥。MDI QKD 协议结束。

上述协议 Alice 和 Bob 不需要任何测量装置，所有的探测器只存在于不可信传递方，因此协议可防止由探测器导致的所有侧信道问题。更进一步，传递方位于 Alice 和 Bob 位置的中间，与基于 EPR 纠缠对的 QKD 协议中传递方的位置类似。在基于 EPR 的 QKD 协议中，传递方制备 EPR 粒子对，并将两个粒子分别发送给 Alice 和 Bob。由 MDI QKD 协议的过程可知，MDI QKD 协议是基于 EPR 对的 QKD 协议相对于时间的逆过程。Shor 和 Preskill 证明了基于 EPR 对的 QKD 协议在 Alice 和 Bob 任何一方收到单光子脉冲和无侧信道的假设下是安全的[100]。因此 MDI QKD 协议在 Alice 和 Bob 可以完美制备粒子态的假设下是安全的。实际中，Alice 和 Bob 只能产生弱相干脉冲。为了保证 MDI QKD 在实际应用时的安全性，通信双方利用诱骗态方法制备多种不同强度的光源。此种情况下的经典处理过程中，仅有信号脉冲产生的成功结果为编码比特，其余筛选后的比特用来估计编码比特的错误率。编码比特的比特错误和相位错误被纠正后，通信双方就得到了 MDI QKD 的安全密钥。相对于 DI QKD 来说，MDI QKD 对光源的某些性质进行了假设。传递方位于 Alice 和 Bob 中间的 MDI QKD 协议可以安全传输两倍于标准 BB84 协议的安全距离[99]。

2.7.2 有限密钥安全性分析

MDI QKD 的安全性与其对应的量子密钥蒸馏协议安全性相同。假设 Alice 和 Bob 共享一个相关系统，量子密钥蒸馏协议完成通信双方只用经典通信就可以从相关系统中提取安全密钥的任务。以下本文从 MDI QKD 对应的量子密钥蒸馏协议安全性的角度分析 MDI QKD 的安全性。MDI QKD 协议与量子密钥蒸馏协议的关系可以由以下观测量表示。一个两体系统，其中第一个粒子表示由相应的参与方选择的经典比特，第二个粒子是此经典比特对应的量子编码。考虑以下步骤：(i)制备一个两方系统，$|\Phi^+\rangle=1/\sqrt{2}(|00\rangle+|11\rangle)=1/\sqrt{2}(|++\rangle+|--\rangle)$；(ii)随机选用垂直基或对角基来测量第一个粒子。此时，第一个粒子的测量结果概率分布与 MDI QKD 中单方发送此偏振粒子的概率分布一致，且两体系统中剩余系统是第一个粒子系统测量结果对应的量子编码态。以上分析基于 0、1 比特发生的概率值相同，均为 1/2。

在描述 MDI QKD 中对应以上两步的过程之前，先从另一个角度描述 MDI QKD 协议。首先，Alice 和 Bob 双方均制备$|\Phi^+\rangle$，保留第一个粒子并将第二个粒子通过量子信道分别发送给不可信传递方。接着，传递方对收到的两个粒子执行 Bell 测量，并将成功响应的脉冲位置通过经典认证信道公开。最后，Alice 和 Bob 根据他们各自所选择的基对自己手中的粒子执行局域测量。值得注意的是，在第二个粒子通过量子信道发送给传送方之后且在 Alice 和 Bob 对自己手中的粒子执行测量之前，Alice 和 Bob 共享纠缠。事实上 MDI QKD 协议剩余过程即为量子密钥蒸馏协议。因此，如果量子密钥蒸馏协议在任意事先共享的量子系统下是安全的，那么 MDI QKD 协议在窃听者的各种攻击下都是安全的。所以本文通过对量子密钥蒸馏协议的有限密钥安全性分析来讨论 MDI QKD 协议在有限长度脉冲下的安全性。此分析过程与文献[93]类似。

有限密钥安全性分析即讨论参与方发送的脉冲个数是有限情况下协议的安全性。这种情况下的安全性需要考虑参数的相对频率，而不是概率。因此参数的统计波动不能被忽略。实际频率和概率分布之间的差值可由信息论中的大数准则得到。为了充分考虑统计波动对安全性的影响，而且诱骗态方法常用来估计实际实现时 QKD 协议的安全距离，本文也利用诱骗态方法来分析 MDI QKD 协议的安全性。接下来简要介绍诱骗态 MDI QKD 协议的协议过程。一般地，每个参与方会从三种不同强度的弱相干光源中选择一种光源发射下一比特脉冲。假设 Alice 和 Bob 准备的是相同的三种强度光源，而且光源被选择的概率对 Alice 和 Bob 来说是相同。三种强度的光源分别被称作信号光源 s、诱骗光源 d 以及空光源$|\varnothing\rangle$。信号光源、诱骗光源的光源强度都小于 1，分别记为 u_s、u_d，且 $u_s\rangle u_d$。空光源$|\varphi\rangle$的强度为 0。对每一个需要编码的比特，Alice 和 Bob 根据光源被选择的概率选择光源 s、光源 d 和空光源$|\varnothing\rangle$。被调制为不同偏振态的脉冲通过量子信道被发送给传送方，并触发传送方的探测器。所有基匹配的成功响应都为筛选后的数据。在筛选后的数据中，脉冲均来自于信号光源且被编码为垂直基的脉冲的 f_s 的部分被用来生成最终的密钥，此部分记为码字。其余部

分用来估计错误率。

每个参与方发出的粒子个数相同，记为 N_0。每一个脉冲从信号光源、诱骗光源、空光源发出的概率分别为 $p_s, p_d, p_\varnothing$。每方从光源发出的脉冲个数为 $N_\gamma = N_0 \times p_\gamma$(因为这个数值可以直接从实验中得到，所以此处不需要考虑分布的统计波动)。设随机变量 x_γ 表示光源 γ 发出的脉冲所含光子的个数，那么序列 $x_{\gamma 1}, x_{\gamma 2}, \cdots, x_{\gamma N_\gamma}$ 独立同分布于 $p_\gamma = (p_{0\gamma}, p_{1\gamma}, p_{2\gamma}, \cdots, p_{k\gamma}, \cdots)$，其中 $p_{k\gamma} = \mathrm{e}^{-u_\gamma} u_\gamma^k / k!$。实际中，从源 γ 发出的脉冲中含不同光子数的脉冲比例不是 P_γ，而记为 $P'_\gamma = (p'_{0\gamma}, p'_{1\gamma}, p'_{2\gamma}, \cdots, p'_{n_\gamma \gamma}, 0, \cdots)$，其中 n_γ 为源 γ 发出的脉冲中所含光子数的最大值。源 γ 发出的脉冲个数为 N_γ，所以 $p'_{k\gamma}(0 \leqslant k \leqslant n_\gamma)$ 的取值属于集合 $\{0, 1/N_\gamma, 2/N_\gamma, 3/N_\gamma, \cdots, 1\}$。下述引理给出了频率的统计波动范围，此引理由文献[92]的定理 11.2.1 和引理 11.6.1 推得，且纠正了文献[93,94]中的一些小错误。与 Sano 等给出的结论[101]相比，此结论更紧致。

引理 2.7.1 对任意 $\varepsilon_{PE} > 0$，实际频率 $p'_{k\gamma}$ 以 $1-\varepsilon_{PE}$ 的概率拥有上界 $\overline{p_{k\gamma}} = \min\{p_{k\gamma} + \xi(N_\gamma, n_\gamma), 1\}$ 和下界 $\underline{p_{k\gamma}} = \max\{p_{k\gamma} - \xi(N_\gamma, n_\gamma), 0\}$，其中 $p_{k\gamma}$ 是 $p'_{k\gamma}$ 的均值，且 $\xi(N_\gamma, n_\gamma) := \sqrt{[\ln(1/\varepsilon_{PE}) + n_\gamma \ln(N_\gamma + 1)]/(2N_\gamma)}$。

证明： 见文献[102]。

引理 2.7.1 在不考虑具体分布的情况下给出了频率的绝对波动值，适用于本文对参数波动的估计。接下来估计任意参数 λ' 的上下界 $\bar{\lambda}$ 和 $\underline{\lambda}$。错误估计过程中，码字的错误率是由两脉冲全部来自于信号光源且编码为垂直偏振的占成功响应 $(1-f_s)$ 的测试样本来估计。随机变量 e 表示是否存在错误，$e=0$ 表示测试比特不存在错误，而 $e=1$ 表示测试比特存在错误。类似地，如果 Alice 和 Bob 均选择源 s，则垂直偏振的量子比特错误率(QBER) $E^{s,s}_{\mathrm{rect}}$ 的上、下界以概率 $1-\varepsilon_{PE}$ 为 $\overline{E^{s,s}_{\mathrm{rect}}} = \min\{E^{s,s}_{\mathrm{rect}} + \xi(n^{s,s}_{\mathrm{rect}}, 2), 1\}$、$\underline{E^{s,s}_{\mathrm{rect}}} = \max\{E^{s,s}_{\mathrm{rect}} - \xi(n^{s,s}_{\mathrm{rect}}, 2), 0\}$，其中 $n^{s,s}_{\mathrm{rect}} = (1-f_s) p_s^2 p^2_{\mathrm{rect}} Q^{s,s}_{\mathrm{rect}} N_0$，$p_{rect}$ 为 Alice 将自己的秘密调制为垂直偏振基下粒子的概率，$Q^{s,s}_{\mathrm{rect}}$ 为 Alice 和 Bob 同时选择源 s 且将其发出的脉冲调制为垂直偏振时不可信传递方接收到成功响应的概率。

当 Alice 发出 n 光子脉冲、Bob 发出 m 光子脉冲时，若双方都将脉冲调制为垂直偏振(对角线偏振)，则成功响应的产出率以及 QBER 分别记为 $Y_{n,m,\mathrm{rect(diag)}}$、$e_{n,m,\mathrm{rect(diag)}}$。同时，当 Alice 选择源 γ、Bob 选择源 γ' 时，成功响应率和 QBER 分别记为

$$Q^{\gamma,\gamma'}_{\mathrm{rect(diag)}} = \sum_{n,m} p'_{n\gamma} p'_{m\gamma'} Y_{n,m,\mathrm{rect(diag)}} \tag{2-210}$$

$$E^{\gamma,\gamma'}_{\mathrm{rect(diag)}} = \frac{\sum_{n,m} p'_{n\gamma} p'_{m\gamma'} Y_{n,m,rect(diag)}\, e_{n,m,\mathrm{rect(diag)}}}{Q^{\gamma,\gamma'}_{\mathrm{rect(diag)}}} \tag{2-211}$$

式中，γ 和 γ' 属于集合 $\{s, d, \varnothing\}$，$p'_{n\gamma(\gamma')}$ 为实际实现中源 $\gamma(\gamma')$ 发出 n 光子脉冲的相对频率。因此，有限个脉冲下密钥率为

$$\begin{aligned} R = {} & p_s^2 p^2_{rect} f_s \{ \underline{p_{0s}}^2\, \underline{Y_{0,0,\mathrm{rect}}} + \underline{p_{0s}}\, \underline{p_{1s}} (\underline{Y_{0,1,\mathrm{rect}}} + \underline{Y_{1,0,\mathrm{rect}}}) \\ & + p^2_{1s} \underline{Y_{1,1,\mathrm{rect}}} [1 - \widetilde{H}(\overline{e_{1,1,\mathrm{diag}}})]\} - p_s^2 p^2_{\mathrm{rect}} Q^{s,s}_{\mathrm{rect}} f(\overline{E^{s,s}_{\mathrm{rect}}}) \widetilde{H}(\overline{E^{s,s}_{\mathrm{rect}}}) - \Delta \end{aligned} \tag{2-212}$$

式中，$f(E^{s,s}_{\mathrm{rect}}) \rangle 1$ 表示实际纠错码和香农界的偏差，函数 $\widetilde{H}(\cdot)$ 如下所示。

$$\widetilde{H}(x):=\begin{cases}-x\log_2 x-(1-x)\log_2(1-x), & 0\leqslant x\leqslant 1/2\\ 1, & 1/2<x\leqslant 1\end{cases} \tag{2-213}$$

由文献[93]的推论 3.3.7 可得，

$$\Delta=7\sqrt{f_s p_s^2 p_{\text{rect}}^2 Q_{\text{rect}}^{s,s}}\sqrt{\log_2(2/\bar{\varepsilon})/N_0}+[2\log_2(1/\varepsilon_{PA})+\log_2(2/\varepsilon_{EC})]/N_0 \tag{2-214}$$

式中，$\bar{\varepsilon}$ 衡量 Eve 获得信息熵的偏差[14,94,95,101]，ε_{EC}、ε_{PA} 为纠错、保密放大的失败概率。记有限长度脉冲下诱骗态 MDI QKD 模型的总失败概率为

$$\varepsilon=\varepsilon_{\text{PA}}+\varepsilon_{\text{EC}}+\bar{\varepsilon}+n_{\text{PE}}\varepsilon_{\text{PE}} \tag{2-215}$$

式中，n_{PE} 为需要估计的参数，ε_{PE} 为实际实现时可以容忍的协议失败的概率，此处假设 ε_{PE} 对于所有被估计参数都相同。每个参数的失败概率是独立的且不同的，但在这个假设条件下得到的最终的安全密钥率要低于实际值，故这个假设是充分的。虽然这些项可以产生安全密钥，但文献[99]没有考虑 $Y_{0,1,\text{rect}}$、$Y_{0,0,\text{rect}}$ 和 $Y_{1,0,\text{rect}}$ 对最终密钥率的影响，本文给出的密钥率公式与文献[99]给出的不同。对于产出率 $Y_{0,1,\text{rect}}$，Eve 对由 Alice、Bob 发出的空脉冲，可光子脉冲产生的筛选后的数据没有任何信息。而且产生率 $Y_{0,0,\text{rect}}$ 和 $Y_{1,0,\text{rect}}$ 对应的脉冲上的信息也不会泄露给窃听者。虽然 $Y_{0,1,\text{rect}}$、$Y_{0,0,\text{rect}}$ 和 $Y_{1,0,\text{rect}}$ 的值很小，但是这个修改使得最终的密钥率更紧致。

仔细观察等式(2-212)中的密钥率公式可知，$Y_{0,0,\text{rect}}$ 可由 $Q_{\text{rect}}^{\varnothing,\varnothing}$ 直接估计得到

$$\underline{Y_{0,0,\text{rect}}}=\max\{Q_{\text{rect}}^{\varnothing,\varnothing}-\xi(p_{\varnothing}^2 p_{\text{rect}}^2 N_0,2),0\} \tag{2-216}$$

其中参数 $Q_{\text{rect}}^{\varnothing,\varnothing}$ 为实验数据。如果可以计算出$Y_{1,1,\text{rect}}$ 和$\overline{e_{1,1,\text{diag}}}$的值，那么 $Y_{0,1,\text{rect}}$ 和 $Y_{1,0,\text{rect}}$ 可由相同的方法得到，进而可以估计出最终的密钥率。接下来的任务是计算$Y_{1,1,\text{rect}}$ 和$\overline{e_{1,1,\text{diag}}}$的值。

当源 s 发出的空脉冲、单光子脉冲的概率为$\overline{p_{0s}}$ 和$\overline{p_{1s}}$ 时，密钥率达到下界。对于其他的实际频率 p'_{ns}，满足等式$\sum_{n=2}^{\infty}p'_{ns}=1-p_{0s}-p_{1s}$。因此有如下以 $Y_{1,1,\text{rect}}$ 的最小值为目标函数的数学模型。

$$\begin{aligned}&\min Y_{1,1,\text{rect}}\\ &s.t.\ Q_{\text{rect(diag)}}^{\gamma,\gamma'}=\sum_{n,m}p'_{n\gamma}p'_{m\gamma'}Y_{n,m,\text{rect(diag)}},\gamma,\gamma'=s,d,\varnothing\\ &\sum_{n}p'_{nd}=1,\\ &\sum_{n=2}^{\infty}p'_{ns}=1-\underline{p_{0s}}-\underline{p_{1s}}\\ &\underline{p_{n\gamma}}\leqslant p'_{n\gamma}\leqslant\overline{p_{n\gamma}},n\geqslant 0,\gamma=s,d\end{aligned} \tag{2-217}$$

此凸规划中，信号光源、诱骗光源以及空光源的光源强度是不变的，$p'_{n\gamma}$ 在区间$[p'_{n\gamma},\overline{p'_{n\gamma}}]$内变化，故此规划的可行域为$\otimes_{n,\gamma}[p'_{n\gamma},\overline{p'_{n\gamma}}]$。为了得到$Y_{1,1,\text{rect}}$ 和 $\overline{e_{1,1,\text{diag}}}$ 的值，重新整理等式(2-210)中关于 $Q_{\text{rect(diag)}}^{\gamma,\gamma'}$ 的公式，得

$$Q_{\mathrm{rect(diag)}}^{\gamma,\gamma'} = \sum_{n=0}^{\infty} p_{n\gamma} Y_{n,\mathrm{rect(diag)}}^{\gamma'} \tag{2-218}$$

式中，$Y_{n,\mathrm{rect(diag)}}^{\gamma'}$ 为当 Alice 发送 n 光子脉冲 Bob 选择光源 γ' 且双方均将脉冲调制为垂直偏振（对角线偏振）时脉冲的成功响应率，则下述定理成立。

定理 2.7.1 在条件 $p_{2d}p_{0s}-\overline{p_{2s}}\ \overline{p_{0d}}<0$、$\overline{p_{2s}}\ \overline{p_{1d}}-p_{2d}p_{1s}>0$、$\overline{p_{0d}}-p_{0s}\mathrm{e}^{-u_d+u_s}>0$ 和 $p_{1s}\mathrm{e}^{-u_d+u_s}-\overline{p_{1d}}>0$ 下，等式

$$\underline{Y_{1,1,rect}} = \max\{[\overline{p_{2s}}\ \underline{Y_{1,\mathrm{rect}}^{d}} - \underline{p_{2d}}\ \overline{Y_{1,\mathrm{rect}}^{s}} + (\underline{p_{2d}}\ \underline{p_{0s}} - \overline{p_{2s}}\ \overline{p_{0d}})\ \overline{Y_{1,0,\mathrm{rect}}} - \sum_{n=3}^{n_c}(\overline{p_{2s}}\ \overline{p_{nd}} - \underline{p_{2d}}\ \underline{p_{ns}})]/(\overline{p_{2s}}\ \overline{p_{1d}} - \underline{p_{2d}}\ \underline{p_{1s}}),0\} \tag{2-219}$$

成立，其中 n_c 满足 $\overline{p_{2s}}\ \overline{p_{nd}}-\underline{p_{2d}}\ \underline{p_{ns}}\rangle 0(3\leqslant n\leqslant n_c)$ 以及 $\overline{p_{2s}}\ \overline{p_{nd}}-\underline{p_{2d}}\ \underline{p_{ns}}\langle 0(n\rangle n_c)$

$$\underline{Y_{1,\mathrm{rect}}^{d}} = \max\{[\overline{p_{2s}}Q_{\mathrm{rect}}^{d,d} - \underline{p_{2d}}Q_{\mathrm{rect}}^{s,d} + (\underline{p_{2d}}\ \underline{p_{0s}} - \overline{p_{2s}}\ \overline{p_{0d}})\overline{Y_{0,\mathrm{rect}}^{d}} - \sum_{n=3}^{n_c}(\overline{p_{2s}}\ \overline{p_{nd}} - \underline{p_{2d}}\ \underline{p_{ns}})]/(\overline{p_{2s}}\ \overline{p_{1d}} - \underline{p_{2d}}\ \underline{p_{1s}}),0\} \tag{2-220}$$

$$\overline{Y_{1,\mathrm{rect}}^{s}} = \min\{[Q_{\mathrm{rect}}^{s,s}\mathrm{e}^{-u_d+u_s} - Q_{\mathrm{rect}}^{d,s} + (\overline{p_{0d}} - \underline{p_{0s}}\mathrm{e}^{-u_d+u_s})\overline{Y_{0,\mathrm{rect}}^{s}}]/(\underline{p_{1s}}\mathrm{e}^{-u_d+u_s} - \overline{p_{1d}}),1\} \tag{2-221}$$

$$\overline{Y_{1,0,\mathrm{rect}}} = \min\{[Q_{\mathrm{rect}}^{s,\varnothing}e^{-u_d+u_s} - Q_{\mathrm{rect}}^{d,\varnothing} + (\overline{p_{0d}} - \underline{p_{0s}}\mathrm{e}^{-u_d+u_s})\overline{Y_{0,0,\mathrm{rect}}}]/(\underline{p_{1s}}\mathrm{e}^{-u_d+u_s} - \overline{p_{1d}}),1\} \tag{2-222}$$

进一步，$\overline{Y_{0,0,\mathrm{rect}}}$、$\overline{Y_{0,\mathrm{rect}}^{d}}$ 和 $\overline{Y_{0,\mathrm{rect}}^{s}}$ 可由下式直接得到

$$\overline{Y_{0,0,\mathrm{rect}}} = \min\{Q_{\mathrm{rect}}^{\varnothing,\varnothing} + \xi(p_{\varnothing}^{2}p_{\mathrm{rect}}^{2}N_0,2),1\} \tag{2-223}$$

$$\overline{Y_{0,\mathrm{rect}}^{d}} = \min\{Q_{\mathrm{rect}}^{d,\varnothing} + \xi(p_{\varnothing}p_{d}p_{\mathrm{rect}}^{2}N_0,2),1\} \tag{2-224}$$

$$\overline{Y_{0,\mathrm{rect}}^{s}} = \min\{Q_{\mathrm{rect}}^{s,\varnothing} + \xi(p_{\varnothing}p_{s}p_{\mathrm{rect}}^{2}N_0,2),1\} \tag{2-225}$$

证明： 详见文献[102]。

事实上，等式(2-217) 所示的约束条件不是紧致的，因为并不是每一个 $p'_{n\gamma}(n\rangle 3)$ 都能达到它的边界值 $\underline{p_{n\gamma}}$、$\overline{p_{n\gamma}}$，但是根据模型所得的下界是之前所有工作的下界，实际安全传输距离要大于本文所得的结果。另外仔细观察定理 2.7.1 可知，计算上界和下界的方法是存在一定规律的。如下所示，重新整理等式(2-211)中关于 $E_{\mathrm{rect(diag)}}^{\gamma,\gamma'}$ 的式子可知

$$Q_{\mathrm{rect(diag)}}^{\gamma,\gamma'}E_{\mathrm{rect(diag)}}^{\gamma,\gamma'} = \sum_{n=0}^{\infty} p_{n\gamma}W_{n,\mathrm{rect(diag)}}^{\gamma'} \tag{2-226}$$

根据定理 2.7.1 的验证方法可得 $e_{1,1,\mathrm{diag}}$ 的上界。同时依据在条件 $p_{2d}p_{0s}-\overline{p_{2s}}\ \overline{p_{0d}}<0$、$\overline{p_{2s}}\ \overline{p_{1d}}-p_{2d}p_{1s}>0$，下式成立

$$\underline{Y_{0,1,rect}} = \max\{[\overline{p_{2s}}Q_{rect}^{\varnothing,d} - \underline{p_{2d}}Q_{rect}^{\varnothing,s} + (\underline{p_{2d}}\ \underline{p_{0s}} - \overline{p_{2s}}\ \overline{p_{0d}})\ \overline{Y_{0,0,\mathrm{rect}}} - \sum_{n=3}^{n_c}(\overline{p_{2s}}\ \overline{p_{nd}} - \underline{p_{2d}}\ \underline{p_{ns}})]/(\overline{p_{2s}}\ \overline{p_{1d}} - \underline{p_{2d}}\ \underline{p_{1s}}),0\} \tag{2-227}$$

$$\overline{E_{\mathrm{rect}}^{s,s}} = \min\{E_{\mathrm{rect}}^{s,s} + \xi(p_s^2p_{\mathrm{rect}}^2Q_{\mathrm{rect}}^{s,s}N_0/2,2),1\} \tag{2-228}$$

可得式(2-212)所示的最终的密钥率。需要注意的是，最终密钥率的分析过程不依赖于任

意假设，此分析过程适用于任何信道以及任意强度的光源。另外，本文的解决方法与文献[17]不同的是本文给出了错误率上界更紧致的估计。进一步，由于信号光源强度与诱骗光源强度的大小关系不同，一些涉及的参数的下界的存在条件以及计算方法也与之不同。

2.7.3 模拟结果

文献[99]的作者观察到了独立激光源间稳定的 Hong-Ou-Mandel（HOM）干涉，因此 MDI QKD 是可实现的。为了更详尽的考虑实际实现时 MDI QKD 的执行过程，本文考虑一般有噪探测器，且探测器的暗计数率和探测器效率均相同。筛选后的数据个数与每方发送的脉冲个数不同，记为 N。接下来给出不同 N 对应的密钥率的下界。实验参数与文献[93,99]中的相同，量子信道的损失系数为 $\alpha=0.2$ dB/km，探测器效率为 $\eta=14.5\%$，由光系统的不完美导致的系统错误率为 $e_c=1.5\%$，暗计数率为 $p_{\text{dark}}=6.02\times10^{-6}$，失败概率的总和为 $\varepsilon=10^{-5}$，参数估计的失败概率为 $\varepsilon_{\text{EC}}=10^{-10}$，以及纠错码的效率为 $f(E_{\text{rect}}^{s,s})=1.16$。引理 2.7.1 中所示 $\overline{p_{k\gamma}}$ 和 $p_{k\gamma}$ 下标的个数为 $n_\gamma=n_c$。Alice 和 Bob 的位置是对称的，即 $Q_{\text{rect(diag)}}^{\gamma,\gamma'}=Q_{\text{rect(diag)}}^{\gamma',\gamma}$、$E_{\text{rect(diag)}}^{\gamma,\gamma'}=E_{\text{rect(diag)}}^{\gamma',\gamma}$。另外将光系统的不完美性简化为在 50:50 分束器的每个输入端口以及每个输出端口上放置一个酉旋转操作模型。

在这些实验参数下，优化其余参数使得在给定的筛选后的脉冲个数 N 和距离 l 下最终密钥率达到最大。

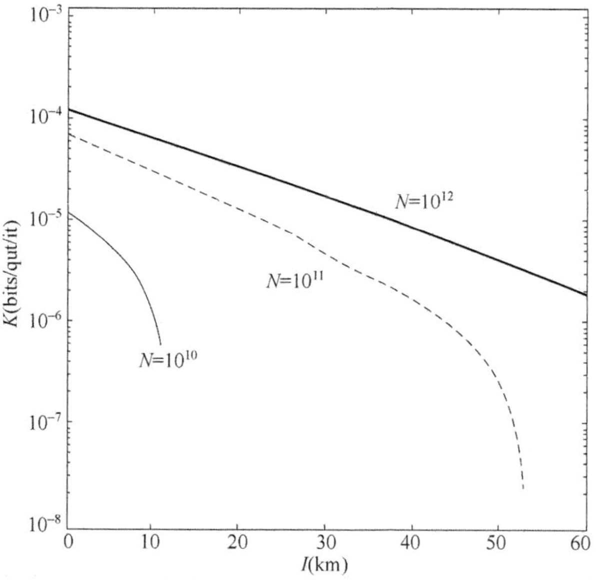

图 2-18 有限长度脉冲下测量设备无关 QKD 协议中对应与不同的筛选后的数据率的下界。参数为 $\alpha=0.2$ dB/km，$e_c=1.5\%$，$\eta=14.5\%$，$p_{\text{dark}}=6.02\times10^{-6}$，$f(E_{\text{rect}}^{s,s})=1.16$，$\varepsilon=10^{-5}$ 以及 $\varepsilon_{\text{EC}}=10^{-10}$。为了简化计算，设 $f_s=1$，$E_{\text{rect}}^{s,s}$ 可由其他实验参数 $E_{\text{diag}}^{\gamma,\gamma'}$ 估计

图 2-18 为在三种不同的 N 的取值下，即 $N=10^{10}$、$N=10^{11}$、$N=10^{12}$，最终密钥率的下界随着 Alice 和 Bob 之间距离变化的趋势。由图可知，随着距离的增加，安全密钥率显著减少，而且随着成功响应个数的增加，安全距离会相应增加。筛选后的数据增加一倍时，安全

距离会增加四倍。当筛选后的数据是 10^{10} 时，安全距离为 10 km。如果筛选后的数据小于 10^{8} 时，不可能存在安全的密钥。此模拟结果说明有限长度脉冲下的 MDI QKD 是实际可实现的。筛选后的数据 10^{10} 可由实际高速的 10 GHz 的 QKD 系统快速完成。

图 2-19 给出了对于不同的传输距离要得到 10^{10} 的筛选数据，参与方需要发送的脉冲个数。由图可知，由于信道损耗是距离的指数级函数，所以随着距离的增加，N_0 呈指数增长。与实际相同，对于不同的传输距离，参与方要想获得相同个数的筛选数据，其需要制备更多的脉冲来抵抗信道损耗。当传输距离为 10 km 时，参与方若想得到 10^{10} 的筛选数据，其需要使用 10 GHz 的 QKD 系统工作 20 分钟发送 5.08×10^{13} 脉冲。因此，本节结果可直接用于实际实现。

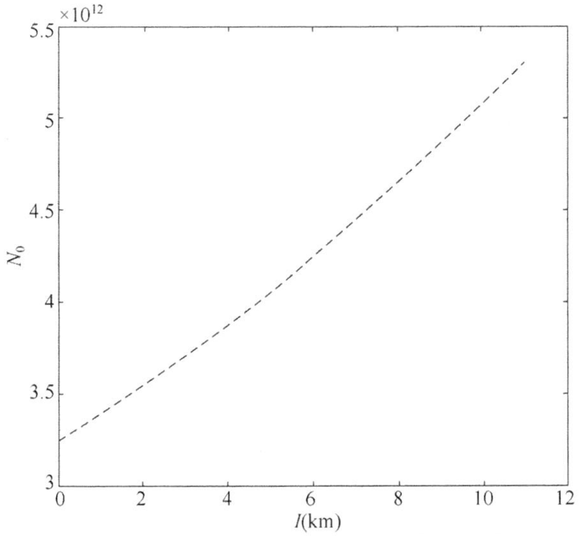

图 2-19　不同距离下要想得到 10^{10} 的筛选数据，参与方需要制备的脉冲数

现在分析随着传输距离增加各参数相应的最优值。图 2-20 给出 p_s、p_d、u_s 在不同筛选数据下各参数随着传输距离增加的相应的最优值。由图可知，当成功响应率一定时，p_s 的值随着安全传输距离的增加而减少，这是由于随着距离增加，信道损失越高，需要越来越多的诱骗脉冲来估计单光子脉冲的错误率以及产出率。当安全距离一定时，随着 N 的增加，为了使密钥率最大化，p_s 的最优值增加。设选择空光源的概率 $p_{\varnothing}$ 的最小值为 0.1，则 p_d 的最优值减少。这是针对不同光源被选择概率的最优值。而对光源强度的变化趋势来说，当 N 一定时，信号光源的强度 u_s 是传输距离的单调递减函数。这是因为信道损失越大，Eve 可能利用的脉冲越大，得到的互信息也越大，所以为了减少 Eve 获得的互信息的量，Alice 和 Bob 采用的信号脉冲的强度应随着距离的增加而降低。因为诱骗光源的强度总是小于信号光源的强度，所以诱骗光源的强度随着距离的增加而趋向于 0。为了精确分析密钥率的大小，只能使每方增加使用的诱骗光源的概率 p_d，这也是 p_d 增加的另外一个原因。最后分析保密放大和参数估计的失败概率的变化。由于存在假设 $\varepsilon=10^{-5}$ 和 $\varepsilon_{EC}=10^{-10}$，所以在模拟过程中 ε_{PE} 和 ε_{PA} 的变化范围为 $[10^{-10},10^{-6}]$，其余参数需满足等式(2-215)所示的约束条件。当 ε_{PA} 为 10^{-10}，参数估计的失败概率 ε_{PE} 最优值为 10^{-7}。

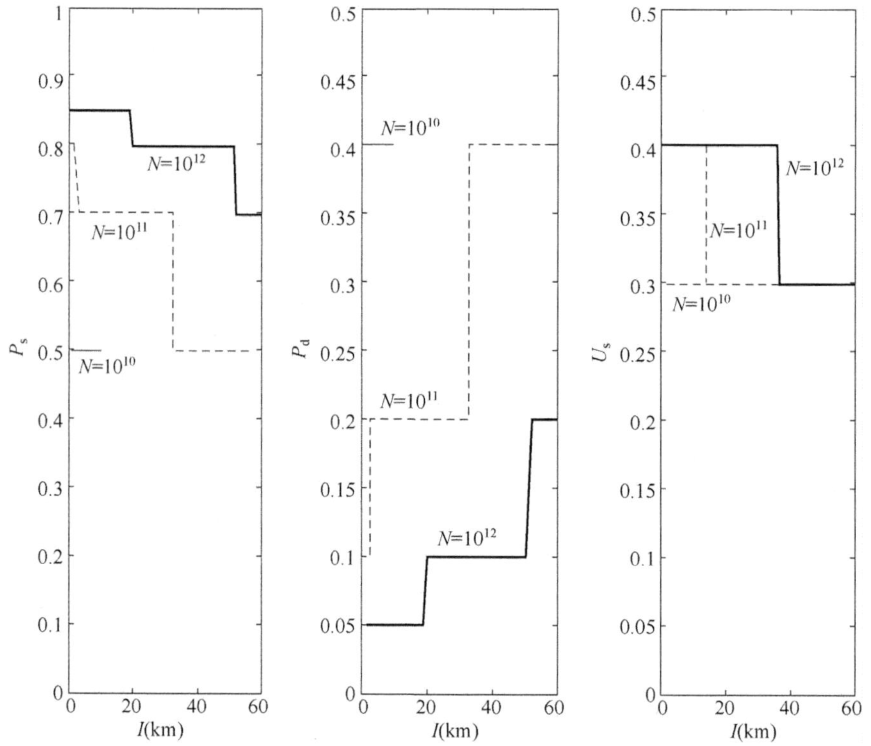

图 2-20　不同筛选数据下各参数随着传输距离增加的相应的最优值：(左)选择信号率 p_s；(中)选择诱骗光源的概率 p_d；(右)信号光源的强度 u_s。所有这些参数在模拟过程均是优化参数。曲线之所以不光滑的原因是模拟过程中随机变量的取值是离散的。如果取值间隔变小，曲线会变连续

图 2-21 给出有限长度脉冲下标准 BB84 协议和 MDI QKD 协议的最终密钥率的比较结果。对于 BB84 协议，我们给出的两个结果是：①当筛选后的数据为 10^{10} 时；②当响应个数是 10^{10} 时。由图可知，当距离一定时，第二种情况下的最终密钥率是第一种情况下密钥率的 1/3 到 1/2。而对于有限长度脉冲下 MDI QKD 协议，我们给出了筛选后的数据为 10^{10} 的结果。记在标准 BB84 协议和 MDI QKD 协议下每方得到的筛选后的数据为 N_{MDI} 和 N_{BB84}，则对于有限 MDI QKD 协议有 $N_{\mathrm{MDI}}=\sum[p_\gamma p_{\gamma'}(p_{\mathrm{rect}}^2 Q_{\mathrm{rect}}^{\gamma,\gamma'}+p_{\mathrm{diag}}^2 Q_{\mathrm{diag}}^{\gamma,\gamma'})]N_0$，而对于有限 BB84 协议来说有 $N_{\mathrm{BB84}}=\sum p_\gamma Q_\gamma(p_{\mathrm{rect}}^2+p_{\mathrm{diag}}^2)N_0$，其中 Q_γ 是源 γ 的产出率。图 2-21 给出的结果是在 $N_{\mathrm{MDI}}=N_{\mathrm{BB84}}=10^{10}$ 条件下。有限 MDI QKD 协议的密钥率为 10^{-5} 数量级，而标准 BB84 协议的密钥率数量级为 10^{-2}。相应地，MDI QKD 协议的安全距离为 10 km，小于标准有限 BB84 协议的安全距离。理论上，MDI QKD 协议的安全距离为标准 BB84 协议的 2 倍，所以可能猜想有限 MDI QKD 协议的安全距离也为标准 BB84 协议安全距离的 2 倍，但是模拟结果却不是如此。之所以有这样的结果，不仅因为两个分析中信号光源、诱骗光源的强度不同，最重要的原因是成为最终密钥的筛选数据比例不同。有限 MDI QKD 协议要求码字比特必须来源于双方从信号光源发出的脉冲产生的响应。对应于最终密钥率的公式，有限 MDI QKD 中的因子为 p_s^2，而标准 BB84 协议的系数为 p_s，但是无限长度脉冲下的密钥

率公式不需要考虑这些系数。这些系数使得协议把中介方放在 Alice 和 Bob 地理优势减弱，这也使得有限 MDI QKD 协议的密钥率界低于标准 BB84 协议的密钥率界。值得庆幸的是，安全距离随着筛选后数据的增加而增加。正如图 2-19 所示，当 $N=10^{11}$ 时的安全距离是 $N=10^{10}$ 时安全距离的 5 倍。综上所述，本节给出一种分析有限长度脉冲下 MDI QKD 协议安全性的方法，此方法不仅考虑了统计波动，还抵抗了针对探测器的各种侧信道攻击。因此最终密钥率可直接用于实际。

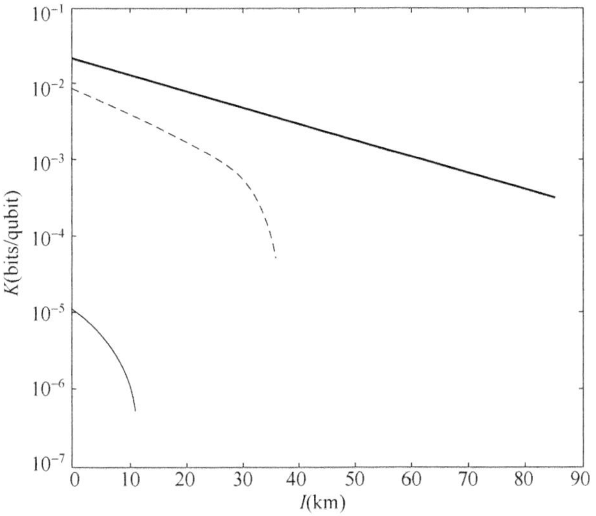

图 2-21 在筛选后的数据为 10^{10} 时，有限长度脉冲下标准 BB84 协议[17]（实线）QKD 协议（破折线）的最终密钥率的比较结果。另外当 Bob 接收到的响应为 10^{10} 时的有限长度脉冲下 BB84 协议的最终密钥率结果（点折线）

2.7.4 结束语

本节给出 MDI QKD 的有限密钥安全性分析，且在相对频率的统计波动下得到最终密钥率的下界，得到的下界可被直接应用于低探测效率的探测器和高损耗信道的实际条件下。此边界值是在可观测参数的合理取值下得到的。与有限长度脉冲下 BB84 协议的密钥率相比，有限 MDI QKD 协议可以直接应用于实际。

本章参考文献

[1] Shor P W, Algorithms for Quantum Computation: Discrete Logarithms and Factoring, Proc. 35th Annual Symp. on Foundations of Computer Science, 1994, 124-134.

[2] Grover L K, "A fast quantum mechanical algorithm for database search," in Proc. 28th Annu. ACM Symp. Theory Comput., Philadelphia, PA, May 1996, pp. 212-219.

[3] Gisin N, Ribordy G, Tittel W, and Zbinden H, "Quantum cryptography," Rev. Mod. Phys., 2002, 74(1): 14-195.

[4] Tajima A, Tanaka A, Maeda W, Takahashi S, and A. Tomita, Practical quantum

cryptosystem for metro area applications, IEEE J. Sel. Topics Quantum Electron., 2007,13(4):1031-1038.

[5] Bennett C H, Brassard G, in Proceedings of the IEEE International Conference on Computers, Systems, and Signal Processing, Bangalore, India (IEEE, New York, 1985), pp. 175-179.

[6] Shor P W, Preskill J. Simple proof of security of the BB84 quantum key distribution protocol[J]. Physical Review Letters, 2000, 85(2): 441.

[7] Lo H K, Chau H F. Security of Quantum Key Distribution[J]. Science, 1999, 283: 2050-2056.

[8] Ekert A K. Quantum cryptography based on Bell's theorem[J]. Physical Review Letters, 1991, 67(6): 661.

[9] Bennett C H, Brassard G, Mermin N D. Quantum cryptography without Bell's theorem[J]. Physical Review Letters, 1992, 68(5): 557.

[10] D. Mayers, in Proceedings of the 16th Annual International Cryptology Conference on Advances in Cryptology, London, UK, (Springer, Berlin, 1996), pp. 343-357.

[11] Hwang W Y. Quantum key distribution with high loss: toward global secure communication. [J]. Physical Review Letters, 2002, 91(5):057901.

[12] Inamori H, Lütkenhaus N, Mayers D. Unconditional security of practical quantum key distribution[J]. The European Physical Journal D, 2007, 41(3):599-627.

[13] König R, Renner R, Bariska A, et al. Small accessible quantum information does not imply security. [J]. Physical Review Letters, 2007, 98(14):140502.

[14] Cai R Y Q, Scarani V. Finite-key analysis for practical implementations of quantum key distribution[J]. New Journal of Physics, 2009, 11(4): 045024.

[15] Hasegawa J, Hayashi M, Hiroshima T, et al. Security analysis of decoy state quantum key distribution incorporating finite statistics[J]. arXiv preprint arXiv: 0707.3541, 2007.

[16] Hayashi M. Upper bounds of eavesdropper's performances in finite-length code with the decoy method[J]. Physical Review A, 2007, 76(1): 012329.

[17] Song T T, Zhang J, Qin S J, et al. Finite-key analysis for quantum key distribution with decoy states[J]. Quantum Information & Computation, 2011, 11(5&6): 374-389.

[18] H.-K. Lo and T.-M. Ko, Some attacks on quantum-based cryptographic protocols, Quantum Inf. Comput., 2005,5(1):40-47.

[19] Gao F, Guo F Z, Wen Q Y, et al. Comment on "Experimental demonstration of a quantum protocol for byzantine agreement and liar detection"[J]. Physical Review Letters, 2008, 101(20): 208901.

[20] Zhang Y S, Li C F, Guo G C. Comment on "Quantum key distribution without alternative measurements"[Phys. Rev. A 61, 052312 (2000)][J]. Physical Review A, 2001, 63(3): 036301.

[21] Fei G, Qiao-Yan W, Fu-Chen Z. Teleportation attack on the QSDC protocol with a

random basis and order[J]. Chinese Physics B, 2008, 17(9): 3189.
[22] Gao G. Reexamining the security of the improved quantum secret sharing scheme [J]. Optics Communications, 2009, 282(22): 4464-4466.
[23] Gao F, Qin S J, Guo F Z, et al. Dense-coding attack on three-party quantum key distribution protocols[J]. IEEE journal of quantum electronics, 2011, 47(5): 630-635.
[24] Wójcik A. Eavesdropping on the "ping—pong" quantum communication protocol [J]. Physical Review Letters, 2003, 90(15): 157901..
[25] Wójcik A. Comment on "Quantum dense key distribution"[J]. Physical Review A, 2005, 71(1): 016301.
[26] Cai Q. The "Ping-Pong" protocol can be attacked without eavesdropping[J]. Physical Review Letters, 2003, 91(10): 109801.
[27] Gao F, Guo F Z, Wen Q Y, et al. Consistency of shared reference frames should be reexamined[J]. Physical Review A, 2008, 77(1): 014302.
[28] Gao F, Wen Q Y, Zhu F C. Comment on: "quantum exam"[Phys. Lett. A 350 (2006) 174][J]. Physics Letters A, 2007, 360(6): 748-750.
[29] Gao F, Qin S J, Wen Q Y, et al. Cryptanalysis of multiparty controlled quantum secure direct communication using Greenberger-Horne-Zeilinger state[J]. Optics Communications, 2010, 283(1): 192-195..
[30] Gisin N, Fasel S, Kraus B, et al. Trojan-horse attacks on quantum—key—distribution systems[J]. Physical Review A, 2006, 73(2): 022320.
[31] Deng F G, Li X H, Zhou H Y, et al. Improving the security of multiparty quantum secret sharing against Trojan horse attack[J]. Physical Review A, 2005, 72(4): 044302.
[32] Gao F, Qin S J, Wen Q Y, et al. A simple participant attack on the brádler-duöek protocol[J]. Quantum Information & Computation, 2007, 7(4): 329-334.
[33] Qin S J, Gao F, Wen Q Y, et al. Improving the security of multiparty quantum secret sharing against an attack with a fake signal[J]. Physics Letters A, 2006, 357(2): 101-103.
[34] Hao L, Li J L, Long G L. Eavesdropping in a quantum secret sharing protocol based on Grover algorithm and its solution[J]. Science China Physics, Mechanics and Astronomy, 2010, 53(3): 491-495.
[35] Cabello A. Six-qubit permutation-based decoherence-free orthogonal basis[J]. Physical Review A, 2007, 75(2): 020301.
[36] Noh T G. Counterfactual quantum cryptography[J]. Physical review letters, 2009, 103(23): 230501.
[37] Shih H C, Lee K C, Hwang T. New efficient three-party quantum key distribution protocols[J]. IEEE Journal of Selected Topics in Quantum Electronics, 2009, 15 (6): 1602-1606.

[38] Kalev A, Mann A, Revzen M. Choice of Measurement as the Signal[J]. Physical review letters, 2013, 110(26): 260502.

[39] Zanardi P, Rasetti M. Noiseless quantum codes[J]. Physical Review Letters, 1997, 79(17): 3306.

[40] Lidar D A, Chuang I L, Whaley K B. Decoherence-free subspaces for quantum computation[J]. Physical Review Letters, 1998, 81(12): 2594.

[41] Lidar D A, Bacon D, Kempe J, et al. Protecting quantum information encoded in decoherence-free states against exchange errors[J]. Physical Review A, 2000, 61 (5): 052307.

[42] Kempe J, Bacon D, Lidar D A, et al. Theory of decoherence-free fault-tolerant universal quantum computation[J]. Physical Review A, 2001, 63(4): 042307.

[43] Cabello A. N-particle N-level singlet states: Some properties and applications[J]. Physical Review Letters, 2002, 89(10): 100402.

[44] Cabello A. Bell's theorem without inequalities and without alignments[J]. Physical Review Letters, 2003, 91(23): 230403.

[45] Boileau J C, Gottesman D, Laflamme R, et al. Robust polarization-based quantum key distribution over a collective-noise channel[J]. Physical review letters, 2004, 92(1): 017901.

[46] Sun Y, Wen Q Y, Gao F, et al. Robust variations of the Bennett—Brassard 1984 protocol against collective noise[J]. Physical Review A, 2009, 80(3): 032321.

[47] Kwiat P G, Berglund A J, Altepeter J B, et al. Experimental verification of decoherence-free subspaces[J]. Science, 2000, 290(5491): 498-501.

[48] Kielpinski D, Meyer V, Rowe M A, et al. A decoherence-free quantum memory using trapped ions[J]. Science, 2001, 291(5506): 1013-1015.

[49] Ollerenshaw J E, Lidar D A, Kay L E. Magnetic resonance realization of decoherence-free quantum computation[J]. Physical Review Letters, 2003, 91(21): 217904.

[50] Ji C H, Yee Y, Choi J, et al. Electromagnetic 2/spl times/2 MEMS optical switch [J]. IEEE Journal of selected topics in quantum electronics, 2004, 10(3): 545-550.

[51] Bennett C H. Quantum cryptography using any two nonorthogonal states[J]. Physical Review Letters, 1992, 68(21): 3121.

[52] Walgate J, Short A J, Hardy L, et al. Local distinguishability of multipartite orthogonal quantum states[J]. Physical Review Letters, 2000, 85(23): 4972.

[53] Stinespring W F. Positive functions on C*-algebras[J]. Proceedings of the American Mathematical Society, 1955, 6(2): 211-216.

[54] McHenry M. Report on spectrum occupancy measurements. http://www.sharedspectrum.com/?section=nsf_summary. 2007.5

[55] Elitzur A C, Vaidman L. Quantum mechanical interaction-free measurements[J]. Foundations of Physics, 1993, 23(7): 987-997.

[56] Kwiat P G, White A G, Mitchell J R, et al. High-efficiency quantum interrogation measurements via the quantum Zeno effect[J]. Physical Review Letters, 1999, 83 (23): 4725.

[57] CK H. Interaction-free measurement based on nonclassical fourth-order interference[J]. Quantum of Somiclassical optics optics Jourual,1998,10(4):637-641. 1998.

[58] R. Penrose, Shadows of the Mind (Oxford Univ. Press, New York, 1994), p. 240.

[59] Koashi M, Imoto N. Quantum cryptography based on split transmission of one-bit information in two steps[J]. Physical Review Letters, 1997, 79(12): 2383.

[60] Bennett C H, Wiesner S J. Communication via one-and two-particle operators on Einstein-Podolsky-Rosen states[J]. Physical review letters, 1992, 69(20): 2881.

[61] Deng F G, Long G L. Controlled order rearrangement encryption for quantum key distribution[J]. Physical Review A, 2003, 68(4): 042315.

[62] Bennett C H, Brassard G. Quantum cryptography: Public key distribution and coin tossing[J]. Theoretical Computer Science, 2014, 560: 7-11.

[63] Deng F G, Long G L. Secure direct communication with a quantum one—time pad [J]. Physical Review A, 2004, 69(5): 052319.

[64] Liu B, Gao F, Wen Q Y. Single — photon multiparty quantum cryptographic protocols with collective detection[J]. IEEE Journal of Quantum Electronics, 2011, 47(11): 1383-1390.

[65] Deng F G, Zhou H Y, Long G L. Bidirectional quantum secret sharing and secret splitting with polarized single photons[J]. Physics Letters A, 2005, 337(4): 329-334.

[66] Shoup V. Sequences of games: a tool for taming complexity in security proofs[J]. IACR Cryptology EPrint Archive, 2004, 332.

[67] Nowak D. A framework for game — based security proofs[C]. International Conference on Information and Communications Security. Springer Berlin Heidelberg, 2007: 319-333.

[68] Baek J, Steinfeld R, Zheng Y. Formal proofs for the security of signcryption[J]. Journal of cryptology, 2007, 20(2): 203-235.

[69] Begou, J. A., U. Herzog, and M. Hillery, Quantum State Estimation. New York:Springer-Verlag, 2004. 649: 417.

[70] Chefles, A., Quantum State Estimation New York: Springer-Verlag, 2004. 649: 467.

[71] Nayak A, Salzman J. Limits on the ability of quantum states to convey classical messages[J]. Journal of the ACM (JACM), 2006, 53(1): 184-206.

[72] Acín A. Statistical distinguishability between unitary operations[J]. Physical review letters, 2001, 87(17): 177901.

[73] Duan R, Feng Y, Ying M. Entanglement is not necessary for perfect discrimination

between unitary operations[J]. Physical Review Letters, 2007, 98(10): 100503.
[74] D'Ariano G M, Presti P L, Paris M G A. Using entanglement improves the precision of quantum measurements [J]. Physical Review Letters, 2001, 87(27): 270404.
[75] D'Ariano, G. M. , P. Lo Presti, and M. G. A. Paris, Using Entanglement Improves the Precision of Quantum Measurements. Physical Review Letters, 2001. 87(27): 270404.
[76] Lin S, Wen Q Y, Qin S J, et al. Multiparty quantum secret sharing with collective eavesdropping-check[J]. Optics Communications, 2009, 282(22): 4455-4459.
[77] Han L F, Liu Y M, Liu J, et al. Multiparty quantum secret sharing of secure direct communication using single photons[J]. Optics Communications, 2008, 281(9): 2690-2694.
[78] Feng-Li Y, Ting G, You-Cheng L. Quantum secret sharing protocol between multiparty and multiparty with single photons and unitary transformations[J]. Chinese Physics Letters, 2008, 25(4): 1187.
[79] Gao G. Cryptanalysis of multiparty quantum secret sharing with collective eavesdropping-check[J]. Optics Communications, 2010, 283(14): 2997-3000.
[80] Qin S J, Gao F, Wen Q Y, et al. A special attack on the multiparty quantum secret sharing of secure direct communication using single photons [J]. Optics Communications, 2008, 281(21): 5472-5474.
[81] Zhen-Chao Z, Yu-Qing Z. Cryptanalysis and improvement of a quantum secret sharing protocol between multiparty and multiparty with single photons and unitary transformations[J]. Chinese Physics Letters, 2010, 27(6): 060303.
[82] Kejia Z, Dan L, Qi S. Security of the arbitrated quantum signature protocols revisited[J]. Physica Scripta, 2013, 89(1): 015102.
[83] Zhou N, Song H, Gong L. Continuous variable quantum secret sharing via quantum teleportation[J]. International Journal of Theoretical Physics, 2013, 52(11): 4174-4184.
[84] Qin S J, Gao F, Wen Q Y, et al. Improving the security of multiparty quantum secret sharing against an attack with a fake signal[J]. Physics Letters A, 2006, 357(2): 101-103.
[85] Zhang Z, Li Y, Man Z. Multiparty quantum secret sharing[J]. Physical Review A, 2005, 71(4): 044301.
[86] Deng F G, Li X H, Chen P, et al. Fake-signal-and-cheating attack on quantum secret sharing[J]. arXiv preprint quant-ph/0604060, 2006.
[87] Liu B, Gao F, Jia H Y, et al. Efficient quantum private comparison employing single photons and collective detection[J]. Quantum information processing, 2013: 1-11.
[88] Wei H, Qiao-Yan W, Heng-Yue J, et al. Fault tolerant quantum secure direct

communication with quantum encryption against collective noise[J]. Chinese Physics B, 2012, 21(10): 100308.

[89] Wang G, Ying M. Unambiguous discrimination among quantum operations[J]. Physical Review A, 2006, 73(4): 042301.

[90] Cai Q Y. Eavesdropping on the two-way quantum communication protocols with invisible photons[J]. Physics Letters A, 2006, 351(1): 23-25.

[91] Li X H, Deng F G, Zhou H Y. Improving the security of secure direct communication based on the secret transmitting order of particles[J]. Physical Review A, 2006, 74(5): 054302.

[92] Nielsen M A, Chuang I L. Quantum computation[J]. Quantum Information. Cambridge University Press, Cambridge, 2000.

[93] Renner R. Security of quantum key distribution[J]. International Journal of Quantum Information, 2008, 6(01): 1-127.

[94] Scarani V, Renner R. Quantum cryptography with finite resources: Unconditional security bound for discrete-variable protocols with one-way post processing[J]. Physical review letters, 2008, 100(20): 200501.

[95] Scarani V, Renner R. Security bounds for quantum cryptography with finite resources [C]. Workshop on Quantum Computation, Communication, and Cryptography. Springer Berlin Heidelberg, 2008: 83-95.

[96] Meyer T, Kampermann H, Kleinmann M, et al. Finite key analysis for symmetric attacks in quantum key distribution[J]. Physical Review A, 2006, 74(4): 042340.

[97] Li H W, Zhao Y B, Yin Z Q, et al. Security of decoy states QKD with finite resources against collective attacks[J]. Optics Communications, 2009, 282(20): 4162-4166.

[98] Renner R. Symmetry of large physical systems implies independence of subsystems [J]. Nature Physics, 2007, 3(9): 645-649.

[99] Lo H K, Curty M, Qi B. Measurement-device-independent quantum key distribution[J]. Physical review letters, 2012, 108(13): 130503.

[100] D. Mayers, in Proceedings of the 16th Annual International Cryptology Conference on Advances in Cryptology, London, UK, (Springer, Berlin, 1996), pp. 343-357.

[101] Sano Y, Matsumoto R, Uyematsu T. Secure key rate of the BB84 protocol using finite sample bits[J]. Journal of Physics A: Mathematical and Theoretical, 2010, 43(49): 495302.

[102] Song T T, Wen Q Y, Guo F Z, et al. Finite-key analysis for measurement-device-independent quantum key distribution [J]. Physical Review A, 2012, 86 (2): 022332.

第3章 量子秘密共享

秘密共享是现代密码学的一个重要分支，它主要是为了加强密钥的保密强度，降低密钥泄漏的风险而产生的。目前广泛应用于密钥管理协议、门限或分布式签名协议、群体间的保密通信协议、多方安全计算协议及访问控制、电子拍卖协议、最优公平交换、分布式系统等[1]。

第一个秘密共享方案是由Shamir[2]和Blakley[3]于1979年分别独立提出的。它是一种利用密码学体制在 n 个参与者中共享一个秘密信息（S）的方法。首先，一个分发中心（Trent）将秘密 S 拆分成 n 个子秘密，接着通过秘密信道将这 n 个子秘密传给每个参与者。每个参与者只知道自己的子秘密信息，只有任意 t 个以上的参与者都出示了各自的子秘密时才能计算出 S 的值，参与者个数少于 t 个时则不能获得有关 S 的任何信息，这也被称为 (t,n) 门限方案。经过几十年的发展，秘密共享取得了大量的研究成果。然而，由于经典的信号可以被恶意的窃听者任意地、完全地复制而不会被发现，所以分发者无法确保每个秘密份额都能够秘密地传给对应的参与者。

随着量子密码体制的出现和发展，人们开始研究如何基于量子力学基本原理实现秘密共享。1999年，M. Hillery基于GHZ态提出了首个量子秘密共享（Quantum Secret Sharing ，QSS）协议[4]，该协议受到了相关学者的广泛关注并促使QSS成为了量子密码学中的一个研究热点。除了可以共享经典信息，利用量子技术还可以共享量子信息，为了和共享经典信息的QSS区分开，共享量子信息的秘密共享有时也被称作量子信息共享（Quantum Information Sharing，QIS）。目前QSS的研究方向主要集中于以下三个方面：

（1）由三方量子秘密共享推广到多方的情况；

（2）利用不纠缠的粒子来代替纠缠的粒子实现秘密共享，提高QSS的可实现性；

（3）由 (n,n) 量子秘密共享协议推广到 (t,n) 门限的协议。

此外，与经典秘密共享体制类似，量子秘密共享协议也存在一定程度的安全漏洞。这也就是说，窃听者可能通过某些巧妙的量子攻击方法成功窃听而不被合法用户检测到。例如，在多方量子秘密共享协议中可能存在多个不诚实的参与方，他们可能合作欺骗其他参与方，从而联合窃取秘密。然而，很多量子秘密共享协议并未对这种情况进行分析。因此，这就要求研究人员系统分析量子秘密共享协议中的安全性问题，找出常见协议可能存在的安全漏洞并给出某些有效的攻击方法。

本章共分为5个小节，其中，3.1节中提出了一个基于集体窃听检测的量子秘密共享协议，该协议利用超密编码技术提高了协议的效率，同时分析了该协议在参与者攻击下的安全性，最后将提出的三方QSS方案推广到 n 个参与者情况。3.2节给出了共享经典信息的多方动态量子方案，这一方案主要用于现实情况下由于成员的退出、加入或者代理组拆分、合并,代理组成员构成可能会在最终恢复密钥前发生变化的情况。3.3节利用 d-qudit 系统中带有限制的局域操作和经典通信研究了正交多体纠缠态的区分性,并据此给出了一个标准的$(2,n)$门限秘密共享方案(简称 LOCC-QSS 方案),这解决了文献[5]中的一个公开问题。3.4节分析了一个重要的量子秘密共享协议 KKI[6] 协议的安全性。利用通用的分析模型和混合态区分原理,得到了不诚实参与者攻击时所能获得的最优信息—扰动函数。通过与混合方案比较,发现 KKI 协议不如混合方案安全。3.5节对一类利用单光子的量子秘密共享[7]的安全性进行研究,找到了构造此类协议需要满足的安全条件。

3.1　基于集体窃听检测的多方量子秘密共享协议

本节从实际应用的角度出发提出了一个利用 EPR 对的安全高效的多方 QSS(Multi-party QSS,MQSS)协议。协议利用超密编码技术,提高了效率。虽然本协议的窃听检测属于集体窃听检测类型,但通过详细的论证表明该协议对参与者攻击是安全的。另外,该方案只需要使用到 EPR 对,在目前的实验水平下制备 EPR 对是可行的。同时除分发者外其他参与者只需进行单量子门操作,这就使得该协议(特别是在有多个参与者的情况下)具有很强的实用性。

3.1.1　三方 QSS 协议

四个 Bell 态可表示为

$$|\Psi(u,v)\rangle=\frac{1}{\sqrt{2}}(|0\rangle|0\oplus v\rangle+(-1)^u|1\rangle|1\oplus v\rangle) \tag{3-1}$$

其中 $u,v\in\{0,1\}$,$\oplus$表示模2加。五个局域酉操作为

$$\begin{gathered}\boldsymbol{U}_{0,0}=\boldsymbol{I}=|0\rangle\langle 0|+|1\rangle\langle 1|,\boldsymbol{U}_{0,1}=\boldsymbol{\sigma}_z=|0\rangle\langle 0|-|1\rangle\langle 1|\\ \boldsymbol{U}_{1,0}=\boldsymbol{\sigma}_x=|0\rangle\langle 1|+|1\rangle\langle 0|,\boldsymbol{U}_{0,1}=i\boldsymbol{\sigma}_y=|0\rangle\langle 1|-|1\rangle\langle 0|\\ \boldsymbol{H}=\frac{1}{\sqrt{2}}(|0\rangle\langle 0|+|0\rangle\langle 1|+i|1\rangle\langle 0|-i|1\rangle\langle 1|)\end{gathered} \tag{3-2}$$

四个操作 $\boldsymbol{U}_{p,q}(p,q\in\{0,1\})$可实现四个 Bell 态之间的相互转换,可表示为

$$I\otimes\boldsymbol{U}_{p,q}|\Psi(u,v)\rangle=|\Psi(u\oplus q,v\oplus p)\rangle \tag{3-3}$$

操作 $\boldsymbol{H}$ 与 $\boldsymbol{U}_{p,q}$之间可实现如下交换:

$$\begin{gathered}\boldsymbol{HU}_{0,0}=\frac{1}{\sqrt{2}}\begin{pmatrix}1 & 1\\ i & -i\end{pmatrix}=\boldsymbol{U}_{0,0}\boldsymbol{H},\quad \boldsymbol{HU}_{0,1}=\frac{1}{\sqrt{2}}\begin{pmatrix}1 & -1\\ i & i\end{pmatrix}=-i\boldsymbol{U}_{1,1}\boldsymbol{H}\\ \boldsymbol{HU}_{1,0}=\frac{1}{\sqrt{2}}\begin{pmatrix}1 & 1\\ -i & i\end{pmatrix}=\boldsymbol{U}_{0,1}\boldsymbol{H},\quad \boldsymbol{HU}_{1,1}=\frac{1}{\sqrt{2}}\begin{pmatrix}-1 & 1\\ i & i\end{pmatrix}=i\boldsymbol{U}_{1,0}\boldsymbol{H}\end{gathered} \tag{3-4}$$

在不考虑全局相位的情况下,上述四式也可表示为

$$\boldsymbol{U}_{p,q}\boldsymbol{H}^x=\boldsymbol{H}^x\boldsymbol{U}_{p\oplus x(p\oplus q),q\oplus x(p\oplus q)} \tag{3-5}$$

式中,$x\in\{0,1\}$,且 $\boldsymbol{H}^1=\boldsymbol{H},\boldsymbol{H}^0=\boldsymbol{I}$。

接下来,本小节对三方 QSS 方案进行详细的描述。设 Alice 为秘密消息的发送者,Bob 和 Charlie 为两个参与者。具体过程描述如下:

① Alice、Bob 和 Charlie 协商四个酉操作 $\boldsymbol{U}_{p,q}$代表2比特经典信息"pq"。

② Alice 随机制备一批处于 Bell 态 $|\phi\rangle_{\mathrm{HT}}=|\Psi(u,v)\rangle_{\mathrm{HT}}$ 的 ERR 对，下标 H 和 T 表示两个粒子。Alice 将粒子 T 传给 Bob，保留粒子 H。

③ 在 Bob 收到粒子 T 后，他从 $\boldsymbol{U}_{0,0}$、$\boldsymbol{U}_{0,1}$、$\boldsymbol{U}_{1,0}$ 和 $\boldsymbol{U}_{1,1}$ 中随机选择一个算子（记为 $\boldsymbol{U}_{B_1,B_2}$）对粒子 T 进行操作。然后，Bob 再随机选择 $\boldsymbol{H}$ 或 $\boldsymbol{I}$（记为 $\boldsymbol{H}^{B_3}$）对粒子 T 进行加密。这样，粒子 H、T 的态就变为 $\boldsymbol{H}^{B_3}\otimes\boldsymbol{U}_{B_1,B_2}|\Psi(u,v)\rangle_{\mathrm{HT}}$，其中 $B_1,B_2,B_3\in\{0,1\}$。最后，Bob 将粒子 T 传给 Charlie。

④ 按照与步骤③类似的方法，Charlie 就能将他的子秘密信息"C_1C_2"嵌入到粒子 T 中，并通过 $\boldsymbol{H}^{C_3}$ 对他的秘密操作 $\boldsymbol{U}_{C_1,C_2}$ 进行加密。然后，Charlie 将粒子 T 传回给 Alice。

⑤ Alice 收到粒子 T，这时粒子 H 和 T 所处的状态就为：$|\phi'\rangle_{\mathrm{HT}}=(\boldsymbol{I}\otimes\boldsymbol{H}^{C_3}\boldsymbol{U}_{C_1,C_2})(\boldsymbol{I}\otimes\boldsymbol{H}^{B_3}\boldsymbol{U}_{B_1,B_2})|\Psi(u,v)\rangle_{\mathrm{HT}}$。Alice 以一定概率选择控制模式或消息模式。

A. 在控制模式中，Alice 进行窃听检测。她要求 Bob 和 Charlie 按随机顺序公布他们的操作。Alice 根据 B_3+C_3 的值对粒子 T 进行 $(\boldsymbol{H}^{B_3+C_3})^{-1}$ 操作，然后对粒子 H 和 T 进行 Bell 测量。根据 Bob 和 Charlie 公布的信息和测量的结果，Alice 可以检测出量子信道是否存在窃听。

B. 在消息模式中，Alice 要求 Bob 和 Charlie 公布他们的加密操作 $\boldsymbol{H}^{B_3}$ 和 $\boldsymbol{H}^{C_3}$。然后，Alice 对粒子 T 进行 $(\boldsymbol{H}^{B_3+C_3})^{-1}$ 操作，并对粒子 H 和 T 进行 Bell 测量。根据测量结果和粒子 H、T 的初态信息，Alice 就获得他的秘密信息"A_1A_2"。

⑥与 BB84 协议相同，Alice、Bob 和 Charlie 对他们的初始秘密进行纠错和保密放大。

在秘密重构过程中，Bob 和 Charlie 分别公布他们的子秘密信息"B_1B_2"和"C_1C_2"。由于

$$
\begin{aligned}
&(\boldsymbol{I}\otimes\boldsymbol{H}^{B_3+C_3})(\boldsymbol{I}\otimes\boldsymbol{H}^{C_3}\boldsymbol{U}_{C_1,C_2})(\boldsymbol{I}\otimes\boldsymbol{H}^{B_3}\boldsymbol{U}_{B_1,B_2})\\
=&(\boldsymbol{I}\otimes\boldsymbol{H}^{B_3+C_3}\boldsymbol{H}^{C_3}\boldsymbol{U}_{C_1,C_2}\boldsymbol{H}^{B_3}\boldsymbol{U}_{B_1,B_2})\\
=&(\boldsymbol{I}\otimes\boldsymbol{H}^{-(B_3+C_3)}\boldsymbol{H}^{C_3}\boldsymbol{H}^{B_3}\boldsymbol{U}_{C_1\oplus B_3(C_1\oplus C_2),C_2\oplus B_3(C_1\oplus C_2)}\boldsymbol{U}_{B_1,B_2})\\
=&\boldsymbol{I}\otimes\boldsymbol{U}_{C_1\oplus B_3(C_1\oplus C_2),C_2\oplus B_3(C_1\oplus C_2)}\boldsymbol{U}_{B_1,B_2}
\end{aligned}
\tag{3-6}
$$

因此，他们就可推得 Alice 的秘密 $\boldsymbol{U}_{A_1,A_2}=\boldsymbol{U}_{C_1\oplus B_3(C_1\oplus C_2),C_2\oplus B_3(C_1\oplus C_2)}\boldsymbol{U}_{B_1,B_2}$。进而可得 $A_1=C_1\oplus B_3(C_1\oplus C_2)\oplus B_1$，$A_2=C_2\oplus B_3(C_1\oplus C_2)\oplus B_2$。

3.1.2 安全性分析

在这一小节中将对上述方案的安全性进行分析。与 QKD 协议相比，QSS 协议的安全性要求更高。它不但需要考虑外部攻击者 Eve 的攻击，而且还要考虑来自内部不诚实参与者的攻击。一般说来，内部参与者的攻击能力要比外部攻击者来的强，如果一个协议对内部参与者是安全的，那么它对外部攻击者来说也是安全的。因此，接下来的安全分析就是针对不诚实参与者的攻击。不妨设 Bob 为不诚实的参与者（记为 Bob*），他拥有无限的计算能力并且可以采取量子物理所允许的任何可能的攻击操作，来获得 Alice 的秘密信息而不被检测到。

在纠缠态攻击中，Bob* 制备附加粒子 E 和 F，分别处于初始态 $|\varepsilon\rangle$ 和 $|\eta\rangle$。在步骤③中，Bob* 不对粒子 T 进行操作（即 $\boldsymbol{I}$ 操作），而是对 T 粒子和附加粒子 E 执行酉操作 $\boldsymbol{U}^1$，然后将粒子 T 传给 Charlie。这里，$\boldsymbol{U}^1$ 可以是任一酉操作，表示为

$$U^1:|0\rangle|\varepsilon\rangle \to |0\rangle|\varepsilon_{00}\rangle+|1\rangle|\varepsilon_{01}\rangle,\ |1\rangle|\varepsilon\rangle \to |0\rangle|\varepsilon_{10}\rangle+|1\rangle|\varepsilon_{11}\rangle \tag{3-7}$$

根据U^1操作的酉性，得到如下限制条件：

$$\langle\varepsilon_{00}|\varepsilon_{10}\rangle+\langle\varepsilon_{01}|\varepsilon_{11}\rangle=0,\ \langle\varepsilon_{00}|\varepsilon_{00}\rangle+\langle\varepsilon_{01}|\varepsilon_{01}\rangle=1,\ \langle\varepsilon_{10}|\varepsilon_{10}\rangle+\langle\varepsilon_{11}|\varepsilon_{11}\rangle=1 \tag{3-8}$$

在 Charlie 对粒子 T 进行编码操作后，Charlie 将粒子 T 传给 Alice。Bob^* 截获粒子 T，通过对粒子 T 和 F 进行酉操作U^2，纠缠上附加粒子 F，然后将粒子 T 传给 Alice。与U^1相同，U^2是某一酉操作，表示为

$$U^2:|0\rangle|\eta\rangle \to |0\rangle|\eta_{00}\rangle+|1\rangle|\eta_{01}\rangle,\ |1\rangle|\eta\rangle \to |0\rangle|\eta_{10}\rangle+|1\rangle|\eta_{11}\rangle \tag{3-9}$$

其中

$$\langle\eta_{00}|\eta_{10}\rangle+\langle\eta_{01}|\eta_{11}\rangle=0,\ \langle\eta_{00}|\eta_{00}\rangle+\langle\eta_{01}|\eta_{01}\rangle=1,\ \langle\eta_{10}|\eta_{10}\rangle+\langle\eta_{11}|\eta_{11}\rangle=1 \tag{3-10}$$

在控制模式中，当 Alice 要求 Bob^* 先公布他的操作时，Bob^* 对附加粒子进行某一投影测量，并根据测量结果公布假消息进行欺骗。在消息模式中，Bob^* 通过对附加粒子的测量，来窃取 Alice 的秘密信息。接下来，就对其进行分析，进而证明在不引入错误的情况下，Bob^* 无法获得关于 Alice 秘密的任何信息。

不妨设粒子的初态$|\Psi(u,v)\rangle_{HT}=2^{-1/2}(|00\rangle+|11\rangle)$。在 Bob^* 对粒子进行第一次纠缠攻击后，量子系统处于如下状态：

$$\frac{1}{\sqrt{2}}(|00\rangle|\varepsilon_{00}\rangle+|01\rangle|\varepsilon_{01}\rangle+|10\rangle|\varepsilon_{10}\rangle+|11\rangle|\varepsilon_{11}\rangle) \tag{3-11}$$

当 Charlie 选择$H^0\otimes U_{0,0}$操作时，量子系统状态不变。Bob^* 进行第二次纠缠攻击，可得：

$$\begin{aligned}&\frac{1}{\sqrt{2}}(|00\rangle|\varepsilon_{00}\rangle|\eta_{00}\rangle+|01\rangle|\varepsilon_{00}\rangle|\eta_{01}\rangle+|00\rangle|\varepsilon_{01}\rangle|\eta_{10}\rangle+|01\rangle|\varepsilon_{01}\rangle|\eta_{11}\rangle\\&+|10\rangle|\varepsilon_{10}\rangle|\eta_{00}\rangle+|11\rangle|\varepsilon_{10}\rangle|\eta_{01}\rangle+|10\rangle|\varepsilon_{11}\rangle|\eta_{10}\rangle+|11\rangle|\varepsilon_{11}\rangle|\eta_{11}\rangle)\\&=|\Psi(0,0)\rangle|I_1\rangle+|\Psi(0,1)\rangle|X_1\rangle+|\Psi(1,0)\rangle|Z_1\rangle+|\Psi(1,1)\rangle|Y_1\rangle\end{aligned} \tag{3-12}$$

其中

$$|I_1\rangle=\frac{1}{2}(|\varepsilon_{00}\rangle|\eta_{00}\rangle+|\varepsilon_{01}\rangle|\eta_{10}\rangle+|\varepsilon_{10}\rangle|\eta_{01}\rangle+|\varepsilon_{11}\rangle|\eta_{11}\rangle) \tag{3-13}$$

$$|X_1\rangle=\frac{1}{2}(|\varepsilon_{00}\rangle|\eta_{01}\rangle+|\varepsilon_{01}\rangle|\eta_{11}\rangle+|\varepsilon_{10}\rangle|\eta_{00}\rangle+|\varepsilon_{11}\rangle|\eta_{10}\rangle) \tag{3-14}$$

$$|Z_1\rangle=\frac{1}{2}(|\varepsilon_{00}\rangle|\eta_{00}\rangle+|\varepsilon_{01}\rangle|\eta_{10}\rangle-|\varepsilon_{10}\rangle|\eta_{01}\rangle-|\varepsilon_{11}\rangle|\eta_{11}\rangle) \tag{3-15}$$

$$|Y_1\rangle=\frac{1}{2}(|\varepsilon_{00}\rangle|\eta_{01}\rangle+|\varepsilon_{01}\rangle|\eta_{11}\rangle-|\varepsilon_{10}\rangle|\eta_{00}\rangle-|\varepsilon_{11}\rangle|\eta_{10}\rangle) \tag{3-16}$$

在窃听检测过程中，当 Alice 要求 Bob^* 先公布他的操作时，Bob^* 随机选择两个投影测量（$\boldsymbol{\Pi}_0$ 和 $\boldsymbol{\Pi}_1$）中的一个对附加粒子进行测量。不失一般性，可设$\boldsymbol{\Pi}_0=\{\boldsymbol{P}_{000},\boldsymbol{P}_{001},\boldsymbol{P}_{010},\boldsymbol{P}_{011},\boldsymbol{P}_{\Delta}\}$和$\boldsymbol{\Pi}_1=\{\boldsymbol{P}_{100},\boldsymbol{P}_{101},\boldsymbol{P}_{110},\boldsymbol{P}_{111},\boldsymbol{P}_{O}\}$，其中

$$\sum_{k,l=0}^{1}\boldsymbol{P}_{0kl}+\boldsymbol{P}_{\Delta}=\boldsymbol{I},\quad \sum_{k,l=0}^{1}\boldsymbol{P}_{1kl}+\boldsymbol{P}_{O}=\boldsymbol{I} \tag{3-17}$$

Bob^* 根据测量结果$\boldsymbol{P}_{jkl}$，公布他的操作为$\boldsymbol{H}^j\boldsymbol{U}_{k,l}$，例如当 Bob^* 选择$\boldsymbol{\Pi}_1$测量，测量结果为$\boldsymbol{P}_{110}$时，他公布他的操作为$\boldsymbol{H}\boldsymbol{U}_{1,0}$。因此，要使 Bob^* 的攻击不引入错误，这就要求 Bob^* 的投影测量$\boldsymbol{\Pi}_0$满足以下条件：

$$\langle I_1|\boldsymbol{P}_{001}|I_1\rangle=\langle I_1|\boldsymbol{P}_{010}|I_1\rangle=\langle I_1|\boldsymbol{P}_{011}|I_1\rangle=\langle I_1|\boldsymbol{P}_{\Delta}|I_1\rangle=0 \tag{3-18}$$

$$\langle X_1|\boldsymbol{P}_{000}|X_1\rangle=\langle X_1|\boldsymbol{P}_{001}|X_1\rangle=\langle X_1|\boldsymbol{P}_{011}|X_1\rangle=\langle X_1|\boldsymbol{P}_{\Delta}|X_1\rangle=0 \tag{3-19}$$

$$\langle Z_1|\boldsymbol{P}_{000}|Z_1\rangle=\langle Z_1|\boldsymbol{P}_{010}|Z_1\rangle=\langle Z_1|\boldsymbol{P}_{011}|Z_1\rangle=\langle Z_1|\boldsymbol{P}_{\Delta}|Z_1\rangle=0 \tag{3-20}$$

$$\langle Y_1|\boldsymbol{P}_{000}|Y_1\rangle=\langle Y_1|\boldsymbol{P}_{001}|Y_1\rangle=\langle Y_1|\boldsymbol{P}_{010}|Y_1\rangle=\langle Y_1|\boldsymbol{P}_{\Delta}|Y_1\rangle=0 \tag{3-21}$$

按相同的方法，可得：当 Charlie 选择 $\boldsymbol{H}^0\otimes\boldsymbol{U}_{0,1}$、$\boldsymbol{H}^0\otimes\boldsymbol{U}_{1,0}$ 和 $\boldsymbol{H}^0\otimes\boldsymbol{U}_{1,1}$ 操作时，量子系统所处的状态分别为

$$|\Psi(0,0)\rangle|Z_2\rangle+|\Psi(0,1)\rangle|Y_2\rangle+|\Psi(1,0)\rangle|I_2\rangle+|\Psi(1,1)\rangle|X_2\rangle$$

$$|\Psi(0,0)\rangle|X_3\rangle+|\Psi(0,1)\rangle|I_3\rangle+|\Psi(1,0)\rangle|Y_3\rangle+|\Psi(1,1)\rangle|Z_3\rangle$$

和

$$|\Psi(0,0)\rangle|Y_4\rangle+|\Psi(0,1)\rangle|Z_4\rangle+|\Psi(1,0)\rangle|X_4\rangle+|\Psi(1,1)\rangle|I_4\rangle$$

其中

$$|I_2\rangle=\frac{1}{2}(|\varepsilon_{00}\rangle|\eta_{00}\rangle-|\varepsilon_{01}\rangle|\eta_{10}\rangle-|\varepsilon_{10}\rangle|\eta_{01}\rangle+|\varepsilon_{11}\rangle|\eta_{11}\rangle) \tag{3-22}$$

$$|X_2\rangle=\frac{1}{2}(|\varepsilon_{00}\rangle|\eta_{01}\rangle-|\varepsilon_{01}\rangle|\eta_{11}\rangle-|\varepsilon_{10}\rangle|\eta_{00}\rangle+|\varepsilon_{11}\rangle|\eta_{10}\rangle) \tag{3-23}$$

$$|Z_2\rangle=\frac{1}{2}(|\varepsilon_{00}\rangle|\eta_{00}\rangle-|\varepsilon_{01}\rangle|\eta_{10}\rangle+|\varepsilon_{10}\rangle|\eta_{01}\rangle-|\varepsilon_{11}\rangle|\eta_{11}\rangle) \tag{3-24}$$

$$|Y_2\rangle=\frac{1}{2}(|\varepsilon_{00}\rangle|\eta_{01}\rangle-|\varepsilon_{01}\rangle|\eta_{11}\rangle+|\varepsilon_{10}\rangle|\eta_{00}\rangle-|\varepsilon_{11}\rangle|\eta_{10}\rangle) \tag{3-25}$$

$$|I_3\rangle=\frac{1}{2}(|\varepsilon_{00}\rangle|\eta_{11}\rangle+|\varepsilon_{01}\rangle|\eta_{01}\rangle+|\varepsilon_{10}\rangle|\eta_{10}\rangle+|\varepsilon_{11}\rangle|\eta_{00}\rangle) \tag{3-26}$$

$$|X_3\rangle=\frac{1}{2}(|\varepsilon_{00}\rangle|\eta_{10}\rangle+|\varepsilon_{01}\rangle|\eta_{00}\rangle+|\varepsilon_{10}\rangle|\eta_{11}\rangle+|\varepsilon_{11}\rangle|\eta_{01}\rangle) \tag{3-27}$$

$$|Z_3\rangle=\frac{1}{2}(|\varepsilon_{00}\rangle|\eta_{11}\rangle+|\varepsilon_{01}\rangle|\eta_{01}\rangle-|\varepsilon_{10}\rangle|\eta_{10}\rangle-|\varepsilon_{11}\rangle|\eta_{00}\rangle) \tag{3-28}$$

$$|Y_3\rangle=\frac{1}{2}(|\varepsilon_{00}\rangle|\eta_{10}\rangle+|\varepsilon_{01}\rangle|\eta_{00}\rangle-|\varepsilon_{10}\rangle|\eta_{11}\rangle-|\varepsilon_{11}\rangle|\eta_{01}\rangle) \tag{3-29}$$

$$|I_4\rangle=\frac{1}{2}(-|\varepsilon_{00}\rangle|\eta_{11}\rangle+|\varepsilon_{01}\rangle|\eta_{01}\rangle+|\varepsilon_{10}\rangle|\eta_{10}\rangle-|\varepsilon_{11}\rangle|\eta_{00}\rangle) \tag{3-30}$$

$$|X_4\rangle=\frac{1}{2}(-|\varepsilon_{00}\rangle|\eta_{10}\rangle+|\varepsilon_{01}\rangle|\eta_{00}\rangle+|\varepsilon_{10}\rangle|\eta_{11}\rangle-|\varepsilon_{11}\rangle|\eta_{01}\rangle) \tag{3-31}$$

$$|Z_4\rangle=\frac{1}{2}(-|\varepsilon_{00}\rangle|\eta_{11}\rangle+|\varepsilon_{01}\rangle|\eta_{01}\rangle-|\varepsilon_{10}\rangle|\eta_{10}\rangle+|\varepsilon_{11}\rangle|\eta_{00}\rangle) \tag{3-32}$$

$$|Y_4\rangle=\frac{1}{2}(-|\varepsilon_{00}\rangle|\eta_{10}\rangle+|\varepsilon_{01}\rangle|\eta_{00}\rangle-|\varepsilon_{10}\rangle|\eta_{11}\rangle+|\varepsilon_{11}\rangle|\eta_{01}\rangle) \tag{3-33}$$

当 Charlie 选择 $\boldsymbol{H}^1\otimes\boldsymbol{U}_{0,0}$ 操作时，量子系统状态变为

$$\frac{1}{2}(|00\rangle|\varepsilon_{00}\rangle+i|01\rangle|\varepsilon_{00}\rangle+|00\rangle|\varepsilon_{01}\rangle-i|01\rangle|\varepsilon_{01}\rangle+|10\rangle|\varepsilon_{10}\rangle+i|11\rangle|\varepsilon_{10}\rangle+|10\rangle|\varepsilon_{11}\rangle-i|11\rangle|\varepsilon_{11}\rangle) \tag{3-34}$$

Bob* 进行第二次纠缠攻击，可得：

$$\begin{aligned}
&\frac{1}{2}(|00\rangle|\varepsilon_{00}\rangle|\eta_{00}\rangle+|01\rangle|\varepsilon_{00}\rangle|\eta_{01}\rangle+i|00\rangle|\varepsilon_{00}\rangle|\eta_{10}\rangle+i|01\rangle|\varepsilon_{00}\rangle|\eta_{11}\rangle\\
&+|00\rangle|\varepsilon_{01}\rangle|\eta_{00}\rangle+|01\rangle|\varepsilon_{01}\rangle|\eta_{01}\rangle-i|00\rangle|\varepsilon_{01}\rangle|\eta_{10}\rangle-i|01\rangle|\varepsilon_{01}\rangle|\eta_{11}\rangle\\
&+|10\rangle|\varepsilon_{10}\rangle|\eta_{00}\rangle+|11\rangle|\varepsilon_{10}\rangle|\eta_{01}\rangle+i|10\rangle|\varepsilon_{10}\rangle|\eta_{10}\rangle+i|11\rangle|\varepsilon_{10}\rangle|\eta_{11}\rangle\\
&+|10\rangle|\varepsilon_{11}\rangle|\eta_{00}\rangle+|11\rangle|\varepsilon_{11}\rangle|\eta_{01}\rangle-i|10\rangle|\varepsilon_{11}\rangle|\eta_{10}\rangle-i|11\rangle|\varepsilon_{11}\rangle|\eta_{11}\rangle)\\
=&\frac{1}{2}[\boldsymbol{H}(|\Psi(0,0)\rangle)\otimes|I_5\rangle+\boldsymbol{H}(|\Psi(0,1)\rangle)\otimes|X_5\rangle\\
&+\boldsymbol{H}(|\Psi(1,0)\rangle)\otimes|Z_5\rangle+\boldsymbol{H}(|\Psi(1,1)\rangle)\otimes|Y_5\rangle
\end{aligned} \tag{3-35}$$

其中

$$\begin{aligned}
|I_5\rangle=&|\varepsilon_{00}\rangle|\eta_{00}\rangle+i|\varepsilon_{00}\rangle|\eta_{10}\rangle+|\varepsilon_{01}\rangle|\eta_{00}\rangle-i|\varepsilon_{01}\rangle|\eta_{10}\rangle\\
&+i|\varepsilon_{10}\rangle|\eta_{01}\rangle-|\varepsilon_{10}\rangle|\eta_{11}\rangle+i|\varepsilon_{11}\rangle|\eta_{01}\rangle+|\varepsilon_{11}\rangle|\eta_{11}\rangle\\
&-i|\varepsilon_{00}\rangle|\eta_{01}\rangle+|\varepsilon_{00}\rangle|\eta_{11}\rangle-i|\varepsilon_{01}\rangle|\eta_{01}\rangle-|\varepsilon_{01}\rangle|\eta_{11}\rangle\\
&+|\varepsilon_{10}\rangle|\eta_{00}\rangle+i|\varepsilon_{10}\rangle|\eta_{10}\rangle+|\varepsilon_{11}\rangle|\eta_{00}\rangle-i|\varepsilon_{11}\rangle|\eta_{10}\rangle
\end{aligned} \tag{3-36}$$

$$\begin{aligned}
|X_5\rangle=&|\varepsilon_{00}\rangle|\eta_{00}\rangle+i|\varepsilon_{00}\rangle|\eta_{10}\rangle+|\varepsilon_{01}\rangle|\eta_{00}\rangle-i|\varepsilon_{01}\rangle|\eta_{10}\rangle\\
&-i|\varepsilon_{10}\rangle|\eta_{01}\rangle+|\varepsilon_{10}\rangle|\eta_{11}\rangle-i|\varepsilon_{11}\rangle|\eta_{01}\rangle-|\varepsilon_{11}\rangle|\eta_{11}\rangle\\
&+i|\varepsilon_{00}\rangle|\eta_{01}\rangle-|\varepsilon_{00}\rangle|\eta_{11}\rangle+i|\varepsilon_{01}\rangle|\eta_{01}\rangle+|\varepsilon_{01}\rangle|\eta_{11}\rangle\\
&+|\varepsilon_{10}\rangle|\eta_{00}\rangle+i|\varepsilon_{10}\rangle|\eta_{10}\rangle+|\varepsilon_{11}\rangle|\eta_{00}\rangle-i|\varepsilon_{11}\rangle|\eta_{10}\rangle
\end{aligned} \tag{3-37}$$

$$\begin{aligned}
|Z_5\rangle=&|\varepsilon_{00}\rangle|\eta_{00}\rangle+i|\varepsilon_{00}\rangle|\eta_{10}\rangle+|\varepsilon_{01}\rangle|\eta_{00}\rangle-i|\varepsilon_{01}\rangle|\eta_{10}\rangle\\
&-i|\varepsilon_{10}\rangle|\eta_{01}\rangle+|\varepsilon_{10}\rangle|\eta_{11}\rangle-i|\varepsilon_{11}\rangle|\eta_{01}\rangle-|\varepsilon_{11}\rangle|\eta_{11}\rangle\\
&-i|\varepsilon_{00}\rangle|\eta_{01}\rangle+|\varepsilon_{00}\rangle|\eta_{11}\rangle-i|\varepsilon_{01}\rangle|\eta_{01}\rangle-|\varepsilon_{01}\rangle|\eta_{11}\rangle\\
&-|\varepsilon_{10}\rangle|\eta_{00}\rangle-i|\varepsilon_{10}\rangle|\eta_{10}\rangle-|\varepsilon_{11}\rangle|\eta_{00}\rangle+i|\varepsilon_{11}\rangle|\eta_{10}\rangle
\end{aligned} \tag{3-38}$$

$$\begin{aligned}
|Y_5\rangle=&|\varepsilon_{00}\rangle|\eta_{00}\rangle+i|\varepsilon_{00}\rangle|\eta_{10}\rangle+|\varepsilon_{01}\rangle|\eta_{00}\rangle-i|\varepsilon_{01}\rangle|\eta_{10}\rangle\\
&+i|\varepsilon_{10}\rangle|\eta_{01}\rangle-|\varepsilon_{10}\rangle|\eta_{11}\rangle+i|\varepsilon_{11}\rangle|\eta_{01}\rangle+|\varepsilon_{11}\rangle|\eta_{11}\rangle\\
&+i|\varepsilon_{00}\rangle|\eta_{01}\rangle-|\varepsilon_{00}\rangle|\eta_{11}\rangle+i|\varepsilon_{01}\rangle|\eta_{01}\rangle+|\varepsilon_{01}\rangle|\eta_{11}\rangle\\
&-|\varepsilon_{10}\rangle|\eta_{00}\rangle-i|\varepsilon_{10}\rangle|\eta_{10}\rangle-|\varepsilon_{11}\rangle|\eta_{00}\rangle+i|\varepsilon_{11}\rangle|\eta_{10}\rangle
\end{aligned} \tag{3-39}$$

同理，对于 Charlie 操作为$\boldsymbol{H}^1\otimes\boldsymbol{U}_{0,1}$、$\boldsymbol{H}^1\otimes\boldsymbol{U}_{1,0}$和$\boldsymbol{H}^1\otimes\boldsymbol{U}_{1,1}$的情况，在 Bob* 进行第二次纠缠攻击后，可得相应的量子态为

$$\begin{aligned}
|I_6\rangle=&|\varepsilon_{00}\rangle|\eta_{00}\rangle+i|\varepsilon_{00}\rangle|\eta_{10}\rangle-|\varepsilon_{01}\rangle|\eta_{00}\rangle+i|\varepsilon_{01}\rangle|\eta_{10}\rangle\\
&-i|\varepsilon_{10}\rangle|\eta_{01}\rangle+|\varepsilon_{10}\rangle|\eta_{11}\rangle+i|\varepsilon_{11}\rangle|\eta_{01}\rangle+|\varepsilon_{11}\rangle|\eta_{11}\rangle\\
&-i|\varepsilon_{00}\rangle|\eta_{01}\rangle+|\varepsilon_{00}\rangle|\eta_{11}\rangle+i|\varepsilon_{01}\rangle|\eta_{01}\rangle+|\varepsilon_{01}\rangle|\eta_{11}\rangle\\
&-|\varepsilon_{10}\rangle|\eta_{00}\rangle-i|\varepsilon_{10}\rangle|\eta_{10}\rangle+|\varepsilon_{11}\rangle|\eta_{00}\rangle-i|\varepsilon_{11}\rangle|\eta_{10}\rangle
\end{aligned} \tag{3-40}$$

$$\begin{aligned}
|X_6\rangle=&|\varepsilon_{00}\rangle|\eta_{00}\rangle+i|\varepsilon_{00}\rangle|\eta_{10}\rangle-|\varepsilon_{01}\rangle|\eta_{00}\rangle+i|\varepsilon_{01}\rangle|\eta_{10}\rangle\\
&+i|\varepsilon_{10}\rangle|\eta_{01}\rangle-|\varepsilon_{10}\rangle|\eta_{11}\rangle-i|\varepsilon_{11}\rangle|\eta_{01}\rangle-|\varepsilon_{11}\rangle|\eta_{11}\rangle\\
&+i|\varepsilon_{00}\rangle|\eta_{01}\rangle-|\varepsilon_{00}\rangle|\eta_{11}\rangle-i|\varepsilon_{01}\rangle|\eta_{01}\rangle-|\varepsilon_{01}\rangle|\eta_{11}\rangle\\
&-|\varepsilon_{10}\rangle|\eta_{00}\rangle-i|\varepsilon_{10}\rangle|\eta_{10}\rangle+|\varepsilon_{11}\rangle|\eta_{00}\rangle-i|\varepsilon_{11}\rangle|\eta_{10}\rangle
\end{aligned} \tag{3-41}$$

$$\begin{aligned}
|Z_6\rangle=&|\varepsilon_{00}\rangle|\eta_{00}\rangle+i|\varepsilon_{00}\rangle|\eta_{10}\rangle-|\varepsilon_{01}\rangle|\eta_{00}\rangle+i|\varepsilon_{01}\rangle|\eta_{10}\rangle\\
&+i|\varepsilon_{10}\rangle|\eta_{01}\rangle-|\varepsilon_{10}\rangle|\eta_{11}\rangle-i|\varepsilon_{11}\rangle|\eta_{01}\rangle-|\varepsilon_{11}\rangle|\eta_{11}\rangle\\
&-i|\varepsilon_{00}\rangle|\eta_{01}\rangle+|\varepsilon_{00}\rangle|\eta_{11}\rangle+i|\varepsilon_{01}\rangle|\eta_{01}\rangle+|\varepsilon_{01}\rangle|\eta_{11}\rangle\\
&+|\varepsilon_{10}\rangle|\eta_{00}\rangle+i|\varepsilon_{10}\rangle|\eta_{10}\rangle-|\varepsilon_{11}\rangle|\eta_{00}\rangle+i|\varepsilon_{11}\rangle|\eta_{10}\rangle
\end{aligned} \tag{3-42}$$

$$\begin{aligned}|Y_6\rangle=&|\varepsilon_{00}\rangle|\eta_{00}\rangle+i|\varepsilon_{00}\rangle|\eta_{10}\rangle-|\varepsilon_{01}\rangle|\eta_{00}\rangle+i|\varepsilon_{01}\rangle|\eta_{10}\rangle\\&-i|\varepsilon_{10}\rangle|\eta_{01}\rangle+|\varepsilon_{10}\rangle|\eta_{11}\rangle+i|\varepsilon_{11}\rangle|\eta_{01}\rangle+|\varepsilon_{11}\rangle|\eta_{11}\rangle\\&+i|\varepsilon_{00}\rangle|\eta_{01}\rangle-|\varepsilon_{00}\rangle|\eta_{11}\rangle-i|\varepsilon_{01}\rangle|\eta_{01}\rangle-|\varepsilon_{01}\rangle|\eta_{11}\rangle\\&+|\varepsilon_{10}\rangle|\eta_{00}\rangle+i|\varepsilon_{10}\rangle|\eta_{10}\rangle-|\varepsilon_{11}\rangle|\eta_{00}\rangle+i|\varepsilon_{11}\rangle|\eta_{10}\rangle\end{aligned}\tag{3-43}$$

$$\begin{aligned}|I_7\rangle=&|\varepsilon_{00}\rangle|\eta_{00}\rangle-i|\varepsilon_{00}\rangle|\eta_{10}\rangle+|\varepsilon_{01}\rangle|\eta_{00}\rangle+i|\varepsilon_{01}\rangle|\eta_{10}\rangle\\&-i|\varepsilon_{10}\rangle|\eta_{01}\rangle-|\varepsilon_{10}\rangle|\eta_{11}\rangle-i|\varepsilon_{11}\rangle|\eta_{01}\rangle+|\varepsilon_{11}\rangle|\eta_{11}\rangle\\&+i|\varepsilon_{00}\rangle|\eta_{01}\rangle+|\varepsilon_{00}\rangle|\eta_{11}\rangle+i|\varepsilon_{01}\rangle|\eta_{01}\rangle-|\varepsilon_{01}\rangle|\eta_{11}\rangle\\&+|\varepsilon_{10}\rangle|\eta_{00}\rangle-i|\varepsilon_{10}\rangle|\eta_{10}\rangle+|\varepsilon_{11}\rangle|\eta_{00}\rangle+i|\varepsilon_{11}\rangle|\eta_{10}\rangle\end{aligned}\tag{3-44}$$

$$\begin{aligned}|X_7\rangle=&|\varepsilon_{00}\rangle|\eta_{00}\rangle-i|\varepsilon_{00}\rangle|\eta_{10}\rangle+|\varepsilon_{01}\rangle|\eta_{00}\rangle+i|\varepsilon_{01}\rangle|\eta_{10}\rangle\\&+i|\varepsilon_{10}\rangle|\eta_{01}\rangle+|\varepsilon_{10}\rangle|\eta_{11}\rangle+i|\varepsilon_{11}\rangle|\eta_{01}\rangle-|\varepsilon_{11}\rangle|\eta_{11}\rangle\\&-i|\varepsilon_{00}\rangle|\eta_{01}\rangle-|\varepsilon_{00}\rangle|\eta_{11}\rangle-i|\varepsilon_{01}\rangle|\eta_{01}\rangle+|\varepsilon_{01}\rangle|\eta_{11}\rangle\\&+|\varepsilon_{10}\rangle|\eta_{00}\rangle-i|\varepsilon_{10}\rangle|\eta_{10}\rangle+|\varepsilon_{11}\rangle|\eta_{00}\rangle+i|\varepsilon_{11}\rangle|\eta_{10}\rangle\end{aligned}\tag{3-45}$$

$$\begin{aligned}|Z_7\rangle=&|\varepsilon_{00}\rangle|\eta_{00}\rangle-i|\varepsilon_{00}\rangle|\eta_{10}\rangle+|\varepsilon_{01}\rangle|\eta_{00}\rangle+i|\varepsilon_{01}\rangle|\eta_{10}\rangle\\&+i|\varepsilon_{10}\rangle|\eta_{01}\rangle+|\varepsilon_{10}\rangle|\eta_{11}\rangle+i|\varepsilon_{11}\rangle|\eta_{01}\rangle-|\varepsilon_{11}\rangle|\eta_{11}\rangle\\&+i|\varepsilon_{00}\rangle|\eta_{01}\rangle+|\varepsilon_{00}\rangle|\eta_{11}\rangle+i|\varepsilon_{01}\rangle|\eta_{01}\rangle-|\varepsilon_{01}\rangle|\eta_{11}\rangle\\&-|\varepsilon_{10}\rangle|\eta_{00}\rangle+i|\varepsilon_{10}\rangle|\eta_{10}\rangle-|\varepsilon_{11}\rangle|\eta_{00}\rangle-i|\varepsilon_{11}\rangle|\eta_{10}\rangle\end{aligned}\tag{3-46}$$

$$\begin{aligned}|Y_7\rangle=&|\varepsilon_{00}\rangle|\eta_{00}\rangle-i|\varepsilon_{00}\rangle|\eta_{10}\rangle+|\varepsilon_{01}\rangle|\eta_{00}\rangle+i|\varepsilon_{01}\rangle|\eta_{10}\rangle\\&-i|\varepsilon_{10}\rangle|\eta_{01}\rangle-|\varepsilon_{10}\rangle|\eta_{11}\rangle-i|\varepsilon_{11}\rangle|\eta_{01}\rangle+|\varepsilon_{11}\rangle|\eta_{11}\rangle\\&-i|\varepsilon_{00}\rangle|\eta_{01}\rangle-|\varepsilon_{00}\rangle|\eta_{11}\rangle-i|\varepsilon_{01}\rangle|\eta_{01}\rangle+|\varepsilon_{01}\rangle|\eta_{11}\rangle\\&-|\varepsilon_{10}\rangle|\eta_{00}\rangle+i|\varepsilon_{10}\rangle|\eta_{10}\rangle-|\varepsilon_{11}\rangle|\eta_{00}\rangle-i|\varepsilon_{11}\rangle|\eta_{10}\rangle\end{aligned}\tag{3-47}$$

$$\begin{aligned}|I_8\rangle=&-|\varepsilon_{00}\rangle|\eta_{00}\rangle+i|\varepsilon_{00}\rangle|\eta_{10}\rangle+|\varepsilon_{01}\rangle|\eta_{00}\rangle+i|\varepsilon_{01}\rangle|\eta_{10}\rangle\\&-i|\varepsilon_{10}\rangle|\eta_{01}\rangle-|\varepsilon_{10}\rangle|\eta_{11}\rangle+i|\varepsilon_{11}\rangle|\eta_{01}\rangle-|\varepsilon_{11}\rangle|\eta_{11}\rangle\\&-i|\varepsilon_{00}\rangle|\eta_{01}\rangle-|\varepsilon_{00}\rangle|\eta_{11}\rangle+i|\varepsilon_{01}\rangle|\eta_{01}\rangle-|\varepsilon_{01}\rangle|\eta_{11}\rangle\\&+|\varepsilon_{10}\rangle|\eta_{00}\rangle-i|\varepsilon_{10}\rangle|\eta_{10}\rangle-|\varepsilon_{11}\rangle|\eta_{00}\rangle-i|\varepsilon_{11}\rangle|\eta_{10}\rangle\end{aligned}\tag{3-48}$$

$$\begin{aligned}|X_8\rangle=&-|\varepsilon_{00}\rangle|\eta_{00}\rangle+i|\varepsilon_{00}\rangle|\eta_{10}\rangle+|\varepsilon_{01}\rangle|\eta_{00}\rangle+i|\varepsilon_{01}\rangle|\eta_{10}\rangle\\&+i|\varepsilon_{10}\rangle|\eta_{01}\rangle+|\varepsilon_{10}\rangle|\eta_{11}\rangle-i|\varepsilon_{11}\rangle|\eta_{01}\rangle+|\varepsilon_{11}\rangle|\eta_{11}\rangle\\&+i|\varepsilon_{00}\rangle|\eta_{01}\rangle+|\varepsilon_{00}\rangle|\eta_{11}\rangle-i|\varepsilon_{01}\rangle|\eta_{01}\rangle+|\varepsilon_{01}\rangle|\eta_{11}\rangle\\&+|\varepsilon_{10}\rangle|\eta_{00}\rangle-i|\varepsilon_{10}\rangle|\eta_{10}\rangle-|\varepsilon_{11}\rangle|\eta_{00}\rangle-i|\varepsilon_{11}\rangle|\eta_{10}\rangle\end{aligned}\tag{3-49}$$

$$\begin{aligned}|Z_8\rangle=&-|\varepsilon_{00}\rangle|\eta_{00}\rangle+i|\varepsilon_{00}\rangle|\eta_{10}\rangle+|\varepsilon_{01}\rangle|\eta_{00}\rangle+i|\varepsilon_{01}\rangle|\eta_{10}\rangle\\&+i|\varepsilon_{10}\rangle|\eta_{01}\rangle+|\varepsilon_{10}\rangle|\eta_{11}\rangle-i|\varepsilon_{11}\rangle|\eta_{01}\rangle+|\varepsilon_{11}\rangle|\eta_{11}\rangle\\&-i|\varepsilon_{00}\rangle|\eta_{01}\rangle-|\varepsilon_{00}\rangle|\eta_{11}\rangle+i|\varepsilon_{01}\rangle|\eta_{01}\rangle-|\varepsilon_{01}\rangle|\eta_{11}\rangle\\&-|\varepsilon_{10}\rangle|\eta_{00}\rangle+i|\varepsilon_{10}\rangle|\eta_{10}\rangle+|\varepsilon_{11}\rangle|\eta_{00}\rangle+i|\varepsilon_{11}\rangle|\eta_{10}\rangle\end{aligned}\tag{3-50}$$

$$\begin{aligned}|Y_8\rangle=&-|\varepsilon_{00}\rangle|\eta_{00}\rangle+i|\varepsilon_{00}\rangle|\eta_{10}\rangle+|\varepsilon_{01}\rangle|\eta_{00}\rangle+i|\varepsilon_{01}\rangle|\eta_{10}\rangle\\&-i|\varepsilon_{10}\rangle|\eta_{01}\rangle-|\varepsilon_{10}\rangle|\eta_{11}\rangle+i|\varepsilon_{11}\rangle|\eta_{01}\rangle-|\varepsilon_{11}\rangle|\eta_{11}\rangle\\&+i|\varepsilon_{00}\rangle|\eta_{01}\rangle+|\varepsilon_{00}\rangle|\eta_{11}\rangle-i|\varepsilon_{01}\rangle|\eta_{01}\rangle+|\varepsilon_{01}\rangle|\eta_{11}\rangle\\&-|\varepsilon_{10}\rangle|\eta_{00}\rangle+i|\varepsilon_{10}\rangle|\eta_{10}\rangle+|\varepsilon_{11}\rangle|\eta_{00}\rangle+i|\varepsilon_{11}\rangle|\eta_{10}\rangle\end{aligned}\tag{3-51}$$

对于上述八种情况，要使 Bob^* 的攻击不引入错误，这就要求 Bob^* 的投影测量 $\boldsymbol{\Pi}_0$ 满足以下条件：

$$\langle I_j|\boldsymbol{P}_{001}|I_j\rangle=\langle I_j|\boldsymbol{P}_{010}|I_j\rangle=\langle I_j|\boldsymbol{P}_{011}|I_j\rangle=\langle I_j|\boldsymbol{P}_{\Delta}|I_j\rangle=0$$
$$\langle X_j|\boldsymbol{P}_{000}|X_j\rangle=\langle X_j|\boldsymbol{P}_{001}|X_j\rangle=\langle X_j|\boldsymbol{P}_{011}|X_j\rangle=\langle X_j|\boldsymbol{P}_{\Delta}|X_j\rangle=0$$
$$\langle Z_j|\boldsymbol{P}_{000}|Z_j\rangle=\langle Z_j|\boldsymbol{P}_{010}|Z_j\rangle=\langle Z_j|\boldsymbol{P}_{011}|Z_j\rangle=\langle Z_j|\boldsymbol{P}_{\Delta}|Z_j\rangle=0 \tag{3-52}$$
$$\langle Y_j|\boldsymbol{P}_{000}|Y_j\rangle=\langle Y_j|\boldsymbol{P}_{001}|Y_j\rangle=\langle Y_j|\boldsymbol{P}_{010}|Y_j\rangle=\langle Y_j|\boldsymbol{P}_{\Delta}|Y_j\rangle=0,\ j=1\cdots8$$

另外,由于

$$|I_1\rangle+|I_4\rangle=|\varepsilon_{00}\rangle|\eta_{00}\rangle+|\varepsilon_{01}\rangle|\eta_{10}\rangle+|\varepsilon_{10}\rangle|\eta_{01}\rangle+|\varepsilon_{11}\rangle|\eta_{11}\rangle$$
$$-|\varepsilon_{00}\rangle|\eta_{11}\rangle+|\varepsilon_{01}\rangle|\eta_{01}\rangle+|\varepsilon_{10}\rangle|\eta_{10}\rangle-|\varepsilon_{11}\rangle|\eta_{00}\rangle \tag{3-53}$$

$$|Y_5\rangle+|Y_6\rangle+|Y_7\rangle-|Y_8\rangle=|\varepsilon_{00}\rangle|\eta_{00}\rangle+|\varepsilon_{11}\rangle|\eta_{11}\rangle-|\varepsilon_{00}\rangle|\eta_{11}\rangle-|\varepsilon_{11}\rangle|\eta_{00}\rangle \tag{3-54}$$

$$|Z_5\rangle-|Z_6\rangle-|Z_7\rangle-|Z_8\rangle=-i(|\varepsilon_{01}\rangle|\eta_{10}\rangle+|\varepsilon_{10}\rangle|\eta_{01}\rangle+|\varepsilon_{01}\rangle|\eta_{01}\rangle+|\varepsilon_{10}\rangle|\eta_{10}\rangle) \tag{3-55}$$

所以

$$|I_1\rangle+|I_4\rangle=|Y_5\rangle+|Y_6\rangle+|Y_7\rangle-|Y_8\rangle+i(|Z_5\rangle-|Z_6\rangle-|Z_7\rangle-|Z_8\rangle) \tag{3-56}$$

进而可推得:

$$(|I_1\rangle+|I_4\rangle,|I_1\rangle+|I_4\rangle)=0\Rightarrow|I_1\rangle=-|I_4\rangle \tag{3-57}$$

同理,可得:

$$|I_2\rangle=|I_3\rangle,|X_1\rangle=|X_4\rangle,|X_2\rangle=-|X_3\rangle$$
$$|Z_1\rangle=-|Z_4\rangle,|Z_2\rangle=|Z_3\rangle,|Y_1\rangle=|Y_4\rangle,|Y_2\rangle=-|Y_3\rangle \tag{3-58}$$

根据式(3-16)、式(3-25)、式(3-29)、式(3-33)和式(3-58),可得:

$$|Y_2\rangle+|Y_1\rangle=-|Y_3\rangle+|Y_4\rangle\Rightarrow|\varepsilon_{00}\rangle|\eta_{01}\rangle-|\varepsilon_{11}\rangle|\eta_{10}\rangle=-|\varepsilon_{00}\rangle|\eta_{10}\rangle+|\varepsilon_{11}\rangle|\eta_{01}\rangle$$
$$\Rightarrow(|\varepsilon_{00}\rangle-|\varepsilon_{11}\rangle)(|\eta_{01}\rangle+|\eta_{10}\rangle)=0 \tag{3-59}$$

同理可得:

$$(|\varepsilon_{00}\rangle+|\varepsilon_{11}\rangle)(|\eta_{01}\rangle+|\eta_{10}\rangle)=0,\quad(|\varepsilon_{00}\rangle+|\varepsilon_{11}\rangle)(|\eta_{00}\rangle-|\eta_{11}\rangle)=0$$
$$(|\varepsilon_{00}\rangle-|\varepsilon_{11}\rangle)(|\eta_{00}\rangle-|\eta_{11}\rangle)=0,(|\varepsilon_{01}\rangle+|\varepsilon_{10}\rangle)(|\eta_{00}\rangle-|\eta_{11}\rangle)=0$$
$$(|\varepsilon_{01}\rangle-|\varepsilon_{10}\rangle)(|\eta_{00}\rangle-|\eta_{11}\rangle)=0,(|\varepsilon_{01}\rangle-|\varepsilon_{10}\rangle)(|\eta_{01}\rangle+|\eta_{10}\rangle)=0$$
$$(|\varepsilon_{01}\rangle+|\varepsilon_{10}\rangle)(|\eta_{01}\rangle+|\eta_{10}\rangle)=0 \tag{3-60}$$

由式(3-59)、式(3-60)可知:若$|\eta_{00}\rangle\neq|\eta_{11}\rangle$,$|\eta_{01}\rangle\neq-|\eta_{10}\rangle$,则$|\varepsilon_{00}\rangle=|\varepsilon_{01}\rangle=|\varepsilon_{10}\rangle=|\varepsilon_{11}\rangle=0$,这显然与条件(3-8)相矛盾。因此,可得:

$$|\eta_{00}\rangle=|\eta_{11}\rangle,|\eta_{01}\rangle=-|\eta_{10}\rangle \tag{3-61}$$

将式(3-61)代入式(3-13)~式(3-16)、式(3-22)~式 (3-33)和式(3-36)~式(3-51),可得:

$$|I_1\rangle=-|I_4\rangle=|\varepsilon_{00}\rangle|\eta_{00}\rangle-|\varepsilon_{01}\rangle|\eta_{01}\rangle+|\varepsilon_{10}\rangle|\eta_{01}\rangle+|\varepsilon_{11}\rangle|\eta_{00}\rangle$$
$$|X_1\rangle=|X_4\rangle=|\varepsilon_{00}\rangle|\eta_{01}\rangle+|\varepsilon_{01}\rangle|\eta_{00}\rangle+|\varepsilon_{10}\rangle|\eta_{00}\rangle-|\varepsilon_{11}\rangle|\eta_{01}\rangle$$
$$|Z_1\rangle=-|Z_4\rangle=|\varepsilon_{00}\rangle|\eta_{00}\rangle-|\varepsilon_{01}\rangle|\eta_{01}\rangle-|\varepsilon_{10}\rangle|\eta_{01}\rangle-|\varepsilon_{11}\rangle|\eta_{00}\rangle$$
$$|Y_1\rangle=|Y_4\rangle=|\varepsilon_{00}\rangle|\eta_{01}\rangle+|\varepsilon_{01}\rangle|\eta_{00}\rangle-|\varepsilon_{10}\rangle|\eta_{00}\rangle+|\varepsilon_{11}\rangle|\eta_{01}\rangle$$
$$|I_2\rangle=|I_3\rangle=|\varepsilon_{00}\rangle|\eta_{00}\rangle+|\varepsilon_{01}\rangle|\eta_{01}\rangle-|\varepsilon_{10}\rangle|\eta_{01}\rangle+|\varepsilon_{11}\rangle|\eta_{00}\rangle \tag{3-62}$$
$$|X_2\rangle=-|X_3\rangle=|\varepsilon_{00}\rangle|\eta_{01}\rangle-|\varepsilon_{01}\rangle|\eta_{00}\rangle-|\varepsilon_{10}\rangle|\eta_{00}\rangle-|\varepsilon_{11}\rangle|\eta_{01}\rangle$$
$$|Z_2\rangle=|Z_3\rangle=|\varepsilon_{00}\rangle|\eta_{00}\rangle+|\varepsilon_{01}\rangle|\eta_{01}\rangle+|\varepsilon_{10}\rangle|\eta_{01}\rangle-|\varepsilon_{11}\rangle|\eta_{00}\rangle$$
$$|Y_2\rangle=-|Y_3\rangle=|\varepsilon_{00}\rangle|\eta_{01}\rangle-|\varepsilon_{01}\rangle|\eta_{00}\rangle+|\varepsilon_{10}\rangle|\eta_{00}\rangle+|\varepsilon_{11}\rangle|\eta_{01}\rangle$$

$$
\begin{aligned}
&|I_5\rangle=|I_6\rangle=|\varepsilon_{00}\rangle|\eta_{00}\rangle-i|\varepsilon_{00}\rangle|\eta_{01}\rangle+i|\varepsilon_{11}\rangle|\eta_{01}\rangle+|\varepsilon_{11}\rangle|\eta_{00}\rangle\\
&|X_5\rangle=-|X_6\rangle=|\varepsilon_{01}\rangle|\eta_{00}\rangle+i|\varepsilon_{01}\rangle|\eta_{01}\rangle-i|\varepsilon_{10}\rangle|\eta_{01}\rangle+|\varepsilon_{10}\rangle|\eta_{00}\rangle\\
&|Z_5\rangle=|Z_6\rangle=|\varepsilon_{00}\rangle|\eta_{00}\rangle-i|\varepsilon_{00}\rangle|\eta_{01}\rangle-i|\varepsilon_{11}\rangle|\eta_{01}\rangle-|\varepsilon_{11}\rangle|\eta_{00}\rangle\\
&|Y_5\rangle=-|Y_6\rangle=|\varepsilon_{01}\rangle|\eta_{00}\rangle+i|\varepsilon_{01}\rangle|\eta_{01}\rangle+i|\varepsilon_{10}\rangle|\eta_{01}\rangle-|\varepsilon_{10}\rangle|\eta_{00}\rangle\\
&|I_7\rangle=-|I_8\rangle=|\varepsilon_{00}\rangle|\eta_{00}\rangle+i|\varepsilon_{00}\rangle|\eta_{01}\rangle-i|\varepsilon_{11}\rangle|\eta_{01}\rangle+|\varepsilon_{11}\rangle|\eta_{00}\rangle\\
&|X_7\rangle=|X_8\rangle=|\varepsilon_{01}\rangle|\eta_{00}\rangle-i|\varepsilon_{01}\rangle|\eta_{01}\rangle+i|\varepsilon_{10}\rangle|\eta_{01}\rangle+|\varepsilon_{10}\rangle|\eta_{00}\rangle\\
&|Z_7\rangle=-|Z_8\rangle=|\varepsilon_{00}\rangle|\eta_{00}\rangle+i|\varepsilon_{00}\rangle|\eta_{01}\rangle+i|\varepsilon_{11}\rangle|\eta_{01}\rangle-|\varepsilon_{11}\rangle|\eta_{00}\rangle\\
&|Y_7\rangle=|Y_8\rangle=|\varepsilon_{01}\rangle|\eta_{00}\rangle-i|\varepsilon_{01}\rangle|\eta_{01}\rangle-i|\varepsilon_{10}\rangle|\eta_{01}\rangle-|\varepsilon_{10}\rangle|\eta_{00}\rangle
\end{aligned}
\tag{3-63}
$$

因为$|I_2\rangle-|I_1\rangle=(|\varepsilon_{01}\rangle-|\varepsilon_{10}\rangle)\otimes|\eta_{01}\rangle$，$|X_5\rangle-|X_7\rangle=i(|\varepsilon_{01}\rangle-|\varepsilon_{10}\rangle)\otimes|\eta_{01}\rangle$所以$(|\varepsilon_{01}\rangle-|\varepsilon_{10}\rangle)\otimes|\eta_{01}\rangle=0$。同理可得：$(|\varepsilon_{00}\rangle-|\varepsilon_{11}\rangle)\otimes|\eta_{01}\rangle=0$，$(|\varepsilon_{01}\rangle+|\varepsilon_{10}\rangle)\otimes|\eta_{01}\rangle=0$，$(|\varepsilon_{00}\rangle+|\varepsilon_{11}\rangle)\otimes|\eta_{01}\rangle=0$。若$|\eta_{01}\rangle\neq0$，则 $|\varepsilon_{00}\rangle=|\varepsilon_{01}\rangle=|\varepsilon_{10}\rangle=|\varepsilon_{11}\rangle=0$，所以$|\eta_{01}\rangle=0$。对式子(3-62)和式(3-63)化简可得：

$$
\begin{aligned}
&|I_1\rangle=-|I_4\rangle=|\varepsilon_{00}\rangle|\eta_{00}\rangle+|\varepsilon_{11}\rangle|\eta_{00}\rangle,|X_1\rangle=|X_4\rangle=|\varepsilon_{01}\rangle|\eta_{00}\rangle+|\varepsilon_{10}\rangle|\eta_{00}\rangle\\
&|Z_1\rangle=-|Z_4\rangle=|\varepsilon_{00}\rangle|\eta_{00}\rangle-|\varepsilon_{11}\rangle|\eta_{00}\rangle,|Y_1\rangle=|Y_4\rangle=|\varepsilon_{01}\rangle|\eta_{00}\rangle-|\varepsilon_{10}\rangle|\eta_{00}\rangle\\
&|I_2\rangle=|I_3\rangle=|\varepsilon_{00}\rangle|\eta_{00}\rangle+|\varepsilon_{11}\rangle|\eta_{00}\rangle,|X_2\rangle=-|X_3\rangle=-|\varepsilon_{01}\rangle|\eta_{00}\rangle-|\varepsilon_{10}\rangle|\eta_{00}\rangle\\
&|Z_2\rangle=|Z_3\rangle=|\varepsilon_{00}\rangle|\eta_{00}\rangle-|\varepsilon_{11}\rangle|\eta_{00}\rangle,|Y_2\rangle=-|Y_3\rangle=-|\varepsilon_{01}\rangle|\eta_{00}\rangle+|\varepsilon_{10}\rangle|\eta_{00}\rangle\\
&|I_5\rangle=|I_6\rangle=|\varepsilon_{00}\rangle|\eta_{00}\rangle+|\varepsilon_{11}\rangle|\eta_{00}\rangle,|X_5\rangle=-|X_6\rangle=|\varepsilon_{01}\rangle|\eta_{00}\rangle+|\varepsilon_{10}\rangle|\eta_{00}\rangle\\
&|Z_5\rangle=|Z_6\rangle=|\varepsilon_{00}\rangle|\eta_{00}\rangle-|\varepsilon_{11}\rangle|\eta_{00}\rangle,|Y_5\rangle=-|Y_6\rangle=|\varepsilon_{01}\rangle|\eta_{00}\rangle-|\varepsilon_{10}\rangle|\eta_{00}\rangle\\
&|I_7\rangle=-|I_8\rangle=|\varepsilon_{00}\rangle|\eta_{00}\rangle+|\varepsilon_{11}\rangle|\eta_{00}\rangle,|X_7\rangle=|X_8\rangle=|\varepsilon_{01}\rangle|\eta_{00}\rangle+|\varepsilon_{10}\rangle|\eta_{00}\rangle\\
&|Z_7\rangle=-|Z_8\rangle=|\varepsilon_{00}\rangle|\eta_{00}\rangle-|\varepsilon_{11}\rangle|\eta_{00}\rangle,|Y_7\rangle=|Y_8\rangle=|\varepsilon_{01}\rangle|\eta_{00}\rangle-|\varepsilon_{10}\rangle|\eta_{00}\rangle
\end{aligned}
\tag{3-64}
$$

进而可得：

$$
\begin{aligned}
&|I_1\rangle=|I_2\rangle=|I_3\rangle=-|I_4\rangle=|I_5\rangle=|I_6\rangle=|I_7\rangle=-|I_8\rangle=|\varepsilon_{00}\rangle|\eta_{00}\rangle+|\varepsilon_{11}\rangle|\eta_{00}\rangle\\
&|X_1\rangle=-|X_2\rangle=|X_3\rangle=|X_4\rangle=|X_5\rangle=-|X_6\rangle=|X_7\rangle=|X_8\rangle=|\varepsilon_{01}\rangle|\eta_{00}\rangle+|\varepsilon_{10}\rangle|\eta_{00}\rangle\\
&|Z_1\rangle=|Z_2\rangle=|Z_3\rangle=-|Z_4\rangle=|Z_5\rangle=|Z_6\rangle=|Z_7\rangle=-|Z_8\rangle=|\varepsilon_{00}\rangle|\eta_{00}\rangle-|\varepsilon_{11}\rangle|\eta_{00}\rangle\\
&|Y_1\rangle=-|Y_2\rangle=|Y_3\rangle=|Y_4\rangle=|Y_5\rangle=-|Y_6\rangle=|Y_7\rangle=|Y_8\rangle=|\varepsilon_{01}\rangle|\eta_{00}\rangle-|\varepsilon_{10}\rangle|\eta_{00}\rangle
\end{aligned}
\tag{3-65}
$$

接下来，对在消息模式下 Bob* 所窃取的信息量进行分析。当 Charlie 公布他的加密操作后，Bob* 通过对附加粒子的测量来获得 Alice 秘密的信息。在 Charlie 进行不同操作的情况下，Alice 的秘密信息分别为“00”“10”“01”“11”时所对应的附加粒子的状态如表 3-1 所述。

表 3-1　测量结果的关联性。表中第一行四项表示 Alice 的测量结果，第一列八项表示 Charlie 的编码操作，内部 32 项表示 Bob* 所拥有的附加粒子的相应状态

	$\vert\Psi(0,0)\rangle$	$\vert\Psi(0,1)\rangle$	$\vert\Psi(1,0)\rangle$	$\vert\Psi(1,1)\rangle$
$H^0U_{0,0}$	$\vert I_1\rangle$	$\vert X_1\rangle$	$\vert Z_1\rangle$	$\vert Y_1\rangle$
$H^0U_{0,1}$	$\vert Z_2\rangle$	$\vert Y_2\rangle$	$\vert I_2\rangle$	$\vert X_2\rangle$
$H^0U_{1,0}$	$\vert X_3\rangle$	$\vert I_3\rangle$	$\vert Y_3\rangle$	$\vert Z_3\rangle$
$H^0U_{1,1}$	$\vert Y_4\rangle$	$\vert Z_4\rangle$	$\vert X_4\rangle$	$\vert I_4\rangle$
$H^1U_{0,1}$	$\vert I_5\rangle$	$\vert X_5\rangle$	$\vert Z_5\rangle$	$\vert Y_5\rangle$

续表

	$\|\Psi(0,0)\rangle$	$\|\Psi(0,1)\rangle$	$\|\Psi(1,0)\rangle$	$\|\Psi(1,1)\rangle$
$\boldsymbol{H}^1\boldsymbol{U}_{0,1}$	$\|Z_6\rangle$	$\|Y_6\rangle$	$\|I_6\rangle$	$\|X_6\rangle$
$\boldsymbol{H}^1\boldsymbol{U}_{0,1}$	$\|X_7\rangle$	$\|I_7\rangle$	$\|Y_7\rangle$	$\|Z_7\rangle$
$\boldsymbol{H}^1\boldsymbol{U}_{0,1}$	$\|Y_8\rangle$	$\|Z_8\rangle$	$\|X_8\rangle$	$\|I_8\rangle$

由于 Charlie 对八个操作的选择是随机的，所以无论 Charlie 的加密操作为 $\boldsymbol{I}$ 或 $\boldsymbol{H}$，Alice 的秘密为“00”“10”“01”或“11”时，附加粒子的密度矩阵都为

$$\boldsymbol{\rho}=\frac{1}{4}(|I_1\rangle\langle I_1|+|X_1\rangle\langle X_1|+|Z_1\rangle\langle Z_1|+|Y_1\rangle\langle Y_1|) \tag{3-66}$$

由此显然可知：无论 Bob* 对附加粒子采取何种测量方法进行测量，他都无法获得关于 Alice 秘密的任何信息。这也就是说：在不引入错误的情况下，Bob* 无法获得任何的秘密信息。因此，该协议对内部参与者的纠缠态攻击是安全的。

在协议中，Alice 并没有跟每个参与者对每段量子信道的安全性进行检测，而是在协议的最后，Alice 和所有参与者们利用步骤⑤中的控制模式来检测整个量子信道的安全性。这样，Bob* 完全可以通过存储原始粒子 T 而发送一个假粒子 T′给 Charlie，然后在第⑤步后截获 Charlie 发送给 Alice 的粒子 T′，而对原始粒子进行适当的酉操作并将其传给 Alice。在这种攻击下，Bob* 显然可以完全获得 Alice 的秘密。该攻击是否成功的关键点在于 Bob* 如何躲避窃听检测，即 Bob* 能否获得 Charlie 的子秘密。为此 Bob* 就必须制备一个特殊的量子态给 Charlie，然后通过对该量子态的 POVM 测量来获得 Charlie 的秘密信息。如果 Bob* 可以获得 Charlie 的子秘密，那么他就可以窃取 Alice 的秘密信息而不被检测出来。但是，这是不可能的。下面就对这一点进行说明。

假设 Bob* 在第③步中将粒子 T 存储起来，并制备一个量子态 $|\varphi\rangle_{H'T'}$，将粒子 T′传给 Charlie。这里 $|\varphi\rangle_{H'T'}$ 可以是任意的量子态。Charlie 对粒子进行酉操作 $\boldsymbol{H}^{C_3}\boldsymbol{U}_{C_1,C_2}$，这时量子态就为 $|\varphi'\rangle_{H'T'}=(\boldsymbol{I}\otimes\boldsymbol{H}^{C_3}\boldsymbol{U}_{C_1,C_2})|\varphi\rangle_{H'T'}$。然后，Bob* 对 $|\varphi'\rangle_{H'T'}$ 进行某一 POVM 测量来判断 Charlie 的操作。但是，由于

$$\boldsymbol{U}_{0,0}=\frac{1}{\sqrt{2}}(\boldsymbol{H}\boldsymbol{U}_{0,0}+\boldsymbol{H}\boldsymbol{U}_{1,0}-i\boldsymbol{H}\boldsymbol{U}_{0,1}-i\boldsymbol{H}\boldsymbol{U}_{1,1})-\boldsymbol{U}_{1,0} \tag{3-67}$$

可知

$$\begin{aligned}(\boldsymbol{I}\otimes\boldsymbol{U}_{0,0})|\varphi'\rangle=&\frac{1}{\sqrt{2}}((\boldsymbol{I}\otimes\boldsymbol{H}\boldsymbol{U}_{0,0})|\varphi'\rangle+(\boldsymbol{I}\otimes\boldsymbol{H}\boldsymbol{U}_{1,0})|\varphi'\rangle\\&-i(\boldsymbol{I}\otimes\boldsymbol{H}\boldsymbol{U}_{0,1})|\varphi'\rangle-i(\boldsymbol{I}\otimes\boldsymbol{H}\boldsymbol{U}_{1,1})|\varphi'\rangle)-(\boldsymbol{I}\otimes\boldsymbol{U}_{1,0})|\varphi'\rangle\end{aligned} \tag{3-68}$$

若 Bob* 通过对 $|\varphi'\rangle$ 的 POVM 测量 $\boldsymbol{\Pi}$ 能明确区分 Charlie 的操作，这也就是说 Bob* 能明确区分$\{(\boldsymbol{I}\otimes\boldsymbol{U}_{0,0})|\varphi'\rangle,(\boldsymbol{I}\otimes\boldsymbol{U}_{0,1})|\varphi'\rangle,(\boldsymbol{I}\otimes\boldsymbol{U}_{1,0})|\varphi'\rangle,(\boldsymbol{I}\otimes\boldsymbol{U}_{1,1})|\varphi'\rangle,(\boldsymbol{I}\otimes\boldsymbol{H}\boldsymbol{U}_{0,0})|\varphi'\rangle,(\boldsymbol{I}\otimes\boldsymbol{H}\boldsymbol{U}_{0,1})|\varphi'\rangle,(\boldsymbol{I}\otimes\boldsymbol{H}\boldsymbol{U}_{1,0})|\varphi'\rangle,(\boldsymbol{I}\otimes\boldsymbol{H}\boldsymbol{U}_{1,1})|\varphi'\rangle\}$这八个态。然而，由式(3-68)可知这八个态是线性相关的，由文[8]可知任意线性相关的态都无法进行明确区分。因此，该 POVM 测量是不存在的。进而表明这八个酉操作无法明确区分。

通过上述分析可知，Bob* 无法明确区分 Charlie 的操作。这样的话，当 Alice 在控制模式下要求 Bob* 先公布他的操作时，Bob* 的攻击就不可避免地引入错误。

接下来，就对在这种攻击下 Bob* 获得的信息量和引入的错误率进行分析。当 Bob* 随机公布他的操作时，攻击引入的错误率为 3/4。因此，为了尽可能的获得 Charlie 的子秘密，Bob* 就对 Charlie 的八种操作进行最小错误率区分。一般而言，采用最大纠缠态可使得区分的错误率达到最小。因此，不妨设 $|\varphi\rangle_{H'T'}=|\Psi(0,0)\rangle=2^{-1/2}(|00\rangle+|11\rangle)$，则 Charlie 的八种操作所对应的态就变为 $\{|\Psi(0,0)\rangle,|\Psi(1,0)\rangle,|\Psi(0,1)\rangle,|\Psi(1,1)\rangle,\boldsymbol{H}|\Psi(0,0)\rangle,\boldsymbol{H}|\Psi(1,0)\rangle,\boldsymbol{H}|\Psi(0,1)\rangle,\boldsymbol{H}|\Psi(1,1)\rangle\}$ 因此，Bob* 对 $\boldsymbol{U}_C|\phi\rangle$ 随机选择 $\{|\Psi(1,1)\rangle,|\Psi(0,1)\rangle,|\Psi(1,0)\rangle,|\Psi(0,0)\rangle\}$ 基或 $\{\boldsymbol{H}|\Psi(0,0)\rangle,\boldsymbol{H}|\Psi(1,0)\rangle,\boldsymbol{H}|\Psi(0,1)\rangle,\boldsymbol{H}|\Psi(1,1)\rangle\}$ 基进行测量。当选对测量基时，他就可无错地判定 Charlie 的操作 $\boldsymbol{U}_C$，否则他的结果是错误的。例如，设初始态为 $|\Psi(0,0)\rangle_{HT}$，Bob* 制备一个假的 EPR 对 $|\Psi(0,0)\rangle_{H'T'}$ 并将粒子 T′ 传给 Charlie。不妨设 Charlie 选择的操作是 $\boldsymbol{I}$，Bob* 截获 Charlie 传出的粒子 T′，并通过对粒子 H′和 T′进行测量来推测出 Charlie 的操作。当 Bob* 选对测量基时，即采用 $\{|\Psi(0,0)\rangle,|\Psi(1,0)\rangle,|\Psi(0,1)\rangle,|\Psi(1,1)\rangle\}$ 进行测量，Bob* 可正确推得 Charlie 的操作为 $\boldsymbol{I}$，然后 Bob* 将粒子 T 直接传回给 Alice。在检测过程中，Bob* 声明他的操作为 $\boldsymbol{I}$。这样的话 Bob* 的欺骗就成功了。当 Bob* 选错测量基时，即采用 $\{\boldsymbol{H}|\Psi(0,0)\rangle,\boldsymbol{H}|\Psi(1,0)\rangle,\boldsymbol{H}|\Psi(0,1)\rangle,\boldsymbol{H}|\Psi(1,1)\rangle\}$ 进行测量。这时，Bob* 的测量结果等概率的处于上述四个态之一。不妨设测量结果为 $\boldsymbol{H}|\Psi(0,0)\rangle$，则 Bob* 推得 Charlie 的操作分别为 $\boldsymbol{H}\boldsymbol{U}_{0,0}$。在窃听检测过程中，Bob* 就声明他的操作为 $\boldsymbol{H}\boldsymbol{U}_{0,0}$。如果 Alice 进行 $\boldsymbol{H}^{-1}$ 操作后进行 Bell 测量，她的测量结果等概率的为上述四个态之一。这样，Alice 就有 3/4 的概率检测出 Bob* 的窃听行为。综上，若 Bob* 对协议的每一轮都进行攻击的话，他将获得 Alice 的所有信息，同时引入的错误率为：0.5×0.75=0.325。

3.1.3 多方 QSS 协议

3.1.1 节描述的三方 QSS 协议可以很容易的推广到 n 个参与者情况。一个 n 方量子秘密共享协议设计如下：

(1) n 个参与者 Alice、Bob、…、Zach 协商四个酉操作 $\boldsymbol{U}_{p,q}$ 代表 2 比特经典信息"pq"。

(2) Alice 随机制备一个 EPR 对处于 Bell 态 $|\phi\rangle_{HT}=|\Psi(u,v)\rangle_{HT}$。Alice 将粒子 T 传给 Bob，保留粒子 H。

(3) 在 Bob 收到粒子 T 后，他从 $\boldsymbol{U}_{0,0}$、$\boldsymbol{U}_{0,1}$、$\boldsymbol{U}_{1,0}$ 和 $\boldsymbol{U}_{1,1}$ 中随机选择一个算子(记为 $\boldsymbol{U}_{B_1,B_2}$)对粒子 T 进行操作。然后，Bob 再随机选择 H 或 I(记为 $\boldsymbol{H}^{B_3}$)对粒子 T 进行加密。这样，粒子 H、T 的态就变为 $\boldsymbol{H}^{B_3}\boldsymbol{U}_{B_1,B_2}|\Psi(u,v)\rangle_{HT}$，其中 $B_1,B_2,B_3\in\{0,1\}$。最后，Bob 将粒子 T 传给 Charlie。

(4) 按照与步骤(3)类似的方法，Charlie、David、…、Zach 将他们的子秘密信息"C_1C_2""D_1D_2"…"Z_1Z_2"嵌入到粒子 T 中，并通过 $\boldsymbol{H}^{C_3}\boldsymbol{H}^{D_3}\cdots\boldsymbol{H}^{Z_3}$ 对他们的秘密操作进行加密。最后，Zach 将粒子 T 传回给 Alice。

(5) Alice 收到粒子 T，这时粒子 H 和 T 所处的状态为：$|\phi'\rangle_{HT}=(\boldsymbol{I}\otimes\boldsymbol{H}^{Z_3}\boldsymbol{U}_{Z_1,Z_2})(\boldsymbol{I}\otimes\boldsymbol{H}^{Y_3}\boldsymbol{U}_{Y_1,Y_2})\cdots(\boldsymbol{I}\otimes\boldsymbol{H}^{B_3}\boldsymbol{U}_{B_1,B_2})|\Psi(u,v)\rangle_{HT}$。

Alice 以一定概率选择控制模式或消息模式。

A. 在控制模式中，Alice 要求 n 个参与者按随机顺序公布他们的操作。然后，根据他们公布的信息，Alice 对粒子 H 和 T 进行适当的测量。进而，Alice 可以检测量子信道是否存在窃听。

B. 在消息模式中，Alice 要求 Bob、Charlie、…、Zach 公布他们的加密操作$\boldsymbol{H}^{B_3}$、$\boldsymbol{H}^{C_3}$、…、$\boldsymbol{H}^{Z_3}$。由于$\boldsymbol{H}^3=\boldsymbol{I}$，Alice 对粒子 T 进行$(\boldsymbol{H}^{B_3\oplus' C_3\oplus'\cdots\oplus' Z_3})^{-1}$操作（$\oplus'$为模 3 加），并对粒子 H 和 T 进行 Bell 测量。根据测量结果和粒子 H、T 的初态信息，Alice 就获得她的秘密信息“A_1A_2”。

(6) 与 BB84 协议相同，Alice、Bob、…、Zach 对他们的初始秘密进行纠错和保密放大。

接下来，简单地讨论一下多个不诚实参与者联合攻击的问题。以四方协议为例，Alice 通过上述协议将他的秘密信息分发给三个参与者 Bob、Charlie、David。假设 Bob 和 David 是不诚实的，他们希望通过合作来窃取 Alice 的秘密而不被发现。不难看出，四方协议中 Bob 和 David 的攻击能力与三方协议中 Bob 的攻击能力是相同的。只要在窃听检测过程中，Charlie 最后公布他的操作，那么 Bob 和 David 的攻击就必然引入错误。因此，所提协议对多个不诚实参与者联合攻击是安全的。在多方量子秘密共享协议中，只要有一个参与者是诚实的，那么其他不诚实参与者的联合攻击将必然被发现。这就表明，本节的协议具有理论上的无条件安全性。

3.1.4 结束语

利用量子操作的不可区分性，本节提出了一个基于集体窃听检测的量子秘密共享方案。随后对该方案的安全性进行了分析，表明该方案是安全的。协议利用超密编码技术提高了协议的效率。另外，在检测过程中，协议并未对每段量子信道进行检测，而是在协议末尾对总的量子信道进行窃听检测，提高了粒子的检测效率。除分发者外的其他参与者无须使用量子存储，而只要对粒子进行单量子门的操作。同时分发者也只需对粒子进行单量子门操作和 Bell 测量，这使得该方案在目前的实验水平下是比较容易实现的。因此，本方案具有一定的实用性。

3.2 动态量子秘密共享

在现实情况下由于成员的退出、加入或者代理组拆分、合并，代理组成员构成可能会在最终恢复密钥前发生变化。倘若需要添加一个新代理或者删除一个原有代理，密钥的安全性可能会减弱。因此，成员变更问题在理论和实际中都是非常有趣和重要的。本节研究了动态的量子秘密共享方案，3.2.1 节给出了本节用到的重要图态 Cluster 态，3.2.2 节考虑量子场景中的除名问题，给出了同时具备可加、减成员的量子秘密共享协议，3.2.3 节给出了具有除名能力的多方量子信息分割协议。

3.2.1 拟星形 Cluster 态

Cluster 态是一类重要图态。由于拟星形 Cluster 态的定义和图论有关联，所以在这一小节先介绍一些和图有关的概念。所谓图 $G=(V,E)$是由一个顶点集 $V=\{1,2,\cdots,m\}$和一个边集 $E=\{(i,j)\mid i,j\in V\}$来定义的。顶点 $i\in V$ 的邻点集是指图 G 中所有满足条件$(i,j)\in E$ 的顶点 j 的集合，记作 N_i。$G[N_i]$表示图 G 中包含 N_i 的点和连接 N_i 中点的边的子图。若删除图 G 中一个顶点，则和该顶点相连的所有边也要从图上删除，从图 G 中删除顶点 i 记作$G-\{i\}$。此外，两个顶点集 $A,B\subset V$ 直接的边定义为$E(A,B)=\{(i,j)\in E:i\in A,$

$j \in B, i \neq j\}$。

正如文献[9]中所介绍的，每个(无向、有限)图 G 都可以和一个图态联系起来，这个对应的图态 $|G\rangle$ 可以通过对空图态 $|+\rangle^{\otimes|V|}$ 做一系列受控 Z 门 $CZ = |00\rangle\langle 00| + |01\rangle\langle 01| + |10\rangle\langle 10| - |11\rangle\langle 11|$ 来构造，即 $|G\rangle = \prod_{\{i,j\}\in E} CZ_{ij} |+\rangle^{\otimes|V|}$，其中 $|\pm\rangle = \frac{1}{\sqrt{2}}(|0\rangle \pm |1\rangle)$，$|V|$ 是顶点集 V 的阶。

作为下文所需的重要工具，我们来描述图态上 Pauli 测量的一些结论。假设 X、Y 和 Z 是 Pauli 操作。若对和图中顶点 $i \in V$ 对应的量子比特做 X(Y 或者 Z)测量，记作 X_i(Y_i 或者 Z_i)，则其余量子比特组成的系统和一个新的图态 $|G'\rangle$ 局域等价。$|G'\rangle$ 是和简单图 G' 对应的图态，且有下面的规律

$$G' = \begin{cases} G\Delta E(N_i, N_j)\Delta E(N_i \cap N_j, N_i \cap N_j)\Delta E(\{j\}, N_i - \{j\}), & \text{for } X_i \\ G\Delta E(N_i, N_i) - \{i\}, & \text{for } Y_i \\ G - \{i\}, & \text{for } Z_i. \end{cases} \tag{3-69}$$

具有 n 个两量子比特分支的拟星形 Cluster 态，以下记作 $|SC_n\rangle$，是对应拟星形图(见图 3-1)的 $(2n+1)$ 粒子纠缠态。用 A 表示中心的量子比特，用 B_iA_i $(i \in \{1,2,\cdots,n\})$ 分别表示每个两量子比特分支。量子态 $|SC_n\rangle_{AB_1A_1\cdots B_nA_n}$ 的表达式如下：

$$|SC_n\rangle_{AB_1A_1\cdots B_nA_n} = [|0\rangle_A |\omega_n^0\rangle_{B_1A_1\cdots B_nA_n} + |1\rangle_A |\omega_n^1\rangle_{B_1A_1\cdots B_nA_n}] \tag{3-70}$$

其中

$$|\omega_n^0\rangle_{B_1A_1\cdots B_nA_n} = \bigotimes_{1\leqslant i\leqslant n}\left(|0+\rangle + |1-\rangle\right)_{B_iA_i} = \bigotimes_{1\leqslant i\leqslant n}\left(|+0\rangle + |-1\rangle\right)_{B_iA_i} \tag{3-71}$$

$$|\omega_n^1\rangle_{B_1A_1\cdots B_nA_n} = \bigotimes_{1\leqslant i\leqslant n}\left(|0+\rangle - |1-\rangle\right)_{B_iA_i} = \bigotimes_{1\leqslant i\leqslant n}\left(|-0\rangle + |+1\rangle\right)_{B_iA_i} \tag{3-72}$$

根据图态上 Pauli 测量规律，我们可以得到 $|SC_n\rangle$ 态的一个奇特的性质——可扩展性。它是指 $|SC_n\rangle$ 态可以灵活地添加、减少分支变成 $|SC_{n+1}\rangle$ 态或者 $|SC_{n-1}\rangle$ 态。例如：用 CZ 操作可以添加两量子比特分支，而量子比特 B_i $(i \in \{1,2,\cdots,n\})$ 上的 Z 测量可以直接删除分支 B_iA_i。因此，我们认为，与经常用于量子密码协议中的载体不同，$|SC_n\rangle$ 态非常适用于代理成员组有动态变化的量子秘密共享。

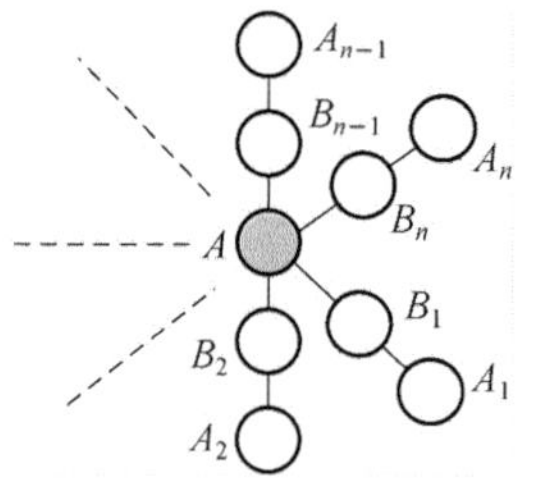

图 3-1 拟星形 Cluster 态。灰色节点表示中心量子比特 A，B_iA_i $i \in \{1,2,\cdots,n\}$ 表示两量子比特分支。

3.2.2 经典信息的动态共享

本节首先给出一个基于 $|SC_n\rangle$ 态的基本量子秘密共享协议。该协议可以使 Alice 和她

的n个代理 Bob_1，Bob_2，…，Bob_n 之间共享一个经典密钥，当所有代理一起合作才能够恢复出 Alice 的秘密。然后，考虑在此协议基础上如何添加或者删除代理成员。

1. 基本的经典秘密共享过程

把基本共享过程分为三个阶段：初始化阶段、分配阶段和恢复阶段。

初始化阶段。Alice 制备足够多式(3-70)所示的$(2n+1)$粒子 Cluster 态，然后将每个纠缠态中的粒子 $B_i(1\leqslant i\leqslant n)$发送给 Bob_i。也就是说，代理 Bob_i 拥有粒子 B_i，Alice 拥有剩下的粒子，他们以这种方式共享$|SC_n\rangle_{AB_1A_1\cdots B_nA_n}$态。

为了确保粒子传输安全，Alice 随机选择一些样本纠缠态用于检测是否有窃听行为。检测过程如下：对于每个样本纠缠态，Alice 首先公布它在序列中的位置并用$\{|0\rangle,|1\rangle\}$基(即Z测量基)测量中心粒子A。接下来，每个的代理各自用$\{|0\rangle,|1\rangle\}$基或$\{|+\rangle,|-\rangle\}$基(X测量基)测量手中的对应粒子并公布测量基和测量结果。然后，根据 Bob_i 的公开信息，Alice 用与 Bob_i 不同的基测量粒子A_i。最后，Alice 根据式(3-70)所示的对应关系分析错误率。如果错误率超过一个特定的“阈值”，Alice 和代理成员放弃所有共享的纠缠态并中止协议。相反，Alice 则可以安全使用其余的纠缠态来分割秘密信息。关于特定的“阈值”，这里我们进一步说明一下。如果协议是在没有噪声的信道中执行的，则阈值设定值为 0。如果使用的信道存在噪声，窃听行为可以被一定程度上掩饰，则 Alice 得到的错误率和窃听者获得的信息量会有密切的关联。此时，人们可以根据实际情况考虑所有可能的攻击方式，利用信息论方法计算出一个合理的阈值。像对著名 BB84 方案所进行的讨论一样，计算出的阈值可以保证窃听者获取的信息量小于代理们掌握的信息量。也就是说，合法参与者可以通过一些经典处理获得安全的秘密信息。

分配阶段。Alice 用$\{|+\rangle,|-\rangle\}$基测量每个$|SC_n\rangle_{AB_1A_1\cdots B_nA_n}$态的中心粒子$A$，把测量结果当作一个秘密比特，记作$a\in\{0,1\}$。生成足够多的秘密比特后，Alice 把这些比特当作密钥加密需要共享的秘密消息，然后公布密文。

恢复阶段。对每个纠缠态，$Bob_i(1\leqslant i\leqslant n)$用$\{|0\rangle,|1\rangle\}$基测量手中的粒子$B_i$，测量结果记为$b_i\in\{0,1\}$。所有的代理把他们的测量结果结合在一起，计算$b=\bigoplus_{1\leqslant i\leqslant n} b_i$，其中$\oplus$表示模 2 加法。若$b=0$，他们可以推断出 Alice 相应的密钥比特为$a=0$；否则$a=1$。用这种方法，所有代理一起合作可以恢复出密钥比特，并解密 Alice 的秘密消息。

下面简要说明协议的正确性。不失一般性，下面以共享单个比特信息为例。Alice 在分配阶段执行$\{|+\rangle,|-\rangle\}$基测量后，测量结果和其他粒子之间的可能关系可以用式(3-73)表示。

$$|SC_n\rangle_{AB_1A_1\cdots B_nA_n}=\frac{1}{2\sqrt{2^n}}[|+\rangle_A(|\omega_n^0\rangle+|\omega_n^1\rangle)_{B_1A_1\cdots B_nA_n}+|-\rangle_A(|\omega_n^0\rangle-|\omega_n^1\rangle)_{B_1A_1\cdots B_nA_n}] \tag{3-73}$$

显然，代理成员构成的子系统$(|\omega_n^0\rangle+|\omega_n^1\rangle)_{B_1A_1\cdots B_nA_n}$态是所有含有偶数个$|1\rangle$情况的叠加，$(|\omega_n^0\rangle-|\omega_n^1\rangle)_{B_1A_1\cdots B_nA_n}$是含有奇数个$|1\rangle$情况的叠加。由上式知，若 Alice 的测量结果即密钥比特$a=0$，则代理们得到的相应测量结果必定含有偶数个$|1\rangle$；否则，代理组测量结果必定含奇数个$|1\rangle$。

这里，还需要注意两点。首先，粒子B_i在$\{|0\rangle,|1\rangle\}$基下的测量结果和粒子A_i在$\{|+\rangle,|-\rangle\}$基下的测量结果是相关联的。这意味着 Alice 可以验证代理的子秘密。其次，

在 Alice 测量粒子 A 前后，每个粒子 B_i 的约化密度矩阵保持不变，即

$$\boldsymbol{\rho}_{B_i}=\frac{1}{2}(|0\rangle\langle 0|+|1\rangle\langle 1|) \tag{3-74}$$

这表明 Bob_i 不能从自己的份额得到关于 Alice 密钥的任何信息。不仅如此，任何 $n-1$ 个代理联合也不能知道 Alice 的秘密比特。因此，该基本方案是一个完美的(n,n)量子秘密共享方案。

2. 成员变更方法

实际中，随着部门发展和市场需求，代理组成员变更是不可避免的。下面，给出一种方法可以在上述方案过程中添加或者删除代理成员。为了便于分析，将恢复秘密消息之前的过程分为两种情况来讨论。

情景 C1. 在初始化阶段和分配阶段之间

此时，系统状态为：Alice 和代理们已经安全共享了初始的量子信道 $|SC_n\rangle_{AB_1A_1\cdots B_nA_n}$ 态。若 Alice 收到成员要加入(或者退出)的申请，她可以根据需要裁剪共享量子信道，按照如下方法为新成员(或解雇成员)添加(或删除)对应的量子系统分支。

添加成员。若 Alice 同意一个新代理 Bob_{n+1} 的加入申请，则需要给 Bob_{n+1} 分配一个秘密份额。也就是说，Alice 需要在每个共享的 $|SC_n\rangle_{AB_1A_1\cdots B_nA_n}$ 态上添加一个新的两粒子分支 $B_{n+1}A_{n+1}$，并把粒子 B_{n+1} 发送给 Bob_{n+1}。

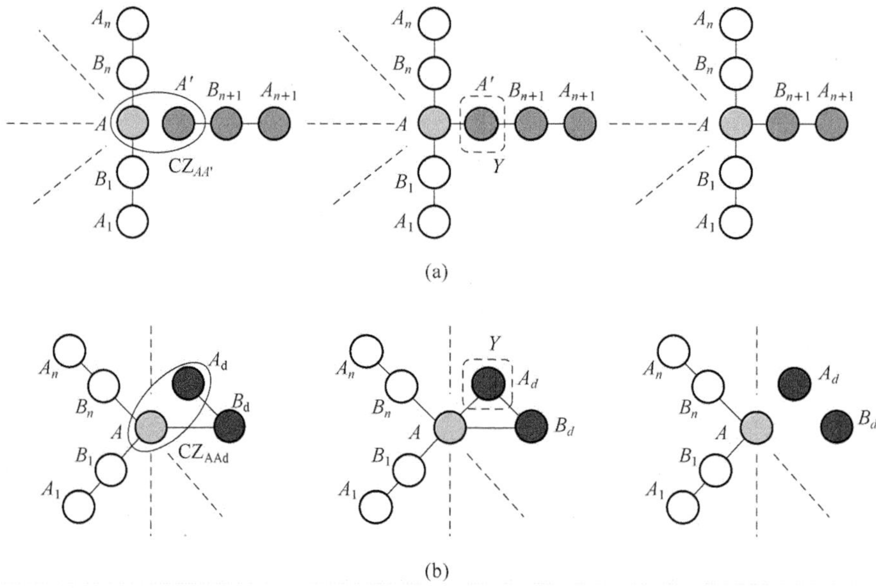

图 3-2　拟星形 Cluster 由不同参与者共享情况下的可扩展性。(a) 分支的添加。(b) 分支的删除。图中椭圆形代表两粒子 ***CZ*** 操作，虚线框代表 Pauli 测量。

为了保证 Alice 和 Bob_{n+1} 之间的传输安全性，Alice 首选制备足够多的三粒子线性 Cluster 态，如图 3-2 所示。

$$|LC_3\rangle_{A'B_{n+1}A_{n+1}}=\frac{1}{\sqrt{2}}(|+0+\rangle+|-1-\rangle)_{A'B_{n+1}A_{n+1}}$$

$$= \frac{1}{2}(|0+0\rangle + |0-1\rangle + |1-0\rangle + |1+1\rangle)_{A'B_{n+1}A_{n+1}}$$

$$= \frac{1}{2}(|+00\rangle + |+01\rangle + |-10\rangle - |-11\rangle)_{A'B_{n+1}A_{n+1}} \tag{3-75}$$

$$= \frac{1}{2}(|+++\rangle + |+-+\rangle + |-+-\rangle - |---\rangle)_{A'B_{n+1}A_{n+1}}$$

并把每个$|LC_3\rangle_{A'B_{n+1}A_{n+1}}$态的粒子$B_{n+1}$发送给新加入的代理$\mathrm{Bob}_{n+1}$。确认$\mathrm{Bob}_{n+1}$收到所有粒子后，Alice 和$\mathrm{Bob}_{n+1}$检测信道的安全性。Alice 随机选择一些样本粒子并告诉Bob_{n+1}样本粒子的位置。对每个被选中的三粒子线性 Cluster 态，Bob_{n+1}随机用$\{|0\rangle,|1\rangle\}$基或者$\{|+\rangle,|-\rangle\}$基测量他手中的粒子，并公布测量结果。然后，Alice 用与Bob_{n+1}不同的测量基对相应的粒子A'和A_{n+1}进行测量。根据式(3-75)所示的关联性，Alice 可以分析样本粒子的错误率。如果错误率超过预定的阈值，Alice 和Bob_{n+1}放弃所有共享的$|LC_3\rangle_{A'B_{n+1}A_{n+1}}$态，并中止添加成员过程。

否则，Alice 将共享的$|SC_n\rangle_{AB_1A_1\cdots B_nA_n}$态和$|LC_3\rangle_{A'B_{n+1}A_{n+1}}$态分组，一个$|SC_n\rangle_{AB_1A_1\cdots B_nA_n}$态和一个$|LC_3\rangle_{A'B_{n+1}A_{n+1}}$态一组。对每组量子态，Alice 对粒子$A$和粒子$A'$执行$\boldsymbol{CZ}$操作，然后再对粒子$A'$做$\boldsymbol{Y}$测量，如图 3-2 所示。根据前面介绍的图态 Pauli 测量规律[9]，通过适当的局域操作调整，每组的量子态都可以被转化为一个有$(n+1)$个两量子比特分支的拟星形 Cluster 态。对所有的量子态组都做上述操作后，Alice 就完成了将新成员Bob_{n+1}添加到代理组的过程。

删除成员。假设 Alice 要删除代理Bob_d $(d\in\{1,2,\cdots,n\})$，则每个共享的$|SC_n\rangle_{AB_1A_1\cdots B_nA_n}$态都需要去掉$\mathrm{Bob}_d$拥有粒子所在的分支$B_dA_d$。具体步骤如图 3-2 所示，Alice 先对粒子A和粒子A_d做两粒子$\boldsymbol{CZ}$操作，然后对粒子A_d做$\boldsymbol{Y}$测量，这样可以使粒子B_d、A_d从量子系统中解纠缠出来。根据图态 Pauli 测量规则[9]，通过适当的局域酉操作调整，每个$|SC_n\rangle_{AB_1A_1\cdots B_nA_n}$态都可以变成有$(n-1)$个分支的拟星形 Cluster 态。对所有共享的$|SC_n\rangle_{AB_1A_1\cdots B_nA_n}$态做上述操作后，Alice 就完成了将$\mathrm{Bob}_d$从代理组中删除的过程。

此外，需要特别说明的是添加或者删除两量子比特分支的方法并不唯一，例如删除时还可以采用另一种方法。Alice 对粒子A和粒子A_d执行一个两量子比特操作。

$$\boldsymbol{CZ}^* = |0+\rangle\langle 0+| + |0-\rangle\langle 0-| + |1+\rangle\langle 1+| - |1-\rangle\langle 1-|$$

即可将粒子B_d、A_d和量子系统的其他粒子解纠缠，其表达式如下：

$$\begin{aligned}
&\boldsymbol{CZ}^*_{AA_d}|SC_n\rangle_{AB_1A_1\cdots B_nA_n}\\
&=\frac{1}{\sqrt{2}}(|0+\rangle+|1-\rangle)_{B_dA_d}\otimes\frac{1}{\sqrt{2^n}}[|0\rangle_A\Pi_{1\leqslant i\leqslant n,i\neq d}(|0+\rangle+|1-\rangle)_{B_iA_i}\\
&\qquad +|1\rangle_A\Pi_{1\leqslant i\leqslant n,i\neq d}(|0+\rangle-|1-\rangle)_{B_iA_i}]\\
&=\frac{1}{\sqrt{2}}(|0+\rangle-|1-\rangle)_{B_dA_d}\otimes|SC_{n-1}\rangle_{AB_1A_1\cdots B_{d-1}A_{d-1}B_{d+1}A_{d+1}B_nA_n}
\end{aligned} \tag{3-76}$$

这些事实表明拟星形 Cluster 态特别适用于解决多方协议中的动态问题。

情景 C2. 在分配阶段和恢复阶段之间

此时，Alice 已经把密钥分配到代理组共享的量子系统中，并公布了密文。如果有代理成员想加入或者退出秘密共享过程，则需根据需要对整个量子系统进行调整。

添加成员。一个新成员 Bob_{n+1} 若要在这时加入组织，不仅需要 Alice 的赞同，还需要代理组内部至少一个成员的推荐。由于所有代理的地位都是相同的，不失一般性，假设 Bob_n 是 Bob_{n+1} 的推荐人。为了让 Bob_{n+1} 加入代理组参与秘密共享任务，Alice、Bob_n 和 Bob_{n+1} 需要先安全共享一些量子信道——$|LC_3\rangle_{B'_nB_{n+1}A_{n+1}}$ 态，对于每个 $|LC_3\rangle_{B'_nB_{n+1}A_{n+1}}$ 态使得 Alice 拥有粒子 A_{n+1}，Bob_n 拥有粒子 B'_n，Bob_{n+1} 拥有粒子 B_{n+1}。

为了保证量子信道的安全性，Alice 可以先制备足够多的三粒子线性 Cluster 态 $|LC_3\rangle_{B'_nB_{n+1}A_{n+1}}$ 并分别发送粒子 B'_n、B_{n+1} 给 Bob_n 和 Bob_{n+1}。在确保 Bob_n 和 Bob_{n+1} 收到所有粒子后，Alice 利用 $|LC_3\rangle$ 态的纠缠性质检测传输过程中粒子是否被窃听。具体地说，Alice 随机选择一些样本纠缠态并告诉 Bob_n 和 Bob_{n+1} 所选样本的位置。对于每个样本纠缠态，Bob_n 和 Bob_{n+1} 各自随机选择 $\{|0\rangle,|1\rangle\}$ 基或者 $\{|+\rangle,|-\rangle\}$ 基进行测量，并公布测量结果。根据式(3-75)中的关联性，Alice 用适当的测量基测量粒子 A_{n+1}，然后分析错误率。如果错误率超过预定的阈值，Alice、Bob_n 和 Bob_{n+1} 放弃所有 $|LC_3\rangle_{B'_nB_{n+1}A_{n+1}}$ 态后中止成员添加过程。

否则，Alice 把含有秘密信息的共享量子信道和 $|LC_3\rangle_{B'_nB_{n+1}A_{n+1}}$ 态分组，所有每个原有成员共享的量子系统和一个新的 $|LC_3\rangle_{B'_nB_{n+1}A_{n+1}}$ 态一组。对于每组纠缠态，Bob_n 对粒子 B'_n 和 B_n 执行 $\boldsymbol{CNOT}^*_{B'_nB_n}$ 操作，Alice 对粒子 A_{n+1} 和 A_n 执行 $\boldsymbol{CNOT}^\dagger_{A_{n+1},A_n}$ 操作，其中

$$\boldsymbol{CNOT}^* = |+0\rangle\langle+0|+|+1\rangle\langle+1|+|-1\rangle\langle-0|+|-0\rangle\langle-1|$$

和

$$\boldsymbol{CNOT}^\dagger = |++\rangle\langle++|+|+-\rangle\langle+-|+|--\rangle\langle-+|+|-+\rangle\langle--|$$

然后，Bob_n 用 $\{|0\rangle,|1\rangle\}$ 基测量粒子 B'_n，用经典比特 $b'\in\{0,1\}$ 记录测量结果并发送给 Alice。Alice 根据 Bob_n 的测量结果对粒子 A_{n+1} 做 $(\boldsymbol{Z}^\dagger_{A_{n+1}})^{b'}$ 操作，这里 $\boldsymbol{Z}^\dagger=|+\rangle\langle+|-|-\rangle\langle-|$。Alice、$\text{Bob}_n$ 和 Bob_{n+1} 重复上述过程，直到处理完所有量子态组。

通过上面的方法，新成员 Bob_{n+1} 可以添加成为代理组的正式成员，在密钥恢复阶段发挥作用。下面以共享密钥比特“0”为例，具体查看添加成员过程。新量子信道 $|LC_3\rangle_{B'_nB_{n+1}A_{n+1}}$ 和原有成员共享的量子信道组合，则 Alice 和所有 $\text{Bob}_i(1\leqslant i\leqslant n+1)$ 共享的整个量子系统为

$$\begin{aligned}
&(|\omega_n^0\rangle+|\omega_n^1\rangle)_{B_1A_1\cdots B_nA_n}\otimes(|+0+\rangle+|-1-\rangle)_{B'_nB_{n+1}A_{n+1}} \\
=&(|\omega_{n-1}^0\rangle+|\omega_{n-1}^1\rangle)_{B_1A_1\cdots B_{n-1}A_{n-1}}\otimes(|0++0+\rangle+|0+-1-\rangle)_{B_nA_nB'_nB_{n+1}A_{n+1}}+ \\
&(|\omega_{n-1}^0\rangle-|\omega_{n-1}^1\rangle)_{B_1A_1\cdots B_{n-1}A_{n-1}}\otimes(|1-+0+\rangle+|1--1-\rangle)_{B_nA_nB'_nB_{n+1}A_{n+1}}
\end{aligned} \tag{3-77}$$

Bob_n 和 Alice 分别执行两粒子操作后，量子系统变为

$$\begin{aligned}
&|0\rangle_{B'_n}(|\omega_{n+1}^0\rangle+|\omega_{n+1}^1\rangle)_{B_1A_1\cdots B_{n+1}A_{n+1}}+ \\
&|1\rangle_{B'_n}[(|\omega_{n-1}^0\rangle+|\omega_{n-1}^1\rangle)_{B_1A_1\cdots B_{n-1}A_{n-1}}\otimes(|0+0+\rangle-|1-1-\rangle)_{B_nA_nB_{n+1}A_{n+1}}+ \\
&(|\omega_{n-1}^0\rangle-|\omega_{n-1}^1\rangle)_{B_1A_1\cdots B_{n-1}A_{n-1}}\otimes(|1-0+\rangle-|0+1-\rangle)_{B_nA_nB_{n+1}A_{n+1}}]
\end{aligned} \tag{3-78}$$

根据上式，Bob_n 和 Alice 再执行适当的单粒子测量和局域酉操作就可以从量子系统 $(|\omega_n^0\rangle+|\omega_n^1\rangle)_{B_1A_1\cdots B_nA_n}\otimes|LC_3\rangle_{B'_nB_{n+1}A_{n+1}}$ 中产生出一个 $(|\omega_{n+1}^0\rangle+|\omega_{n+1}^1\rangle)_{B_1A_1\cdots B_{n+1}A_{n+1}}$ 态。对照基本方案可知，新成员 Bob_{n+1} 已经被成功添加到 Alice 的代理组中，获得了一个合法的秘密份额，就像 Bob_{n+1} 是一个初始代理成员一样。

删除成员。如果 Alice 想删除某个代理 Bob_d($d\in\{1,2,\cdots,n\}$),她需要把 Bob_d 所拥有的量子比特从含有秘密信息的共享量子信道中解纠缠出来。对于每个共享的量子系统,Alice 只需要用 $\{|+\rangle,|-\rangle\}$ 基测量粒子 A_d 并通过经典比特 $a_d\in\{0,1\}$ 公开测量结果即可。

由式(3-70)和式(3-73)可知,粒子 A_d 和 B_d 始终保持关联性,Bob_d 的测量结果 b_d 可由 Alice 手中粒子 A_d 的测量结果 a_d 确定。按照上述方法,Bob_d 的份额已被完全公开,因此恢复秘密过程不需要他的参与就可以完成。这也就意味着 Alice 取消了 Bob_d 的共享资格,将 Bob_d 从代理组中删除。

在本小节中,给出了一个共享经典比特的 DQSS 方案,并分两种情景研究了添加和删除参与者的方法。在这两种情景下,添加代理的过程都是安全的、经济的。一方面,它们可以抵抗窃听行为。检测步骤可以保证从 Alice 到各个代理传输的安全性,确保他们之间共享所需的量子态。此外,每个原始代理的约化密度矩阵在添加过程中保持不变。这表明任何代理不能获得关于新加入者秘密份额的任何信息。另一方面,它们在节约量子资源和提高量子资源利用率方面都有很好的表现。如前面所述,添加新成员时量子信道都是先进行局部构造和检测的,新的信道只有通过安全检测后才可以与原有信道连接。通过这种方式,Alice 和原始代理之间共享的安全量子信道不会在添加新成员过程中被影响和消耗。在删除代理成员时,没有粒子被传输,所有的操作都是由 Alice 一个人完成,所以也是有效且安全的。

下面,讨论一下实施该方案时所需的资源。假设 Alice 想共享 N 比特的信息。在基本方案的共享过程中,平均需要 $2N$ 个 $|SC_n\rangle$ 态来分发密钥。如果采用经典秘密共享和 BB84 的混合方案[10],需要 $2nN$ 个粒子。在这两种方案中,Alice 发送给代理的粒子数都是 $2nN$。但是本节方案需要传输的经典比特数要远远少于混合方案所需要的经典比特。基于量子纠缠特性,Alice 不需要给每个代理都传输一个经典比特串,只需要传输 N 比特经典信息的密文消息即可。除此之外,我们的方案在共享过程中允许代理成员动态的加入或者离开。在不同时间发生成员变更时,所需要的资源是不同的。情景 C1 时,添加一个新成员需要 $2N$ 个 $|LC_3\rangle$ 态,Alice 需要传输 $2N$ 个粒子和 N 个经典比特信息给新代理成员;删除一个原始成员不需要使用额外量子资源和传输。在这种情况下,我们的方案添加和删除一个成员所需的开销和混合方案的是相同的。情景 C2 时,添加一个新成员需要 $2N$ 个 $|LC_3\rangle$ 态,Alice 需要发送 $4N$ 个粒子:$2N$ 个粒子发送给新加入的代理,另外 $2N$ 个粒子发送给他的推荐者。此后推荐者需要发送 N 个经典比特信息给 Alice 告知他的测量结果。在混合方案中,添加一个新成员则需要发送 $2nN$ 个粒子和 nN 经典比特,因为每个原始代理都需要给新成员发送 $2N$ 个粒子和 N 个经典比特。删除一个原始代理成员时,两种方案都只需要发送 N 比特经典信息。与混合方案相比较,我们的方案在添加新成员时只需要一个原始成员作为推荐者而不需要所有原始成员的参与。综上所述,$n>2$ 时我们的方案更加经济实用。

3.2.3 量子信息的动态共享

前一小节我们讨论了经典信息的动态共享方案。下面我们讨论一下量子信息的动态共享方案。假设 Alice 有一个秘密的量子比特串,她想把这个量子信息分发给 n 个代理,使得只有所有代理合作的时候才能恢复出秘密。

1. 基本的量子秘密共享过程

与经典秘密共享过程相似，我们也分三个阶段进行描述。不过与经典情况不同的是，由于量子不可克隆定理的限制，Alice 的量子秘密信息最终只能恢复出一个。因此，只有一个代理可以拥有最终的量子秘密信息。下面给出分割一个量子比特的详细过程（量子比特串共享可以看作是每次共享一个量子比特）。

初始化阶段。与经典秘密共享一样，Alice 和她的代理 Bob_1、Bob_2、…、Bob_n 共享 $|SC_n\rangle_{AB_1A_1\cdots B_nA_n}$ 态，其中 Bob_i（$i\in\{1,\cdots,n\}$）拥有粒子 B_i，Alice 拥有粒子 $A,A_1,\cdots,A_n$。此外，Alice 还拥有一个秘密量子比特 S 处于 $|\xi\rangle_S=\alpha|0\rangle_S+\beta|1\rangle_S$（$|\alpha|^2+|\beta|^2=1$）态。

分配阶段。Alice 把量子比特 $|\xi\rangle_S$ 和 $|SC_n\rangle_{AB_1A_1\cdots B_nA_n}$ 态结合起来，对粒子 S 和 A 用 Bell 基

$$\left\{|\phi^{\pm}\rangle=\frac{1}{\sqrt{2}}(|00\rangle\pm|11\rangle),|\psi^{\pm}\rangle=\frac{1}{\sqrt{2}}(|01\rangle\pm|10\rangle)\right\}$$

进行测量。不失一般性，假设 Alice 选择代理 Bob_n 作为量子秘密信息的最终接收者。Alice 用 $\{|0\rangle,|1\rangle\}$ 基测量粒子 A_n。Alice 和代理 Bob_n 可以事先约定每种测量结果对应一个两比特的经典信息：

$$\{|\phi^{+}\rangle_{SA}|0\rangle_{A_n},|\psi^{+}\rangle_{SA}|1\rangle_{A_n}\}\to 00,\{|\phi^{+}\rangle_{SA}|1\rangle_{A_n},|\psi^{+}\rangle_{SA}|0\rangle_{A_n}\}\to 01$$

$$\{|\phi^{-}\rangle_{SA}|0\rangle_{A_n},|\psi^{-}\rangle_{SA}|1\rangle_{A_n}\}\to 10,\{|\phi^{-}\rangle_{SA}|1\rangle_{A_n},|\psi^{-}\rangle_{SA}|0\rangle_{A_n}\}\to 11$$

Alice 通过经典信道把测量结果告诉代理 Bob_n。

恢复阶段。为了恢复 Alice 的秘密量子比特，每个代理 Bob_i（$i\in\{1,\cdots,n-1\}$）用 $\{|0\rangle,|1\rangle\}$ 基测量他的粒子并把测量结果对应的经典比特 b_i 发送给代理 Bob_n。借助于其他所有代理的测量信息，Bob_n 可以通过在他的粒子 B_n 上执行 $\boldsymbol{Z}^b\boldsymbol{H}$ 操作重构出 Alice 的秘密量子比特，其中 $b=\bigoplus_{1\leqslant i\leqslant n-1}b_i$。

下面简要说明协议的正确性。在上述过程中，Alice 要对粒子 S 和 A 做联合测量，测量结果和其余量子系统之间的对应关系可以通过重写整个量子系统的表达式得知（见式(3-79)）。

$$\begin{aligned}&|\xi\rangle_S\otimes|SC_n\rangle_{AB_1A_1\cdots B_nA_n}\\&=|\phi^{+}\rangle_{SA}(\alpha|\omega_n^0\rangle+\beta|\omega_n^1\rangle)_{B_1A_1\cdots B_nA_n}+|\phi^{-}\rangle_{SA}(\alpha|\omega_n^0\rangle-\beta|\omega_n^1\rangle)_{B_1A_1\cdots B_nA_n}\\&\quad+|\psi^{+}\rangle_{SA}(\alpha|\omega_n^1\rangle+\beta|\omega_n^0\rangle)_{B_1A_1\cdots B_nA_n}+|\psi^{-}\rangle_{SA}(\alpha|\omega_n^1\rangle-\beta|\omega_n^0\rangle)_{B_1A_1\cdots B_nA_n}\end{aligned}\tag{3-79}$$

基于 $|SC_n\rangle$ 态的对称性和式(3-79)可知，任何一个代理都可以做为接收者，在自己手中的粒子上重构出秘密量子态。不失一般性，若假设 Bob_n 为接收者，则 Alice 需要测量粒子 A_n。

如果 Alice 的 Bell 测量和单粒子测量结果为 $\{|\phi^{+}\rangle_{SA}|0\rangle_{A_n},|\phi^{-}\rangle_{SA}|0\rangle_{A_n},|\psi^{+}\rangle_{SA}|1\rangle_{A_n},|\psi^{-}\rangle_{SA}|1\rangle_{A_n}\}$ 之一时，则 Bob_n 手中粒子 B_n 的密度矩阵为

$$\boldsymbol{\rho}_{B_n}=|\alpha|^2\ |+\rangle_{B_nB_n}\langle+|+|\beta|^2\ |-\rangle_{B_nB_n}\langle-|$$

如果结果为 $\{|\phi^{+}\rangle_{SA}|1\rangle_{A_n},|\phi^{-}\rangle_{SA}|1\rangle_{A_n},|\psi^{+}\rangle_{SA}|0\rangle_{A_n},|\psi^{-}\rangle_{SA}|0\rangle_{A_n}\}$ 之一时，则粒子 B_n 的密度矩阵为

$$\boldsymbol{\rho}_{B_n}=|\beta|^2\ |+\rangle_{B_nB_n}\langle+|+|\alpha|^2\ |-\rangle_{B_nB_n}\langle-|$$

因此，Bob_n 可以获得 Alice 秘密量子态的振幅信息。在恢复秘密阶段，Bob_n 可以根据

其他代理的测量结果得到秘密量子态的相位信息，从而得到 Alice 的秘密量子信息。分配者 Alice 及其他代理的测量结果和接收者 Bob_n 获得的量子态之间的关系从表 3-2 中可以得到。

表 3-2 Bob_n 获得的量子态和 Alice 及其他代理测量结果之间的对应关系。$b_i\in\{0,1\}$ 表示代理 Bob_i 的测量结果，且 $b=\bigoplus_{1\leqslant i\leqslant n-1} b_i$

Alice 的测量结果	Bob_n 的量子态
$\|\phi^+\rangle_{SA}\|0\rangle_{A_x}$，$\|\psi^+\rangle_{SA}\|1\rangle_{A_x}$	$(\alpha\|+\rangle+(-1)^b\beta\|-\rangle)_{B_x}$
$\|\phi^+\rangle_{SA}\|1\rangle_{A_x}$，$\|\psi^+\rangle_{SA}\|0\rangle_{A_x}$	$(\alpha\|-\rangle+(-1)^b\beta\|+\rangle)_{B_x}$
$\|\phi^-\rangle_{SA}\|0\rangle_{A_x}$，$\|\psi^-\rangle_{SA}\|1\rangle_{A_x}$	$(\alpha\|+\rangle-(-1)^b\beta\|-\rangle)_{B_x}$
$\|\phi^-\rangle_{SA}\|1\rangle_{A_x}$，$\|\psi^-\rangle_{SA}\|0\rangle_{A_x}$	$(\alpha\|-\rangle-(-1)^b\beta\|+\rangle)_{B_x}$

2. 成员变更方法

与 3.2.2 小节讨论的方式相同，我们还是分两种情景考虑成员的加入或者退出。

情景 Q1. 在初始化阶段和分配阶段之间

此时，Alice 只需要根据变更需要调整共享的量子信道，具体处理方法和情景 C1 中的方法相同，因此这里不再赘述。

情景 Q2. 在分配阶段和恢复阶段之间

此时，Alice 已经把秘密量子比特分割给所有代理，且 Bob_n 拥有该秘密量子态的振幅信息。下面具体描述这种情形下添加和删除成员的过程。

添加成员。一个新成员 Bob_{n+1} 想加入组织，他需要得到 Alice 和一个代理组初始成员的同意和允许。不失一般性，我们假设 Bob_{n-1} 作为 Bob_{n+1} 的推荐人，同意其加入该代理组。首先，与情景 C2 类似，Alice、Bob_{n-1} 和 Bob_{n+1} 安全共享一些三粒子线性 Cluster 态，即 $|LC_3\rangle_{B'_{n-1}B_{n+1}A_{n+1}}$ 态。对于每个 $|LC_3\rangle_{B'_{n-1}B_{n+1}A_{n+1}}$ 态，Alice 拥有粒子 A_{n+1}，Bob_{n-1} 拥有粒子 B'_{n-1}，Bob_{n+1} 拥有粒子 B_{n+1}。然后把原有量子信道和新建量子信道分组，每组包含一个原有共享的量子系统和一个 $|LC_3\rangle_{B'_{n-1}B_{n+1}A_{n+1}}$ 态。对于每组纠缠态，Bob_{n-1} 对粒子 B'_{n-1} 和 B_{n-1} 执行 $\boldsymbol{CZ}^\dagger_{B'_{n-1}B_{n-1}}$ 操作，Alice 对粒子 A_{n+1} 和 A_{n-1} 执行 $\boldsymbol{CZ}^*_{A_{n+1},A_{n-1}}$ 操作，其中

$$\boldsymbol{CZ}^\dagger=|++\rangle\langle++|+|+-\rangle\langle+-|+|-+\rangle\langle-+|-|--\rangle\langle--|$$

和

$$\boldsymbol{CZ}^*=|0+\rangle\langle0+|+|0-\rangle\langle0-|+|1+\rangle\langle1+|-|1-\rangle\langle1-|$$

接下来，Bob_{n-1} 用 $\{|0\rangle,|1\rangle\}$ 基测量粒子 B'_{n-1}，用经典比特 $b'\in\{0,1\}$ 记录测量结果并发送给 Alice。Alice 根据 Bob_{n-1} 的测量结果对粒子 A_{n+1} 做操作 $(\boldsymbol{Z}^\dagger_{A_{n+1}})^{b'}$。

通过上面的方法，新成员 Bob_{n+1} 可以成为代理组的正式成员，在密钥恢复阶段发挥作用。下面通过举例进一步理解添加成员的过程。假设 Alice 的测量结果是 $|\phi^+\rangle_{SA}|0\rangle_{A_n}$，则 Alice 和原有代理成员共享的量子系统为

$$\begin{aligned}
&[\alpha|+\rangle_{B_n}|\omega^0_{n-1}\rangle_{B_1A_1\cdots B_{n-1}A_{n-1}}+\beta|-\rangle_{B_n}|\omega^1_{n-1}\rangle_{B_1A_1\cdots B_{n-1}A_{n-1}}]\otimes(|+0+\rangle+|-1-\rangle)_{B'_{n-1}B_{n+1}A_{n+1}}\\
&=\alpha|+\rangle_{B_n}|\omega^0_{n-2}\rangle_{B_1A_1\cdots B_{n-2}A_{n-2}}\otimes(|+0+0+\rangle+|+0-1-\rangle+|-1+0+\rangle+|-1-\\
&\quad 1-\rangle)_{B_{n-1}A_{n-1}B'_{n-1}B_{n+1}A_{n+1}}+\beta|-\rangle_{B_n}|\omega^1_{n-1}\rangle_{B_1A_1\cdots B_{n-2}A_{n-2}}\otimes(|-0+0+\rangle+|-0-1-\rangle+|+1\\
&\quad +0+\rangle+|+1-1-\rangle)_{B_{n-1}A_{n-1}B'_{n-1}B_{n+1}A_{n+1}}
\end{aligned}$$

执行过 Bob_{n-1} 和 Alice 的操作后，该量子系统变为

$$|0\rangle_{B'_{n-1}}(\alpha|+\rangle_{B_n}|\omega_n^0\rangle_{B_1A_1\cdots B_{n-1}A_{n-1}B_{n+1}A_{n+1}}+\beta|-\rangle_{B_n}|\omega_n^1\rangle_{B_1A_1\cdots B_{n-1}A_{n-1}B_{n+1}A_{n+1}})+$$
$$|1\rangle_{B'_{n-1}}[\alpha|+\rangle_{B_n}|\omega_{n-1}^0\rangle_{B_1A_1\cdots B_{n-1}A_{n-1}}(|0+\rangle-|1-\rangle)_{B_{n+1}A_{n+1}}+$$
$$\beta|-\rangle_{B_n}|\omega_{n-1}^1\rangle_{B_1A_1\cdots B_{n-1}A_{n-1}}(|0+\rangle+|1-\rangle)_{B_{n+1}A_{n+1}}]$$

根据上式，Bob_n 和 Alice 再执行适当的单粒子测量和局域酉操作就可以从量子系统 $[\alpha|+\rangle_{B_n}|\omega_{n-1}^0\rangle_{B_1A_1\cdots B_{n-1}A_{n-1}}+\beta|-\rangle_{B_n}|\omega_{n-1}^1\rangle_{B_1A_1\cdots B_{n-1}A_{n-1}}]\otimes(|+0+\rangle+|-1-\rangle)_{B'_{n-1}B_{n+1}A_{n+1}}$ 中产生出一个 $\alpha|+\rangle_{B_n}|\omega_n^0\rangle_{B_1A_1\cdots B_{n-1}A_{n-1}B_{n+1}A_{n+1}}+\beta|-\rangle_{B_n}|\omega_n^1\rangle_{B_1A_1\cdots B_{n-1}A_{n-1}B_{n+1}A_{n+1}}$ 态。从表达式中可以得知，尽管代理 Bob_{n+1} 不是一个原始的代理成员，但是通过上述方法他可以被加入代理组。

删除成员。值得一提的是，我们不考虑秘密量子信息的接收方 Bob_n 退出的情况。事实上，这是一个合理的假设。一方面接收方是由 Alice 选定的，他一定是所有代理中 Alice 最信任的。Alice 不会将他删除，他也会一直忠于 Alice 不退出代理组。另一方面，Bob_n 是最终量子态的接收者，如果 Alice 要删除他，秘密恢复过程将无法执行。对于删除任意代理（Bob_n 除外），情景 C2 中的方法在这里也是适用的。

在本节中，我们给出了一个动态共享量子信息方案。与共享经典信息不同，由于量子信息的不可克隆性，该协议结束时只有 Alice 事先指定的一个代理可以得到秘密量子信息。因此，在 Alice 分配秘密份额之后申请加入的代理没有资格作为接收者获得最终的秘密信息。在实际应用环境中，这样的要求也是合理的，重要的工作一般不会交给新雇佣的职员。此外，这个协议是健壮的，除接收者之外的代理都被删除，秘密信息也可以有效地恢复。

3.2.4 结束语

本节基于拟星形 Cluster 态给出了两种动态秘密共享方案，分别讨论了 Alice 和她的代理组共享经典信息和量子信息的情况。基于 $|SC_n\rangle$ 态的可扩展性，可以在 Alice 和她的代理组之间建立一个动态的量子网络，在不同的阶段添加或者删除代理成员。在初始化阶段结束后分配阶段之前，Alice 可以根据需要灵活改变 $|SC_n\rangle$ 态的结构，使得代理组成员的变更只需要 Alice 的操作就可以实现。在分配阶段结束后秘密恢复开始前，成员退出只需得到 Alice 的许可，但是成员加入还必须有代理组原始成员的推荐。成员的加入或者离开可以一个一个处理，在成员任务不发生冲突的时候还可以并行处理以提高效率。

3.3 利用局域操作和经典通信的量子秘密共享

本节给出一种简单且有效的 QSS 模型，其中参与方仅使用局域操作和经典通信（Local Operations and Classical Communication，LOCC），换句话说，任何联合量子操作都是不需要的。这个 QSS 模型被称作 LOCC-QSS 模型。根据这个模型，一系列的 (k,n) 门限 LOCC-QSS 方案在文献[5]中被提出。它们的设计基于正交多体量子态的局域区分性。即：一对局域可以区分的正交多体量子态，可以被足够多的参与者使用 LOCC 区分但是不能被少于门限值 k 个参与者区分，这些量子态表示编码的秘密。

LOCC-QSS 这个话题非常有趣，同时它也带给我们一些有价值的研究点。首先，在文

献[5]中的(2,n)门限 LOCC-QSS 方案是不标准的 QSS 方案,因为它需要一个严格的限制条件,即两个合作方必须来自两个不相交的集合。一个很自然的问题——怎样设计一个标准的(2,n)门限 LOCC-QSS 方案是一个开放性问题。所有现存的(k,n)门限 LOCC-QSS 方案是都是带“坡度”(ramp)的 QSS 方案,即在这些方案中存在信息泄露。怎样量化这些信息泄露并且设计一个更少的信息泄露的(k,n)门限 LOCC-QSS 方案,甚至设计一个完美(即没有坡度)的(k,n)门限 LOCC-QSS 方案同样是一个有趣的话题。

这一节紧密围绕着上面的几个问题进行研究。一方面,研究了在 d-qudit 系统中正交多体纠缠态的性质。进而,一个标准的(2,n)门限 LOCC-QSS 方案被提出,即对两个参与者没有任何限制条件。另一方面,发现所有现存的(k,n)门限 LOCC-QSS 方案都是不完美的 QSS 方案,即授权子集可以得到共享秘密的部分信息。然后提出一个接近完美的(3,4)门限 LOCC-QSS 方案。

3.3.1 在高维系统中量子态的局域区分性

局域区分描述如下:假设多方共享一个多体量子态,它是从一个已知的正交量子态集合中秘密选取的。他们的目标是利用 LOCC 完美地识别出这个未知的量子态。现在我们利用限制的 LOCC(rLOCC)来讨论一对正交的多体纠缠态的区分性。这里 rLOCC 意思是仅参与方的一个子集被允许相互经典通信。

令$\{|0\rangle,|1\rangle,\cdots,|d-1\rangle\}$是 d 维 Hilbert 空间的标准正交基。考虑下面两个正交态$|\psi_1\rangle$,$|\psi_2\rangle$,它们可以作为 d−qudit 中推广的 Bell 态。

$$
\begin{aligned}
|\psi_1\rangle &= \frac{1}{\sqrt{d}}\sum_{j=0}^{d-1}|jjj\cdots j\rangle \\
|\psi_2\rangle &= \frac{1}{\sqrt{d}}\sum_{j=0}^{d-1}|j,j+1,j+2,\cdots,j+d-1\rangle
\end{aligned}
\tag{3-80}
$$

式中,“+”是模 d 加法。对 $d=2$,这两个态是著名的 Bell 态。现在证明公式(3-80)中的两个态具有下面的性质。

定理 3.1 公式(3-80)中的两个态$|\psi_1\rangle$,$|\psi_2\rangle$可以被不少于两方参与者合作利用 LOCC 精确分辨。但是它们不能仅被一方分辨。

证明:一方面,根据这两个态的形式,很容易得到分辨协议。所有的合作方(不少于两方)用计算基$\{|j\rangle\}_{j=0}^{d-1}$测量他们自己的粒子。如果它们得到相同的结果,那么他们共享的态一定是$|\psi_1\rangle$。否则如果他们有完全不同的结果,这个共享的态就是$|\psi_2\rangle$。

另一方面,对这两个态很容易计算出任意单粒子的约化密度矩阵都是$\boldsymbol{I}/d$,其中 $\boldsymbol{I}$ 是恒等算子。这就意味着仅有一方是不可能从自己的粒子中得到任何信息。即这两个态不能被仅有一方区分。证毕!

现在回忆一下稳定子态的概念[12]。在 d 维希尔伯特空间中推广的 Pauli 算子是:

$$
\begin{aligned}
\boldsymbol{X} &= \frac{1}{\sqrt{d}}\sum_{j=0}^{d-1}|j+1\rangle\langle j| \\
\boldsymbol{Z} &= \frac{1}{\sqrt{d}}\sum_{j=0}^{d-1}\omega^j|j\rangle\langle j|
\end{aligned}
\tag{3-81}
$$

这里 $\omega=e^{2\pi i/d}$。稳定子态$|\psi\rangle$是一个 n-qudit 系统中的态,它是 Pauli 群中 d^n 个可交换元素

的一个子群的共同的特征向量，其特征值均为 1，这里 Pauli 群除了恒等算子外不包含它的倍数，称这个子群是$|\psi\rangle$的稳定子 G。当 d 为素数，G 总是可以适当选择群中 n 个元素 $\boldsymbol{g}_j$ 生成，这里每一个 $\boldsymbol{g}_j$ 的阶是 d。$\{\boldsymbol{g}_j\}_{j=1}^{n}$ 被称作生成元集合。当 d 不是素数，在某些情况下可能需要超过 n 个生成元。

在 d-qudit 系统中，d 是一个素数。定义两个量子操作集合

$$
\begin{aligned}
S_1 &= \{\boldsymbol{g}_1, \boldsymbol{g}_1\boldsymbol{g}_2, \boldsymbol{g}_1\boldsymbol{g}_3, \cdots, \boldsymbol{g}_1\boldsymbol{g}_d\} \\
S_2 &= \{\boldsymbol{g}_1, \omega^{d-1}\boldsymbol{g}_1\boldsymbol{g}_2, \omega^{d-2}\boldsymbol{g}_1\boldsymbol{g}_3, \cdots, \omega\,\boldsymbol{g}_1\boldsymbol{g}_d\}
\end{aligned}
\tag{3-82}
$$

式中

$$
\begin{aligned}
\boldsymbol{g}_1 &= \boldsymbol{X} \otimes \boldsymbol{X} \otimes \boldsymbol{X} \otimes \cdots \otimes \boldsymbol{X} \\
\boldsymbol{g}_2 &= \boldsymbol{Z}^{d-1} \otimes \boldsymbol{Z} \otimes \boldsymbol{I} \otimes \cdots \otimes \boldsymbol{I} \\
\boldsymbol{g}_3 &= \boldsymbol{Z}^{d-1} \otimes \boldsymbol{I} \otimes \boldsymbol{Z} \otimes \cdots \otimes \boldsymbol{I} \\
&\vdots \\
\boldsymbol{g}_d &= \boldsymbol{Z}^{d-1} \otimes \boldsymbol{I} \otimes \boldsymbol{I} \otimes \cdots \otimes \boldsymbol{Z}
\end{aligned}
$$

根据稳定子的定义，很容易得到下面两个引理。

引理 3.1 在方程(3-82)中 S_i 的元素构成了量子态$|\psi_i\rangle$的稳定子的生成元，$i=1,2$。

很容易看出量子态$|\psi_2\rangle$是 S_1 的所有元素的局域特征值为 $\omega^j(j=0,\cdots,d-1)$的唯一的本征向量。因此有下面定理。

定理 3.2 如果一个未知量子态$|\psi_?\rangle$满足：$\boldsymbol{O}_i|\psi_?\rangle=\lambda_i|\psi_?\rangle$，$\forall\,\boldsymbol{O}_i\in S_1$。那么

(1) 本征值 $\lambda_i=1$ 当且仅当 $|\psi_?\rangle=|\psi_1\rangle$，$i=1,\cdots,d$；

(2) 本征值 $\lambda_i=\omega^{i-1}$当且仅当 $|\psi_?\rangle=|\psi_2\rangle$，$i=1,\cdots,d$。

注意到无论 d 是否为素数，这两个态$|\psi_1\rangle$，$|\psi_2\rangle$都是 S_1 的所有元素的本征向量。但是当 d 是素数时定理 3.2 才成立。这意味着这两个态可以被集合 S_1 利用特征值唯一确定。如果 d 不是素数，它们可能不能被集合 S_1 利用特征值唯一确定。

定理 3.3 在公式(3-83)中的两个正交纠缠态总是可以被不少于三方利用 LOCC 精确分辨，但是他们不能被两方或更少方利用 LOCC 精确分辨。

$$
\begin{aligned}
|\varphi_1\rangle &= \frac{1}{\sqrt{28}}\Big[\sum_{j=0}^{3}|jjjj\rangle + \sum_{P_i\in P}\boldsymbol{P}_i(|0123\rangle)\Big] \\
|\varphi_2\rangle &= \frac{1}{\sqrt{36}}\sum_{P_i\in \boldsymbol{P}k,\,j=0;k>j}\ \sum^{3}\boldsymbol{P}_i(|jjkk\rangle),
\end{aligned}
\tag{3-83}
$$

这里 $\boldsymbol{P}$ 是所有可能不同的置换。

证明： 所有合作方(不少于三方) 利用计算基$\{|j\rangle\}_{j=0}^{d-1}$测量他们自己的粒子。如果他们有相同的测量结果或者完全不同的测量结果，那么这个共享的态就是$|\varphi_1\rangle$。否则，如果存在两方他们有相同的测量结果，而其他方有与它们不同的结果，那么这个共享的态就是$|\varphi_2\rangle$。

另一方面，对这两个态很容易计算出任意一方有相同的约化密度矩阵 $\boldsymbol{I}/d$，其中 $\boldsymbol{I}$ 是 d 维系统中的恒等算子。这就意味着仅一方是不可能从自己的粒子中得到任何信息的。由于对称性，$|\varphi_1\rangle$的所有两体约化密度矩阵是相同的，$|\varphi_2\rangle$也是如此。利用最小错误态区分概率公式 $p=\frac{1}{2}(1+\mathrm{tr}|q_2\boldsymbol{\rho}_2-q_1\boldsymbol{\rho}_1|)$，这里 q_1，q_2 是先验概率，$\boldsymbol{\rho}_1$，$\boldsymbol{\rho}_2$ 是两个态，我们计算出任意两个参与方可以区分出这个态的概率是 0.5536。这意味着即使他们使用联合量子测量也

不能完美分辨出这两个量子态。因此这两个量子态不能被任意两方利用 LOCC 精确分辨。

3.3.2 LOCC-QSS 协议

假设发送者 Alice 想要 n 个不在一起的参与者 Bob_1，Bob_2，…，Bob_n 共享一个密钥。只有不少于 k 个参与者合作才可以恢复出共享的秘密。即设计一个(k,n)门限 QSS。这里我们仍然采纳文献[5]中基本的 LOCC-QSS 模型，因为这个基本的模型非常简单有效。为了可读性，这里仍使用相同的记号。

1. 标准的$(2,n)$门限 LOCC-QSS 方案

Step 1. Alice 首先制备很多$(L>n)$量子态，这些量子态是根据她的需求从公式(3-80)中这对正交的 n-qudit$(n=d)$纠缠态中选取的。我们用$|S(a,b_t)\rangle$记下制备态在每轮中的细节(轮数 t 是在时刻 t 制备的态$|S(a,b_t)\rangle$)。这里 a 表示 Alice 在时刻 $t(t=1,2,\cdots,L)$随机从一对正交态中选取的量子态，$b_t(b_t=1_t,2_t,\cdots,n_t)$表示在 t 时刻制备的 n 个 qudit 的位置，即制备态 a 的第 i 个位置被记为 $i_t(i=1,2,\cdots,n)$。

Step 2. 对每一个 Bob_i，Alice 随机制备一个不同的序列 $r_i=\Pi_i(1,2,\cdots,L)$并且根据序列 r_i 顺序发送第 i_t 个 qudit$(i=1,2,\cdots,n;t=1,2,\cdots,L)$给 Bob_i，这里 Π_i 是序列$(1,2,\cdots,L)$的任意排列。除了 Alice 没有人知道 Π_i 的任何信息。在收到相关的 qudit 串后，现在所有的接受者共享 L 个 n-qudit 纠缠态$|S[a,r(b_t)]\rangle$，这里 $r(b_t)=[\Pi_1(t),\Pi_2(t),\cdots,\Pi_n(t)]$。

Step 3. 现在 Alice 随机选择一些轮，记为$\{t_s\}_{s=1}^{u}(\subset\{1,2,\cdots,L\})$，同时计算关于$\{1,2,\cdots,u\}$的 n 个任意选择置换 p_i，仅她自己知道。那么她对 $Bob_i$$(i=1,2,\cdots,n)$制备序列 $C_i=\{\sigma_i(t_{p_i(s)}),\Pi_i(t_{p_i(s)})\}_{s=1}^{u}$，并发送给他。在 Bob_i 收到序列 C_i 后，他用 $\boldsymbol{\sigma}_i(t_{p_i(s)})$基去测量第 $\Pi_i(t_{p_i(s)})$个 qudit，然后发送测量结果 $v_i(t_{p_i(s)})$给 Alice。

这里 Alice 随机选择公式(3-82)中集合 S_1 中元素来确定 Bob_i 的测量基。现在我们解释这一点。首先对集合 S_1，$|\psi_1\rangle$和$|\psi_2\rangle$都是集合 S_1 元素的本征态。它们有如下关系：

$$\boldsymbol{O}_{t_s}|S[a,r(b_{t_{p(s)}})]\rangle=\lambda(a,t_s)|S[a,r(b_{t_{p(s)}})]\rangle,\ \forall\,\boldsymbol{O}_{t_s}\in S_1 \tag{3-84}$$

这里本征值 $\lambda(a,t_s)\in\{\omega^j\}_{j=0}^{n-1}$且 $r(b_{t_{p(s)}})=[\Pi_1(t_{p_1(s)}),\Pi_1(t_{p_1(s)}),\cdots,\Pi_n(t_{p_n(s)})]$。因此对 $\boldsymbol{O}_{t_s}$ 所有局域测量结果的乘积一定等于对应的特征值，即 $\lambda(a,t_s)=\Pi_{j=1}^{n}v_j(t_{p_j(s)})$。应该注意的是推广的 Pauli 算子 $\boldsymbol{X}$ 和 $\boldsymbol{Z}$ 并不是厄米的，因此 $\boldsymbol{X}$,$\boldsymbol{Z}$ 和 $\boldsymbol{O}_{t_s}$ 不能作为观测量。但是它们是酉算子，因为酉算子 $\boldsymbol{U}$ 与厄米算子 $\boldsymbol{H}$ 之间有关系 $\boldsymbol{U}=\exp(i\boldsymbol{H})$，且它们有相同的本征态，所以上面的测量总是可以利用厄米算子 $\boldsymbol{H}$ 作为观测量来完成。为了简单，粗略地说，可以使用 $\boldsymbol{U}$ 的本征态作为测量基来完成投影测量，且测量结果记为他们的本征态。

例如，如果 Alice 选择 $\boldsymbol{O}_{t_s}=\boldsymbol{g}_1\boldsymbol{g}_2\in S_1$，那么 $\boldsymbol{\sigma}_1(t_{p_1(s)})=\boldsymbol{XZ}^{d-1}$，$\boldsymbol{\sigma}_2(t_{p_2}(s))=\boldsymbol{XZ}$，$\boldsymbol{\sigma}_j(t_{p_j(s)})=\boldsymbol{X}(j=3,4,\cdots,n)$。$Bob_1$ 使用 $\boldsymbol{XZ}^{d-1}$的本征态作为测量基来完成投影测量，测量结果记为它的本征态。其他的 Bob_i 用相似的方法完成测量。如果未知的态是$|\psi_1\rangle$，则 $\Pi_{j=1}^{n}v_j(t_{p_j(s)})=1$，如果未知态是$|\psi_2\rangle$，则 $\Pi_{j=1}^{n}v_j(t_{p_j(s)})=\omega$。

在这一步中，非常重要的两点应该被强调。首先，当 Alice 为 Bob_i 准备 C_i 且把它发送给他，Bob_i 仍然并不知道哪 n 个 qudit 来自于同一个纠缠态。这点对具体的 LOCC-QSS 方案中检测窃听的设计非常关键。第二，Alice 开始发送 C_i 仅当所有接受者确认他们的所有的 L 个 qudit 已经收到。

Step 4. 对每一个选择轮 t_s，Alice 核对是否局域测量结果的乘积等于对应的本征值

$\lambda(a,t_s)$，即 $\lambda(a,t_s)=\Pi_{j=1}^{n}v_j(t_{p_j(s)})$。如果 $|S[a,r(b_{t_{p(s)}})]\rangle=|\psi_1\rangle$，则

$$\lambda(a,t_s)=+1,\ \forall \boldsymbol{O}_{t_s}\in S_1 \tag{3-85}$$

且如果 $|S[a,r(b_{t_{p(s)}})]\rangle=|\psi_2\rangle$，则

$$\lambda(a,t_s)=\begin{cases}1 & if\quad \boldsymbol{O}_{t_s}=\boldsymbol{g}_1\\ \omega & if\quad \boldsymbol{O}_{t_s}=\boldsymbol{g}_1\boldsymbol{g}_2\\ \cdots\cdots & \\ \omega^{d-1} & if\quad \boldsymbol{O}_{t_s}=\boldsymbol{g}_1\boldsymbol{g}_d\end{cases} \tag{3-86}$$

通过分析这些测量结果，Alice 可以很容易的检测到是否有窃听者存在。如果存在，她丢弃这个协议，重新从 Step 1 开始。

Step 5. 如果没有窃听者被检测到，那么 Alice 对各方宣布一个未测量态 $|S[a,r(b_t)]\rangle$ 的位置。Alice 根据她的秘密 a(=0 或 1)选择态 $|S[a,r(b_t)]\rangle$。经典比特值与正交图的映射关系是事先已经安全地协商好了的固定值。如果 Alice 的秘密多于一个比特，那么她公布一系列的未测量态 $|S[a,r(b_t)]\rangle$ 的位置。

根据定理 3.2，如果 d 是素数，根据特征值量子态 $|\psi_1\rangle$，$|\psi_2\rangle$ 能够被 S_1 唯一确定。这使得协议更加安全。另一方面，如果 d 不是素数，尽管 $|\psi_1\rangle$，$|\psi_2\rangle$ 不能被唯一确定，根据设计方法，协议依然是安全的。这将在安全性分析部分详细说明。

利用定理 3.1，这两个态可以被不少于两个合作方使用 LOCC 精确分辨，但是他们不能仅被一方分辨。因此，这是一个标准的 $(2,n)$ 门限 LOCC-QSS 方案。

例 1　在一个(2,3)门限 LOCC-QSS 方案中，一对量态为

$$\begin{aligned}|\psi_1\rangle&=\frac{1}{\sqrt{3}}(|000\rangle+|111\rangle+|222\rangle)\\ |\psi_2\rangle&=\frac{1}{\sqrt{3}}(|012\rangle+|120\rangle+|201\rangle)\end{aligned} \tag{3-87}$$

且 $S_1=\{\boldsymbol{X}^{\otimes 3},\boldsymbol{XZ}^2\otimes\boldsymbol{XZ}\otimes\boldsymbol{X},\boldsymbol{XZ}^2\otimes\boldsymbol{X}\otimes\boldsymbol{XZ}\}$。在标准的 $(2,n)$ 门限 LOCC-QSS 方案中这些步骤已经详细描述。这里仅考虑 Step 4。如果 $|S[a,r(b_t)]\rangle=|\psi_1\rangle$，那么

$$\lambda(a,t_s)=+1,\ \forall \boldsymbol{O}_{t_s}\in S_1$$

如果 $|S[a,r(b_t)]\rangle=|\psi_2\rangle$，那么

$$\lambda(a,t_s)=\begin{cases}1 & \text{if } \boldsymbol{O}_{t_s}=\boldsymbol{X}^{\otimes 3}\\ \omega & \text{if } \boldsymbol{O}_{t_s}=\boldsymbol{XZ}^2\otimes\boldsymbol{XZ}\otimes\boldsymbol{X}\\ \omega^2 & \text{if } \boldsymbol{O}_{t_s}=\boldsymbol{XZ}^2\otimes\boldsymbol{X}\otimes\boldsymbol{XZ}\end{cases}$$

2. 标准的(2,n)门限 LOCC-QSS 方案的安全性分析

这个标准的 $(2,n)$ 门限方案是安全的，因为在没有被检测到的情况下共享的秘密不可能被窃听。通常对窃听者 Eve(她可能是不诚实的 Bob)有三种窃听策略。现在考虑上面提出的方案在这三种攻击下的安全性。

第一种策略是“截获—测量—重发”，即当 Alice 发送粒子给 Bob_i 时，Eve 截获合法粒子且选择局域或全局的测量基去测量它们，然后重新把他们发送给 Bob_i。

① 如果 Eve 想要得到 Alice 的秘密，她可以利用全局操作选择并测量 n 个 qudit 去分辨这个未知的量子态。但是 Eve 并不知道哪 n 个 qudit 来自同一个纠缠态，因为 Alice 使用

排列 Π_i 打乱了 qudit 的顺序，除了 Alice 外没人知道 Π_i 的信息。因此如果 Alice 使用这种攻击，那么它将会在检测窃听时被检测到。

② 如果 Eve 想得到 Bob_i 的秘密，或者根据超过 t（门限值）个 Bob_i 的子秘密来得到 Alice 的秘密，她可以利用局域测量来测量一个或多个 qudit，但是量子态的关联性将会被破坏。例如，Eve 选择用计算基去局域测量未知态 $|\psi_?\rangle$，那么 $|\psi_?\rangle$ 塌缩成一个直积态，而这个直积态并不满足检测窃听的条件。这个攻击在检测窃听中将会被发现。

第二个策略是"截获—替换—重发"，即 Eve 截获合法粒子且利用假冒粒子替换掉它们。如果 Eve 逃脱 Alice 的检测，那么它将得到 Alice 的秘密。现在说明前面提出的方案在这种攻击下也是安全的。

① 如果 d 是一个素数，根据定理 3.2，Eve 不可能找到一个满足检测窃听的条件来替换掉合法粒子的量子态。

② 如果 d 不是素数，$|\psi_1\rangle$，$|\psi_2\rangle$ 不能被集合 S_1 唯一确定，即存在其他态满足 $\lambda(a,t_s)=\Pi_{j=1}^{n}v_j(t_{p_j(s)})$。但是 Alice 已经利用排列 Π_i 打乱了 qudit 的顺序，根据 Step 2 和 3，在检测窃听结束之前，除了 Alice 任何人不知道哪 n 个 qudit 来自同一个纠缠态，因此窃听者不能使用满足等式 $\lambda(a,t_s)=\Pi_{j=1}^{n}v_j(t_{p_j(s)})$ 的非法的态来替换掉 Alice 发送的态，否则这个窃听将会被 Alice 发现。

第三种策略是"纠缠—测量"，即 Eve 纠缠一个附加粒子到 n-qudit 上，在以后的某个时刻她可以测量这个附加粒子得到信息。不失一般性，假设 Eve 使用一个酉操作使得附加粒子 $|0\rangle$ 和量子态 $|\psi_i\rangle$ 纠缠，即 $\boldsymbol{U}\ |\psi_1\rangle_{\mathrm{B}}\ |0\rangle_{\mathrm{E}}=|\phi_1\rangle_{\mathrm{BE}}$，$\boldsymbol{U}\ |\psi_2\rangle_B\ |0\rangle_{\mathrm{E}}=|\phi_2\rangle_{\mathrm{BE}}$，其中下标 B 和 E 分别表示属于 Bob_i 和 Eve 的粒子。实际上这类攻击是最一般的，它包含上面两种攻击，现在证明如果没有错误引入到 QSS 过程中，合法粒子（B）与附加粒子（E）一定是不纠缠的。这就意味着 Eve 通过观测附加粒子不能得到秘密的信息。

① 如果 d 是素数，根据定理 3.2 知 $|\psi_1\rangle$，$|\psi_2\rangle$ 被集合 S_1 唯一确定，换句话说，$|\phi_i\rangle_{\mathrm{BE}}(i=1,2)$ 在 B 和 E 之间一定是不纠缠的，否则这个攻击将会被 Alice 以一定的概率检测到。

② 下面考虑 d 不是素数情况。首先，因此 Eve 不知道哪 n 个 qudit 来自同一个纠缠态，酉操作只能作用在 $|\psi_i\rangle$ 的一个 qudit 和附加粒子上。其次，注意到算子 $\boldsymbol{Z}^{\otimes n}$ 可以由 S_1 中元素生成，即 $\boldsymbol{Z}^{\otimes n}=\Pi_{i=1}^{n}\boldsymbol{O}_i$，$\boldsymbol{O}_i\in S_1$，则 $\lambda=\Pi_{i=1}^{n}\lambda_i$，其中 $\boldsymbol{Z}^{\otimes n}\ |\psi_i\rangle=\lambda\ |\psi_i\rangle$，$\boldsymbol{O}_i\ |\psi_i\rangle=\lambda_i\ |\psi_i\rangle$。因此仅当 $|\phi_i\rangle_{\mathrm{BE}}$ 满足由计算基测量 Bob_i 的所有测量结果的乘积等于 $\lambda\ (=1)$ 时，Eve 才可能逃脱 Alice 的检测。因此 $|\phi_1\rangle_{\mathrm{BE}}$ 和 $|\phi_2\rangle_{\mathrm{BE}}$ 的形式一定是 $|\phi_1\rangle_{\mathrm{BE}}=\sum_{j=0}^{d-1}|jj\cdots j\rangle_{\mathrm{B}}\ |\alpha_j\rangle_E$ 和 $|\phi_2\rangle_{\mathrm{BE}}=\sum_{j=0}^{d-1}|j,j+1,\cdots,j+d-1\rangle_{\mathrm{B}}\ |\beta_j\rangle_{\mathrm{E}}$，其中 $|\alpha_j\rangle_{\mathrm{E}}=\sum_{i=0}^{m-1}a_{ij}\ |i\rangle$，$|\beta_j\rangle_{\mathrm{E}}=\sum_{i=0}^{m-1}b_{ij}\ |i\rangle$。注意这里并没有限制 $|\alpha_j\rangle_{\mathrm{E}}$ 和 $|\beta_j\rangle_{\mathrm{E}}$ 的维数。下面将证明当参与者使用 $\boldsymbol{X}\otimes\boldsymbol{X}\otimes\cdots\otimes\boldsymbol{X}$ 基检测时，这个攻击将会被发现。利用傅里叶逆变换 $|j\rangle=\dfrac{1}{\sqrt{d}}\sum_{k=0}^{d-1}w^{-jk}\ |x_k\rangle$，考虑在傅里叶基下量子态 $|\phi_1\rangle_{\mathrm{BE}}$ 的 n 个 qudit 的形式，其中 $\{|j\rangle\}_{j=0}^{d-1}$ 是计算基，$\{|x_k\rangle\}_{k=0}^{d-1}$ 傅里叶基，$w=\mathrm{e}^{2\pi i/d}$。很容易计算这些项 $|x_0x_0\cdots x_0x_j\rangle_B(|\alpha_0\rangle+w^{-1\cdot j}\ |\alpha_1\rangle+w^{-2\cdot j}\ |\alpha_2\rangle+\cdots+w^{-(d-1)\cdot j}\ |\alpha_{d-1}\rangle)$，$j\neq 0$。显然这些项必须消失，即 $|\alpha_0\rangle+w^{-1\cdot j}\ |\alpha_1\rangle+w^{-2\cdot j}\ |\alpha_2\rangle+\cdots+w^{-(d-1)\cdot j}\ |\alpha_{d-1}\rangle=0$，$j\neq 0$。否则这种攻击将会被 Alice 发现。这就意味着 $(a_{ij})_{m\times d}\cdot(w_{ij})_{d\times(d-1)}=0$，其中

$$(a_{ij})_{m\times d}=\begin{pmatrix} a_{00} & a_{01} & \cdots & a_{0,d-1} \\ a_{10} & a_{11} & \cdots & a_{1,d-1} \\ \vdots & \vdots & \ddots & \vdots \\ a_{m-1,0} & a_{m-1,1} & \cdots & a_{m-1,d-1} \end{pmatrix},$$

$$(w_{ij})_{d\times(d-1)}=\begin{pmatrix} 1 & 1 & \cdots & 1 \\ w^{-1} & w^{-1\cdot 2} & \cdots & w^{-1\cdot(d-1)} \\ \vdots & \vdots & \ddots & \vdots \\ w^{-(d-1)} & w^{-(d-1)\cdot 2} & \cdots & w^{-(d-1)\cdot(d-1)} \end{pmatrix}.$$

因此 $\mathrm{rank}[(a_{ij})_{m\times d}]+\mathrm{rank}[(w_{ij})_{d\times(d-1)}]\leqslant d$。因为矩阵$(w_{ij})_{d\times(d-1)}$包含一个范德蒙子矩阵,其阶为 $d-1$,所以 $\mathrm{rank}[(w_{ij})_{d\times(d-1)}]=d-1$。这意味着$|\alpha_0\rangle=|\alpha_1\rangle=\cdots=|\alpha_{d-1}\rangle$(除了全局相位)。因此$|\phi_1\rangle_{BE}$在合法粒子与附加粒子之间是一个直积态。相似的讨论可以应用到$|\phi_2\rangle_{BE}$的讨论中,我们可以得到相同的结果。

直觉上,对非素数 d,尽管$|\psi_i\rangle$不能被集合 S_1 唯一确定,但这个方案依然是安全的,这让人有点吃惊。原因是 Alice 已经打乱了 qudits 的顺序,这使得满足窃听条件的态被排除了。如果酉操作仅作用到$|\psi_i\rangle$的一个 qudit 上和附加粒子上,那么根据上面的证明 Eve 不能得到任何信息。

3. 信息泄露的量化

设计一个完美的(k,n)门限 LOCC-QSS 方案是困难的(没有任何信息泄露)。目前存在的(k,n)门限 LOCC-QSS 方案都不是完美的 QSS 方案。我们尽力去量化这些信息泄露。

现在考虑对(k,n)门限 LOCC-QSS 方案的合谋攻击。如果存在 $l(<k)$个不诚实的 Bob_i,他们可以合作恢复出秘密,这种攻击称作合谋攻击。对(k,n)门限 LOCC-QSS 方案[11],根据下面两种意图,他们可以选择不同的方式去窃听。

(i) 无论窃听者是否得到共享的秘密,他们都不允许得到错误的秘密且不能干扰授权子集恢复出共享的秘密。为了简单起见,称这个窃听成功的概率为无错概率。

(ii) 为了得到尽可能多的共享秘密的信息,允许窃听者在态区分时发生的误差取到最优值且可以干扰授权子集恢复出共享的秘密。成功窃听的概率称为猜测概率。

为了简单起见,仅分析文献[5]中的例 3,即(5,6)门限 LOCC-QSS 方案。这很容易推广到一般的(k,n)门限 LOCC-QSS 方案。首先回忆一下原始方案的主要步骤。

Step 1. Alice 从一对正交 Dicke 态中随机选取量子态,Dicke 态如下:

$$|1,6\rangle=\frac{1}{\sqrt{6}}[|100000\rangle+|010000\rangle+|001000\rangle+|000100\rangle+|000010\rangle+|000001\rangle]$$

$$|3,6\rangle=\frac{1}{\sqrt{20}}[\sum_P \boldsymbol{P}(|111000\rangle)]$$

Step 4. 如果$|S[a,r(b_t)]\rangle=|1,6\rangle$,则

$$\lambda(a,t_s)=-1, if\ \boldsymbol{O}_{t_s}=\boldsymbol{Z}^{\otimes 6}$$

且如果$|S[a,r(b_t)]\rangle=|3,6\rangle$,则

$$\lambda(a,t_s)=\begin{cases}-1 & if\ \boldsymbol{O}_{t_s}=\boldsymbol{Z}^{\otimes 6} \\ +1 & if\ \boldsymbol{O}_{t_s}=\boldsymbol{X}^{\otimes 6}\ \text{or}\ \boldsymbol{Y}^{\otimes 6}\end{cases}$$

其他步骤都与标准的$(2,n)$门限 LOCC-QSS 相似。注意在原始(5,6)门限 LOCC-QSS

方案中存在一个错误，即如果$|S[a,r(b_t)]\rangle=|3,6\rangle$，则$\lambda(a,t_s)=+1,\forall \boldsymbol{O}_{t_s}\in\{\boldsymbol{X}^{\otimes 6},\boldsymbol{Y}^{\otimes 6},\boldsymbol{Z}^{\otimes 6}\}$。

现在考虑对(5,6)门限 LOCC-QSS 方案的合谋攻击。

合谋攻击的方法：这些不诚实的 Bob_i 忠实地执行着协议直到 Alice 相信没有窃听者。对意图(i)：当 Alice 宣布所有的未测量的态的 qubit 位置时，这 $l(<5)$ 个不诚实的 Bob_i 用计算基测量他们自己的粒子合作恢复出密钥。对意图(ii)：当 Alice 宣布所有的未测量的态的 qubit 位置时，利用最小错误区分这 $l(<5)$ 个不诚实的 Bob_i 使用联合测量去测量他们的 l 个粒子。

现在计算一下当 $l(<5)$ 参与者一起恢复出秘密时的这些概率。

(1) $l=4$. 对意图(i)：如果四个不诚实的 Bob_i 的局域测量结果是三个相同的$|1\rangle$和一个$|0\rangle$或者是两个$|1\rangle$和两个$|0\rangle$，他们可以确定这个态一定是$|3,6\rangle$。如果局域测量结果是四个相同的$|0\rangle$，他们可以确定这个态一定是$|1,6\rangle$。因此无错概率是 17/30。另一方面根据最小错误区分概率计算公式猜测概率是 0.7。即信息泄露率是 11.87%。

(2) $l=3$. 对意图(i)：如果三个不诚实的 Bob_i 的局域测量结果是三个$|1\rangle$或者是两个$|1\rangle$和一个$|0\rangle$，他们可以确定这个态一定是$|3,6\rangle$。无错概率是 1/4。对意图(ii)：猜测概率是 0.625，即信息泄漏率是 4.56%。

(3) $l=2$. 对意图(i)：如果两个不诚实的 Bob_i 的局域测量结果仅是两个$|1\rangle$，他们可以确定这个态一定是$|3,6\rangle$。无错概率是 1/10。对意图(ii)：猜测概率是 0.6167，即信息泄漏率是 3.97%。

(4) $l=1$. 显然无错概率是 0，猜测概率是 7/12，信息泄漏率是 2.01%。

所有的这些情况被表示在表 3-3 中，其中 l 是不诚实的 Bob_i 数量，p_u,p_g,r 分别是无错区分概率，测量概率和信息泄漏率。意图(i)非常有意思，因为如果无错概率是非零的话，不诚实的 Bob_i 总是可以以一定的非零概率精确的恢复出秘密，且他们并不干扰授权子集恢复共享的秘密。

表 3-3 (5,6)方案信息泄露率

l	1	2	3	4
p_u	0	1/10	1/4	17/30
p_g	0.5833	0.6167	0.625	0.7
r	2.01%	3.97%	4.56%	11.87%

现在引入两个参数 k_1,k_2 到(k,n)门限 LOCC-QSS 方案中，记为(k_1,k_2,k,n)，来描述信息泄露。它的意思是

(i) 任意小于 k_1 个参与者不能得到任何信息；

(ii) 任何 $l(k_1\leqslant l<k)$ 个参与者可以以大于 1/2 的猜测概率得到共享秘密；

(iii) 任意 $l(k_2\leqslant l<k)$ 个参与者可以以非零的无错概率得到共享的秘密。显然对不完美的 LOCC-QSS 方案，一定有 $1\leqslant k_1\leqslant k_2\leqslant k$。且 k_1,k_2 越接近 k，信息泄露就越少。对完美的 LOCC-QSS 方案，则 $k_1=k_2=k$。对上面的(5,6)门限 LOCC-QSS 方案，它被记作(1,2,5,6)门限 LOCC-QSS 方案。

最后说明基于文献[5]中的(k,n)门限 LOCC-QSS 模型，一个安全的(3,4)门限 LOCC-QSS 方案不可能被设计出来。因为门限 $k=n-r+1=3$，这一对态的距离[11] r 是 2。如果 Alice 选择的一对态包含 Dicke$|2,4\rangle$，那么另一个态是$|0,4\rangle$或$|4,4\rangle$，这与 Dicke 态定义矛盾。如果这一对态不包含$|2,4\rangle$，那么这一对态一定是$|1,4\rangle$和$|3,4\rangle$。在检测窃听阶段，仅条件 $\sigma_z^{\otimes 4}|m,4\rangle=(-1)^m|m,4\rangle$ ($m=1$ 或 3)可以被用于检测窃听。显示这是不安全的。因为窃听者 Eve 总是可以用计算基测量所有的 qubit，然后发送测量后的态给 Bob_i，但是 Alice 并不能发现 Eve 的窃听。

4. (3,4)门限 LOCC-QSS 方案

现在提出一个(3,4)门限 LOCC-QSS 方案，其中不诚实的 Bob_i 不能以非零的无错概率得到共享秘密。所有的步骤与$(2,n)$门限 LOCC-QSS 方案相似，因此仅说明差异。

Step 1. Alice 制备量子态，所需要的量子态对在方程(4)中。

Step 4. 如果$|S[a,r(b_{t_{p(s)}})]\rangle=|\varphi_1\rangle$，那么 $\lambda(a,t_s)=+1,\ \forall \boldsymbol{O}_{t_s}\in S'$，且如果 $|S[a,r(b_{t_{p(s)}})]\rangle=|\varphi_2\rangle$，则 $\lambda(a,t_s)=+1,\ \forall \boldsymbol{O}_{t_s}\in S'$，其中

$$S'=\{\boldsymbol{X}\otimes\boldsymbol{X}\otimes\boldsymbol{X}\otimes\boldsymbol{X},\boldsymbol{Z}^2\otimes\boldsymbol{Z}^2\otimes\boldsymbol{Z}^2\otimes\boldsymbol{Z}^2\}$$

因为$|\varphi_1\rangle$和$|\varphi_2\rangle$都是 S'中元素的本征值为 1 的本征态。

根据定理 3.3，可知这是一个(3,4)门限 LOCC-QSS 方案。利用方程(3-82)中两个态的形式，很容易看出对任意 $l(l<3)$个不诚实的 Bob_i 无错概率是零。根据定理 3.3 的证明，可知当 $l=1$ 时猜测概率是零，当 $l=2$ 时，猜测概率是 0.5536。信息泄漏率是 0.83%。因此这个方案可以记为(2,3,3,4)门限 LOCC-QSS 方案，它接近于一个完美的(3,4)门限 LOCC-QSS 方案。

在文献[13]中，Gheorghiu 等人同样利用 LOCC 提出了一个有效的 QSS 方案，它是基于量子纠错码来分发量子秘密的。在他们的方案中，他们通过消耗一些经典通信来约化量子通信。但是我们的方案是基于量子态区分来分发经典秘密。并且在秘密的恢复阶段任何的联合量子操作和量子通信都是不需要的。尽管这些方案都用到了 LOCC，但是他们的本质是完全不同的。

3.3.3 结束语

在这一节中，基于 d-qudit 系统中正交多体纠缠态在 rLOCC 下的区分性，给出了一个标准的$(2,n)$门限 LOCC-QSS 方案，这解决了文献[5]中的开放性问题。另外，以(5,6)门限 LOCC-QSS 方案为例，说明了所有现存的 LOCC-QSS 方案都是不完美的。然后提出了一个(3,4) 门限 LOCC-QSS 方案，它是一个接近完美的 QSS 方案。希望这些结果能鼓励研究者们去研究一般的(k,n)门限 LOCC-QSS 方案。

3.4 对 KKI 量子秘密共享协议的安全性分析

1999 年，Karlsson 等[6]提出了一个新颖的量子秘密共享协议。为了描述简洁，以下称之为 KKI 协议。事实上，KKI 协议的功能完全可以利用混合协议(QKD& 经典秘密共享)来实现。众所周知，安全性是密码协议最重要的要求，那么在安全性方面 KKI 协议和混合协议哪个更好呢？本节分析 KKI 协议的安全性，计算窃听者所能获得最优信息量与错误率

函数。并进一步与混合协议的安全性比较，结果发现 KKI 中攻击者在特定错误率下能获得更多的信息，因此混合协议可以更好地抵抗个体攻击。

3.4.1 KKI 协议简介

首先简单介绍 KKI 协议[6]。该协议的原理与 BB84 协议类似，都是利用了非正交态的不可区分性，不同的是 BB84 协议利用的是单粒子非正交态，而 KKI 协议利用的是非正交的纠缠态。

消息分发者 Trent 随机产生两组非正交态 $\{|\psi^+\rangle, |\phi^-\rangle\}$ 或 $\{|\Psi^+\rangle, |\Phi^-\rangle\}$，$|\psi^+\rangle$，$|\Psi^+\rangle$ 对应经典信息 0，$|\phi^-\rangle$，$|\Phi^-\rangle$ 对应经典信息 1。其中

$$\begin{aligned}|\psi^+\rangle &= \frac{1}{\sqrt{2}}(|+z\rangle|-z\rangle+|-z\rangle|+z\rangle)\\ &= \frac{1}{\sqrt{2}}(|+x\rangle|+x\rangle-|-x\rangle|-x\rangle)\end{aligned} \tag{3-88}$$

$$\begin{aligned}|\phi^-\rangle &= \frac{1}{\sqrt{2}}(|+z\rangle|+z\rangle-|-z\rangle|-z\rangle)\\ &= \frac{1}{\sqrt{2}}(|+x\rangle|-x\rangle+|-x\rangle|+x\rangle)\end{aligned} \tag{3-89}$$

$$\begin{aligned}|\Psi^+\rangle &= \frac{1}{\sqrt{2}}(|\phi^-\rangle+|\psi^+\rangle)\\ &= \frac{1}{\sqrt{2}}(|+z\rangle|+x\rangle+|-z\rangle|-x\rangle)\\ &= \frac{1}{\sqrt{2}}(|+x\rangle|+z\rangle+|-x\rangle|-z\rangle)\end{aligned} \tag{3-90}$$

$$\begin{aligned}|\Phi^-\rangle &= \frac{1}{\sqrt{2}}(|\phi^-\rangle-|\psi^+\rangle)\\ &= \frac{1}{\sqrt{2}}(|+z\rangle|-x\rangle-|-z\rangle|+x\rangle)\\ &= \frac{1}{\sqrt{2}}(|+x\rangle|-z\rangle-|-x\rangle|+z\rangle)\end{aligned} \tag{3-91}$$

Trent 将两个粒子分别发送给两个代理 Alice 和 Bob。Alice 和 Bob 随机选择 $\boldsymbol{Z}$ 或 $\boldsymbol{X}$ 基测量各自的粒子。为了保证安全，Trent 选择部分粒子用于检测窃听，他要求 Alice 和 Bob 首先公开这些检测粒子的测量结果，然后公开测量基(注意，为了保证 Alice 和 Bob 的公平性，要求他们的公开顺序随机，并且先公开测量结果的后公开测量基)。Trent 对比自己的初始态，计算错误率，如果错误率超过一定的数值，则认为存在窃听，放弃此次通信。否则，Alice 和 Bob 公开其余粒子的测量基，Trent 公开其初始基，以一半的概率，Alice 和 Bob 的测量结果与 Trent 的初始态具有关联，如表 3-4 所示。因此 Alice 和 Bob 合作就可以推出 Trent 的量子态。

表 3-4　Alice 和 Bob 测量结果与 Trent 初始态之间的关系

Alice/Bob	$+z$	$-z$	$+x$	$-x$
$+z$	$\|\phi^-\rangle$	$\|\psi^+\rangle$	$\|\Psi^+\rangle$	$\|\Phi^-\rangle$
$-z$	$\|\psi^+\rangle$	$\|\phi^-\rangle$	$\|\Phi^-\rangle$	$\|\Psi^+\rangle$
$+x$	$\|\Psi^+\rangle$	$\|\Phi^-\rangle$	$\|\psi^+\rangle$	$\|\phi^-\rangle$
$-x$	$\|\Phi^-\rangle$	$\|\Psi^+\rangle$	$\|\phi^-\rangle$	$\|\psi^+\rangle$

3.4.2 安全性分析

下面我们计算攻击者所能获得的最优信息量与错误率函数。这里只考虑个体攻击，而不考虑集体攻击和联合攻击。正如文献[12]所述，不诚实的参与者比其他外部攻击者具有很多优势。如果一个 QSS 协议能够抵抗不诚实的参与者的攻击则一定能抵抗所有攻击者的攻击，从而协议是安全的。因此在秘密共享中，应当主要分析参与者攻击。不失一般性，我们假定攻击者是 Bob，她具有无限的计算能力且可以执行任何量子力学允许的操作。为了独自获得 Trent 的秘密，Bob 采取最一般的攻击策略：当 Trent 发送两列粒子后，Bob 截获他们并对其附加粒子纠缠，然后 Bob 发送一个粒子给 Alice，保留其他粒子用于提取秘密信息。Bob 可能执行的酉操作可以表示为如下形式：

$$\begin{aligned}\boldsymbol{U}|\phi^-\rangle|\chi\rangle&=|+z\rangle|\varepsilon_{00}\rangle+|-z\rangle|\varepsilon_{01}\rangle\\ \boldsymbol{U}|\psi^+\rangle|\chi\rangle&=|+z\rangle|\varepsilon_{10}\rangle+|-z\rangle|\varepsilon_{11}\rangle\end{aligned}\tag{3-92}$$

式中，$|+z\rangle=|0\rangle$，$|-z\rangle=|1\rangle$。第一个粒子为 Alice 收到的，其他粒子在 Bob 手里。$|\varepsilon_{i,j}\rangle$，$i,j\in\{0,1\}$表示 Bob 执行 $\boldsymbol{U}$ 操作后的量子态，它既不是归一的也不是正交的。

由 U 操作的酉性得到如下限制条件：

$$\begin{aligned}\langle\varepsilon_{00}|\varepsilon_{10}\rangle+\langle\varepsilon_{01}|\varepsilon_{11}\rangle&=0\\ \langle\varepsilon_{00}|\varepsilon_{00}\rangle+\langle\varepsilon_{01}|\varepsilon_{11}\rangle&=1\\ \langle\varepsilon_{10}|\varepsilon_{10}\rangle+\langle\varepsilon_{11}|\varepsilon_{11}\rangle&=1\end{aligned}\tag{3-93}$$

与文献[14-16]类似，Bob 最明智的做法就是采用相同的方法对待所有四种量子态，即 Bob 的攻击必须使得每种初始态下的每一种结果都是等概率出现，否则，Trent 和 Alice 采用精确的数据分析（如 Trent 对每一种初始态比较 Alice 得到不同结果的概率）可以发现其攻击痕迹。举例来说，对于初始态 $|\phi^-\rangle=|0\rangle|\varepsilon_{00}\rangle+|1\rangle|\varepsilon_{01}\rangle=\frac{1}{\sqrt{2}}|+x\rangle(|\varepsilon_{00}\rangle+|\varepsilon_{01}\rangle)+\frac{1}{\sqrt{2}}|-x\rangle(|\varepsilon_{00}\rangle-|\varepsilon_{01}\rangle)$，无论 Alice 选择使用哪种测量基（$\boldsymbol{Z}$ 或 $\boldsymbol{X}$）测量她的粒子，得到每个结果（0 或 1）的概率都是 1/2，所以要求

$$\begin{aligned}\langle\varepsilon_{00}\mid\varepsilon_{00}\rangle=\langle\varepsilon_{01}\mid\varepsilon_{01}\rangle=\frac{1}{2}\\ \langle\varepsilon_{00}+\varepsilon_{01}\mid\varepsilon_{00}+\varepsilon_{01}\rangle=\langle\varepsilon_{00}-\varepsilon_{01}\mid\varepsilon_{00}-\varepsilon_{01}\rangle=1\end{aligned}\tag{3-94}$$

相似地，对于其他三种初始态$|\psi^+\rangle$，$|\Psi^+\rangle$，$|\Phi^-\rangle$有相同的要求，所以得到如下限制

$$\langle\varepsilon_{00}\mid\varepsilon_{00}\rangle=\langle\varepsilon_{01}\mid\varepsilon_{01}\rangle=\langle\varepsilon_{10}\mid\varepsilon_{10}\rangle=\langle\varepsilon_{11}\mid\varepsilon_{11}\rangle=\frac{1}{2}$$

$$\langle \varepsilon_{00} \mid \varepsilon_{01} \rangle = \langle \varepsilon_{00} \mid \varepsilon_{10} \rangle = \langle \varepsilon_{10} \mid \varepsilon_{11} \rangle = \langle \varepsilon_{01} \mid \varepsilon_{11} \rangle = 0$$
$$\langle \varepsilon_{00} \mid \varepsilon_{11} \rangle + \langle \varepsilon_{01} \mid \varepsilon_{10} \rangle = 0 \tag{3-95}$$

Bob 就是从这四个量子态$|\varepsilon_{ij}\rangle$和其线性组合态中提取信息。显然，不管 Bob 如何选择 $\boldsymbol{U}$ 操作，$|\varepsilon_{ij}\rangle$量子态及其组合的空间最多有四个独立的矢量，即这四个量子状态$|\varepsilon_{ij}\rangle$最多可以张成一个四维的空间。不失一般性，可以选择一个基矢$|e_m\rangle$，$m\in\{0,1,2,3\}$表示$|\varepsilon_{ij}\rangle$为

$$|\varepsilon_{00}\rangle = \frac{1}{\sqrt{2}}|e_0\rangle \tag{3-96}$$

$$|\varepsilon_{01}\rangle = \frac{1}{\sqrt{2}}|e_1\rangle \tag{3-97}$$

$$|\varepsilon_{10}\rangle = \frac{1}{\sqrt{2}}(a|e_1\rangle + b|e_2\rangle + c|e_3\rangle) \tag{3-98}$$

$$|\varepsilon_{11}\rangle = \frac{1}{\sqrt{2}}(-a|e_1\rangle + c|e_2\rangle - b|e_3\rangle) \tag{3-99}$$

其中，a,b,c 是实数并且满足 $a^2+b^2+c^2=1$。

与 BB84 协议的最优攻击[14]类似，为了充分利用 Trent 和 Alice 的公开信息，Bob 的最优攻击策略就是在 Trent 和 Alice 公开其经典信息后再测量其粒子。然而，根据 KKI 协议，在检测窃听过程中，Bob 和 Alice 必须首先声明检测粒子的测量结果，然后再公开所有粒子(包括检测粒子和信息粒子)的测量基。因此，在这种情况下，Bob 最明智的操作如下：

(1) 对于检测粒子，Bob 必须在 Alice 和 Tren 公开之前就公开自己的测量结果，因此他不能利用该延迟的信息。为了降低被检测的概率，Bob 执行某种测量，并且根据测量结果公开经典信息。(注意这种测量并不限制为 KKI 协议中 $\boldsymbol{Z}$ 或 $\boldsymbol{X}$ 基测量，可以是任何量子力学允许的测量。)

(2) 对于信息粒子，为了充分利用 Alice 的测量基信息和 Trent 的集合信息，Bob 声明一个随机的 $\boldsymbol{Z}$ 或 $\boldsymbol{X}$ 序列伪造其测量基(这些测量基是假的，事实上，Bob 并没有测量任何信息粒子，甚至没有确定采用什么测量方法测量其粒子)。

下面具体解释 Bob 对检测粒子的操作。显然，Bob 的窃听有可能扰动检测粒子系统，为了降低被发现的概率，Bob 可以选择两个引入错误最小的测量(称为 i 测量)替换 KKI 协议中的 $\boldsymbol{Z}$ 或 $\boldsymbol{X}$。这里并不关心 $\boldsymbol{Z}'$ 和 $\boldsymbol{X}'$ 具体是什么，只关心这种测量引入的最小错误率。事实上，两个已知态被区分的最小错误率是确定的，只与两个态的状态相关而与测量无关。现在计算 Bob 区分其量子态引入的最小错误率。

首先考虑 Bob 执行 $\boldsymbol{Z}'$ 测量，这种测量使得 Bob 以最大概率对 $\boldsymbol{Z}$ 基下的测量给出正确的声明。根据协议，Bob 首先声明自己的测量结果(0 或 1 表示$+z$ 或$-z$)，然后公开自己的测量基 $\boldsymbol{Z}$。如果他们三方的结果可以用于检测窃听，那么 Bob 的测量基、Alice 的测量基以及 Trent 的初始态之间的关系一定满足表 3-4。也就是说，当 Trent 的初始态是$|\phi^-\rangle$或$|\psi^+\rangle$时，Alice 的测量基一定是 $\boldsymbol{Z}$，相反地，如果 Trent 的初始态是$|\Phi^-\rangle$或者$|\Psi^+\rangle$时，Alice 的测量基一定是 $\boldsymbol{X}$；否则他们的结果没有确定的关系，从而被丢弃。因此 Bob 可以知道她手中的粒子可能处于的状态。例如，假的初始态是 $\boldsymbol{U}|\phi^-\rangle|\chi\rangle=|0\rangle|\varepsilon_{00}\rangle+|1\rangle|\varepsilon_{01}\rangle$(Alice 的测量基是 $\boldsymbol{Z}$)，如果没有错误发生，Bob 的量子态$|\varepsilon_{00}\rangle$或$|\varepsilon_{01}\rangle$应当分别对应其声明的结果$|0\rangle$，

$|1\rangle$。由于 Trent 发送的初始态是随机的，因此 Bob 的量子态以等概率处于以下 8 个状态：

$$
\begin{aligned}
&|\varphi_1\rangle=|e_0\rangle\\
&|\varphi_2\rangle=-a|e_0\rangle+c|e_2\rangle-b|e_3\rangle\\
&|\varphi_3\rangle=\frac{1}{2}[(1-a)|e_0\rangle-(1+a)|e_1\rangle-(b-c)|e_2\rangle-(c+b)|e_3\rangle]\\
&|\varphi_4\rangle=\frac{1}{2}[(1-a)|e_0\rangle+(1+a)|e_1\rangle+(b+c)|e_2\rangle+(c-b)|e_3\rangle]\\
&|\varphi_5\rangle=|e_1\rangle\\
&|\varphi_6\rangle=a|e_1\rangle+b|e_2\rangle+c|e_3\rangle\\
&|\varphi_7\rangle=\frac{1}{2}[(1+a)|e_0\rangle+(1-a)|e_1\rangle-(b+c)|e_2\rangle-(c-b)|e_3\rangle]\\
&|\varphi_8\rangle=\frac{1}{2}[(1+a)|e_0\rangle-(1-a)|e_1\rangle+(b-c)|e_2\rangle+(c+b)|e_3\rangle]
\end{aligned}
\tag{3-100}
$$

可以看到，前四个态 $|\varphi_1\rangle,\cdots,|\varphi_4\rangle$ 对应 Bob 的正确结果 $|0\rangle$，后四个态对应 $|1\rangle$。因此为了判断应该给出哪个结果，Bob 需要区分两个混合量子态 $\boldsymbol{\rho}_{+z}$ 和 $\boldsymbol{\rho}_{-z}$. 它们的先验概率是相等的，状态如下：

$$\boldsymbol{\rho}_{+z}=\frac{1}{4}[|\varphi_1\rangle\langle\varphi_1|+|\varphi_2\rangle\langle\varphi_2|+|\varphi_3\rangle\langle\varphi_3|+|\varphi_4\rangle\langle\varphi_4|]\tag{3-101}$$

$$\boldsymbol{\rho}_{-z}=\frac{1}{4}[|\varphi_5\rangle\langle\varphi_5|+|\varphi_6\rangle\langle\varphi_6|+|\varphi_7\rangle\langle\varphi_7|+|\varphi_8\rangle\langle\varphi_8|]\tag{3-102}$$

根据文献[17]的计算方法，Bob 区分两种结果 $+z$ 和 $-z$ 的最小错误概率是

$$
\begin{aligned}
P_E&=\frac{1}{2}-\frac{1}{2}\mathrm{Tr}\sqrt{(p_{+z}\rho_{+z}-p_{-z}\rho_{-z})^{\dagger}(p_{+z}\rho_{+z}-p_{-z}\rho_{-z})}\\
&=\frac{1}{2}-\frac{1}{2}\mathrm{Tr}\sqrt{\left(\frac{1}{2}\rho_{+z}-\frac{1}{2}\rho_{-z}\right)^{\dagger}\left(\frac{1}{2}\rho_{+z}-\frac{1}{2}\rho_{-z}\right)}
\end{aligned}
\tag{3-103}
$$

将式(3-101)和式(3-102)代入式(3-103)，得到

$$P_E=\frac{1+a}{4}\tag{3-104}$$

由于 $-1\leqslant a\leqslant 1$，所以 $0\leqslant D\leqslant\frac{1}{2}$。

考虑 Bob 执行 $\boldsymbol{X}'$ 测量区分结果 $|+x\rangle$，$|-x\rangle$，利用相似的方法，可得 Bob 区分 $|+x\rangle$，$|-x\rangle$ 的最小错误概率也是 $\frac{1+a}{4}$。因此 Bob 的窃听操作引入的全部错误就是

$$D=\frac{1+a}{4}\tag{3-105}$$

下面计算 Bob 能够从自己的信息粒子获得的有关 Trent 初始态的最大信息 I^{TB}。正如上面提到的，当 Trent 要求 Bob 公开自己的信息粒子的测量基时，Bob 公布一个伪造的序列，事实上，那时他并没有测量任何粒子。而且 Bob 可以得到 Alice 和 Trent 的公开信息，并因此决定如何测量其信息粒子以获得最大信息。类似地，只需要关心 Bob 所能获得的最大信息而不是测量过程。

根据 Trent 的初始态集合不同以及 Alice 的测量不同，可以分为四种不同的情况。首先考虑第一种情况：Trent 展示其初始态集为 $\{|\phi^-\rangle,|\psi^+\rangle\}$，并且 Alice 的测量基是 $\boldsymbol{Z}$ 基。

那么 Bob 的态将等概率地塌缩为如下四种量子态之一：

$$
\begin{aligned}
|\omega_1\rangle &= |e_0\rangle \\
|\omega_2\rangle &= |e_1\rangle \\
|\omega_3\rangle &= a|e_1\rangle + b|e_2\rangle + c|e_3\rangle \\
|\omega_4\rangle &= -a|e_0\rangle + c|e_2\rangle - b|e_3\rangle
\end{aligned}
\tag{3-106}
$$

前两个量子态对应初始态 $|\phi^-\rangle$，其他量子态对应初始态 $|\psi^+\rangle$。为了推导出 Trent 的初始态是 $|\phi^-\rangle$ 还是 $|\psi^+\rangle$，Bob 需要区分如下两个混合态：

$$\boldsymbol{\rho}_{\phi^-} = \frac{1}{2}[|\omega_1\rangle\langle\omega_1| + |\omega_2\rangle\langle\omega_2|] \tag{3-107}$$

$$\boldsymbol{\rho}_{\psi^+} = \frac{1}{2}[|\omega_3\rangle\langle\omega_3| + |\omega_4\rangle\langle\omega_4|] \tag{3-108}$$

采用类似的方法，得到区分 Trent 秘密的最小错误

$$Q_{\min} = \frac{1}{2} - \frac{1}{2}\sqrt{1-a^2} \tag{3-109}$$

根据 Shannon 信息理论，Trent 和 Bob 之间的互信息可以表示为

$$I^{\mathrm{TB}} = 1 + Q\log Q + (1-Q)\log(1-Q) \tag{3-110}$$

其中 Q 是区分 Trent 秘密的错误率。

至此已经得到第一种情况下，Trent 和 Bob 的互信息表达式。计算其他三种情况，可以得到相同的结果。因此，Bob 可以获得的最大信息是

$$I^{\mathrm{TB}} = 1 + \frac{1-\sqrt{1-a^2}}{2}\log\frac{1-\sqrt{1-a^2}}{2} + \frac{1+\sqrt{1-a^2}}{2}\log\frac{1+\sqrt{1-a^2}}{2} \tag{3-111}$$

由式(3-105)和式(3-111)可以看到，信息和扰动都是变量 a 的函数，因此可以计算出信息和扰动之间的函数关系 $I(D)$，如图 3-3 所示。为了进行比较，图 3-3 中也给出了 BB84 协议对应的信息—扰动函数[6]。显然地，我们得到的曲线从头至尾都在 BB84 曲线之上，这意味着 KKI 协议的安全性不如混合方案的高。为了解释得更清楚，考虑一个和 KKI 协议达到相同目标的混合方案：三方首先利用 BB84 协议建立两个随机密钥 k_1 和 k_2，k_1 属于 Trent 和 Alice，k_2 属于 Trent 和 Bob；然后 Trent 生成一个随机密钥 R，计算 $S(S=R\oplus M)$，并利用一次一密技术将 R 和 S 用 k_1 和 k_2 分别加密后发送给 Alice 和 Bob，这样 Alice 和 Bob 合作就可以重构 Trent 的秘密 $M(M=R\oplus S)$。如果不诚实的参与者 Bob 想要窃取 Trent 的秘密，唯一的方法就是窃听 Trent 和 Alice 的密钥 k_1。文献[16]已经表明采用这种方法窃听，获得所有信息将会引入 1/2 的错误率。然而在 KKI 协议中，可以看到 Bob 获得所有信息只需要引入 1/4 的错误率。因此结果表明 KKI 的安全性相对较差。

大家可能认为上述比较不公平，因为混合方案与 KKI 中扰动的计算方法不同。然而，我们强调，两者中扰动的度量标准是一致的。它们都采用文献[18]的度量标准，即扰动是参与者能够发现不一致的概率(错误率)。在混合方案中，当输入态是 $|z^+\rangle$ 或 $|z^-\rangle$ ($|x^+\rangle$ 或 $|x^-\rangle$)，测量基为 z (x)时，测量一定可以发现不一致。因此错误率就反映为输入和输出态保真度的函数。这里我们没有讨论 Eve 的最优测量是因为由于 Eve 不能参与检测窃听过程，所以他的任何测量都不能改变可检测的不一致率。然而在 KKI 协议中，攻击者 Bob 是窃听检测的参与者，他可以通过最优测量和说谎以减少不一致结果的概率，因此协议的不一致率不能直接由输入态和输出态的保真度表达。本节中我们利用最小错误区分计算最小的

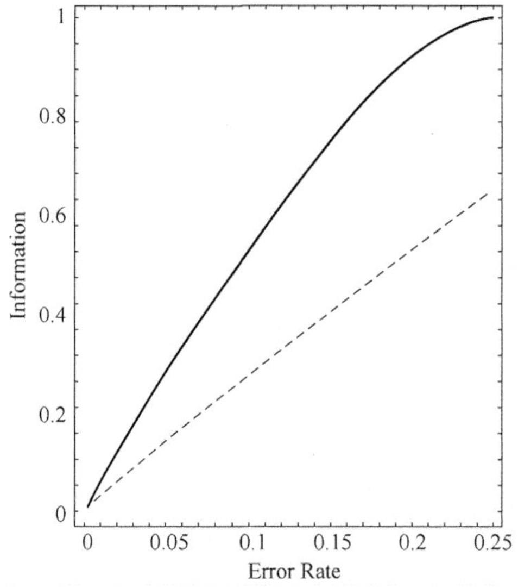

图 3-3 窃听者获得的信息量与引入的错误率之间的关系。虚线表示对应 BB84[16] 攻击情况的函数关系。

不一致率。需要强调的是两个态被区分的最小错误率是由两个态的状态决定的。总之，两种分析都是计算了窃听者能够引入的最小错误率，因此上述比较是公平的。

显然，由于 KKI 协议中窃听者也是参与者，他可以利用最优测量降低错误率，因此本节的分析要比文献[14]更为复杂。也正是由于窃听者参与了检测窃听过程，使得 KKI 协议抵抗个体攻击的能力比混合方案弱。以我们之见，QSS 协议的安全程度不会超过对应的混合方案，本节的结果也说明了这个观点。因此 QSS 的研究可以转化为 QKD 和经典秘密共享协议的研究。

3.4.3 结束语

本节分析了一个具有代表性的量子秘密共享协议 KKI[6] 协议的安全性。利用通用的分析模型和混合态区分原理，得到了不诚实参与者攻击时所能获得的最优信息—扰动函数。通过与相同条件下的混合方案比较，得到重要的结论：KKI 协议不如混合方案安全。因此尽管 KKI 协议的效率更高，但是考虑到安全性，混合方案应该是更好的选择。

3.5 一类利用单光子的量子秘密共享协议的安全性

最近有学者提出了一种仅利用单粒子和单粒子局域酉操作就可以实现任意的多方量子秘密共享[19]协议，简记为 ZLM 协议。与基于多粒子纠缠的量子秘密共享协议相比，该协议更加经济可行。因此，该协议引起了一些学者的关注，并对其安全性进行了深入研究，一些针对该协议的攻击策略和相应的改进策略[20-22]陆续被提出。但是，这些改进策略对一类新的伪信号替换攻击[23-25]仍然是无效的，一些改进策略也被提出以抵抗这类新的攻击。本节首先用一个模型描述 ZLM 类协议，接着在该模型下分析了协议安全的条件，最后研究了如何在该模型下构造协议以满足所给出的条件。

3.5.1 一般模型

假定 s 为安全参数，l 为秘密分发者 Alice 的秘密 M(经典比特)的长度。ZLM 类协议可以用如下模型来描述：

(1) 第一个秘密共享者 Bob_1 制备 $l+s$ 个单粒子$\bigotimes_{i=1}^{l+s}|0\rangle_i$，接着对于每一个单粒子$|0\rangle_i$ $(i=1,2,\cdots,l+s)$，他随机从一个集合 S 中选择一个酉操作 $\boldsymbol{U}_i^1$ 作用在该粒子上，这里 S 表示作用在二维希尔伯特空间上的一些酉操作的集合。接着他将执行酉操作后的 $l+s$ 个单粒子$\bigotimes_{i=1}^{l+s}\boldsymbol{U}_i^1|0\rangle_i$ 发送给下一个秘密共享者 Bob_2。

(2) 收到这 $l+s$ 个单粒子$\bigotimes_{i=1}^{l+s}\boldsymbol{U}_i^1|0\rangle_i$ 后，Bob_2 首先判断是否每个粒子确实为单粒子，若不是，他放弃该协议；否则，对于每一个单粒子 $\boldsymbol{U}_i^1|0\rangle_i(i=1,2,\cdots,l+s)$，他也从集合 S 中选择一个酉操作 $\boldsymbol{U}_i^2$ 作用在该粒子上，并将执行酉操作后的 $l+s$ 个单粒子$\bigotimes_{i=1}^{l+s}\boldsymbol{U}_i^2\boldsymbol{U}_i^1|0\rangle_i$ 发送给秘密共享者 Bob_3。秘密共享者 Bob_3 执行和 Bob_2 类似的操作，如此重复，直到最后一个秘密共享者 Bob_n 完成他的操作，并将操作后的 $l+s$ 个粒子返回 Alice。

(3) 收到所有秘密共享者操作后的 $l+s$ 个单粒子$\bigotimes_{i=1}^{l+s}\boldsymbol{U}_i^n\cdots\boldsymbol{U}_i^2\boldsymbol{U}_i^1|0\rangle_i$ 后，Alice 首先判断是否每个粒子确实为单粒子，若不是，她放弃该协议；否则，她随机选择 s 个样本粒子进行窃听检测。具体地，她首先公布这 s 个样本粒子的位置，然后对于每一个样本粒子，她以随机的顺序选择让 n 个秘密共享者告诉她他们对该样本粒子的酉操作，接着根据 n 个秘密共享者的操作，她执行相应的逆酉操作于该样本粒子上，并用 $\boldsymbol{Z}$-基测量该粒子，如果她得到测量结果为$|0\rangle$，则她认为没有错误发生。她根据这 s 个样本粒子的测量结果计算出错误率，如果该错误率超过某个预先制定的阈值，则认为信道存在窃听，并放弃该协议；否则，她继续执行下面的编码操作。

(4) Alice 通过执行酉操作 $\boldsymbol{I}$ 或 $\boldsymbol{U}$ 将秘密 M 编码在剩下的 l 个单粒子上，这里

$$\boldsymbol{I}=|0\rangle\langle 0|+|1\rangle\langle 1|,\boldsymbol{U}=|0\rangle\langle 1|-|1\rangle\langle 0| \tag{3-112}$$

即如果秘密比特为“0”，她执行酉操作 $\boldsymbol{I}$；否则，执行酉操作 $\boldsymbol{U}$。编码结束后，Alice 将这 l 个单粒子发送给其中一个秘密共享者，不妨设为 Bob_k，其中 $k\in\{1,2,\cdots,n\}$。

(5) Alice 公布部分秘密比特来检测这 l 个编码单粒子在发送给 Bob_k 的过程中是否受到攻击。如果受到攻击，她放弃分发的秘密 M；否则，关于秘密 M 的共享成功完成。

(6) 当所有 n 个秘密共享者都同意恢复 Alice 的秘密 M，他们可以一起合作通过选择恰当的基测量所有 l 个编码单粒子的方法推断出 Alice 的编码操作，进而恢复 Alice 的秘密 M。

3.5.2 安全性条件

正如文献[20,21,24]中所述，在 QSS 协议中，秘密共享者也可能是不诚实的，因此 QSS 的安全性要比 QKD 和 QSDC 的安全性复杂得多。与外部的攻击者相比，不诚实的秘密共享者有很多优势。首先，他们知道部分合法消息。其次，他们在窃听检测过程中有可能通过说谎掩饰他们的欺骗。因此，QSS 协议的安全性分析可以简化为阻止不诚实的秘密共享者窃取秘密分发者的秘密。而且，对于 QSS，必须满足只有授权群体可以恢复秘密分发者的秘密，任何未授权群体不能获得任何关于秘密分发者的秘密信息。因此，对于上述模型下的 QSS 协议，即使任何 $n-1$ 个秘密共享者合作，都不能获得关于秘密分发者 Alice 的秘密 M

的任何信息,该协议才算是安全的。接下来,我们分析在3.5.1节所给模型下,使得QSS协议安全的条件。

在3.5.1节所给模型下,QSS的安全性包括两个方面:秘密共享者所选择的酉操作(即子秘密)的保密性和未授权群体对秘密M的不可恢复性,而两者之间又存在着紧密的联系。

首先分析秘密共享者的子秘密的安全性条件,即除了秘密共享者Bob_i($i\in\{1,2,\cdots,n\}$)自己,任何人不能获得他所选择的酉操作$\boldsymbol{U}^i$。为了获得Bob_i作用在某个粒子上的酉操作$\boldsymbol{U}^i$,攻击者必须从集合S中区分出$\boldsymbol{U}^i$。一些试图从集合S中区分出$\boldsymbol{U}^i$的攻击策略[20-22]已经被提出,这些攻击策略可以分为两类:一类[21,22]通过发送多粒子信号给Bob_i,另一类[20,22]发送最大纠缠态的一个粒子给Bob_i。对于第一类攻击策略,Bob_i可以借助一些特殊的物理装置来防止,如特殊的滤波器和光分束器。对于第二类攻击策略[20,22],由于Bob_i仅收到一个粒子,所以他无法借助物理装置判断该粒子是否合法,因此抵抗这种攻击的唯一方法是当集合S的酉操作分别作用在同一个单粒子上,所得的量子态不可区分,这样攻击者无法判断出Bob_i究竟执行了什么操作。通过上述分析,我们可以发现确保秘密共享者的子秘密安全的必要条件是每个秘密共享者有能力判断是否每个量子信号仅包含一个单粒子,并且集合S中的酉操作分别作用在任何一个单粒子或任何一个纠缠态的一个粒子上,所得的量子态不可区分。

其次分析秘密分发者Alice分发秘密的安全性条件,即除了所有秘密共享者合作,其他任何人无法恢复秘密M。要想窃取Alice的秘密M,攻击者必须能够区分Alice的编码操作,即必须区分酉操作$\boldsymbol{I}$或$\boldsymbol{U}$。一个直接区分$\boldsymbol{I}$或$\boldsymbol{U}$的途径是攻击者直接窃取并测量编码后的l个单粒子,然而由于攻击者不知道所有秘密共享者作用在编码粒子上的加密操作,所以在这种情况下,攻击者必须能够判断出该编码粒子的量子态处在以下哪个量子态集合

$$S_1=\{|\chi\rangle\,|\,|\chi\rangle=\boldsymbol{I}\overline{\boldsymbol{U}}|0\rangle,\overline{\boldsymbol{U}}\in S\} \tag{3-113}$$

$$S_2=\{|\chi'\rangle\,|\,|\chi'\rangle=\overline{\boldsymbol{U}\boldsymbol{U}}|0\rangle,\overline{\boldsymbol{U}}\in S\} \tag{3-114}$$

这等价于区分这两个量子态集合S_1和S_2,然而通过简单的计算我们可以发现集合S_1和S_2是线性相关的,因此根据文献[26]中给出的结论,即使是明确区分这两个集合也是不可能的。另外一种途径是攻击者发送假粒子给Alice,但是这时候攻击者必须能够躲避Alice在编码前的检测。文献[22,23-25]的攻击策略正是通过这种途径进行的,这些攻击也可以分为两类:一类[22]通过在每个原始信号粒子中插入间谍粒子(如不可见光)的方法窃取Alice的秘密,另一类[23-25]发送假粒子(最大纠缠态的一个粒子)给Alice。第一类攻击策略可以利用特殊的物理设备来避免[22],然而,对于第二类攻击策略,目前还没有有效的解决方法。下面我们来介绍这种攻击策略的基本原理:

在步骤(2),不诚实的共享者Bob_n发送$l+s$个假粒子(如Bell态$|\Phi^+\rangle$的其中一个粒子)给Alice,同时他存储所有Bell态$|\Phi^+\rangle$的另外一个粒子和收到的原始的$l+s$个粒子。在步骤(3),当某个粒子被Alice选作样本粒子进行窃听检测,Bob_n首先对存储的相应原始粒子和Bell态$|\Phi^+\rangle$的另外一个粒子执行联合正交投影测量,通过这种方法,原始粒子的量子态就被传递到他发送的假粒子上,两者仅差一个酉操作,而Bob_n刚好可以通过声明该酉操作掩盖他的欺骗,因此这种欺骗不会引入任何错误。在步骤(4),当Alice编码后,Bob_n再截获这些假粒子,并对这些粒子和存储的Bell态$|\Phi^+\rangle$的另外一个粒子执行Bell测量,从而可以根据测量结果轻易地获取Alice的秘密M。

抵抗这种攻击的一种简单方法是确保编码粒子的传输安全，即保证 Alice-Bob_k信道的安全，然而如果 Bob_k 也是不诚实的，它可能和 Bob_n 合作，那么这种方法显然不再有效。Deng 等[24]利用诱骗态的方法提出了一种解决办法，该方法通过在窃听检测中限制不诚实共享者参与的方法提高了存在类似攻击的许多 QSS 协议的安全性。然而，这种方法对于 3.5.1 节所给模型下的 QSS 协议无效，这是因为，在步骤(3) Alice 执行窃听检测中，必须有 Bob_n的参与。Gao[25]也对如何抵抗这种攻击进行了深入研究，但他的方法只适用于只有两个秘密共享者的情况。

据此，在 3.5.1 节所给模型下，当秘密共享者个数比较大时，还没有有效的方法抵抗第二类攻击[23-25]。下面分析如何解决该问题，因为 Alice 无法通过物理设备来区分 Bob_n发送粒子的真伪，所以抵抗这类攻击的唯一途径是限制 Bob_n的声明，即 Bob_n不能通过声明恰当酉操作的方法掩饰他的欺骗。设 S_U 表示由 Bob_n的联合正交投影测量对应的四个酉操作的集合，则抵抗这类攻击的一个必要条件是

$$S_U \subseteq S \tag{3-115}$$

例如，假定 S_U 的三个元素在 S 中，而另外一个不在 S 中，但该元素是其他三个的乘积。在这种情况下，当需要声明这个不在 S 中的酉操作时，Bob_n可以通过联合另外两个不诚实的共享者 Bob_{n-1}，Bob_{n-2}通过分别声明三个在 S 中的酉操作的方法掩饰他们的欺骗。因此，所给条件对于抵抗不诚实共享者的个体攻击的情况下是充分的，而对于不诚实共享者的联合攻击是不充分的。设(S)表示由 S 中所有元素以及所有这些元素可能的乘积组成的集合，则可得抵抗第二类攻击的充分必要条件是对于任何一个对应于联合正交投影测量的酉操作集合 S_U，有

$$S_U \subseteq (S) \tag{3-116}$$

综合本小节分析，可知在 3.5.1 节所给模型下，一个安全的 QSS 协议必须满足以下条件：

(i) 秘密分发者 Alice 和每一个秘密共享者必须能够判断是否一个量子信号仅包含一个信号粒子；

(ii) 集合 S 中的酉操作分别作用在任何一个单粒子或任何一个纠缠态的一个粒子上，所得的量子态不可区分；

(iii) 集合 S_1 和 S_2 不可区分；

(iv) $S_U \nsubseteq (S)$。

3.5.3 安全协议的构造方法

根据 3.5.2 节给出的条件，可以看出，在 3.5.1 节所给模型下，构造安全 QSS 协议的关键是选择一个合适的加密操作集合 S。下面分析如何选择满足条件(ii)～(iv)的集合 S。首先可以看出要想使得集合 S 满足条件(ii)和(iii)，则集合 S 中的元素不能太少；其次，当集合 S 中的元素比较多时，可能不满足条件(iv)，而且在这种情况下，集合 S_U 可能有很多种选择，因而如何证明该集合 S 满足条件(iv)也是比较困难的。

首先，我们给出集合 S 满足条件(iv)的一个充分条件。由于 S_U 为某个正交投影测量对应的四个酉操作组成的集合，所以对于 $\forall \boldsymbol{U}_i, \boldsymbol{U}_j \in S_U, i \neq j$，都有

$$\Theta(\boldsymbol{U}_i^{\dagger}\boldsymbol{U}_j) = \pi \tag{3-117}$$

这里，$U_i^\dagger$ 为表示 U_i 的厄米共轭算子，$\Theta(U_i^\dagger U_j)$表示在单位圆上包含酉算子 $U_i^\dagger U_j$ 所有本征值的最小弧。因此，集合 S 满足条件(iv)的一个充分条件是对于 $\forall U_i,U_j\in(S)$，$i\neq j$，都有

$$\Theta(U_i^\dagger U_j)<\pi \tag{3-118}$$

其次，我们分析在满足条件(ii)和(iii)的情况下，集合 S 应满足的必要条件。

定理 3.4 假定集合 S 满足条件(ii)和(iii)，$|(S)|$表示集合(S)中元素的个数，则必有

$$|(S)|\geqslant 3 \tag{3-119}$$

证明： 若$|(S)|=1$，则集合 S 中必然仅包含一个元素，显然此时不满足条件(ii)或(iii)；若$|(S)|=2$，则集合 S 中必然至多包含两个元素，我们已经证明 S 中仅包含一个元素时不满足条件(ii) 或(iii)，因此我们仅考虑 S 中包含两个元素的情况，在这种情况下，必有

$$S=(S) \tag{3-120}$$

根据群理论，集合 S 中元素对酉操作的乘积运算必然构成一乘法群，而且，集合 S 一定是如下形式

$$S=\{I,U'\} \tag{3-121}$$

这里，I 为恒等算子，U'为一酉操作且满足 $U'^2=I$，即 U'对乘法的逆元是它自身。通过简单的计算可得

$$\Theta(I^\dagger U')=\pi \tag{3-122}$$

根据文献[27]的结论，这时操作 I 和 U'可以通过作用在一个适当的单粒子或一个最大纠缠态的一个粒子上进行区分，因此，这时仍然不满足条件(ii)和(iii)。

定理 3.4 给出了集合 S 满足(ii)和(iii)时，集合(S)中元素的个数必不少于 3。一个自然的问题是是否存在集合 S，当$|(S)|=3$ 时，该集合 S 满足所有条件(ii)～(iv)。其实，这样的集合 S 是存在的，定理 3.5 回答了这个问题。

定理 3.5 设集合

$$S=\left\{U(0),U\left(\frac{2}{3}\pi\right),U\left(\frac{4}{3}\pi\right)\right\}, \tag{3-123}$$

这里，$U(\theta)=\cos\theta|0\rangle\langle 0|-\sin\theta|0\rangle\langle 1|+\sin\theta|1\rangle\langle 0|+\cos\theta|1\rangle\langle 1|$，$\theta=0,\frac{2}{3}\pi,\frac{4}{3}\pi$，则该集合 S 满足所有条件(ii)～(iv)。

证明： 根据定理条件，有

$$U(0)^2=U(0) \tag{3-124}$$

$$U\left(\frac{2}{3}\pi\right)^2=U\left(\frac{4}{3}\pi\right) \tag{3-125}$$

$$U\left(\frac{4}{3}\pi\right)^2=U\left(\frac{2}{3}\pi\right) \tag{3-126}$$

$$U\left(\frac{2}{3}\pi\right)U\left(\frac{4}{3}\pi\right)=U(0) \tag{3-127}$$

由式(3-124)～式(3-127)可知，$S=(S)$，$|(S)|=3$，而且，集合 S 对于酉操作的代数运算构成了一个乘法群，下面分别证明此时 S 满足条件(ii)～(iv)。

首先证明集合 S 满足条件(ii)，由于

$$\Theta\left(U(0)^\dagger U\left(\frac{2}{3}\pi\right)\right)=\Theta\left(U(0)^\dagger U\left(\frac{4}{3}\pi\right)\right)=\Theta\left(U\left(\frac{2}{3}\pi\right)^\dagger U\left(\frac{4}{3}\pi\right)\right)=\frac{2}{3}\pi<\pi \tag{3-128}$$

根据文献[27]的结论，此时无法通过仅仅作用在一个粒子上一次来区分集合 S 中的三个操作。因此，集合 S 满足条件(ii)。

其次证明集合 S 满足条件(iii)，由于

$$S_1=\{|0\rangle,\cos\frac{2}{3}\pi|0\rangle+\sin\frac{2}{3}\pi|1\rangle,\cos\frac{4}{3}\pi|0\rangle+\sin\frac{4}{3}\pi|1\rangle\}\qquad(3\text{-}129)$$

$$S_2=\{-|1\rangle,-\cos\frac{2}{3}\pi|1\rangle+\sin\frac{2}{3}\pi|0\rangle,-\cos\frac{4}{3}\pi|1\rangle+\sin\frac{4}{3}\pi|0\rangle\}\qquad(3\text{-}130)$$

通过简单的计算，此时集合 S_1 和 S_2 是线性相关的，根据文献[26]的结论，区分集合 S_1 和 S_2 是不可能的。因此，集合 S 满足条件(iii)。

最后证明集合 S 满足条件(iv)，根据式(3-118)和式(3-128)式知：集合 S 满足我们给出的充分条件，因此满足条件(iv)。

值得注意的是定理 3.5 仅证明了当集合(S)仅包含三个元素时，是可以找到满足条件(ii)～(iv)的集合 S，但并不意味着当集合(S)包含不少于三个元素时，集合 S 一定就满足条件(ii)～(iv)。

因此，通过构造满足所有条件(ii)～(iv)的集合 S，很容易在 3.5.1 节所给模型下设计出一个安全的 QSS 协议。

3.5.4 结束语

本节首先给出了一类利用单光子秘密共享协议的一般安全模型，接着分析了该模型下抵抗目前攻击的方法，最后给出了一种在该模型下设计安全协议的方法。

本章参考文献

[1] 秦素娟. 量子秘密共享协议的设计与分析. 北京邮电大学，2008.

[2] Shamir A. How to share a secret. Communications of the ACM，1979，22：612.

[3] Blakley G. R. Safeguarding cryptographic keys. In Proceedings of Proceedings of the National Computer Conference AFIPS Press, New York，1979，313-317.

[4] Hillery M., Buzek V., and Berthiaume A. Quantum secret sharing. Physical Review A，1999，59：1829.

[5] Rahaman R, Parker M G. Quantum scheme for secret sharing based on local distinguishability. Physical Review A, 2015，91(2)：022330.

[6] A. Karlsson, M. Koashi, and N. Imoto. Quantum entanglement for secret sharing and secret splitting. Physical Review A，1999，59：162.

[7] F. G. Deng and G. L. Long, Secure direct communication with a quantum one-time-pad, Physical Review A，2004，69：052319.

[8] Chefles A. Unambiguous discrimination between linearly independent quantum states.

Physics Letter A,1998,239:9.

[9] M. Hein, J. Eisert, H.J. Briegel, Physical Review A,2004,69:062311.

[10] C.H. Bennett, G. Brassard, in: Proc. of IEEE International Conference on Computers, Systems and Signal Processing, Bangalore, India, IEEE, New York, 1984,175.

[11] Y. Yang, Y. Wang, H. Chai, Y. Teng, H. Zhang, Opt. Commun,2011,284:3479.

[12] Hostens E, Dehaene J, De Moor B. Stabilizer states and Clifford operations for systems of arbitrary dimensions and modular arithmetic. Physical Review A, 2005, 71 (4):042315.

[13] Gheorghiu V, Sanders, B C. Accessing quantum secrets via local operations and classical communication. Physical Review A, 2013,88(2):022340.

[14] C. A. Fuchs, N. Gisin, R. B. Griffiths, et al. Optimal eavesdropping in quantum cryptography . 1. Information bound and optimal strategy. Physical Review A, 1997, 56:1163.

[15] D. Bruss. Optimal eavesdropping in quantum cryptography with six states. Physical Review Letters,1998,81:3018.

[16] D. Bruss and C. Macchiavello. Optimal eavesdropping in cryptography with three-dimensional quantum states. Physical Review Letters,2002,88:127901.

[17] C. W. Helstrom. Quantum Detection and Estimation Theory Academic Press Inc. , U.S, 1976.

[18] C. A. Fuchs and A. Peres. Quantum-state disturbance versus information gain: Uncertainty relations for quantum information. Physical Review A,1996,53:2038.

[19] Z. J. Zhang, Y. Li, and Z. X. Man. Multiparty quantum secret sharing. Physical Review A,2005,71:044301.

[20] S. J. Qin, F. Gao, Q. Y. Wen, et al. Improving the security of multiparty quantum secret sharing against an attack with a fake signal. Physics Letters A, 2006,357:101.

[21] F. G. Deng, X. H. Li, H. Y. Zhou, et al. Improving the security of multiparty quantum secret sharing against Trojan horse attack. Physical Review A, 2005, 72:044302.

[22] F. G. Deng, X. H. Li, H. Y. Zhou, et al. Erratum: Improving the security of multiparty quantum secret sharing against Trojan horse attack [Phys. Rev. A 72, 044302 (2005)]. Physical Review A,2006,73:049901.

[23] S. J. Qin, F. Gao, Q. Y. Wen, et al. A special attack on the multiparty quantum secret sharing of secure direct communication using single photons. Optics Communications,2008,281:5472.

[24] F. G. Deng, X. H. Li, P. Chen, et al. Fake-signal-and-cheating attack on quantum secret sharing. e-print: quant-ph/0604060 (2006).

[25] G. Gao. Reexamining the security of the improved quantum secret sharing scheme. Optics Communications, 2009, 282: 4464.

[26] S. Y. Zhang and M. S. Ying. Set discrimination of quantum states. Physical Review A, 2002, 65: 062322.

[27] R. Y. Duan, Y. Feng, and M. S. Ying. Entanglement is not necessary for perfect discrimination between unitary operations. Physical Review Letters, 2007, 98: 100503.

第 4 章　量子安全多方计算

安全多方计算在实际中有广泛的应用，尤其是在电子信息领域，比如网上拍卖、电子商务和数据挖掘等等。一般地，安全多方计算是指 m 个参与方共同计算一个函数 $f(x_1, x_2, \cdots, x_n)$ 的函数值，其中 $x_i (1 \leqslant i \leqslant m)$ 是参与方 P_i 拥有的秘密数值。协议的目的是通过参与者们的合作来完成计算任务，同时每个人的秘密数据不会泄露给其他人。协议安全是指协议执行后除函数值本身的信息外，不泄露其他信息。此外，当存在恶意参与者时，协议的安全性也应该不被破坏。

随着量子力学的发展，量子密码学得到了越来越多的关注，安全多方计算（SMC，也称安全函数计算）作为密码学的重要分支也成为量子密码学的研究对象。然而，量子安全多方计算协议没有像量子密钥分发协议那样取得非常辉煌的理论和实验成果，人们在设计其协议的过程中遇到了一些困难。尤其重要的是在 20 世纪 90 年代，Mayers[1] 和 Lo-Chau[2] 分别指出之前的量子多方计算协议因为基于不可靠的比特承诺方案，而有安全问题。但是这并没有阻碍人们对这一领域的研究。一些解决特殊问题的安全多方计算协议已经被设计出来，例如量子多方求和、量子内积计算和比较信息相等的量子协议等等。

本章从多方安全计算最经典的姚氏百万富翁问题[3]入手，研究量子安全多方计算。4.1 节研究量子百万富翁协议，给出了一个可以解决百万富翁问题的量子保密比较（Quantum Private Comparison，QPC）方案。4.2 节提出了能够抵抗集体噪声的采用联合测量保密比较协议，给出能够抵抗不同类型噪声的协议，并从外部攻击和参与者攻击两方面给出了它们的安全性分析；4.3 节则提出了三个既能够实现排序功能又能够保证用户匿名性的量子匿名多方多数据排序协议，并给出了它们的安全性分析。

4.1　量子百万富翁协议

百万富翁问题，它是指两个百万富翁想在不暴露自己财富值的前提下知道谁更富有。实际上是一个比较大小问题在科学计算中，比较大小是一个基本问题，所以百万富翁问题在安全多方计算中是一个十分重要的问题。杨宇光老师等基于 Bell 态和秘密哈希函数，提出了一个在第三方帮助下完成保密比较的协议[4]。陈秀波老师等基于 GHZ 态和单光子测量设计了一种量子保密比较协议[5]。这些协议都是比较信息是否相等，即可以用来检测信息的一致性。

文献[6,7]给出了关于匿名投票和匿名调查的量子协议。在协议中，投票人和计票人共享一个纠缠态，每个投票都是通过变换纠缠态的相位值来实现的。由于纠缠态的物理性质，存储在相位中的信息只能通过对所有粒子进行联合测量才能够提取，从而起到了对投票者身份的匿名作用。在协议的最后，所有选票的总和可以在不泄露每个人投票值的前提下被统计出来。

在文献[6,7]的启发下，本节给出了一个可以用于解决百万富翁问题的方案。需要具体说明一点，该方案还适用于更一般的情形，即两方比较 n 对数值(对于百万富翁问题 $n=1$)。在协议中，秘密数值只需通过局域酉操作就可以编码到纠缠态的相位中，但只有联合测量才能提取出相位中的信息。和文献[4,5]相似，需要借助于第三方的帮助来完成协议。第三方通常用来制备量子态，执行测量操作和公布测量的结果。另外，第三方的存在对提高协议效率和提供公平性方面有很大的作用。也正是由于其在协议中的重要性，才会像文献[7]中的方案一样，很难让比较结果对第三方也是保密的。值得一提的是，本节设计的方案在不借助任何经典密码工具的前提下，使得比较结果对秘密拥有者以外的所有其他人都保密，其中也包括第三方。

4.1.1 协议描述

Yao 给出如下情景[3]：两个百万富翁 Alice 和 Bob 分别拥有 a 百万元和 b 百万元，其中 $1<a,b<10$。他们想在不泄露自己财富值的基础上，知道彼此之间谁更富有。本文考虑一个更一般的比较情形：Alice 有一个向量 $\alpha=(a_1,a_2,\cdots,a_n)$，Bob 有一个向量 $\beta=(b_1,b_2,\cdots,b_n)$，其中 $1<a_i,b_i<N(i=1,\cdots,n)$ 是整数且 N 是一个足够大的数。他们想知道各自向量中每对 a_i,b_i 的大小关系如何。与陈等秀波老师的协议类似，本节的方案需要借助一个半诚实的(诚实但好奇的)第三方 Trent。其含义是 Trent 会严格地按照协议的步骤执行，但是他可能会保留过程中间的数据，根据他掌握的数据来猜测其他人的秘密信息。在半诚实模型中，通常假设半诚实参与者不会和敌手串通。换句话说，Trent 也不会和 Alice 或者 Bob 合谋。

本协议中使用的量子态如下：

$B1=\{|j\rangle\}_{j=0}^{d-1}$ 和 $B2=\frac{1}{\sqrt{d}}\left\{\sum_{k=0}^{d-1}\exp(i\theta k\cdot j)\ |k\rangle\right\}_{j=0}^{d-1}$ 是 d 级量子系统中两组非正交基，其中 $\theta=\frac{2\pi}{d}$。

使用的量子载体是如下形式的 d 级纠缠

$$|\varphi_0\rangle=\frac{1}{\sqrt{d}}\sum_{k=0}^{d-1}|k\rangle|k\rangle|k\rangle \tag{4-1}$$

假设 x 是一个整数，对应 x 的相位旋转算符记为

$$\boldsymbol{U}_x=\sum_{k=0}^{d-1}\exp(i\theta k\cdot x)\ |k\rangle\langle k| \tag{4-2}$$

对 $|\varphi_0\rangle$ 态中的任意一个粒子执行 $\boldsymbol{U}_x$ 操作后，量子态变为

$$|\varphi_x\rangle=\frac{1}{\sqrt{d}}\sum_{k=0}^{d-1}\exp(i\theta k\cdot x)|k\rangle|k\rangle|k\rangle \tag{4-3}$$

不难发现量子态 $\{|j\rangle|j\rangle|j\rangle\}_{j=0}^{d-1}$ 构成了 d 维子空间的一组正交基，此外 $\{|\varphi_x\rangle\}_{x=0}^{d-1}$ 是这个空间上的另一组正交基。

众所周知，通过单粒子操作不能提取出量子态中包含的相位信息，只有借助对所有粒子

作用的联合测量才可以。与文献[4,5]相同，$|\varphi_0\rangle$相位中存储的信息可以利用下面的操作$\hat{\boldsymbol{T}}$来提取：

$$\hat{\boldsymbol{T}}=\sum_{t=0}^{d-1}t\mid T_t\rangle\langle T_t\mid \tag{4-4}$$

式中，$|T_t\rangle=\frac{1}{\sqrt{d}}\sum_{m=0}^{d-1}\exp(i\theta m\cdot t)|m\rangle|m\rangle|m\rangle$且$\langle T_s|T_t\rangle=\delta_{st}$。事实上，对应$x=0,\cdots,d-1$时式(4-3)所表示的量子态是可观测量$\hat{\boldsymbol{T}}$的全部特征态，并且$|T_t\rangle\langle T_t|$是$\hat{\boldsymbol{T}}$本征空间上对应本征值$t$的投影算符。

通过下面的例子可以更好地理解算符$\hat{\boldsymbol{T}}$。当用$\hat{\boldsymbol{T}}$测量式(4-3)表示的量子态时，测量值是

$$\langle\varphi_x|\hat{\boldsymbol{T}}|\varphi_x\rangle=x(\mathrm{mod}\ d) \tag{4-5}$$

若$0\leqslant x\leqslant d-1$，此时的测量结果恰好就是相位中存储的信息。

本协议具有以下性质：

安全性：是指协议执行后，Alice 和 Bob 可以得到正确的结果。然而，除了公布结果所包含的信息外，关于某个a_i或b_i的信息不会泄露。协议过程中，所有的恶意行为都会被发现。

保密性：是指比较的结果是保密的。尽管协议是在半诚实第三方的帮助下执行的，但是他也不能知道比较结果。也就是说，除了 Alice 和 Bob 外没有人可以从 Trent 公布的信息推断出比较结果。

公平性：本节的协议是公平的，因为 Alice 和 Bob 在 Trent 的协助下可以同时知道比较结果。这种设计比 Bob 先得到结果再告诉 Alice 更合理些。

现在，给出协议的具体步骤。

(S1) Alice 和 Bob 秘密地共享一个随机比特串$r_1r_2\cdots r_n$，其中$r_i\in\{0,1\}i=1,\cdots,n$。这些秘密的经典比特可以通过不同方式共享，比如他们可以私下执行掷币协议来获得，或者事先执行量子密钥分发方案来分配。

(S2) Trent 制备n个量子态序列，每个量子态处于式(4-3)所表示的三粒子纠缠态，$|\varphi_0\rangle_i=\frac{1}{\sqrt{d}}\sum_{k=0}^{d-1}|k\rangle_{T_i}|k\rangle_{A_i}|k\rangle_{B_i}$式中，下标$T_i$，$A_i$和$B_i$分别对应 Trent、Alice 和 Bob。在方案中为了得到确定的比较结果，要求$d=2N$。接下来，Trent 将每个态中的第二个粒子选出来组成一个有序序列 SA$=\{A_1,A_2,\cdots,A_n\}$，将所有第三个粒子组成序列 SB$=\{B_1,B_2,\cdots,B_n\}$，剩下的粒子构成序列 ST$=\{T_1,T_2,\cdots,T_n\}$。然后，Trent 把序列 SA、SB 分别发送给 Alice 和 Bob，自己保留序列 ST。为了防止窃听，Trent 在传输的序列 SA 和 SB 中随机加入 decoy 粒子，每个粒子随机处于集合 B1 或者 B2 中的某个态。

(S3) Alice 和 Bob 公开确认收到全部粒子。然后他们检测传输过程中是否存在窃听。检测步骤如下：Trent 分别告诉 Alice 和 Bob 序列 SA 和 SB 中 decoy 粒子的位置和制备基。然后 Alice(Bob)用 Trent 公布的基来测量检测粒子，并公布她(他)的测量结果。因为检测粒子是由 Trent 的制备的，他知道测量前粒子所处的状态，因而通过状态对比，Trent 可以

知道通信中是否存在窃听者。如果没有发现错误，他们可以确信信道是安全的，从而可以继续下一个步骤。否则，Trent 放弃这些粒子，从 $S2$ 重新开始。

此时，$|\varphi_0\rangle$态作为协议的量子信道已经安全地被 Trent、Alice 和 Bob 共享。事实上，每个共享的$|\varphi_0\rangle$态都可以用来比较一对数的大小关系。

(S4)为了进行比较，Alice 和 Bob 需要分别在序列 SA 和 SB 上输入他们的秘密 $\alpha=(a_1,a_2,\cdots,a_n)$和$\beta=(b_1,b_2,\cdots,b_n)$。不失一般性，让我们以比较一对数 a_i,b_i 为例，来介绍比较的过程。

Alice 在粒子 A_i 上执行相位旋转算符 $\boldsymbol{U}_{A_i}=\boldsymbol{U}_{(-1)^{r_i}a_i}=\sum_{k=0}^{d-1}\exp(i\theta k\cdot(-1)^{r_i}a_i)|k\rangle\langle k|$，

输入数值 a_i。类似地，*Bob* 也在他的粒子上进行编码操作。经过这些操作后，初始态变为

$$|\varphi_{a_i-b_i}\rangle=\frac{1}{\sqrt{d}}\sum_{k=0}^{d-1}\exp(i\theta k\cdot(-1)^{r_i}(a_i-b_i))|k\rangle_{T_i}|k\rangle_{A_i}|k\rangle_{B_i} \tag{4-6}$$

通过同样的方法，α 和 β 的所有元素都可以通过对各自对应粒子的操作编码到共享的量子态中，然后 Alice 和 Bob 再将序列 SA 和 SB 返回给 Trent。在发送前，也要在序列中分别随机插入 decoy 态粒子，用以检测传输中的窃听行为。

(S5)当 *Trent* 收到所有粒子后，他首先和 Alice、Bob 通过 decoy 粒子分别检测传输的安全性。检测过程和 $S3$ 步骤中的检测方式相同。确定信道安全后，Trent 对每组三粒子纠缠态的可观测量$\hat{\boldsymbol{T}}$进行联合测量。通过测量可以得到以下结果

$$D_i=\langle\varphi_{a_i-b_i}|\hat{\boldsymbol{T}}|\varphi_{a_i-b_i}\rangle=(-1)^{r_i}(a_i-b_i)(\bmod d) \tag{4-7}$$

若 $0<D_i<\frac{d}{2}$，Trent 记录 $R_i=0$，否则 Trent 保存 $R_i=1$。然后，他将得到的比特串 $R_1R_2\cdots R_n$ 按顺序公布。

(S6)Alice 和 Bob 根据 R_i 和他们事先共享的 r_i 的值，可以推断出 a_i,b_i 的大小关系。在表 4-1 中列出所有可能的情况。因为最后的信息是由 Trent 公布的，所以 Alice 和 Bob 根据对应规则可以同时得到比较结果，而不会出现一方先得到结果的情况。

表 4-1 不同的共享比特 r_i 和公开值 R_i 下对应 a_i,b_i 的比较结果($1\leqslant i\leqslant n$)

r_i	0	0	1	1
R_i	0	1	0	1
比较结果	$a_i>b_i$	$a_i<b_i$	$a_i<b_i$	$a_i>b_i$

通过下面的例子，进一步说明上面的协议方案。令 $d=10,r_i=0,a_1=2,b_1=3$。Alice 在粒子 A_1 上执行 $\boldsymbol{U}_{A_1}=\boldsymbol{U}_2=\sum_{k=0}^{9}\exp(i\theta k\cdot 2)|k\rangle\langle k|$ 操作，Bob 在粒子 B_1 上执行 $\boldsymbol{U}_{B_1}=\boldsymbol{U}_3=\sum_{k=0}^{9}\exp(i\theta k\cdot 3)|k\rangle\langle k|$ 操作。经过这些操作后，量子态就变成了 $|\varphi_{2-3}\rangle=|\varphi_{-1}\rangle=\frac{1}{\sqrt{d}}\sum_{k=0}^{9}\exp(i\theta k\cdot(-1)^0(2-3))|k\rangle_{T_1}|k\rangle_{A_1}|k\rangle_{B_1}$。当 Trent 收到返回的粒子 A_1 和 B_1 时，

他可以通过$\hat{\boldsymbol{T}}$来得到$D_1 = \langle \varphi_{-1} \mid \hat{T} \mid \varphi_{-1} \rangle = (-1)(\text{mod } 10) = 9(\text{mod } 10) > 5$。

因此，根据规则，Trent将公布$R_1 = 1$。与此同时，Alice和Bob可以得到正确的大小关系，即$a_1 < b_1$。

协议显然满足正确性和公平性的特点。此外，本节的协议还具有保密性。因为$r_1 r_2 \cdots r_n$只有Alice和Bob知道，其他人（包括Trent）也不能得到比较的结果。

4.1.2 安全性分析

在和现有相关方案[4,5]比较之前，先分析下该协议的安全性。

对于两个向量$\boldsymbol{\alpha} = (a_1, a_2, \cdots, a_n)$和$\boldsymbol{\beta} = (b_1, b_2, \cdots, b_n)$，本节的方案可以判断出对应位置的每对数字的大小关系，同时具体数值又不会被泄露。不失一般性，下面就比较一对数值a_i, b_i为例来讨论协议的安全性。

对于此方案，攻击者的目的是得到a_i或者b_i的具体数值。正如文献[8,9,10]中指出的，方案的参与者可以合法地获得部分信息，因此相对于外部攻击者来说，协议的参与者在攻击时具有更多的优势。下面就先从参与者攻击角度开始对方案的安全性进行分析。

一方面，Alice或者Bob可能是不诚实的。由于Alice和Bob的角色是完全对称的，不妨假设Alice是攻击者，她想得到Bob的秘密输入值b_i。按照协议执行过程，Alice和Bob分别实施完各自的操作后，$|\varphi_0\rangle$态变为(4-6)式的形式。在这种情况下，Alice拥有子系统的约化密度矩阵与未执行操作前一样，还是

$$\boldsymbol{\rho}^{A_i} = \text{tr}_{T_i B_i}(\boldsymbol{\rho}^{T_i A_i B_i}) = \frac{1}{d}\sum_{n=0}^{d-1} | n\rangle_{A_i\ A_i}\langle n | \tag{4-8}$$

因此，Alice从自己拥有的粒子A_i上不能得到任何信息。同样的，即便是B_i粒子在信道中被传输，由于其约化密度矩阵在操作前后保持不变，Alice也无法从B_i上获取到任何关于b_i的信息。

事实上，只有当T_i，A_i和B_i被联合测量时，存储在相位中的秘密数值才可以提取出来。这也就是说，即便Alice同时获得粒子A_i和B_i也不会得到秘密信息，因为这两个粒子的约化密度矩阵

$$\boldsymbol{\rho}^{A_i B_i} = \text{tr}_{T_i}(\boldsymbol{\rho}^{T_i A_i B_i}) = \frac{1}{d}\sum_{n=0}^{d-1} | n\rangle_{A_i} | n\rangle_{B_i\ A_i}\langle n |_{B_i}\langle n | \tag{4-9}$$

不受相位旋转操作的影响，它也是与相位信息独立无关的。而我们的粒子T_i在整个过程中都没有被传输过，所以Alice没有机会对三个粒子利用联合操作$\hat{\boldsymbol{T}}$来窃取信息。

此外，还可以假设Alice对Bob的粒子B_i采用截获重发攻击。当Trent将其发送给Bob时Alice截获B_i，然后再发送一个处于$\frac{1}{\sqrt{d}}\sum_{k=0}^{d-1} | k\rangle$态的假冒粒子给Bob。Bob在接收到的粒子上输入他的秘密数值。Alice在粒子返回过程中再次截获粒子，并用$B2$测量基进行测量。由于Alice的假冒粒子在Bob的操作$\boldsymbol{U}_{B_i}$下变为$\frac{1}{\sqrt{d}}\sum_{k=0}^{d-1} \exp(ik\theta \cdot (-1)^{1-r_i} b_i) | k\rangle$态。它是$B2$基中的一个量子态，所以Alice可以通过测量确定性地得到粒子所处的状态，从而知道Bob的秘密数值b_i。

然而，这种不诚实的行为一定会在 S3 步骤中被发现。当 Trent 和 Bob 进行安全检测时，只有 Trent 知道 decoy 态粒子的确切位置并且直到传输全部结束才会公布。所有传输的粒子都处于最大混合态，Alice 无法准确区分出检测粒子和信息载体。因此，当 Alice 执行上述攻击方法时，就会不可避免的把 decoy 粒子替换成假冒粒子。这时，假冒粒子的测量结果就会和检测粒子的初始状态不一致。具体说来，当 Alice 用处于 $\frac{1}{\sqrt{d}}\sum_{k=0}^{d-1}|k\rangle$ 态的假冒粒子替换掉了原来 Trent 发送的 decoy 态时，在检测过程中必然引入$\frac{d-1}{d}$的错误概率。因此，Alice 通过整个安全检测的概率接近于 0。事实上，任何有效的窃听行为必然会在 decoy 粒子中留下痕迹，因此 Alice 不可能在不被发现的情况下得到秘密信息。

另一方面，Trent 是协议中的半诚实第三方。也就是说，Trent 会准确地依照协议的步骤来执行。但是，他也可能会保留计算过程中的数据，试图从中提取出超出他权限的信息。例如，Trent 想知道被比较信息的具体数值。需要注意的是，作为半诚实参与方，他不可以和 Alice 或者 Bob 合谋。

尽管如此，协议不会泄露任何额外的信息给 Trent。原因如下：有协议步骤可知，当协议执行完后，Trent 可以得到 $D_i=(-1)^{r_i}(a_i-b_i)(\mathrm{mod}\ d)$的值。在 $0<a_i,b_i<N$ 条件下，Trent 可以知道 a_i 和 b_i 之间的差值。但有 $2\left|\frac{N-2}{D_i}\right|(R_i=0)$或 $2\left|\frac{N-2}{d-D_i}\right|(R_i=1)$对不同的 a_i 和 b_i 满足式(4-7)，他无法确定 a_i 和 b_i 具体是多少。另外，Trent 不知道随机比特 r_i 的值，所以他无法根据规则得到 a_i 和 b_i 的大小关系。由此可知，该协议在考虑参与者攻击的情况下是安全的。

至于外部攻击方面，由于采用了非正交的 decoy 光子，窃听者的一些攻击策略会在安全检测过程中以非零的概率被发现，包括截获－重发攻击，测量－重发攻击和拒绝服务攻击等等。一旦参与者确定量子信道是安全的，窃听者就无法在粒子传输过程中获得任何信息。因为用于输入秘密信息的操作不改变传输粒子的约化密度矩阵。而且，基于 Trent 公布的经典信息，外部攻击者得不到关于 a_i 和 b_i 的有效信息，更不能知道 Alice 和 Bob 的比较结果。

对于一些特殊攻击，如光子数分离(PNS)攻击，特洛伊木马攻击等等，参与者可以在操作前对用样本信号使用分束器来检测攻击，还可以在设备前放置过滤片用于过滤掉非法波长的光子信号。除此之外，当纠缠态中的粒子在噪声信道中传播时，远距离的传输一定会影响到它们的纠缠关系。正如文献[7]中指出的那样，含有纠缠纯化及隐形传态的量子中继器技术可以为我们维持可信的共享纠缠提供支持。

4.1.3 与现有方案的比较

继文献[4,5]的量子保密比较协议之后，本节给出了可以用来解决百万富翁问题的方案。与前面的方案[4,5]类似，此方案满足公平性和安全性的要求。这些协议都是借助第三方的参与，使参与比较的用户同时得到或者退出比较结果，且不会泄露秘密信息。然而，本节所给的协议还有一些特殊之处。

表 4-2 与已有方案[4,5]的比较

	文献[4]中的方案	文献[5]中的方案	本文方案
量子资源	Bell 态	GHZ 态	$\|\varphi_0\rangle=\frac{1}{\sqrt{d}}\sum_{k=0}^{d-1}\|k\rangle\|k\rangle\|k\rangle$
量子操作	$\boldsymbol{I},\boldsymbol{X},\boldsymbol{Z},i\boldsymbol{Y}$	$\boldsymbol{I},\boldsymbol{Z}$	$\boldsymbol{U}_x$(式(4-2))
量子测量	Bell 基	$\boldsymbol{X}$-基	$\hat{\boldsymbol{T}}$(式(4-4))
研究对象	比较相等性	比较相等性	比较大小关系
对第三方的要求	不诚实	半诚实	半诚实
是否需要 hash 函数	是	否	否
比较结果是否保密	是	否	是
所需要的量子态数①	$\lceil l/2\rceil$	λL	1

如表 4-2 中所示，文献[4]是在第三方不诚实的条件下设计的，文献[5]中的协议仅通过单粒子测量就可以完成任务。本文的协议有特有的优点。首先，本节的协议可以判定两个秘密数值的大小关系，而文献[4,5]中的协议则是用于比较保密信息的相等性。其次，本节的协议不需要通过对秘密信息进行 Hash 或分组来完成比较。参与方通过局域操作将秘密值输入到纠缠态的相位中，但是要提取出相位信息只能通过联合测量。与文献[7]不同，协议的比较结果在 Alice 和 Bob 事先共享随机数的保护下是保密的。当协议结束时，除了 Alice 和 Bob 外没有人可以基于第三方公布的信息得到他们拥有数值之间的大小关系。此外，本节的方案还具有很好的利用效率。实际上，不考虑检测窃听粒子时，此方案仅通过一个三粒子纠缠态就能够完成两个数值的比较任务，大大减少了量子资源的消耗。

4.1.4 结束语

本节给出了一个可以解决百万富翁问题的量子方案。在协议中，参与者将需要比较的数值通过局域操作输入到共享纠缠态的相位中。由于纠缠态的性质，任何参与者都无法基于各自的资源得到量子态的相位值，因而为信息提供了保密性。在第三方 Trent 收集到所有粒子后，他对整个系统进行联合测量，并按协商好的规定公布信息。按照这个方案，两个比较方 Alice 和 Bob 可以基于 Trent 公布的信息和他们事先共享的秘密比特得到比较结果，同时该结果对于半诚实的 Trent 也是保密的。

同时，本节也讨论了方案在各种攻击下的安全性。量子比较协议的优点就在于其安全性依赖于量子力学定律，而不是计算复杂度的假设。不过，本文只考虑了比较两方数据的情形。这个方案并不能直接推广到解决多方排序的情况，因此目前为止这仍然是量子密码中的开放问题。此外，本文方案中的第三方 Trent 是半诚实的，他可以得到 Alice 和 Bob 数值之间的差值。因而产生出另一个的问题，即是否能够放宽对 Trent 的能力限制或者是否能

① 假设 $x,y(0<x,y<N)$是一对需要比较的数字。不考虑安全检测所需的粒子数量。令 $X=(x_{n-1},x_{n-2},\cdots,x_0)$，$Y=(y_{n-1},y_{n-2},\cdots,y_0)$分别是 x,y 的二进制表示，其中 $n=\lceil\log_2 N\rceil$。l 表示 X 和 Y 的 hash 值的长度。L 表示 X 和 Y 被分组的长度。λ 是整数且 $1\leqslant\lambda\leqslant\left\lceil\frac{\log_2 N}{L}\right\rceil$。

够减少他可得到的信息？希望本节的内容可以激发相关问题的进一步的研究。还有一点值得注意的是，已有方案[4,5]及本文的方案都离不开第三方的帮助，只有借助第三方才能够完成他们预期的任务。然而，第三方的使用必然会成为协议的一个弱点。那么，是否在两方安全比较协议中是否存在像比特承诺那样的 no-go 定理，这是一个非常困难但是十分值得研究的问题。

4.2 抗集体噪声的联合测量保密比较协议

本节提出一个基于单粒子和联合检测的高效的 QPC 协议。联合检测是一个高效的窃听检测策略。联合检测策略只需要在协议中的整个粒子传输过程结束一个进行一次窃听检测。这种检测策略不仅能够提高协议的比特效率而且可以减低协议的实现成本。因为协议中的参与者(除了一个中心)都不需要配备昂贵的量子设备，如量子态产生设备或量子态测量设备。在一个半诚实的第三方(TP)的帮助下，协议中的两个参与者(Alice 和 Bob)可以安全的比较他们秘密的相等性。更加重要的是，和以前的 QPC 协议相比，该协议有如下一些优势。

目前，所有已发表的 QPC 协议[4,5,11-18]都是在理想条件下设计的，因此它们不能抵抗信道噪声。然而在现实中，量子信道中传输的量子比特经常不可避免地会和环境相互作用，从而在窃听检测中引入参与者不期望出现的噪声。人们经常假设量子信道中的噪声是联合的，也就是说噪声的波动在时间上比较慢。由于在目前设计在噪声信道中的协议仍然是量子密码学的一个重要的元素，本节还给出了这个协议的三个变体，他们分别能够抵抗集体移相噪声，集体旋转噪声以及全部酉的集体噪声。

4.2.1 利用单光子和联合测量的 QPC 协议

为了加强粒子传输的安全性，本节利用一种由 Long 等首次提出来块传输技术[19]来传输粒子，以加强粒子传输的安全性。理想条件下的 QPC 协议具体步骤如下(参见图 4-1)：

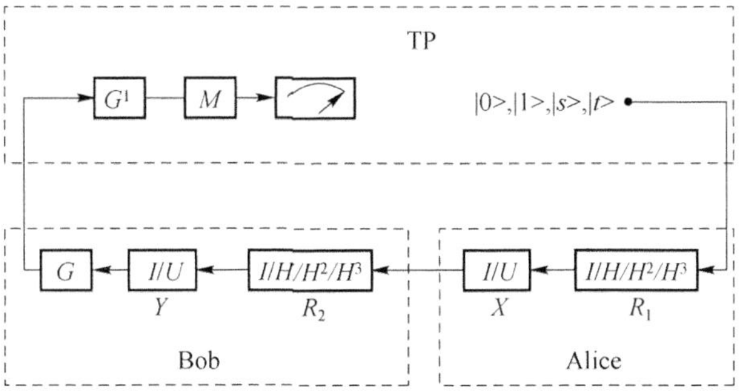

图 4-1 理想条件下 QPC 协议的过程，这里 $\boldsymbol{M}$ 代表酉操作 $\{\boldsymbol{I},\boldsymbol{H}^{-1},\boldsymbol{U}^{-1},\boldsymbol{H}\}$ 中的一个酉操作，$\boldsymbol{G}^{-1}$ 代表操作 $\boldsymbol{G}$ 的逆操作。TP 负责制备和测量量子序列中的量子态。为了简单起见，略去了所有的经典通信。

(1) 在 TP 的帮助下，Alice 和 Bob 利用文献[20]中具有不诚实中心的三方量子密钥分发协议生成一个 n 比特的密码 K。在那之后，Alice 和 Bob 分别利用自己的秘密 X 和 Y 计算得到两串比特序列 $X'=X\oplus K$ 和 $Y'=Y\oplus K$。

(2) TP 制备了一个由$(n+\delta)$个单光子组成的序列(记为序列 S),序列里面每个光子都随机地处于$\{|0\rangle,|1\rangle,|s\rangle,|t\rangle\}$中四个状态之一。TP 将这个序列发送给 Alice,这里面$|0\rangle$和$|1\rangle$是算子 $\boldsymbol{\sigma}_z$ 的本征向量,$|s\rangle=\frac{1}{2}(|0\rangle-i|1\rangle)$和$|t\rangle=\frac{1}{2}(|1\rangle-i|0\rangle)$。很容易验证$\{|0\rangle,|1\rangle\}$和$\{|s\rangle,|t\rangle\}$组成了两组非正交的无偏基。换句话说,$\langle 0|1\rangle=\langle s|t\rangle=0$,$|\langle s|0\rangle|^2=|\langle s|1\rangle|^2=|\langle t|0\rangle|^2=|\langle t|1\rangle|^2=1/2$。

(3) 一旦收到序列 S,Alice 首先生成一个被记为 R_1 的长度为$(n+\delta)$的四进制序列。然后她根据 R_1 在集合$\{\boldsymbol{I},\boldsymbol{H},\boldsymbol{H}^2,\boldsymbol{H}^3\}$中选择一个酉操作作用到 S 中的每一个光子。具体地说,如果 R_1 中的第 i 个位置的值是 0,1,2 和 3,则 Alice 在 S 中的第 i 个状态上相应执行 $\boldsymbol{I}$,$\boldsymbol{H}$,$\boldsymbol{H}^2$ 和 $\boldsymbol{H}^3$。在这些操作执行完之后,S 中的每一个光子都随机地被转换为$\{|0\rangle,|1\rangle,|s\rangle,|t\rangle\}$中的一个状态。在那之后,Alice 随机地选择 S 中的 δ 个状态作为诱骗态。在那之后,Alice 根据序列 X' 对 S 中余下的 n 个粒子执行编码操作。具体地说,如果 X' 中的第 i 个位置的数值是 0(1),她就在 S 余下的 n 个粒子中的第 i 粒子上执行操作 $\boldsymbol{I}(\boldsymbol{U})$。最后,Alice 将新生成的粒子序列(记作 S_1)发送给 Bob,这里

$$\boldsymbol{U}=i\boldsymbol{H}^2=\begin{pmatrix}0&1\\1&0\end{pmatrix},\boldsymbol{I}=\begin{pmatrix}1&0\\0&1\end{pmatrix},\boldsymbol{H}=\frac{1}{\sqrt{2}}\begin{pmatrix}1&-i\\-i&1\end{pmatrix} \tag{4-10}$$

酉操作 $\boldsymbol{U}$ 和 $\boldsymbol{H}$ 在这两组基中的状态上的作用效果可以描述如下:

$$\begin{aligned}&\boldsymbol{U}|0\rangle=|1\rangle,\boldsymbol{U}|1\rangle=|0\rangle,\boldsymbol{U}|s\rangle=|t\rangle,\boldsymbol{U}|t\rangle=|s\rangle\\&\boldsymbol{H}|0\rangle=|s\rangle,\boldsymbol{U}|1\rangle=|t\rangle,\boldsymbol{U}|s\rangle=-i|1\rangle,\boldsymbol{U}|t\rangle=-i|0\rangle\end{aligned} \tag{4-11}$$

(4) 当 Bob 通知大家说他已经接收到 S_1 之后,Alice 公布 S_1 中的 δ 诱骗粒子的位置。然后 Bob 也生成一个被记为 R_2 的长度为 $n+\delta$ 的四进制序列。在那之后,Bob 像 Alice 在步骤 3 中一样利用 R_2 和 Y 处理序列 S_1。在这个处理过程中,诱骗粒子和 Alice 在上一步中选择的一样。最后,Bob 利用一个随机选择的置换函数 G 来打乱处理过的光子在序列中的顺序并且将得到的新序列(记为 S_2)发送会给 TP。

(5) 在接收到序列 S_2 以后,TP 通知 Alice 和 Bob。然后这三个参与者按照下面的程序进行窃听检测。①Bob 首先公布诱骗态的具体位置,然后对每一个诱骗态,Alice 和 Bob 按照由 TP 随机决定的顺序公布 R_1 和 R_2 中对应位置的值。也就是说,对每一个诱骗态,TP 都会随机地选择让 Alice 或者 Bob 来公布相应的控制比特。②根据 Alice 和 Bob 公布的经典信息处理相应的诱骗态子。具体地说,如果某个诱骗态在 R_1 和 R_2 中对应的数值的和为 0 或 4/1 或 5/2 或 6/3,TP 就对在这个诱骗态上执行操作 $\boldsymbol{I}/\boldsymbol{H}^{-1}/\boldsymbol{U}^{-1}/\boldsymbol{H}$。最后,TP 用制备这个诱骗态时采用的基测量这个状态。如果在协议的执行过程中没有窃听存在,测量结果应该和该粒子的初始状态相同。然后 TP 根据得到地测量结果对整个协议的安全性进行分析。如果没有错误发生,则协议可以继续进行。否则他们终止协议。

(6) 在他们确认上面的协议过程是安全的以后,Bob 就公开函数 G。根据得到的 G 的信息,TP 恢复序列 S_2 中剩下第 n 个光子的顺序。然后 Alice 和 Bob 公布这剩余的 n 个光子对应的在序列 R_1 和 R_2 中对应的信息。也就是说,Alice(Bob)公开她的(他的)控制序列 $R_1(R_2)$中剩余的 n 个比特值。根据 Alice 和 Bob 公布的信息,如果某个诱骗态在 R_1 和 R_2 中对应的数值的和为 0 或 4/1 或 5/2 或 6/3,TP 就对在这个诱骗态上执行操作 $\boldsymbol{I}/\boldsymbol{H}^{-1}/$

$U^{-1}/\boldsymbol{H}$。在那之后，TP用制备这些状态时采用的相同的基测量剩下的每一个光子。如果TP发现有一个状态和它的初始状态不一样，他就公布X和Y不相等。否则，他继续测量剩下的粒子，如果他发现所有的光子都和它们原来的状态相同，他就公布X和Y相等。

在本协议中，在一个半诚实TP的帮助下，Alice和Bob可以比较他们的协议是否相等。在第六步，TP在Alice和Bob公布了他们的控制比特序列(R_1和R_2)中的剩余比特之后才开始测量这些状态。Alice和Bob都不知道哪些位置的比特值是不同的。换句话说，如果TP公布X和Y不相等，他们也不知道哪个位置的比特值是不同的。此外，这些参与者应该配备滤波器和分束器来抵抗特洛伊木马攻击。

4.2.2 与现有方案的比较

表 4-3 与已有的QPC协议的比较

协议	量子比特效率	是否纠缠
文献[4,20]中的协议	<17%	是(EPR对)
文献[5,14]中的协议	20%	是(GHZ态)
文献[12]中的协议	20%	是(χ型态)
文献[16]中的协议	10%	是(χ型态)
文献[15]中的协议	≈11%	是(GHZ态)
本节协议	25%	否(单光子)

量子比特效率的定义是$\eta=n_s/n_q$，这里n_s表示协议中参与比较的经典秘密的长度，n_q代表协议中需要用到的量子比特的总数。需要注意的是量子密码协议的安全性是基于误码率的统计分析的。因此，检测比特在传输粒子中所占的比例不能太低，并且我们通常将这个比例设定在50%。像通常一样，假设在下面的比较中窃听粒子的数目在传输粒子中所占的比例是50%。在本节提出协议中，为了比较两个长度为n的秘密，需要用$2n(\delta=n)$个光子来建立一个n长的密钥并且需要$2n$个光子来完成秘密比较。因此，本节协议的比特效率是$n/(2n+2n)=25\%$。

在第一个由杨宇光老师提出的QPC协议中[4,18]，为了比较两个长度为n的秘密，TP至少需要生成$2n$在EPR对中的量子比特和$2n$个诱骗比特，同时参与者也需要生成$2n$个诱骗光子。此外，两个参与者还需要至少产生$2l$个量子比特去执行一个量子密钥分发协议。因此，这个协议的量子比特效率是$n/(6n+2l)<17\%$。在协议[12]中，为了比较两个长度为$4n$的秘密，TP需要产生$8n$个量子比特来构成$2n$个χ态进行比较，产生$8n$个量子比特来构成$2n$个奇态进行比较窃听检测。同样两个参与者需要产生至少$4n$个量子比特来和TP生成两个n比特长的经典密钥。因此，协议的量子比特效率是$4n/(8n+8n+4n)<20\%$。按照这个方法，同样可以计算，文献[16]中协议的效率是10%。文献[5,14]的量子比特效率是20%。文献[15]的量子比特效率是11%。从上面的分析中可以看出，本节协议的比特效率比大多数以前的QPC协议的比特效率都高。

4.2.3 能够抵抗集体噪声的鲁棒QPC协议

目前，噪声信道中的协议已经成为了量子密码研究中的一个重要研究领域。因此在接下来的章节中，给出上面协议分别能够抵抗集体移相噪声，集体旋转噪声以及所有种类集体噪声的三个鲁棒版本。这三个协议的步骤和 4.2.1 节中给出的理想条件下的协议是一样的。为了简单起见，仅仅给出能够抵抗相应集体噪声的量子态和酉操作。需要说明的一点是，这里每一个容错 QPCE 协议中的三个参与者需要才用文献[21]中给出的三方量子密钥分发协议来在相信的集体信道中共享经典密钥 K。

1. 能够抵抗集体移相噪声的协议

集体移相噪声可以用如下的一个酉操作 $\boldsymbol{U}$ 来表示

$$\boldsymbol{U}|0\rangle=|0\rangle,\boldsymbol{U}|1\rangle=\mathrm{e}^{i\phi}|1\rangle \tag{4-12}$$

这里 ϕ 是一个随着时间波动的噪声参数。通常，由于公式(4-13)中的由两个量子比特构成的直积态构成的逻辑量子比特在集体移相噪声信道中可以获得相同的相位因子 $\mathrm{e}^{i\phi}$，他们可以被用来抵抗集体移相噪声

$$|0\rangle_L=|0\rangle|1\rangle,|1\rangle_L=|1\rangle|0\rangle, \tag{4-13}$$

为了安全通信，至少需要两组非正交的测量基。其中一组基是$\{|0\rangle_L,|1\rangle_L\}$，另外一组基是$\{|s\rangle_L,|t\rangle_L\}$ ，这里

$$|s\rangle_L=\frac{1}{\sqrt{2}}(|0\rangle_L-i|1\rangle_L),|t\rangle_L=\frac{1}{\sqrt{2}}(|1\rangle_L-i|1\rangle_L) \tag{4-14}$$

很容易发现$\{|0\rangle_L,|1\rangle_L\}$和$\{|s\rangle_L,|t\rangle_L\}$构成了两组非正交的无偏基。协议中相应的编码操作 $\boldsymbol{U}_{\mathrm{dp}}$ 和控制比特 $\boldsymbol{H}_{\mathrm{dp}}$ 如下所示：

$$\boldsymbol{U}_{\mathrm{dp}}=i\boldsymbol{H}_{\mathrm{dp}}^2=\begin{pmatrix}0&0&0&1\\0&0&1&0\\0&1&0&0\\1&0&0&0\end{pmatrix},\boldsymbol{H}_{\mathrm{dp}}=\frac{1}{\sqrt{2}}\begin{pmatrix}1&0&0&-i\\0&1&-i&0\\0&-i&1&0\\-i&0&0&1\end{pmatrix},\boldsymbol{I}=\begin{pmatrix}1&0&0&0\\0&1&0&0\\0&0&1&0\\0&0&0&1\end{pmatrix} \tag{4-15}$$

操作 $\boldsymbol{U}_{\mathrm{dp}}$ 和 $\boldsymbol{H}_{\mathrm{dp}}$ 在这两组基的四个量子态上的作用可以描述如下

$$\begin{aligned}&\boldsymbol{U}_{\mathrm{dp}}|0\rangle_L=|1\rangle_L,\boldsymbol{U}_{\mathrm{dp}}|1\rangle_L=|0\rangle_L,\boldsymbol{U}_{\mathrm{dp}}|s\rangle_L=|t\rangle_L,\boldsymbol{U}_{\mathrm{dp}}|t\rangle_L=|s\rangle_L\\&\boldsymbol{H}_{\mathrm{dp}}|0\rangle_L=|s\rangle_L,\boldsymbol{U}_{\mathrm{dp}}|1\rangle_L=|t\rangle_L,\boldsymbol{U}_{\mathrm{dp}}|s\rangle_L=-i\,|1\rangle_L,\boldsymbol{U}_{\mathrm{dp}}|t\rangle_L=-i\,|0\rangle_L\end{aligned} \tag{4-16}$$

因此，通过置换 4.2.1 节中的协议中的量子两组基和酉操作，可以得到一个能够抵抗集体移相噪声的版本。具体地说，4.2.1 节中协议里的两组基应该被替换为$\{|0\rangle_L,|1\rangle_L\}$和$\{|s\rangle_L,|t\rangle_L\}$，协议中的两个操作 $\boldsymbol{U}$ 和 $\boldsymbol{H}$ 应该分别替换为 $\boldsymbol{U}_{\mathrm{dp}}$ 和 $\boldsymbol{H}_{\mathrm{dp}}$。

2. 能够抵抗集体旋转噪声的协议

集体旋转噪声可以用如下的一个酉操作 $\boldsymbol{U}$ 来表示

$$\boldsymbol{U}|0\rangle=\cos\theta|0\rangle+\sin\theta|1\rangle,\quad \boldsymbol{U}|1\rangle=-\sin\theta|0\rangle+\cos\theta|1\rangle \tag{4-17}$$

这里 θ 是一个随着时间波动的噪声参数。两个 Bell 态 $|\Phi^+\rangle=\frac{1}{\sqrt{2}}(|00\rangle+|11\rangle)$ 和 $|\Psi^-\rangle=\frac{1}{\sqrt{2}}(|01\rangle+|10\rangle)$可以在这种集体噪声下保持不变。因此，集体旋转噪声下的逻辑量子比特可以被选择为

$$|0_r\rangle_L=|\Phi^+\rangle,|1_r\rangle_L=|\Psi^-\rangle \tag{4-18}$$

为了安全通信，至少需要两组非正交的测量基。其中一组基是$\{|0_r\rangle_L,|1_r\rangle_L\}$，另外一组基是$\{|s_r\rangle_L,|t_r\rangle_L\}$ ，这里

$$|s_r\rangle_L=\frac{1}{\sqrt{2}}(|0_r\rangle_L-i\,|1_r\rangle_L),|t_r\rangle_L=\frac{1}{\sqrt{2}}(|1_r\rangle_L-i\,|1_r\rangle_L) \tag{4-19}$$

很容易证明$\{|0_r\rangle_L,|1_r\rangle_L\}$和$\{|s_r\rangle_L,|t_r\rangle_L\}$构成了两组非正交的无偏基。协议中相应的编码操作$\boldsymbol{U}_r$和控制比特$\boldsymbol{H}_r$如下所示：

$$\boldsymbol{U}_r=i\boldsymbol{H}_r^2=\begin{pmatrix}0&1&0&0\\1&0&0&0\\0&0&0&-1\\0&0&-1&0\end{pmatrix},\quad \boldsymbol{H}_r=\frac{1}{\sqrt{2}}\begin{pmatrix}1&-i&0&0\\-i&1&0&0\\0&0&1&i\\0&0&-1&1\end{pmatrix} \tag{4-20}$$

操作$\boldsymbol{U}_{dp}$和$\boldsymbol{H}_{dp}$在这两组基的四个量子态上的作用如下所示：

$$\begin{aligned}&\boldsymbol{U}_r|0_r\rangle=|1\rangle,\boldsymbol{U}_r\,|1_r\rangle_L=|0_r\rangle_L,\boldsymbol{U}_r\,|s_r\rangle_L=|t_r\rangle_L,\boldsymbol{U}_r\,|t_r\rangle_L=|s_r\rangle_L\\&\boldsymbol{H}_r|0_r\rangle=|s\rangle,\boldsymbol{U}_r\,|1_r\rangle_L=|t_r\rangle_L,\boldsymbol{U}_r\,|s_r\rangle_L=-i\,|1_r\rangle_L,\boldsymbol{U}_r\,|t_r\rangle_L=-i\,|0_r\rangle_L\end{aligned} \tag{4-21}$$

因此，通过置换4.2.1节中的协议中的量子两组基和酉操作，可以得到一个能够抵抗集体移相噪声的版本。具体地说，4.2.1节中协议里的两组基应该被替换为$\{|0_r\rangle_L,|1_r\rangle_L\}$和$\{|s_r\rangle_L,|t_r\rangle_L\}$，协议中的两个操作$\boldsymbol{U}$和$\boldsymbol{H}$应该分别替换为$\boldsymbol{U}_r$和$\boldsymbol{H}_r$。

3. 能够抵抗所有种类酉集体噪声的协议

前面已经分别介绍了能够抵抗集体移相噪声和集体旋转噪声的变体协议中所需要的测量基和酉操作。现在将介绍一下能够抵抗所有种类酉集体噪声的变体协议中所需要的测量基和酉操作。

众所周知，$|\Psi^-\rangle$是一个能够在所有酉变化下保持不变的无消相干(DF)态[22,23]。根据文献[22]中的结论，至少需要四个量子比特才能构成一个能够抵抗所有酉集体噪声的逻辑量子比特。因此，四量子比特无消相干子空间的一个正交基可以选为$\{|\bar{0}\rangle_L,|\bar{1}\rangle_L\}$，这里

$$\begin{aligned}|\bar{0}\rangle_L&=|\psi^-\rangle_{12}|\psi^-\rangle_{34}\\&=\frac{1}{2}(|0101\rangle+|1010\rangle-|0110\rangle-|1001\rangle)_{1234}\\|\bar{1}\rangle_L&=\frac{1}{2\sqrt{3}}(2|0011\rangle+2|1100\rangle-|0101\rangle-|1010\rangle-|0110\rangle-|1001\rangle)_{1234}\end{aligned} \tag{4-22}$$

为了安全通信，选择$\{|\bar{s}\rangle_L,|\bar{t}\rangle_L\}$作为另一组基，这里

$$|\bar{s}\rangle_L=\frac{1}{\sqrt{2}}(|\bar{0}\rangle_L-i\,|\bar{1}\rangle_L),\quad |\bar{t}\rangle_L=\frac{1}{\sqrt{2}}(|\bar{1}\rangle_L-i\,|\bar{1}\rangle_L) \tag{4-23}$$

很容易验证$\{|\bar{0}\rangle_L,|\bar{1}\rangle_L\}$和$\{|\bar{s}\rangle_L,|\bar{t}\rangle_L\}$构成了两组非正交的无偏基。

假设W是一个维度为16的希尔伯特空间，可以利用施密特正交化得到一组正交基$|\bar{0}\rangle,|\bar{1}\rangle,\cdots,|\overline{15}\rangle$。由于施密特正交化的过程并不复杂，不给出$|\bar{2}\rangle,\cdots,|\overline{15}\rangle$的集体形式。在得到这组基下的所有状态以后，可以利用文献[21]中的方法构造能够抵抗所有种类酉集体噪声的QPCE协议中所需要的酉操作$\overline{\boldsymbol{U}}$和$\overline{\boldsymbol{H}}$，这里操作$\overline{\boldsymbol{U}}$和$\overline{\boldsymbol{H}}$的具体形式是

$$\overline{\boldsymbol{U}}=|\bar{0}\rangle\langle\bar{1}|+|\bar{1}\rangle\langle\bar{0}|+\boldsymbol{O},\overline{\boldsymbol{H}}=\frac{\sqrt{2}\boldsymbol{U}}{1+i} \tag{4-24}$$

如文献[21]所述，$\boldsymbol{O}$可以有许多种选择，例如$\boldsymbol{O}=|\bar{2}\rangle\langle\bar{2}|+\cdots+|\overline{15}\rangle\langle\overline{15}|$和$\boldsymbol{O}=|\bar{2}\rangle\langle\bar{3}|+|\bar{3}\rangle\langle\bar{4}|\cdots+|\overline{15}\rangle\langle\bar{2}|$。比如说，当时，$\overline{\boldsymbol{U}}$和$\overline{\boldsymbol{H}}$在这两组基的四个状态上的作用可以描述为

$$\begin{aligned}&\overline{\boldsymbol{U}}\,|0\rangle_L=|1\rangle_L,\overline{\boldsymbol{U}}\,|\bar{1}\rangle_L=|\bar{0}\rangle_L,\overline{\boldsymbol{U}}\,|\bar{s}\rangle_L=|\bar{t}\rangle_L,\overline{\boldsymbol{U}}|\bar{t}\rangle=|\bar{s}\rangle\\&\overline{\boldsymbol{H}}\,|0\rangle_L=|s\rangle_L,\overline{\boldsymbol{U}}\,|\bar{1}\rangle_L=|\bar{t}\rangle_L,\overline{\boldsymbol{U}}\,|\bar{s}\rangle_L=-i\,|\bar{1}\rangle_L,\overline{\boldsymbol{U}}|\bar{t}\rangle=-i|\bar{0}\rangle\end{aligned} \tag{4-25}$$

为了抵抗所有种类的酉集体噪声，4.2.1 节中协议里的两组基应该被替换为$\{|\bar{0}\rangle_L,|\bar{1}\rangle_L\}$和$\{|\bar{s}\rangle_L,|\bar{t}\rangle_L\}$，协议中的两个操作 $\boldsymbol{U}$ 和 $\boldsymbol{H}$ 应该分别替换为 $\overline{\boldsymbol{U}}$ 和 $\overline{\boldsymbol{H}}$。

到目前为止，已经分别给出了在能够抵抗集体移相噪声，集体旋转噪声和所有种类集体噪声的变体协议中所需要的测量基和酉操作。由于协议的步骤和 4.2.1 节中协议步骤是一样的，这里不再赘述。

4.2.4 安全性分析

为了简单起见，详细地分析能够抵抗集体移相噪声的 QPC 协议的安全性。对于另外三个协议的安全性，可以采用相同的方法进行证明。

假设 Eve 是一个想要窃听参与者(Alice 或者 Bob)的秘密信息而不被发现的恶意攻击者(外部攻击者或者不诚实参与者)。Eve 可以截获发送给接收者的合法粒子然后将自己制备的假粒子发送给接收者，或者她可以在合法粒子上纠缠上自己的附加粒子。在这个提出的协议中，两个参与者首先采用一次一密的方式利用它们的密钥 K 对他们的秘密进行加密。然后他们利用协议比较密文而不是直接比较他们的秘密。由于协议中的参与者将这些密文编码到他们执行的操作上，所以窃取一个参与者的秘密就等价于区分他/她执行的酉操作。由于这些参与者的秘密和控制序列中的每一个比特在协议的执行过程中都只会使用一次，根据本书第二章定理 2.3.2。区分两个操作 $\boldsymbol{U}_1$ 和 $\boldsymbol{U}_2$ 的最小错误概率是[24,25]：

$$P_E=\frac{1}{2}\left[1-\sqrt{1-4p_1p_2r\ (\boldsymbol{U}_1^{\dagger}\boldsymbol{U}_2)^2}\right] \tag{4-26}$$

式中，$r(\boldsymbol{U}_1^{\dagger}\boldsymbol{U}_2)$表示复平面的原点到顶点是 $\boldsymbol{U}_1^{\dagger}\boldsymbol{U}_2$ 的特征值的多边形(如果是单比特操作就是线段)的距离(见图 2－9(a))，$\boldsymbol{U}^{\dagger}$ 代表酉操作 $\boldsymbol{U}$ 共轭转置矩阵。比如说，矩阵 $\boldsymbol{U}_{\rm dp}^{\dagger}\boldsymbol{U}_{\rm dp}$的特征值是$\frac{1-i}{\sqrt{2}}$，$\frac{1-i}{\sqrt{2}}$，$\frac{-1-i}{\sqrt{2}}$和$\frac{-1-i}{\sqrt{2}}$，因此 $r(\boldsymbol{U}_{\rm dp}^{\dagger}\boldsymbol{U}_{\rm dp})=1/\sqrt{2}$(见图 2－9($b$))，也就是说区分 $\boldsymbol{U}_{\rm dp}$和 $\boldsymbol{H}_{\rm dp}$的最小错误概率是$\frac{1}{2}-\frac{\sqrt{2}}{4}$。

定理 4.2.1 量子操作 $\boldsymbol{\delta}_1,\cdots,\boldsymbol{\delta}_n$ 只有一次机会的情况下能够被不错区分的充要条件是对任意 $i=1,\cdots,n$，$\mathrm{supp}(\boldsymbol{\delta}_i)\not\subset\mathrm{supp}(S_i)$，这里 $\mathrm{supp}(\boldsymbol{\delta})$代表量子操作 $\boldsymbol{\delta}$ 的支集并且 $S_i=\{\delta_j:j\neq i\}$。

1. 外部攻击

在能够抵抗集体移相噪声的 QPC 协议中，Alice 和 Bob 执行的酉操作总体上都可以被看作是 4 个酉操作(事实上应该有 8 种组合，但是一些组合在忽略全局相位的情况下是相等的，比如说 $\boldsymbol{H}_{\rm dp}^2\boldsymbol{U}_{\rm dp}=-i\boldsymbol{I}$)，即 $\boldsymbol{I}$，$\boldsymbol{U}_{\rm dp}$，$\boldsymbol{H}_{\rm dp}$和 $\boldsymbol{U}_{\rm dp}\boldsymbol{H}_{\rm dp}$。根据定理 2.3.2，发现这四个酉操作是不能够被准确区分的。以 $\boldsymbol{U}_{\rm dp}$和 $\boldsymbol{H}_{\rm dp}$为例，$\boldsymbol{U}_{\rm dp}^{\dagger}\boldsymbol{H}_{\rm dp}$的特征值是$\frac{1-i}{\sqrt{2}}$，$\frac{1-i}{\sqrt{2}}$，$\frac{-1-i}{\sqrt{2}}$和$\frac{-1-i}{\sqrt{2}}$，因此 $r(\boldsymbol{U}_{\rm dp}^{\dagger}\boldsymbol{U}_{\rm dp})=1/\sqrt{2}$(见图 2－9($b$))，所以区分 $\boldsymbol{U}_{\rm dp}$和 $\boldsymbol{H}_{\rm dp}$的最小错误概率是

$$p_e=\frac{1}{2}\left[1-\sqrt{1-(1/\sqrt{2})^2}\right]\approx 0.15 \tag{4-27}$$

同样根据这个定理，可以发现区分 $\boldsymbol{I}$ 和 $\boldsymbol{H}_{\rm dp}$($\boldsymbol{I}$ 和 $\boldsymbol{H}_{\rm dp}\boldsymbol{U}_{\rm dp}$，$\boldsymbol{U}$ 和 $\boldsymbol{H}_{\rm dp}\boldsymbol{U}_{\rm dp}$)的最小错误概率同样也是 p_e($\approx$0.15)，也就是说这些操作不能够被准确区分。此外，还可以根据定理 4.2.1

得到同样的结论。显而易见：$\boldsymbol{H}_{\mathrm{dp}}=\frac{1}{\sqrt{2}}(1\cdot\boldsymbol{I}-i\cdot\boldsymbol{U}_{\mathrm{dp}}+0\cdot\boldsymbol{H}_{\mathrm{dp}}\boldsymbol{U}_{\mathrm{dp}})=\frac{1}{\sqrt{2}}(\boldsymbol{I}-i\boldsymbol{U}_{\mathrm{dp}})$。也就是说，$\mathrm{supp}\{\boldsymbol{H}_{\mathrm{dp}}\}\subset\mathrm{supp}\{\boldsymbol{I},\boldsymbol{U}_{\mathrm{dp}},\boldsymbol{H}_{\mathrm{dp}}\boldsymbol{U}_{\mathrm{dp}}\}$。因此，这四个不能够被准确的区分。

由于用户秘密都是被编码在他们执行的酉操作之中，所以一个外部攻击者如果想要在不引入错误的情况下得到一个用户(Alice或者Bob)的秘密，他就应该具有能够区分这些操作的能力。然后，从上面的分析可以看出，在协议中的条件下，这样四个操作不能够被无错误区分的。因此，无论窃听者采取什么样的攻击(如截获—重发攻击，测量重发攻击，纠缠测量攻击和密集编码攻击)，他的行为都将不可避免地在检测窃听中引入错误。

为了使协议能够抵抗延迟光子的特洛伊木马攻击或者不可见光子(IPE)攻击，协议中的参与者可以利用滤波器和分束器来过滤间谍光子。因此，窃听者不可能通过这种攻击来获得任何有用的信息。

此外，考虑另外一种针对双向量子通信的特殊攻击方法，即拒绝服务攻击(DOS)。在这种攻击中，一个外部攻击者想要通过随机地在协议的执行中对传输的粒子执行操作 $\boldsymbol{I}$ 或者 $\boldsymbol{U}$，从而使得比较的结果和实际的情况不一样。然而，由于测听者不知道最后窃听检测中使用的诱骗态的位置，他的攻击行为就势必会引入错误，所以这种策略对本节的协议是无效的。接下来，分析一下参与者攻击，包括来自Alice，Bob和TP的攻击。

2. 参与者攻击

众所周知，量子密码协议中的参与者不是全部可信的。相对于外部攻击者，一个不诚实的参与者往往具有更加强大的攻击能力。首先，他知道部分合法的信息。其次，他可以通过在协议的执行过程中说谎来避免在窃听检测中引入错误。因此在接下来的章节中集中精力分析来自参与者的攻击。主要考虑三种具体的情况。首先考虑Bob想要窃取Alice的秘密，其次考虑Alice想要得到Bob的秘密，最后考虑TP想要获得这两个参与者的秘密。

1) Bob想要窃取Alice的秘密

首先考虑Bob想要在不被发现的情况下获取Alice的秘密。在这个协议中，Alice执行的四个操作是不能够被准确区分的，因此诸如纠缠测量攻击，密集编码攻击和测量重发攻击都不能够被用来在不引入错误的情况下得到Alice的秘密信息。

在第四步中，如果Bob利用自己制备的状态替换Alice已经编码了秘密的态，并且按照协议中的步骤处理诱骗态，他不会在第五步的窃听检测中引入错误。然后，利用这种窃听策略，因为Bob不知道每一个状态的初始状态，他不能够得到任何关于Alice秘密的有用信息，即使在Alice公布了条件下。因此，他不知道用什么基去测量他截获的每一个状态。即使猜测对了测量基，由于他不知道每一个状态的初始态，他也就不知道Alice是执行了哪种操作。此外，如果Bob截获了并且发给Alice一串她自己制备的状态。在Alice执行完编码操作将这些粒子发送给他时，Bob将这个处理过的序列储存起来并且将它发送给TP。在窃听检测中，当Alice被要求首先公布某一个诱骗态对应的比特时，Bob就能够通过公布一个相应的伪造的控制比特来掩盖自己的窃听行为。然后，当TP要求他先公布控制比特时，他的攻击将以一定的概率在窃听检测中引入错误。在第五步中，对每一个诱骗态来说，有Alice或者Bob中的哪一个来先公布自己相应的控制比特是由TP随机决定的，因此Bob的截获重发攻击是无效的。

2) Alice想要窃取Bob的秘密

现在考虑 Alice 作为一个不诚实的参与者想要得到 Bob 的秘密信息。在这种情况下，Alice 同样不能准确区分 Bob 执行在量子态上的四个酉操作，因此诸如纠缠测量，密集编码攻击以及测量重发攻击都是无效的。

然后考虑 Alice 采用侧或重发攻击的情况。在这个协议中，由于诱骗态的位置是有 Alice 选定的，所以 Alice 比 Bob 拥有更大的权利。如果 Bob 不在第四步中执行完操作后扰乱序列中的量子态，Alice 就能在 Bob 不知情的情况下获得 Bob 的秘密信息。也就是说，在得到 S 后，她用自己制备的粒子替换除了诱骗态以外的其他状态，然后把这个序列发送给 Bob。在 Bob 执行完自己的操作并且将新的序列发出后，她截获这个序列并且利用自己的粒子替换除了诱骗态意外 Bob 编码了秘密的粒子。也就意味着 Alice 的窃听行为没有破坏任何诱骗态，因此她能够在 Bob 公布了 R_2 的相关信息后得到 Bob 的秘密。然后在本节的协议中，为了使得 Alice 不能通过这种方法获取秘密信息。Bob 利用一个随机置换函数 G 打乱了序列中状态的顺序，由于 Alice 不知道这个函数，她就不知道这些诱骗态的具体位置。因此她很可能会发送给 TP 不正确的诱骗态。在窃听检测中，如果 TP 要求 Alice 首先公布控制比特，她的窃听行为就会因为引入错误而被发现。

3）TP 想要获取参与者的秘密

和很多以前的 QPC 协议不同的是，本节协议中的半诚实 TP 是一个可以自己进行攻击但是不能和任何参与者合谋的第三方。也就是说协议中的 TP 比去以前那些协议中的 TP 更加自由。然后协议的 TP 除了最终的比较结果以外，也不能得到任何关于 Alice 或者 Bob 秘密的有用信息。首先，协议中的两个参与者中用一次一密对他们的秘密进行了加密。其次他们将得到的秘密编码在协议中的四个操作中。由于 TP 既不知道一次一密的密钥也不能准确区分这四个酉操作，因此他/她在不和任何一个参与者合谋的前提下，不能够得到任何关于 Alice 和 Bob 秘密的有用信息（除了每一比特的比较结果）。

至此，已经证明了这个可以抵抗集体移相噪声的协议是能够抵抗外部攻击和参与者攻击的。对于理想信道（集体旋转信道，所有种类酉集体噪声信道）中的协议，由于操作 $\{\boldsymbol{I},\boldsymbol{H},\boldsymbol{U},\boldsymbol{HU}\}$（$\{\boldsymbol{I},\boldsymbol{H}_r,\boldsymbol{U}_r,\boldsymbol{H}_r\boldsymbol{U}_r\}$，$\{\boldsymbol{I},\overline{\boldsymbol{H}},\overline{\boldsymbol{U}},\overline{\boldsymbol{HU}}\}$）也不能够被一次准确区分，也可以用同样的方法证明他们的安全性。这里就不再给出具体证明。

4.2.5 结束语

在本节中，提出了一个新的利用单光子和集体测量的新的 QPCE 协议。协议具有以下的优点，首先，文献[5,12-15]中的 QPC 协议相比，协议中关于 TP 的假设更加合理。其次，由于采用了联合测量策略，协议的比特效率比文献[4,5,12,14-16,20]中协议的比特效率高，而且由于协议中的参与者不需要配备量子态的制备或测量设备，协议的实现成本也相应地降低了。此外，和文献[4,17,18]中利用哈希函数来保证安全性的协议相比，协议的安全性仅仅依赖于量子力学的基本原理。最后，给出的三个协议变体还能够分别抵抗集体移相噪声，集体旋转噪声和所有种类的酉集体噪声。

4.3 量子匿名排序

匿名排序是一种保护隐私的排序。通过匿名排序，参与者可以正确并且匿名地获得自己数据的排名。匿名排序可以用来解决很多实际问题,如对学生的考试成绩进行匿名排序。研究的问题是怎么利用量子力学来保护多方排序中的用户匿名性,并且提出了一系列既能够实现排序功能又能够保证用户匿名性的量子匿名多方多数据排序协议。在每个协议中,参与者不但可以正确的得到自己数据的排名,而且其他任何人都不能将其身份与数据对应起来。此外,文章还证明了这些协议针对于不同种类的攻击的安全性。

4.3.1 安全单方单数据排序

众所周知,排序是计算机科学中的一个核心问题,同时它还是很多算法的核心。随着互联网上交互生活方式的兴起,安全多方多数据排序(SMMS)已经成为了安全多方计算中非常有前景的分支之一。假设有 n 个参与者,每一个参与者都拥有一个数据集合取值于$\{1,2,\cdots,N\}$,所有参与者的数据构成集合 D,这里,N 是一个大于集合中最大的元素。安全多方多数据的目标就是在满足以下规则的前提下对 D 中所有的元素进行排序。

(R1) 正确性:每一个参与者得到他自己的数据的排名,即他的数据在 D 中所有元素的升序(或降序)排列中的位置。

(R2) 匿名性:对于每一个参与者,任何其他的人都不能获取他的数据的排名信息。

(R3) 保密性:每一个参与者的数据值对其他的人都是保密的。

如果 n 个参与者中的每一个都只有一个数据,这个排序就被称为安全单方单数据排序(SMSS)。显而易见,安全单方单数据排序仅仅只是安全多方多数据的一个特例。

到目前为止,现有的安全单方单数据排序协议都是基于计算复杂性理论的。也就是说,这些协议都不能达到信息论安全。更加重要的是,大多数现有的安全单方单数据排序协议都是在所有参与者都是诚实且好奇的半诚实模型下假设下提出的[26,27]。然而,在真实生活中,排序经常发生在互不信任的参方之间,所以这些在半诚实模型下设计的协议是不实用的。因此,想知道是否存在一种不但能够达到信息论安全,而且能够在现实情境中使用的多方排序协议。要回答这个问题,首先需要理解为什么大多数现有的协议要在半诚实假设下进行设计。原因就是在同时满足规则(R1-R3)前提下,很难在不假设参与者是半诚实的条件下设计安全多方多计算协议。因此,假设所有参与者都是半诚实就在之前的协议[26,27]中作为了一个折中的选择。

事实上,在许多现实生活情境中,人们更加需要保密的是拥有这个数据的人的身份,而不是数据本身。换句话说,在实际生活中的多方排序里,用户的匿名性比数据的保密性要重要得多。在许多实际情况中,参与者主要关心的是正确性和匿名性,因此,只要没有人能够将被排序的数据和它的拥有者的身份对应起来,这些用户就不关心这些数据的值是否是公开的。在一些情况下,参与者甚至可能想要知道这些数据的具体值,从而他们可以获得对他们有用的所有排序的数据的分布。比如说,考试成绩以前并不被当作是学生的隐私信息。因此,一个集体中的学生可以通过直接公开自己的分数来获得自己的成绩排名。然而,时下为了保护学生的自尊心,对学生和他们成绩之间的对应关系进行保密已经成为了一个国际惯例,甚至在一些国家已经成为法律。因此,一定数量的学生如何能够在保证匿名性的前提下分别得到他们各自的成绩排名就成了一个重要的问题。另外一个例子发生在一些处于同一领域相互竞争的公司想通过对他们所有员工的工资进行排,从而使得每一个公司都可以知道自己这些公司中的待遇水平。然而,在这种情况下没有公司愿意泄露自己和它的员工工资之间对应关系。因此这个问题就变成了这些公司如何才能在保证匿名性的前提下分别得到各自员工的工资排名。当然，仍然有很多类似的例子，如对不同公司都在销售的一种产品的销量进行排序。这里就不在详细对他们进行描述了。

从上面的例子中可以发现，在现实生活中，只要没有人能够知道被排序数据和它的拥有者之间的对应关系，参与者一般都不会关心他的数据值是否会被他人知道。参与者最关注的是是否它能够正确并且匿名的得到他的数据的排序。既然用户数据的匿名性在生活中的多方排序中有着如此重要的地位，致力于提出一类新的既能够实达到信息论安全，又与现实条件相符合的量子密码协议，即量子匿名多方多数据排序(QAMMS)。希望量子匿名多方多数据排序具有如下的特点：

(P1) 正确性：每一个参与者得到他自己的数据的排序。

(P2) 匿名性：对于每一个参与者，任何其他的人都不能获得他所拥有的数据的排序信息。

(P3) 不可追踪性：除了参与者自己，没有人能够将他的身份与他的数据关联起来。

(P4) 安全性：协议能够抵抗攻击能力只受量子力学准则限制的量子敌手的攻击。

在给出本节的协议之前，首先介绍一下他们的基本思想。具体地，假设，并且是集合中元素的个数。通过合作计算，如果 n 个参与者中的每一个都可以在不泄露哪一个元素属于他的前提下算出(这里代表集合里面含有元素的个数)，他们就能够分别得到他们的数据在升序排列中的名次(比如说：数据的排序是+1)。

4.3.2 半诚实模型下的量子匿名多方多数据排序协议

给出一个涉及 $n(n\geqslant 3)$ 个参与者的量子匿名多方多数据排序协议。协议中每个参与者都有一个数据集合。也就是说，每一个参与者可能拥有不止一个数据，并且不同的参与者可能拥有相同的数据。和已有的安全大多数经典安全单方单数据排序协议[26,27]一样，协议中所有的用户都被限制为半诚实的(诚实且好奇的)。也就是说，这些参与者一直遵循协议的步骤，但是他们可能会尝试从记录的中间计算结果中获取秘密信息。虽然这个协议和很多经典安全单方单数据排序一样是在半诚实模型下的设计的，由于它们的安全性是由量子力学的基本原理保证的，所以它们的安全性比经典协议要高。为了设计这个协议，利用到了一种粒子的 d 维 Bell 态[4,6,28]。n 个参与者中的一个应该负责制备和测量纠缠态，为了简便起见，假设 P_1 来执行这个任务。本协议的具体步骤如下(见图 4-2)：

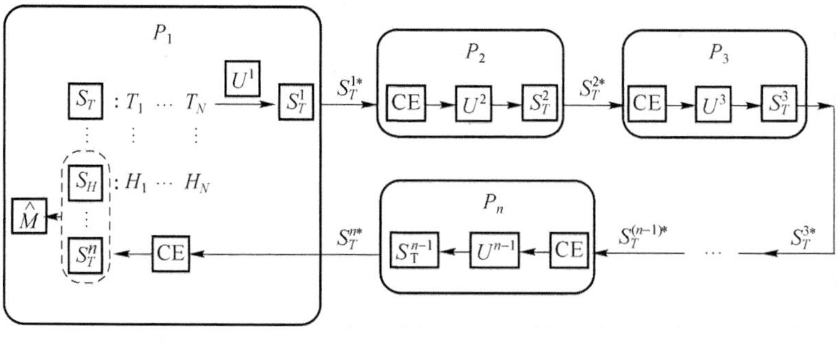

图 4-2 半诚实模型下量子匿名多方多数据排序协议的图示，这里 CE 代表窃听检测，U^i 代表 P_i 执行的编码操作，并且经典通信已经被略去。

(1) 制备一列由 N 个两粒子纠缠对组成的序列 $[|\Phi\rangle_1, |\Phi\rangle_2, \cdots, |\Phi\rangle_N]$,

$$|\Phi\rangle_i = \frac{1}{\sqrt{d}}\sum_{j=0}^{d-1} |j\rangle_{H_i} |j\rangle_{H_i}, \quad 1 \leqslant i \leqslant N \tag{4-28}$$

这里,下标 H 和 T 代表一个纠缠态之中的两个不同的粒子,上标 $i(i=1,2,\cdots,N)$ 表示这些纠缠对在序列中的顺序。P_1 从每一对粒子中取出一个来构成两个有序的 qudit 序列:$[H_1, H_2, \cdots, H_N]$(记为 S_H),$[T_1, T_2, \cdots, T_N]$(记为 S_T)。

(2) P_1 将他的所有数据(也就是 D_{P_1})的数据编码在 S_T 中相应的位置上。具体地,他在 S_T 中的第 $m_i^1 - th$ 个粒子上执行操作 $\boldsymbol{U}$,$i=1,2,\cdots,k_1$,这里

$$\boldsymbol{U} = \sum_{j=0}^{d-1} \exp(i\theta j) |j\rangle\langle j|, \theta = \frac{2\pi}{d} \tag{4-29}$$

操作 $\boldsymbol{U}$ 作用在状态 $|\Phi\rangle$ 的效果可以描述为

$$\begin{aligned} \boldsymbol{I}^x \otimes \boldsymbol{U}_1^x |\Phi\rangle &= \boldsymbol{I} \otimes \boldsymbol{U}_1^x |\Phi\rangle \\ &= \frac{1}{\sqrt{d}}\sum_{j=0}^{d-1} \exp(i\theta j \cdot x) |j\rangle_H |j\rangle_T \end{aligned} \tag{4-30}$$

这里 $\boldsymbol{U}^x$ 表示执行操作 x 次操作 $\boldsymbol{U}$,$\boldsymbol{I}$ 是 d 维希尔伯特空间上的单位算子。在 P_1 执行完这些操作以后,将这个新的序列记为 $S_T^1 = [T_1^1, T_2^1, \cdots, T_N^1]$。和文献[29]一样,$P_1$ 需要制备另外 δ 个处于状态 $|\Phi\rangle$ 用来检测窃听。具体地,他将每个状态中的第一个粒子随机地插入到 S_T^1 中,然后将剩下的每个纠缠对的第二个粒子保存起来。然后,他将所有这 $N+\delta$ 个粒子(记为 $S_T^{1'}$)发送给 P_2。

(3) P_2 收到 $S_T^{1'}$ 之后,P_2 要求 P_1 将所有插入的诱骗粒子的位置告诉他。对于每一个诱骗粒子,P_2 随机地用 B_1 基或者 B_2 基进行测量,这里

$$B_1 = \{|j\rangle\}_{j=0}^{d-1}, \quad B_2 = \left\{\frac{1}{\sqrt{d}}\sum_{k=0}^{d-1} \exp(i\theta k \cdot j) |k\rangle\right\}_{j=0}^{d-1} \tag{4-31}$$

然后 P_2 告诉 Alice 对于每一个粒子他选用的测量基以及相应的测量结果。P_1 采用与 P_2 相同的基去对自己手中相应的粒子进行测量,然后和 P_2 一起分析安全性。如果量子通道中没有窃听,他们的测量结果需要满足一个确定性的关系,那就是,如果他们用 B_1 基(B_2)进行测量,他们的测量结果应该是一样的(他们的测量结果的和应该模 d 为零)。如果他们发现有错误存在,他们就放弃协议,否则,P_2 已经确定性地收到了 S_T^1。然后 P_2 将 D_{P_2} 中的数据编码在 S_T^1 中相应的位置。具体地,他在 S_T^1 中的第 m_i^2 — th 个粒子上执行操作 U,$i=1,2,\cdots,k_2$。在执行完这些操作以后,这个新的序列被记为 $S_T^2 = [T_1^2, T_2^2, \cdots, T_N^2]$。在将 S_T^2 发送给下一个参与者之前,P_2 同样也采用与 P_1 在第(2)步中类似的方式利用 δ 个处于 $|\Phi\rangle$ 的态来确保 S_T^2 的传输安全。然后,他将所有这 $N+\delta$ 个粒子(记为 $S_T^{2'}$)发送给 P_3。

(4) 余下的参与者依次执行与前两个参与者(P_1 和 P_2)相同的程序,最终,最后一个参与者 P_n 将所有处理过的粒子(也就是 $S_T^{n'}$)发还给 P_1。

(5) 一旦 P_1 收到 $S_T^{n'}$,P_1 和 P_n 利用诱骗粒子来检测窃听。如果无存在窃听,P_1 就安全地收到了 S_T^n。然后 P_1 对利用算子 $\hat{\boldsymbol{M}}$ 对手中的每一对纠缠态,也就是 $(\boldsymbol{H}_i, \boldsymbol{T}_i^n)$,$1 \leqslant i \leqslant n$,进行测量,这里

$$\hat{\boldsymbol{M}} = \sum_{t=0}^{d-1} t \mid M_t \rangle \langle M_t \mid$$
$$\mid M_t \rangle = \sum_{t=0}^{d-1} \exp(i\theta m \cdot t) \mid m \rangle \mid m \rangle \tag{4-32}$$
$$\langle M_s \mid M_t \rangle = \delta_{st}$$

第 i 对粒子的测量结果被记为 T^i。最后 P_1 公开所有 T^i 的值，$1 \leqslant i \leqslant N$。根据这些公布的信息，$n$ 个参与者中的每一个都可以秘密地得到他的数据的排序。比如说，P_i 知道他的数据 $m_j^i (1 \leqslant j \leqslant k_i)$ 的排序是 $T^1 + T^2 + \cdots + T^{m_j^i} + 1$，并且没有人知道 m_j^i 属于他。

在这个协议中，在 P_1 制备纠缠态之前，其他 $n-1$ 个参与者中的每一个都应该公布自己数据的个数。这样 P_1 就可以根据这些信息来决定 d 的值。此外，这个协议的参与者需要配备滤光器和光子分束器来抵抗特洛伊木马攻击。很明显，这个量子匿名多方多数据排序协议可以用来解决 4.3.1 中提到的两个实际问题，即对学生的成绩进行排序和对属于不同公司的所有员工的工资进行排序。

4.3.3 基于量子密钥共享的量子匿名多方多数据排序协议

到目前为止，已经提出了一个基于半诚实模型的能够实现匿名多方排序的量子协议。然而，由于这类协议涉及的参与者很可能是互不信任方甚至可能是竞争对手，所以所有参与者都应该是半诚实的假设并不合理。在现实生活中，一个或者多个参与者可能想要得到另外一个参与者数据的排序信息。因此，想消除对协议参与者的限制从而设计出一个更加符合现实情况的量子匿名多方多数据排序协议。

当设计更加实用的协议时，自然会想知道是否能够去除对参与者的所有限制。也就是说，是否存在一个对参与者的行为没有任何限定的安全量子匿名多方多数据排序协议。不幸的是，人们已经证明了利用量子方法不能安全的计算两方的经典确定性函数[30,31]。当然，由于量子匿名多方多数据排序协议能够被看作是两方的协议，所以这个结论对量子匿名多方多数据排序协议同样适用。以 n 方协议为例，如果将一个参与者当作一方，则剩下的 $n-1$ 如果合作的话，他们就可以被当作是另外一个参与方。因此，如果没有任何附加限制的话，就没有安全的量子匿名多方多数据排序协议存在。

为了利用量子方法实现匿名多方多数据排序，在接下来的协议中引入了一个附加的参与方（记为 Server）来帮助协议的参与者保密地得到他们各自数据的排序。协议中的 Server 被允许自己进行窃听但是不能够和任何一个参与者合谋。然而，不管 Server 采取主动攻击还是被动攻击，他（她）都不应该获取任何一个参与者数据的排序信息。在这种情况下，协议中的参与者就不再需要被限制为半诚实的了。也就是说，未来得到需要的信息，一个参与者不但可以独自违背协议甚至可以和其他的一些参与者合作进行攻击。

此外，协议中的所有参与方（包括 Server 和参与者）都应该是理性的。尽管他们可以利用各种攻击策略来推断协议中受保护的排序的信息，他们也不会在不能够得到任何其他人排序信息的情况下来故意扰乱协议的执行。具体地，每一个参与者都可都可以在协议执行过程中提供一个假的输入。如果一个参与者在协议执行过程中提供了虚假输入，然后通过自己的假数据和其他参与者真实数据的最后执行结果，他就变成了唯一知道自己数据正确排序的参与者。然后，即使一个参与者采用这个策略，他仍然不能得到另外一个用户数据的排序。显而易见地，如果有不少于两个参与者都采用这个攻击方法的话，就没有任何参与者能够得到自己数据的正确排序了。不幸的是，即使引入的 Server 是可信的，这种情况仍然不能够避免。因此，假设参与者的首要选择是得到他自己数据的正确排序，只有在成功概率大于 0 的情况下，他才会采取相应的攻击策略去获得其他用户的数据排序信息。

在这里，提出两个基于以上假设的两个实用的量子匿名多方多数据排序协议。其中一个是基于多方秘密贡献(MQSS)的基本思想，一个是基于量子密钥分发(QKD)技术。仍然假设这两个协议中都有 $n(n\geqslant 3)$ 个参与者。参与者 P_i 拥有一个数据集合 $D_{P_i}=\{m_1^i, m_2^i, \cdots, m_k^i\}$，并且 $D_{P_i}\subset\{1,2,\cdots,N\}$，$1\leqslant i\leqslant n$。

现在介绍一个基于 d 级 $(n+1)$ 位 Greenberger-Horne-Zeilinger (GHZ)态和 MQSS 基本思想的量子匿名多方多数据排序协议。和多方秘密贡献不同，多方秘密贡献中 Boss 被假设为诚实的，而协议中对 Server 的假设更加合理，因为 Server 可以自己采用不同的攻击方法来获取某个参与者的数据排序。协议的具体步骤如下(见图 4-3)。

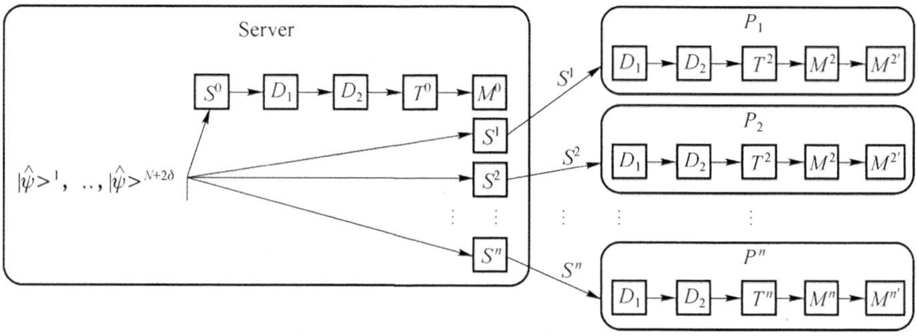

图 4-3　协议步骤图表

(1) Server 制备一列由 $N+\delta_1+\delta_2$ 个 GHZ 态构成的有序序列$[|\Psi^1\rangle, |\Psi^2\rangle, \cdots, |\Psi^{N+\delta_1+\delta_2}\rangle]$，

$$|\Psi\rangle_{01\cdots n}^i=\frac{1}{\sqrt{d}}\sum_{j=0}^{d-1}|j\rangle_0^i|j\rangle_1^i\cdots|j\rangle_n^i \tag{4-33}$$

这里下标 0, 1, 2, …, n 代表 GHZ 态中的 $n+1$ 个不同的粒子，上标 i 代表这个态在序列中的顺序，$1\leqslant i\leqslant N+\delta_1+\delta_2$，$d\geqslant\sum_{i=1}^{n}k_i+1$。然后 Server 对每个 GHZ 态中的每一个粒子都作用一个 d－模的量子傅里叶变换。这个量子傅里叶变化是 d 维量子系统中向量空间上的酉变换，可以表示为

$$\mathbb{F}|j\rangle=\frac{1}{\sqrt{d}}\sum_{k=0}^{d-1}\exp\left(\frac{2\pi ijk}{d}\right)|k\rangle \tag{4-34}$$

在这些操作之后，状态$|\Psi\rangle$被转换为

$$
\begin{aligned}
|\hat{\Psi}\rangle &= \mathbb{F}\otimes\mathbb{F}\otimes\cdots\otimes\mathbb{F}|\Psi\rangle \\
&= \frac{1}{\sqrt{d}}\sum_{j=0}^{d-1}\mathbb{F}|j\rangle_0\otimes\mathbb{F}|j\rangle_1\otimes\cdots\otimes\mathbb{F}|j\rangle_n \\
&= \frac{1}{\sqrt{d}}\sum_{j=0}^{d-1}\left(\left(\frac{1}{\sqrt{d}}\sum_{k_0=0}^{d-1}\exp(\frac{2\pi ijk_0}{d})\,|k_0\rangle\right)\otimes\cdots\otimes\left(\frac{1}{\sqrt{d}}\sum_{k_n=0}^{d-1}\exp(\frac{2\pi ijk_n}{d})\,|k_n\rangle\right)\right) \\
&= d^{-\frac{1}{2}}\sum_{j=0}^{d-1}d^{-\frac{n+1}{2}}\sum_{k_0,\cdots,k_n}\exp\left(\frac{2\pi ij}{d}(k_0+\cdots+k_n)\right)|k_0\rangle|k_1\rangle\cdots|k_n\rangle \\
&= d^{-\frac{n}{2}}\sum_{K\equiv 0(\mathrm{mod}d)}|k_0\rangle|k_1\rangle\cdots|k_n\rangle,
\end{aligned}
\tag{4-35}
$$

这里，$K=k_0+k_1+\cdots+k_n$。然后，Server 从每个纠缠态$|\hat{\Psi}\rangle^i(i=1,2,\cdots,N+\delta_1+\delta_2)$拿出一个粒子从而构成 $n+1$ 个有序的 qudit 序列：$[|\hat{\Psi}\rangle_0^1,|\hat{\Psi}\rangle_0^2,\cdots,|\hat{\Psi}\rangle_0^{N+\delta_1+\delta_2}]$（记为 S^0），$[|\hat{\Psi}\rangle_1^1,|\hat{\Psi}\rangle_1^2,\cdots,|\hat{\Psi}\rangle_1^{N+\delta_1+\delta_2}]$（记为 S^1），…，$[|\hat{\Psi}\rangle_n^1,|\hat{\Psi}\rangle_n^2,\cdots,|\hat{\Psi}\rangle_n^{N+\delta_1+\delta_2}]$（记为 S^n）。最后，他/她保留序列 S^0 并且将序列 S^i分别发送给 $P_i(1\leqslant i\leqslant n)$。

(2) 在接收到 Server 发送的粒子序列以后，$n+1$ 个参与方（n 个参与者和 Server）合作执行以下的两个窃听检测。

检测 1： Server 随机地从 S^0 中选择 δ_1 个粒子并且公布这些粒子的位置。对于每一个被选择的粒子，Server 随机得选择一组基（B_1 或者 B_2）进行测量，并且要求 n 个参与者用相同的基测量他们手中对应的粒子。然后这些参与者按照一个有 Server 决定的随机顺序公布自己的测量结果。根据这些公布的信息，Server 就可以检验这些被测量的粒子是否处于公式(4-35)中的态，即$|\hat{\Psi}\rangle$。具体地，假设这个 $n+1$ 个粒子处于$|\hat{\Psi}\rangle$态，如果选择的测量基是 $B_1(B_2)$这 $n+1$ 个测量结果在模 d 的情况下的和为 0（这 $n+1$ 个测量结果应该相同）。一旦 Server 在检测窃听的过程中发现错误，他就通知这些参与者放弃传输并且停止协议。否则，他们开始知执行下一个检测。

检测 2： n 个参与者共同从剩下的 $n+\delta_2$ 个随机地选出 δ_2 个粒子并且按照如下的方式对他们进行处理。$P_i(1\leqslant i\leqslant 3)$随机地从 S^i 中选择$\left\lceil\frac{\delta_2}{n}\right\rceil$个粒子并且公开这些粒子的位置。对于每一个被选择的粒子，P_i 随机地选择测量基（B_1 或者 B_2），然后要求 Server 和其他 $n-1$个参与者用同样的基测量他们手中相应的粒子。测量完以后，Server 被要求首先公布他的测量结果。然后剩下的 $n-1$ 个参与者按照一个由 P_i 决定的随机顺序公布自己的测量结果。根据检测 1 中给出的检测原理，P_i可以根据其他人和自己的测量结果检验被测量的粒子是不是出于状态$|\hat{\Psi}\rangle$。需要指出的是，为了确保被这 n 个参与者选来检测窃听的粒子总数是δ_2，有一个参与者需要选择 $\delta_2-(n-1)\left\lceil\frac{\delta_2}{n}\right\rceil$个粒子来进行检测。不失一般性，假设这个参与者是 P_n。如果在检测窃听的过程中发现任何错误，他们就放弃协议；否则，他们执行下一步协议。

(3) 一旦这 $n+1$ 个参与方确定在之前的步骤中没有存在窃听，他们就已经安全地共享了一串由 N 个处于状态 $|\hat{\Psi}\rangle$ 的纠缠态组成的有序序列。这里，Server 手中的序列被记作 W^0，P_i 手中的序列被记作 W^i，$1\leqslant j\leqslant N$。然后这 $n+1$ 个参与方的每一个人都用 B_1 基对自己手中的粒子进行测量，并且记录相应的测量结果。比如说，W^i 中的第 j 个粒子的测量结果被记为 M_j^i，$1\leqslant j\leqslant N$。然后，每一个参与者都将自己的数据编码到手中的 N 长的经典序列中。以 P_i 为例，他将数据集合 D_{P_i} 中的每一个数据都编码到 M^i 中相应的数据中。具体地，他用 $M_{m_j^i}^i+1(\bmod d)$ 替换 $M_{m_j^i}^i$，$1\leqslant j\leqslant k_i$。在完成这些编码操作以后，这个新的序列被记为 $M^{i'}$。最后，P_i 公开序列 $M^{i'}=[M_1^{i'},M_2^{i'},\cdots,M_N^{i'}]$，$1\leqslant i\leqslant n$。

(4) 根据这 n 个参与者公布的序列($M^{i'}$，$1\leqslant i\leqslant n$)和他自己的序列 M^0，Server 可以计算 T^i，$1\leqslant i\leqslant N$，这里 $T^i=M_i^0+M_i^{1'}+\cdots+M_i^{n'}(\bmod d)$。最后，他/她宣布所有计算得到的值，基于这些信息，n 个参与者中的每一个人都可以秘密地得到自己数据的排序。比如说，P_i 知道他的数据 m_j^i $(1\leqslant j\leqslant k_i)$ 的排序是 $T^1+T^2+\cdots+T^{m_j^i}+1$，并且没有人知道 m_j^i 属于集合 D_{P_i}。

显然，粒子在整个协议的执行过程中只传输了一次，因此这个协议对特洛伊木马攻击是自然免疫的。在这个协议中，Server 和 n 个参与者首先利用 d 维的 GHZ 态安全地共享一个 N 长的经典秘密，即 $M^0+M^1+\cdots+M^n=\overline{0}(\bmod d)$，这里 $\overline{0}$ 代表一个 N 长的 0 序列，并且任意一个子秘密(M^i，$i=1,2,\cdots,n$)都是一个随机的序列。然后，他们就可以通过本节的方法利用共享的秘密来匿名地对他们的数据进行排序。当然，这个协议仍然可以被用来解决章节一中的两个实际问题。此外，由于这个协议的参与者不再需要是半诚实的，所以这个协议更加符合现实情况。

4.3.4 基于量子密钥分发的量子匿名多方多数据排序协议

这一节给出另外一个基于量子密钥分发技术的实用的量子匿名多方多数据排序协议。和上面利用了纠缠态的基于量子秘密共享的协议不同的是，这个协议可以利用单粒子实现匿名的多方排序。协议的具体步骤如下：

(1) Server 按照如下的方式分发一个 N 长的随机密钥给 P_i。为了给 P_i $(1\leqslant i\leqslant n)$ 分发这个 N 长的密钥，Server 分别生成一个 $2N$ 长的 dit 序列 R^{P_i} 和一个 $2N$ 长的 bit 序列 C^{P_i}，这里 $R^{P_i}(C^{P_i})$ 的第 j 个 dit 被记为 $R_j^{P_i}(C_j^{P_i})$，$R_j^{P_i}\in\{0,1,\cdots,d-1\}$，$C_j^{P_i}\in\{0,1\}$，$1\leqslant j\leqslant 2N$ 并且 $d\geqslant\sum_{i=1}^{n}k_1+1$。根据这两个随机字符串，Server 制备一个被记为 L^i 的由 d 维单粒子组成的序列。具体地，L^i 的第 j 个粒子(记为 L_j^i)是 $\Pi_{R_j^{P_i}C_j^{P_i}}$，这里

$$\begin{aligned}\Pi_{m0}&=|m\rangle\\ \Pi_{m1}&=\frac{1}{\sqrt{d}}\sum_{k=0}^{d-1}\exp\left(\frac{2\pi ikm}{d}\right)\end{aligned}\tag{4-36}$$

换句话说，当 $C_j^{P_i}$ 时 0(1) 时，如果 $R_j^{P_i}$ 是 m，L_j^i 应该被制备为 $|m\rangle\left(\frac{1}{\sqrt{d}}\sum_{k=0}^{d-1}\exp\left(\frac{2\pi ikm}{d}\right)|k\rangle\right)$。然后，Server 将 L^i 发送给 P_i。一旦收到 L^i，P_i 要求 Server 公布 C^{P_i}。具体地，如果 $C_j^{P_i}$ 是 0(1)，它就用 $B_1(B_2)$ 基对 L_j^i 进行测量。根据测量结果，P_i 得到一个 $2N$ 长的 dit 序列。为了检

测窃听，它随机地选择这个序列中的一些 dit 和 Server 手中相应的数值进行比对。如果错误率超过了一个预设的阈值，他们就放弃泄气；否则，他们利用信息调和和保密放大来处理余下的 dits，并且最终共享一个 Ndit 长的密钥，这个密钥被记为 $K^{s,i}=[K_1^{s,i},K_2^{s,i},\cdots,K_N^{s,i}]$。

(2) 采用与步骤(A)中相同的方法，P_i 分发一个随机的 Ndit 密钥给 P^{i+1}，这里 $1\leqslant i\leqslant n$，$P_{n+1}=P_1$，并且这个被 P_i 和 P_{i+1} 的密钥记为 $K^{i,i+1}=[K_1^{i,i+1},K_2^{i,i+1},\cdots,K_N^{i,i+1}]$。然后 n 个参与者中的每一个人都计算一个 Ndit 长的序列作为自己的子秘密串。对参与者 P_i 而言，他的子密钥串是 V^i，这里 V^i 的第 j 个 dit 是 $V_j^i=d-K_j^{s,i}+d-K_j^{i-1,i}+K_j^{i,i+1}=2d-K_j^{s,i}K_j^{i-1,i}-+K_j^{i,i+1}$，$1\leqslant j\leqslant N$。

(3) 每一个参与者将自己的数据编码到自己的子密钥串上。以 P_i 为例，他将 D_{P_i} 中的数据编码到 V^i 中相应的位置上。具体地，他用 $V_{m_j^i}^i+1(\bmod d)$ 替换 $V_{m_j^i}^i$，$1\leqslant j\leqslant k_i$。在编码过程结束以后，这个 $Ndit$ 长的字符串被记为 $V^{i'}$。最后，P_i 宣布 $V^{i'}=[V_1^{i'},V_2^{i'},\cdots,V_N^{i'}]$，$1\leqslant i\leqslant n$。

(4) 在得到参与者公开的这些经典字符串(即 $V^{i'}$，$i=1,2,\cdots,n$)之后，Server 根据得到的信息计算 T^i，$1\leqslant i\leqslant N$，这里 $T^i=\sum_{j=1}^{n}K_i^{s,j}+\sum_{j=1}^{n}V_i^{j'}$。最后，他/她公开所有计算得到的值。和上面两个量子匿名多方多数据排序协议相似，n 个参与者中的每一个人都可以根据公布的信息秘密地得到自己数据的排序。

和基于量子秘密共享的协议相比，协议中的量子粒子在整个协议中也只传输一次，因此协议是天生对特洛伊木马攻击免疫的。对这一章中的两个实用的量子匿名多方多数据排序协议，他们有各自的优点和缺点。基于量子密钥分发的协议的主要优点就是它不需要用到纠缠。然后，基于量子密钥分发协议的比特效率比基于量子秘密共享的协议的效率低很多。此外，为了实现匿名多方多数据排序，基于量子密钥分发的协议的参与者比基于量子秘密共享的协议的参与者需要配备有多一样的量子设备，即量子态的生成设备。

4.3.5 协议的安全性分析

众所周知，半诚实模型和恶意模型是多方安全计算协议中的两个常见安全性模型。在半诚实模型(也称为好奇但诚实模型)中，参与者可能会主动欺骗并且背离协议，例如，欺骗者可能会尝试了解某个诚实参与者的输入。接下来，首先分析给出的基于半诚实模型的协议。然后，说明给出的用户可以是不诚实的两个协议也是安全的。在证明协议的安全性之前，首先给出如下两个关于状态 $|\hat{\Psi}\rangle$ 和 $|\Psi\rangle$ 的定理。

定理 4.3.1 一个$(n+1)$位的量子态如果处于状态 $|\hat{\Psi}\rangle$ 的形式，当且仅当它同时满足如下两个条件：(1)当用 B_1 基测量它的每一个粒子时，这 $n+1$ 个测量结果的和在模 d 的情况下等于 0；(2)当用 B_2 测量它的每一个粒子时，这 $n+1$ 个测量结果是相等的。

证明： 根据公式(4-35)，很容易验证 $|\hat{\Psi}\rangle$ 同时满足定理一中的两个条件。现在来证明如果一个$(n+1)$位的量子态同时满足这两个条件，它就一定是 $|\hat{\Psi}\rangle$。

假设 $|\Theta\rangle$ 是一个同时满足条件(1)和条件(2)的$(n+1)$位的量子态。一方面，由于 $|\Theta\rangle$ 满足条件(1)，它就应该在 M 张成的子空间里，这里

$$M = \left\{ | k_0 k_1 \cdots k_n \rangle \mid \sum_{i=0}^{n} k_i = 0, 0 \leqslant k_i \leqslant d-1 \right\} \tag{4-37}$$

很容易得到 M 中元素的个数是 d^n。不失一般性，将这个 d^n 个元素分别记为 $|K_1\rangle$，$|K_2\rangle$，$\cdots$，$|K_{d^n}\rangle$ 。换句话说，如果 $|\Theta\rangle$ 满足条件(1)，可以得到

$$|\Theta\rangle = \sum_{i=1}^{d^n} \lambda_i \mid K_i \rangle \tag{4-38}$$

这里，$\sum_{i=1}^{d^n} |\lambda_i|^2 = 1$。另一方面，因为 $|\Theta\rangle$ 满足条件(2)，它就应该处于由 N 张成的子空间中，这里

$$N = \{ K_j' \mid K_j' = \mathbb{F}^{\otimes(n+1)} |j\rangle_0 \, |j\rangle_1 \cdots |j\rangle_n \}_{j=0}^{d-1} \tag{4-39}$$

下标 $0,1,\cdots,n$ 代表状态 $|\Theta\rangle$ 中的 $n+1$ 个不同的粒子。换句话说，如果 $|\Theta\rangle$ 满足条件(2)，就用该有

$$|\Theta\rangle = \sum_{j=1}^{d^n} \lambda_j' \mid K_j' \rangle \tag{4-40}$$

这里 $\sum_{i=1}^{d^n} |\lambda_i'|^2 = 1$。显而易见地

$$\begin{aligned}
|\Theta\rangle &= \sum_{j=0}^{d-1} \lambda_j' \mid K_j' \rangle \\
&= \sum_{j=0}^{d-1} \lambda_j' \mathbb{F}^{\otimes(n+1)} \mid j \rangle_0 \mid j \rangle_1 \cdots \mid j \rangle_n \\
&= \sum_{j=0}^{d-1} \lambda_j' \left(\left(\frac{1}{\sqrt{d}} \sum_{k_0=0}^{d-1} \exp\left(\frac{2\pi i j k_0}{d}\right) \mid k_0 \rangle \right) \otimes \cdots \otimes \left(\frac{1}{\sqrt{d}} \sum_{k_n=0}^{d-1} \exp\left(\frac{2\pi i j k_n}{d}\right) \mid k_n \rangle \right) \right) \\
&= d^{-\frac{n+1}{2}} \sum_{j=0}^{d-1} \lambda_j' \sum_{k_0,\cdots,k_n} \exp\left(\frac{2\pi i j}{d} (k_0 + \cdots + k_n) \right) | k_0 \rangle \otimes \cdots \otimes | k_n \rangle \\
&= d^{-\frac{n+1}{2}} \sum_{j=0}^{d-1} \lambda_j' \left(\sum_{\sum_{i=0}^{n} k_i = 0 (\mathrm{mod}\ d)} \mid k_0 \rangle \cdots \mid k_n \rangle + \sum_{\sum_{i=0}^{n} k_i \neq 0 (\mathrm{mod}\ d)} \mid k_0' \rangle \cdots \mid k_n' \rangle \right)
\end{aligned} \tag{4-41}$$

根据公式(4-38)和公式(4-41)，有

$$\sum_{\sum_{i=0}^{n} k_i' \neq 0 (\mathrm{mod}\ d)} \mid k'_0 \rangle \cdots \mid k'_n \rangle = 0 \tag{4-42}$$

这就意味着

$$|\Theta\rangle = \sum_{i=1}^{d^n} \lambda_i \mid K_i \rangle = d^{-\frac{n+1}{2}} \sum_{j=0}^{d-1} \lambda_j' \sum_{i=1}^{d^n} \mid K_i \rangle \tag{4-43}$$

因为可以根据公式(4-43)得到

$$\lambda_1 = \lambda_1 = \cdots = \lambda_{d^n} = d^{-\frac{n+1}{2}} \sum_{j=0}^{d-1} \lambda_j' \tag{4-44}$$

此外，由于 $\sum_{i=1}^{d^n} |\lambda_i|^2 = \sum_{i=1}^{d-1} |\lambda_i'|^2 = 1$，可以得到

$$\sum^{d-1}\lambda_j' = d^{\frac{1}{2}}, \lambda_1 = \lambda_1 = \cdots = \lambda_{d^n} = d^{-\frac{n}{2}} \tag{4-45}$$

这就意味着

$$|\Theta\rangle = d^{-\frac{n}{2}} \sum_{\sum_{i=0}^{n} k_i = 0 (\mathrm{mod}\ d)} |k_0\rangle |k_1\rangle \cdots |k_n\rangle = |\hat{\Psi}\rangle \tag{4-46}$$

至此，已经说明了如果一个$(n+1)$位的量子态同时满足如下两个条件，它就一定处于状态$|\hat{\Psi}\rangle$。因此，已经证明了定理 4.3.1。

显而易见地，这两个态$|\Psi\rangle$和$|\hat{\Psi}\rangle$，可以在酉操作$\mathbb{F}^{\otimes(n+1)}$下面相互转化。因此，可以直观地得到如下一个关于$|\Psi\rangle$的定理。

定理 4.3.2 一个$(n+1)$位的量子态如果处于状态$|\Psi\rangle$的形式，当且仅当它同时满足如下两个条件：(1')当用 B_1 基测量它的每一个粒子时，这 $n+1$ 个测量结果是相等的；(2')当用 B_2 测量它的每一个粒子时，这 $n+1$ 个测量结果的和在模 d 的情况下等于 0。

1. 半诚实模型下的安全性

对于在半诚实模型下提出的协议，它的安全性主要包含两个方面：首先，外部窃听者(Eve)不能得到某个参与者的数据排序的任何信息或者将一个参与者的身份和他的数据联系起来。其次，一个参与者不能从协议执行过程中他所得到的中间数据中得到关于另一个参与者的排序的任信息。

在这个协议中，每个纠缠态中只有一个粒子(即 T_i，$1 \leqslant i \leqslant N$)在这 n 个参与者之间传输，而粒子 $H_i(i=1,2,\cdots,N)$始终在 P_1 的手中。也就是说，除了 P_1 没有任何一个人能够同时得到$|\Phi\rangle_i(1\leqslant \mathrm{i} \leqslant N)$中的两个名字。然而，在协议的整个执行过程中，被传输的子系统 T_i 的密度算子是：

$$\boldsymbol{\rho}_{T_i} = \mathrm{tr}_{H_i}(|\Phi\rangle_{ii}\langle\Phi|) = \frac{1}{d}\sum_{j=0}^{d-1} |j\rangle\langle j| = \frac{\boldsymbol{I}}{d} \tag{4-47}$$

显而易见地，$\boldsymbol{\rho}_{T_i}$ 在操作 $\boldsymbol{U}$ 的作用下是不变的，所以没有人能够从 T_i 中得到任何有用的信息。此外，这个协议中的粒子利用诱骗粒子技术以量子块传输的技术进行传输的。在每一个传输的序列(即 $S_T^{i'}$，$1\leqslant i \leqslant n$)中，总存在一些诱骗粒子，这些诱骗粒子的位置只有发送者知道。由于这些诱骗态粒子和信号粒子(纠缠态中用来编码信息的粒子)对 Eve 来说都是最大纠缠态(即$\frac{\boldsymbol{I}}{d}$)，她就不能区分诱骗态粒子和信号粒子。因此，根据定理 4.3.2，无论 Eve 采取何种攻击策略，她的窃听行为都将不可避免地破坏部分诱骗态粒子从而在窃听检测中引入错误。换句话说，这个协议可以抵抗任何外部攻击因为 Eve 在 $S_T^{i'}$，$1\leqslant i \leqslant n$ 的传输过程中进行窃听，她不但不能得到任何有用的信息而且会在检测窃听的过程中被发现。

现在说明 n 个参与者者中的任何一个人都不能从他在协议执行过程中记录的中间信息中得到关于另一个参与者数据排序的任何有用的信息。以参与者 $P_i(2\leqslant i \leqslant n)$为例，由于每个传输的粒子都处于最大纠缠态$\left(\frac{\boldsymbol{I}}{d}\right)$，所以他不能从这些粒子中获得任何有用的信息。

尽管 P_1 可以在 P_n 将 $S_T^{n'}$ 发送给他以后同时得到这个纠缠态中的两个粒子，他却只能从这些粒子中得到 T_i 的值，$1\leqslant i\leqslant N$。然而，他不能从 T_i 中得到任何有用的信息。例如，如果 $T_i=2$，他只知道 n 个参与者中的 1 个(或者 2 个)拥有数据 i，但是他不知道拥有这个数据的参与者的身份。因此，P_1 也不能得到关于另外一个参与者排序的任何信息。

最后，考虑针对双向量子密码协议的两种特殊的攻击，即特洛伊木马攻击[32]和不可见光攻击[33]。事实上，参与者可以利用参考文献[32,33]中的策略来抵抗这两种攻击。这里忽略这些冗余的描述。

2. 更加实用的协议的安全性

在这一部分，分析在 4.3.3 和 4.3.4 中给出的两个量子匿名多方多数据排序协议的安全性。根据这两个协议的具体步骤，如果一个攻击者想要得到一个用户的数据的排名，他/她就应该知道这个参与者的具体的输入值(将这个用户的身份和他的数据对应起来)。为清楚起见，考虑三种情况。首先是外部攻击者(Eve)的攻击。然后可虑一个或者多个不诚实的参与者想获得另外一个参与者的数据排序信息的情况。最后，将在第三种情况中讨论来自 Server 的攻击。

1) 基于量子秘密共享的量子匿名多方多数据排序协议的安全性

(1) 外部攻击

信号粒子在这个协议的整个过程中只被传输一次。也就是说，步骤(a)中的传输过程是 Eve 唯一可以执行攻击的时机。因此，如果 Eve 想要推断出 P_i 的数据，她就不得不在粒子从 Server 传输到参与者的过程中执行她的操作。从而她也许能够推断出 P_i 的子秘密(即 M^i，$1\leqslant i\leqslant n$)并且利用它来在步骤(d)中推断出 P_i 的数据。显然地，如果 Eve 能够得到 M^i，她就能够得到 P_i 的数据。比如说，如果 $M_j^{i'}=M_j^i+s(1\leqslant j\leqslant N,1\leqslant s\leqslant k_i)$，Eve 就知道 $j\in D_{P_i}$，$|D_{P_i}|=s$。

显而易见地，如果 Eve 不采取主动攻击，她不能够仅仅根据参与者公开的信息推断任何有用的信息。然而，无论她采取什么种类的攻击，一旦她能够得到任何关于某个参与者的子秘密的有价值的信息，她的攻窃听行为就将不可避免地破坏部分传输粒子的，这就意味着 Server 和这些参与者共享的这些粒子就不再处于状态 $|\hat{\Psi}\rangle$。根据定理 4.3.1，Eve 的窃听行为就将不可避免的在步骤(b)中的窃听检测中引入错误，从而使得协议终止。

此外，参与者只会在他们确认 $S^i(i=1,2,\cdots,n)$ 的传输过程中没有窃听以后才会分别将自己的数据分别编码在子密钥上，这就意味着步骤(a)中传输的粒子中没有包含任何关于参与者数据的信息。也就是说，这个协议是能够抵抗来自 Eve 的攻击的，因为她不但不能得到任何关于最终排序的有用信息，而且会在窃听检测中被发现。

(2) 参与者攻击

事实上，一个不诚实的参与者往往比外部窃听者对量子匿名多方多数据排序协议具有更大攻击能力。一方面，他能够合法地知道协议中的部分信息。另一方面，他可以和其他一些参与者合作起来在协议的执行过程中进行欺骗。因为，现在开始分析强调不诚实参与者比外部攻击者具有更多能力并且更加应该被关注的“参与者攻击”[34]。

考虑有 $l(1\leqslant l\leqslant n-1)$ 个参与者合作窃取一个诚实参与者的数据的情形。不失一般性，假设这 l 个想要在不被察觉的情况下得到某个诚实参与者(如 P_i，$l+1\leqslant i\leqslant n$)不诚实的参

与者的子密钥是 $P_1, P_2, \cdots, P_l$。由于在整个协议中粒子只传输一次，很自然地这些不诚实的参与者就应该在步骤(a)中 $S^i(i=1,2,\cdots,n)$的传递过程中执行他们的操作。

在步骤(b)中的第一个检测(即检测 1)中，Server 随机地选择 δ_1 个量子态进行安全性检测。对选择的每一个状态，用来进行的测量基(即 B_1 或者 B_2)是有 Server 随机选择的，而且这 n 个参与者公布测量结果的随机顺序也是有 Server 决定的。因此根据定理 4.3.1，一旦这些不诚实的参与者合作对这个协议进行攻击并且获得了任何关于某个诚实参与者的子秘密的信息，他们就不可避免地在检测 1 中引入错误并导致协议终止。换句话说，如果这些不诚实的参与者成功地通过了窃听检测 1，他们就不可能得到任何关于某个诚实参与者子秘密的任何有价值的信息。在证明这一点之前，先给出步骤(a)和步骤(b)的一个等价版本。

根据定理 4.3.2 已知状态 $|\hat{\Psi}\rangle$ 和 $|\Psi\rangle$ 之间的关系，这个协议的前两个步骤，即步骤(a)和步骤(b)，可以完全等价于如下的版本。

(a′) Serve 不再采取先利用傅里叶变换先将 $|\Psi\rangle^i$ 转换为 $|\hat{\Psi}\rangle^i$，然后再和这 n 个参与者之间共享 $|\hat{\Psi}\rangle^i$ 的方式，而是直接利用步骤(a)中共享 $|\hat{\Psi}\rangle^i$ 的方法先和这 n 个参与者共享 $|\Psi\rangle^i, 1\leqslant i\leqslant N+\delta_1+\delta_2$。

(b′) 当这 n 个参与者分别收到 Server 发送给他们的粒子序列以后，他们通过检测自己手中的粒子是否处于状态 $|\Psi\rangle$ 来完成窃听检测。这个检测过程同样包括两个检测(记为检测 1′和检测 2′)从本质上和步骤 2 中的两个检测时一样的。唯一的区别就是这 $n+1$ 方从根据定理 4.3.1 检测他们是否是共享的 $|\hat{\Psi}\rangle$ 变成了根据定理 4.3.2 检测他们是否是共享的 $|\Psi\rangle$。也就是说，在这两个检测中如果没有窃听存在，如果是用 B_1 基(B_2 基)测量的话，那么这 $n+1$ 个测量结果应该是相等的(这 $n+1$ 个测量结果的和在模 d 的情况下等于 0)。一旦他们确认在步骤(a′)中的传输过程中没有窃听存在，这 $n+1$ 方分别对他们手中的每一个粒子执行量子傅里叶变换。至此，他们就已经安全地共享了长度为 N 的一个状态 $|\hat{\Psi}\rangle$ 的序列。

步骤(a)-(b)和步骤(a′)-(b′)的目的都是安全的在这 $n+1$ 方之间共享 N 个状态都为 $|\hat{\Psi}\rangle$ 的量子态。他们之间的主要区别就是在步骤(a)－(b)中只有 Server 需要配备能够执行量子傅里叶变换的设备，而在步骤(a′)-(b′)中这 n 个参与者都要配备这样的设备。为了减少协议中参与者的实现成本，协议中利用了步骤(a)-(b)来共享 $|\hat{\Psi}\rangle$。尽管如此，步骤(a)-(b)和步骤(a′)-(b′)的安全性是等价的。因此，现在证明这 l 个参与者不能在不引入错误的前提下得到任何关于某个诚实参与者子秘密的有用信息。

在步骤(a′)中，Server 制备一个由 $N+\delta_1+\delta_2$ 个 GHZ 态组成的有序序列 $[|\Psi^1\rangle, |\Psi^2\rangle, \cdots, |\Psi^{N+\delta_1+\delta_2}\rangle]$，这里

$$
\begin{aligned}
|\Psi\rangle_{01\cdots n}^i &= \frac{1}{\sqrt{d}}\sum_{j=0}^{d-1} |j\rangle_0^i |j\rangle_1^i \cdots |j\rangle_n^i \\
&= \frac{1}{\sqrt{d}}\sum_{j=0}^{d-1} |j\rangle_0^i |j\rangle_{l+1}^i \cdots |j\rangle_n^i |j\rangle_1^i \cdots |j\rangle_l^i
\end{aligned}
\tag{4-48}
$$

在分发这些量子态时,这 l 个不诚实的参与者可能会对每一个态都进行攻击从而尝试从传输给他们的粒子已经一些他们自己制备的粒子中提出关于诚实参与者子秘密的信息。以状态$|\Psi\rangle^i$ 为例,这些不诚实的参与者首先制备 s 个处于状态$|0\rangle_E^{\otimes s}$ 的附加粒子,这里 s 是一个可以根据他们自身需要进行修改的参数。刚开始时,状态$|\Psi\rangle^i$ 和这些附加粒子组成如下一个符合系统

$$|\Psi^1\rangle^i=\frac{1}{\sqrt{d}}\sum_{j=0}^{d-1}|j\rangle_0^i|j\rangle_{l+1}^i\cdots|j\rangle_n^i|j\rangle_1^i\cdots|j\rangle_l^i|0\rangle_E^{\otimes s} \tag{4-49}$$

当$|\Psi\rangle^i$ 的第 $j(1\leqslant j\leqslant n)$个粒子(即$|\Psi\rangle_j^i$)在步骤(a)中从 Server 向 P_j 出传输时,这 l 个不诚实的参与者可以通过合作在这 n 个被传输的粒子以及 s 个附加粒子上执行他们需要的酉操作 $\boldsymbol{U}_E$。在执行完这个操作一个,复合系统的状态就由状态$|\Psi^1\rangle^i$ 变成了

$$|\Psi^2\rangle^i=\boldsymbol{I}\otimes\boldsymbol{U}_E|\Psi^1\rangle^i \tag{4-50}$$

尽管这些不诚实的参与者可以选择任何他们喜欢的酉操作作为 $\boldsymbol{U}_E$,但是他们不想在检测1'中引入任何错误。在这个检测中,Server 随机地选择 B_1 基或者 B_2 基并且要求这 n 个参与者用他/她选择的基对自己手中的相应粒子进行测量。为了避免在选择 B_1 基的情况下引入任何错误,诚实参与者和 Server 的测量结果应该是相同的,这就意味着$|\Psi^2\rangle^i$ 应该处于如下的形式:

$$|\Psi^2\rangle^i=\frac{1}{\sqrt{d}}\sum_{j=0}^{d-1}|j\rangle_0^i|j\rangle_{l+1}^i\cdots|j\rangle_n^i|\Upsilon(j)\rangle \tag{4-51}$$

这里$|\Upsilon(j)\rangle$代表由不诚实参与者控制的 $l+s$ 个粒子在执行完操作 $\boldsymbol{U}_E$ 之后的状态。由于他们的窃听行为没有在检测 $1'$中被发现(这里假设他们同样通过了检测 $2'$),诚实的参与者和 Server 就会对他们每一个人手中的粒子执行量子傅里叶变换$\mathbb{F}$。在执行了这些操作以后,$|\Psi^2\rangle^i$ 的状态就被转换为

$$\begin{aligned}|\Psi^3\rangle^i&=\frac{1}{\sqrt{d}}\sum_{j=0}^{d-1}\left(\left(\frac{1}{\sqrt{d}}\sum_{k_0=0}^{d-1}\exp\left(\frac{2\pi ijk_0}{d}\right)\right)|k_0\rangle\otimes\left(\frac{1}{\sqrt{d}}\sum_{k_{l+1}=0}^{d-1}\exp(\frac{2\pi ijk_{l+1}}{d})\right)|k_{l+1}\rangle\right.\\&=\otimes\cdots\otimes\left.\left(\frac{1}{\sqrt{d}}\sum_{k_n=0}^{d-1}\exp\left(\frac{2\pi ijk_n}{d}\right)\right)|k_n\rangle\otimes|\Upsilon(j)\rangle\right)\\&=d^{-\frac{n-l+2}{2}}\sum_{k_0,k_{l+1},\cdots,k_n}|k_0\rangle|k_{l+1}\rangle\cdots|k_n\rangle\sum_{j=0}^{d-1}\exp\left(\frac{2\pi ij}{d}(k_0+k_{l+1}+\cdots+k_n)\right)|\Upsilon(j)\rangle\end{aligned} \tag{4-52}$$

在步骤(c)中,Server 和每一个诚实参与者都会用 B_1 基测量他们手中的粒子并且将测量结果记为他们子秘密的一个 dit。根据公式(4.62),发现如果不诚实的参与者没有在检测($1'$)和检测($2'$)中引入任何错误,那么无论他们采取何种攻击,他们只能够得到 $k_0+\sum_{i=l+1}^{n}k_i$ 的值。由于 Server 不会和任何一个参与者合作,$\sum_{i=l+1}^{n}k_i$ 对于这些不诚实参与者来说是随机的,这就意味着他们不能得到关于某个参与者子秘密的任何有用的信息。

至此,已经证明了不诚实的参与者不能够在不引入任何错误的情况下通过在步骤(a)中进行攻击来获得任何有用的信息。因此,不诚实参与者只能利用自己手中的粒子序列已经

在步骤(c)和步骤(d)中公布的经典信息来推断一个诚实参与者的子秘密。然而,这种方法也是无用的。直观地讲,这 $n+1$ 方的子秘密满足 $M^0+M^1+\cdots+M^n=\bar{0}(\mathrm{mod}d)$,也就是说 $M_j^1+M_j^2+\cdots+M_j^l=d-(M_j^0+M_j^{l+1}+M_j^{l+2}+\cdots+M_j^n)$,$1\leqslant j\leqslant N$。由于只有 Server 知道 M_j^0,这 l 个不诚实的参与者不能够得到任何一个诚实参与者的子秘密。也就是说,不诚实的参与者不能够利用他们自己的子秘密来推断出某个诚实参与者的秘密输入。

此外,考虑一种针对某些特定种类安全多方计算协议的称为"参与者重放攻击"的特殊攻击方法。在这种攻击中,在 n 个参与者诚实地执行完这个协议之后,这 l 个不诚实的参与者一起再次利用他们各自的秘密输入执行一次协议。根据这两次协议执行过程中 Server 公开的结果,他们就能在保密自己的身份和自己数据对应关系的前提下推断出关于剩下 $n-l$ 个诚实参与者秘密输出了信息。更加准确地说,利用这种策略,这些不诚实的参与者可以推断出一个包含所有 $n-l$ 诚实参与者秘密输入的集合。

然而,需要指出的是,这种攻击是在设计诸如匿名投票,多方安全排序,匿名调查(求和)等种类协议时一般不考虑的一种很平凡的攻击策略。在所有这些种类的协议中,如果 $l=n-1$(即所有的参与者中只有一个是诚实的),这些不诚实的参与者就能很轻易地利用这种攻击策略获得这唯一一个诚实参与者的投票内容,排序或者秘密数据。然而在本节的协议中,当 $1\leqslant l\leqslant n-2$ 时,这 l 个参与者就不能够确定性地推断出某个诚实参与者的秘密输入。为了简单起见,在这里假设每一个参与者都只有一个数据。如果 l 个参与者在这种情况下采取这个攻击策略,他们只有在剩下的 $n-l$ 个参与者的输入都相同的情况下才能准确地知道某个参与者的秘密输入。然后,这种情况发生的概率只有 $\frac{1}{N^{n-l-1}}$。这就是说,当 $1\leqslant l\leqslant n-2$ 时,这 l 个参与者以 $1-\frac{1}{N^{n-l-1}}$ 这个随着 l 的减小指数趋近于 1 的概率不能准确的推断出某个诚实参与者的秘密输入。

最后,考虑一个极端的攻击,这种攻击中的 l 个参与者以泄露自己秘密输入为代价来获得某个诚实参与者的秘密输入。在进行攻击时,这 l 个参与者中的每一个人都诚实执行协议并且秘密地告诉他的 $l-1$ 合作者自己的秘密输入。在 Server 公开所有计算得到的 T_i 的值以后,他们就可以和"参与者重放攻击一样" 根据自己的输入和公开的信息推断出关于诚实参与者的秘密输入的信息。

然而,需要说明的是这种攻击同样是一种在设计诸如匿名投票,多方安全排序等安全多方计算协议时一般不考虑的平凡的攻击。在所有这些协议中,如果 $l=n-1$,这些不诚实的参与者就能很轻易地利用这种攻击策略获得唯一这个诚实参与者的投票(排序)。然而在本节的协议中,当 $1\leqslant l\leqslant n-2$ 时,这 l 个参与者就不能够确定性地推断出某个诚实参与者的秘密输入。对于这种情况的具体分析和对"参与者重放攻击"中的分析一样,这里就不重复叙述了。

(3) Server 的攻击

最后,讨论一下 Server 想要获得窃取某个参与者的秘密输入的情况。在本节的协议中,Server 是一个被假设为能够自己进行攻击但不能和任何一个参与者合作的参与方。

为了得到参与者的秘密输入,Server 必须在不在窃听检测中引入任何错误的条件下得到参与者的子秘密。显而易见地,如果 Server 诚实地执行协议,他只能得到所有参与者子秘

密的和，即 $M^1+M^2+\cdots+M^n(\bmod d)$。然而，根据这些信息，他/她不能准确提取任何一个参与者的子秘密。因此，Server 唯一能够得到参与者子密钥的途径就是给参与者分发自己制备的假态而不是协议中规定的态。举一个简单的粒子，如果 Server 用状态 $|1\rangle_0|1\rangle_1\cdots|1\rangle_n$ 代替状态 $|\hat{\Psi}\rangle$ 并且通过了步骤(b)中的检测，他/她就能够得到所有 n 个参与者的子秘密。

然而在检测 2 中，参与者从共享的状态中随机地选择 δ_2 个样本来检测他们共享的状态是否是 $|\hat{\Psi}\rangle$。对于每一个被选择的状态，他们随机地从两组基(B_1 或者 B_2)来进行测量并且要求 Server 首先公布自己的测量结果。根据定理 1，无论 Server 制备什么样的假状态来提取参与者的子秘密都会在检测 2 中引入错误。换句话说，如果 Server 用一种能够提取 $M^i(1\leqslant i\leqslant n)$ 的态来代替 $|\hat{\Psi}\rangle$，他/她的行为必定会在检测 2 中引入错误并且使得协议终止。然后，如果 Server 按照步骤(a)制备和分发状态，和不能得到关于一个诚实参与者子秘密的任何信息。因此，本节的协议是能够抵抗 Server 的攻击的。

2) 基于量子密钥分发的量子匿名多方多数据排序协议的安全性

(1) 外部攻击

在这个协议中，如果 Eve 想要得到 P_i 的数据的排序，她就必须要得到 P_i 的子密钥串(即 V^i，$1\leqslant i\leqslant n$)。然后她就能利用 V^i 和 V^i 提出 P_i 在步骤(C)中的排序。为了能够得到 V^i，Eve 就应该知道三个经典序列，$K^{s,i}$，$K^{i,i+1}$，$K^{i-1,i}$。

然而，由于这三个序列的分发过程和已经被证明为无条件安全的 $BB84$ 协议是等价的[35]，所以它能够抵抗任何一种来自 Eve 的攻击。具体地，协议中所有传输的粒子都随机地处于 B_1 和 B_2 两组共轭基中。对于 Eve 来说，所有这些粒子都是处于最大混合态的。根据海森堡测不准原理，她不可能准确地区分这些量子态。因此，不管 Eve 采取何种攻击策略，她都将不可避免地在窃听检测中引入错误并且被发现。也就是说，本节的协议对外部攻击是安全的。

(2) 参与者攻击和 Server 的攻击

首先，可以一个单独的参与者想要窃取 P_i 的秘密输入的情况。如前一节所述，为了得到 V^i，他就应该同时知 $K^{s,i}$，$K^{i,i+1}$，$K^{i-1,i}$。然而，这对他来说是一个不可能完成的任务，因为他最多可以或得到 $K^{i,i+1}$ 和 $K^{i-1,i}$ 中的一个。

接着考虑多余一个参与者想要窃取 P_i 的秘密输入的情况。显然地，由于他们不能在不被发现的情况下得到 $K^{s,i}$，所以他们仍然不能成功。当然，由于 Server 不会和任何一个参与者合作，无论他/她采取何种攻击，由于不能再不被发现的情况下得到 $K^{i,i+1}$ 和 $K^{i-1,i}$，情况对他/她来说还是一样的。

对于“参与者者重放攻击”和以牺牲自己的隐私为代价的极端攻击，这里的分析和在基于量子秘密共享的协议的分析是一样的，这里就不再重复了。到目前为止，已经说明了这个协议对不诚实的参与者的攻击和 Server 的攻击都是免疫的。

4.3.6 结束语

本节提出的三个协议中，根据 Server 公布的 $T_i(i=1,2,\cdots,N)$ 的信息，每一个参与者不仅可以得到自己数据排名，还可以都到所有参与排序的数据的分布。在这种情况下，这些排序数据的分布情况就不应该被看作一个秘密，因为每一个参与者都可以得到它。然后，在一些其它的场景中，这个数据分布可能也是需要保密。但现在研究如何设计参与者只能得到自己数据排序信息的量子安全多方多数据排序，仍是一个公开问题。

4.4 注 记

本章主要介绍了量子保密比较，作为多方安全计算的一个重要分支，其在隐私保护方面有着重要的应用。本章给出了几种量子保密比较协议，相比以前提出的协议更高效且更容易实现，并给出了他们的安全性分析，证明了协议的可用性。同时也发现了一些待解决困难问题，在每一节的小结中也给出了这些问题，我们会在以后的研究过程中进一步讨论这些问题。

本章参考文献

[1] Mayers D. Unconditionally secure quantum bit commitment is impossible[J]. Physical review letters, 1997, 78(17): 3414.

[2] Lo H K, Chau H F. Is quantum bit commitment really possible? [J]. Physical Review Letters, 1997, 78(17): 3410.

[3] Yao A C. Protocols for secure computations[C]//Foundations of Computer Science, 1982. SFCS'08. 23rd Annual Symposium on. IEEE, 1982: 160-164.

[4] Yang Y G, Wen Q Y. An efficient two-party quantum private comparison protocol with decoy photons and two-photon entanglement [J]. Journal of Physics A: Mathematical and Theoretical, 2009, 42(5): 055305.

[5] Chen X B, Xu G, Niu X X, et al. An efficient protocol for the private comparison of equal information based on the triplet entangled state and single-particle measurement[J]. Optics communications, 2010, 283(7): 1561-1565.

[6] Vaccaro J A, Spring J, Chefles A. Quantum protocols for anonymous voting and surveying[J]. Physical Review A, 2007, 75(1): 012333.

[7] Li Y, Zeng G. Quantum anonymous voting systems based on entangled state[J]. Optical review, 2008, 15(5): 219-223.

[8] Karlsson A, Koashi M, Imoto N. Quantum entanglement for secret sharing and secret splitting[J]. Physical Review A, 1999, 59(1): 162.

[9] Hillery M, Bužek V, Berthiaume A. Quantum secret sharing[J]. Physical Review A, 1999, 59(3): 1829.

[10] Gao F, Qin S J, Wen Q Y, et al. A simple participant attack on the brádler-dušek protocol[J]. Quantum Information & Computation, 2007, 7(4): 329-334.

[11] Zhang W W, Zhang K J. Cryptanalysis and improvement of the quantum private comparison protocol with semi-honest third party [J]. Quantum information processing, 2013, 12(5): 1981-1990.

[12] Liu W, Wang Y B, Jiang Z T, et al. A protocol for the quantum private comparison of equality with χ-type state[J]. International Journal of Theoretical Physics, 2012, 51(1): 69-77.

[13] Tseng H Y, Lin J, Hwang T. New quantum private comparison protocol using EPR pairs [J]. Quantum Information Processing, 2012, 11(2): 373-384.

[14] Lin J, Tseng H Y, Hwang T. Intercept - resend attacks on Chen et al.'s quantum private comparison protocol and the improvements[J]. Optics Communications, 2011, 284(9): 2412-2414.

[15] Liu W, Wang Y B. Quantum private comparison based on GHZ entangled states [J]. International Journal of Theoretical Physics, 2012, 51(11): 3596-3604.

[16] Liu W, Wang Y B, Jiang Z T, et al. New quantum private comparison protocol using χ-type state[J]. International Journal of Theoretical Physics, 2012, 51(6): 1953-1960.

[17] Liu B, Gao F, Jia H Y, et al. Efficient quantum private comparison employing single photons and collective detection[J]. Quantum information processing, 2013: 1-11.

[18] Yang Y G, Wen Q Y. An efficient two-party quantum private comparison protocol with decoy photons and two-photon entanglement [J]. Journal of Physics A: Mathematical and Theoretical, 2010. 43(20) 209801.

[19] Long G L, Liu X S. Theoretically efficient high-capacity quantum-key-distribution scheme[J]. Physical Review A, 2002, 65(3): 032302.

[20] Liu B, Gao F, Wen Q Y. Single-photon multiparty quantum cryptographic protocols with collective detection [J]. IEEE Journal of Quantum Electronics, 2011, 47 (11): 1383-1390.

[21] Huang W, Wen Q Y, Liu B, et al. A general method for constructing unitary operations for protocols with collective detection and new QKD protocols against collective noise[J]. arXiv preprint arXiv:1210.1332, 2012.

[22] Cabello A. Six-qubit permutation-based decoherence-free orthogonal basis[J]. Physical Review A, 2007, 75(2): 020301.

[23] Zanardi P, Rasetti M. Noiseless quantum codes[J]. Physical Review Letters, 1997, 79(17): 3306.

[24] D' Ariano G M, Presti P L, Paris M G A. Using entanglement improves the precision of quantum measurements [J]. Physical review letters, 2001, 87 (27): 270404.

[25] Wang G, Ying M. Unambiguous discrimination among quantum operations[J]. Physical Review A, 2006, 73(4): 042301.

[26] Liu W, Luo S, Wang Y, et al. A protocol of secure multi-party multi-data ranking and its application in privacy preserving sequential pattern mining [C]// Computational Sciences and Optimization (CSO), 2011 Fourth International Joint Conference on. IEEE, 2011: 272-275.

[27] Liu W, Luo S S, Chen P. A study of secure multi-party ranking problem[C]// Software Engineering, Artificial Intelligence, Networking, and Parallel/ Distributed Computing, 2007. SNPD 2007. Eighth ACIS International Conference on. IEEE, 2007, 2: 727-732.

[28] Li Y, Zeng G. Quantum anonymous voting systems based on entangled state[J]. Optical review, 2008, 15(5): 219-223.

[29] Deutsch D, Ekert A, Jozsa R, et al. Quantum privacy amplification and the security of quantum cryptography over noisy channels [J]. Physical review letters, 1996, 77 (13): 2818.

[30] Lo H K. Insecurity of quantum secure computations[J]. Physical Review A, 1997, 56(2): 1154.

[31] Buhrman H, Christandl M, Schaffner C. Complete insecurity of quantum protocols for classical two-party computation [J]. Physical review letters, 2012, 109 (16): 160501.

[32] Li X H, Deng F G, Zhou H Y. Improving the security of secure direct communication based on the secret transmitting order of particles[J]. Physical Review A, 2006, 74 (5): 054302.

[33] Cai Q Y. Eavesdropping on the two-way quantum communication protocols with invisible photons[J]. Physics Letters A, 2006, 351(1): 23-25.

[34] Gao F, Qin S J, Wen Q Y, et al. A simple participant attack on the brádler-dušek protocol[J]. Quantum Information & Computation, 2007, 7(4): 329-334.

[35] Bennett C H, Brassard G. Quantum cryptography: Public key distribution and coin tossing[J]. Theoretical computer science, 2014, 560: 7-11.

第5章 量子保密查询

在一些密码学应用中，不仅需要保护所传输消息不被外来攻击者得到，还要保护通信双方相互之间的隐私性。以数据库的保密查询为例，Alice 买了 Bob 数据库的一个由大量有价值的消息组成的条目，并希望从 Bob 处得到它（鉴于 Alice 知道这个条目在数据库中的地址）。这种情况下，Bob 会担心当 Alice 得到了购买的一个条目时，可以从他的数据库中获得更多的条目。同时 Alice 可能不希望 Bob 知道她查询的是哪个条目。对称私有信息检索（SymmetricallyPrivate Information Retrieval，SPIR）[1]协议就是为了解决此类问题而设计的。它保证了 Alice 和 Bob 双方的隐私。在过去的几十年中，经典密码学中提出了很多的对称私有信息检索协议。但事实上，经典密码学可能会易受到拥有量子计算机的攻击者的攻击[2,3]。幸运的是，这个弱点可以被安全性基于物理定律的量子密码学克服[4]。

但是，类似于两方量子安全计算问题，对称私有信息检索的任务即使在量子密码学中也不能被理想地实现[4]。更实际地，作为对称私有信息检索的量子方案，量子保密查询（Quantum Private Queries，QPQ）的目标一般放宽为 Alice 可以从数据库中得到比理想需求（即仅 1 个条目）更多一点的条目，同时如果 Bob 试图获得 Alice 正在检索的地址，Alice 将以非零的概率发现 Bob 的攻击（即 Alice 的隐私由欺骗敏感保证而不是理想的）。

2008 年 Giovannetti 等人基于 oracle 操作提出了第一个 QPQ 协议（JLM 协议）[5]。2011 年 Olejnik 提出了一种改进的协议（O-协议）[6]，降低了通信复杂度。与过去经典的 SPIR 方案相比，上述两个协议不仅表现出安全性上的优势（即基于基本物理原理而不是计算复杂性的假设的安全性），同时在通信复杂性和运行时间计算复杂度上呈现指数减小。然而它们在实际中很难实现。首先，当涉及大数据库时，oracle 操作要求的维度将非常高；此外，该类型协议无法容忍信道损失，也就是说，Bob 可以通过撒谎说 Alice 的一个查询态丢失来推测出检索地址，而且这种攻击不能被发现。为了解决上述两个问题，Jacobi 等人提出了一种新的基于 QKD 的 QPQ 协议[7]。它利用 SARG04 QKD[8]来在 Alice 和 Bob 之间分配不经意密钥：(1)Bob 知道密钥的全部；(2)Alice 知道部分密钥。并且，随后用此密钥加密数据库。基于密钥的不对称性，最终达到 SPIR 的目标。与之前的 QPQ 协议相比，基于 QKD 的 QPQ 协议更易于实现，它不仅可以很容易地推广到大型数据库而且能容忍信道损失。自此，人们对 QPQ 的研究主要集中在基于 QKD 的 QPQ 方案，这也是本书的研究重点。

在短短几年之内，已经有越来越多的学者开始研究这种新型的 QPQ 方案，并利用各种不同的 QKD 方案提出了各具特色的 QPQ 方案[9]。有的通过参数的增加提出了灵活性高的方案[10]，有的提出了无失败概率的方案[11]，还有的针对实际需求提出相应的方案[12,13]。

除了提出新的 QPQ 方案，由于不经意密钥的后处理是决定通信复杂度的关键过程，对后处理的专门研究也是一个热点问题[14,15]。其安全性和有效性值得深入研究。

本章从 QPQ 协议的典型代表 J-协议的灵活推广入手，使读者对 QPQ 有一个初步的了解。随后在 5.2 节给出一种可用于进行块查询的 QPQ 方案。然后在 5.3 节提出了一个无错误概率的方案。5.4 节提出了一种可有效抵抗联合测量攻击的方案。最后在 5.5 节深入研究不经意密钥的后处理，提出一个纠错方案。

5.1 基于量子密钥分配的灵活的量子保密查询方案

受文献[7]中基于 QKD 的 QPQ 协议（简称 J-协议）的启发，本节介绍一个新的基于 QKD 的灵活的 QPQ 协议，它可以看成是 J-协议的一个推广。该协议通过添加一个新的参数 θ，在保留 J-协议的所有特点的基础上，在灵活性方面具有大幅度提高。具体来说，对于任意大小的数据库，通过调整参数可以使 Alice 可获得的密钥比特数定位在任意希望的值上。此外，当选取适当的参数时，该协议只需要更低的通信复杂度，或许可以获得更高的安全性。

5.1.1 协议描述

不失一般性，假设 Bob 的数据库有 N 个条目，Alice 已经买了其中一条，并想秘密地得到它。两者执行以下协议来完成。

(1) Bob 制备一串光子，每个光子的状态随机处于 $\{|0\rangle,|1\rangle,|0'\rangle,|1'\rangle\}$ 四态之一，将光子序列发送给 Alice。这里

$$
\begin{aligned}
|0'\rangle &= \cos\theta|0\rangle + \sin\theta|1\rangle \\
|1'\rangle &= \sin\theta|0\rangle - \cos\theta|1\rangle
\end{aligned}
\tag{5-1}
$$

且 $|0\rangle$ 和 $|1\rangle$ 代表比特 0，而 $|0'\rangle$ 和 $|1'\rangle$ 代表比特 1。参数 θ 可以根据具体情况在 $(0,\pi/2)$ 上连续地选取。

(2) Alice 随机用 $\boldsymbol{B}=\{|0\rangle,|1\rangle\}$ 基或 $\boldsymbol{B}'=\{|0'\rangle,|1'\rangle\}$ 基测量收到的每个光子。显然通过这种测量 Alice 得不到 Bob 发送比特的任何信息。

(3) Alice 声明在哪些时隙检测到了光子。其他没有检测到的光子所携带的信息将作废。注意这一步中 Alice 不能通过撒谎（比如她测到了不希望的结果，就说没测到光子）来欺骗。这是因为截至此时 Alice 还没有得到 Bob 所发比特的任何信息，说谎不能带来任何好处。因此，本协议与 J-协议一样，是完全容忍信道损失的。

(4)对 Alice 成功测到的每一个光子，Bob 声明一个比特 0 或 1，其中 0 代表对应光子本来处于 $|0\rangle$ 或 $|0'\rangle$，而 1 代表光子处于 $|1\rangle$ 或 $|1'\rangle$。

(5) Alice 解码第 (2) 步中的测量结果。根据测量结果和 Bob 的声明，Alice 可以以一定概率获得 Bob 发送的相应比特。此过程与 B92 协议[16]类似。举例来说，如果 Bob 声明的是 0 而 Alice 测量结果为 $|1\rangle$（$|1'\rangle$），她就知道光子在测量前一定处于 $|0'\rangle$（$|0\rangle$）态，进一步知道 Bob 发送的比特为 1(0)。因此，有了 Bob 在第 (4) 步的声明之后，Alice 的测量将以概率 $p=(\sin^2\theta)/2$ 产生确定性结果，以概率 1-p 产生不确定性结果。但不管是确定性的还

是不确定性的，Alice 都将这些结果记录下来。这样，Alice 和 Bob 就共享了一个生密钥 K'，Bob 完全知道此密钥，而 Alice 知道其中的一部分比特（所占比例为 $p=(\sin^2\theta)/2$）。

(6) Alice 和 Bob 对所得的生密钥进行后处理，使得 Alice 所知道的比特数降低到 1 个或稍高一点。不失一般性，假设生密钥的长度为 kN。这里自然数 k 是一个参数，我们后面会讨论它。Alice 和 Bob 把生密钥分成长度为 N 的 k 个子串，然后将这些子串逐位模二加，得到最终的长度为 N 的密钥 K。这个过程与 J-协议相同（见文献[7]中的图 1）。至此，Bob 知道整个密钥 K，而 Alice 只知道其中的几个比特。但此步后 Alice 也可能没有 K 的任何信息了，这种情况下就需要重启协议。如后面将要分析的那样，如果参数选择合适，这种情况出现的概率将会很小。

(7) Bob 用 K 加密数据库并使 Alice 根据所知的密钥比特获得想要的条目。具体地，假设 Alice 知道密钥的第 j 个比特 K_j，且希望得到数据库中的第 i 个条目（比特）X_i。她声明数字 $s=j-i$。然后 Bob 将 K 移位 s，用移位后的密钥 K' 使用一次一密的方式来加密数据库。这样 X_i 就由 K_j 来加密，于是 Alice 可以从加密过的数据库正确得到该条目。

当 $\theta=\pi/4$ 时上述 QPQ 协议就变成了 J-协议，这时候载体状态为$\{|0\rangle,|1\rangle,|+\rangle,|-\rangle\}$。因此，该协议可以看作是 J-协议的一个推广，J-协议的特性在该协议中也仍适用。另外，因为 θ 可以在 $(0,\pi/2)$ 上连续选取，上述协议更加灵活，甚至在通信复杂度和安全性方面有一定的优势。

一方面，上述协议在以下方面与 J-协议具有相同的特性。

(1) 与基于 BB84 的 QPQ 协议不同，该协议可以抵抗 Alice 的量子存储攻击。即使 Alice 先存储收到的光子，然后等 Bob 在第 (4) 步声明以后再测量，她也不能得到这个比特。这是因为她还得面临非正交态的区分问题。

(2) 该协议可以容忍噪声。如上所述，Alice 没有必要在是否测到光子的问题上说谎，特别是说自己没有收到某个实际上已经测到的光子。这是因为在 Bob 的声明之前 Alice 得不到相应比特的任何信息。

(3) 该协议具有很高的实用性，可以很容易地推广到大数据库情形。这是因为 Alice 和 Bob 只需要执行简单的 QKD 协议，不需要高维的 oracle 操作[5,6]。

另一方面，该协议还具有一些特殊的优势。例如，它在实际应用中更具灵活性，并且能够大大节省量子和经典通信。此外，该协议在安全性方面也具有一定的优势。下面来具体介绍这些特点。

与 J-协议中类似，在第 (6) 步将子串逐位模二加之后，Alice 将平均获得最终密钥 K 中的 $\bar{n}=Np^k$ $(p=(\sin^2\theta)/2)$ 位。这里 n 服从泊松分布。而 Alice 得不到任何信息，必须重启协议的概率为 $P_0=(1-p^k)^N$。首先来看 $\theta<\pi/4$ 时的情况。不失一般性，假设 $p=(\sin^2\theta)/2=0.15$。此时通过选择合适的 k 值可以保证 $\bar{n}\ll N$ 并且 P_0 比较小（见表 5-1）。可以看出该协议比 J-协议需要的子串数量 k 更少，这也就意味着传输的光子数量会大大降低。例如当 $N=50000$ 时，要想达到类似的 $\bar{n}$ 和 P_0 值，该协议只需要 5 个子串，而 J-协议需要 7 个。这样至少节省了 $2N=10^5$ 个光子的传输（不包含信道中可能的损失）。实际上当数据库不太大时，该协议总是可以在 $k=1$ 的情况下完成（见表 5-2）。相比于 J-协议，这在性能方面

是一个很大的提升。而且需要注意的是，$k=1$ 时并不损失 QPQ 协议的欺骗敏感性质，将在下一节再深入讨论这一点。

表 5-1　当数据库大小 N 不同时，k、P_0 和 $\bar{n}$ 的可能取值($p=0.15$)

N	10^3	5×10^3	10^4	5×10^4	10^5	10^6
k	3	4	4	5	5	6
$\bar{n}$	3.38	2.53	5.06	3.79	7.59	11.39
P_0	0.034	0.080	0.006	0.022	5×10^{-4}	10^{-5}

此外在该协议中，对任意的数据库大小 N，Alice 可获得的密钥比特数 $\bar{n}$ 可以被定位在用户希望的任意值。首先回顾一下 J-协议的情况(见文献[7]中的表 I，类似于表 5-1)。当 $N=50\ 000$ 时 J-协议中我们只能取 $k=7$ 和 $\bar{n}=3.05$。这是因为如果取 $k=6$ 则 $\bar{n}$ 为 12.21，而取 $k=8$ 则 $\bar{n}$ 为 0.76($P_0=0.466$)。这样的 $\bar{n}$ 值过大或过小，均不适合 QPQ 的目标。对于其他的 N 值也有类似的结果。但在本文协议中，这种情况将不再存在。通过选择不同的 θ 值，对任意的 N 都可以将 $\bar{n}$ 定位在一个希望的值上。表 5-2 是 $k=1$ 而 $\bar{n}$ 为 3 的情况。

表 5-2　对不同的 N，可以选取合适的 θ 使得 $k=1$ 且 $\bar{n}=3$

N	12	50	100	200	500	1000	5000
p	0.25	0.06	0.03	0.015	0.006	0.003	6×10^{-4}
P_0	0.032	0.045	0.048	0.049	0.049	0.050	0.050
θ	$0.785\left(\frac{\pi}{4}\right)$	0.354	0.247	0.174	0.110	0.078	0.035

可以看出，在上述协议中如果我们希望 $k=1$，即追求最小的通信复杂度，则对大的 N 必须选择很小的 θ。这可能会使得其具体实现在技术上遇到困难。因此当 N 大时，往往需要 $k>1$ 情况下仍然可以通过选择合适的 θ 和 k，使得对任意的 N 都可将 $\bar{n}$ 定位在希望的值上。图 5-1 是定位 $\bar{n}=3$ 时该协议灵活性的一个演示图。通过此图可以看出，可以简单地通过选择较小的 θ(只要现有技术条件下容易实现即可)和合适的 k，对任意的 N 均可使 $\bar{n}=3$。

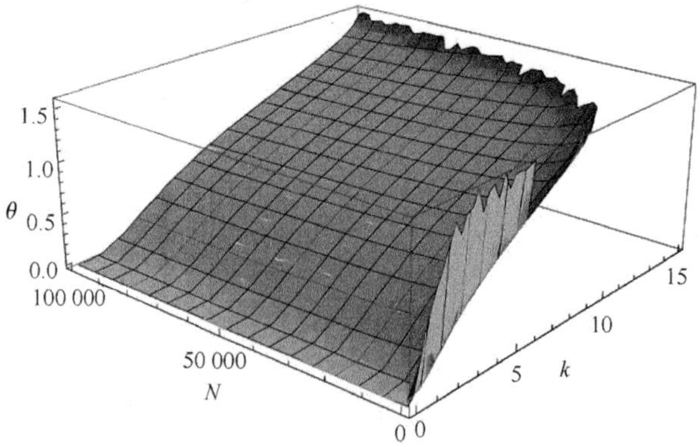

图 5-1　对任意的 N 如何获得 $\bar{n}=3$。如果追求其他的 $\bar{n}$ 值，也有类似的结果

实际上，除了上面 $\bar{n}=3$ 的例子，$\bar{n}$ 还可以被设置为小于 N 的任意期望值。有时可能需要 Alice 得到稍多一点密钥比特。一方面正如文献[7]中所指出的那样，Alice 可以用一些密钥比特来得到数据库中的某些其他条目，并用它们来检测 Bob 可能的窃听。另一方面两个用户也可以像 BB84 中那样公开比较一些密钥比特来检测密钥的错误率。显然在实际系统中 Alice 的最终密钥比特可能会与 Bob 不同，这可能由外部攻击者的攻击或信道噪声所引起。至今还没有有效方法来对这样的 QKD 协议中的密钥通过纠错和保密放大来达到很高的正确性（这是因为 Alice 只知道其中一部分密钥比特，而 Bob 不知道 Alice 知道哪些比特）。虽然以上比较不能保证 Alice 的最终密钥比特确定与 Bob 的对应比特相同，但错误率仍然可以在一定程度上反映此密钥比特的传输正确性。例如，如果错误率是 1/10，则 Alice 知道她最后要用的哪个密钥比特以较高概率是正确传输的。相反，如果错误率高于一定的阈值，她就扔掉这次密钥分配的结果。图 5-2 表明，对任意固定的 N 都可以通过调整 θ 和 k 以获得不同的 $\bar{n}$ 。

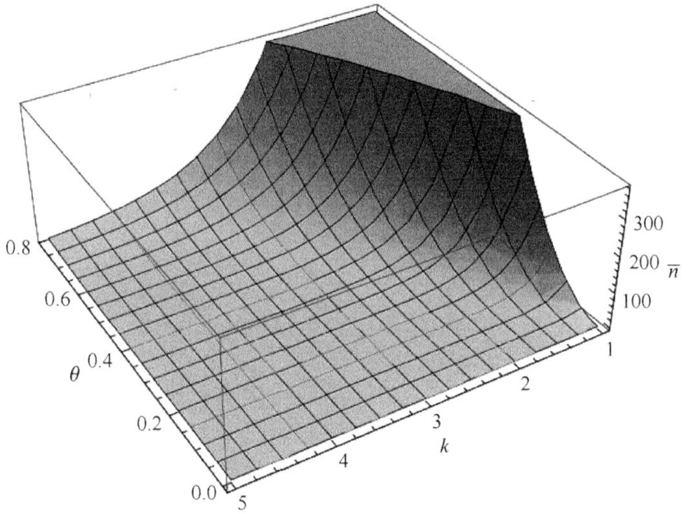

图 5-2　对 $N=10\,000$，获得任意 $\bar{n}\ll N$

此外，上述协议还能节省经典通信。这里对每个量子比特 Bob 只需要在第 (4)步发送 1 个比特给 Alice，而在 J-协议中需要 2 个比特。还有一点需要指出的是，上述协议在安全性方面也展现出一些优势，具体将在下一小节讨论。

5.1.2　安全性分析

上述协议本质上是 J-协议的推广(J-协议中 $\theta=\pi/4$)。文献[7]中的分析可以直接借鉴。不难想象该协议能同时保证数据库的安全和用户的隐私。下面重点说明在上述协议中当 $\theta\neq\pi/4$ 时，其安全程度会发生什么样的变化。

1. 数据库安全性

如果 Alice 不诚实，她想获得 Bob 数据库中的更多条目，那么她需要生密钥 $\boldsymbol{K}'$ 中的更多比特。为了达到这个目的，Alice 可以存储从 Bob 收到的量子比特，并在第(4) 步 Bob 的声明之后采用更有效的测量方式。

首先，考虑 Alice 采用一种简单的测量方式，即对每个量子比特采用独立测量。例如，如果 Bob 声明某个量子比特处于$\{|0\rangle,|0'\rangle\}$之一，则 Alice 实施明确态区分(Unambiguous State Discrimination，USD)[17]测量来判断它到底处于哪个态。USD 测量的成功概率的上界为 $1-F(\boldsymbol{\rho}_0,\boldsymbol{\rho}_1)$，其中 $F(\boldsymbol{\rho}_0,\boldsymbol{\rho}_1)$是要区分的两个态的保真度。而在本节的协议中，这个区分成功的概率为 $p^{\text{USD}}=1-\langle 0|0'\rangle=1-\cos\theta$。可以看出，Alice 通过 USD 测量后并不比合法的投影测量(投影测量时 $p=(\sin^2\theta)/2$)有明显优势，尤其是 θ 比较小的时候(见图 5-3)。例如当 $\theta=0.284$，$N=50\ 000$ 而 $k=3$ 时，Alice 通过 USD 测量可以得到密钥中的 $\bar{n}^{\text{USD}}=50\ 000\times(1-\cos 0.284)^3=3.21$ 比特，它只比投影测量中的 $\bar{n}=50\ 000\times[(\sin 0.284)^2/2]^3=3.02$ 稍高一点。从这个角度来说，上述协议比 J-协议有所提高，因为 J-协议中同样的情况下如果希望 $\bar{n}=3$，则 $\bar{n}^{\text{USD}}=9.3$。

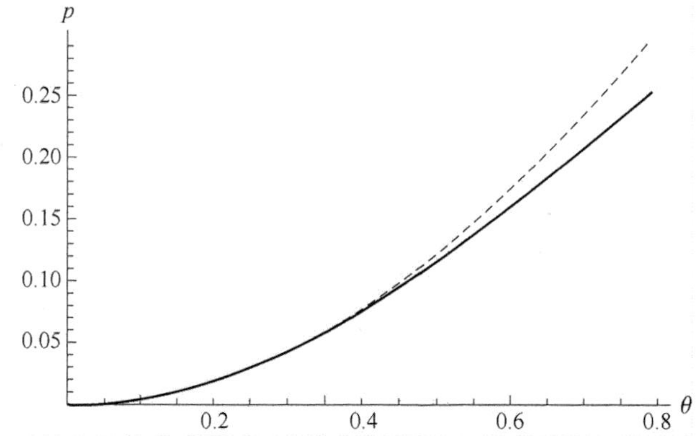

图 5-3　Alice 用 USD 测量和投影测量成功概率的比较。虚线代表 USD 测量，而实线代表投影测量

此外，Alice 还可以通过对对应于同一个最终密钥比特的 k 个量子比特做联合测量。这样 Alice 能够直接获得此比特的信息，而不需要确定区分生密钥中每个响应比特的确切值。这种情况下，有两种测量可供 Alice 选择。一种是 Helstrom 最小错误概率测量，它能够在区分两个量子态时获得最大信息量[9,18]。为了区分比较相近的两个量子态 $\boldsymbol{\rho}_0$ 和 $\boldsymbol{\rho}_1$，得到正确结果的概率上界为 $p_{\text{guess}}=\frac{1}{2}+\frac{1}{2}D(\boldsymbol{\rho}_0,\boldsymbol{\rho}_1)$，其中 $D(\boldsymbol{\rho}_0,\boldsymbol{\rho}_1)$是 $\boldsymbol{\rho}_0$ 和 $\boldsymbol{\rho}_1$ 之间的迹距离。在上述协议中，Alice 正确猜得最终密钥比特的概率最高为 $p_{\text{guess}}=\frac{1}{2}+\frac{1}{2}\sin^k\theta$。显然当 θ 小的时候，这个概率接近 1/2(相当于随机猜测)。另一种可供 Alice 选择的联合测量是 USD 测量。这时可以计算出成功区分两个分别代表着最终密钥比特为 0 和 1 的两个 k 量子比特混合态的概率，它们随着 k 的增大而迅速减小(见图 5-4)。图 5-4 中画出了 θ 取不同值时 Alice 可以通过联合 USD 测量得到最终密钥比特的概率，可以看出当 θ 比较小时 Alice 通过联合 USD 测量所获得的优势显著降低。

总之，如果选择 $\theta<\pi/4$，则该协议与 J-协议相比在数据库安全性方面更具优势。

2. 用户隐私性

在 QPQ 协议中，用户隐私的保护往往以欺骗敏感的方式来体现[5-7]。也就是说，如果 Bob 试图得到 Alice 的查询条目位置，则他必然会有被 Alice 发现的危险。在 GLM 协议中

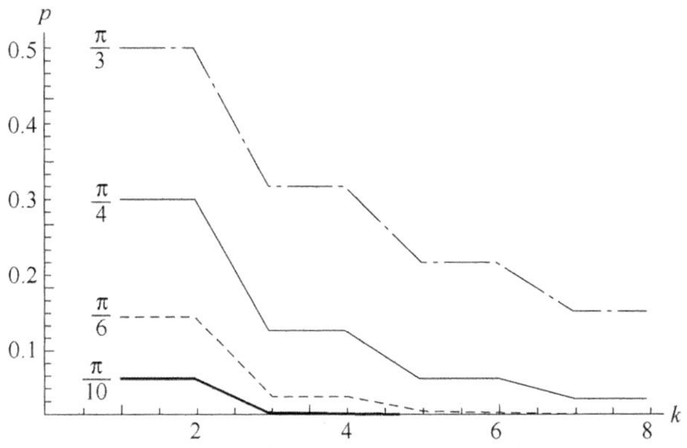

图 5-4 当 θ 取不同值时 Alice 通过联合 USD 测量成功获得最终密钥比特的概率。其中标注 $\theta=\pi/4$ 的那条线代表 J-协议的结果。可以看出，当 θ 较小时 Alice 将获得更少的最终密钥比特，这意味着在这种攻击下该协议中数据库的安全性更好

不诚实的 Bob 将不可避免地发送 Alice 不希望得到的答案给 Alice，进而以一定概率被发现。而在 O-协议和 J-协议中，不诚实的 Bob 可能会发送错误答案给 Alice，这也可能会被 Alice 在之后的某个时间所发现。

本节描述的协议对用户隐私保护来说也是欺骗敏感的，因为 Bob 不能在得到查询位置的同时还能确保给出正确的答案。原因与文献[7]相同。如果不诚实的 Bob 通过发送假的量子态或者执行特殊的测量可以同时获得 Alice 是否获得此比特的信息和此密钥比特的值，则他就知道了 Alice 所选择的测量基。而这与不可超光速通信的结论相违背。因此，该协议中用户的隐私性由不可超光速通信原理来保证。

下面分析 Bob 能够获得 Alice 确定得到了某个生密钥比特信息的概率，并讨论此概率与 θ 取值的关系。与文献[7]类似，Bob 要想以最大概率得到 Alice 在某个比特是否得到了确定性结果，则他需要发送 $|0''\rangle$（$|1''\rangle$）并在第（4）步声明 1（0）。这里

$$\begin{aligned}|0''\rangle &= \cos(\theta/2)|0\rangle+\sin(\theta/2)|1\rangle\\ |1''\rangle &= \sin(\theta/2)|0\rangle-\cos(\theta/2)|1\rangle\end{aligned}\tag{5-2}$$

因此 Bob 知道 Alice 在这个量子比特上得到确定性结果的概率为 $p_c=\cos^2(\theta/2)$。如果 Bob 希望 Alice 在某个量子比特上获得不确定性结果，则他只需要发送 $|0''\rangle$（$|1''\rangle$）而声明 0（1）。在这种情况下，Alice 得到确定性结果的概率为 $p_i=1-p_c=\sin^2(\theta/2)$。图 5-5 刻画了 p_c 和 θ 取值之间的关系。可以看出 θ 越小，就意味着 Bob 准确预测 Alice 确定获得某个比特的概率就越大。如上面分析的那样，一般希望 θ 取 $(0,\pi/4)$ 之间的一个较小值，这样可以节省通信复杂度，并且有更高的数据库安全性。此时 Bob 通常可以以相对更高的概率猜测到 Alice 查询的位置。但这并不降低协议对 Alice 隐私的保护，因为 Bob 的这种欺骗仍然是欺骗敏感的。也就是说，当 Bob 尽力获得 Alice 测量结果的确定性时，他必将损失这个密钥比特的值的信息，这一点与 J-协议中的情形是一样的。举例来说，虽然 Bob 在上面的攻击中可以以最大概率猜测到 Alice 的查询位置，但他将完全不知道相应密钥比特的取值信息。这种情况下 Bob 不可能确定性地给 Alice 一个正确结果。这一点由不可超光速通信

原理来保证。

正如上节所示,该协议中的用户一般可以选择一个合适的 θ 值使得 $k=1$,这意味着最优的通信复杂度。回忆第(6)步的过程,当 k 比较小的时候 Bob 更容易猜测到 Alice 在某个比特上的确定性信息。但这并不会妨害协议的安全性,因为 Bob 将损失这个密钥比特的值。当然,如果希望 Bob 猜到 Alice 查询位置的概率更小,那么也可以选择一个较大的 θ,比如 $\theta>\pi/4$,这样就可以使得 p_c 较小(见图 5-5)。这也体现出我们协议的灵活性。

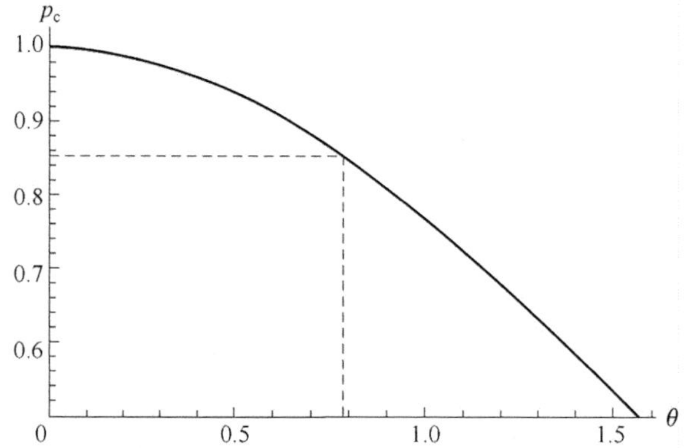

图 5-5 Bob 攻击时概率 p_c 与 θ 取值之间的关系。虚线表示 J-协议中的情况,即 $\theta=\pi/4$

5.1.3 结束语

本节基于量子密钥分发提出一个灵活的量子保密查询协议,它可以看作是 J-协议[7]的一个推广。该协议仅比 J-协议增加了参数 θ,但这样的改动取得了很好的效果。一方面,该协议保持了 J-协议的所有优点,例如抗信道损失、实用和抗量子存储攻击。另一方面,因为引入了参数可连续取值的 θ,该协议非常灵活和容易控制。具体表现在,对于任意大小的数据库,用户平均可获得的密钥比特数可以被定位在任意一个希望的取值上。此外,该协议具有更低的量子和经典通信复杂度,以及更好的数据库安全性和用户隐私性。

5.2 基于不均衡态 BB84QKD 的实用量子保密块查询方案

上节介绍的保密查询方案主要关注单个比特的查询。实际上,有意义的消息通常由多个连续的比特组成(即:一个多比特的块)。这一节,介绍一种更为实用的模型称作"量子保密块查询",它允许用户通过一次检索从数据库中获得一个多比特的块(即多个连续的比特)。

值得注意的是,"量子保密块查询"的想法是自然但不平凡的,因为在组合安全性定义[19,20]下,单比特 QPQ 的安全性不能像 QKD 那样理想地实现(例如,Bob 总是有一个非零的概率来揭示 Alice 的检索地址)。具体来说,假定数据库中存储了 100 个条目,每个条目都是一个 100 比特的消息,那么数据库中一共有 10 000 比特的消息。如果 Alice 想要包含第 1 401~1 500 比特的第 14 个条目,那么在单比特检索的协议中她必须检索 100 次来获得这些比特。而我们知道，在每个比特的查询中，Bob都有一个非零的概率 p（尽管它可能非常的小）可获知Alice的检索地址。显然，一旦Bob获得这100次检索中的任意一次的检索地址，他都可以推测出Alice检索的条目。也就是说，在这种情况下，用户安全性被保证的概率仅仅是 $(1-p)^{100}$。显然随着块的规模的增大，安全性也将急剧下降，这在QPQ的实际应用中是一个很严重的问题。幸运的是，在量子块检索中，Alice可以在一次查询中获得整个条目，而且对于用户安全性来说，只需要保护整个块的地址而不必保护其中每个比特的地址。因此，类似于Chor等人[21]指出的那样，使用块结构可带来明显的节约，对于QPQ是有趣而且有意义的工作。

5.2.1 不均衡态BB84量子密钥分发技术

通过在BB84协议中使用一个特殊的技术，即分别以不同的概率 $\frac{\alpha}{2}$，$\frac{1-\alpha}{2}$，$\frac{1-\alpha}{2}$，$\frac{\alpha}{2}$ $(0<\alpha<\frac{1}{2})$ 来传送载体态 $|0\rangle$，$|1\rangle$，$|+\rangle$，$|-\rangle$，可以得到BB84协议和SARG04协议的一个中间协议，它可被称作不均衡态BB84(US-BB84)协议（见表5-3）。类似于BB84协议，它的密钥比特是编码在量子比特的态上而非基上。显然，US-BB84协议可以像BB84协议一样被推广到高维版本[22-24]。基于该协议用来分发不经意密钥的具体步骤如下：

(1) Alice发送给Bob一长串量子比特，其中 $|0\rangle$ 和 $|-\rangle$ 被制备的概率为 $\frac{\alpha}{2}$，$|1\rangle$ 和 $|+\rangle$ 被制备的概率为 $\frac{1-\alpha}{2}$，这里参数 $\alpha\in\left(0,\frac{1}{2}\right)$。$|0\rangle$ 和 $|+\rangle$ 代表比特0，而 $|1\rangle$ 和 $|-\rangle$ 代表比特1。

(2) Bob随机用 $\{|0\rangle,|1\rangle\}$ 或者 $\{|+\rangle,|-\rangle\}$ 测量收到的量子比特。

(3) Bob随机选择一些位置并要求Alice声明这些位置上发送的量子比特的态。然后，他丢掉那些使用不匹配的基测量得到的结果。如果错误率高于某个阈值或者比率 $p(|0\rangle)$、$p(|1\rangle)$、$p(|+\rangle)$、$p(|-\rangle)$ 与概率 $\frac{\alpha}{2}$，$\frac{1-\alpha}{2}$，$\frac{1-\alpha}{2}$，$\frac{\alpha}{2}$ 不一致，协议终止，这里 $p(|0\rangle)$、$p(|1\rangle)$、$p(|+\rangle)$、$p(|-\rangle)$ 代表态 $|0\rangle$，$|1\rangle$，$|+\rangle$，$|-\rangle$ 在Bob剩余的测量结果中的比例。

(4) Bob声明他所选择的所有的测量基。

(5) 丢掉用于检测的量子比特后，Alice和Bob成功共享了一串不经意密钥 $\boldsymbol{K}^r$，它是由Bob的测量结果组成，因此完全为Bob所知。显然通过比对Bob声明的测量基，Alice可以知道 $\boldsymbol{K}^r$ 中一半的比特。

表5-3 BB84，SARGE04和US-BB84协议的比较。最后两列说明了只有高维US-BB84协议可用于实现量子保密块查询

QKD协议	态制备	编码方式	可推广到高维版本	可用于分发不经意密钥
BB84	随机选择($\alpha=0.5$)	态	√	×
SARG04	类似于 $\alpha=0$	基	×	√
US-BB84	$0<\alpha<0.5$	态	√	√

如上所述,Bob 完全知道不经意密钥,但是他不能可靠推测出 Alice 知道哪些密钥比特,因为载体态是线性相关的且不能被无错区分。另一方面,由于步骤 (3) 中的态的比例的检验,即使使用纠缠测量攻击,Alice 也不能获得整个密钥。通常,Alice 可以制备如下形式的两体纠缠态:

$$|\Psi\rangle = a_0\,|\phi_0\rangle_A\,|0\rangle_B + a_1\,|\phi_1\rangle_A\,|1\rangle_B \tag{5-3}$$

$$= b_0\,|\gamma_0\rangle_A\,|+\rangle_B + b_1\,|\gamma_1\rangle_A\,|-\rangle_B \tag{5-4}$$

并且在步骤 (1) 中发送 B 系统给 Bob。当 Bob 要求在步骤 (3) 中声明某个量子比特的态时,Alice 首先测量 A 系统,即随机区分态 $\{|\phi_i\rangle\}_{i=0}^{1}$ 或者 $\{|\gamma_i\rangle\}_{i=0}^{1}$。那么如果测量结果为 $|\phi_0\rangle$ ($|\phi_1\rangle$),她向 Bob 声明态为 $|0\rangle$ ($|1\rangle$);如果测量结果为 $|\gamma_0\rangle$ ($|\gamma_1\rangle$),她向 Bob 声明态为 $|+\rangle$ ($|-\rangle$)。注意,如果 Bob 用基 $\{|0\rangle,|1\rangle\}$ ($\{|+\rangle,|-\rangle\}$) 来测量收到的量子比特而 Alice 声明的态为 $|+\rangle$ 或者 $|-\rangle$ ($|0\rangle$ 或者 $|1\rangle$) Bob 将丢弃他的测量结果。

以 $\alpha=0.1$ 为例,为了通过 (3) 中 Bob 的检测,Alice 必须保证:①她总是能够正确地声明传送的量子比特的态,这意味着 $\langle\phi_0|\phi_1\rangle=0$ 且 $\langle\gamma_0|\gamma_1\rangle=0$;②在 Bob 丢掉那些用不匹配的基测量得到的结果后,$|0\rangle$,$|1\rangle$,$|+\rangle$,$|-\rangle$ 态应分别占余下结果的 10%,40%,40%,10%。因此,$|\Psi\rangle$ 应具有如下形式:

$$|\Psi\rangle = \sqrt{0.2}\,|\phi_0\rangle_A\,|0\rangle_B + \sqrt{0.8}\,|\phi_0^{\mathrm{T}}\rangle_A\,|1\rangle_B \tag{5-5}$$

$$= \sqrt{0.8}\,|\gamma_0\rangle_A\,|+\rangle_B + \sqrt{0.2}\,|\gamma_0^{\mathrm{T}}\rangle_A\,|-\rangle_B \tag{5-6}$$

通过简单的计算,我们发现方程(5-5)和(5-6)不可能同时满足。也就是,使得 Alice 可以通过步骤(3) 中 Bob 检验的纠缠态不存在。

但是,Alice 可以制备一长串纠缠态随机地处于态

$$|\Psi\rangle_1 = \sqrt{0.2}\,|\phi_0\rangle_A\,|0\rangle_B + \sqrt{0.8}\,|\phi_0^{\mathrm{T}}\rangle_A\,|1\rangle_B \tag{5-7}$$

或者

$$|\Psi\rangle_2 = \sqrt{0.8}\,|\gamma_0\rangle_A\,|+\rangle_B + \sqrt{0.2}\,|\gamma_0^{\mathrm{T}}\rangle_A\,|-\rangle_B \tag{5-8}$$

并在 (1) 中发送 B 系统给 Bob。当在步骤 (3) 中被要求声明某个量子比特的态时,如果 Alice 制备的是 $|\Psi\rangle_1$,她就用 $\{|\phi_0\rangle,|\phi_1\rangle\}$ 基测量 A 系统,若测量结果为 $|\phi_0\rangle$($|\phi_1\rangle$),她向 Bob 声明态为 $|0\rangle$($|1\rangle$)。在这种情况下,如果 Bob 用 $\{|+\rangle,|-\rangle\}$ 测量量子比特,他将丢掉该测量结果。如果 Alice 制备的态为 $|\Psi\rangle_2$,情形类似。显然,通过这种方法,Alice 可以通过 Bob 的检验。

那么,通过这种攻击,Alice 可以获得多少比特呢?不失一般性,假设 Alice 制备 $|\Psi\rangle_1$ 并发送 B 系统给 Bob。如果 Bob 在 (4) 中声明的测量基为 $\{|0\rangle,|1\rangle\}$(这种情况发生的概率为 $\frac{1}{2}$),则通过使用 $\{|\phi_0\rangle,|\phi_1\rangle\}$ 基测量 A 系统,Alice 可以完全获得该密钥比特(见式 5-7);如果 Bob 声明的测量基为 $\{|+\rangle,|-\rangle\}$(这发生的概率也为 $\frac{1}{2}$),注意到 $|\Psi\rangle_1$ 还可以被写作

$$|\Psi\rangle_1 = \frac{1}{\sqrt{2}}(\sqrt{0.2}\,|\phi_0\rangle + \sqrt{0.8}\,|\phi_0^{\mathrm{T}}\rangle)_A\,|+\rangle_B + \frac{1}{\sqrt{2}}(\sqrt{0.2}\,|\phi_0\rangle - \sqrt{0.8}\,|\phi_0^{\mathrm{T}}\rangle)_A\,|-\rangle_B \tag{5-9}$$

Alice 可以通过无错区分非正交态 $\sqrt{0.2}\,|\phi_0\rangle+\sqrt{0.8}\,|\phi_0^{\mathrm{T}}\rangle$ 和 $\sqrt{0.2}\,|\phi_0\rangle-\sqrt{0.8}\,|\phi_0^{\mathrm{T}}\rangle$ 来推测密钥比特,其最大成功概率为 0.2。也就是说,Alice 至多可以获得 60% 的密钥比特(略多于诚实的 Alice 可获得的 50%)。事实上,只要 $\alpha\neq\frac{1}{2}$,Alice 就不可能获得所有的密钥比特。

5.2.2 量子保密块查询协议

为简便起见，数据库 $\boldsymbol{X}$ 被划分为具有相同长度 l 的条目(块)。具体地说 $\boldsymbol{X}=(X_1X_2\cdots,X_N)$，且每个条目 X_k 是一个 l 比特的消息。这里 N 是数据库中的条目数，K 是条目 X_k 的地址。令 $d=2^l$，则 $\boldsymbol{B}_1=\{|j\rangle\}_{j=0}^{d-1}$ 和 $\boldsymbol{B}_2=\left\{|\bar{j}\rangle=\frac{1}{\sqrt{d}}\sum_{k=0}^{d-1}\omega^{jk}|k\rangle\right\}_{j=0}^{d-1}$ 是 d 级量子系统的两组交互正交基，这里 $\omega=e^{\frac{2\pi i}{d}}$。方案中使用的载体态是从基 B_1 和 B_2 中选取的，且 $|j\rangle$ ($|\bar{j}\rangle$) 表示一个长为 l 的比特串，即 j 的二进制表示。具体协议如下：

(1) Alice 发送给 Bob 一列选自基 $\boldsymbol{B}_1$、$\boldsymbol{B}_2$ 中的量子态，其中

$\left\{|0\rangle,|1\rangle,\cdots,\left|\overline{\frac{d}{2}-1}\rangle,|\frac{\bar{d}}{2}\rangle,\cdots,|\overline{d-1}\rangle\right.\right\}$ 中每个态被发送的概率为 $\frac{\alpha}{d}$，

$\left\{|\bar{0}\rangle,|\bar{1}\rangle,\cdots,|\overline{\frac{d}{2}-1}\rangle,|\frac{d}{2}\rangle,\cdots,|d-1\rangle\right\}$ 中每个态被发送的概率为 $\frac{1-\alpha}{d}$，这里 $\alpha\in(0,\frac{1}{2})$。

(2) Bob 随机用基 $\boldsymbol{B}_1$ 或 $\boldsymbol{B}_2$ 来测量收到的量子 d 特。

(3) Bob 声明在哪些位置上成功探测到量子 d 特，未检测到的粒子将被丢掉。

(4) Bob 随机选择一些位置并要求 Alice 声明在这些位置上传输的量子 d 特的态。然后他扔掉自己使用错误的基测量出的结果，并将余下的结果与 Alice 的声明比较。如果错误率高于给定的阈值或者态 $|j\rangle$ ($|\bar{j}\rangle$) ($0\leqslant j\leqslant d-1$) 的比例与(1)中发送的比例不一致，协议终止。

(5) Bob 公布他在步骤(2)中选用的所有基。

(6) 丢掉检测的量子 d 特后，Alice 和 Bob 成功地共享了一串不经意密钥 $\boldsymbol{K}'$。具体地说，$\boldsymbol{K}'$ 中的每一个元素对应 Bob 的一个测量结果，即一个 Bob 完全知道的长为 l 的比特串。显然，通过比对 Bob 声明的测量基，Alice 能够知道 $\boldsymbol{K}'$ 中一半的元素。值得注意的是，生密钥 $\boldsymbol{K}'$ 是由接收者 Bob 的测量结果决定而不是由 Alice 的态制备决定，这与以往的协议是大不相同的。

(7) 必须传输足够多的量子 d 特使得 $\boldsymbol{K}'$ 中的元素数等于 kN(k 是一个安全参数)。生密钥被分为 k 个子串，每个子串都含有 N 个元素。这些子串逐位模二相加后得到最终密钥 $\boldsymbol{K}^f$，且此后 Alice 仅知道 $\boldsymbol{K}^f$ 中约 1 个元素。这个过程与文献[7]中的方法类似。

(8) 如果 Alice 最终不知道 $\boldsymbol{K}^f$ 中的任何元素，协议失败。

(9) 假定 Alice 知道 $\boldsymbol{K}^f$ 中的第 m 个元素 $\boldsymbol{K}_m^f$ 而想获得数据库中的第 n 个条目 X_n，她公布数字 $s=m-n$。然后 Bob 先将 $\boldsymbol{K}^f$ 顺移 s 个位置，然后采用逐位模二相加的方法加密数据库，再将加密后的数据库发送给 Alice。显然，X_n 就是用 $\boldsymbol{K}_m^f$ 加密的，因此可以被 Alice 正确地恢复出来。

上述协议有些类似 J-协议的高维版本，但是一些不平凡的改动是必须的。一方面，J-协议中的不经意生密钥是由发送者的态制备决定的，而该协议中由接收者 Bob 的测量结果(见步骤(6))决定的，因而 Bob 完全知道此密钥。另一方面，该协议中生密钥比特是编码在量子 d 特的态上，而在 J-协议中它们被编码在量子 d 特的基上。正是由于这些原因，我

们的方案不仅可以抵抗 Bob 方的量子存储攻击，并且通过传输一个量子 d 特就生成 $\boldsymbol{K}'$ 中 l 个连续的比特，确保量子保密块查询的实现。

与 J-协议相同，上述协议是可容损的。注意到 $B_1 \cup B_2$ 中的量子 d 特是线性相关的且不能被 Bob 无错区分[17,25]。而且，该协议中，Alice 从未公开正确的测量基，这意味着，Bob 不论使用何种方法都不能确定量子 d 特的态或基。因此，即使在量子损失的掩护下，Bob 可以获得的信息也是不确定性的，而且这些信息在随后的逐位相加阶段还会被压缩。因此，Bob 不能在步骤 (3) 中通过撒谎(即当得到一个不想要的结果时声明量子 d 特丢失)来获取任何实质的优势。

按照协议，在步骤 (7) 后，Alice 将平均获得 $\boldsymbol{K}^f$ 中 $\bar{n}=N\,(1/2)^k$ 个元素。而 Alice 不知道任何元素且协议失败的概率 $P_0=[1-(1/2)^k]^N$。通过选取合适的 k 值，我们可以保证 $\bar{n} \ll N$ 及小的 P_0(见表 5-4)，这意味着协议的一次成功执行。例如，对一个拥有10^5 个元素的数据库，$k=15$ 是一个合适的参数，它将使得 Alice 知道 $\boldsymbol{K}^f$ 中 $\bar{n}=3.05$ 个元素，而失败概率仅为 4.7%。另一方面，尽管 Alice 知道 $\boldsymbol{K}^f$ 中 $\bar{n}>1$ 个元素，她也仅可以得到数据库中一个选定的条目，因为她知道的其余 $\bar{n}-1$ 个条目随机分布在数据库中。

表 5-4　对不同的数据库规模 N 参数 k 的选择，失败概率 P_0，诚实的 Alice 可从数据库中获得的条目数 $\bar{n}$

N	10^3	5×10^3	10^4	5×10^4	10^5	10^6	10^8
k	8	11	12	14	15	18	25
$\bar{n}$	3.91	2.44	2.44	3.05	3.05	3.81	2.98
P_0	0.020	0.087	0.087	0.047	0.047	0.022	0.051

5.2.3　安全性分析

下面从数据库和用户安全两方面说明上述协议是安全的。

1. 数据库安全性

为了从数据库中获取更多条目，Alice 必须要知道生密钥 $\boldsymbol{K}^r$ 中的更多元素(即 Bob 的测量结果)。为此，在步骤 (1) 中，Alice 通常可以制备两体态 $|\Psi\rangle_{AB}$，自己保留 A 系统，将 B 系统发送给 Bob。然后当 Bob 声明完测量基后，Alice 通过测量相应的 A 系统来推测 Bob 的测量结果。不失一般性，我们假定 $|\Psi\rangle_{AB}$ 为

$$|\Psi\rangle_{AB} = \sum_{j=0}^{d-1} \alpha_j \,|\beta_j\rangle_A\,|j\rangle_B \tag{5-10}$$

$$= \sum_{k=0}^{d-1} b_k\,|\gamma_k\rangle_A\,|\bar{k}\rangle_B \tag{5-11}$$

这里 $|j\rangle \in \boldsymbol{B}_1$ 而 $|k\rangle \in \boldsymbol{B}_2$。

下面来讨论 Alice 能够通过 Bob 的检测的条件。当在步骤(4)中被要求声明某个量子 d 特的态时，Alice 首先测量相应的 A 系统，即随机地区分 $\{|\beta_j\rangle\}_{j=0}^{d-1}$ 或 $\{|\gamma_k\rangle\}_{k=0}^{d-1}$，如果测量结果为 $|\beta_j\rangle(|\gamma_k\rangle)$，她就向 Bob 声明该态为 $|j\rangle(|\bar{k}\rangle)$。为了正确地给出量子 d 特的态，不论 Bob 选择哪组基来测量，相应的 A 系统必须被完美区分，也就是说，下面的条件必须

成立：

(i) $\langle \beta_j | \beta_k \rangle = \delta_{jk}, j, k = 0, 1, \cdots, d-1.$

(ii) $\langle \gamma_j | \gamma_k \rangle = \delta_{jk}, j, k = 0, 1, \cdots, d-1.$

同时，为了满足量子 d 特的比例的要求，下面条件必须满足：

(iii) $|a_0|^2 = |a_1|^2 = \cdots = |a_{\frac{d}{2}-1}|^2 = \dfrac{2\alpha}{d}, |a_{\frac{d}{2}}|^2 = |a_{\frac{d}{2}+1}|^2 = \cdots = |a_{d-1}|^2 = \dfrac{2-2\alpha}{d}.$

(iv) $|b_0|^2 = |b_1|^2 = \cdots = |b_{\frac{d}{2}-1}|^2 = \dfrac{2-2\alpha}{d}, |b_{\frac{d}{2}}|^2 = |b_{\frac{d}{2}+1}|^2 = \cdots = |b_{d-1}|^2 = \dfrac{2\alpha}{d}.$

由于 $|k\rangle = \dfrac{1}{\sqrt{d}} \sum_{j=0}^{d-1} \omega^{jk} |j\rangle$，方程可被写为

$$|\Psi\rangle_{AB} = \frac{1}{\sqrt{d}} \sum_{j=0}^{d-1} \left\{ \sum_{k=0}^{d-1} b_k \omega^{jk} |\gamma_k\rangle_A \right\} |j\rangle_B \tag{5-12}$$

如果条件 (ii) 和 (iv) 成立，比较式(5-10)和式(5-12)可得

$$|a_0|^2 = |a_1|^2 = \cdots = |a_{d-1}|^2 = \frac{1}{d} \tag{5-13}$$

这显然与条件 (iii) 矛盾。换句话说，同时满足上面四个条件的纠缠态是不存在的。为了避免被检测出，至少需要两个纠缠态：一个满足条件 (i) 和 (iii)（对应于载体态选自 B_1 的情形），另一个满足条件 (ii) 和 (iv)。

因此，Alice 可以制备一列纠缠态，其中每个态随机地处于态

$$|\Psi_1\rangle = \sum_{j=0}^{\frac{d}{2}-1} \sqrt{\frac{2\alpha}{2}} |\phi_j\rangle_A |j\rangle_B + \sum_{j=\frac{d}{2}}^{d-1} \sqrt{\frac{2-2\alpha}{d}} |\phi_j\rangle_A |j\rangle_B \tag{5-14}$$

或者

$$|\Psi_2\rangle = \sum_{j=0}^{\frac{d}{2}-1} \sqrt{\frac{2-2\alpha}{d}} |\phi_j\rangle_A |\bar{j}\rangle_B + \sum_{j=\frac{d}{2}}^{d-1} \sqrt{\frac{2\alpha}{d}} |\phi_j\rangle_A |\bar{j}\rangle_B \tag{5-15}$$

这里 $\langle \phi_j | \phi_k \rangle = \delta_{jk}$。在步骤 (1) 中，Alice 自己保留 A 系统而将 B 系统发送给 Bob。为在步骤 (4) 中正确声明某个量子 d 特的态，她首先用基 $\{|\phi_j\rangle\}_{j=0}^{d-1}$ 测量相应的 A 系统。如果测量结果为 $|\phi_j\rangle$ 而她在该位置制备的是态 $|\Psi_1\rangle$($|\Psi_2\rangle$)，那么 Alice 向 Bob 声明该态为 $|j\rangle$ ($|\bar{j}\rangle$)。显然，这种攻击不能被 Bob 检测到。

现在，来讨论通过这种攻击 Alice 可以获得的最大信息量。不失一般性，假设 Alice 在该位置上制备的是 $|\Psi_2\rangle$。那么，在步骤 (5) 后，她可以采用不同的策略来获得 Bob 的策略结果。如果 Bob 在 (5) 中公布的测量基为 $\boldsymbol{B}_2$（这种情况发生的概率为 $\frac{1}{2}$），Alice 使用基 $\{|\phi_j\rangle\}_{j=0}^{d-1}$ 来测量 A 系统且完全获得 Bob 的测量结果（见式 5-15）。如果 Bob 声明的基是 $\boldsymbol{B}_1$（这种情况发生的概率也为 $\frac{1}{2}$），由于 $|\bar{j}\rangle = \dfrac{1}{\sqrt{d}} \sum_{j=0}^{d-1} \omega^{jk} |k\rangle$，可得

$$|\Psi_2\rangle = \frac{1}{\sqrt{d}} \sum_{k=0}^{d-1} \omega^{jk} |\phi_j\rangle_A |j\rangle_B \tag{5-16}$$

这里 $|\phi_j\rangle=\sum_{k=0}^{\frac{d}{2}-1}\sqrt{\frac{2-2\alpha}{d}}\omega^{jk}|k\rangle+\sum_{j=\frac{d}{2}}^{d-1}\sqrt{\frac{2\alpha}{d}}\omega^{jk}|k\rangle$。因此当使用 $\boldsymbol{B}_1$ 基测量 B 系统时，相应的 A 系统将会随机地塌缩到线性无关对称态 $\{|\phi_j\rangle\}_{j=0}^{d-1}$ 之一。为了推测 Bob 的测量结果，Alice 可以对对称态 $\{|\phi_j\rangle\}_{j=0}^{d-1}$ 进行无错区分[24]，其最大平均成功概率为 $d\times\min\left\{\frac{2\alpha}{d},\frac{2-2\alpha}{d}\right\}$，即 2α。因此，通过这种方案，Alice 至多可以从数据库中获取 $n_A=N\left(\frac{1}{2}+\alpha\right)^k$ 个条目。当 α 很小时，Alice 的优势迅速减小。而且，随着数据库规模 N 的增加，Alice 可以从数据库中获取条目的比率 $\frac{n_A}{N}$ 亦迅速减小(见表 5-5)。以 $\alpha=0.1$，$N=10^5$ 为例，不诚实的用户至多可以获得 40 个条目，仅占整个数据库的 0.05%，对于这样一个复杂的攻击来说，其对数据库安全性的影响微乎其微。

表 5-5　Alice 对于不同规模的数据库的优势，这里 $\alpha=0.1$

N	10^3	5×10^3	10^4	5×10^4	10^5	10^6	10^8
$\bar{n}$	3.91	2.44	2.44	3.05	3.05	3.81	2.98
n_A	16.80	18.14	21.77	39.18	47.02	101.56	284.30
$\frac{n_A}{N}$	0.0168	0.0036	0.0022	0.0008	0.0005	0.0001	2.8×10^{-6}

接下来考虑一种更复杂的攻击。对于那些 Alice 制备 $|\Psi_1\rangle$($|\Psi_2\rangle$)态而 Bob 选用 $\boldsymbol{B}_2$($\boldsymbol{B}_1$)基进行测量的情形，Alice 可以推迟测量相应的 A 系统直到接近协议的结束部分，以便于知道它们中的哪些对应于最终密钥 $\boldsymbol{K}^f$ 中的一个元素。然后，类似与文献[7]中的方法，她可以做一个联合无错态区分来猜测最终求和后的值(即 $\boldsymbol{K}^f$ 中的元素)。即使是在最简单的情形，即 d=2 时(见图 5-6)，Alice 对 m 个系统作联合测量的最大成功概率随着 m 的增大迅速减小，这意味着在该种攻击下，数据库安全性的安全等级依然相当高的。

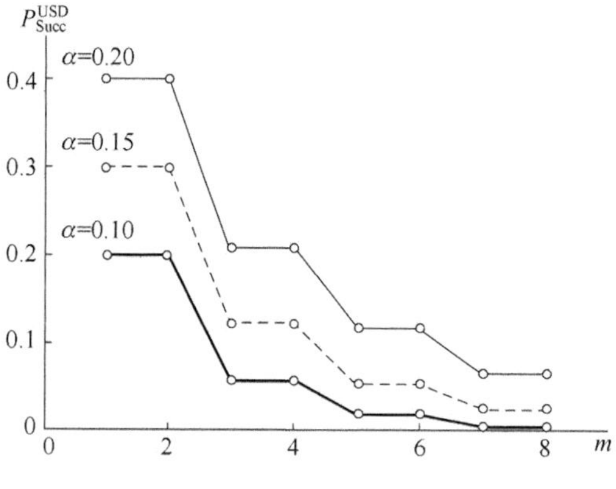

图 5-6　对 $d=2$，对 m 个系统的联合无错区分的最大成功概率 $P_{\text{succ}}^{\text{USD}}$ 随 m 的增大迅速减小

2. 用户隐私性

如果 Bob 是不诚实的且想要揭示 Alice 的检索地址，那么对每一个量子 d 特，他必须搞

清楚他声明的测量基是否与量子 d 特相匹配(即在 Alice 看来 $\boldsymbol{K}'$ 中的元素是否为确定的)。因此,他必须尽力判别量子 d 特取自哪组基,即区分两个相同概率的混合态

$$\boldsymbol{\rho}_1 = \sum_{j=0}^{\frac{d-1}{2}} \frac{2\alpha}{d} \mid j\rangle\langle j \mid + \sum_{j=\frac{d}{2}}^{d-1} \frac{2-2\alpha}{d} \mid j\rangle\langle j \mid \tag{5-17}$$

和

$$\boldsymbol{\rho}_2 = \sum_{j=0}^{\frac{d}{2}-1} \frac{2-2\alpha}{d} \mid \bar{j}\rangle\langle \bar{j} \mid + \sum_{j=\frac{d}{2}}^{d-1} \frac{2\alpha}{d} \mid \bar{j}\rangle\langle \bar{j} \mid \tag{5-18}$$

$\boldsymbol{\rho}_1$ 和 $\boldsymbol{\rho}_2$ 不能被无错区分因为它们具有相同的支集[25-27]。但协议并非完美隐藏的,因为 $\boldsymbol{\rho}_1 \neq \boldsymbol{\rho}_2$。Bob 可对它们进行最小错误测量(MED)[28],其最小错误概率 P_E 为

$$P_E = \frac{1}{2}\left(1 - \frac{1}{2}\mathrm{tr}(\boldsymbol{\rho}_2 - \boldsymbol{\rho}_1)\right) \tag{5-19}$$

通过简单的计算得,矩阵 $\boldsymbol{\rho}_2 - \boldsymbol{\rho}_1$ 的第 s 行第 t 列元素 q_{st} 满足

$$q_{st} = \begin{cases} \dfrac{1-2\alpha}{d}, s = t < \dfrac{d}{2} \\ \dfrac{2\alpha-1}{d}, s = t \geqslant \dfrac{d}{2} \\ 0, s-t \text{ 为非零偶数} \\ \dfrac{4(1-2\alpha)}{d^2(1-\omega^{s-t})}, s-t \text{ 为奇数} \end{cases}, \quad s,t = 0,1,\cdots \in, d-1 \tag{5-20}$$

为直观起见,我们在图 5-7 中描述 P_E 与 α, l 之间的关系。显然,最小错误概率随着 α 与 l 的增加而增大。即使在 $l=1$ 和 $\alpha \approx 0$ 这种对 Bob 最有利的情形下,他对每个收到的量子 d 特的最小错误区分的出错率仍然不低于 14.64%。显然,在步骤(7)中的逐位相加阶段后,Bob 很难获得 Alice 的隐私,这确保了协议的用户隐私。

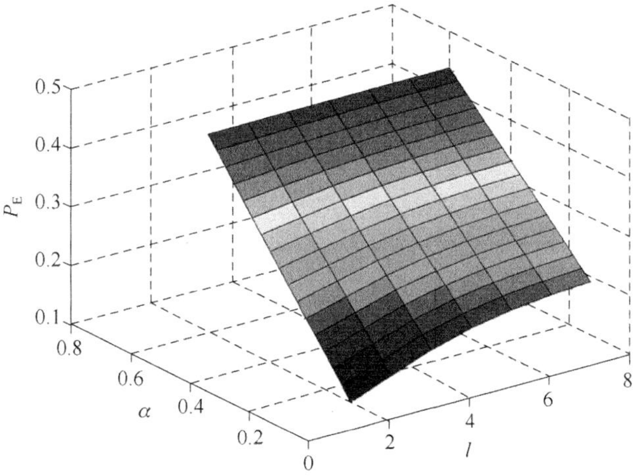

图 5-7 参数 α,块长 l 对 P_E 的影响

值得注意的是,Bob 的攻击将会被 Alice 发现。因为在最小错误区分中量子 d 特不可避免地被干扰了,所以随后 Bob 不可能总是在 $\boldsymbol{K}^r$ 中输出正确的结果。以 $d=2$ 为例,载体

态选自$\{|0\rangle,|1\rangle,|+\rangle,|-\rangle\}$。这里,$|0\rangle$和$|-\rangle$被制备的概率为$\frac{\alpha}{2}$,$|1\rangle$和$|+\rangle$被制备的概率为$\frac{1-\alpha}{2}$。因此$\boldsymbol{\rho}_1=\alpha|0\rangle\langle 0|+(1-\alpha)|1\rangle\langle 1|$,$\boldsymbol{\rho}_2=(1-\alpha)|+\rangle\langle +|+\alpha|-\rangle\langle -|$。最小错误概率$P_E=\frac{2-\sqrt{2}+2\sqrt{2}\alpha}{4}$,它对于所有的$\alpha\in\left(0,\frac{1}{2}\right)$均大于14.64%,且最小错误测量算子为$\boldsymbol{\Pi}_1=|\xi_1\rangle\langle\xi_1|$,$\boldsymbol{\Pi}_2=|\xi_2\rangle\langle\xi_2|$,这里

$$|\xi_1\rangle=\frac{1}{\sqrt{4-2\sqrt{2}}}[(1-\sqrt{2})|0\rangle+|1\rangle] \tag{5-21}$$

$$|\xi_2\rangle=\frac{1}{\sqrt{4+2\sqrt{2}}}[(1+\sqrt{2})|0\rangle+|1\rangle] \tag{5-22}$$

因此对$\boldsymbol{\rho}_1$和$\boldsymbol{\rho}_2$的最小错误区分等价于用$\{|\xi_1\rangle,|\xi_2\rangle\}$基来测量收到的量子比特。不失一般性,假设Alice发送的量子比特为$|0\rangle$,而Bob声明的相应的测量基为$\{|0\rangle,|1\rangle\}$,那么为了避免被发现,Bob应当在生密钥的生成过程中输出0。但是由于在最小错误测量中,$|0\rangle$和$|1\rangle$都可以坍塌到$|\xi_1\rangle$或者$|\xi_2\rangle$(见式(5-21),(5-22)),在对其进行最小错误区分后,Bob不能总是输出正确的结果。他的攻击将会在随后提供错误的条目给Alice时被发现。这意味着上述块查询协议也是欺骗敏感的。

5.2.4 结束语

基于一种高维BB84协议的变体,本节提出一个更为实际的量子保密块查询协议。该协议是欺骗敏感的和容损的。协议的安全性由结论"非正交态不可可靠区分"保证数据库安全,而结论"具有相同支集的态不能被无错区分"保证用户安全。此外,可以通过改变参数α的值来调节用户隐私性和数据库安全性来适用不同的应用需求。从实验的角度看,该协议的d维载体态可用现有的技术制备(如像文献[29, 30])。最近,一些高维的BB84类的量子密钥分发协议已被验证[31],这为该协议的应用提供了基本的保障。

5.3 基于单光子多脉冲态的量子保密查询方案

前面的5.1节和5.2节给出的基于QKD的量子保密查询协议存在这样的问题:协议总存在一定的失败概率。其根本原因在于对原始不经意密钥稀释过程的随机性。本节,受一个基于单光子多脉冲态的QKD方案的启发,提出QPQ协议。该协议不仅保持了基于QKD的QPQ协议的优点,容易实现且容忍信道损失。更重要的是,诚实用户(Alice)总是能够恰好得到Bob的数据库的一个条目,即不存在失败概率,也不会使Bob泄露多余的数据库信息。

5.3.1 利用单光子多脉冲的信息编码方式

为了便于描述下面的协议,首先需要介绍单光子多脉冲的信息编码方式。其具体过程如下:

(1) Bob制备一个L长的二进制比特串$\boldsymbol{S}$和一个仅含有一个单光子的L个脉冲的量子

态$|\Psi_0\rangle$，其中，唯一的光子以相等的概率处于每一个脉冲之中。这里，

$$S = s_0 s_1 \cdots s_{L-1} \tag{5-23}$$

式中 $s_i=0,1, i=0,1,\cdots,L-1$；

$$|\Psi_0\rangle = \frac{1}{\sqrt{L}}\sum_{k=0}^{L-1}|k\rangle \tag{5-24}$$

式中量子态$|k\rangle$表示光子在第$(k+1)$个脉冲之中。然后，Bob 根据 S 对每个脉冲进行相位调制，最终这个量子信号变为

$$|\Psi_S\rangle = \frac{1}{\sqrt{L}}\sum_{k=0}^{L-1}(-1)^{s_k}|k\rangle \tag{5-25}$$

然后 Bob 将$|\Psi_S\rangle$发给 Alice。

(2) Alice 事先产生一个随机值 $r\in\{1,2,\cdots,L-1\}$。当她接收到$|\Psi_S\rangle$时，先利用一个分束器将这些脉冲一分为二；然后根据 r 将其中一路的脉冲重新排序为

$$r,r+1,\cdots,L-1,0,1,\cdots,r-1 \tag{5-26}$$

另一路脉冲则保持不变

$$0,1,\cdots,r-1,r,r+1,\cdots,L-1 \tag{5-27}$$

然后，Alice 将这两路脉冲按照新顺序重新干涉。根据干涉结果(即第几组脉冲探测到了光子以及该组脉冲的干涉结果)，她将得到以下数值之一(不考虑噪声和窃听的情况下)

$$s_{i\oplus_L r}\oplus s_i \tag{5-28}$$

这里，$i=0,1,\cdots L-1$，$\oplus$代表异或和，$\oplus_L$ 代表模 L 加和。

(3) 如果 Alice 得到了第(i_0+1)组脉冲的干涉结果，即 $s_{i_0\oplus_L r}\oplus s_{i_0}$，她就公布 i_0 和 r。这样，Alice 和 Bob 本轮共享的密钥比特就是 $s_{i_0\oplus_L r}\oplus s_{i_0}$。

5.3.2 协议描述

假设数据库中一共有 N 条目，协议具体过程如下：

(1)根据 1 个 $N+1$ 比特的二进制串 S，Bob 制备 1 个单光子 $N+1$ 脉冲的量子态$|\Psi_S\rangle$(类似于公式中的量子态)，

$$S = s_0, s_1, s_2, \cdots, s_N \tag{5-29}$$

$$|\Psi_S\rangle = \frac{1}{\sqrt{N+1}}\sum_{k=0}^{N}(-1)^{s_k}|k\rangle \tag{5-30}$$

这里 s_k 随机地为 0 或 1，$k=0, 1, 2, \cdots, N$，用以代表同一量子态的不同脉冲。然后他将$|\Psi_S\rangle$发给 Alice。

(2) 对每一个上述的量子态$|\Psi_S\rangle$，Alice 生成一个随机比特 $r\in\{1,2,\cdots N\}$，并且用图 5-8中的线路(与上节中的第 (2) 步相同)将其分束、排序并干涉，从而得到如下数值之一，

$$s_j\oplus s_{j\boxplus r} \tag{5-31}$$

这里，$j=0, 1, 2, \cdots, N$，$\oplus$代表异或和，$\boxplus$r 代表模 $N+1$ 加和。为了便于描述，我们假设 Alice 得到的数值为

$$s_t\oplus s_{t\boxplus r} \tag{5-32}$$

即对于量子态$|\Psi_S\rangle$，Alice 得到了第 $t+1$ 组脉冲的干涉结果。

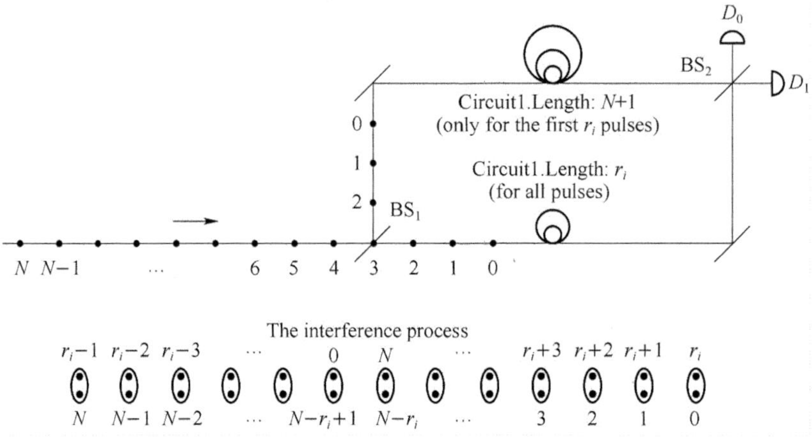

图 5-8　Alice 对量子态 $|\Psi_S\rangle$ 的信息提取过程：在 Alice 将量子态分成两束之后，她根据 r 分别搭建如图的两组延时线圈：线圈 1(图中的 Circuit 1)长度为 $N+1$ 个脉冲长度，但仅对前 r 个脉冲作用，即剩余的脉冲将不通过线圈 1；线圈 2(图中的 Circuit 2)长度为 r，且所有该路的脉冲都会经过线圈 2。这样，Alice 就可以得到如图下方所示的干涉结果了

(3) Alice 公布 t，然后他们的最终密钥为

$$s_t \oplus s_0, s_t \oplus s_1, \cdots, s_t \oplus s_{t-1}, s_t \oplus s_{t+1}, \cdots, s_t \oplus s_{N-1}, s_t \oplus s_N \tag{5-33}$$

这里 Alice 知道其中 $s_t \oplus s_{t \boxplus r}$ 的值。

(4) 根据自己知道的这 N 比特密钥中那 1 比特的位置以及自己想要查询的数据库条目，Alice 声明一个对密钥的移位。例如，如果 Alice 知道密钥的第 j 个比特并且想要查询数据库的第 i 个条目，她声明 $s=j-i$，然后 Bob 根据 s 移位自己的密钥。

(5) Bob 根据 Alice 声明的数值对自己的密钥进行移位。然后用移位后的密钥加密自己的整个数据库，并将加密后的数据库发给 Alice。

Alice 利用移位后的非对称密钥解密自己想要的那个条目。

从上述过程可以发现，Alice 总是确切地知道所生成的不经意密钥中的 1 比特信息。所以，上述协议总会成功且 Bob 也不需要向诚实的 Alice 泄露更多的关于自己数据库的信息。

此外，为了验证 Bob 是否诚实，Alice 可以定期从别的数据库检测自己从 Bob 数据库所查询到的数据的有效性，或者她可以重复查询同一条数据并比较查询结果。另外一种保障方法，Alice 和 Bob 可以在一次查询过程进行两次协议的过程，我们记为协议 I′并记原协议为 I。协议 I′允许 Alice 对同一条数据进行两次查询以验证 Bob 是否诚实。事实上，以上两种检测方式都基于以下事实：如果 Bob 得到了 Alice 查询位置的信息，他就无法给出正确的数据库条目。协议 I′显得更“主动”一些，因为 Alice 可以立即发现 Bob 的欺骗，但同时，协议 I′也会向不诚实 Alice 泄露了更多的数据库信息。

下面来分析协议 I 的正确性。Bob 制备的信号初态如公式(5-30)所示。当该信号通过 Alice 的分束器 BS_1 后，信号的状态变为

$$\frac{1}{\sqrt{2(N+1)}}\left[\sum_{k=0}^{N}(-1)^{s_k}|k\rangle|0\rangle + \mathrm{i}\sum_{k=0}^{N}(-1)^{s_k}|k\rangle|1\rangle\right] \tag{5-34}$$

这里 $|0\rangle$ 代表光子在透射路径，$|1\rangle$ 代表光子在反射路径。在通过两个延迟线圈以及反

射镜后，信号的量子态变为

$$\frac{i}{\sqrt{2(N+1)}}\left[\sum_{k=0}^{N}(-1)^{s_k}\mid k\rangle\mid 0\rangle+\mathrm{i}\sum_{k=0}^{N}(-1)^{s_{k\boxplus r}}\mid k\rangle\mid 1\rangle\right] \tag{5-35}$$

当这两路移位后的脉冲通过第二个分束器 BS_2 之后，量子态变为

$$\frac{i}{2\sqrt{(N+1)}}\sum_{k=0}^{N}\left[(-1)^{s_k}-(-1)^{s_{k\boxplus r}}\right]\mid k\rangle\mid 1'\rangle+\mathrm{i}\sum_{k=0}^{N}\left[(-1)^{s_k}+(-1)^{s_{k\boxplus r}}\right]\mid k\rangle\mid 0'\rangle \tag{5-36}$$

这里，$|0'\rangle$代表光子在通向探测器 D_0 的路径（即透射—反射路径和反射—透射路径），$|1'\rangle$代表光子在通向探测器 D_1 的路径（即透射—透射路径和反射—反射路径）。可以看到，如果 $s_k=s_{k\boxplus r}$，那么 Alice 可能会在 D_0 探测到光子，但绝不会在 D_1 探测到光子；对应地，如果 $s_k\neq s_{k\boxplus r}$，那么 Alice 可能会在 D_1 探测到光子，但绝不会在 D_0 探测到光子。因此，一旦 Alice 探测到了第 $t+1$ 组脉冲的干涉结果，她就会知道 $s_t\oplus s_{t\boxplus r}$ 的值。

5.3.3 安全性分析

1. 数据库安全性

很难想出一个 Alice 针对 Bob 数据库的具体的攻击策略。但根据 Holevo 界，可以给出 Alice 能够得到 Bob 数据库信息的上界。即

$$\begin{aligned} H(A:\text{Database}) &\leqslant H(A:\boldsymbol{S}) \\ &\leqslant S\left(\frac{1}{2^{N+1}}\sum_{k=1}^{2^{N+1}}\mid \Psi_k\rangle\langle\Psi_k\mid\right)-\frac{1}{2^{N+1}}\sum_{k=1}^{2^{N+1}}S(\mid \Psi_k\rangle\langle\Psi_k\mid)\end{aligned} \tag{5-37}$$

这里，$S(\boldsymbol{\rho})$表示量子态 $\boldsymbol{\rho}$ 的冯诺依曼熵，$H(A:\text{Database})$ 表示 Alice 能够获得的 Bob 数据库的信息量，$H(A:\boldsymbol{S})$表示 Alice 能够获得的关于 Bob 的 $N+1$ 二进制比特串 $\boldsymbol{S}$ 的信息量，$|\Psi_k\rangle$表示公式(5-30)中量子态的 2^{N+1} 中不同的情况。经过计算，可以得到

$$S\left(\frac{1}{2^{N+1}}\sum_{k=1}^{2^{N+1}}\mid \Psi_k\rangle\langle\Psi_k\mid\right)=S(\boldsymbol{I}_{N+1})=\log(N+1) \tag{5-38}$$

$$S(\mid \Psi_k\rangle\langle\Psi_k\mid)=0 \tag{5-39}$$

因此，

$$H(A:\text{Database})\leqslant H(A:\boldsymbol{S})\leqslant \log(N+1) \tag{5-40}$$

（很明显，对于协议 I′，$H(A:\text{Database})\leqslant 2\log(N+1)$）至此，已经给出了上面所述的 QPQ 协议中，不诚实 Alice 可获得 Bob 数据库信息量的理论上界。相比之前的 QPQ 协议，该上界在协议应用于一个大的数据库时，比以往的所有 QPQ 协议都低。例如在文献[7]中，如果 Alice 可以存储所有光子，并对对应于最终密钥中同一个比特的那些光子作用联合测量（这仅仅是一个具体的攻击，可能会存在更为强大的攻击，例如，对所有光子进行联合测量），那么 Alice 对于每个比特可得到的信息量可以用一个常量 δ 来描述。这样她一共可以得到 Bob 数据库中 $N\delta$ 的信息。当 N 变大时，相比文献[7]中的上界 $B_2\geqslant N\delta$，我们协议的上界 $B_1\leqslant\log(N+1)$ 的优势就显现出来了。

2. 用户隐私性

首先，考虑 Bob 给 Alice 发送纯态的情况。假设 Bob 发给 Alice 的单光子多脉冲态为如

下形式：

$$|\Psi_A\rangle = \sum_{k=0}^{N} a_k |k\rangle \tag{5-41}$$

这里，

$$\sum_k |a_k|^2 = 1 \tag{5-42}$$

（如果 Bob 发给 Alice 的信号中含有多个光子，Alice 可以通过其干涉线路发现）当信号通过两个分束器后，量子态变为

$$\frac{1}{2}\sum_{k=0}^{N}[(a_k + a_{k\boxplus r})|k\rangle|0'\rangle + \mathrm{i}(a_k - a_{k\boxplus r})|k\rangle|1'\rangle] \tag{5-43}$$

这样，如果 Alice 选择了 r，那么她得到第$(k+1)$组脉冲干涉结果的概率为

$$\frac{1}{2}(|a_k|^2 + |a_{k\boxplus r}|^2) \tag{5-44}$$

并且，不同的 r 和 k 的联合概率分布为：

$$\left[\frac{1}{2N}(|a_k|^2 + |a_{k\boxplus r}|^2)\right]_{r,k} \tag{5-45}$$

这里 $r=1,2,\cdots,N,k=0,1,2,\cdots,N$。这样，$\boldsymbol{R}$（不同 r 的事件空间）和 $\boldsymbol{K}$（不同 k 的事件空间）的互信息为

$$H(\boldsymbol{R}:\boldsymbol{K}) = H(\boldsymbol{R}) + H(\boldsymbol{K}) - H(\boldsymbol{K},\boldsymbol{R}) \tag{5-46}$$

这样，Bob 不诚实行为（即制备$|\Psi_A\rangle$而不是$|\Psi_S\rangle$）被 Alice 发现的最小概率为

$$P_{\min} = \sum_{k=0}^{N}\min\left\{\frac{|a_k + a_{k\boxplus r}|^2}{4N}, \frac{|a_k - a_{k\boxplus r}|^2}{4N}\right\} \tag{5-47}$$

很容易能够得到，如果 $H(\boldsymbol{R}:\boldsymbol{K})>0$，那么 $P_{\min}>0$。也就是说，我们的协议跟之前协议一样是欺骗敏感的。更进一步，我们认为 Bob 能够得到 Alice 隐私的信息量与其不诚实行为被发现的最小概率之间满足如下不等式

$$H(\boldsymbol{R}:\boldsymbol{K}) < 1.11 \times \log N \times P_{\min} \tag{5-48}$$

该结论具体证明过程就不在此累述了，感兴趣的朋友可以参考文献[11]。

然后，考虑 Bob 发给 Alice 纠缠态的情况。为了给 Alice 一个正确的条目，Bob 必须知道每个不同的相位差 $s_t \oplus s_j$，因为 r 是 Alice 随机产生的，所以 j 可能是除了 t 之外的任意值。因此，Bob 发送的量子态必须形如式(5-49)：

$$\sum_{i=1}^{2^N}\lambda_i |\Psi_i\rangle_B |\Psi_{S_i}\rangle_A \tag{5-49}$$

这里 $\sum_i |\lambda_i|^2 = 1$，

$$|\Psi_{S_i}\rangle = \frac{1}{\sqrt{N+1}}\left(|0\rangle + \sum_{k=1}^{N}(-1)^{s_{i,k}}|k\rangle\right) \tag{5-50}$$

当 $i \neq j$ 时，$\langle\Psi_{S_i}|\Psi_{S_j}\rangle \neq 1$；$\langle\Lambda_i|\Lambda_j\rangle = \sigma_{ij}$。在上述公式中，每个 i 对应 2^N 个不同的量子态$|\Psi_{S_i}\rangle$之一。值得注意的是，忽略全局相位，$|\Psi_{S_i}\rangle$与下面的态等价

$$|\Psi'_{S_i}\rangle = \frac{1}{\sqrt{N+1}}\left(-|0\rangle + \sum_{k=1}^{N}(-1)^{s_{i,k}\oplus 1}|k\rangle\right) \tag{5-51}$$

然后 Bob 将系统 A 发给 Alice，自己保留系统 B。在 Alice 测量之后，Bob 可以在$\{|\Lambda_i\rangle\}_{i=1}^{N}$

基矢下测量系统 B。这样 Bob 就可以得到 Alice 测量的 S_i，并给 Alice 正确的数据。但是，他不会得到 Alice 查询位置的任何信息。当然，他也可以对系统 B 进行其他测量来探测 Alice 的查询位置，但是他将不能得到 S_i 的准确信息。也就是说，他不能准确地将 Alice 所查询的条目发给她。因此，我们的协议同样是欺骗敏感的。

5.3.4 结束语

基于一种多脉冲态的信息编码方式，本节提出一个没有失败概率的 QPQ 协议。该协议不仅保持了之前基于 QKD 的 QPQ 协议的优点(易实现和信道容损)，而且保证了诚实用户 Alice 总能恰好得到一个数据库条目而不会出现协议失败的情况。该协议的稳定性在同类协议中有所提高，并且具有更高的数据库隐私性，因为 Bob 不再需要向诚实的 Alice 泄露额外的数据库条目。

5.4 具有抗联合测量攻击性能的实用量子保密查询方案

虽然量子保密查询已有上述的许多进展，大多数的基于量子密钥分配的量子保密查询中仍存在一个很大的安全漏洞，即联合测量攻击可对数据库安全性造成严重危害。以 Jacobi 等人的方案[7]为例，在一个 10 000 比特的数据库中，在按位相加阶段 6 个生密钥将会被加在一起来获取一个最终密钥比特，这意味着 6 个量子比特关联到一个最终密钥比特且将它们联合测量可能会直接获得这个最终密钥比特。事实上，实施联合测量攻击(即在量子存储器中存储量子比特，且在协议接近尾声知道哪些比特关联到一个最终密钥比特时对它们进行联合测量)来获得尽可能多的最终密钥比特，是目前对 Alice 来说对数据库安全性最为强大的攻击。

如文献[7]中的表 1 所示，当 $N=10^4$，可以选择参数 $k=6$，此时 $\bar{n}=2.44$。也就是说，对于一个10^4 比特的数据库，6 个量子比特关联到一个最终的密钥比特且诚实的 Alice 能够平均获得 2.44 比特。通过使用最优的无错态区分方法来单独地测量每个量子比特这种攻击方法，Alice 可以以 0.29 的概率获得确定的结果(见文献[7]中的第 6 章)，因此最终平均可从数据库中获得$10^4\times0.29^6=5.95$ 比特。但是，她可以以 0.05 的概率通过联合测量与最终密钥关联的 6 个量子比特直接获得该最终的密钥比特(见文献[7]表 2)，从而一次可以从一个10^4 比特的数据库中获得多达 500 比特信息。更糟的是，由于联合测量攻击都是在协议接近尾声(当 Alice 知道哪些量子比特应该被联合测量)的时候实施的，因此可以逃避被发现，因为 Bob 在那之后不会再检测 Alice 是否诚实。这个问题将会随着量子存储的发展凸显出来。

事实上，文献[7]已经给出了一种直接的方法来迫使联合测量攻击任意困难从而实现更高的数据库安全性，即多轮运行该协议然后使用 Alice 选定的移位将生成的多个不经意最终密钥组合起来获得终极密钥。但是，这将会极大地增加通信复杂度，且会给用户隐私带来负面的影响。本节使用另外一种方法(即双向通信)来抵挡联合测量攻击。基于一个双向量子密钥分发协议，本节提出一个量子保密查询方案，它在抵抗联合测量攻击上具有较好的性能。一方面，Alice 不能通过联合测量量子比特来获得更多的数据库条目因为她必须在知道哪些量子比特关联到同一个最终的密钥比特之前将它们返回给 Bob；另一方面，不管是 Alice 还是 Bob 实施的联合测量攻击都可以被发现，这是其独特的特点。而且，本节中的协议还继承了基于量子密钥分配的量子保密查询方案的优良性质，也就是说，它可以容忍信道损失且可以抵御量子存储攻击。

5.4.1 协议描述

(1) 数据库拥有者 Bob 给用户 Alice 发送一列量子比特，它们随机地处于 $\{|0\rangle,|1\rangle,|+\rangle,|-\rangle\}$ 四个态之一，这里 $|+\rangle=\frac{1}{\sqrt{2}}(|0\rangle+|1\rangle)$，$|-\rangle=\frac{1}{\sqrt{2}}(|0\rangle-|1\rangle)$。$|0\rangle$ 和 $|+\rangle$ 表示比特 0，$|1\rangle$ 和 $|-\rangle$ 代表比特 1。

(2) 对每个收到的量子比特，Alice 以概率 P 选择用 $\boldsymbol{Z}$ 基 $\{|0\rangle,|1\rangle\}$ 测量该量子比特并制备一个和测量结果一样的态发送回 Bob，或者以概率 1-P 选择不测量直接将其返回给 Bob，然后宣布哪些量子比特没有被成功接收到。为简便起见，在下文中，称 Alice 测量的量子比特为 SIFT 量子比特，称那些直接返回的量子比特为 CTRL 量子比特。

(3) Bob 用他发送的量子比特所在的基来测量返回的对应量子比特，然后宣布哪些量子比特没有被接收到。那些被双方声明丢失的量子比特都被忽略。

(4) Bob 随机选择一些量子比特，然后要求 Alice 公布其中哪些是 SIFT 量子比特，哪些是 CTRL 量子比特。对于前者，Alice 需要宣布测量结果。Alice 声明的 SIFT 量子比特所占的比例应该占比为 P，且不管是 SIFT 量子比特还是 CTRL 量子比特的错误率都要低于某个预定的阈值，否则协议终止。

(5) Bob 声明哪些量子比特是在 $\boldsymbol{X}$ 基 $\{|+\rangle,|-\rangle\}$ 下发送的。

(6) Alice 和 Bob 丢掉 (4) 中的检测量子比特和 (5) 中的量子比特对应的结果数据，存储余下的数据作为生密钥 $\boldsymbol{K}^r$。显然，他们共享了一个不经意生密钥，Bob 知道其中所有的比特而 Alice 知道的比特比例仅为 P。

(7) 当数据库包含 N 个比特时，必须传输足够多的量子比特来保证 $\boldsymbol{K}^r$ 的长度等于 kN (k 是一个安全参数)。Bob 首先随机声明一个置换映射它将会重排一个 kN 比特的字符串，然后 Alice 随机声明一个移位 $s_0\in\{0,1,2,\cdots,kN-1\}$。接下来先将生密钥移位 s_0 比特，再将置换映射作用在它上面，随后将其分割为 k 个 N 比特的子串。将这些子串逐位模二相加来得到最终密钥 $\boldsymbol{K}^f$，从而使得 Alice 仅知道其中大约一个比特。这个过程除了一个按位相加前的额外的“移位和置换”(这是用于改进生密钥中的确定性结果出现的随机性，后面将继续进行讨论)外与文献[7]中的过程类似。

(8) 假定 Alice 知道 $\boldsymbol{K}^f$ 中的第 i 个比特 K_i^f 且想获得数据库中的第 j 个比特 x_j，她声明数字 $s=i-j$。Bob 将 $\boldsymbol{K}^f$ 移动 s 位然后用其以一次一密的方式加密数据库。显然，x_j 最终由 K_i^f 加密且当 Alice 收到 Bob 发来的加密后的数据库后能够将其正确地恢复出来。

5.4.2 安全性分析

1. 数据库安全性

首先，一个直接的攻击方法就是在第 (2) 步中测量多于规定比例的量子比特。注意在第 (4) 步中 Alice 声明的测量的量子比特的比例应该为 P。如果测量后的量子比特 $|+\rangle$ 或 $|-\rangle$ 被 Alice 声明为未测量的，则 Bob 将会在随后以概率 $\frac{1}{2}$ 发现这一攻击。因此，如果

Alice 在第 (2) 步中以概率 $p'(p'>p)$测量量子比特，我们可以得出以下结论：1) 恶意的 Alice 可以额外获得 $\Delta\bar{n}=N(p')^k-Np^k$ 个比特；2) Bob 将会以概率 $1-(1/2)^{\frac{N}{2}\delta_1(p'-p)}$发现这个攻击，这里 δ_1 是 Bob 的检测量子比特所占的比例。例如当 $N=10^4$，$\delta_1=0.1$，$p=0.14$ 及 $p'=0.18$ 时，Bob 将会以超过 99%的概率发现这种攻击，而 Alice 仅额外获得 6.66 个比特，它们只占整个数据库条目的 0.067%(见表 5-6)。因此，Alice 很难通过这种方法获得优势。

表 5-6 $\delta_1=0.1$，$p=0.14$，$p'=0.18$ 时恶意的 Alice 预期额外可获得的条目数 $\Delta\bar{n}$

N	10^3	10^4	10^5	10^6	10^7
$\Delta\bar{n}$	3.09	6.66	13.52	26.45	50.68
$\frac{\Delta\bar{n}}{N}$	3.1×10^{-3}	6.7×10^{-4}	1.4×10^{-4}	2.6×10^{-5}	5×10^{-6}

然后，分析一些不那么直接的攻击。具体来说，对于那些 SIFT 量子比特，Alice 按照协议的要求测量并返回给 Bob；但是对那些 CTRL 量子比特，她可以在其上面附加一个系统并且实施适当的酉操作便于随后通过测量附加系统来推测生密钥比特。不失一般性，假设 Bob 对于量子比特$|0\rangle$、$|1\rangle$、$|+\rangle$、$|-\rangle$的攻击如下：

$$|0\rangle\rightarrow|\Psi_1\rangle=\sqrt{\lambda_1}|0\rangle_B\ |e_1\rangle_E+\sqrt{1-\lambda_1}|1\rangle_B\ |e_2\rangle_E \tag{5-52}$$

$$|1\rangle\rightarrow|\Psi_2\rangle=\sqrt{1-\lambda_2}|0\rangle_B\ |e_3\rangle_E+\sqrt{\lambda_2}|1\rangle_B\ |e_4\rangle_E \tag{5-53}$$

$$|+\rangle\rightarrow|\Psi_3\rangle=\frac{1}{2}[|+\rangle_B\ |\phi_1\rangle_E+|-\rangle_B\ |\phi_2\rangle_E] \tag{5-54}$$

$$|-\rangle\rightarrow|\Psi_4\rangle=\frac{1}{2}[|+\rangle_B\ |\phi_3\rangle_E+|-\rangle_B\ |\phi_4\rangle_E] \tag{5-55}$$

其中 $\lambda_1,\lambda_2\in[0,1]$，且

$$|\phi_1\rangle=\sqrt{\lambda_1}|e_1\rangle+\sqrt{1-\lambda_2}|e_3\rangle+\sqrt{1-\lambda_1}|e_2\rangle+\sqrt{\lambda_2}|e_4\rangle$$

$$|\phi_2\rangle=\sqrt{\lambda_1}|e_1\rangle+\sqrt{1-\lambda_2}|e_3\rangle-\sqrt{1-\lambda_1}|e_2\rangle-\sqrt{\lambda_2}|e_4\rangle$$

$$|\phi_3\rangle=\sqrt{\lambda_1}|e_1\rangle-\sqrt{1-\lambda_2}|e_3\rangle+\sqrt{1-\lambda_1}|e_2\rangle-\sqrt{\lambda_2}|e_4\rangle$$

$$|\phi_4\rangle=\sqrt{\lambda_1}|e_1\rangle-\sqrt{1-\lambda_2}|e_3\rangle-\sqrt{1-\lambda_1}|e_2\rangle+\sqrt{\lambda_2}|e_4\rangle$$

$|e_i\rangle_E$(正规化后的) 表示附加系统，而系统 B 表示在第 (2) 步中将会被返回给 Bob 的系统。显然有

$$p_0=1-\lambda_1,p_1=1-\lambda_2,p_+=\frac{1}{4}\langle\phi_2|\phi_2\rangle,p_-=\frac{1}{4}\langle\phi_3|\phi_3\rangle,P_{\text{ECTRL}}=\frac{1}{4}(p_0+p_1+p_++p_-)$$

这里 $p_0(p_1,p_+,p_-)$表示 CTRL 量子比特$|0\rangle$($|1\rangle$、$|+\rangle$、$|-\rangle$)的错误率，P_{ECTRL} 表示 CTRL 量子比特的总错误率。

下面讨论 Alice 通过这种攻击能够获得的优势。显然，当 Bob 发送$|0\rangle$给 Alice 的时候，附加系统将会处于态

$$\boldsymbol{\rho}_0=\lambda_1|e_1\rangle\langle e_1|+(1-\lambda_1)|e_2\rangle\langle e_2|$$

而当 Bob 发送$|1\rangle$给 Alice 的时候，附加系统将会处于态

$$\boldsymbol{\rho}_1=\lambda_2|e_4\rangle\langle e_4|+(1-\lambda_2)|e_3\rangle\langle e_3|$$

当 X 基下的量子比特被去掉后，Alice 可以通过对 $\boldsymbol{\rho}_0$ 和 $\boldsymbol{\rho}_1$ 进行一个最小错误区分[28]来推测生密钥比特。Alice 对 $\boldsymbol{\rho}_0$ 和 $\boldsymbol{\rho}_1$ 的最小错误区分的最小失败概率为

$$p_e=\frac{1}{2}\left(1-\frac{1}{2}\mathrm{tr}\,|\boldsymbol{\rho}_1-\boldsymbol{\rho}_0|\right)$$

直观上说，Alice 需要将 p_e 和 P_{ECTRL} 同时最小化。那么最优的策略是什么呢？我们通过以步长 0.025 对 $p_0\in[0,0.25]$搜索求解非线性规划

$$\min \quad p_e$$

$$\text{s.t.}\begin{cases}\langle\Psi_1\mid\Psi_2\rangle=0\\ \langle e_i\mid e_i\rangle=1,i=1,2,3,4\\ P_{\mathrm{ECTRL}}\leqslant p_0\\ 0\leqslant\lambda_i\leqslant 1,i=1,2\end{cases}\tag{5-56}$$

来给出 p_e 和 P_{ECTRL}之间的关系（见图 5-9）。图 5-9 表明 p_e 和 P_{ECTRL}之间的冲突关系。为了在 Bob 的检测量子比特中尽可能少地引入错误，p_e 将会增加至 50%，这意味着 Alice 的最小错误区分等价于一个随机的猜测；另一方面，为了获得尽可能多的生密钥比特，P_{ECTRL} 将会增加至 25%。而且，一旦 Alice 通过这种攻击获得比诚实的用户多的生密钥比特（即 p_e 严格小于 0.5），P_{ECTRL}将会严格大于 0，这意味着她将会在 CTRL 量子比特中引入错误。

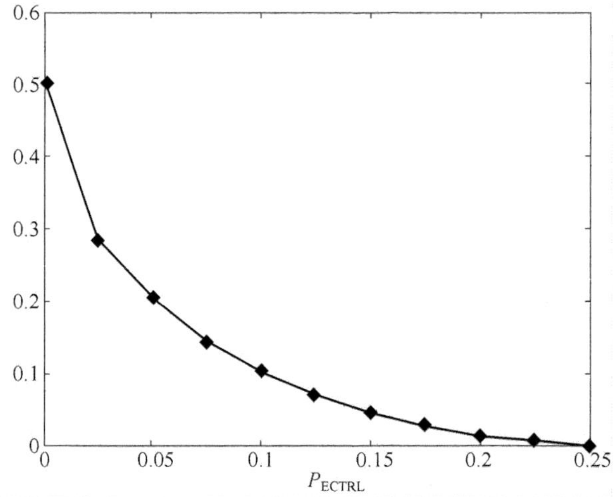

图 5-9　Alice 的最优个体攻击下 p_e 和 P_{ECTRL}之间的关系

正如在之前对基于 QKD 的量子保密查询协议分析的一样，Alice 还可以在一个量子存储器中存储量子比特，然后通过对关联于同一个最终密钥比特的量子比特进行联合测量来直接获得这个最终的密钥比特。

那么如何来抵御联合测量攻击呢？首先需要了解的是，为了实施联合测量攻击，Alice 必须同时具备两个要素：信息载体粒子以及关于"哪些信息载体粒子关联于同一个最终密钥比特"的信息。因此，抵御这种攻击的唯一的方法就是将这两个要素隔离开来。显然，上述协议具备这样的条件，能够有效地抵抗联合测量攻击。具体来说，当 Alice 在第 (2) 步中接收到信息载体粒子时，她并不知道哪些粒子应该要被联合测量来推测一个最终密钥比特，因为她此时不清楚后面 Bob 声明的置换映射，而当她在第 (7) 步中知道哪些量子比特应该被

联合测量时，这些量子比特已经不在她的手里了，因为她必须在第（2）步中将它们发送回 Bob。

更为一般地，Alice 可能会像公式(5-52)～公式(5-55)那样给量子比特附加一个系统然后在第（2）步中发送第一个粒子给 Bob 以便于她可以对附加系统进行联合测量来直接推测最终的密钥比特。但是如果 $P_{ECTRL}\neq 0$，Bob 将会发现这种攻击。事实上 $P_{ECTRL}=0$ 仅当 $\lambda_1=\lambda_2=1$ 且 $|e_1\rangle=|e_4\rangle$ 时成立，这意味着不管量子比特处于哪个态，附加系统都将坍缩到 $|e_1\rangle$。而此时，Alice 即使使用联合测量攻击也不能获得任何信息。也就是说，如果 Alice 通过联合测量攻击获得了任何优势，Bob 都将会以一个非零的概率发现这一攻击，这意味着我们的方案具有更高的数据库安全性。

2. 用户隐私性

首先，讨论 Bob 的独立攻击。不失一般性，Bob 可以制备一个纠缠态

$$|\xi_0\rangle=\cos\theta\,|0\rangle_1\,|\chi_1\rangle_2+\sin\theta\,|1\rangle_1\,|\chi_2\rangle_2$$

在第（1）步中发送第一个粒子代替 $|0\rangle$、$|1\rangle$、$|+\rangle$、$|-\rangle$ 给 Alice 并且在存储器中存储相应的系统 2。显然，联合系统，也即系统 1 和系统 2，将会处于态 $|\xi_1\rangle=|0\rangle_1\,|\chi_1\rangle_2$ 或者 $|\xi_2\rangle=|1\rangle_1\,|\chi_2\rangle_2$。如果 Alice 使用 $\boldsymbol{Z}$ 基测量该粒子，则联合系统依然处于态 $|\xi_0\rangle$，这时 Alice 直接将其返回。由于 Alice 以概率 p 测量量子比特，联合系统将会分别以概率 $p_0=1-p$，$p_1=p\cos^2\theta$ 和 $p_2=p\sin^2\theta$ 处于态 $|\xi_0\rangle$、$|\xi_1\rangle$ 和 $|\xi_2\rangle$。因此，当收到 Alice 返回的粒子后，Bob 可以通过区分这三个态来猜测 Alice 的选择。注意如果 $\cos\theta\sin\theta=0$，则不论 Alice 测量还是直接返回粒子，联合系统都将处于 $|\xi_0\rangle$ 态，这使得 Bob 无法区分 Alice 是否知道该比特，因此在下面只需要讨论 $\cos\theta\sin\theta\neq 0$ 的情形。

当收到 Alice 返回的量子比特时，Bob 可以测量联合系统来推测 Alice 是否测量了这个量子比特并且推测出 Alice 得到的比特值。例如，一旦他知道联合系统现在处于 $|\xi_1\rangle$ 态，Bob 就知道 Alice 测量了这个量子比特，然后他宣布这个量子比特是在 $\boldsymbol{Z}$ 基下发送的，从而使 Alice 获得一个确定的密钥比特 0。显然当且仅当 Bob 可以无错地识别三个态 $\{|\xi_i\rangle\}_{i=0}^2$ 中的任意一个，她才可以不被发现地获得实质的优势：

（1）只有当他知道联合系统正处于态 $|\xi_1\rangle(|\xi_2\rangle)$ 时，Bob 才能通过宣布该量子比特是在 $\boldsymbol{Z}$ 基下发送的来确保 Alice 获得确定的结果同时能正确推测出相应的比特值 0(1)。

（2）只有当知道联合系统处于态 $|\xi_0\rangle$ 时，Bob 可以确定 Alice 直接返回了这个粒子且不知道对应的密钥比特。显然，如果这个比特用于按位相加来得到一个最终的密钥比特 K_i^f，Bob 就可以知道 Alice 不会使用 K_i^f 来检索信息，这显然也给了 Bob 实质的优势去推测用户隐私。

上面的协议是欺骗敏感的，因为上述的两种情形 Bob 均不可能实现。也就是说，Bob 不能无错地识别 $\{|\xi_i\rangle\}_{i=0}^2$ 中的任意一个。一方面，Bob 不能无错地区分这三个态，因为他们是线性相关的[25]。另一方面，Bob 不能无错识别 $\{|\xi_i\rangle\}_{i=0}^2$ 中的任意一个即使是通过一种更通用的方法“量子滤波”[32-34]，也即无错地区分 $|\xi_i\rangle$ 及集合 $C_i=\{|\xi_i\rangle\}_{i=0}^2\backslash|\xi_i\rangle$。具体来说，即使联合系统目前处于态 $|\xi_i\rangle$，即便使用最优的测量方法，Bob 也不能以一个非零的概率来排除集合 $C_i=\{|\xi_i\rangle\}_{i=0}^2\backslash|\xi_i\rangle$ 来识别它，因为 $|\xi_i\rangle$ 可以用 C_i 中的态线性表出[32]。不失一般性，假定 Bob 选择去区分态 $|\xi_1\rangle$ 及集合 $C_1=\{|\xi_0\rangle,|\xi_2\rangle\}$，即使系统正处于 $|\xi_1\rangle$ 态他也不能

获得确定的结果因为 $|\xi_1\rangle=\dfrac{|\xi_0\rangle-\sin\theta|\xi_2\rangle}{\cos\theta}$。反之，他能以非零的概率无错地识别集合 $C_1=\{|\xi_0\rangle,|\xi_2\rangle\}$ 如果联合系统处于 C_1 中的某个态，但这对他来说显然没有实质的用处。

但是如果冒着被发现的风险，Bob 可以获得一些推测用户隐私的优势，这也是阻止 Alice 完全攻克数据库安全性的前提，他可以通过模糊区分这三个态 $\{p_i,|\xi_i\rangle\}_{i=0}^{2}$ 来获得优势。例如，如果测量结果是 $|\xi_1\rangle$（$|\xi_0\rangle$），他可以宣布这个量子比特是在 **Z** 基下发送的来使得 Alice 以一个较高的概率获得一个确定的（不确定的）结果。具体来说，Bob 可以对 $\{p_i,|\xi_i\rangle\}_{i=0}^{2}$ 进行最小错误区分，出错概率的下界是

$$Q_E=1-\sqrt{\sum_{i=0}^{2}\langle\xi_i{}'|\rho|\xi_i{}'\rangle}$$

这里 $|\xi_i'\rangle=\sqrt{p_i}|\xi_i\rangle$ 且 $\boldsymbol{\rho}=\sum_{i=0}^{2}|\xi_i'\rangle\langle\xi_i'|$。Bob 可以通过对不同的 p 调整 $|\chi_1\rangle$，$|\chi_2\rangle$ 和 θ 来寻找 Q_E 的最小值。为了刻画 Bob 在这种攻击下的最大优势，图 5-10 描绘 p 和最小的 Q_E 之间的关系。显然，当 $0<p<1$ 时，Q_E 总是大于 0。也就是说，使用这种攻击 Bob 一定会引入一些错误。而且为了保护用户隐私，$p=0.57$ 是一个最优的选择，它可以保证 $Q_E\geqslant 20.14\%$。

对每个生密钥比特，Bob 可以通过上述方法以较高的概率来猜测 Alice 是否得到该比特。显然，如果根据 Bob 在第 (7) 步中合理选择的置换，Alice 可能知道的生密钥比特被按位相加来得到一个最终的密钥比特，Bob 知道这个最终的密钥比特将会以较高的概率被用于从数据库中检索信息。为了抵抗这个攻击，生密钥比特在声明置换后被随机移位。在本文协议中，这个随机移位是在 Bob 声明完置换之后由 Alice 选择的，这显然对于用户隐私是必要的。

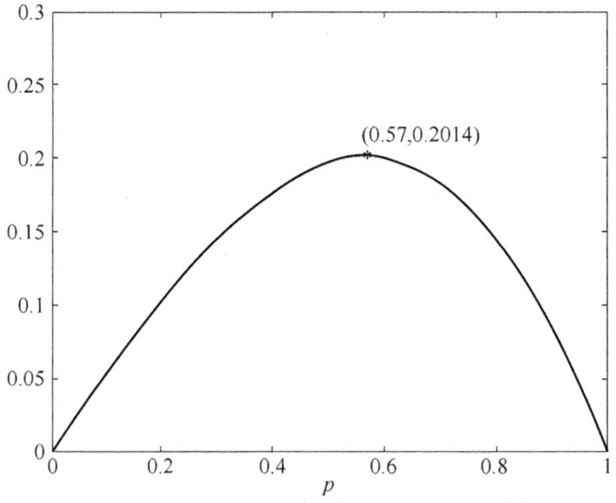

图 5-10　Bob 的最优攻击下 p 和最小的 Q_E 之间的关系

上述协议中，量子比特最终在 Bob 方，这可能给他一个实施联合测量攻击的机会。具体地，Bob 可在第 (1) 步中发送 $|\xi_0\rangle$ 的第一个粒子给 Alice，则对关联于同一个最终密钥比特的 k 个量子比特对应的 k 个联合系统，称为 $|\Gamma\rangle$，是集合 $S=\{\bigotimes_{i=1}^{k}|\pi_i\rangle \mid |\pi_i\rangle\in\{|\xi_0\rangle,|\xi_1\rangle,|\xi_2\rangle\}\}$ 中的一个态。令 n 表示 $\{|\pi_1\rangle,|\pi_2\rangle,\cdots,|\pi_k\rangle\}$ 中 $|\xi_2\rangle$ 出现的次数，如果 Alice 在这个位置获得一个

确定的最终密钥比特 0,那么$|\Gamma\rangle=\bigotimes_{i=1}^{k}|\pi_i\rangle$将会属于集合

$$S_0=\{\bigotimes_{i=1}^{k}|\pi_i\rangle \mid |\pi_i\rangle\in\{|\xi_1\rangle,|\xi_2\rangle\},n\bmod 2=0\}$$

而如果 Alice 获得了一个确定的最终密钥比特 1,$|\Gamma\rangle$将会属于集合

$$S_1=\{\bigotimes_{i=1}^{k}|\pi_i\rangle \mid |\pi_i\rangle\in\{|\xi_1\rangle,|\xi_2\rangle\},n\bmod 2=1\}$$

如果 Alice 没有获得最终密钥比特,$|\Gamma\rangle$将属于集合

$$S_?=S\backslash\{S_0\cup S_1\}$$

显然,Bob 不被发现的有效联合测量攻击仅当他可以识别上面三个集合中的任意一个时实现。

即使 Bob 使用联合测量攻击,本文协议的用户隐私性依然被很好地保护。首先,Bob 的联合测量攻击要比 Alice 的复杂得多因为 Alice 只需要推测最终密钥比特而 Bob 还需要区分 Alice 是否获得确定的结果。其次,本节协议的欺骗敏感性即使在这种联合测量攻击下依然成立。假定$|\Gamma\rangle$处于集合 $S_i(i\in\{0,1,?\})$中的某个态,那么这个态与另外两个集合中的态线性相关,这确保 Bob 不能以非零概率识别这三个集合中的任意一个。不失一般性,我们假定$|\Gamma\rangle$处于集合 S_1 中的某个态,则它具有下面的形式

$$|\Gamma\rangle=|\pi_1\rangle\otimes\cdots\otimes|\pi_{i-1}\rangle\otimes|\xi_2\rangle\otimes|\pi_{i+1}\rangle\cdots\otimes|\pi_k\rangle$$

这里$|\pi_j\rangle\in\{|\xi_1\rangle,|\xi_2\rangle\}$,$j=1,2,\cdots,i-1,i+1,\cdots,k$,那么有

$$|\Gamma\rangle=\frac{|\Gamma''\rangle-\cos\theta|\Gamma'\rangle}{\sin\theta}$$

其中

$$|\Gamma'\rangle=|\pi_1\rangle\otimes\cdots\otimes|\pi_{i-1}\rangle\otimes|\xi_1\rangle\otimes|\pi_{i+1}\rangle\otimes\cdots\otimes|\pi_k\rangle$$
$$|\Gamma''\rangle=|\pi_1\rangle\otimes\cdots\otimes|\pi_{i-1}\rangle\otimes|\xi_0\rangle\otimes|\pi_{i+1}\rangle\otimes\cdots\otimes|\pi_k\rangle$$

显然,$|\Gamma'\rangle\in S_0$ 且$|\Gamma''\rangle\in S_?$,这意味着$|\Gamma\rangle$与集合 $S_0\cup S_?$ 中的态线性相关。因此 Bob 不能以非零概率排除集合 $S_0\cup S_?$ 而识别出$|\Gamma\rangle$处于集合 S_1 中。

总之,Bob 的所有试图推测检索地址的攻击,包括联合测量攻击,都将会被 Alice 以非零的概率发现,因此我们的协议是欺骗敏感的。

5.4.3 结束语

在这一节,介绍了一个实用的 QPQ 协议,它对目前基于 QKD 的 QPQ 协议最为有利的攻击方法——联合攻击,具有较好的抵抗能力。该协议中,任何联合攻击都会以一个非零的概率被发现,这与之前的此类协议有显著的区别。

5.5 量子保密查询中不经意密钥的后处理

基于 QKD 的量子保密查询方案分为以下三个步骤。

(1)(量子)状态转移:在 Alice 和 Bob 之间分配一个原始不经意密钥,该密钥满足以下三个要求。R1:Bob 知道密钥的每个比特;R2:Alice 以概率 p 知道密钥的每个比特(例如在 J-协议中对于诚实 Alice $p=0.25$);R3:Bob 不知道 Alice 知道哪些密钥比特。

(2)(经典)后处理:该处理将原始不经意密钥稀释为最终不经意密钥。最后的密钥满足上述 R1、R3 和更改后 R2 的要求。R2′:Alice 只知道密钥中的几个比特(注意理想情况下

Alice 只知道一个比特，但为了增加通信的成功概率 Alice 一般可以知道的密钥比特大于 1，平均为 2～7 个密钥比特）。

(3)（经典）保密查询：之后如果 Alice 知道最终密钥的第 j 比特并且想要检索 Bob 数据库的第 i 个条目。Alice 声明一个转移值 $s=j-i$，使 Bob 通过 s 来移动最终密钥。最后 Bob 用移动过的最终密钥来加密数据库（简单地，一般认为数据库中的每个条目的内容只有 1 比特，通过一次一密 1 个密钥比特可以加密 1 个条目），随后将完整的加密后的数据库发送给 Alice。因此 Alice 可以通过她已知的密钥比特正确解密，得到她想要的条目。更重要的是，通信双方的隐私得到了很好的保护。

本节关注量子保密查询中不经意密钥的后处理过程，主要包括密钥的稀释和纠错。

5.5.1 稀释方法

目前提出的稀释方法有由 Jakobi 等人[7]提出的 $kN\to N$ 的方法以及由 Panduranga Rao 等人[14]提出的改进方法，即 $N\to N$ 和 $rM\to N$ 的方法。在所有这些方法中，Alice 和 Bob 共享一个原始密钥 $\boldsymbol{O}^R$ 满足上述 R1～R3 的要求，目的是稀释 $\boldsymbol{O}^R$ 成为满足原始不经意密钥的三个条件 R1～R3 的最终密钥 $\boldsymbol{O}^F$。

A. $kN\to N$ 方法

为简单起见，kN 比特的原始密钥 $\boldsymbol{O}^R$ 表示为 $O_1^R O_2^R \cdots O_{kN}^R$，$N$ 比特最终密钥表示为 $O_1^F O_2^F \cdots O_N^F$。这里的每一个 O_i^R $(1\leqslant i\leqslant kN)$ 或 O_i^F $(1\leqslant i\leqslant N)$ 表示 1 比特密钥。在该方法中 $\boldsymbol{O}^R$ 和 $\boldsymbol{O}^F$ 之间的关系为

$$O_i^F=\bigoplus_{j=0}^{k-1} O_{i+jN}^R,\quad 1\leqslant i\leqslant N \tag{5-57}$$

此处⊕表示模 2 加。

例如，$N=12$，$k=2$，则对于 Bob 原始密钥为

$$\begin{gathered}0110,0100,0111\\0011,0101,1001\end{gathered} \tag{5-58}$$

而对于 Alice（即 Alice 仅知道这个密钥的第 2、5、10、13、18、22 比特）

$$\begin{gathered}?\,1??,0???,?\,1??\\0???,?\,1??,?\,0??\end{gathered} \tag{5-59}$$

稀释后，对于 Bob 来说，最终的密钥为

$$0101,0001,1110 \tag{5-60}$$

而对于 Alice，它是

$$????,????,?\,1?? \tag{5-61}$$

显而易见，Alice 已知比特的数量从 6 减少到 1。

B. $N\to N$ 方法

同样，N 比特的原始密钥 $\boldsymbol{O}^R$ 表示为 $O_1^R O_2^R \cdots O_N^R$，N 比特的最终密钥 $\boldsymbol{O}^F$ 表示为 $O_1^F O_2^F \cdots O_N^F$。在 $N\to N$ 的方法中 $\boldsymbol{O}^R$ 与 $\boldsymbol{O}^F$ 之间的关系为

$$O_i^F = \bigoplus_{j=i}^{i+k-1 \bmod N} O_j^R,\quad 1\leqslant i\leqslant N \tag{5-62}$$

例如，$N=12$，$k=2$，则对于 Bob 原始密钥为

$$0110,0100,0111 \tag{5-63}$$

而对于 Alice

$$??? \ 0,0? \ 0?,????\tag{5-64}$$

稀释后，对于 Bob 最终密钥为

$$1010,1100,1001\tag{5-65}$$

而对于 Alice

$$??? \ 0,????,????\tag{5-66}$$

很容易看出，Alice 已知比特的数量从 3 减少到 1。

C. $rM \to N$ 方法

在这种方法中，将 rM 比特原始密钥 $\boldsymbol{O}^R$ 分成 r 个长度均为 M 的子密钥，即 $\boldsymbol{O}^{R_1}, \boldsymbol{O}^{R_2}, \cdots, \boldsymbol{O}^{R_r}$。然后执行以下两个步骤。

(1) 子密钥扩充：对每个子密钥 $\boldsymbol{O}^{R_i}$ $(1 \leqslant i \leqslant r)$，$M$ 比特中按一定顺序列出的所有 k 比特的可能组合的奇偶校验(即模 2 加)组成一个新的密钥 $\widetilde{\boldsymbol{O}}^{R_i}$。事实上，从 M 个任取 k 个的组合有 $\binom{M}{k}$ 个，所以每个新密钥 $\widetilde{\boldsymbol{O}}^{R_i}$ 的长度为 $\binom{M}{k}$，一般假定等于数据库的容量 N。

(2) 移位加：为了获得最终密钥 $\boldsymbol{O}^F$，将上述 r 比特 $\widetilde{\boldsymbol{O}}^{R_i}$ 与 Alice 可自由选择的相对移位 s_i 按位相加后得到

$$O_j^F = \bigoplus_{i=1}^{r} \widetilde{O}_{j+s_i}^{R_i}, \quad 1 \leqslant j \leqslant N\tag{5-67}$$

此处 O_j^F 表示 $\boldsymbol{O}^F$ 的第 j 位，$\widetilde{O}_{j+s_i}^{R_i}$ 为 $\widetilde{\boldsymbol{O}}^{R_i}$ 的第 $j+s_i$ 位。

第一步试图重用每个原始密钥比特，使每个子密钥 $\boldsymbol{O}^{R_i}$ 的通信复杂度 M 达到最低值。但显然会导致 Alice 知道的 $\widetilde{\boldsymbol{O}}^{R_i}$ 的比特数超出预期。因此，第二步用来减少 Alice 对最终密钥的已知信息。由于 Alice 可以对每个 $\widetilde{\boldsymbol{O}}^{R_i}$ 选择一个移位，鉴于她知道 $\widetilde{\boldsymbol{O}}^{R_i}$ 中的至少 1 比特信息，所以她会知道最后密钥的至少 1 比特信息。移位加的特点是可以减少 Alice 对最终密钥的已知信息，同时不增加失败(即 Alice 不知道最终密钥的任意比特)概率。细节请参阅文献[14](移位加的技术在文献[7]中也有讨论)。

请注意，此处我们只分析稀释方法对 Alice 已知的比特数量(即 Bob 的隐私)的影响，而不考虑其对 Bob 所了解的关于 Alice 已知比特信息的影响(即 Alice 的隐私)。事实上，如文献[7]所分析，Bob 不知道在原始密钥[在阶段(1)分发的]中哪些比特是 Alice 已知的(见要求 R3)。此处我们关注不经意密钥的后处理[即阶段(2)]，并假设原始密钥满足要求 R1-R3。在这种情况下，稀释不会影响 Alice 的隐私，因为 Alice 在此过程中并不会向 Bob 发送任何消息。

5.5.2 改进稀释方法的安全性分析

上节所描述的三种稀释方法中，k 比特原始密钥的奇偶校验意味着 1 比特最终密钥。不难看出，在改进的稀释方法，即 $N \to N$ 和 $rM \to N$ 方法中，原始密钥比特被频繁使用，因此通信复杂度大大地降低了。具体来说，长度为 N 比特或 rM 比特的原始密钥足够代替原来的 kN 比特生成 N 比特最终密钥。然而，正如文献[14]的作者所指出的，他们的方法虽然降低了通信复杂性，但其代价却是使最终密钥的某些比特更容易被 Alice 获得。以 $N \to N$ 方法为例，虽然 Alice 不知道它们的具体值，但如果她知道两个生密钥 O_i^R 和 O_{i+k}^R，那么她就

会知道两个相邻最终密钥比特的奇偶校验(显然 $O_i^F \oplus O_{i+1}^F = O_i^R \oplus O_{i+k}^R$)。同样,如果 Alice 还知道 O_{i+1}^R 和 O_{i+k+1}^R,那么她就知道 O_{i+1}^F 和 O_{i+2}^F 的奇偶校验信息,从而知道集合 $\{O_i^F, O_{i+1}^F, O_{i+2}^F\}$ 中任意相邻 2 比特的校验信息。类似 $\{O_i^F, O_{i+1}^F\}$ 和 $\{O_i^F, O_{i+1}^F, O_{i+2}^F\}$ 这样的集合,对 Alice 来说几乎是已知的,因为如果 Alice 得到集合中的任何一个,她会知道其他所有的比特。

而问题是,上述事实给数据库安全带来了何种影响?回顾一下,在数据库中每个条目,即 1 比特秘密消息 m_i,将被 O_i^F 加密成为密文 $c_i = m_i \oplus O_i^F$,然后所有的密文比特将被发送给 Alice。因此,对应于几乎已知集合的信息串如 $\{m_i, m_{i+1}\}$ 和 $\{m_i, m_{i+1}, m_{i+2}\}$ 对于 Alice 也几乎是已知的。这意味着 Alice 可以从数据库中非法获取比预期更多的秘密消息信息。如果只考虑一次查询,这样的信息泄漏看起来很平常,因为 Alice 不能知道比预期更多的消息。然而,如果 Alice(或者 Alice 和与其串通的一些其他用户)通过在 Bob 数据库买多个条目信息而进行多次查询,这种信息泄露的影响会变得十分严重。

事实上,每次查询除了获得 1 比特或更多的最终密钥(等价为 1 个或更多的数据库条目),Alice 还会获得附加信息,即识别数据库中的几乎已知集合(AKS)。随着查询次数的增加,这种 AKS 集合将会越来越多,然后它们中的一些可能被结合在一起,产生一个更大的集合(例如,一个之前的 AKS 集合 $\{m_i, m_{i+1}\}$ 和新的 AKS 集合 $\{m_{i+1}, m_{i+2}\}$ 将合并成一个更大的集合 $\{m_i, m_{i+1}, m_{i+2}\}$,之前的两个 AKS 集合 $\{m_i, m_{i+1}\}$ 和 $\{m_{i+2}, m_{i+3}, m_{i+4}\}$ 通过一个新的 AKS 集合 $\{m_{i+1}, m_{i+2}\}$ 连接起来,成为一个更大的集合 $\{m_i, m_{i+1}, m_{i+2}, m_{i+3}, m_{i+4}\}$)。如果 Alice 在一次查询中合法地获得一个 AKS 集合的 1 比特,则该集合中的所有条目都变得透明,也就是说,Alice 清楚地知道该集合中的所有条目。不难想象,经过一定数量的查询 Alice 将完全获得整个数据库。也就是说 Alice 通过购买有限的条目,可能窃取整个含有有价值信息的数据库。此外,Alice 在每次查询时可以选择一个最佳的移位(即在加密数据库之前最终密钥的移位),以便可以用更少的查询获取整个数据库。

当然,Alice 通过足够的查询(最多 N 次)可以得到整个数据库,即使她不利用这些 AKS 集合带来的信息。关键的一点是,Alice 借助非法信息是否可以比预期更快的实现目标?答案是肯定的。这意味着泄露一些最终密钥比特的奇偶校验信息使得 Bob 的数据库十分不安全。

A. $N \to N$ 方法的分析

J-协议中,如果 Alice 是诚实的,她将以概率 $p = 0.25$ 知道每一个原始密钥比特。如果使用一个不同的不经意密钥传输协议或者 Alice 是不诚实的,p 的值可能改变。例如,如果 Alice 准备一个量子存储器并执行一个单独的明确辨别状态的测量攻击,则可以将 J-协议中的概率增加为 $p = 1 - \frac{1}{\sqrt{2}} \approx 0.29$。很明显,虽然更大的 p 值意味着 Alice 获得更好的攻击结果,但不同的 p 值并不影响我们的主要结论,即稀释方法是否安全。在这里,我们取 $p = 0.25$ 为例。在这种情况下,确定一个 2 比特的 AKS 集合如 $\{m_i, m_{i+1}\}$ 的概率为 1/16。现在我们针对不同的参数做模拟,看看 Alice 将从泄露的奇偶校验信息中非法获取多少信息,尤其是 Alice 平均需要进行多少次查询才能获得整个数据库。

在我们的模拟中,Alice 选择如下方法进行攻击。

(S1) 定义参数 N,k,p:这里 N 是 Bob 数据库中条目的总数,整数 k 是一个选择的安全参数,使 Alice 已知的最终密钥 $c=Np^k$ 的比特数略大于 1 且失败(即 Alice 没有获得比特信息)概率足够小[7],且 p 等于 0.25。

(S2) 模拟首次查询:(I)密钥生成。基于 N 和 p 产生一个原始密钥。具体地,这个密钥中有 N 比特且 Alice 以概率 p 知道每个密钥比特。(II)稀释。得到的原始密钥通过 $N\to N$方法得到最终密钥。每个最终密钥比特的状态,即已知的、未知的或基本已知的(或者说,属于一个 AKS 集合),在这一步后确定。(III)记录保管。Alice 声明一个随机选择的移位 $s(0\leqslant s\leqslant N-1)$,Bob 通过移位后的最终密钥加密数据库并将整个密文发送给 Alice。然后 Alice 记录每个相应条目的状态。显然,通过已知(未知)的密钥比特加密的条目仍然已知(未知),通过几乎已知的密钥集加密的仍组成一个 AKS 集合。

(S3) 模拟另一个查询:前两步同(S2)。(III)记录保管。Alice 声明一个最佳的移位 $s(0\leqslant s\leqslant N-1)$,Bob 通过移位后的最终密钥加密数据库并将整个密文发送给 Alice。此处,最佳意味着选择移位后数据库的未知信息 $H=n_u+n_{aks}$ 是最少的,其中 n_u 是未知条目的总数,n_{aks} 是 Alice 收到由最终密钥加密的密文中 AKS 集合的总数。随后,Alice 更新每个相应条目的状态。

表 5-7 不同 N 值对应的 DQA

N	225	1024	10^4
k	3	4	6
$\bar{n}=Np^k$	3.63	4.00	2.44
$\bar{q}_d$	18.6	30.4	53.4

(S4) 重复(S3)直到 Alice 明确地知道 Bob 数据库的全部条目。

我们对 3 组 N 值进行模拟,即 225、1024、10^4。对于每一种情况运行 30 次,得到 Alice 窃取整个数据库需要的平均查询次数(即 $\bar{q}_d$),如表 5-7 所示。我们称 $\bar{q}_d$ 为死亡查询量(DQA)。可以看出,泄漏的奇偶校验信息在 $N\to N$ 方法中严重损害了 Bob 数据库的安全。例如,当 $N=10^4$,一个不诚实的 Alice 窃取整个数据库的平均查询次数为 53.4。Alice 通过一次查询预期得到的条目是 2.44,DQA 至少为 $10^4/2.44=4098.4$。注意,在这种攻击中 Alice 需要做的只是进行多次合法查询(或者从与其串通的用户处收集数据),这种不安全完全来自于奇偶校验信息的泄漏。

更具体地,如图 5-11、图 5-13、图 5-14 绘制了 3 个典型的仿真实例,分别对应于 $N=10^4$、1024、225。从这些数据中我们可以看到,已知或基本已知的条目数量随查询次数 n_q 的变化而变化。图 5-12 演示了 $N=10^4$ 的数据库的未知条目的理论值如何变化。此外,人们可能也对一次查询后 Alice 可以明确地获得多少条目感兴趣。为此,我们还描述了明确已知条目和 n_q 之间的关系。显然,如果 Alice 只想知道数据库的一部分而非全部,少于 DQA 的查询次数就足够了。

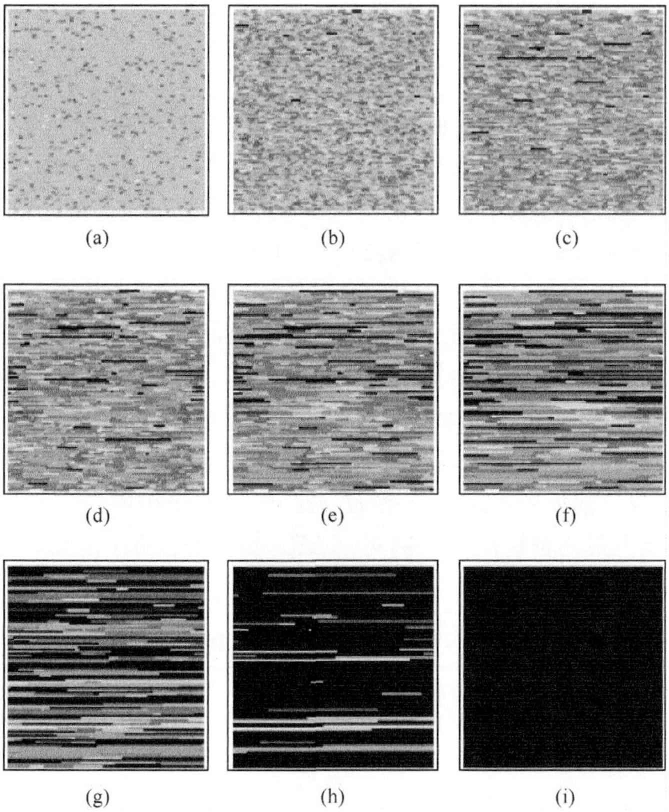

图 5-11 仿真实例为 $N=10^4$、$k=6$、$p=0.25$。这个场景是直接从参考文献[14]改编而来。为了明确数据库的所有条目，我们绘制了一个数据库的图片，由一个正方形来表示一个数据库条目，已知的数据库条目染为暗红色，未知的染为灰色，而 AKS 集合中的染为不同的浅色。此处，n_q 是目前的查询次数，每个子图表示整个数据库的状态。在这个例子中 DQA 为 53。(a)$n_q=1$，(b)$n_q=7$，(c)$n_q=14$，(d)$n_q=21$，(e)$n_q=28$，(f)$n_q=35$，(g)$n_q=42$，(h)$n_q=49$，(i)$n_q=53$

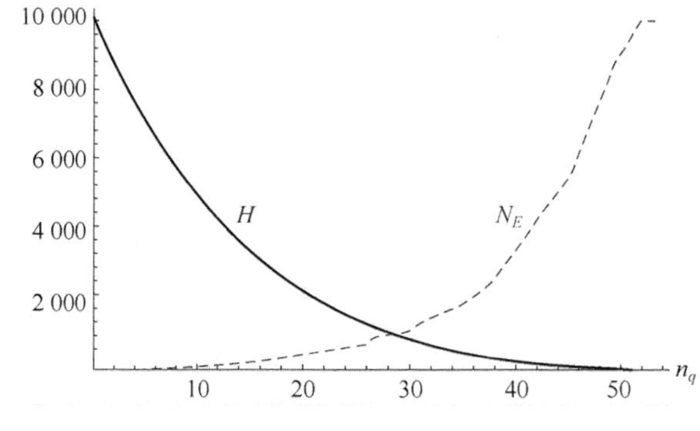

图 5-12 当 $N=10^4$、$k=6$ 时(即图 5-11 所示情况)每次查询，数据库中未知信息的数量为 H，明确已知的条目为 H_E。在这种情况下，Alice 获得完整数据库仅需要 53 次查询

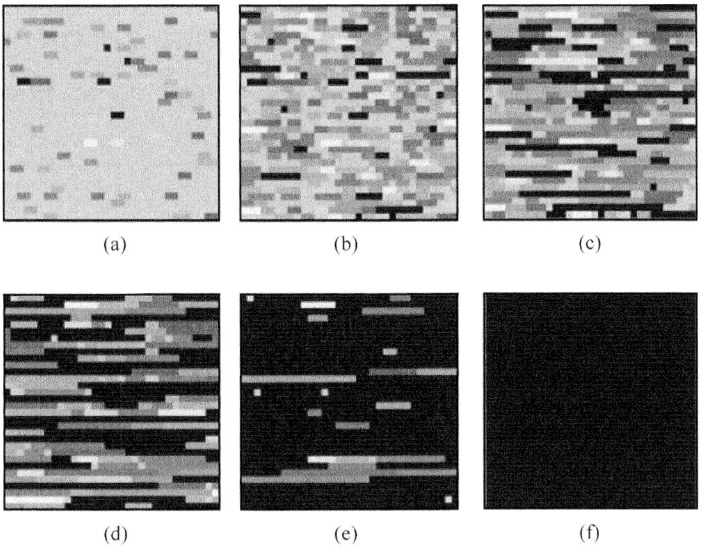

图 5-13 仿真实例为 $N=1024$、$k=4$、$p=0.25$。在这种情况下 DQA 为 30。(a)$n_q=1$,(b)$n_q=7$,(c)$n_q=13$,(d)$n_q=19$,(e)$n_q=25$,(f)$n_q=30$

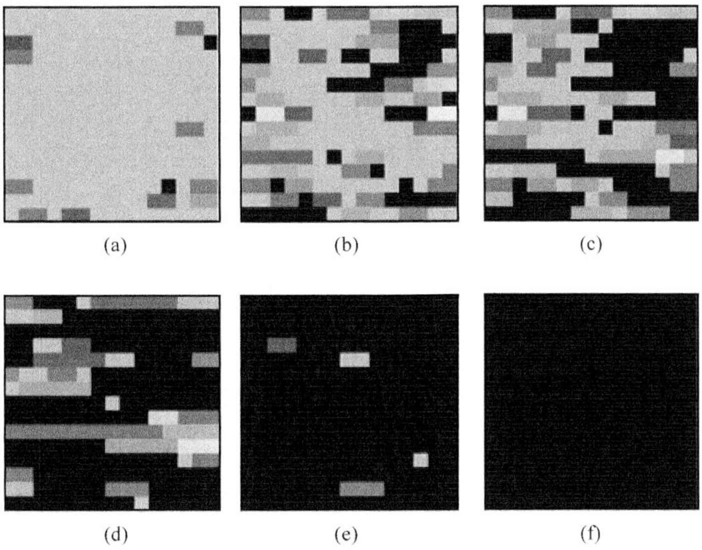

图 5-14 仿真实例为 $N=225$、$k=3$、$p=0.25$。在这实例中 DQA 为 19。(a)$n_q=1$,(b)$n_q=5$,(c)$n_q=9$,(d)$n_q=13$,(e)$n_q=17$,(f)$n_q=19$

B. $rM\to N$ 方法的分析

在 $rM\to N$ 稀释方法中,Alice 和 Bob 由 rM 比特的原始密钥产生 N 比特的最终密钥。与 $kN\to N$ 方法(一般 $rM\ll N$)相比,该方法大大降低了通信复杂度。然而,N 比特最终密钥的信息熵是最大值为 rM,这意味着最终密钥理论上并非严格安全。通过分析我们得到以下断言。

断言:在一个采用 $rM\to N$ 稀释方法的 QOKT-PQ 协议中,用户 Alice 最多通过 rM 次查询就可以得到完整的数据库。

证明：首先，分析由 $rM\to N$ 稀释方法产生的最终密钥 $\boldsymbol{O}^F$ 的结构。如果将子密钥 $\boldsymbol{O}^{R_i}$（长度为 M）、扩充的子密钥 $\widetilde{\boldsymbol{O}}^{R_i}$（长度为 N）、最终密钥 $\boldsymbol{O}^F$ 看成列向量，稀释方法可以写为

$$\boldsymbol{O}^F=\bigoplus_{i=1}^{r}\widetilde{\boldsymbol{O}}^{R_i}(s_i)=\bigoplus_{i=1}^{r}\boldsymbol{G}(s_i)\boldsymbol{O}^{R_i} \tag{5-68}$$

其中 $\widetilde{\boldsymbol{O}}^{R_i}(s_i)$ 表示 $\widetilde{\boldsymbol{O}}^{R_i}$ 相对移位 s_i 后生成的新密钥，$\boldsymbol{G}(s_i)$ 是一个 $N\times M$ 的矩阵。此处 $\boldsymbol{G}(s_i)$ 包括子密钥扩充操作和密钥移位操作。此外，不同的移位操作（即不同的 s_i）意味着 $\boldsymbol{G}(s_i)$ 中不同的行向量顺序[4]。

为了进一步分析 $\boldsymbol{O}^F$ 的结构，考虑如下等式

$$[\widetilde{\boldsymbol{O}}^{R_1}(s_1)\quad \widetilde{\boldsymbol{O}}^{R_2}(s_2)\quad \cdots \quad \widetilde{\boldsymbol{O}}^{R_r}(s_r)]=$$
$$[\boldsymbol{G}(s_1)\quad \boldsymbol{G}(s_2)\quad \cdots \quad \boldsymbol{G}(s_r)]\begin{pmatrix}\boldsymbol{O}^{R_1} & & & \\ & \boldsymbol{O}^{R_2} & & \\ & & \ddots & \\ & & & \boldsymbol{O}^{R_r}\end{pmatrix} \tag{5-69}$$

简单来说，此处我们将以上三个矩阵依次表示为 $\widetilde{\boldsymbol{O}}_s$、$\boldsymbol{G}_s$、$\boldsymbol{O}_I^R$，等式可以写成 $\widetilde{\boldsymbol{O}}_s=\boldsymbol{G}_s\boldsymbol{O}_I^R$ 的形式。将前两个矩阵在列向量形式下重写，等式可以表示为

$$\begin{pmatrix}\boldsymbol{o}^1\\ \boldsymbol{o}^2\\ \vdots\\ \boldsymbol{o}^N\end{pmatrix}=\begin{pmatrix}\boldsymbol{g}^1\\ \boldsymbol{g}^2\\ \vdots\\ \boldsymbol{g}^N\end{pmatrix}\boldsymbol{O}_I^R=\begin{pmatrix}g^1\boldsymbol{O}_I^R\\ g^2\boldsymbol{O}_I^R\\ \vdots\\ g^N\boldsymbol{O}_I^R\end{pmatrix} \tag{5-70}$$

此处 $\boldsymbol{o}^j$ 和 $\boldsymbol{g}^j$（$j\in[1,N]$）为行向量。假设 $\boldsymbol{G}_s$ 的秩为 T，由于 $\boldsymbol{G}_s$ 是一个 $N\times rM$ 的矩阵，则 $T\leqslant rM$。假设 $\{\boldsymbol{g}^{\gamma_1},\boldsymbol{g}^{\gamma_2},\cdots,\boldsymbol{g}^{\gamma_T}\}$ 是 $\boldsymbol{G}_s$ 的行向量的最大线性无关集，即 $\boldsymbol{G}_s$ 的任何一个行向量都可以由这些向量线性表示，即

$$\boldsymbol{g}^j=\bigoplus_{t=1}^{T}\lambda_{j,t}\boldsymbol{g}^{\gamma_t}\quad \forall j\in[1,N] \tag{5-71}$$

此处 $\lambda_{j,t}=0,1$。对于任意 $j\in[1,N]$ 有

$$\boldsymbol{o}^j=\boldsymbol{g}^j\boldsymbol{O}_I^R=(\bigoplus_{t=1}^{T}\lambda_{j,t}\boldsymbol{g}^{\gamma_t})\boldsymbol{O}_I^R=\bigoplus_{t=1}^{T}\lambda_{j,t}\boldsymbol{o}^{\gamma_t} \tag{5-72}$$

因此我们得到

$$O_j^F=\bigoplus_{i=1}^{r}\boldsymbol{o}_i^j=\bigoplus_{i=1}^{r}\bigoplus_{t=1}^{T}\lambda_{j,t}\boldsymbol{o}_i^{\gamma_t}=\bigoplus_{t=1}^{T}\lambda_{j,t}O_{\gamma_t}^F \tag{5-73}$$

等式和表明，T 个向量 $\{\boldsymbol{o}^{\gamma_t}\mid t\in[1,T]\}$ 可线性表示 $\widetilde{\boldsymbol{O}}_s$ 的所有行向量，且 $\boldsymbol{O}^F$ 完全由 T 比特 $\{O_{\gamma_t}^F\mid t\in[1,T]\}$ 确定。因此，一旦 Alice 得到这 T 比特，她可以计算出整个 $\boldsymbol{O}^F$，从而通过解密由密钥 $\boldsymbol{O}^F$ 加密的密文获得整个数据库。这里，称这种可以确定整个 $\boldsymbol{O}^F$ 的 T 个 $\boldsymbol{O}^F$ 比特为 $\boldsymbol{O}^F$ 的基，例如，上面的 $\{\boldsymbol{O}_{\gamma_t}^F\mid t\in[1,T]\}$ 是 $\boldsymbol{O}^F$ 的一个基。

现在我们介绍 Alice 的攻击策略，她最多通过 rM 次查询可以得到完整的数据库。假定 Bob 的数据库是个字符串 $\boldsymbol{D}=D_1D_2\cdots D_N$，这里每个比特 D_j（$j\in[1,N]$）代表一个条目。攻击过程如下。

1：Alice 诚实地对 Bob 数据库进行第一次查询。假设 $N\times rM$ 的矩阵，即等式的第二个

矩阵，为 $\boldsymbol{G}_s^1$，移位后的最终密钥为 $\boldsymbol{O}^{F_1}(s_1')$，其中 s_1' 是 Alice 为最终密钥 $\boldsymbol{O}^{F_1}$ 选择的移位值，Alice 关于 $\boldsymbol{O}^{F_1}(s_1')$ 中已知比特的其中一个为 $O_{\gamma_1}^{F_1}(s_1')$（即第 γ_1 比特）。在该查询中，Alice 将收到数据库 $\boldsymbol{C}^1$ 的一个密文，其中第 $j(j\in[1,N])$ 个比特为 $C_j^1=D_j\oplus O_j^{F_1}(s_1')$。

随后，Alice 根据 $\boldsymbol{G}_S^1$ 和 s_1' 计算出包含 $\boldsymbol{O}_{\gamma_1}^{F_1}(s_1')$ 的 $\boldsymbol{O}^{F_1}(s_1')$ 的一个基，记为 $\{O_{\gamma_t}^{F_1}(s_1')\mid t\in[1,T]\}$。$t$：$(t=2,3,\cdots,T)$ 表示 Alice 第 t 次查询 Bob 的数据库。假定本轮中最终密钥为 $\boldsymbol{O}^{F_t}$，Alice 已知其中的第 v_t 比特。随后她声明一个值为 γ_t-v_t 的移位，于是她知道移位后最终密钥 $\boldsymbol{O}^{F_t}(\gamma_t-v_t)$ 的第 γ_t 比特。因此，当她获得数据库 $\boldsymbol{C}^t$ 的密文后可以计算出 $O_{\gamma_1}^{F_1}(s_1')$。原因如下，两个密文 $\boldsymbol{C}^1$ 和 $\boldsymbol{C}^t$ 的第 γ_t 比特为

$$\begin{aligned}C_{\gamma t}^t&=D_{\gamma t}\oplus O_{\gamma t}^{F_t}(\gamma t-\nu t)\\C_{\gamma t}^1&=D_{\gamma t}\oplus O_{\gamma t}^{F_1}(s_1')\end{aligned}\tag{5-74}$$

所以

$$O_{\gamma t}^{F_1}(s_1')=C_{\gamma t}^t\oplus C_{\gamma t}^1\oplus O_{\gamma t}^{F_t}(\gamma t-\nu t)\tag{5-75}$$

$T+1$：根据已知的 T 比特 $\{O_{\gamma_t}^{F_1}(s_1')\mid t\in[1,T]\}$ 和由 $\boldsymbol{G}_s^1$ 和 s_1' 确定的线性关系，Alice 计算出 $\boldsymbol{O}^{F_1}(s_1')$ 的所有其他比特及整个数据库 $D=\boldsymbol{C}^1\oplus\boldsymbol{O}^{F_1}(s_1')$。

在上面的攻击策略中，Alice 仅通过 T 次查询就得到了整个数据库，其中 $T\ll rM$。事实上，Alice 并不总是需要 T 次查询。一方面，Alice 可能在每次查询中知道最终密钥的至少 1 比特信息。另一方面，$\boldsymbol{O}^{F_1}(s_1')$ 有许多不同的基，Alice 可以选择其中包含较多已知比特的基以减少查询总次数。

5.5.3 纠错方法

我们知道，QOKT-PQ 协议的主要优点是实用性。在实际应用中，由于信道噪声，在 Alice 和 Bob 之间共享原始密钥存在错误。因此，对于这样的协议，纠错是必要的。事实上，潜在错误将严重损害保密查询的功能。Alice 最终密钥中的 1 错误比特意味着 Alice 支付后将从 Bob 处得到错误信息，这显然对 Alice 不公平。此外，Alice 会认为 Bob 是不诚实的。如果她得到一个错误的消息，Bob 可能会通过信道噪声（并非以下情形，Bob 的攻击不可避免地导致 Alice 以一定的概率[7]得到一个错误信息，而当此类错误发生时他可以以信道噪声作为借口）掩盖他的攻击。但到现在为止，作为 Jakobi 等人[7]列出的一个开放问题，QOKT-PQ 协议的纠错方法仍然缺失，大大限制了其实用性。

实际上，对不经意密钥进行纠错是困难的。一方面，Alice 只知道不经意密钥的一部分，这与一般通信或 QKD 协议有很大的不同。另一方面，为了纠错，必须附加额外的双方通信，这可能会影响双方用户的隐私。此外，这种影响是很难去分析[7]。

受 QKD 中单向纠错[35]的启发，这里提出了一个对不经意密钥进行纠错的方法。加上之前的稀释方法和移位加技术，实际上此处给出了一个完整的对 QOKT-PQ 协议的不经意密钥后处理的算法，包括稀释和纠错。此外，还分析了纠错对用户隐私的影响。

需要强调的是，既然其他两个稀释方法是不安全的，下文本节使用 $kN\to N$ 稀释。以文献[7]中数据 $N=10^5$，$k=7$，$p=0.25$，$\bar{n}=6.10$，失败概率 $P_0=(1-p^k)^N=0.002$ 为例。在这种情况下 Alice 和 Bob 共享一个长度为 kN 的原始密钥 $\boldsymbol{O}^R=O_1^RO_2^R\cdots O_{kN}^R$，在某种意义上说，Bob 知道所有的密钥而 Alice 以概率 $p=0.25$ 知道每个密钥比特。稀释后，通过

式(5-57)可以得到一个长为 N 的最终密钥 $\boldsymbol{O}^F=O_1^F O_2^F\cdots O_N^F$。

考虑一个最终密钥比特 O_i^F，它等价于 7 个原始密钥比特$\{O_{i+jN}^R(j=0,1,\cdots,6)\}$的奇偶校验。假设 Alice 原始密钥的错误概率为 e。也就是说，由于量子信道噪声，原始密钥中 Alice 已知的每一比特以概率 e 与 Bob 的不同(假定$\{O_{i+jN}^R\}$的错误概率是独立是合理的，因为它们来自相距遥远的不同光子)。类似于 QKD 协议，Alice 和 Bob 可以通过公开比较密钥比特来估计错误概率。例如，Bob 公开他的原始密钥比特的一部分，Alice 用她的密钥中的对应已知比特与之比较，然后声明错误概率。

如果没有方法进行纠错，最终密钥比特 O_i^F 的错误概率为

$$p_e=\sum_{t=1,3,5,7}\binom{7}{t}\mathrm{e}^t\ (1-e)^{7-t} \tag{5-76}$$

即$\{O_{i+jN}^R\}$中发生奇校验错误的概率。

事实上，用户可以通过以下步骤纠正原始密钥的错误并获得最终密钥。注意到，为简单起见，这里仍然采用上述例子来描述纠错方法。即只讨论如何纠错，以及从 7 比特原始密钥$\{O_{i+jN}^R\}$中得到一个最终密钥比特。其他原始密钥比特可以采用同样的方式完成。

(C1)Bob 生成含有 4 个随机比特的消息 $\vec{\boldsymbol{V}}$，即 $\vec{\boldsymbol{V}}=(v_1,v_2,v_3,v_4)$，并通过线性纠错码[7,4,3]将其编码成一个 7 比特的码字 $\vec{\boldsymbol{C}}=(c_1,c_2,c_3,c_4,c_5,c_6,c_7)$。例如，[7,4,3]汉明码的生成矩阵

$$\boldsymbol{G}=\begin{pmatrix}1&0&0&0&1&0&1\\0&1&0&0&1&1&1\\0&0&1&0&1&1&0\\0&0&0&1&0&1&1\end{pmatrix} \tag{5-77}$$

和奇偶校验矩阵

$$\boldsymbol{H}=|0\ 1\ 1\ 1\ 0\ 1\ 0| \tag{5-78}$$

可以在这里使用。

有必要对上述[7,4,3]汉明码[36]作简要介绍。在这个编码中，发送者通过 $\vec{\boldsymbol{C}}=\vec{\boldsymbol{V}}\boldsymbol{G}$ 将消息 $\vec{\boldsymbol{V}}$ 编码为 $\vec{\boldsymbol{C}}$。也就是说，0000，0001，0010，…，1111 将分别被编码成

$$\begin{matrix}0000000, & 0001011, & 0010110, & 0011101\\0100111, & 0101100, & 0110001, & 0111010\\1000101, & 1001110, & 1010011, & 1011000\\1100010, & 1101001, & 1110100, & 1111111\end{matrix} \tag{5-79}$$

然后码字 $\vec{\boldsymbol{C}}$ 将被发送给接受者。当接受者收到码字 $\vec{\boldsymbol{C}}'$，通过计算 $S(\vec{\boldsymbol{C}}')=\vec{\boldsymbol{C}}'\mathrm{H}^{\mathrm{T}}$ 他/她能找到 1 比特错误(如果发生的话)的位置。例如，$\vec{\boldsymbol{C}}'=0110110$，然后 $S(\vec{\boldsymbol{C}}')=111$。因为 111 是 H 的第二列，接收者知道在 $\vec{\boldsymbol{C}}'$和 $\vec{\boldsymbol{C}}$ 的第二位之间有一个差异(即一个错误)。因此，接收者可以纠正这一位错误(通过简单地翻转它的值)，得到 $\vec{\boldsymbol{C}}=0\bar{1}10110=0010110$，然后他/她知道 $\vec{\boldsymbol{V}}=0010$。

事实上收到的码字将根据汉明距离被解码成等式中最近的合法码字(显然 0010110 是

对收到的码字 $\vec{C}'=0110110$ 最合法的一个编码)。此编码具有最小的距离 $d=3$ 并可以纠正 7 比特中的 1 比特错误。

(C2) Bob 通过一次一密加密,使用 $\{O^R_{i+jN}\}$ 作为密钥对上述 7 比特码字 $\vec{C}$ 进行加密,然后将密文 $\boldsymbol{c}$ 发送给 Alice。

(C3) 这一步可以分为以下两种情形。

情形 1:Alice 知道所有的 7 比特原始密钥 $\{O^R_{i+jN}\}$。在这种情况下,(I) Alice 解密 $\boldsymbol{c}$,得到 7 比特编码 $\vec{C}'$。(II) Alice 纠正 $\vec{C}'$ 中可能的错误,得到 $\vec{C}$。显然,如果 $\{O^R_{i+jN}\}$ 中有不超过 1 比特的错误,Alice 将正确获得 $\vec{C}$。(III) Alice 将 $\vec{C}$ 中的 7 比特奇偶校验作为最终密钥比特 O^F_i。

情形 2:Alice 不知道所有的 7 比特原始密钥 $\{O^R_{i+jN}\}$。在这种情况下,Alice 标记最终密钥比特未知,即 $O^F_i=?$。

(C4) Bob 也计算 $\vec{C}$ 中的 7 比特奇偶校验以获得对应的最终密钥比特 O^F_i。

通过上述方式,Alice 和 Bob 对所有 $7N$ 比特的原始密钥完成原始密钥的稀释和纠错,并获得 N 比特的最终密钥 $\boldsymbol{O}^F$。不难看出,通过引入纠错方法,最终密钥中的错误概率现在变为

$$p'_e=\sum_{t=3,5,7}\binom{7}{t}e^t(1-e)^{7-t} \tag{5-80}$$

即 $\{O^R_{i+jN}\}$ 中 3、5、7 个错误发生的概率。显然这个错误概率远远低于没有纠错的情况,即 p_e,当 e 很小的时候。而失败概率,意味着 Alice 没有得到任何最终密钥比特,保持不变,即

$$P'_0=P_0=(1-p^k)^N=0.002 \tag{5-81}$$

现在分析上述纠错方法对用户隐私带来的影响。

(1) Bob 的隐私:在上面的例子中,为了实现纠错功能(即减少最终密钥 O^F_i 的错误概率),Alice 必须知道所有 7 比特原始密钥 $\{O^R_{i+jN}\}$,这发生的概率为 $p_1=p^7$。由于使用了上述[7,4,3]编码,Alice 只要正确知道不少于 7 比特中的 4 比特就可以推断出 $\vec{C}$,从而得到 O^F_i。因此,如果 Alice 是不诚实的并放弃纠错功能,她将以如下概率知道每个最终密钥比特

$$p_2=\sum_{t=4,5,6,7}\binom{7}{t}p^t(1-p)^{7-t} \tag{5-82}$$

显然,p_1 和 p_2 之间存在着巨大的差距,这极大影响了数据库的安全。更具体地说,考虑 $N=10^5$,$p=0.25$,诚实的 Alice 预期能获得的最终密钥中已知比特等于 $\bar{n}_1=Np_1=6.10$,然而,对于一个不诚实的 Alice 她将得到 $\bar{n}_2=Np_2=7055.66$。也就是说,如果一个不诚实的 Alice 放弃了纠错,她已知的最终密钥比特的错误概率相对较高,而她将获得比预期更多的数据库条目。一种直观的方法来加强 Bob 隐私是选择一个更大的 k(上面例子中 $k=7$)来减小 $\bar{n}_2$ 的值。但这是无用的,因为这将大大增加诚实的 Alice 的失败概率 P_0(即 $\bar{n}_1=0$)。

那么如何消除 p_1 和 p_2 之间的差距呢?有一种方法,即移位加技术,可以解决这一问题。移位加有一个很好的特性,即它可以减少 Alice 对最终密钥的已知比特数,同时不增加失败概率。因此,我们可以采用该方法进一步处理不经意密钥。详细地步骤如下:

(D1) Alice 和 Bob 通过 QOKT 协议(例如改进的 SARG04)共享长度为 $7N$ 的原始密

钥 g。这里 g 是一个参数,其值将在稍后讨论。

表 5-8 不同 g 值对应的仿真结果

g	1	2	3	4	5	6～7	8～11	12～30
n_A	7066	578	65	18	7	5	4	3

这里 $N=10^5$,$k=7$,$p=0.25$,n_A 表示一个不诚实 Alice 已知的最终密钥比特数量。因为从 $g=12$ 到 $g=20$,n_A 保持不变,我们不继续模拟 $g>20$ 的情况。在这个仿真中,随着 g 值的增加,n_A 会迅速下降到 5 左右,尽管不诚实的 Alice 选择了一个最佳的移位 s_i 使得每个中间密钥得到更多的密钥比特。

(D2) Alice 和 Bob 分别对每个原始密钥进行稀释和纠错,获得长度为 g 个 N 长的"中间"密钥 $\boldsymbol{O}^{M_i}$ ($i=1, 2, \cdots, g$),通过步骤 (C1～C4) 得到最终密钥。

(D3) 为了得到最终密钥 $\boldsymbol{O}^F$,上面的 g 个中间密钥经 Alice 自由选择的移位 s_i 逐位组合,即

$$O_j^F = \bigoplus_{i=1}^{g} O_{j+s_i}^{M_i}, \quad 1 \leqslant j \leqslant N \tag{5-83}$$

其中 O_j^F 表示 O^F 的第 j 比特,$O_{j+s_i}^{M_i}$ 表示 O^{M_i} 的第 ($j+s_i$) 比特。

实际上,移位加技术通过多次分配不经意密钥降低了不诚实 Alice 得到的最终密钥比特的数量。它确实可以解决上面涉及的问题,而上述错纠错方法确实起作用了,虽然通信效率有所降低。

综上,本节的后处理是带有纠错的 $gkN \to N$ 方法。此过程后,最终密钥 $\boldsymbol{O}^F$ 的最终错误概率为

$$p''_e = \sum_{t=1,3,5\cdots,t\leqslant g} \binom{g}{t} (p'_e)^t \, (1-p'_e)^{g-t} \tag{5-84}$$

即在 g 个中间密钥 (将合并为一个最终的密钥比特) 中发生奇校验错误的概率。最终的失败概率为

$$P''_0 = 1 - (1 - P'_0)^g \tag{5-85}$$

这意味着至少有一个中间密钥是 Alice 完全未知的。

现在讨论如何选择 g 的值,可以通过仿真确定 g 的值及一个不诚实的 Alice 知道的最终密钥比特的数量 n_A。例如 $N=10^5$,我们模拟表 5-8 中给出的结果。可以看到 $g=6$ 是合理的。此时,$n_A=5$,这已经小于一个诚实 Alice 通过之前的 $kN \to N$ 方法预期知道的最终密钥比特数量 (即 $\bar{n}=6.10$)。应该强调的是,g 越大 n_A 越小,这意味着数据库安全性更高 (但通信效率较低)。

图 5-15 比较了原有 $kN \to N$ 方法和本节的 $gkN \to N$ 方法的最终密钥的错误概率。可以看出,当 $e<30\%$,$gkN \to N$ 方法最终密钥比特的错误概率明显低于 $kN \to N$ 方法,这意味着上述方法中的纠错功能生效了。例如假设 $e=3\%$,表 5-9 给出了 $kN \to N$ 和 $gkN \to N$ 两种方法的全面比较。显然,以牺牲可容忍的失败概率 (和通信效率),$gkN \to N$ 方法可以明显降低最终不经意密钥的错误概率。

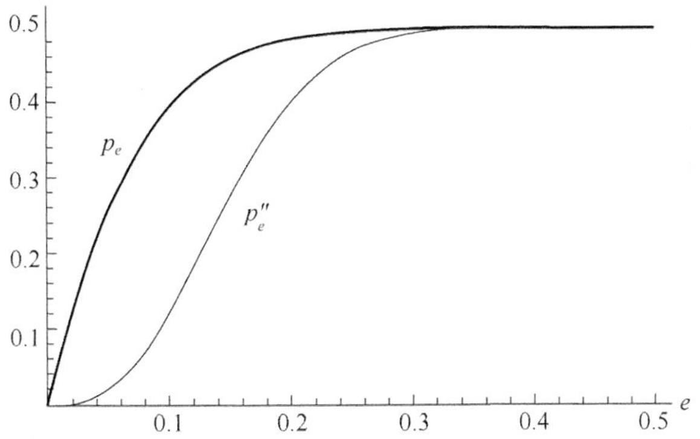

图 5-15 最终密钥的错误概率。此处标记 p_e 的线 $kN\rightarrow N$ 方法的错误概率，另一个标记 p_e'' 的线是我们的 $gkN\rightarrow N$ 方法的

表 5-9 一个 kN-N 稀释方法和 gkN-N 后处理的全面比较

	$\bar{n}$—hon	$\bar{n}$—dishon	error rate	failure prob
$kN\rightarrow N$	6.10	—	0.1758	0.002
$gkN\rightarrow N$	1	5	0.0008	0.013

举个例子，当 $N=10^5$，$k=7$，$p=0.25$，$g=6$，$e=3\%$。第二列表示一个诚实 Alice 预期知道的最终密钥比特。第三列表示一个不诚实的 Alice（注意“不诚实”的意思是 Alice 试图通过放弃纠错功能获得更多的密钥比特）。第四列表示最终不经意密钥的错误概率。第五列表示失败概率。

(2) Alice 的隐私：类似于稀释过程，假设原始密钥满足原始不经意密钥的三个条件（尤其 Bob 不知道 Alice 已知原始密钥中的哪些比特）。此时，Alice 的隐私在 $gkN\rightarrow N$ 方法中与在 $kN\rightarrow N$ 中是相同的。原因如下：(1) $gkN\rightarrow N$ 方法中 Alice 隐私在中间密钥与 $kN\rightarrow N$ 方法的最终密钥没有区别，因为 Bob 从以上两个密钥收集 1 比特结论性信息是相同的（注意上述纠错是针对单方通信的）。也就是说，知道 Alice 中间密钥的一个决定性比特意味着对 Bob 没有信息价值[7]。(2) 假设 Alice 按照 $gkN\rightarrow N$ 方法知道最终密钥的第 i 比特。因为最终密钥是移位后的中间密钥的结合，想要获得 Alice 的隐私，也就是指标 i，Bob 至少需要知道中间密钥一个决定性比特。但如果 Bob 得到了，他将完全失去该比特值的信息，最终他将不知道最终密钥的第 i 比特的值。$gkN\rightarrow N$ 方法中 Alice 的隐私安全与 $kN\rightarrow N$ 方法中的一样。

最后，关于上述后处理过程需要强调以下三点，尤其是其中的纠错过程。

① 注意，为了简单起见，上面使用码字的奇偶校验作为最终密钥比特。为了确保最终密钥的随机性，码字必须具有平衡校验性，即一半码字有奇校验另一半有偶校验。当然也可以选择不平衡奇偶校验的码字。此时，消息 $\vec{V}$ 的奇偶校验（即每 4 比特对应上面例子的每一个码字，例如 0000，00001，0010，…，1111）而不是码字作为最终密钥比特。显然消息的奇偶性是自然随机的。

② 在后处理的描述中，选择了 [7，4，3] 汉明码举例。当然也可以根据纠错能力的需求选择其他编码。例如，如果想要纠正的是 k 比特原始密钥（其奇偶校验将是最终密钥比特）

的任 1 比特或 2 比特错误，则需要一个最小距离为 $d=5$ 的编码。在上面的例子中，k 恰好是 7，所以 [7,4,3] 编码，码字长度为 7，是合适的。有人可能会说，在 k 不是 7 的情况下（例如文献[7]所示，当 $N=10^4$，一个合理的 k 值为 6）如果希望使用 [7,4,3] 编码，上述纠错过程可能无法正常工作。其实不用担心。根据文献[10]中给出的方法，对于不同的 N，通过调节参数 θ，任何预期的 k 值均可达到。因此，选择编码只需要考虑对纠错能力的需求，而上述后处理方法对于不同的情形是通用的。当然，当情景不再是上面的例子（即 $N=10^5$，$k=7$ 且 $p=0.25$），上述后处理的性能，包括后处理前后的错误概率、Bob 的隐私、失败概率和 g 值，应采用类似方法重新分析。

③ 众所周知，QKD 的传统后处理包括错误测试[35,37]（即通过公共比较用户密钥的部分信息估计错误概率），纠错和隐私放大。同样，给出的上述方法的三个步骤（特别是分析对各自用户隐私的影响）将完成不经意密钥的后处理。本节的目标是对不经意密钥提出一个纠错方法，因此这里主要考虑纠错给用户隐私带来的影响。回顾在文献[7]中分析的隐私放大（即这里所说的稀释），上述纠错方法完成了后处理。注意到，错误测试也可能影响用户隐私。例如，Alice 可以公布一个假的错误率，它比真正的错误率要高但在允许的阈值内，为了在纠错过程得到更多非法信息。但这不成问题，因为 Alice 的非法信息可以通过移位加技术抑制。此外，错误检测在本节的后处理中并不是必要的，因为用户只需使用一个提前决定好的纠错能力足够强的纠错码。

5.5.4 结束语

从 BB84 协议的提出，量子密码学已经引起了世界各国学者的广泛关注。由于其在密钥分发中的高安全性，人们希望通过量子方法将经典密码学中各种协议的安全性全面提升。为此，提出了不同类型的量子协议，包括量子秘密共享、量子安全直接通信、量子数字签名、量子掷币翻转、量子比特承诺等等。然而，QKD 看来是目前最实用的一个。其他量子协议往往有不同的缺点，例如为追求高安全性而带来的失败，过度复杂，信道噪声的弱对抗或实现的困难。因此，在我们看来，研究何种加密目的可以通过 QKD 或类似 QKD 的技术实现是很有价值的。它有助于我们了解量子力学究竟能为密码学带来何种创新。QOKT-PQ 就是一个很好的例子，它可能推动这项研究。

尽管已经给出了不同的 QOKT-PQ 协议，但这种模型中的不经意密钥的后处理仍不清楚，极大地限制了这些协议的实用性。在这里，我们研究 QOKT-PQ 协议中不经意密钥的后处理，包括其中的两个部分，即稀释和纠错。

一方面，我们证明，过去的 $N\to N$ 和 $rM\to N$ 稀释方法虽然可以显着降低通信的复杂性，但会导致不安全，即 Alice 通过多次查询可以获得比预期更多的条目（甚至整个数据库）。对于 $N\to N$ 方法我们的模拟结果表明，当 $N=10^4$ 不诚实的 Alice 仅通过平均 53.4 次（$p=0.25$）的查询就可以窃取整个数据库。然而，这个被称为死亡查询量（DQA）的数字应该至少为 $N/\bar{n}=10^4/2.44=4098.4$。对于 $rM\to N$ 方法我们证明 Alice 可以通过至多 rM 次查询得到完整数据库。

另一方面，我们针对不经意密钥提出了一个有效的纠错方案。结合以前的 $kN\to N$ 稀释方法，我们的纠错方案完成了 QOKT-PQ 协议中不经意密钥的后处理并使其在真正的噪声信道中更加实用。通过我们的后处理最终不经意密钥的错误概率显著下降。例如，当

$N=10^5$，$k=7$，$p=0.25$，$e=3\%$时，经过后处理的错误概率是 0.0008，而不是原来没有纠错方法的 $kN \to N$ 方法的 0.1758。同时，用户隐私仍得到适当的保护。

5.6 注 记

目前对 QPQ 的研究还处于起步阶段。其主要研究的方案类型有两种。一种是 V. Giovannetti 等提出的基于 oracle 操作的 QPQ 方案。此类方案在理论安全上以及通信复杂度上表现出很大的优势，但在实现上却有很大难度。

另一种是 M. Jakobi 提出的基于 QKD 的 QPQ 方案。与前一种方案不同，由于此类方案的基础是量子密钥分发——目前较为成熟的量子技术，基于 QKD 的 QPQ 协议更为实用。这是量子信息领域的一个研究热点，也是本书的研究重点。

目前提出的基于 QKD 的 QPQ 方案大体可分为三个阶段：初始不经意密钥的产生（量子），不经意密钥的后处理（经典），以及保密查询（经典）。人们对此类方案的研究主要集中于第一阶段和第二阶段，第三阶段使用的经典方法都是类似的。例如文献[10，11，38]，通过采用不同的编码方式来产生初始不经意密钥，提出了拥有很多优良且实用的特性的 QPQ 方案，如灵活性高的方案，可用于块查询的方案，无失败概率的方案，有效抵抗联合攻击的方案等。而如文献[39]，研究了不经意密钥的后处理过程，给出了针对几个经典后处理的有效攻击，并且也提出了不经意密钥的一种纠错方法。总之，探索具有实用价值的 QPQ 方案是目前的主要研究内容。目前有越来越多的学者关注该领域的研究，随着他们的加入和贡献，QPQ 方案走向实用道路上的障碍将会一一清除。

本章参考文献

[1] Y. Gertner, Y. Ishai, E. Kushilevitz, and T. Malkin, "Protecting Data Privacy in Private Information Retrieval Schemes," Journal of Computer and System Sciences, 2000,60:592-629.

[2] P. W. Shor, "Algorithms for quantum computation: discrete logarithms and factoring," in Proceedings 35th Annual Symposium on Foundations of Computer Science, 1994,124-134.

[3] L. K. Grover, "A fast quantum mechanical algorithm for database search," presented at the Proceedings of the twenty-eighth annual ACM symposium on Theory of computing, Philadelphia, Pennsylvania, USA, 1996,212-219.

[4] N. Gisin, G. Ribordy, W. Tittel, and H. Zbinden, "Quantum cryptography," Reviews of Modern Physics, 2002,74,145-195.

[5] V. Giovannetti, S. Lloyd, and L. Maccone, "Quantum Private Queries," Physical Review Letters, 2008,100,230502.

[6] L. Olejnik, "Secure quantum private information retrieval using phase-encoded queries," Physical Review A, 2011,84,022313.

[7] M. Jakobi, C. Simon, N. Gisin, J.-D. Bancal, C. Branciard, N. Walenta, et al., "Practical private database queries based on a quantum-key-distribution protocol," Physical Review A, 2011, 83, 022301.

[8] V. Scarani, A. Acín, G. Ribordy, and N. Gisin, "Quantum Cryptography Protocols Robust against Photon Number Splitting Attacks for Weak Laser Pulse Implementations," Physical Review Letters, 2004, 92,057901.

[9] C. W. Helstrom, Quantum Detection and Estimation Theory Academic Press Inc., U. S, 1976.

[10] F. Gao, B. Liu, Q. Y. Wen, and H. Chen, "Flexible quantum private queries based on quantum key distribution," Optics Express, 2012, 20, 17411-17420.

[11] B. Liu, F. Gao, W. Huang, and Q. Wen, "QKD-based quantum private query without a failure probability," Science China Physics, Mechanics & Astronomy, 2015, 58, 100301.

[12] C.-Y. Wei, F. Gao, Q.-Y. Wen, and T.-Y. Wang, "Practical quantum private query of blocks based on unbalanced-state Bennett-Brassard-1984 quantum-key-distribution protocol," Scientific Reports, 2014, 4, 7537.

[13] C.-Y. Wei, T.-Y. Wang, and F. Gao, "Practical quantum private query with better performance in resisting joint-measurement attack," Physical Review A, 2016, 93, 042318.

[14] M. V. Panduranga Rao and M. Jakobi, "Towards communication-efficient quantum oblivious key distribution," Physical Review A, 2013, 87, 012331.

[15] F. Gao, B. Liu, W. Huang, and Q. Y. Wen, "Postprocessing of the Oblivious Key in Quantum Private Query," IEEE Journal of Selected Topics in Quantum Electronics, 2015, 21,98-108.

[16] C. H. Bennett, "Quantum cryptography using any two nonorthogonal states," Physical Review Letters, 1992, 68, 3121-3124.

[17] U. Herzog and J. A. Bergou, "Optimum unambiguous discrimination of two mixed quantum states," Phys. Rev. A, 2005, 71, 050301.

[18] C. A. Fuchs. "Distinguishability and accessible information in quantum theory" arXiy preprint quant-ph,1996,9601020

[19] C. H. F. Fung, X. F. Ma, and H. F. Chau, "Practical issues in quantum-key-distribution postprocessing," Physical Review A, 2010,81,012318

[20] X. F. Ma, C. H. F. Fung, J. C. Boileau, and H. F. Chau, "Universally composable and customizable post-processing for practical quantum key distribution," Computers & Security, 2011, 172-177.

[21] B. Chor, E. Kushilevitz, O. Goldreich, and M. Sudan, "Private information retrieval," J. ACM, 1998, 45, 965-981.

[22] H. Bechmann-Pasquinucci and W. Tittel, "Quantum cryptography using larger alphabets," Physical Review A, 2000, 61, 062308.

[23] M. Bourennane, A. Karlsson, and G. Bjork, "Quantum key distribution using multilevel encoding," Physical Review A, 2001, 64, 012306.

[24] N. J. Cerf, M. Bourennane, A. Karlsson, and N. Gisin, "Security of quantum key distribution using d-level systems," Physical Review Letters, 2002, 88, 127902.

[25] A. Chefles, "Unambiguous discrimination between linearly independent quantum states," 1998,239,339-347.

[26] U. Herzog and J. A. Bergou, "Optimum unambiguous discrimination of two mixed quantum states," Physical Review A, 2005, 71, 050301.

[27] P. Raynal and N. Lutkenhaus, "Optimal unambiguous state discrimination of two density matrices: A second class of exact solutions," Physical Review A, 2007, 76, 052322.

[28] J. A. Bergou, "Discrimination of quantum states," Journal of Modern Optics, 2010, 57, 160-180.

[29] S. Massar, "Quantum fingerprinting with a single particle," Physical Review A, 2005, 71, 012310.

[30] J. C. Garcia-Escartin and P. Chamorro-Posada, "swap," Physical Review A, 2013, 87, 052330.

[31] S. Etcheverry, G. Cañas, E. S. Gómez, W. A. T. Nogueira, C. Saavedra, G. B. Xavier, et al. , "Quantum key distribution session with 16-dimensional photonic states," Scientific Reports, 2013, 3, 2316.

[32] Y. Q. Sun, A. B. J. , and H. M. , "Optimum unambiguous discrimination between subsets of nonorthogonal quantum states," Phys. Rev. A, 2002, 66, 2002.

[33] J. A. Bergou, U. Herzog, and M. Hillery, "Quantum filtering and discrimination between sets of Boolean functions," Physical Review Letters, 2003, 90, 257901.

[34] J. A. Bergou, U. Herzog, and M. Hillery, "Optimal unambiguous filtering of a quantum state: An instance in mixed state discrimination," Physical Review A, 2005, 71, 042314.

[35] P. W. Shor and J. Preskill, "Simple proof of security of the BB84 quantum key distribution protocol," Physical Review Letters, 2000, 85, 441-444.

[36] T. K. Moon, "Error correction coding," Mathematical Methods and Algorithms. Jhon Wiley and Son, 2005.

[37] C.-H. F. Fung, X. Ma, H. F. Chau, and Q.-Y. Cai, "Quantum key distribution with delayed privacy amplification and its application to the security proof of a two-

way deterministic protocol," Physical Review A, 2012, 85, 032308.

[38] C.-Y. Wei, F. Gao, Q.-Y. Wen, and T.-Y. Wang, "Practical quantum private query of blocks based on unbalanced-state Bennett-Brassard-1984 quantum-key-distribution protocol," Scientific reports, 2014,4,7537.

[39] F. Gao, B. Liu, W. Huang, and Q.-Y. Wen, "Post-processing of the oblivious key in quantum private query," IEEE Journal Of Selected Topics In Quantum Electronics, 2015, 21, 6600111.

第6章 量子签名

数字签名作为密码学研究的重要分支,不仅可以实现消息认证的功能,还可实现不可抵赖功能。由于这些特性,数字签名广泛应用于电子商务,电子政务等领域。随着应用的深入,数字签名本身也获得了极大的发展。然而,目前大部分经典数字签名方案的安全性都是基于计算复杂性假设,这极易受到量子计算强大能力的威胁(经典数字签名方案大都基于如大素数分解等数学难题,而这些难题可由相应的量子算法在多项式时间内求解)。为了确保数字签名在量子环境下的安全性,一种将量子理论直接应用于数字签名的研究方法被提出,这就是量子签名。

关于量子签名的概念,最早由 Gottesman 等人[1]和 Buhrman 等人[2]在 2001 年分别提出。然而,与经典密码协议不同,量子的特性使得量子信息不同于经典信息,量子消息认证和签名都更加困难。在文献[3]中,Barnum 等人指出,如果想要安全地对量子消息进行认证就必须对此消息进行完美的加密,即任何其他人都不知道所认证消息的内容。因此在具有认证功能的量子签名方案中,已签名量子消息的接收者不能读取消息的内容。但是在签名的实际应用中,接收者很有必要知道认证消息的部分内容。所以,他们认为对量子消息的签名是不可能的。量子签名的这一理论局限,被人们形象化地称为"量子签名的 no-go 定理"。

虽然 Barnum 等人的结论给量子签名带来了一些困难,但是人们对量子签名的研究并没有停止。2002 年曾贵华老师等提出了第一个具有仲裁的量子签名方案(Arbitrated Quantum Signature,简称为 AQS)——ZK 方案[4],它可以用来对经典和量子消息进行签名。在这个方案中,发送者(签名者)Alice 准备量子消息的多个备份用于签名,以保证在签名消息中至少有一份消息以明文的形式存在。因此,接收者(验证者)Bob 不仅能知道签名消息的内容而且可以在仲裁 Trent 的帮助下验证签名。文献[4]给出了量子签名的一个基本模式,该模式克服了 Barnum 等人的限制条件并且理论上是可行的。自此,仲裁量子签名(AQS)成为了量子签名方案设计的基本思想,其本身和相应内容的拓展都成了重要的研究方向[5-12]。在 2009 年 Li 等人提出了一个基于 Bell 态的 AQS 方案[13],该方案通过用 Bell 态代替 GHZ 态作为载体,简化了文献[4]中的方案。随后在 2011 年,Zou 等人设计了新的 AQS 方案[14],其中没有用到纠缠态,将方案进一步简化。此外,仲裁量子签名的思想被广泛地用于不同应用场景下的量子签名方案设计和分析中,并由此诞生了量子代理签名[15,16],量子群签名[17,18],量子盲签名[19,20],量子多方签名[21,22]等多种签名方案。

众所周知,攻击密码系统和构造密码系统一样重要,我们需要评估密码方案的安全水平、发现潜在的漏洞并且尽力去克服安全问题。最近几年,关于仲裁量子签名安全性的分析也得到了众多专家和学者的关注。高飞老师等在 2011 年指出,文献[4,13,14]提出的方案都无法抵御接收者的伪造攻击[23]。随后 Choi 等人从加密算法分析的角度,提出了一种能够抵御该攻击的仲裁量子签名改进策略[24]。在 2012 年，Hwang 等人研究了文献[14]在拒绝服务攻击和木马攻击下的安全性问题[25]。通过对两种典型的仲裁量子群签名方案的细致分析，Zhang 等人发现其中仍然存在一些安全性和实用性问题[26]。总之，量子签名作为量子密码的重要研究方向，在近几年里取得了长足的发展，而仲裁量子签名作为方案设计和分析的基本思想，具有重要的理论价值和实际应用前景。

本章正是以仲裁量子签名方案为研究对象，从加密算法分析和具体应用方案分析等角度，揭示了目前量子签名中存在的设计缺陷和安全性隐患，并提出了改进策略和安全的新方案。具体地，本章首先介绍三类典型的、广受认可的仲裁量子签名方案。接着在 6.2 节从接收者 Bob 的伪造和发送者 Alice 的否认两方面对这些方案进行了安全性分析。6.3 节证明了 Choi 等人提出的被认为能够抵御接收者伪造攻击的量子加密算法，实际上并不完善；进而，从更为一般的角度，证明了现有的针对量子消息和经典消息的一般性加密算法，如果直接用于仲裁量子签名方案的设计，同样无法抵御接收者的伪造攻击。6.4 节设计改进了仲裁量子签名方案中的加密算法。首先确定了 Choi 加密算法的适用条件，随后从可控辅助算子加密、对应关系加密等角度，提出了两种可抵御伪造攻击的一般性量子加密算法。6.5 节从仲裁量子群签名方案的安全性和实用性出发，分析了两个典型的仲裁量子群签名方案并提出了改进策略。随后一节介绍了量子公钥的发展，并提出了一种新的量子公钥体系，分析表明它可以实现签名功能。不同于仲裁签名的思想，这可以看作是量子签名方案设计的一个新方向[27]。第 6.7 节是对全章工作的总结。

6.1 仲裁量子签名基础知识和典型方案

由于克服了“量子签名的 no-go 定理”[3]的限制，仲裁量子签名自提出以来就成为了量子签名研究的基本思想，并被广泛地应用在量子群签名、量子盲签名、量子代理签名等新型签名方案的设计中。从这个意义上说，仲裁量子签名方案的研究直接决定了量子签名的进展。为了更好地揭示仲裁量子签名方案的设计理念和实现手段，本节介绍了实现仲裁量子签名方案所需要的技术，包括未知量子态相等性比较技术，常用于量子签名的量子加密算法。同时以所用的物理资源作为区分方式(GHZ 态、Bell 态、非纠缠态)，本节介绍了三类典型的、广受认可的仲裁量子签名方案。事实上，这三类方案也被认为是“基本仲裁量子签名方案”，是后续仲裁量子签名研究的基础。

6.1.1 未知量子态相等性比较技术

未知量子态相等性比较技术最早由 Buhrman 等人在 2001 年提出[2]，是一种广泛用于仲裁量子签名方案中的技术手段。从后续一些仲裁量子签名方案的介绍中可以发现，这种技术是实现仲裁量子签名有效性验证的基础。本节在此对未知量子态的概率比较方式进行必要的介绍。具体地实现电路如图 6-1 所示。

量子态 $|\psi\rangle$ 和 $|\varphi\rangle$ 为需要进行相等性比较的两个量子态，$|0\rangle$ 为完成该过程的辅助量子态。可以发现对于初始态进行操作的形式为

$$(\boldsymbol{H}\otimes\boldsymbol{I})(C\text{-SWAP})(\boldsymbol{H}\otimes\boldsymbol{I})|0\rangle|\varphi\rangle|\psi\rangle$$

这里 $\boldsymbol{H}$ 表示 Hadamard 操作，C-SWAP 表示受控交换门，即控制比特为 $|1\rangle$ 时，$|\varphi\rangle$ 和 $|\psi\rangle$ 相

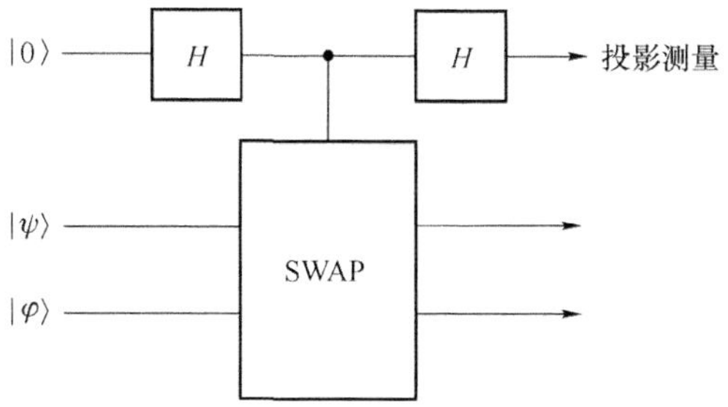

图 6-1 量子相同性比较电路[2]

互交换,否则两个量子态不变。可以验证在对第一个粒子进行测量前,量子态形式为

$$\frac{1}{2}|0\rangle(|\varphi\rangle|\psi\rangle+|\psi\rangle|\varphi\rangle)+\frac{1}{2}|1\rangle(|\varphi\rangle|\psi\rangle-|\psi\rangle|\varphi\rangle)$$

显然测量第一个粒子,结果为 0 的概率为$(1+\langle\varphi|\psi\rangle^2)/2$,测量结果为 1 的概率为$(1-\langle\varphi|\psi\rangle^2)/2$。如果,$|\varphi\rangle=|\psi\rangle$可以发现不可能得到测量结果 1。

换句话说,对于两个量子态经过上述电路后,如果得到测量结果为 1,可以确定两个量子态必然不相等。但是不难发现,这种量子态的比较方式是概率性的。可以想象,在实际中,两个量子态相等对应为测量得到的结果为 0。但是在得到测量结果为 0 的时候,两个量子态还有可能是不相等的。作为一种未知量子态的比较方式,这种方法广泛地应用于量子签名方案的设计和分析中。

6.1.2 量子加密算法

量子加密算法在仲裁量子签名方案的设计和分析中,具有极为重要的作用。本节介绍了两类在仲裁量子签名方案中常用的量子加密算法——量子一次一密算法和量子块加密算法,以此来展现仲裁量子签名方案中的消息加密方式。

1. 量子一次一密算法

一次一密(One Time Pad)是经典密码中可证明最安全的加密方式。它使用与消息长度等长的密钥加密信息,而且为了避免统计分析,密钥本身只使用一次。具体而言,根据明文信息的长度,加密双方共享一个与明文等长的密钥串,然后加密方将明文串与密钥串逐位异或(也就是模 2 加),并将计算后的结果作为密文串。由于密钥未知,对于攻击方来说,每个比特以等概率出现,这就导致了明文信息具有最大的不确定性,这也是一次一密被认为安全的原因。

与此相对应,量子一次一密(Quantum One Time Pad,简称为 QOTP)也在量子加密研究中被提了出来。量子一次一密(QOTP)用经典比特加密量子态,是经典一次一密的模拟,也被称为量子弗纳姆密码[28]。这种加密算法最初以保密通信为设计目的,同时在量子签名中也扮演着很重要的作用。具体来说,QOTP 是用 $2n$ 个随机经典比特加密 n 量子比特的量子态,实现过程如下:

假设$|P\rangle=\bigotimes_{i=1}^{n}|p_i\rangle$是 n 量子比特长的消息,这里每个单量子比特形式为$|p_i\rangle=\alpha_i|0\rangle+\beta_i|1\rangle$,且$|\alpha_i|^2+|\beta_i|^2=1$,同时要求加密双方共享密钥 $K\in\{0,1\}^{2n}$。QOTP 加密算法 $\boldsymbol{E}_K$ 对量子消息$|P\rangle$的加密过程可以用下式描述:

$$|C\rangle = \boldsymbol{E}_K |P\rangle = \bigotimes_{i=1}^{n} \boldsymbol{\sigma}_x^{k^{2i}} \boldsymbol{\sigma}_z^{k^{2i-1}} |p_i\rangle \tag{6-1}$$

这里 k^j 代表密钥 K 的第 j 比特，$\boldsymbol{\sigma}_x$ 和 $\boldsymbol{\sigma}_z$ 是两个旋转型的 Pauli 操作。对应的解密算法 $\boldsymbol{D}_K$ 为

$$\boldsymbol{D}_K |C\rangle = \bigotimes_{i=1}^{n} \boldsymbol{\sigma}_z^{k^{2i-1}} \boldsymbol{\sigma}_x^{k^{2i}} |c_i\rangle \tag{6-2}$$

这里 $|c_i\rangle$ 代表密文 $|C\rangle$ 的第 i 比特。

QOTP 利用经典密钥加密量子消息，为量子保密通信提供了新的实现方式。此外，Boykin 和 Roychowdhury 证明了以信息论安全的方式用 $2n$ 个随机经典比特加密 n 比特的量子态是必要的也是充分的[28]，即证明了 QOTP 的实用性和安全性。QOTP 思想开辟了量子加密算法研究的先河，自此之后，很多具体的量子加密算法被提了出来。下节介绍的就是一种在量子签名中常用的加密算法——量子块加密算法。

2. 量子块加密算法

量子块加密算法是由周南润等人在 2006 年提出的一种混合密钥下的量子加密方式。这种方式要求加密双方在共享经典密钥的同时，也要共享量子密钥。假设加密双方分别共享量子密钥 $|K_1\rangle = \bigotimes_{i=1}^{n} |k_{1i}\rangle$，$|k_{1i}\rangle = a_i|0\rangle + b_i|1\rangle$ 和经典密钥 $K_2 = \{K_{2i} | i=1,2,\cdots,n\}$，$K_{2i} \in \{0,1\}$。为了研究的便利，在此只考虑单量子比特信息 $|p_i\rangle = \alpha_i|0\rangle + \beta_i|1\rangle$ 加密的情况。

首先，加密方对单量子比特信息 $|p_i\rangle$ 和相应的量子密钥 $|k_{1i}\rangle$ 进行 C-NOT 操作（$\boldsymbol{C}_{ab}|a\rangle|b\rangle = |a\rangle|a \oplus b\rangle$），得

$$\begin{aligned} |\psi_{1i}\rangle &= \boldsymbol{C}_{k_{1i},p_i} |k_{1i}\rangle |p_i\rangle \\ &= \boldsymbol{C}_{k_{1i},p_i} (a_i\alpha_i |00\rangle + a_i\beta_i |01\rangle + b_i\alpha_i |10\rangle + b_i\beta_i |11\rangle) \\ &= a_i\alpha_i |00\rangle + a_i\beta_i |01\rangle + b_i\alpha_i |11\rangle + b_i\beta_i |10\rangle \end{aligned} \tag{6-3}$$

然后，根据双方共享的经典密钥，加密方对式(6-3)中的量子信息比特进行相应的 Hadamard 操作（简称 $\boldsymbol{H}$ 操作）。即，如果 $K_{2i}=0$ 对量子信息比特做 I 操作；如果 $K_{2i}=1$ 对量子信息比特做 $\boldsymbol{H}$ 操作。综上，量子块加密后的量子态为以下两种可能情况：

(1) 当 $K_{2i}=0$ 时，加密后的量子态为

$$|\psi_{1i}\rangle = a_i\alpha_i |00\rangle + a_i\beta_i |01\rangle + b_i\alpha_i |11\rangle + b_i\beta_i |10\rangle \tag{6-4}$$

(2) 当 $K_{2i}=1$ 时，加密后的量子态为

$$|\psi_{2i}\rangle = a_i\alpha_i |0+\rangle + a_i\beta_i |0-\rangle + b_i\alpha_i |1-\rangle + b_i\beta_i |1+\rangle \tag{6-5}$$

显然，Bob 在收到加密后的量子态后只需要根据共享的密钥进行相应的逆操作即可。具体地，Bob 根据共享的经典比特恢复出量子态 $|\psi_{1i}\rangle$ 或者 $|\psi_{2i}\rangle$，然后进行 C-NOT 操作恢复出 $|k_{1i}\rangle|p_i\rangle$，保留好后面的量子信息比特。

量子块加密算法作为 QOTP 的一种补充，其本质也是利用经典密钥对量子比特进行对应的操作。但是这种事先共享量子态的方式，给实际应用增大了难度。不过，这种量子块加密算法也有相当的理论意义，在一些具体的量子仲裁量子签名方案中经常会用到。

综上本节介绍了仲裁量子签名中常用的两种加密算法。这两种算法针对加密量子消息的一般情况，具有很好的理论意义。当然如果针对加密经典消息的情况，实际中也会采取一些特殊的加密方式（这其中多结合量子编码思想来完成），这在后续的研究中会具体讨论，在此暂不做介绍。

6.1.3 典型仲裁量子签名方案介绍

本节介绍三种典型的仲裁量子签名方案，并根据所用物理载体的不同，分别将其命名为GHZ态仲裁量子签名方案、Bell态仲裁量子签名方案和非纠缠态仲裁量子签名方案。

在介绍具体方案之前，在此先对一些必要的表示方式进行说明。首先，对于每个仲裁量子签名方案，引入Alice，Bob，Trent三个参与者，分别表示签名者，签名接收者（验证者）和仲裁；其次，每个签名方案签署的量子信息统一设为

$$|P\rangle=\bigotimes_{i=1}^{n}|p_i\rangle,\ |p_i\rangle=\alpha_i|0\rangle+\beta_i|1\rangle \tag{6-6}$$

式中，$|\alpha_i|^2+|\beta_i|^2=1$。最后，每个仲裁量子签名方案的实现过程，均包含初始阶段、签名阶段和验证阶段。

1. GHZ态仲裁量子签名方案

Zeng和Keitel在2002年提出了仲裁量子签名的思想，并设计了第一个仲裁量子签名方案（Arbitrated Quantum Signature，AQS）[4]，这也就是在本节中介绍的GHZ态仲裁量子签名方案，也被称为ZK方案。

(1) 初始阶段

(I1) Alice和Bob每人和Trent共享$2n$长的密钥串，分别记为K_{AT}，K_{BT}。这个过程可以由实际安全的量子密钥分发（QKD）方案来实现。

(I2) Trent生成n个GHZ态，形式为

$$\frac{1}{\sqrt{2}}(|000\rangle+|111\rangle) \tag{6-7}$$

对于每个GHZ态，Trent保留其中的一个粒子串，再分配给Alice和Bob各一个粒子串。

(2) 签名阶段

(S1) Alice制备三份量子信息$|P\rangle$。

(S2) 利用K_{AT}，Alice把$|P\rangle$的一份副本转化为$|R\rangle$，

$$|R\rangle=\boldsymbol{E}'_{k_{AT}}|P\rangle=\bigotimes_{i=1}^{n}\boldsymbol{E}'_{k_{AT}^i}|p_i\rangle \tag{6-8}$$

这里采取的预处理方式（见表6-1）为

表6-1 量子信息预处理操作[4]

共享密钥 K_{AT}^i	操作形式 $\boldsymbol{E}'_{k_{AT}^i}$
0	$\boldsymbol{\sigma}_z$
1	$\boldsymbol{\sigma}_x$

即当$k_{AT}^i=1$时，$\boldsymbol{E}'_{k_{AT}^i}=\boldsymbol{\sigma}_x$；当$k_{AT}^i=0$时，$\boldsymbol{E}'_{k_{AT}^i}=\boldsymbol{\sigma}_z$，这里$k_{AT}^i$代表密钥$K_{AT}$的第$i$个比特。

(S3) 通过第二份量子态$|P\rangle$的第i个部分和手中GHZ态里的第i个部分进行Bell测量，Alice获得$|M_A\rangle=\bigotimes_{i=1}^{n}|m_A^i\rangle$，这里$|m_A^i\rangle$是随机的Bell态。

(S4) Alice利用K_{AT}加密$|M_A\rangle$，$|R\rangle$，获得签名

$$|S\rangle=\boldsymbol{E}_{K_{AT}}(|M_A\rangle\otimes|R\rangle) \tag{6-9}$$

这里 $\boldsymbol{E}_{K_{AT}}$ 代表利用共享密钥 K_{AT} 的 QOTP 加密算法[28]。

(S5) Alice 把 $|S\rangle$ 和第三份量子信息的副本 $|P\rangle$ 发给 Bob。

(3) 验证阶段

(V1) 通过对于手中的 GHZ 态部分进行 $\boldsymbol{X}$ 基测量，Bob 获得量子态 $|M_B\rangle$，并把

$$|Y_{BT}\rangle=\boldsymbol{E}_{K_{BT}}(|M_B\rangle\otimes|P\rangle\otimes|S\rangle) \tag{6-10}$$

发给 Trent。

(V2) Trent 利用 K_{AT}，K_{BT} 进行解密，获得 $|P\rangle$，$|M_A\rangle$，$|M_B\rangle$，$|R\rangle$。之后他验证下式

$$|R\rangle=\boldsymbol{E}'_{k_{AT}}|P\rangle \tag{6-11}$$

是否成立。如果成立，Trent 令 $|r\rangle=|1\rangle$，否则 $|r\rangle=|0\rangle$。

(V3) Trent 恢复出签名和消息，读出 $|M_A\rangle$，然后将

$$|Y_{TB}\rangle=\boldsymbol{E}_{K_{BT}}(|M_A\rangle\otimes|M_B\rangle\otimes|P\rangle\otimes|r\rangle\otimes|S\rangle) \tag{6-12}$$

和他自己的 GHZ 态部分发给 Bob。

(V4) Bob 解密收到的密文，判断是否 $|r\rangle=|1\rangle$。如果不是，中止协议。

(V5) 根据 $|M_A\rangle$，$|M_B\rangle$，Bob 能够获得量子消息的第二份拷贝。这个过程由式(6-13)的 GHZ 态受控隐形传态技术来实现。之后他将恢复出来的信息和第二份副本进行比较。如果它们相等，Bob 接受这个签名，否则拒绝接受签名。

GHZ 态仲裁量子签名方案第一次给出了仲裁量子签名思想的具体实现过程，通过引入了 QOTP 和未知量子态相等性比较技术保障了签名任务的顺利进行。同时该方案以签署量子信息为基本对象，而经典信息 0，1 完全可以编码为 $\{|0\rangle,|1\rangle\}$ 态而直接应用，这也表明了该方案有很好的普适性。实际上，狭义的仲裁量子签名方案指的就是签署量子信息的情况。总之，GHZ 态仲裁量子签名方案为后续的仲裁量子签名的设计和研究提供了基本的思路，自此之后一些其他的仲裁量子签名方案被相继提出。

$$\begin{aligned}
|p_i\rangle\otimes|\mathrm{GHZ}\rangle &= \frac{1}{\sqrt{2}}(\alpha_i|0\rangle+\beta_i|1\rangle)(|000\rangle+|111\rangle) \\
&= \frac{1}{2\sqrt{2}}[|\phi^{+}\rangle\{|+\rangle(\alpha_i|0\rangle+\beta_i|1\rangle)+|-\rangle(\alpha_i|0\rangle-\beta_i|1\rangle)\}]+ \\
&\quad \frac{1}{2\sqrt{2}}[|\phi^{-}\rangle\{|+\rangle(\alpha_i|0\rangle-\beta_i|1\rangle)+|-\rangle(\alpha_i|0\rangle+\beta_i|1\rangle)\}]+ \\
&\quad \frac{1}{2\sqrt{2}}[|\psi^{+}\rangle\{|+\rangle(\alpha_i|1\rangle+\beta_i|0\rangle)+|-\rangle(\beta_i|0\rangle-\alpha_i|1\rangle)\}]+ \\
&\quad \frac{1}{2\sqrt{2}}[|\psi^{-}\rangle\{|+\rangle(\beta_i|0\rangle-\alpha_i|1\rangle)+|-\rangle(\beta_i|0\rangle+\alpha_i|1\rangle)\}]
\end{aligned} \tag{6-13}$$

2. Bell 态仲裁量子签名方案

在 Zeng 等人提出了以 GHZ 态为基本载体实现签名任务之后[4]，仲裁量子签名的具体实现方案成为了量子签名研究一个重要课题。在 2009 年，Li 等人提出了一个基于 Bell 态的仲裁量子签名方案[13]，该方案用 Bell 态来代替 GHZ 态，降低了 ZK 方案的实现困难。

(1) 初始阶段

该阶段与 6.1.3.1 节中的 GHZ 态仲裁量子签名方案相似，但是在共享量子资源的过程中用 Bell 态来代替 GHZ 态。

(I1) Alice 和 Bob 每人和 Trent 共享 $2n$ 长的密钥串，分别记为 K_{AT}，K_{BT}。这个过程可以由实际安全的量子密钥分发(QKD)方案来实现。

(I2) Alice 和 Bob 共享 n 对 Bell 态，形式为

$$\frac{1}{\sqrt{2}}(|00\rangle+|11\rangle)_{AB} \tag{6-14}$$

其中 Alice 拥有粒子 A，Bob 拥有粒子 B。

(2) 签名阶段

(S1) Alice 制备三份同样的需要签名的量子消息 $|P\rangle=\bigotimes_{i=1}^{n}|p_i\rangle$。

(S2) Alice 用密钥 K_{AT} 将一份 $|P\rangle$ 转化为 $|R_A\rangle$，

$$|R_A\rangle = \boldsymbol{E}'_{K_{AT}}|P\rangle = \bigotimes_{i=1}^{n}\boldsymbol{E}'_{K_{AT}^{i}}|p_i\rangle \tag{6-15}$$

这里处理方式仍为表 6-1 所示。

(S3) Alice 对第二份 $|P\rangle$ 中的每个量子比特和共享的 Bell 态中相应的量子比特进行 Bell 测量，获得测量结果 $|M_A\rangle=\bigotimes_{i=1}^{n}|m_A^i\rangle$，其中 $|m_A^i\rangle$ 为随机的 Bell 态。这一步的目的是为了使用 Alice 和 Bob 共享的 Bell 态，通过隐形传态的方法将第二份量子消息发送给 Bob。

(S4) Alice 用 K_{AT} 将 $|M_A\rangle$ 和 $|R_A\rangle$ 加密，得到签名

$$|S\rangle=\boldsymbol{E}_{K_{AT}}(|M_A\rangle\otimes|R_A\rangle) \tag{6-16}$$

式中，$E_{K_{AT}}$ 代表利用 K_{AT} 采用的 QOTP 加密算法[28]。

(S5) Alice 将签名和第三份消息($|S\rangle$，$|P\rangle$)发送给 Bob。

(3) 验证阶段

(V1) Bob 收到($|S\rangle$，$|P\rangle$)后，直接利用密钥 K_{BT} 将加密后的

$$|Y_{BT}\rangle = \boldsymbol{E}_{K_{BT}}(|S\rangle\otimes|P\rangle) \tag{6-17}$$

发送给 Trent。

(V2) Trent 用 K_{AT} 和 K_{BT} 将接收到的密文 $|Y_{BT}\rangle$ 解密，进而获得 $|P\rangle$，$|M_A\rangle$，$|R_A\rangle$，然后通过 6.1.1 节中提到的量子态的相等性比较技术来验证 $|R_A\rangle=\boldsymbol{E}'_{K_{AT}}|P\rangle$ 是否成立。如果成立，设置 $r=1$；否则 $r=0$。

(V3) Trent 恢复 $|S\rangle$ 和 $|P\rangle$(注意到如果两个量子相等，则在比较之后能够恢复为原来的态)，读出 Alice 的测量结果 $|M_A\rangle$，并将

$$|Y_{TB}\rangle = \boldsymbol{E}_{K_{BT}}(|M_A\rangle\otimes|S\rangle\otimes|P\rangle\otimes|r\rangle) \tag{6-18}$$

发送给 Bob。

(V4) Bob 将接收到的密文解密，并且判断 $r=1$ 是否成立。如果不成立则认为签名是伪造的，并且终止协议。

(V5) Bob 根据 $|M_A\rangle$ 能够获得 Alice 通过隐形传态发送给他的第二份量子消息，将这份量子消息与 Trent 发送给他的消息比较。当两者相等时 Bob 接受 Alice 的签名，否则拒绝。

本节介绍的方案表明隐藏和恢复某一个备份的量子信息 $|P\rangle$，并不一定需要三方共享 GHZ 态条件下的受控量子隐形传态技术，可以直接利用 Bell 态的隐形传态技术来完成。Li 等人的方案对仲裁量子签名方案模型的简化研究工作，提供了一种新的思路[13]。在此之后，一种更加简化的仲裁量子签名方案被提出。

3. 非纠缠态仲裁量子签名方案

本节介绍 Zou 等人在 2011 年提出的非纠缠态仲裁量子签名方案[14]。该方案进一步简化了之前的仲裁量子签名方案，具有很好的实用性。

(1) 初始阶段

利用实际安全的量子密钥分发(QKD)方案，Alice 和 Bob，Alice 和 Trent，Bob 和 Trent 分别共享密钥 K_{AB}、K_{AT}、K_{BT}。

(2) 签名阶段

(S1) Alice 制备三份同样的需要签名的量子消息 $|P\rangle=\bigotimes_{i=1}^{n}|p_i\rangle$，并且用一个随机数 r 将其加密为 $|P'\rangle$。

(S2) Alice 利用手中共享的密钥，由 QOTP 加密算法[28]直接生成：

$$|R_{AB}\rangle = \boldsymbol{E}_{K_{AB}}|P'\rangle,\quad |S_A\rangle = \boldsymbol{E}_{K_{AT}}|P'\rangle \tag{6-19}$$

并将

$$|S\rangle = \boldsymbol{E}_{K_{AB}}(|P'\rangle, |R_{AB}\rangle, |S_A\rangle) \tag{6-20}$$

直接发送给 Bob。

(3) 验证阶段

(V1) Bob 解密 $|S\rangle$，并将

$$|Y_B\rangle = \boldsymbol{E}_{K_{BT}}(|P'\rangle \otimes |S_A\rangle) \tag{6-21}$$

发送给 Trent。

(V2) Trent 解密 $|Y_B\rangle$，并且验证

$$|S_A\rangle = \boldsymbol{E}_{K_{AT}}|P'\rangle \tag{6-22}$$

是否成立。如果成立，他公布 $V_T=1$ 并将 $|Y_B\rangle$ 发回给 Bob，否则公布 $V_T=0$。

(V3) Bob 解密 $|Y_B\rangle$，并且验证

$$|R_{AB}\rangle = \boldsymbol{E}_{K_{AB}}|P'\rangle \tag{6-23}$$

是否成立。如果成立他公布 $V_B=1$，否则 $V_B=0$。

(V4) 当 $V_T=V_B=1$ 时，Bob 接受 Alice 的签名，且 Alice 公布 r，Bob 从 $|P'\rangle$ 中恢复 $|P\rangle$。最后 Bob 将 $(|P\rangle, |S_A\rangle, r)$ 作为签名存储起来。

至此，本节完整地呈现了 Zou 等人的利用非纠缠态实现的仲裁量子签名方案[14]。可以发现，通过增加共享密钥和建立随机数，量子消息同样可以得到合适的隐藏。这种方案降低了仲裁量子签名方案的资源需求，具有良好的实际应用前景。

6.1.4 小结

本节对仲裁量子签名方案研究中用到的基本知识和典型方案进行了介绍。其中，未知量子态相等性比较技术和量子加密算法(包括量子一次一密和量子块加密)是两种广泛应用于仲裁量子签名方案设计中的基本技术。为了更好地展现仲裁量子签名方案的设计思想，本节还介绍了三类典型的仲裁量子签名方案。具体地，6.1.3.1 节介绍了 Zeng 等人提出的 GHZ 态仲裁量子签名方案[4]，6.1.3.2 节介绍了 Li 等人提出的基于 Bell 态的仲裁量子签名方案[13]，6.1.3.3 节介绍了 Zou 等人提出的一个利用非纠缠态设计的仲裁量子签名方案[14]。

6.2 仲裁量子签名的安全性分析

本节研究先前介绍的仲裁量子签名方案的安全性，集中考虑接收者 Bob 的伪造和发送者 Alice 的否认。在这些方案中接收者 Bob 采用已知消息攻击策略对发送者的签名可以进行存在性伪造。当方案用于签经典消息时，Bob 甚至可以进行一般性伪造。而发送者 Alice 也可以通过简单的攻击成功地否认自己的签名。以下详细描述这些攻击策略并且给出相应的方法改进签名方案。

6.2.1 用 Bell 态的 AQS 方案的分析

考虑用 Bell 态的 AQS 方案如何实现数字签名的功能。为了方便，首先回顾 Trent 的作用。在这个方案中，Trent 知道 K_{AT} 并且他会在 V2 步比较 $|R_A\rangle=\boldsymbol{E}'_{K_{AT}}|P\rangle$ 是否成立。由于其他人不知道 K_{AT}，所以如果这个等式成立就意味着这个签名确实是 Alice 签的。注意到验证阶段结束后，所有的三份量子消息将被传给 Bob 并且 Trent 不会有任何保留。Trent 由于量子特性不能读取消息，他/她不知道量子消息的具体内容。因而，Trent 将比较结果 r 发送给 Bob 只能告诉 Bob 这个签名消息是否来自于 Alice。也就是说，如果 $r=1$，Trent 能确定 Alice 发给 Bob 某个消息，但是他/她不知道消息的具体内容。

基于以上说明，虽然方案没有清晰地描述如何解决 Alice 和 Bob 之间的纠纷，但是肯定得有一个解决纠纷的方法。否则这个方案就看起来是完成消息认证的功能而不是数字签名。不难想象纠纷的情况：Bob 说 Alice 给他签了一个消息 $|P\rangle$ 但是 Alice 说她并没有为 Bob 签任何消息(很有可能她确实为 Bob 签过消息，但是那个消息并不是 $|P\rangle$)。在这种情况下 Trent 要求 Bob 提供消息 $|P\rangle$ 和相应的签名 $|S\rangle$，用 K_{AT} 解密 $|S\rangle$(获得 $|M_A\rangle$、$|R_A\rangle$)，然后同 V2 中一样验证 $|R_A\rangle=\boldsymbol{E}'_{K_{AT}}|P\rangle$ 是否成立。如果比较结果是成立，Trent 的结论为 $|P\rangle$ 的确是 Alice 签的，且 Alice 在否认自己的签名。相反如果比较结果是不成立，Trent 认为是 Bob 伪造的签名。

1. Bob 的伪造

首先分析 Bob 伪造 Alice 的签名的概率。正如文献[13]中分析的，由于 Bob 只有在知道密钥 K_{AT} 的情况下，他提供的 $|P\rangle$ 和 $|S\rangle=\boldsymbol{E}_{K_{AT}}(|M_A\rangle\otimes|R_A\rangle)$ 才会满足 $|R_A\rangle=\boldsymbol{E}'_{K_{AT}}|P\rangle$，他才能成功地伪造 Alice 的签名。但是 K_{AT} 是 Alice 和 Trent 通过 QKD 共享的密钥，这个密钥 Bob 并不知道。因此，Bob 以这种方式伪造 Alice 的签名是不可能的。但是还有另一个问题：Bob 是否有可能通过其他方式伪造 Alice 的签名？也即 Bob 是否能够在没有 K_{AT} 的情况下伪造 Alice 的签名呢？众所周知，Bob 作为 Alice 签名的接收者必然拥有一些 Alice 对一些消息的有效签名。因此，他可以进行已知消息攻击。接下来就指出 Bob 能够获得存在性伪造的方式，即 Bob 可以找到很多有效的消息和签名对。

根据这个方案，一个量子消息 $|P\rangle$ 的有效签名应该是以下形式

$$
\begin{aligned}
|S\rangle&=\boldsymbol{E}_{K_{AT}}(|M_A\rangle\otimes|R_A\rangle)=\boldsymbol{E}_{K_{AT}}(|M_A\rangle\otimes\boldsymbol{E}'_{K_{AT}}|P\rangle)\\
&=\boldsymbol{E}_{K_{AT}}|M_A\rangle\otimes\boldsymbol{E}_{K_{AT}}\boldsymbol{E}'_{K_{AT}}|P\rangle
\end{aligned}
$$

因为 $\boldsymbol{E}_{K_{AT}}|M_A\rangle$ 对 Trent 解决纠纷没有作用，重点在于 Bob 是否能够找到一对量子比特串 $(|P'\rangle,|S'_1\rangle)$ 满足以下关系

$$|S_1'\rangle=\boldsymbol{E}_{K_{AT}}\boldsymbol{E}'_{K_{AT}}|P'\rangle \tag{6-24}$$

注意到 Bob 不知道 K_{AT}，但是他有一个有效签名$(|P\rangle,|S\rangle)$，这意味着他有一对量子比特串$(|P\rangle,|S_1\rangle)$满足$|S'\rangle=E_{K_{\mathrm{AT}}}E'_{K_{\mathrm{AT}}}|P\rangle$。Bob 是否能够从$|P\rangle$，$|S_1\rangle$上找到一对有效的$(|P'\rangle,|S_1'\rangle)$满足$|S_1'\rangle=E_{K_{\mathrm{AT}}}E'_{K_{\mathrm{AT}}}|P'\rangle$？答案是可以。事实上，如果 Bob 对$|P\rangle$中的每个量子比特执行一个 Pauli 操作获得$|P'\rangle$，并且对$|S_1\rangle$中的相应粒子也执行相同的操作获得$|S_1'\rangle$，则$(|P'\rangle,|S_1'\rangle)$将会是一个有效的签名。

为了进一步阐述清楚，假设$|P\rangle=\bigotimes_{i=1}^{n}|p_i\rangle$，则$|S_1\rangle$为这种形式$|S_1\rangle=\bigotimes_{i=1}^{n}|s_{1i}\rangle$，其中

$$|s_{1i}\rangle=\boldsymbol{E}_{K_{\mathrm{AT}}^{2i-1},K_{\mathrm{AT}}^{2i}}\boldsymbol{E}'_{K_{\mathrm{AT}}^{i}}|p_i\rangle \tag{6-25}$$

当 Bob 对每对$|p_i\rangle$和$|s_{1i}\rangle$执行 Pauli 操作 $\boldsymbol{U}_i$，获得

$$|P'\rangle=\bigotimes_{i=1}^{n}\boldsymbol{U}_i|p_i\rangle \tag{6-26}$$

$$|S_1'\rangle=\bigotimes_{i=1}^{n}\boldsymbol{U}_i\boldsymbol{E}_{K_{AT}^{2i-1},K_{AT}^{2i}}\boldsymbol{E}'_{K_{AT}^{i}}|p_i\rangle \tag{6-27}$$

不难看出 $\boldsymbol{E}_{K_{AT}^{2i-1},K_{AT}^{2i}}$ 是 QOTP 加密而 $\boldsymbol{E}'_{K_{AT}^{i}}$ 是用 Pauli 操作加密。因此这两个操作的联合 $\boldsymbol{E}_{K_{AT}^{2i-1},K_{AT}^{2i}}\boldsymbol{E}'_{K_{AT}^{i}}$ 仍然是通过 Pauli 操作$\{\boldsymbol{I},\boldsymbol{\sigma}_x,\boldsymbol{\sigma}_z,\boldsymbol{\sigma}_x\boldsymbol{\sigma}_z\}$之一进行加密，其中 $\boldsymbol{I}$ 是单位操作而$\boldsymbol{\sigma}_x\boldsymbol{\sigma}_z=-i\boldsymbol{\sigma}_y$。根据 Pauli 操作的对易性有

$$\boldsymbol{U}_i\boldsymbol{E}_{K_{AT}^{2i-1},K_{AT}^{2i}}\boldsymbol{E}'_{K_{AT}^{i}}=\pm\boldsymbol{E}_{K_{AT}^{2i-1},K_{AT}^{2i}}\boldsymbol{E}'_{K_{AT}^{i}}\boldsymbol{U}_i \tag{6-28}$$

并且

$$|S_1'\rangle=\bigotimes_{i=1}^{n}(\pm\boldsymbol{E}_{K_{AT}^{2i-1},K_{AT}^{2i}}\boldsymbol{E}'_{K_{AT}^{i}}\boldsymbol{U}_i|p_i\rangle) \tag{6-29}$$

注意到每个$|p_i\rangle$都是单粒子的纯态，这是未知态的概率性比较的条件。在这种条件下，公式(6-29)中的减号都为全局相位，可以省略，得

$$|S_1'\rangle=\bigotimes_{i=1}^{n}\pm\boldsymbol{E}_{K_{AT}^{2i-1},K_{AT}^{2i}}\boldsymbol{E}'_{K_{AT}^{i}}\boldsymbol{U}_i|p_i\rangle=\boldsymbol{E}_{K_{AT}}\boldsymbol{E}'_{K_{AT}}|P'\rangle \tag{6-30}$$

这里用到了公式(6-26)。很明显，如果 Bob 提供这对伪造的$(|P'\rangle,|S_1'\rangle)$给 Trent，他就能够通过验证。

到此已经为 Bob 找到一个简单的方法——已知消息攻击，进行存在性伪造 Alice 的签名。具体攻击策略描述如下。假设 Bob 拥有一个有效的 Alice 的签名$(|P\rangle,|S\rangle)$，对$|P\rangle$中的每个粒子执行$\bigotimes_{i=1}^{n}\boldsymbol{U}_i$($\boldsymbol{U}_i$ 是 pauli 操作之一)并且对$|S\rangle$中最后 n 个粒子$(|S_1\rangle)$执行相同的操作。这样得到的$(|P'\rangle,|S'\rangle)$对一定是有效的伪造粒子对。由于每个 $\boldsymbol{U}_i$ 从 Pauli 操作中任意选择，至少存在 4^n-1 个伪造粒子对(不包括$(|P'\rangle,|S'\rangle)$粒子对)。因此，Bob 可以从其中选择自己最想要的消息$|P'\rangle_{\mathrm{pr}}$并且宣称这个是 Alice 为其签的消息。在这种情况下，尽管 Alice 很委屈，Trent 始终会支持 Bob。注意到 Bob 可以在接收到 Alice 的签名消息后直接进行攻击或者在验证阶段之后他提出纠纷并要求 Trent 裁判。

最后，还有一点需要强调。正如文献[13]指出的，用 Bell 态的 AQS 方案可以用于签量子和经典消息。不难看出如果该方案用于签经典消息，Bob 可以实施已知消息攻击，对 Alice 签名进行一般性伪造。例如假设 Bob 有一个 Alice 的有效签名$(|P\rangle,|S\rangle)$，其中$|P\rangle=\bigotimes_{i=1}^{n}|p_i\rangle$是经典消息即$|p_i\rangle=0,1$。如果 Bob 想伪造 Alice 对消息$|Q\rangle=\bigotimes_{i=1}^{n}|q_i\rangle$($|q_i\rangle=0,1$)的签名只需选择 Pauli 操作

$$\bigotimes_{i=1}^{n}\boldsymbol{U}_i=\bigotimes_{i=1}^{n}\boldsymbol{\sigma}_x^{p_i\oplus q_i} \tag{6-31}$$

式中，⊕代表模二加。在这种情况下 Bob 可以伪造出他想要的任何经典消息的 Alice 的签名。

2. Alice 的否认

上文已经分析了 Bob 可以成功地伪造 Alice 的签名。现在考虑量子签名中的另一个安全问题即 Alice 的否认。事实上在这个 AQS 方案中，Alice 也可以欺骗，即 Alice 也可以否认她签过的任何消息。

假设 Alice 根据方案内容签了一个消息 $|P\rangle=\otimes_{i=1}^{n}|p_i\rangle$ 并将 $(|P\rangle,|S\rangle)$ 发送给 Bob。当 Trent 在 V3 步发送 $|Y_{TB}\rangle=\boldsymbol{E}_{K_{BT}}(|M_{\mathrm{A}}\rangle\otimes|S\rangle\otimes|P\rangle\otimes|r\rangle)$ 给 Bob 时，Alice 修改了密文中 $|S\rangle$ 最后 n 比特量子态（即 $|S_1\rangle$）使得这些量子态不再是消息 $|P\rangle$ 的有效签名。注意到 Alice 能够找到这些比特在密文中的位置，并且在不改变其他量子态的情况下修改这些量子态。因为这些量子态在 $|M_{\mathrm{A}}\rangle,|S\rangle,|P\rangle,|r\rangle$ 中的位置是固定的，并且 QOTP 加密是以一个量子比特为单位逐个进行的，而且由于 Bob 不知道 K_{AT}，他不能发现 Alice 修改了 $|S_1\rangle$。因此事后当 Bob 要求 Alice 执行合约内容时，Alice 可以宣称她没有签过这份文件或者这份文件是被 Bob 非法修改过的而否认她自己的签名。有趣的是，在这种情况下 Trent 将会支持 Alice。

这种攻击很简单而且不难理解。首先，原始的签名消息 $(|P\rangle,|S\rangle)$ 的确是 Alice 签的，并且也通过了 Trent 的验证（$r=1$）。其次，由于 Alice 修改了这个对于 Bob 来说是未知的且在 V5 阶段不会用到的 $|S\rangle$，Bob 会接受这个签名且不会注意到 Alice 的攻击。最后，当纠纷发生时，Bob 提供 $(|P\rangle,|SA\rangle)$ 给 Trent，要求 Trent 裁判。很明显，修改过的签名不会通过 Trent 的验证，并且 Trent 会支持 Alice，认为签名是被 Bob 伪造的。

6.2.2 不用纠缠态的 AQS 方案的分析

与用 Bell 态的 AQS 方案相比，这个方案主要在两个方面做了修改。一方面，发给 Bob 的消息用 QOTP 加密而不是用隐形传态，不需要 Bell 态。另一方面，参数 r 可以防止 Bob 在接受签名之前获得消息内容。很明显，第一个修改对上一节提出的攻击方案没有任何影响。现在分析第二个修改对攻击方案的影响。

Bob 的伪造策略与用 Bell 态的方案中的伪造策略一样。例如 $|S_A\rangle$ 也是通过 QOTP 加密 $|P'\rangle$ 得到的，并且 Trent 从始至终也不知道量子消息的内容。因此，Bob 可以通过对 $|P'\rangle$ 上的粒子做 Pauli 操作 $\otimes_{i=1}^{n}\boldsymbol{U}_i$，并且对 $|S_A\rangle$ 中的粒子也做同样的操作来伪造签名。事实上，引入参数 r 只带来了一点不同：Bob 在他刚接收到签名时，无法通过选择 $\otimes_{i=1}^{n}\boldsymbol{U}_i$ 来伪造自己想要的消息的签名。这是因为此时消息 $|P'\rangle$ 是被 r 加密的密文。但是 Bob 仍然可以在验证阶段伪造签名，通过纠纷要求 Trent 裁判。此时，r 已经被公布且 Bob 能够选择合适的 Pauli 操作。因此，Bob 可以通过已知消息攻击进行存在性伪造。类似于用 Bell 态的 AQS 方案，当所签消息是经典消息时，这种伪造变为一般性伪造。

不难看出引入参数 r 对 Alice 的否认没有影响。因为 Trent 在判断结束后将 $|S_A\rangle$ 发回给 Bob（以 $|Y_B\rangle$ 的形式），Alice 仍然能够改变其中的态使得 $(|P\rangle,|S_A\rangle,r)$ 不再是合法的签名消息。而且由于 Bob 不知道 K_{AT}，这种攻击不会被发现。这样 Alice 可以否认自己签过的任何消息。

6.2.3 讨论

接下来分析对 AQS 方案攻击成功的原因以及相应的解决办法。不失一般性，以 Bell 态的 AQS 方案[13]为例给出分析。

AQS 方案会受到上述攻击方案威胁的原因有以下三方面。

(1) 由于签名消息是量子的，Trent 不知道其内容。因此，当纠纷发生时 Trent 要求 Bob 提供签名消息($|P\rangle$, $|S\rangle$)，并且通过验证式(6-24)是否成立来断定谁在欺骗。这个事实给了 Alice 和 Bob 不被发现地修改消息的机会。

(2) 虽然 QOTP 能够保证数据高度安全，但是不适用于 AQS。一方面，这个方案逐比特地加密量子态。因此，Alice 和 Bob 可以轻易地找到并修改他们想修改的密文中的量子态，而其他的态保持不变。另一方面，Pauli 操作彼此对易和反对易使得在 Bob 对 $|P\rangle$ 和 $|S_1\rangle$ 执行相同的 Pauli 操作之后仍然能够通过 Trent 的验证。因此，Bob 可以基于合法签名消息给出很多存在性伪造的签名消息。

(3) 作为 Trent 解决纠纷的最重要的证据，$|S_1\rangle$ 是用 Bob 所不知道的 K_{AT} 对 $|P\rangle$ 加密的密文。当 Trent 将 $|S_1\rangle$ 发回给 Bob 时，Bob 仍然无法读此消息且其完整性无法验证。这给 Alice 在不被发现条件下截获并修改 $|S_1\rangle$ 的机会，并且随后可以成功的否认自己的签名。

基于以上分析，可以用以下两种方式来改进 AQS 方案。

(1) 验证结束后，Trent 不发送 $|S_1\rangle$ 给 Bob 而是将其存储起来。当发生纠纷时，Trent 要求 Bob 提供 $|P\rangle$ 并且根据式(6-24)验证 $|P\rangle$ 和 $|S_1\rangle$ 的关系。这样 Alice 和 Bob 都没有机会在 Trent 验证之后修改 $|S_1\rangle$。但是这种改进不能抵抗 Bob 接收到消息(即 Trent 验证之前)立即进行伪造的攻击。而且还有一点劣势即 Trent 需要存储签名($|S_1\rangle$)，这在验证阶段给其带来很大的负担。

(2) 为了保证签名 $|S_1\rangle$ 的完整性可以在 AQS 方案中引入量子消息认证。例如，Alice 在将 $|S_1\rangle$ 发送给 Bob 之前，可以用 K_{AT} 将其编码为认证消息 $|S'_A\rangle$。因此 Trent 接收到 Bob 发来的 $|S'_A\rangle$ 时可以验证其完整性。类似地，Trent 在将 $|S'_A\rangle$ 发送给 Bob 之前可以用 K_B 将其编码为认证消息 $|S'_{AB}\rangle$。因此当 Bob 接收到签名消息时，他可以验证其是否在传输过程中被修改过。这样 Alice 和 Bob 的攻击都可以抵抗，但如何设计合适的认证方案有待进一步研究。

另外，哈希函数是经典数字签名中抵抗存在性攻击的普遍方法。如果存在作用于量子消息上的哈希函数，其将是抵抗 Bob 伪造的有效方法。但是，其不能抵抗 Alice 的否认，而且这样的哈希函数的可用性还需进一步研究。

6.2.4 小结

本节分析了仲裁量子签名方案的安全性，并且给出了 Alice 和 Bob 的攻击策略。具体地，Bob 在已知消息攻击策略下可以对 Alice 的签名进行存在性伪造，更糟糕地，Bob 可以对经典消息进行一般性伪造。此外，在这些方案中 Alice 可以否认自己的任何签名。本节详细地描述了这些攻击策略，并且给出了改进这些方案的建议。虽然 AQS 方案存在了这些安全漏洞，但是这些漏洞可以通过使用消息认证等方法弥补。因此，AQS 方案仍然是有价值的，且值得进一步研究。

6.3 仲裁量子签名安全性再分析

上一节的研究表明，以 Pauli 算子作为基本加密算子的 QOTP 无法应用在仲裁量子签名方案中来抵御伪造攻击。为了克服这样的安全性隐患，Choi 等人给出了一种改进的量子加密算法构造方案。本节证明了这种广泛应用于仲裁量子签名方案中的 Choi 加密算法在接收者伪造攻击下仍然是脆弱的。进一步地，本节从更为一般的角度证明了现有的针对量子消息和经典消息的加密算法，如果直接用于仲裁量子签名方案的设计，同样无法抵御接收者的伪造攻击。

6.3.1 Choi 加密算法的脆弱性分析

1. 算法介绍

Choi 等人认为接收者之所以能够进行一节所上述的伪造攻击，其本质在于 QOTP 中 Pauli 算子的对易性[24]。如果能够设计出一种新的加密算法来使得加密算子和 Pauli 算子不再满足对易关系，这种伪造攻击就可以避免。具体地，Choi 等人引入了如下的辅助酉操作

$$\boldsymbol{H}=\frac{1}{2}(\boldsymbol{I}+i\boldsymbol{\sigma}_x-i\boldsymbol{\sigma}_y+i\boldsymbol{\sigma}_z) \tag{6-32}$$

即 Hadamard 门，来构造出一种新的量子加密方式，这里构造出的新加密算子为 $\{\boldsymbol{\sigma}_i\boldsymbol{H}\mid i=0,1,2,3\}$。可以验证新的量子加密算子满足

$$\frac{1}{2}\mathrm{tr}[(\boldsymbol{\sigma}_i\boldsymbol{H})^\dagger(\boldsymbol{\sigma}_j\boldsymbol{H})]=\frac{1}{2}\mathrm{tr}[\boldsymbol{H}^\dagger\boldsymbol{\sigma}_i{}^\dagger(\boldsymbol{\sigma}_j\boldsymbol{H})]=\begin{cases}0, i\neq j\\1, i=j\end{cases} \tag{6-33}$$

由文献[28]可知，新构造的量子算法仍然满足基本加密算子的条件。

2. 算法分析

在介绍了 Choi 等人提出的量子加密算法之后，本节来分析这种改进加密算法[24]是否能够抵御接收者的伪造攻击。首先考虑 Choi 加密算法在 Gao 等人攻击方案下的安全性。

不妨以单量子比特为例，显然在 Gao 等人的攻击策略下，Bob 能够对 $|p_i\rangle$ 和 $|s_{1i}\rangle$ 执行相同的 Pauli 操作 $\boldsymbol{U}_i$ 来进行伪造。那么在 Choi 等人的加密算法下，Bob 是否可以执行同样的伪造操作呢？同样以 6.1.3.2 节中的 Bell 态仲裁量子签名方案为例，显然在 Choi 的改进加密算法下，签名形式有如下关系：

$$\begin{aligned}|S'\rangle&=\bigotimes_{i=1}^{n}\boldsymbol{U}_i|s_{1i}\rangle=\bigotimes_{i=1}^{n}\boldsymbol{U}_i\boldsymbol{E}_{K_A^{2i-1},K_A^{2i}}\boldsymbol{H}\boldsymbol{E}'_{K_A^i}|p_i\rangle\\&\neq\bigotimes_{i=1}^{n}\boldsymbol{E}_{K_A^{2i-1},K_A^{2i}}\boldsymbol{H}\boldsymbol{E}'_{K_A^i}\boldsymbol{U}_i|p_i\rangle\neq\boldsymbol{E}_{K_A}\boldsymbol{H}\boldsymbol{E}'_{K_A}|P'\rangle\end{aligned} \tag{6-34}$$

从(6-34) 式不难看出，如果在 Choi 加密改进算法下，对 $|p_i\rangle$ 和 $|s_{1i}\rangle$ 执行相同的 Pauli 操作 $\boldsymbol{U}_i$，这样生成的新签名对($|P'\rangle$, $|S'\rangle$)是无法通过仲裁 Trent 验证的，也就是说在 Choi 等人的加密算法[24] 可以抵御 Gao 等人的伪造攻击，在这种攻击下有很好的抗性。

但是可以发现，Gao 等人的攻击策略具有很大的特殊性，即要求攻击者对于消息和对应的签名执行相同的伪造操作。事实上，Bob 完全可以根据实际需要，对消息和签名执行不同

的伪造操作来实现伪造攻击。在更为一般的情况下，Bob 伪造的消息和对应的签名可以记为

$$
\begin{aligned}
|P'\rangle &= \boldsymbol{U}|P\rangle \\
|S'\rangle &= \boldsymbol{Q}|S\rangle
\end{aligned} \tag{6-35}
$$

这里的 $\boldsymbol{U}$，$\boldsymbol{Q}$ 分别表示 Bob 对于签名消息和对应签名进行的伪造酉操作。之后 Bob 将伪造后的量子签名消息对（$|P'\rangle$，$|S'\rangle$）发给 Trent。如果这个签名对能够通过 Trent 的验证，则 Bob 的伪造成功。实际上，Bob 伪造成功的条件完全可以由 Trent 的验证算子来表示，详细描述如下：

与验证阶段的第二步相似，Trent 用 K_{AT} 从收到的签名 $|S'\rangle$ 中试图恢复出信息 $|\widetilde{P^r}\rangle$（这种假设更具有一般性），并判断其与收到的消息 $|P'\rangle$ 是否相等。具体来说，在对签名 $|S\rangle$ 已经进行伪造操作 $\boldsymbol{Q}$ 的情况下，$|\widetilde{P^r}\rangle$ 的形式为

$$
\begin{aligned}
|\widetilde{P^r}\rangle &= F^{\dagger}_{K_{AT}}|S'\rangle = F^{\dagger}_{K_{AT}}\boldsymbol{Q}|S\rangle \\
&= F^{\dagger}_{K_{AT}}\boldsymbol{Q}F_{K_{AT}}|P\rangle
\end{aligned} \tag{6-36}
$$

这里 F_k 表示生成签名的加密方案，进而 Bob 成功伪造签名的条件就转换为判断下式

$$\boldsymbol{U}|P\rangle = \alpha F^{\dagger}_{K_{AT}}\boldsymbol{Q}F_{K_{AT}}|P\rangle \tag{6-37}$$

是否成立，这里 α 表示全局相位。进一步将上式用算子的形式直接给出，即

$$\boldsymbol{U} = \alpha F^{\dagger}_{K_{AT}}\boldsymbol{Q}F_{K_{AT}} \tag{6-38}$$

换句话说，如果 Bob 对原始签名执行酉操作 $\boldsymbol{Q}$，并且发现 Trent 按照正常方案执行解密操作后，所有对应可能的解密算子在忽略全局相位下都相等为 $\boldsymbol{U}$，那么 Bob 就可以对量子消息 $|P\rangle$ 执行 $\boldsymbol{U}$ 操作，来完成存在性伪造攻击。经过上述的研究可以发现，此时伪造的签名对（$\boldsymbol{U}|P\rangle$，$\boldsymbol{Q}|S\rangle$）完全可以通过 Trent 的检测。至此，签名接收者伪造成功的充要条件就完全转换成式(6-38) 描述的算子对应关系。具体来说，如果式(6-38) 成立，那么 Bob 就可以通过对量子消息 $|P\rangle$ 执行 $\boldsymbol{U}$ 操作，对签名 $|S\rangle$ 执行 $\boldsymbol{Q}$ 操作来成功伪造新的，可通过 Trent 验证的签名对（$\boldsymbol{U}|P\rangle$，$\boldsymbol{Q}|S\rangle$）。

显然上述的结论从一个极为一般的角度，给出了接收者成功伪造签名的充要条件。不难发现，如果加密算子 F_k 均由 *Pauli* 算子构成，那么在 $\boldsymbol{U}=\boldsymbol{Q}$ 均为 Pauli 算子的时候，式(6-38) 一定成立。这也就意味着 Bob 可以进行 Pauli 伪造，完全描述了 Gao 等人的结论。以此结论为基础，Choi 等人加密算法[24] 是否能够抵御 Bob 伪造攻击的问题，也可以得到确切的解答。

同样以 6.1.3.2 节中的 Bell 态仲裁量子签名方案为例，考虑单量子比特，假设 Bob 在对签名 $|S\rangle$ 的某个单量子比特 $|s_i\rangle$ 上执行 $\boldsymbol{Q}_i$ 的伪造操作，此时 Trent 按照正常方案流程来解密签名，他手中可能的解密算子就变为如下的形式

$$\boldsymbol{U}'_{Td} = (\boldsymbol{E}'_{k^i_{AT}})^{\dagger}\boldsymbol{H}^{\dagger}(\boldsymbol{E}_{K^i_{AT}})^{\dagger}\boldsymbol{Q}_i\boldsymbol{E}_{K^i_{AT}}\boldsymbol{H}\boldsymbol{E}'_{k^i_{AT}} \tag{6-39}$$

显然，如果 $\boldsymbol{U}'_{Td}$ 在不考虑 $\boldsymbol{E}_{K^i_{AT}}$，$\boldsymbol{E}'_{k^i_{AT}}$ 的具体形式下能够对应为一个确定的酉操作，那么就可以肯定改进的方案仍然是无法抵御 Bob 伪造攻击的。

为了验证这一点，假设 $\boldsymbol{Q}_i=\boldsymbol{\sigma}_x$，则上面的解密算子变为

$$\boldsymbol{U}'_{Td} = (\boldsymbol{E}'_{k^i_{AT}})^{\dagger}\boldsymbol{H}^{\dagger}(\boldsymbol{E}_{K^i_{AT}})^{\dagger}\boldsymbol{\sigma}_x\boldsymbol{E}_{K^i_{AT}}\boldsymbol{H}\boldsymbol{E}'_{k^i_{AT}} \tag{6-40}$$

由于 $\boldsymbol{E}'_{k^i_{AT}} \in \{\boldsymbol{\sigma}_x, \boldsymbol{\sigma}_z\}$，$\boldsymbol{E}_{K^i_{AT}} \in \{\boldsymbol{I}, \boldsymbol{\sigma}_x, \boldsymbol{\sigma}_y, \boldsymbol{\sigma}_z\}$，那么根据 Pauli 算子对易性，上式可以进一步简化为下式

$$U'_{Td} = (HE'_{k^i_{AT}})^{\dagger}\boldsymbol{\sigma}_x HE'_{k^i_{AT}} \tag{6-41}$$

由于在 Choi 等人的改进版本[24]中，$H=(I+i\boldsymbol{\sigma}_x - i\boldsymbol{\sigma}_y + i\boldsymbol{\sigma}_z)/2$，那么易得

$$H^{\dagger}\sigma_x H = \frac{1}{4}\begin{pmatrix} 1-i & -i+1 \\ -i-1 & 1+i \end{pmatrix}\begin{pmatrix} 0 & 1 \\ 1 & 0 \end{pmatrix}\begin{pmatrix} 1+i & i-1 \\ 1+i & 1-i \end{pmatrix} = \begin{pmatrix} 1 & 0 \\ 0 & -1 \end{pmatrix} = \boldsymbol{\sigma}_z \tag{6-42}$$

综合 Pauli 算子的对易性和式(6-39)，Trent 的解密算子可以变为

$$U'_{Td} = (E'_{k^i_{AT}})^{\dagger}\boldsymbol{\sigma}_z(E'_{k^i_{AT}}) = \boldsymbol{\sigma}_z(E'_{k^i_{AT}})^{\dagger}E'_{k^i_{AT}} = \boldsymbol{\sigma}_z \tag{6-43}$$

这表示如果 Bob 对 $|p_i\rangle$ 执行 $\boldsymbol{\sigma}_z$ 操作，对相应的签名量子比特 $|s_i\rangle$ 执行 $\boldsymbol{\sigma}_x$ 操作，此时生成的签名对就可以完全通过 Trent 的验证。不难看出，这个结果可以拓展到 Bob 的任意 Pauli 伪造攻击上。综上可以发现，Choi 等人的仲裁量子签名改进算法[24]无法抵御签名接收者的伪造攻击，它仍然是不安全的。

综上，本节分析了 Choi 加密算法在伪造攻击下的脆弱性，证明了在更为一般的伪造攻击下，Choi 的加密算法无法保证仲裁量子签名方案的安全性。同时在研究中，给出了攻击者(包括签名接收者)成功伪造签名的充要条件，这也为后续的研究提供了很好的基础。

6.3.2 一般性加密算法的脆弱性分析

上一节证明了一种广泛应用的量子加密算法(Choi 的改进加密算法)是无法抵御接收者的伪造攻击的。本节从更为一般的角度，证明了现有的以保密通信为目的设计的一般性量子加密算法并不能直接用于仲裁量子签名来抵御伪造攻击，即现有的加密算法在伪造攻击下依然是脆弱的。具体地，本节从量子消息加密和经典消息加密两个角度对现有加密算法进行了分类，然后对于它们在伪造攻击下的脆弱性分别进行了详细的分析。为了研究的简便，本节只针对仲裁量子签名方案中最为基本的签名生成方式，即签名只由量子加密算法生成。

1. 一般性量子消息加密算法分析

对于仲裁量子签名方案来说，一个最大的优势就是可以签署量子消息。由于经典消息可以直接编码为量子态，仲裁量子签名方案也被认为具有很好的普适性。本节考虑在仲裁量子签名方案签署量子消息的时候，所采取的量子加密算法是否能够抵御伪造攻击。

不失一般性，假设一组单量子比特加密算子为$\{W_1, W_2, W_3, W_4\}$，这里不考虑加密算子的具体形式，而只要求其满足保密通信最基本的条件[28]，即

$$\frac{1}{2}tr[W_i^{\dagger}W_j] = \delta_{i,j} = \begin{cases} 0, i \neq j \\ 1, i = j \end{cases} \tag{6-44}$$

此外，根据式(6-38)在忽略生成签名的量子信息预处理等过程时，接收者能够成功伪造合法签名的条件转化为

$$U = W_1^{\dagger}QW_1 = \alpha_1 W_2^{\dagger}QW_2 = \alpha_2 W_3^{\dagger}QW_3 = \alpha_3 W_4^{\dagger}QW_4 \tag{6-45}$$

这里 α_i 是满足 $|\alpha_i|=1$ 的复数。进一步上述结果可以等价为，存在一个酉操作 Q 使得其与 $W_iW_j^{\dagger}$ 可对易。此时接收者只需对量子消息执行 U 操作，对签名执行 Q 操作，生成的签名对 $(U|P\rangle, Q|S\rangle)$ 即可通过 Trent 的验证。

利用上述条件，可以看出，如果忽略生成签名时的量子信息预处理过程，那么对于建立在 QOTP 的仲裁量子签名方案，$W_iW_j^{\dagger}$ 均为 Pauli 算子 P_k，而 Pauli 算子本身就存在对易性，任意的 Pauli 算子都会跟 $W_iW_j^{\dagger}$ 对易。此外，容易发现，在 Choi 等人的改进思想中[24] $W_i =$

$\boldsymbol{P}_i\boldsymbol{w}, \boldsymbol{W}_j=\boldsymbol{P}_j\boldsymbol{w}$，此时 $\boldsymbol{W}_i\boldsymbol{W}_j^\dagger$ 仍为 Pauli 算子。所以这也显示了该改进策略的局限性。

本节想要证明的是，在签名只由量子加密算法生成的时候，满足式(6-44)条件的量子加密算法并不能够抵御接收者的伪造攻击(即满足条件式(6-44)的量子加密算子必然也会满足式(6-45)的条件)。为了证明这一点，先将满足式(6-44)条件的量子加密算子集合设为

$$\begin{aligned}&\boldsymbol{W}_1=\boldsymbol{w}, && \boldsymbol{W}_2=(a_1\boldsymbol{\sigma}_x+b_1\boldsymbol{\sigma}_y+c_1\boldsymbol{\sigma}_z)\boldsymbol{w},\\ &\boldsymbol{W}_3=(a_2\boldsymbol{\sigma}_x+b_2\boldsymbol{\sigma}_y+c_2\boldsymbol{\sigma}_z)\boldsymbol{w}, && \boldsymbol{W}_4=(a_3\boldsymbol{\sigma}_x+b_3\boldsymbol{\sigma}_y+c_3\boldsymbol{\sigma}_z)\boldsymbol{w}\end{aligned} \tag{6-46}$$

这里 $|a_i|^2+|b_i|^2+|c_i|^2=1$，$\boldsymbol{w}$ 是任何一个可能的酉算子。进一步根据式(6-44)中对于加密算子正交性的要求，式(6-46)中的参数需要满足如下条件

$$\begin{cases}a_1^*a_2+b_1^*b_2+c_1^*c_2=0\\ a_1^*a_3+b_1^*b_3+c_1^*c_3=0\\ a_2^*a_3+b_2^*b_3+c_2^*c_3=0\end{cases} \tag{6-47}$$

在此将式(6-44)的基本量子加密算法条件形式化的表示为式(6-46)和式(6-47)式。在此基础上，讨论上述量子加密算子是否能够抵御攻击者的伪造攻击。在此之前，引入定理 6.1 以备后续论证。

定理 6.1 如果酉算子

$$\boldsymbol{T}=A\boldsymbol{I}+B\boldsymbol{\sigma}_x+C\boldsymbol{\sigma}_y+D\boldsymbol{\sigma}_z \tag{6-48}$$

和酉算子

$$\boldsymbol{T}'=m\boldsymbol{\sigma}_x+n\boldsymbol{\sigma}_y+l\boldsymbol{\sigma}_z \tag{6-49}$$

对易，则必须满足这样的条件 $Bm+Cn+Dl=0$ 或 $Bn=Cm, Bl=Dm, Cl=Dn$。

证明：根据定义，可以将两个操作的对易性直接表示为

$$\begin{aligned}&(A\boldsymbol{I}+B\boldsymbol{\sigma}_x+C\boldsymbol{\sigma}_y+D\boldsymbol{\sigma}_z)(m\boldsymbol{\sigma}_x+n\boldsymbol{\sigma}_y+l\boldsymbol{\sigma}_z)\\ &=\alpha(m\boldsymbol{\sigma}_x+n\boldsymbol{\sigma}_y+l\boldsymbol{\sigma}_z)(A\boldsymbol{I}+B\boldsymbol{\sigma}_x+C\boldsymbol{\sigma}_y+D\boldsymbol{\sigma}_z)\end{aligned} \tag{6-50}$$

根据 Pauli 算子的线性关系，可以将上式进行相应的数学展开，根据对应项相等的条件，可以确定 $\alpha=1$ 或者 -1。当 $\alpha=1$ 时，对应 $Bn=Cm, Bl=Dm, Cl=Dn$；当 $\alpha=-1$ 时，对应 $Bm+Cn+Dl=0$。至此，定理 6.1 的充分性得到了证明。至于定理 6.1 的必要性可以通过简单的代入即可证明。

之后，继续考虑在式(6-46)和式(6-47)两个基本条件下的量子加密算子是否满足式(6-45)。具体来说，能否找到一个酉算子使其与 $\boldsymbol{W}_i\boldsymbol{W}_j^\dagger$ 对易呢？不失一般性，在此仅考虑其中 $i>j$ 的情况(实际上其他情况是此类型的重复)，所有的 $\boldsymbol{W}_i\boldsymbol{W}_j^\dagger$ 可以描述为如下的形式，这里的 $\boldsymbol{M}_i$ 是为了描述的方便引入的：

$$\begin{aligned}&\boldsymbol{M}_1=\boldsymbol{W}_2\boldsymbol{W}_1^\dagger=(a_1\boldsymbol{\sigma}_x+b_1\boldsymbol{\sigma}_y+c_1\boldsymbol{\sigma}_z)\\ &\boldsymbol{M}_2=\boldsymbol{W}_3\boldsymbol{W}_1^\dagger=(a_2\boldsymbol{\sigma}_x+b_2\boldsymbol{\sigma}_y+c_2\boldsymbol{\sigma}_z)\\ &\boldsymbol{M}_3=\boldsymbol{W}_4\boldsymbol{W}_1^\dagger=(a_3\boldsymbol{\sigma}_x+b_3\boldsymbol{\sigma}_y+c_3\boldsymbol{\sigma}_z)\\ &\boldsymbol{M}_2\boldsymbol{M}_1^\dagger=\boldsymbol{W}_3\boldsymbol{W}_2^\dagger=(a_2\boldsymbol{\sigma}_x+b_2\boldsymbol{\sigma}_y+c_2\boldsymbol{\sigma}_z)(a_1^*\boldsymbol{\sigma}_x+b_1^*\boldsymbol{\sigma}_y+c_1^*\boldsymbol{\sigma}_z)\\ &\boldsymbol{M}_3\boldsymbol{M}_1^\dagger=\boldsymbol{W}_4\boldsymbol{W}_2^\dagger=(a_3\boldsymbol{\sigma}_x+b_3\boldsymbol{\sigma}_y+c_3\boldsymbol{\sigma}_z)(a_1^*\boldsymbol{\sigma}_x+b_1^*\boldsymbol{\sigma}_y+c_1^*\boldsymbol{\sigma}_z)\\ &\boldsymbol{M}_3\boldsymbol{M}_2^\dagger=\boldsymbol{W}_4\boldsymbol{W}_3^\dagger=(a_3\boldsymbol{\sigma}_x+b_3\boldsymbol{\sigma}_y+c_3\boldsymbol{\sigma}_z)(a_2^*\boldsymbol{\sigma}_x+b_2^*\boldsymbol{\sigma}_y+c_2^*\boldsymbol{\sigma}_z)\end{aligned} \tag{6-51}$$

现在问题就变成了是否能够找到一个酉算子跟上述操作对易。显然根据式(6-47)和定理 6.1，可得 $\boldsymbol{M}_i\boldsymbol{M}_k^\dagger=-\boldsymbol{M}_k^\dagger\boldsymbol{M}_i$。由此进一步可得：$\boldsymbol{M}_k\boldsymbol{M}_i=-\boldsymbol{M}_i\boldsymbol{M}_k$。另外我们不难看出 $\boldsymbol{M}_k$ 跟

$M_iM_j^\dagger$ 也是对易的。这一点可以由下面 3 种情况得到：

(1) $k=i$

$$M_k(M_iM_j^\dagger)=M_i(-M_j^\dagger M_i)=(-M_j^\dagger M_i)M_i=(-M_j^\dagger M_i)M_k \tag{6-52}$$

(2) $k=j$

$$M_k(M_iM_j^\dagger)=-(M_iM_j)M_j^\dagger=(-M_iM_j^\dagger)M_j=(-M_iM_j^\dagger)M_k \tag{6-53}$$

(3) $k\neq i\neq j$

$$M_k(M_iM_j^\dagger)=-(M_iM_k)M_j^\dagger=M_i(M_j^\dagger M_k)=(M_iM_j^\dagger)M_k \tag{6-54}$$

综上所述，任意的酉算子 M_i 都可以跟 $W_iW_j^\dagger$ 对易。这也就意味着，对于任意满足式(6-44)的加密算子都不能直接用于仲裁量子签名的生成，因为它无法保证方案抵御接收者的伪造攻击。

至此，本节分析了满足基本保密通信要求的一般性量子消息加密算法，如果直接用来生成签名，并不能够抵御攻击者的伪造攻击。

2. 一般性经典消息加密算法分析

上节针对签署量子信息的情况，从理论上证明了以保密通信为目的一类量子加密算法无法抵御签名接收者的伪造攻击。在此基础上，一个直观的想法是如果能够将条件做一定的限制，例如令仲裁量子签名只签署经典消息，那么是否会存在新的量子加密方式抵御接收者的伪造攻击呢？本节正是沿着这个思路，分析了一般性经典消息加密算法在仲裁量子签名中的脆弱性问题(这种加密算法并不能归结于量子一次一密的算法)，证明了接收者依然可以在这种一般性经典消息加密算法下，成功实现伪造攻击。

首先，将该加密算法思想的一般形式在表 6-2 中详细描述，这里设加密算法为 $F_k(k=00,01,10,11)$。

表 6-2 单比特经典信息加密算法[29]

加密信息 M_i / 共享密钥 K_i	0	1
0	$\vert\psi_0\rangle$	$\vert\psi_1\rangle$
1	$\vert\phi_0\rangle$	$\vert\phi_1\rangle$

对于单比特来说，表中的 K_i 表示加密共享的密钥，M_i 表示待加密的经典消息，并且 $\{K_i,M_i\}=\{0,1\}$。由表(6-2)可知，如果一个参与者想要加密消息比特 M_i，他会根据共享的密钥比特将对应的量子态 $\{|\psi_0\rangle,|\psi_1\rangle,|\phi_0\rangle,|\phi_1\rangle\}$ 发送给另外一方。同时根据保密通信理论，这里 $\{|\phi_0\rangle,|\phi_1\rangle\}$，$\{|\psi_0\rangle,|\psi_1\rangle\}$ 为两组相互无偏的单比特测量基(因为只有在两组基相互无偏的情况下，接收方才能以完全随机的概率来确定具体的加密明文，这也是保密通信的基本要求)。

如果将上述加密算法直接用到仲裁量子签名里来签署经典消息，那么 Alice 的签名形式可记为

$$|S\rangle=F_{K_{AT}}(M) \tag{6-55}$$

进一步分析它能否抵御接收者的伪造攻击。为了研究的简便，先以一个特殊的例子直观展现该加密算法安全性。由于 X 基和 Z 基是单量子比特测量中常见相互无偏基，不妨令

$$|\psi_0\rangle=|0\rangle,|\psi_1\rangle=|1\rangle$$

$$|\phi_0\rangle=|+\rangle=\frac{1}{\sqrt{2}}(|0\rangle+|1\rangle),|\phi_1\rangle=|-\rangle=\frac{1}{\sqrt{2}}(|0\rangle-|1\rangle) \tag{6-56}$$

事实上,这种构造方式也是签署经典信息的量子签名方案中常用的一种具体加密构造方法。不过这种加密算法显然是无法抵御接收者攻击的。可以发现如果接收者 Bob 想要把经典消息 M_i 变为$\overline{M_i}$(这里 $M_i\oplus\overline{M_i}=1$)并得到对应的签名,他只需对对应的签名量子比特$|S_i\rangle$作用 $i\boldsymbol{Y}$ 操作即可,因为在 $i\boldsymbol{Y}$ 下$|0\rangle\Leftrightarrow|1\rangle$,$|+\rangle\Leftrightarrow|-\rangle$,这里$\Leftrightarrow$表示量子态之间的相互转换。在进行了上述伪造操作之后,他公布自己的签名对为$(\overline{M_i},i\boldsymbol{Y}|S_i\rangle)$,显然该签名对也是可以通过 Trent 验证的。

上述的研究表明,两组特殊的相互无偏基是无法抵御接收者伪造攻击的。那么是否所有的相互无偏基都存在这样的安全性隐患呢?又或者说是否恰好只有 X 基和 Z 基才是不安全的构造方式呢?以下考虑一般的情况,并证明了对于任意相互无偏基$\{|\phi_0\rangle,|\phi_1\rangle\}$,$\{|\psi_0\rangle,|\psi_1\rangle\}$构造的量子加密算法,都能够构造一个酉操作 T,使得在 T 的作用下:$|\phi_0\rangle\Leftrightarrow|\phi_1\rangle$,$|\psi_0\rangle\Leftrightarrow|\psi_1\rangle$,也就是说接收者 Bob 完全可以在这种量子加密算法下实现伪造攻击。为了研究的方便,在此引入 Bloch 球的刻画方式来描述相互无偏基。

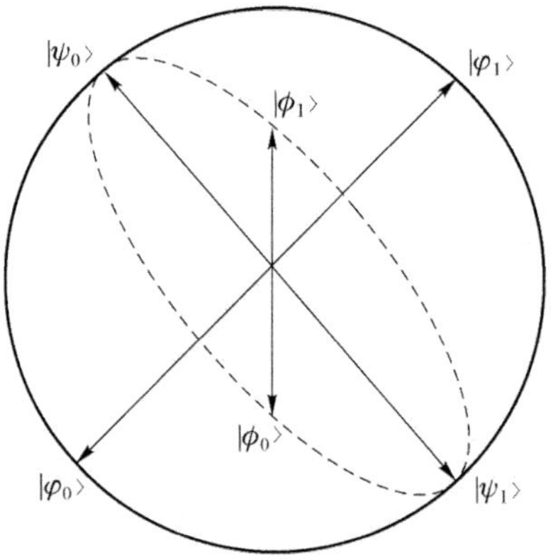

图 6-2 相互无偏的单量子比特测量基形式[29]

众所周知,量子测量基的相互无偏性完全可以由 Bloch 球上相互正交的向量来表示。那么对于单量子比特,显然可以由图 6-2 构造三组相互无偏测量基。同时,可以给出三组测量量子基之间的数学关系表示:

$$\begin{aligned}|\phi_0\rangle&=\frac{1}{\sqrt{2}}(|\psi_0\rangle+|\psi_1\rangle)\\|\phi_1\rangle&=\frac{1}{\sqrt{2}}(|\psi_0\rangle-|\psi_1\rangle)\\|\varphi_0\rangle&=\frac{1}{\sqrt{2}}(|\psi_0\rangle+i|\psi_1\rangle)\\|\varphi_1\rangle&=\frac{1}{\sqrt{2}}(|\psi_0\rangle-i|\psi_1\rangle)\end{aligned} \tag{6-57}$$

和

$$\begin{aligned}|\varphi_0\rangle&=\frac{1}{\sqrt{2}}(e^{i\pi/4}|\phi_0\rangle+e^{-i\pi/4}|\phi_1\rangle)\\|\varphi_1\rangle&=\frac{1}{\sqrt{2}}(e^{-i\pi/4}|\phi_0\rangle+e^{i\pi/4}|\phi_1\rangle)\end{aligned} \tag{6-58}$$

进一步来可以验证酉操作 $\boldsymbol{T}=|\varphi_0\rangle\langle\varphi_0|-|\varphi_1\rangle\langle\varphi_1|$可以同时完成 0,1 信息的转换,具体可见:

$$
\begin{aligned}
&T|\psi_0\rangle = i|\psi_1\rangle \\
&T|\psi_1\rangle = -i|\psi_0\rangle \\
&T|\phi_0\rangle = -i|\phi_1\rangle \\
&T|\phi_1\rangle = i|\phi_0\rangle
\end{aligned}
\tag{6-59}
$$

由此可以看出，如果签名者 Alice 利用这种加密方式生成经典消息的签名，Bob 在得到签名之后只需对签名进行 T 操作就可以进行任意的伪造。

综上可见，尽管一些加密思想在量子安全通信等量子密码方向有广泛的应用，但是它们并不能直接用于安全仲裁量子签名方案的设计中。研究表明：现有的一般性量子加密算法（无论是加密量子消息的一般性算法还是加密经典消息的一般性算法），在直接应用这些加密算法生成签名的时候，都无法抵御接收者的伪造攻击。从这一点上来看，可以认为正是由于量子加密算法的不合理使用，才导致了量子签名的不安全性。因此，从更为一般的角度去考虑和设计保证签名安全的量子加密算法，具有更深远的意义。

6.3.3 小结

本节首先分析了 Choi 等人提出的加密算法在伪造攻击下的脆弱性。可以发现，虽然 Choi 的改进算法能够抵御 Gao 等人提出的接收者伪造攻击，但是在将攻击策略做一般性扩展后，Choi 的改进算法就完全失去了安全的防护功能。在分析中，成功实现伪造攻击的充要条件也同时形式化的给出。进一步，本节分析了一般性加密算法直接应用于仲裁量子签名方案的脆弱性问题。研究发现，无论是一般性量子消息加密算法还是经典消息加密算法，都无法抵御伪造攻击。这些研究表明，以保密通信为目的设计的量子加密算法，并不能直接应用于仲裁量子签名中来保证方案的安全性。

6.4 提高仲裁量子签名安全性的策略

从前面两节的研究可以发现，加密算法对保证仲裁量子签名方案的安全性起到重要的作用，然而现有的量子加密算法如果直接应用在仲裁量子签名方案中，并不能够抵御伪造攻击。为此，本节从特殊和一般两个角度，提出了提高加密算法安全性的策略。首先，本节确定了 Choi 加密算法适用条件，证明了对于带有旋转签名预处理操作的仲裁量子签名方案（包括 6.1.3.1 节和 6.1.3.2 节仲裁量子签名方案）可以通过改进 Choi 加密算法来抵御伪造攻击；随后，本节提出了两个一般性的加密算法，并验证了这些加密算法在伪造攻击下的安全性和有效性。

6.4.1 特定条件下的 Choi 加密算法改进

从上一节的研究中可以发现，Choi 加密算法直接应用在仲裁量子签名方案中并不能抵御伪造攻击。但是这种引入辅助算子构造加密算法的思想，却给了理论研究重要的借鉴意义。本节证明了对于一类带有旋转签名预处理操作的仲裁量子签名方案，可以通过改进 Choi 加密算法来抵御伪造攻击。

不失一般性，将 Choi 加密算法中的辅助算子设为 W（用以代替 Choi 初始加密算法中的 H）。针对带有旋转签名预处理操作的仲裁量子签名方案，本节给出了能够抵御签名接收者伪造攻击的辅助算子 $\boldsymbol{W}$ 的构造方式,并将相应的构造条件称之为"安全性判据"。通过该判据,可以改进 Choi 加密算法使其能够抵御接收者的伪造攻击。

在介绍"安全性判据"之前,一个重要的数学结论需要提前提出。

定理 6.2 对于任何酉操作 $\boldsymbol{U}$,它和 Pauli 算子集合 $\{\boldsymbol{I},\boldsymbol{\sigma}_x,\boldsymbol{\sigma}_y,\boldsymbol{\sigma}_z\}$ 相互对易成立的充要条件是 $\boldsymbol{U}$ 形式为 $\{a\boldsymbol{I},b\boldsymbol{\sigma}_x,c\boldsymbol{\sigma}_y,d\boldsymbol{\sigma}_z\}$,这里 a,b,c,d 是复数。

证明:根据 Choi 等人的研究[24],酉操作 $\boldsymbol{U}$ 跟 $\boldsymbol{\sigma}_x$ 相互对易 $\boldsymbol{\sigma}_x\boldsymbol{U}=\alpha\boldsymbol{U}\boldsymbol{\sigma}_x$ $(\alpha\neq0)$ 的条件为 $a\boldsymbol{I}+b\boldsymbol{\sigma}_x$ 或者 $c\boldsymbol{\sigma}_y+d\boldsymbol{\sigma}_z$。为了证明定理 6.2,首先讨论酉操作 $\boldsymbol{U}$ 跟 $\boldsymbol{\sigma}_x$ 和 $\boldsymbol{\sigma}_z$ 同时可对易的条件。

对于 $\boldsymbol{U}=a\boldsymbol{I}+b\boldsymbol{\sigma}_x$,$\boldsymbol{U}\boldsymbol{\sigma}_z$ 和 $\alpha\boldsymbol{U}\boldsymbol{\sigma}_z$ 相等对应为

$$\alpha a\boldsymbol{\sigma}_z+\alpha b\boldsymbol{\sigma}_z\boldsymbol{\sigma}_x=\alpha a\boldsymbol{\sigma}_z-\alpha b\boldsymbol{\sigma}_x\boldsymbol{\sigma}_z \tag{6-60}$$

如果 $a\neq0$,那么 b 一定为 0,并且 $\alpha=1$;如果 $b\neq0$,那么 a 一定为 0,并且 $\alpha=-1$。当 $\boldsymbol{U}=c\boldsymbol{\sigma}_y+d\boldsymbol{\sigma}_z$ 时,相等的条件为 $c\neq0,d=0,\alpha=-1$ 或者 $d\neq0,c=0,\alpha=1$。因此,如果 $\boldsymbol{U}$ 同时跟 $\boldsymbol{\sigma}_x,\boldsymbol{\sigma}_z$ 相互对易,它的形式为 $a\boldsymbol{I},d\boldsymbol{\sigma}_z,b\boldsymbol{\sigma}_x,c\boldsymbol{\sigma}_y$。其他的情况可以进行类似地推导。结果表明如果 $\boldsymbol{U}$ 能够和 Pauli 算子集合相互对易,它需要取自集合 $\{a\boldsymbol{I},d\boldsymbol{\sigma}_z,b\boldsymbol{\sigma}_x,c\boldsymbol{\sigma}_y\}$,这里 a,b,c,d 是复数。

当然,容易发现,如果 U 取自集合 $\{a\boldsymbol{I},d\boldsymbol{\sigma}_z,b\boldsymbol{\sigma}_x,c\boldsymbol{\sigma}_y\}$,它一定可以和 *Pauli* 算子集合进行相互对易。

在此之后,假定辅助操作为 $\boldsymbol{W}$ 的一般情况,考虑在加密算法 $\{\boldsymbol{W}\boldsymbol{\sigma}_i\}$ 能够抵御 Bob 伪造攻击的条件。显然可以将式(6-38)中所示的成功伪造签名的充要条件进行详细的阐释,假如 Bob 对原始签名执行酉操作 $\boldsymbol{Q}$,并且发现 Trent 按照正常方案执行解密操作后,所有对应可能的解密算子在忽略全局相位下都为 $\boldsymbol{U}$,那么 Bob 就可以对量子消息 $|P\rangle$ 执行 $\boldsymbol{U}$ 操作,来完成存在性伪造攻击。既然 Trent 对于签名的所有解密算子形式直接决定了 Bob 是否能够成功伪造签名,那么在考虑伪造攻击之前,先将 Trent 在攻击下的所有解密算子形式在表 6-3 中完整的刻画出来。

表 6-3 Trent 可能的解密算子形式[30]

旋转 $E'_{K^i_{AT}}$ / 加密 $E_{K^i_{AT}}$	$\boldsymbol{\sigma}_z$	$\boldsymbol{\sigma}_x$
$\boldsymbol{I}$	$\boldsymbol{\sigma}_z\boldsymbol{W}^\dagger\boldsymbol{Q}_i\boldsymbol{W}\boldsymbol{\sigma}_z$	$\boldsymbol{\sigma}_x\boldsymbol{W}^\dagger\boldsymbol{Q}_i\boldsymbol{W}\boldsymbol{\sigma}_x$
$\boldsymbol{\sigma}_z$	$\boldsymbol{\sigma}_z\boldsymbol{W}^\dagger\boldsymbol{\sigma}_z\boldsymbol{Q}_i\boldsymbol{\sigma}_z\boldsymbol{W}\boldsymbol{\sigma}_z$	$\boldsymbol{\sigma}_x\boldsymbol{W}^\dagger\boldsymbol{\sigma}_z\boldsymbol{Q}_i\boldsymbol{\sigma}_z\boldsymbol{W}\boldsymbol{\sigma}_x$
$\boldsymbol{\sigma}_x$	$\boldsymbol{\sigma}_z\boldsymbol{W}^\dagger\boldsymbol{\sigma}_x\boldsymbol{Q}_i\boldsymbol{\sigma}_x\boldsymbol{W}\boldsymbol{\sigma}_z$	$\boldsymbol{\sigma}_x\boldsymbol{W}^\dagger\boldsymbol{\sigma}_x\boldsymbol{Q}_i\boldsymbol{\sigma}_x\boldsymbol{W}\boldsymbol{\sigma}_x$
$\boldsymbol{\sigma}_y$	$\boldsymbol{\sigma}_z\boldsymbol{W}^\dagger\boldsymbol{\sigma}_y\boldsymbol{Q}_i\boldsymbol{\sigma}_y\boldsymbol{W}\boldsymbol{\sigma}_z$	$\boldsymbol{\sigma}_x\boldsymbol{W}^\dagger\boldsymbol{\sigma}_y\boldsymbol{Q}_i\boldsymbol{\sigma}_y\boldsymbol{W}\boldsymbol{\sigma}_x$

表中的算子形式由带有旋转签名预处理操作的仲裁量子签名方案得来。在此基础上,Bob 能否成功伪造签名的研究就对应为讨论表 6-3 中的解密算子相等的条件。具体情况分析如下:

(1) 保证每一列的解密算子相同的条件。

直接将表中每一列算子的相等性对应为

$$\boldsymbol{\sigma}_z\boldsymbol{W}^\dagger\boldsymbol{Q}_i\boldsymbol{W}\boldsymbol{\sigma}_z=\boldsymbol{\sigma}_z\boldsymbol{W}^\dagger\boldsymbol{\sigma}_z\boldsymbol{Q}_i\boldsymbol{\sigma}_z\boldsymbol{W}\boldsymbol{\sigma}_z=\boldsymbol{\sigma}_z\boldsymbol{W}^\dagger\boldsymbol{\sigma}_x\boldsymbol{Q}_i\boldsymbol{\sigma}_x\boldsymbol{W}\boldsymbol{\sigma}_z=\boldsymbol{\sigma}_z\boldsymbol{W}^\dagger\boldsymbol{\sigma}_y\boldsymbol{Q}_i\boldsymbol{\sigma}_y\boldsymbol{W}\boldsymbol{\sigma}_z \tag{6-61}$$

和

$$\boldsymbol{\sigma}_x W^\dagger Q_i W \boldsymbol{\sigma}_x = \boldsymbol{\sigma}_x W^\dagger \boldsymbol{\sigma}_z Q_i \boldsymbol{\sigma}_z W \boldsymbol{\sigma}_x = \boldsymbol{\sigma}_x W^\dagger \boldsymbol{\sigma}_x Q_i \boldsymbol{\sigma}_x W \boldsymbol{\sigma}_x = \boldsymbol{\sigma}_x W^\dagger \boldsymbol{\sigma}_y Q_i \boldsymbol{\sigma}_y W \boldsymbol{\sigma}_x \tag{6-62}$$

进一步对式(6-61)和式(6-62)的等式两端执行对应的可逆操作,由此可以将上面两个相等关系归为一个相同的约束条件:

$$Q_i = \boldsymbol{\sigma}_z Q_i \boldsymbol{\sigma}_z = \boldsymbol{\sigma}_x Q_i \boldsymbol{\sigma}_x = \boldsymbol{\sigma}_y Q_i \boldsymbol{\sigma}_y \tag{6-63}$$

也就是说保证每列解密算子相同的条件是 Q_i 和 Pauli 操作能够相互对易。根据定理 6.2,Q_i 一定是忽略全局相位的广义 Pauli 算子。

(2) 保证每一行的解密算子相同的条件。

通过上述条件 1),可以确定 Q_i 是一个 Pauli 算子。根据 Pauli 算子的对易性,任何一行中两个解密算子相等的情况就转变为

$$\boldsymbol{\sigma}_z W^\dagger Q_i W \boldsymbol{\sigma}_z = \boldsymbol{\sigma}_x W^\dagger Q_i W \boldsymbol{\sigma}_x \tag{6-64}$$

实际上述条件也就是要求 $W^\dagger Q_i W$ 跟 $\boldsymbol{\sigma}_x \boldsymbol{\sigma}_z = -i\boldsymbol{\sigma}_y$ 可对易。根据 Choi 等的结论[24]易知,$W^\dagger Q_i W$ 的形式一定为 $aI + b\boldsymbol{\sigma}_y$ 或者 $c\boldsymbol{\sigma}_x + d\boldsymbol{\sigma}_z$。

进一步,将 W 设为一般的形式

$$W = \begin{pmatrix} \cos\theta e^{i\alpha} & \sin\theta e^{i\beta} \\ \sin\theta e^{i(\alpha+\gamma)} & -\cos\theta e^{i(\beta+\gamma)} \end{pmatrix} \tag{6-65}$$

$\theta,\alpha,\beta,\gamma \in [-\pi,\pi]$。并针对 $Q_i \in \{\boldsymbol{\sigma}_x, \boldsymbol{\sigma}_y, \boldsymbol{\sigma}_z\}$ 的情况,考虑行解密算子相等的条件。

假设 $Q_i = \boldsymbol{\sigma}_x$,可得

$$W^\dagger \boldsymbol{\sigma}_x W = \begin{pmatrix} W_{00} & W_{01} \\ W_{10} & -W_{00} \end{pmatrix} \tag{6-66}$$

这里

$$\begin{aligned} W_{00} &= \sin 2\theta \cos\gamma \\ W_{01} &= \sin^2\theta e^{i(\beta-\alpha-\gamma)} - \cos^2\theta e^{i(\beta-\alpha+\gamma)} \\ W_{10} &= \sin^2\theta e^{i(\alpha-\beta+\gamma)} - \cos^2\theta e^{i(\alpha-\beta-\gamma)} \end{aligned} \tag{6-67}$$

由上面提出的行解密算子相等条件可知,如果 $W^\dagger \boldsymbol{\sigma}_x W = c\boldsymbol{\sigma}_x + d\boldsymbol{\sigma}_z$,那么则有 $W_{01} = W_{10}$;如果 $W^\dagger \boldsymbol{\sigma}_x W = aI + b\boldsymbol{\sigma}_y$,那么就要求 $W_{00} = 0$ 且 $W_{01} = -W_{10}$。也就是说,行解密算子相等的条件就完全可以用式(6-67)中的参量来对应起来。直观地,引入这样的参数:

$$\begin{aligned} \Delta_{x_1} &= \sin^2\theta \sin(\beta-\alpha-\gamma) - \cos^2\theta \sin(\beta-\alpha+\gamma) \\ \Delta_{x_{21}} &= \sin 2\theta \cos\gamma \\ \Delta_{x_{22}} &= \sin^2\theta \cos(\beta-\alpha-\gamma) - \cos^2\theta \cos(\beta-\alpha+\gamma) \end{aligned} \tag{6-68}$$

则上述结论就对应为这样的参数关系:

$$\begin{aligned} &\Delta_{x_1} = 0 \Leftrightarrow W_{01} = W_{10} \\ &\Delta_{x_{21}} = \Delta_{x_{22}} = 0 \Leftrightarrow W_{00} = 0, W_{01} = -W_{10} \end{aligned} \tag{6-69}$$

为了更加清晰的归纳上述结论,设 $\Delta_x = \{\Delta_{x_1}, \Delta_{x_{21}}, \Delta_{x_{22}}\}$ 并定义 $\Delta_x = 0$ 的条件。即

$$\Delta_x = 0 \Leftrightarrow \{\Delta_{x_1} = 0\} \cup \{\Delta_{x_{21}} = \Delta_{x_{22}} = 0\} \tag{6-70}$$

这里 $\Delta_x = 0$ 就是使得 $W^\dagger \boldsymbol{\sigma}_x W$ 和 $\boldsymbol{\sigma}_y$ 相互对易的充要条件。也就是说,Bob 对量子消息执行 $W^\dagger \boldsymbol{\sigma}_x W$ 操作,对签名做 $\boldsymbol{\sigma}_x$ 操作,生成的新签名对 $(W^\dagger \boldsymbol{\sigma}_x W|p_i\rangle, \boldsymbol{\sigma}_x|s_i\rangle)$,就可以通过 Trent 的验证,即 Bob 成功地找到一种伪造攻击方式,简单地称之为"$\boldsymbol{\sigma}_x$ 型伪造"。相似地,考虑 Bob 的"$\boldsymbol{\sigma}_y$ 型伪造"和"$\boldsymbol{\sigma}_z$ 型伪造"对应的参数为

$$
\begin{aligned}
\Delta_{y_1} &= \sin^2\theta\cos(\beta-\alpha-\gamma)+\cos^2\theta\cos(\beta-\alpha+\gamma) \\
\Delta_{y_{21}} &= \sin 2\theta\sin\gamma, \\
\Delta_{y_{22}} &= \sin^2\theta\sin(\beta-\alpha-\gamma)+\cos^2\theta\sin(\beta-\alpha+\gamma)
\end{aligned}
\tag{6-71}
$$

和

$$
\begin{aligned}
\Delta_{z_1} &= \sin 2\theta\sin(\beta-\alpha) \\
\Delta_{z_{21}} &= \cos 2\theta \\
\Delta_{z_{22}} &= \sin 2\theta\cos(\beta-\alpha)
\end{aligned}
\tag{6-72}
$$

显然 $\Delta_y=0$，$\Delta_z=0$ 分别对应为 Bob 成功实现“$\boldsymbol{\sigma}_y$ 型伪造”和“$\boldsymbol{\sigma}_z$ 型伪造”的条件。相应地将“$\boldsymbol{\sigma}_x$ 型伪造”，“$\boldsymbol{\sigma}_y$ 型伪造”和“$\boldsymbol{\sigma}_z$ 型伪造”统称为“Pauli 型伪造”。

至此，本节已经给出了对于带有旋转签名预处理操作的仲裁量子签名方案，如果应用 Choi 加密算法来生成签名，接收者能够成功伪造签名的条件。事实上，在这种方案下，Bob 能够做的伪造攻击类型只能为“Pauli 型伪造”。结合以上研究结果，Bob 的存在性伪造攻击条件总结如下安全性判据。

安全性判据：对于采取旋转操作进行签名预处理的仲裁量子签名方案（包含了 GHZ 态仲裁量子签名方案，Bell 态仲裁量子签名方案，Choi 等人的改进方案等等），接收者 Bob 只能对 Alice 的签名执行“Pauli 型伪造”，并且“$\boldsymbol{\sigma}_i$ 型伪造”成功的充要条件为 $\Delta_i=0$，这里 $i\in\{x,y,z\}$。

不妨利用上述判决直接判断之前仲裁量子签名方案的安全性。显然对于 6.1 节提到的三个基本仲裁量子方案，$\boldsymbol{W}$ 的参数为 $\theta=\alpha=\gamma=0,\beta=\pi$；对于 Choi 等人的仲裁量子签名改进方案[24]，$\boldsymbol{W}$ 的参数为 $\theta=\alpha=\pi/4,\beta=3\pi/4,\gamma=0$。将其分别代入式(6-68)，式(6-71)和式(6-72)，可以发现

$$
\Delta_x=\Delta_y=\Delta_z=0 \tag{6-73}
$$

因此，Bob 在上述方案中，均能够成功伪造 Alice 的签名。

以此为基础可以发现，一些在量子信息中具有广泛应用的操作并不能用来作为辅助酉操作。例如，相位操作，Pauli 操作和 Clifford 算子都是不可行的。从另外一个角度来说，不难构造一些可阻止 Bob 在此类方案中成功伪造签名的辅助操作。这里以操作 $\boldsymbol{W}_a$ 为例：

$$
\boldsymbol{W}_a=\frac{1}{\sqrt{2}}\begin{pmatrix} 1 & e^{i\pi/4} \\ e^{-i\pi/4} & -1 \end{pmatrix} \tag{6-74}
$$

显然 $\boldsymbol{W}_a$ 的参数为 $\theta=\pi/4,\alpha=0,\beta=\pi/4,\gamma=-\pi/4$。在这种情况下，计算相应的参数可得

$$
\Delta_x=\left\{\frac{1}{2},\frac{1}{\sqrt{2}},-\frac{1}{2}\right\},\quad \Delta_y=\left\{\frac{1}{2},-\frac{1}{\sqrt{2}},\frac{1}{2}\right\},\quad \Delta_z=\left\{\frac{1}{\sqrt{2}},0,\frac{1}{\sqrt{2}}\right\} \tag{6-75}
$$

这也就是说，如果选择 $\boldsymbol{W}_a$ 来代替 Choi 等人仲裁量子签名改进方案[24]中的 $\boldsymbol{H}$，Bob 就无法成功的伪造 Alice 的签名。这种改进方式是直观而且简单的。跟 Choi 等人的改进思想[24]相似，这种只针对量子加密算法的改进方式，完整的保持了仲裁量子签名的优势。同时，可以验证其仍然满足基本的量子加密条件

$$
\frac{1}{2}\mathrm{tr}[(\boldsymbol{W}_a\boldsymbol{\sigma}_i)^{\dagger}\boldsymbol{W}_a\boldsymbol{\sigma}_j]=\frac{1}{2}\mathrm{tr}[\boldsymbol{\sigma}_i\boldsymbol{\sigma}_j]=\delta_{\sigma_i,\sigma_j} \tag{6-76}
$$

因此，这依然是一个可以用于实际的安全量子加密算法。

6.4.2 一般情况下的改进加密算法设计

6.4.1 节的研究表明，Choi 加密算法如果和密钥控制的旋转预处理操作配合，可以提高仲裁量子签名方案在伪造攻击下的抗性。但既然生成签名的过程都需要密钥来控制，为什么不考虑忽略预处理的过程，直接设计密钥下的加密算法。事实上，这种想法更具有一般性，而上述结合旋转预处理操作的加密过程完全可以归为一类特殊的加密方式来进行考虑。正是在这种思路下，本节将密钥多维度控制的思想引入了量子加密算法的构造中，提出了两种能够抵御接收者伪造攻击的一般性量子加密算法，并分别命名为“可控辅助算子加密算法”“对应关系加密算法”。这些具体的算法真正实现了由共享密钥来决定量子加密的思想，具有重要的理论和实际意义。

1. 可控辅助算子加密算法

该加密算法是 Choi 加密算法的一般性拓展和改进。可以发现，Choi 等人的加密算法改进策略[24]是在初始的量子一次一密算法（QOTP）中直接插入了一个固定的辅助算子，所以可以形象的将其称为“IQOTP”（这里的 I 表示 Insert 的意思）。直观地，在 IQOTP 中，所有参与者都知道对应的辅助操作形式。这也就给了不诚实的接收者以很大的机会来成功伪造签名。

为了避免这一点，一种直观的改进思想是令插入的辅助算子形式由共享的密钥来决定。在此，一种新的可控辅助算子的量子加密方式被提出，并在此将其命名为“可控辅助算子加密算法”（也被称为 Key-Controlled-IQOTP 算法）。在该量子加密算法中，辅助量子操作的选择完全由共享的密钥来决定。同时，可以验证接收者成功伪造签名的概率会得到进一步降低。

不失一般性，令辅助操作集合由四个 Clifford 算子组成 $\{\boldsymbol{W}_{00},\boldsymbol{W}_{01},\boldsymbol{W}_{10},\boldsymbol{W}_{11}\}$，并将其与 QOTP 算子结合在一起来生成签名。这里

$$
\begin{aligned}
\boldsymbol{W}_{00}&=\frac{1}{\sqrt{2}}(\boldsymbol{\sigma}_x+\boldsymbol{\sigma}_z)\\
\boldsymbol{W}_{01}&=\frac{1}{\sqrt{2}}(\boldsymbol{\sigma}_y+\boldsymbol{\sigma}_z)\\
\boldsymbol{W}_{10}&=\frac{1}{\sqrt{2}}(I+i\boldsymbol{\sigma}_x-i\boldsymbol{\sigma}_y+i\boldsymbol{\sigma}_z)\\
\boldsymbol{W}_{11}&=\frac{1}{\sqrt{2}}(I+i\boldsymbol{\sigma}_x+i\boldsymbol{\sigma}_y+i\boldsymbol{\sigma}_z)
\end{aligned}
\tag{6-77}
$$

同时要求对应的辅助算子形式由密钥 K_iK_{2n-i+1} 来决定。结合 QOTP 加密算子，量子签名最终生成形式为

$$|S\rangle=\bigotimes_{i=1}^{n}\boldsymbol{\sigma}_x^{k_{2i}}\boldsymbol{\sigma}_z^{k_{2i-1}}\boldsymbol{W}_{K_iK_{2n-i+1}}|P_i\rangle \tag{6-78}$$

可以发现，在此加密算法下，接收者 Bob 想要对某个量子比特执行伪造操作，他不得不面临着不同辅助操作下的对应问题。在之前的量子加密算法中，接收者想要得到伪造信息 $|P_i'\rangle$ 的签名，只要对签名 $|S\rangle$ 中对应的 i' 量子比特执行相应的伪造操作即可。然而上述的量子加密算法下，由于接收者 Bob 无法确定辅助算子的形式，也就无法确定对 i' 量子比特执行的伪造操作的形式。这一点可以由表 6-4 直接观察得到。

根据上述分析，如果 Bob 想要对某一个量子比特签名信息 $|P_i\rangle$ 进行 $\boldsymbol{\sigma}_x/\boldsymbol{\sigma}_y$ 伪造操作，他在不知道辅助操作具体形式的情况下，只能对相应签名量子比特信息随机的执行三种 Pauli 操作，这种情况下它成功的概率只有 1/3。如果 Bob 想要对某一个量子比特签名信息 $|P_i\rangle$ 进行 $\boldsymbol{\sigma}_z$ 伪造操作，他只能对相应的签名量子比特随机的执行 $(\boldsymbol{\sigma}_x,\boldsymbol{\sigma}_y)$ 操作，此时 Bob 成功伪造的概率为 1/2。

在伪造 m-qubit 量子信息签名对的情况下，接收者成功伪造签名的概率为

$$p=\left(\frac{1}{3}\right)^k\left(\frac{1}{2}\right)^{m-k} \tag{6-79}$$

这里 k 表示进行 $\boldsymbol{\sigma}_x,\boldsymbol{\sigma}_y$ 伪造操作的量子比特数，对应的 $(m-k)$ 为做 $\boldsymbol{\sigma}_z$ 伪造的量子比特数。显然，在伪造多量子比特消息的时候，实现成功伪造的概率会进一步降低。

表 6-4　可控辅助算子加密算法[31]

Bob 对 $\|P_i\rangle$ 的伪造 \ Bob 对 $\|S(P_i)\rangle$ 的伪造	00	01	10	11
$\boldsymbol{\sigma}_x$	$\boldsymbol{\sigma}_z$	$\boldsymbol{\sigma}_x$	$\boldsymbol{\sigma}_y$	$\boldsymbol{\sigma}_z$
$\boldsymbol{\sigma}_y$	$\boldsymbol{\sigma}_y$	$\boldsymbol{\sigma}_z$	$\boldsymbol{\sigma}_z$	$\boldsymbol{\sigma}_x$
$\boldsymbol{\sigma}_z$	$\boldsymbol{\sigma}_x$	$\boldsymbol{\sigma}_y$	$\boldsymbol{\sigma}_x$	$\boldsymbol{\sigma}_y$

综上，本节从更为一般的角度改进了 Choi 加密算法，拓展了该加密算法的适用范围。通过令密钥完全控制辅助算子选择的方式，可以发现接收者 Bob 想要完全成功的伪造出新签名对来通过仲裁 Trent 的验证已经不再可能。

2. 对应关系加密算法

可以看到，在之前仲裁量子签名方案的安全性分析中，一个最基本的假设就是对签名信息和量子信息对应性的完全确定。也就是说，任何人都能够在无须任何辅助信息的情况下，确定消息 $|P_i\rangle$ 的签名量子比特在整个签名 $|S\rangle$ 中的位置。这也就意味着，接收者 Bob 想要得到伪造信息 $|P_i'\rangle$ 的签名，只要对签名 $|S\rangle$ 中对应的 i' 量子比特执行相应的伪造操作即可。6.4.2.1 节从可控辅助算子的角度，给出了一个改进加密算法，使得 Bob 即便能够知道执行操作的确定位置，但是并不能够确定执行的伪造操作形式。在此可控辅助算子加密算法下，Bob 无法完全成功的实现伪造攻击。本节从另外一种加密算法的改进角度，通过打破了明文（消息）和密文（签名）之间的量子比特位确定的对应关系，来抵御接收者的伪造攻击。

具体地，本节提出了一种名为对应关系加密的算法，将其应用到仲裁量子签名方案中可以打乱消息量子比特和签名量子比特之间确定的对应关系。为了说明这一点，一个受控的置换操作 S_n（这里 n 表示作用的量子比特数）被提出来，它是由加密双方共享的密钥 K 来完全决定的，对应在仲裁量子签名方案设计中为 $K=K_{AT}$。受控的置换操作 S_n 的具体构造如下：

首先，引入一个安全的单向函数 f，对应形式为：$f:\{0,1\}^{2n}\rightarrow\{0,1\}^n$。它表示输入一个 $2n$ 长的比特串，输出一个 n 长的比特串，但是由输出的 n 比特串却无法恢复输入的 $2n$ 长比特串。以此为基础，不妨直接考虑仲裁量子签名方案中的密钥 K_{AT}，将该密钥作为该函数的输入可得：

$$f:K_{AT}\rightarrow L=\{l_1,l_2,\cdots,l_n\},\quad l_i\in\{0,1\} \tag{6-80}$$

其次，以 S_2 为例来说明 n 量子比特中的任意 2 量子比特置换的情况。不失一般性，由式(6-80)可知，每一个量子比特都与一个经典比特 l_i 相对应。一个直观的想法是如果 $l_i=l_j$，那么两个量子比特不换位置；否则两个量子比特交换位置。进一步，由于签名方案的实现需要有确定的对应关系，不妨只考虑签名量子比特中的第 i 个和第 $(n+1-i)$ 个量子比特的置换情况，引入安全性参数 $\tau^i=l_i\oplus l_{n+1-i}$ 和代数学中的对称置换 $R_2^{\tau_i}(x_0,x_1)$。定义作用在第 i 个和第 $(n+1-i)$ 个量子比特上的 S_2 为

$$S_2 = R_2^{\tau_i}(x_0,x_1)=\begin{cases}(x_0,x_1),\tau_i=0\\(x_1,x_0),\tau_i=1\end{cases} \tag{6-81}$$

在此基础上，考虑 n 量子比特之间的置换关系可得

$$S_n = R_n^{\tau^i}(x_0,x_1,\cdots,x_{n-1})=(x_{\tau^i},x_{\tau^i+1},\cdots,x_{n-1},x_0,\cdots,x_{\tau^i-1}) \tag{6-82}$$

这里 $\tau^i=(l_1+l_2+\cdots+l_n)\bmod n$，$S_n$ 实现了一个 n 量子比特的全置换，而这个置换是由相应的量子安全参数来决定的。举例来说，如果 $l_1+l_2+\cdots+l_n=m(m<n)$，那么所有的量子比特都向右移动了 m 位。但是对于不知道共享密钥 K 的人来说，无法知道确切的移位数，也就无法知道确切的对应关系。直接将 S_n 用于签名的生成过程，可得

$$|S\rangle = S_n\bigotimes_{i=1}^{n}|S(P'_i)\rangle = S_n\bigotimes_{i=1}^{n}\boldsymbol{\sigma}_x^{k_{2i}}\boldsymbol{\sigma}_z^{k_{2i-1}}|P'_i\rangle \tag{6-83}$$

显然在这个情况下，如果 Bob 想要成功的伪造合法签名，必须要先确定对应的信息量子比特和签名量子比特的对应关系。但是由于不知道签名者 Alice 和仲裁 Trent 共享的密钥 K_{AT}，Bob 无法确定具体的移位数。在这种情况下，移位的可能有 n 种，Bob 随机的对签名量子信息进行操作，成功的概率为

$$p = (1/n)^m \tag{6-84}$$

这里的 m 表示 Bob 进行伪造的量子比特数。

至此，本节给出了两种能够抵御伪造攻击的改进加密算法。对于攻击者在两种加密算法下成功实现伪造攻击的概率，可以由图 6-3 做一个直观的描述。图 6-3 中 n 表示量子签名的量子比特数，m 表示要伪造的量子比特数。显然在两种加密算法下，随着 Bob 伪造量子比特数的增多，他成功的概率越来越小，接近为 0。

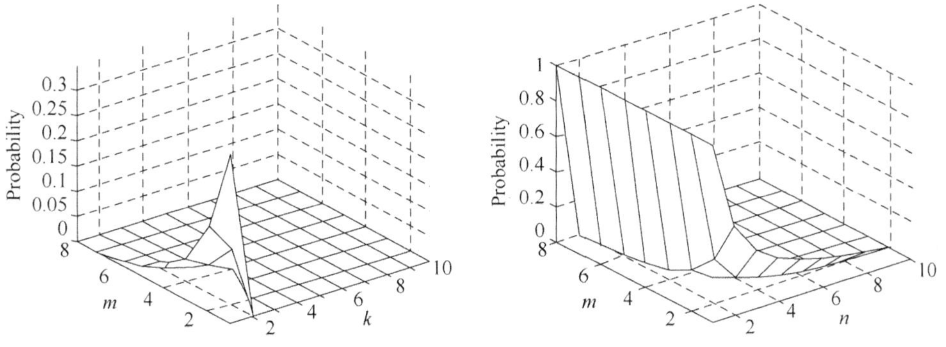

图 6-3 可控辅助算子加密算法和对应关系加密算法比较[30]

6.4.3 小结

从 6.3 节的描述中可以发现，现有的应用于仲裁量子签名方案中的加密算法都无法抵御接收者的伪造攻击，这为仲裁量子签名方案的应用设置了巨大的障碍。为了解决这个问题，本节从特殊和一般两个角度，讨论了仲裁量子签名方案中加密算法的改进问题。具体地，确定了 Choi 加密算法的适用条件，证明了只有在采取旋转操作进行签名预处理的一类特殊仲裁量子签名方案中，该加密算法才有可能通过改进来阻止接收者的伪造攻击，并给出了具体的改进策略。然后，6.4.2 节从最基本的仲裁量子签名方案出发(即签名是由作用在消息上的量子加密算法直接生成)，提出了两种可抵御伪造攻击的一般性量子加密算法。相信它们会作为替代目前应用于仲裁量子签名方案中的 QOTP 的加密方式出现在后续的研究中。

6.5 仲裁量子群签名方案的安全性分析

量子群签名的思想最早由 Wen 等人在 2011 年提出，在仲裁存在的条件下，他们利用 Bell 态的隐形传输性质设计了一个一般意义下的量子群签名方案[17]。此后在 2011 年底，Xu 等人提出了一个无须利用纠缠资源的量子群签名方案[18]。本节以 Wen 等人的 Bell 态仲裁量子群签名方案和 Xu 等人的非纠缠态仲裁量子群签名方案为研究对象，分析了两个方案存在的安全性和实用性问题。

在分析前，首先对量子群签名的安全性需求进行必要的说明。与经典群签名的需求相同，一个安全的量子群签名方案，在满足方案可用性(即签名接收者能够验证签名)的基础上，还要满足不可伪造性、不可否认性、可追溯性、匿名性四个安全性条件。此外，作为仲裁量子签名思想的实际具体应用，该方案同样需要引入三个参与者，并相似的命名为 Alice、Bob 和 Trent。其中，Alice 为签名者，Bob 为签名接收者，Trent 为仲裁者，同时 Trent 也作为群管理者的身份出现，来实现方案的可追踪性。另外，初始化阶段、签名阶段和验证阶段同样为方案实现的三个基本过程。

6.5.1 针对 Wen 的 Bell 态仲裁量子群签名方案分析

本节对于 Wen 等人 Bell 态仲裁量子群签名方案进行了详细的分析，指出了在该方案下，接收者可以成功伪造签名，签名者能够否认签名。

1. 方案流程

(1) 初始化阶段

(I1) Alice 和 Bob 分别跟 Trent 共享密钥串 K_{AT}，K_{BT}，这个过程可以由实际安全的量子密钥分发(QKD)方案来实现。

(I2) Alice 将签名信息 $M=(m(1),m(2),\cdots,m(n))$ 中的每个比特 $m(i)$ 编码成量子态

$$|\psi(i)\rangle_C=\frac{(|0\rangle+m^i|1\rangle)}{\sqrt{2}} \tag{6-85}$$

这里 $m(i)=1$ 对应为 $m^i=1$，$m(i)=0$ 对应为 $m^i=-1$。

(I3) Bob 制备了 $2n$ 个量子态

$$|\phi_{AB}^{+}\rangle = \frac{(|00\rangle + |11\rangle)_{AB}}{\sqrt{2}} \tag{6-86}$$

并且把它们分成两个序列

$$\begin{aligned} |\phi\rangle_A &= \{|\phi(1)\rangle_A, |\phi(2)\rangle_A, \cdots, |\phi(i)\rangle_A, \cdots, |\phi(n)\rangle_A\} \\ |\phi\rangle_B &= \{|\phi(1)\rangle_B, |\phi(2)\rangle_B, \cdots, |\phi(i)\rangle_B, \cdots, |\phi(n)\rangle_B\} \end{aligned} \tag{6-87}$$

其中，$|\phi\rangle_A$ 表示第一个粒子组成的集合，$|\phi\rangle_B$ 表示第二个粒子组成的集合。

(2) 签名阶段

(S1) Alice 想要给 Bob 进行签名，她先向 Trent 发送请求，之后由 Trent 通知 Bob。

当然在实际中，也可以理解为 Bob 想要签署一份消息，向 Trent 发出请求，Trent 通知群组里的 Alice 来签署，并在确定好签名者身份后，反馈给 Bob 提供必要的签名信息。总之，无论哪种情况都可以认为这一步的目的是令 Trent 在 Alice 和 Bob 之间建立起了签名的联系。

(S2) Bob 在收到 Trent 的通知后，他首先制备了一个 SN 来区分每一个签名任务。然后把 $|\phi\rangle_B$ 保留在手里，将 $|S_{BT}\rangle$ 发给 Trent，这里

$$|S_{BT}\rangle = E_{K_{BT}}(|\phi\rangle_A \otimes |SN\rangle) \tag{6-88}$$

其中 $|\mathrm{SN}\rangle$ 由基 $B_z = \{|0\rangle, |1\rangle\}$ 对于 SN 进行编码获得，E_k 表示量子块加密机制(在6.1.2.2节有详细的介绍)。

(S3) Trent 解密 $|S_{BT}\rangle$，然后利用密钥 K_{AT}，将 $|S_{AT}\rangle$ 发给 Alice，即

$$|S_{AT}\rangle = E_{K_{AT}}(|\phi\rangle_A \otimes |SN\rangle) \tag{6-89}$$

(S4) Alice 对此进行解密后，她对 $|\phi(i)\rangle_A \otimes |\psi(i)\rangle_C$ 进行 Bell 测量。相应的测量结果记为 $s(i)_{AC} \in \{|\phi^+\rangle, |\phi^-\rangle, |\psi^+\rangle, |\psi^-\rangle\}$，并将其编码为经典比特 00,01,10,11。此时对于消息 M 的签名为

$$S = \{s(1)_{AC}, s(2)_{AC}, \cdots, s(i)_{AC}, \cdots, s(n)_{AC}\} \tag{6-90}$$

(S5) Alice 将 (M, S, SN) 发送到公告栏上，来保证身份的匿名性。

(3) 验证阶段

(V1) Bob 从公告栏上获取 (M, S, SN)。根据 S, SN，Bob 由隐形传态相关结论对于手里的 $|\phi\rangle_B$ 进行 Pauli 操作，从中恢复出消息 M'。

(V2) 如果 $M = M'$，Bob 认为该签名是有效的，否则他拒绝接受。

2. 方案分析

以上介绍了 Wen 等人的 Bell 态仲裁量子群签名方案的基本过程。可以发现在该方案的实现过程中，不但应用了量子加密、量子隐形传态等量子技术，还利用了公告栏等经典技术。该方案作为第一个仲裁量子群签名方案，尽管具有很好的理论价值，却缺少一个系统的安全性分析过程。本节对此方案进行详细的安全性分析。

首先，作为一个量子签名方案，必须存在一种纠纷解决机制，否则它就变成了一个消息认证方案。不难看出，如果出现这样一个纠纷情形，即 Bob 说 Alice 签署了一个消息 M，但是 Alice 说她并没有签署这样的信息(或许她确实签署了一个信息，但是给 Bob 的并不是 M)。在这样的条件下，Trent 要求 Bob/Alice 提供签名对 $(M_B, S_B, SN_B)/(M_A, S_A, SN_A)$。如果一个参与者的签名对不能通过 Trent 的验证，Trent 会认为 Alice/Bob 是不诚实的。这

也就是说，任何一个攻击者能够实现成功伪造（否认）攻击的条件对应为他/她能够伪造一个签名对(M',S',SN)，使得该签名对能够通过仲裁 Trent 的验证。根据这个条件，本节来研究 Wen 等人方案[17]的安全性。

(1) 匿名性

在该方案中，签名者 Alice 的身份由公告栏来保证。也就是说，公告栏上只能呈现输入的内容，无法显示输入者的身份。在本方案中，Alice 直接将(M,S,SN)发送到公告栏上。由于 Bob 知道签名的标示 SN，他就可以获得签名的信息，但是由于布告栏的机制，他并知道是谁把这份消息发布到公告栏的，签名者的身份也就得到了隐藏。从这一点上来看，该方案的匿名性是成立的。这里公告栏的作用可以被认为是一种匿名传输方式，接收者可以得到信息却不知道信息的来源。

(2) 可追溯性

可追溯性，作为出现纠纷时的签名身份确认，并不仅仅由共享的量子密钥来确定。事实上，为了实现可追溯性，Trent 应该存储 SN 和对应的签名者身份标示信息，这样才能够验证签名者的身份，虽然这些并没有在文章中确定的指出。这是因为在出现纠纷的时候，双方只能公布形式为(M',S',SN)的签名对。Trent 也只有根据公布的 SN 来确定签名者的身份。

(3) 不可伪造性

这一点该方案是无法保证的。由该方案的实现过程可以发现，Trent 的作用是将 Bob 的 SN 和$|\phi\rangle_A$安全地发给 Alice。签名者 Alice 在公告栏上公布签名信息(M,S,SN)只是为了 Bob 的验证，并没有 Trent 的参与。

在 Bob 一端，由于自己完全知道 SN 的值，也有制备 Bell 态的能力。他完全可以重新伪造消息 M_B，重新制备量子序列$|\phi\rangle_{MN}$，将 M_B 按照式(6-85)编码为相应的量子态，然后按照(S4)的步骤，重新生成签名 S_B。由于布告栏具有匿名性，他将(M_B,S_B,SN)发布在布告栏上。在出现纠纷的时候，Bob 公布自己收到的签名消息为(M_B,S_B,SN)。在大多数情况下，由于 Trent 并没有在 Alice 发布(M,S,SN)的时候参与验证，所以他无法判断该签名是否被篡改。同时 Bob 在确定签名消息的时候，他会对 Pauli 操作后的粒子串$|\phi\rangle_B$进行 X 基测量，此时粒子串$|\phi\rangle_B$也会塌缩到确定的$|+\rangle$态或者$|-\rangle$态上，无法恢复。此时 Trent 也不可能与 Bob 执行同样的操作来验证(M_B,S_B,SN)的有效性，Trent 的仲裁功能完全丧失。

(4) 不可否认性

同样，在大多数情况下，由于初始的签名方案中 Trent 未能存储 Alice 消息的内容（实际上 Trent 作为传输媒介无法获知具体的消息内容），Trent 的仲裁功能已经丧失，所以 Alice 也可以在后续出现纠纷的时候否认自己给 Bob 签署这样的消息。Alice 完全可以制备一个新的签名对(M_A,S_A,SN_A)来表示这才是自己签署的信息，可惜 Trent 无法验证。

3. 方案改进

在该方案框架下，一种最直观的改进方案是，在(S5)步，Alice 公开签名对(M,S,SN)后，Bob 直接将手中的粒子串$|\phi\rangle_B$发给 Trent，由 Trent 来验证签名的有效性。Trent 在验证了签名有效后，公布(M,S,SN,r_T)，这里 r_T 表示 Trent 认为此次签名通过了自己的验证。在大多数情况下，r_T 中包含了签名双方的身份，消息和签名部分内容，签名时间等等，并且只能由 Trent 来验证。由于 r_T 的特殊性，任何一方都不能够伪造一份新的签

名对来通过 Trent 的验证，从而达到自己的目的。

另外，也可以采取其它的方式来避免该方案的安全性隐患，例如在 Alice 签署的签名中加入仲裁 Trent 的隐私信息，然后 Trent 在验证过程中帮助 Bob 一起验证，利用这种应用于 6.1.3 节方案的仲裁量子签名思想，也有助于解决该方案的安全性隐患。

6.5.2 针对 Xu 的非纠缠态仲裁量子群签名方案分析

在 Wen 等人利用纠缠态完成量子群签名的功能之后[17]，Xu 等人在 2011 年给出了一种非纠缠态的仲裁量子群签名方案[18]。本节分析该方案的安全性和实用性问题。

1. 方案流程

(1) 初始化阶段

(I1) 与之前的方案设计相似，在该方案中签名者 Alice、接收者 Bob 分别跟仲裁 Trent 共享密钥串 K_{AT}，K_{BT}，这里同样由实际安全的量子密钥分发(QKD)方案来保证密钥建立的安全性。

(I2) 接收者 Bob 生成一系列的会话密钥对，记为

$$(k_{sv},SN)=\{(k_{sv}^{1},SN^{1}),(k_{sv}^{2},SN^{2}),\cdots,(k_{sv}^{j},SN^{j}),\cdots,(k_{sv}^{n},SN^{n})\} \tag{6-91}$$

并将该会话密钥数据库存储在自己手里。

(I3) 接收者 Bob 将每个会话密钥对(k_{sv},SN)加密为$(E_{K_{BT}}(k_{sv}),E_{K_{BT}}(SN))$的形式，并将加密后的会话密钥对发送给 Trent。这里的 $E_{K_i}(M_i)$是表 6-2 中所示的单比特经典信息加密算法的一种特殊表示形式，具体描述如下：

表 6-5 Z 基和 X 基下的单比特经典信息加密算法[18]

加密信息 M_i / 共享密钥 K_i	0	1
0	$\|0\rangle$	$\|1\rangle$
1	$\|+\rangle$	$\|-\rangle$

(I4) Trent 收到之后，恢复出会话密钥对，并存储起来。

总的来说，在该方案的初始阶段，Trent 不但跟 Alice 和 Bob 建立了固定的密钥串 K_{AT}、K_{BT}，还跟接收者 Bob 共享了会话密钥的数据库(k_{sv},SN)。

(2) 签名阶段

(S1) Alice 制备签名消息 m，并生成消息摘要 $M=H(m)$，这里 H 为经典密码中常用的哈希函数(散列函数)。之后她通知 Trent，建立签名请求。

(S2) 在收到 Alice 的请求之后，Trent 随机的发送加密序列号 $E_{K_{AT}}(SN^{j})$和相应会话密钥 $E_{K_{AT}}(k_{sv}^{j})$给 Alice。

(S3) Alice 执行解密操作，得到相应的会话密钥对(k_{sv}^{j},SN^{j})，随后她利用 k_{sv}^{j}生成

$$|S\rangle=E_{k_{sv}^{j}}(M) \tag{6-92}$$

并将$|S\rangle$编码为经典比特串 S。这里的编码规则为

$$|0\rangle\to 00,|1\rangle\to 01,|+\rangle\to 10,|-\rangle\to 11 \tag{6-93}$$

(S4) Alice 为每一份签名消息 m，建立一个对应的标识符 id，这里的 id 可以包含签名对象，签名时间等等内容，它可以是一个长度远小于消息 m 的比特串。Alice 在本地存储

(id,m)的数据库,以备后续验证。随后 Alice 将四元组(id,m,S,SN^j)通过匿名通信技术发送给 Bob,以确保她的身份信息并不能被发现。

(3) 验证阶段

(V1) Bob 得到(id,m,S,SN^j)后,通过 SN_j 在他本地的数据库里搜索到对应的会话密钥 k_{sv}^j。

(V2) Bob 首先判断该会话密钥的有效性。如果会话密钥 k_{sv}^j 已经失效了,Bob 就直接拒绝接受签名。如果会话密钥有效,她则利用 k_{sv}^j 从 S 中恢复出消息 M'。随后,Bob 取消该会话密钥 k_{sv}^j,更新本地会话密钥对数据库。

(V3) 由于方案中采用的哈希函数是已知的,Bob 对收到的 m 计算 $M=H(m)$,并对 M 和 M' 的值进行比较。如果 $M=M'$,Bob 接受这个签名,否则他就拒绝接受这个签名。

(V4) 在验证签名的有效性后,Bob 向 Alice 公开消息 m 和标示信息 id。

(V5) Alice 由 id 搜索自己本地数据库,找到对应的消息 m''。如果 $m=m''$,她确定这个信息没有被修改,认同该签名。否则,她通过匿名信道拒绝该签名。

2. 方案分析

上面介绍了 Xu 等人提出的非纠缠态仲裁量子群签名方案[18]。由于方案没有利用量子纠缠,具有很好的实用性。同时,作为签名者的 Alice 也参与了验证过程,方案也被认为有比较好的公平性。然而,方案中的一些假设仍然存在不合适的地方,例如作者在方案设计中要求接收者 Bob 是可信的,这种特殊性的假设在很大程度上影响了该方案的一般性应用。不过,作为一种重要的量子群签名设计方案,它的设计思想也为今后的研究提供了重要的思路。根据上小节提到的纠纷解决机制,本小节来分析 Xu 等人的非纠缠态仲裁量子群签名方案[18]的安全性和实用性问题。

(1) 匿名性

这一点在 6.5.2.1 节中的步骤(S4)中可以很容易的体现。由于签名者 Alice 是将四元组(id,m,S,SN^j)通过匿名通信技术发送给 Bob,基于经典匿名通信技术的隐私性,有理由相信 Bob 并不知晓签名者身份的。

(2) 可追溯性

在该方案中,由于仲裁 Trent 保存了会话密钥数据库,所以对于有争议的签名对(id,m,S,SN^j),Trent 可以通过 SN^j 及时的了解签名者的身份。这是因为 Trent 保存了整个会话密钥库,记录了会话密钥(k_{sv}^j,SN^j)的接收方。

(3) 不可伪造性

由于在方案中,已经对于接收者 Bob 是进行了诚实性的假设,那么也就无须讨论这种安全性隐患了。但是不妨来做一般的设想,假如不对接收者 Bob 的诚实性进行假设,那么 Bob 是否可以在该方案下进行成功伪造呢。

根据 6.3.2.2 节中对于这种量子加密算法的讨论可知,在 Trent 发送(k_{sv}^j,SN^j)给 Alice 的时候,Bob 可以通过酉操作 $\boldsymbol{T}=|1\rangle\langle 0|-|0\rangle\langle 1|$将会话密钥序列 k_{sv}^j 变为$\overline{k_{sv}^j}$,Alice 利用的是$\overline{k_{sv}^j}$加密生成签名,Bob 收到后用 k_{sv}^j 和自己想要的消息 m_B 生成签名,随后公开(id,m_B)。此时 Alice 肯定无法验证通过,但是 Trent 介入后,令 Bob 提供 Alice 的签名,Bob 提供(id,m_B,S_B,SN^j),Trent 手中的也是 SN^j 对应的 k_{sv}^j,他就会支持 Bob 的诉求。不过这步验证过程里包含了 Alice 的参与,Alice 完全可以在出现这种问题的时候拒绝接受

签名，进而这个签名过程就不算成功。这样 Bob 做出的这种攻击方式，就完全类似于拒绝服务攻击。此时 Bob 做这样的攻击也不具有太大的意义，不过这种分析却很有意义。

(4) 不可否认性

Alice 作为方案中没有被进行诚实性假设的参与者，事实上她完全可以对签名进行否认。与上面的研究相似，在 Bob 传输会话密钥数据库的时候，Alice 利用酉操作 $\boldsymbol{T}=|1\rangle\langle 0|-|0\rangle\langle 1|$将所有的 k_{sv}^{j} $(j=1,\cdots,n)$都变为$\overline{k_{sv}^{j}}$。之后在 Alice 收到某个$(\overline{k_{sv}^{j}},SN^{j})$之后，她可以制备两个不同的签名消息对来达到否认的目的，即利用 k_{sv}^{j} 生成(M_0,S_0)，利用$\overline{k_{sv}^{j}}$生成(M_1,S_1)。Alice 将(M_0,S_0)采用匿名通信技术发送给 Bob，将(M_1,S_1)留在手里。显然，Bob 会接受(M_0,S_0)作为有效的签名。但是在出现纠纷的时候，Alice 公布自己的签名实际上是(M_1,S_1)，显然 Trent 会支持 Alice 的诉求。

由于经 Alice 篡改的签名可以通过该方案的验证（只需要令 Bob 通过验证即可，因为 Alice 自己肯定会按照自己的意图通过签名），那么 Alice 完全可以在签名使用之后对此进行否认。接收者 Bob 在该方案中被认为是可信的，Alice 也是可以通过 Trent 验证的。此时 Trent 面对这一切，会陷入一种极为尴尬的境地。首先，他不能武断的认为 Alice 不诚实，因为他利用手中的信息无法找到 Alice 不诚实的根据。其次，Bob 已经被设定诚实性的身份，她也没有理由不相信 Bob。从这个意义上来说，在该方案中 Trent 也无法在实际中很好的执行仲裁的功能。

3. 方案改进

显然在该方案中，之所以会存在签名者否认的攻击，是因为方案使用了一种并不能防止伪造和篡改操作的量子加密形式。对于该加密算法的改进，可借用文献[31]中新加密算法的思想。此外，在该方案中，也可以令仲裁 Trent 参与验证过程，例如令 Bob 和 Alice 同时公布对应的签名对，来抵消之前不安全的量子加密算法带来的影响。

6.5.3 讨论

从以上的研究中可以发现，这两个仲裁量子群签名方案都存在一些潜在的安全性漏洞和实用性问题。本节在此将两个方案中的不安全、不合理因素以及改进策略进行了总结和讨论。首先，来对不安全的因素进行如下的总结：

(1) Trent 无法完成仲裁功能。很明显，这是上述量子群签名方案不安全的决定性因素。正如 Wen 的 Bell 态仲裁量子群签名方案中[17]，签名中不包含任何 Trent 的私密信息，对于出现纠纷的签名，Trent 完全无力去做任何判断；在 Xu 的非纠缠态仲裁量子群签名方案中[18]，尽管签名中包含了 Trent 的私密信息，但是这种私密信息却可以由攻击者进行更改而不被 Trent 所知。这种情况下，Trent 的仲裁功能同样被完全的抑制。

(2) 量子加密算法的不合理利用。这一点可以从某种程度上被认为是导致 Trent 无法仲裁功能的原因。例如在非纠缠态仲裁量子群签名方案中[18]，正是由于加密密钥会话对的量子加密算法存在被伪造的可能，才导致了最后 Trent 仲裁功能的丧失。此外，可以发现 Bell 态仲裁量子群签名方案中应用的量子块加密算法，需要同时共享量子密钥和经典密钥，但是这一点并没有在初始化阶段进行实现。

(3) 一些假设不合理。例如非纠缠态仲裁量子群签名方案中，签名接收者 Bob 假设为诚实，显然这样的情况就无须考虑接收者的伪造攻击，然而这一点在实际中并不是很有意义。当然通过 6.5.2.2 中的研究可以发现该方案完全可以不对 Bob 的安全性进行预先的假设，以追求利益为目的的 Bob 在该方案中显然并不具有伪造签名的动机。

从以上讨论来看，签名的改进和研究可以由以下三个方面进行。一是使得签名的生成包含 Trent 的私密信息，并保证该私密信息不能被篡改；二是采用更为合理的，安全的量子加密算法来生成签名，关于这一点，6.4 节给出了详细的替代方案；三是从一般的安全性需求出发，考虑更为一般的方案设计问题。如果将参与者中的大多数都进行了诚实的假设，这样的方案也就丧失了实际的应用价值。总之，如何令仲裁在量子群签名方案中，公平合理的解决纠纷是后续研究的重要方向。

6.5.4 小结

本节从两类典型的仲裁量子群签名方案的分析出发，首先发现 Wen 等人的 Bell 态量子群签名方案其本质是一个两方的签名方案，无法实现仲裁功能，这也就导致了实际中接收者可以伪造签名，签名者可以否认签名，而造成该方案无法在实际中应用；随后，本节发现尽管 Xu 等人的非纠缠态仲裁量子群签名方案具有相对安全的方案设计流程，但是由于采用了无法抵御伪造攻击的量子加密算法，导致签名者完全可以否认签名。进一步地，本节讨论了引起量子群签名不安全的因素以及可能的改进策略。分析表明量子群签名方案的设计还需要更深入地研究，希望本节的结果会对今后的研究产生积极的影响。

6.6 基于对称密钥的量子公钥密码

公钥密码(Public-Key Cryptography，PKC)又称为非对称密码，出现于 20 世纪 70 年代。其思想与之前的密码学体系大不相同，引领了信息安全领域的技术变革。Rivest、Shamir 和 Adleman 在提出著名的 RSA 方案时指出，一个 PKC 系统通常满足以下四个条件：(C1) 用公钥 e 加密的消息可用私钥正确解密；(C2) 加解密操作在计算上都是容易的；(C3) 从公钥 e 求解私钥 d 在计算上是困难的；(C4) 用私钥 d 加密的消息也可用公钥 e 正确解密。由于能满足这些条件，PKC 可以很方便地用于分发密钥和数字签名[32]。

目前关于量子公钥密码(Quantum Public-Key Cryptography，QPKC)的研究可以分为两类。一种是寻找量子计算下的难解问题，并以此来设计 PKC[33,34]。这类方案中密钥仍然由经典比特构成，因此保持了 PKC 的灵活性。但它们的安全性仍建立在计算复杂性假设之上。为了简单我们称这类密码系统为第 I 类 QPKC。另一种则类似于量子密钥分发(Quantum Key Distribution，QKD)，通过引入量子力学元素来追求具有完美安全性的 PKC[35,36]。这类方案的安全性由物理原理保证，但密钥通常由较难控制的量子比特组成，因此 PKC 的灵活性往往会明显降低。我们称这类密码系统为第 II 类 QPKC。本节研究后者。

最近 G. M. Nikolopoulos 提出了一种基于单量子比特旋转的 QPKC 方案(GMN 方案)[35]，其基本思想与 Gottesman 的方案[36]相似。本节将对 GMN 方案提出一种攻击方法，并基于量子加密给出一种新的 QPKC 理论框架。新的方案将 Bell 态中的两个粒子分别作为公钥和私钥。由于这两个粒子都处于最大混合态，此方案实际上是基于对称密钥构造了 QPKC 系统，这一点对经典密码学来说是不可思议的。分析表明，正是量子力学特性使得这一有趣现象成为可能。

6.6.1 对 GMN 方案的安全性分析

下面首先来看 GMN 方案中是怎样制备密钥的。用户(假设为 Bob)随机选择一个整数 n,并从 Z_{2^n} 中独立选取 N 个整数 $s_1,s_2,\cdots,s_N$,得到整数串 $\boldsymbol{s}=(s_1,s_2,\cdots,s_N)$。然后 Bob 制备 N 个处于状态 $\{\hat{\boldsymbol{R}}^{(j)}(s_j\theta_n)|0\rangle\}$ 的单粒子量子比特,这里 $1\leqslant j\leqslant N,\theta_n=\pi/2^{n-1}$,$\hat{\boldsymbol{R}}$ 为旋转操作。显然这些量子比特与 $\boldsymbol{s}$ 中的每个整数一一对应。私钥即为 $d=\{n,\boldsymbol{s}\}$, $e=\{N,|\Psi_s^{(PK)}(\theta_n)\rangle\}$ 为公钥,其中 $|\Psi_s^{(PK)}(\theta_n)\rangle$ 表示以上量子比特序列(状态)。

正如文献[35]中分析的那样,当 $n\gg 1$ 时私钥的熵很大,并随着 n 的增大而递增。相反,攻击者 Eve 通过测量公钥只能得到有限的私钥信息,其上界为 Holevo 量,由所测量量子比特的个数所决定。因此,看起来只要 n 足够大,Bob 就可以发布很多份公钥,同时保证私钥的保密性。然而,多份公钥的发布将给 Eve 带来成功窃听的机会。通过直接对公钥进行测量,Eve 可以在一定程度上估计私钥的值,并借此从密文中获得明文信息。

利用态估计的相关研究成果[37,38],可以很方便地计算出 Eve 估计私钥时所能达到的精度。在 GMN 方案中所有单粒子态都在 Bloch 球的 $x-z$ 平面,这种情况下通过最优联合测量可使估计结果与目标状态之间的保真度达到[37,38]

$$F=\frac{1}{2}+\frac{1}{2^{M+1}}\sum_{i=0}^{M-1}\sqrt{\binom{M}{i}\binom{M}{i+1}}\approx 1-\frac{1}{4M} \tag{6-94}$$

式中,M 代表目标态粒子的份数。也就是说,如果 Eve 有 M 份相同的未知 $x-z$ 平面量子态 $|\psi\rangle$,她可以通过态估计方法得到一个已知量子态 $|\psi'\rangle$ 使得 $|\langle\psi|\psi'\rangle|^2=F$。假设在 GMN 方案中 Eve 可以得到 K 份公钥,下面以其中一个量子态 $|\psi_{s_j}\rangle$ 为例来展开分析。这种情况下 Eve 可以通过最优联合测量得到一个估计态 $|\psi'_{s_j}\rangle$,使得 $|\langle\psi_{s_j}|\psi'_{s_j}\rangle|^2\approx 1-1/(4K)$。这样 Eve 就可以构造出测量基 $B_{s_j}=\{|\psi'_{s_j}\rangle,|\psi'^{\perp}_{s_j}\rangle\}$,并能用它测量任何单粒子量子态($|\psi'^{\perp}_{s_j}\rangle$ 表示与 $|\psi'_{s_j}\rangle$ 正交的量子态)。

在 GMN 方案中,密文 $|\psi_{s_j}\rangle$ 和 $|\psi^{\perp}_{s_j}\rangle$ 分别对应于明文比特 $m_j=0$ 和 1。因此,Eve 可以截获发送者 Alice 发出的密文量子比特,并用 B_{s_j} 基测量,这样就可以判断出相应的明文比特。因为 $|\psi'_{s_j}\rangle$ 和 $|\psi_{s_j}\rangle$ 在 Bloch 球上很接近,Eve 将以很大的概率 $P_c=F$ 获得正确的明文比特 m_j。于是 Eve 获得的关于 m_j 的信息量为

$$I(A,E)=H(A)-H(A\mid E)=1-2[F\log F+(1-F)\log(1-F)] \tag{6-95}$$

式中,A 和 E 分别表示 Alice 和 Eve。

现在来考虑 Eve 攻击时所引入的干扰,这一点在文献[35]中并没有提到。为了避免在上述攻击中被发现,Eve 可以在测量结束后将所得的量子态 $|\psi'_{s_j}\rangle$ 或 $|\psi'^{\perp}_{s_j}\rangle$ 重发给 Bob。这样出现错误的概率为

$$P_e=2F(1-F) \tag{6-96}$$

由式(6-95)和式(6-96)可见,当 K 较大时,Eve 能够得到几乎全部明文,同时仅引入很小的错误率(详见表 6-6 和图 6-4)。

表 6-6 不同 K 值对应的 $I(A,E)$ 和 P_e

	$K=10$	$K=20$	$K=50$	$K=100$	$K=1\,000$
$I(A,E)$	0.662 7	0.806 1	0.909 2	0.949 6	0.993 3
P_e	0.048 8	0.024 7	0.010 0	0.005 0	0.000 5

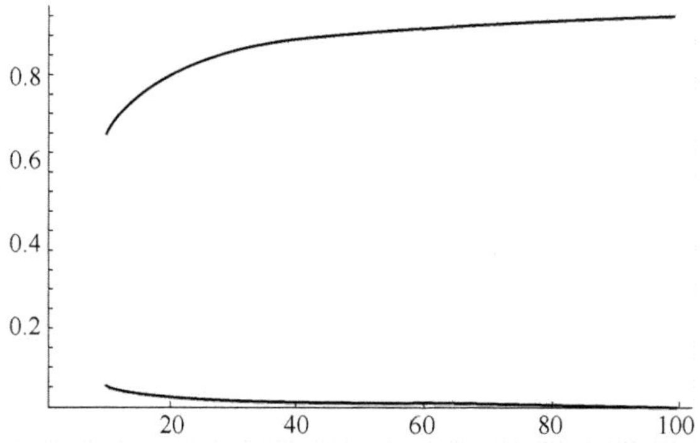

图 6-4 $I(A,E)$ 和 P_e 的函数图。横轴为 K 值，上下两条曲线分别为 $I(A,E)$ 和 P_e

最后，文献[35]及最近的勘误[39]中提到，每个明文比特可加密到多个量子比特中以抵抗交换测试攻击(SWAP-test attack)。这种情形下，上述攻击方法的攻击效率将会下降。然而作为对 QPKC 的一种特殊攻击方法，态估计攻击看起来更加直接和现实，因此值得在今后的研究中予以关注。

6.6.2 基于量子加密的 QPKC

以上分析表明，之前的 QPKC 方案容易受到态估计攻击的威胁。具体来说，虽然 Eve 不能通过对多份公钥的测量来得到确切的私钥，但她可以估计私钥的值并据此从密文中提取明文信息。因此为 QPKC 寻找一种新的密钥生成方式是必要的。下面给出一种使用 Bell 态粒子做密钥的方案，同时像其他大多数量子密码协议中那样，引入窃听检测步骤来保证此方案的安全性。

在描述具体方案之前，需要先做以下三点假设：(A1) 在 QPKC 系统中有一个可信中心 Trent；(A2) Trent 可以在通信中认证每个用户的身份，这一点可以用量子认证协议来完成；(A3) 经典信道中传输的消息可以被窃听，但不能被修改。这三点都是 PKC(如 A1 和 A2)和量子密码(如 A3)中已被广泛接受的基本假设。

此方案具体步骤如下：

阶段 1：密钥制备。Trent 为每个用户产生一对密钥，即公钥 e 和私钥 d。这里以 Bob 为例来介绍，具体过程如下：

(1) Trent 制备一系列量子比特对 $S_1=\{(p_1,q_1),(p_2,q_2),\cdots,(p_n,q_n)\}$，每一对都处于 Bell 态

$$|\Phi^+\rangle=\frac{1}{\sqrt{2}}(|00\rangle+|11\rangle) \tag{6-97}$$

这些粒子构成两个量子比特串 $S_p=\{p_1,p_2,\cdots,p_n\}$ 和 $S_q=\{q_1,q_2,\cdots,q_n\}$，将分别被用作 Bob 的公钥和私钥。

(2) 为把 S_q 安全地传输给 Bob，Trent 制备一定数量的诱骗态(decoy state) $S_d=\{d_1, d_2, \cdots, d_k\}$，其中每个粒子随机处于$\{|0\rangle, |1\rangle, |+\rangle=1/\sqrt{2}(|0\rangle+|1\rangle), |-\rangle=1/\sqrt{2}(|0\rangle-|1\rangle)\}$四种状态之一。

(3) Trent 将 S_d 中的每个粒子穿插进序列 S_q 中的随机位置，得到一个新序列 S_{qd}。然后通过量子信道将 S_{qd} 发送给 Bob。

(4) Bob 收到这些粒子以后，Trent 将每个诱骗态的位置和所在的基(即 $B_z=\{|0\rangle, |1\rangle\}$或 $B_x=\{|+\rangle, |-\rangle\}$)告诉 Bob。

(5) Bob 用相应的基测量所有诱骗态粒子，并公开测量结果给 Trent。这样 Trent 就可以通过比较这些粒子的初态和测量结果来判断这个序列在传输过程中是否被窃听过。

(6) 如果没有发现窃听，Bob 就顺利得到了他的私钥 d，即序列 S_q。与此同时，Trent 保存 Bob 的公钥 e，即 S_p。否则将退出这次通信。

在后续步骤中会看到，用这些密钥来加密消息可能不够长，而且它们会被逐渐消耗掉。然而一旦需要，Trent 随时可以再制备 Bell 态来补充密钥。

阶段 2：加密。假设用户 Alice 想发送 r 比特消息 $m=\{m_1, m_2, \cdots, m_r\}$给 Bob，其中 $m_i=0$或 1，且 $r\leqslant n$。那么 Alice 可以通过以下步骤来加密消息：

(1) Alice 请求 Trent 将 Bob 公钥中的 r 个量子比特发送给她。

(2) Trent 将序列 S_p 中的前 r 个粒子发送给 Alice。这里用 S_p^r 来表示这部分粒子序列，即 $S_p^r=\{p_1, p_2, \cdots, p_r\}$。与阶段 1 中类似，Trent 也使用诱骗态来确保粒子传输过程中的安全性。

(3) Alice 制备 r 粒子序列 $L=\{l_1, l_2, \cdots, l_r\}$，粒子状态分别为$\{|m_1\rangle, |m_2\rangle, \cdots, |m_r\rangle\}$，与要加密的消息比特一一对应。

(4) Alice 用公钥 S_p^r 加密消息序列 L。具体地，Alice 通过 C-NOT 操作用 S_p^r 中的粒子来加密每个对应的消息粒子。举例来说，Alice 通过对粒子 p_i 和 l_i 执行 C-NOT 操作 $\boldsymbol{C}_{p_i l_i}$(前一个下标 p_i 代表控制粒子，后一个下标代表目标粒子)来加密 l_i，即

$$\boldsymbol{C}_{p_i l_i}|\Phi^+\rangle_{p_i q_i}|m_i\rangle_{l_i}=\frac{1}{\sqrt{2}}(|00m_i\rangle+|11\overline{m}_i\rangle)_{p_i q_i l_i} \tag{6-98}$$

式中，$\overline{m}_i=1-m_i$。

(5) 加密完所有的消息粒子后，Alice 将序列 L(密文)发送给 Bob。

阶段 3：解密。Bob 收到粒子序列以后，可以执行以下步骤来解密出消息 m：

(1) 对密文 L 中的每一个粒子，Bob 执行 C-NOT 操作 $\boldsymbol{C}_{q_i l_i}$ 来解密。操作后系统状态变为

$$\boldsymbol{C}_{q_i l_i}\frac{1}{\sqrt{2}}(|00m_i\rangle+|11\overline{m}_i\rangle)_{p_i q_i l_i}=|\Phi^+\rangle_{p_i q_i}|m_i\rangle_{l_i} \tag{6-99}$$

(2) Bob 用 B_z 测量 L 中的每个粒子。从式(6-99)可知，所有测量结果恰好就是明文消息 m。至此 Bob 得到 Alice 发来的消息，解密过程结束。

阶段 4：密钥回收。上面的通信过程具有一个优点，即加解密步骤完成后 Bob 的密钥状态没有改变。因此这些密钥可以按照以下步骤进行回收：

(1) Alice 将 Bob 的公钥(即粒子序列 S_p^r)发回给 Trent。

(2) 为了确保这些回收密钥的安全性，Trent 从 S_p^r 中随机选择一定数量的粒子作为检测粒子，并随机用 B_z 或 B_x 基测量每个检测粒子以检测窃听。

(3) Trent 将每个检测粒子的位置和测量基告诉 Bob。

(4) Bob 用相同的基测量其私钥中相应位置的粒子，并公开测量结果。因为每两个对应粒子都应该处于 Bell 态 $|\Phi^+\rangle$，测量结果将呈现确定的关联关系。

(5) 通过比较这些测量结果，Trent 能够判断出回收的公钥是否被攻击过。如果没有，Trent 和 Bob 就留下其余的粒子以备下次使用。否则他们抛弃这些回收的密钥。

以上就是基于量子加密的 QPKC 方案。从中可以看出，公钥和私钥粒子都来自于 Bell 态 $|\Phi^+\rangle$，且处于相同的状态，即最大混合态 $\boldsymbol{\rho}=1/2(|0\rangle\langle 0|+|1\rangle\langle 1|$。因此，一个有趣的现象发生了，即在这个 QPKC 方案中实际上实用了对称密钥，其基本思想类似于量子 Vernam 密码。众所周知，经典密码中的 Vernam 算法(即一次一密乱码本)不能用于 PKC，因为它的加解密密钥相同，可以被任意复制。但在量子情况下情况完全不同。具体来说，即使公钥和私钥处于相同状态，人们也不能通过复制加密密钥(即公钥)来得到解密密钥(即私钥)，这一点由量子不可克隆定理来保证。

最后，关于以上 QPKC 方案，还有几点需要说明。(1) 实际上 Alice 得到的公钥是 S_p 的一个子串。在 Alice 收到这些粒子以后，Trent 需要告诉 Bob 他把 S_p 的哪个子串发给了 Alice，这样 Bob 就可以用对应的私钥粒子来解密 Alice 发来的密文。(2) 此方案中，Alice 和 Bob 可以使用消息认证码来对抗拒绝服务(Denial-of-Service, DoS)攻击。(3) 当考虑信道噪声的时候，可以利用纠缠纯化和量子保密放大技术来提高传输后 Bell 态的质量。

6.6.3 安全性分析

对一个 QPKC 系统来说，必须保证 Eve 不能获得 Bob 的私钥或者 Alice 的明文消息。在上述方案中利用了一些常见且可靠的方法来保证安全性。例如使用 BB84 类粒子作诱骗态来保证量子序列传输的安全，用共轭基测量的方法来确定回收密钥粒子的状态。下面针对不同阶段来简要分析此方案的安全性。

密钥制备。在这一阶段 Trent 制备一定量的 EPR 对 $|\Phi^+\rangle$ 并将每对中的一个粒子(即序列 S_q)发送给 Bob 作为他的私钥。因为 Trent 是可信的，只需要考虑外部窃听者 Eve 的攻击。在这一阶段，Eve 有机会获得 Bob 的私钥，并可能利用它正确解密发给 Bob 的密文。然而由于诱骗态的使用，Eve 的目的将不能达到。原因如下：

首先，量子不可克隆定理保证了 Eve 不能复制私钥中的量子比特。这一点与经典 PKC 截然不同。后者中私钥是不能公开传输的，因为它由经典比特组成，很容易被复制。

其次，因为诱骗态粒子与私钥粒子处于相同的状态，即最大混合态 $\boldsymbol{\rho}=1/2(|0\rangle\langle 0|+|1\rangle\langle 1|)$，任何人不能通过测量来区分这两类粒子。这就意味着任何针对私钥粒子的攻击操作也都将会不可避免地作用到诱骗态粒子上。因此，这种攻击操作将在诱骗态上留下痕迹，进而被合法用户所发现。这里将不再详细论证使用这种诱骗态所带来的安全性，它与 BB84 协议的安全性类似并已经获得广泛认可。

加密。正如上文所述，在本节的 QPKC 方案中使用了对称密钥，即公钥与私钥处于相同的量子态。因此任何拥有公钥的人也可以解密相应的密文。本阶段中 Eve 有机会在 Trent 发送公钥给 Alice 时截获它。但是与阶段 1 中类似，这些量子态不能被复制，且诱骗态能保证公钥粒子序列的安全。于是任何对公钥的有效窃听都将被合法用户所发现。

此外还需要分析当 Alice 传送密文给 Bob 时 Eve 可以从中得到什么。上述分析已经表明，如果 Eve 不想被发现，她从信道中传输的公钥和私钥序列中得不到任何有用信息。这种情况下 Eve 不能从密文中获得明文的任何信息，因为不管消息比特是 0 还是 1，每个密文量子比特都处于相同的态 $\boldsymbol{\rho}=1/2(|0\rangle\langle 0|+|1\rangle\langle 1|)$。

解密。本阶段由于没有粒子在信道中传输，Eve 没有攻击的机会。当 Bob 解密出明文后，他可以利用消息认证码来判断是否存在 DoS 攻击。

密钥回收。本阶段中 Alice 将公钥发回给 Trent。从 Eve 的角度来说，这种情况与阶段 2 初期的传输非常类似。但这里还需要考虑 Alice 的攻击。因为回收的公钥将被在今后其他人（如 Charlie）与 Bob 通信时重复使用，Alice 也可能会采取一定的手段来进行攻击。例如 Alice 可以将一个附加粒子纠缠进每个 Bell 态，并用它解密今后 Charlie 给 Bob 的密文（类似于文献[34,35]中的攻击策略）。

考虑到以上威胁，Trent 必须保证 Alice 发回的公钥量子比特的状态没有发生变化（即每个公钥粒子都还与 Bob 手中相应的私钥粒子处于 Bell 态 $|\Phi^+\rangle$）。本节的方案中采用了共轭基测量的方法来检测窃听，它可以同时抵抗 Eve 和 Alice 的攻击。这种方法的可靠性已经被证明并广泛应用，这里将不再做详细分析。

最后，由于在实际 QKD 系统中，Eve 可以只攻击一小部分传输的粒子，这样引入的干扰就比较小，可以被信道噪声所掩盖。这种情况下用户可以对生密钥进行保密放大来获得无条件安全的密钥。在本节所提出的 QPKC 中也存在类似问题。Eve 可通过攻击小部分密钥粒子，进而获得部分明文信息。这种情况下可以使用纠缠纯化和量子保密放大的方法，这些技术可使此方案达到理论上的无条件安全性。

6.6.4 讨论与结论

与之前的 QPKC 方案（GMN 方案）相比，本节介绍的方案具有以下特点：

(1) 公钥与私钥的作用相同，满足本节开始所述的 PKC 基本条件(C4)。这种情况下用户也可以用私钥来加密消息，而用公钥正确解密。这就使得基于本方案设计量子签名协议成为可能。

(2) 给出了公钥的验证方法，这一点对 QPKC 系统的安全性至关重要。一方面利用诱骗态来保护公钥量子比特，使之不受 Eve 的攻击。另一方面因为密钥粒子均来自于 Bell 态 $|\Phi^+\rangle$，对它们进行纠缠纯化和量子保密放大都比较容易（已有相关理论）。通过这些技术，即使在有噪情况下通信双方也能获得高质量的 Bell 态。也就是说，本方案中公钥的状态可以得到认证。

(3) 可以抵抗态估计攻击。本方案中不同的公钥由来自于不同 EPR 对的粒子组成，它们之间没有任何关联。因此拥有多份公钥还是一份公钥对 Eve 来说效果是一样的，即 Eve 不能从多份公钥中获得更多有用信息。

(4) 密钥可以重复使用，并可在必要时随意补充。

有人可能会觉得这个方案看起来不像是一个实际的公钥密码体制（例如 RSA 等常见经典 PKC 方案），原因有两点：①本方案中用到了类似 QKD 中那样的方法来检测窃听；②本方案使用对称密钥。需要强调的是，这两点看似不符合公钥密码特征的性质，都是由

QPKC 的量子本质所决定的。下面分别予以解释。

(1) 众所周知,量子力学特性使得合法通信者可以检测到潜在的窃听行为,这正是量子密码可达到无条件安全的本质原因。为了实现这一优势,协议中的窃听检测过程是必要的。由于 QPKC 中的公钥一般是量子的,其状态在传输之后需要验证,所以 QPKC 系统中也同样如此。GMN 方案中之所以没有这些检测步骤,是因为文献[35]中没有考虑公钥认证的问题。

(2) 本方案中选择 Bell 态粒子做密钥,最初的目的是避免态估计攻击的影响。目前来看,Bell 态非常适合用于 QPKC,这是因为可以用现有技术来对它进行认证(特别是纠缠纯化和量子保密放大)。虽然之前的方案并没有涉及,但量子密钥的认证对一个 QPKC 系统的安全性来说无疑是非常重要的。我们知道,在经典 PKC 系统中绝对不能使用相同的公钥和私钥,否则任何人都可以通过对公钥的副本来获得私钥,进而正确解密所有相应的密文。因此人们的确需要设计出非对称密码体制,使得 Eve 不能从公钥中得到私钥。然而在量子情形下,情况将大不相同。一方面,量子不可克隆定理不允许对量子比特的副本。另一方面,QPKC 中必须对(量子)公钥进行认证,而一旦认证通过,那就意味着 Eve 没有从公钥中读出任何有用信息(否则 Eve 的窃听必将引入干扰,进而被用户检测到)。在这种情况下,似乎没有任何必要再特意去设计两个不同的密钥。也就是说,在 QPKC 中用相同的密钥就可以了。实际上此方案及相关分析已经表明,在 QPKC 中使用对称密钥是可行的,这一有趣现象正是量子力学特性所带来的。

综上所述,本节给出了一种对 GMN 方案[35]的特殊攻击方法。此外,本节提出了一个新的 QPKC 方案,并初步构建了 QPKC 系统的完整理论框架。分析表明它可以绕过"量子签名的 no-go 定理"用来设计新的量子签名方案,值得进一步深入研究。

6.7 本章总结

作为量子密码重要的研究分支,量子签名的研究得到了众多专家和学者的关注。为避开"量子签名的 no-go 定理",Zeng 和 Keitel 在 2002 年提出了第一个仲裁量子签名方案。经过十几年的发展,仲裁量子签名方案的研究取得了一系列重要的研究成果。本章从几个典型的仲裁量子签名方案入手,系统地分析了仲裁量子签名方案的安全性。从接收者的伪造和签名者的否认两方面出发,6.2 节指出了现有方案的漏洞。进一步地,6.3 节对仲裁量子签名方案中的加密算法的脆弱性进行了分析,发现无论是签署经典消息还是量子消息,如果将一般性加密算法直接用于仲裁量子签名方案的设计,都无法抵御接收者的伪造攻击。基于上述分析结果 6.4 节给出了仲裁量子签名方案中加密算法的改进策略和新的设计方案。接着 6.5 节分析了具体应用背景下的仲裁量子签名方案——两类仲裁量子群签名方案的安全性和实用性。最后,考虑到公钥密码和数字签名的密切关系,6.6 节介绍了一种新的量子公钥密码体系以期从一个新的方向设计量子签名方案。尽管量子签名的研究取得了众多令人欣喜的成果,但仍有很多问题值得我们持续关注和研究。

本章参考文献

[1] Gottesman, D. and I. Chuang, Quantum digital signatures, arXiv : quant-ph / 0105032 v2, 2001.

[2] Buhrman, H. , et al. , Quantum fingerprinting. Physical Review Letters, 2001, 87 (16): 167902.

[3] Barnum, H. , et al. , Authentication of quantum messages. Focs 2002: 43rd Annual Ieee Symposium on Foundations of Computer Science, Proceedings, 2002: 449-458.

[4] Zeng, G. H. and C. H. Keitel, Arbitrated quantum-signature scheme. Physical Review A, 2002, 65(4): 042312.

[5] Lee, H. , et al. , Arbitrated quantum signature scheme with message recovery. Physics Letters A, 2004, 321(5-6): 295-300.

[6] Keating, J. P. , Prado S. D. , and M. Sieber, Universal quantum signature of mixed dynamics in antidot lattices. Physical Review B, 2005, 72(24): 245334.

[7] Wang, J. , et al. , Comment on: "Arbitrated quantum signature scheme with message recovery" [Phys. Lett. A 321 (2004) 295]. Physics Letters A, 2005, 347(4-6): 262-263.

[8] Zeng, G. H. , et al. , Continuous variable quantum signature algorithm. International Journal of Quantum Information, 2007, 5(4): 553-573.

[9] Curty, M. and N. Lutkenhaus, Comment on "arbitrated quantum-signature scheme". Physical Review A, 2008, 77(4): 046301.

[10] Zeng, G. H. , Reply to "Comment on 'Arbitrated quantum-signature scheme' ". Physical Review A, 2008, 78(1): 016301.

[11] Cao, Z. J. and Markowitch O. , A Note on an Arbitrated Quantum Signature Scheme. International Journal of Quantum Information, 2009, 7(6): 1205-1209.

[12] 张可佳. 仲裁量子签名方案的若干问题研究[D]. 北京邮电大学, 2015.

[13] Li, Q. , Chan, W. H. and Long, D. Y. , Arbitrated quantum signature scheme using Bell states. Physical Review A, 2009, 79(5): 054307.

[14] Zou, X. F. and Qiu, D. W. , Security analysis and improvements of arbitrated quantum signature schemes. Physical Review A, 2010, 82(4): 042325.

[15] Yang, Y. G. , Multi-proxy quantum group signature scheme with threshold shared verification. Chinese Physics B, 2008, 17(2): 415-418.

[16] Cao, H. J. , et al. , A Quantum Proxy Signature Scheme Based on Genuine Five-qubit Entangled State. International Journal of Theoretical Physics, 2014, 53(9): 3095-3100.

[17] Wen, X. J. , et al. , A group signature scheme based on quantum teleportation. Physica Scripta, 2010, 81(5): 055001.

[18] Xu, R. , et al. , Quantum group blind signature scheme without entanglement.

Optics Communications, 2011, 284(14): 3654-3658.

[19] Wen, X. J., et al., A weak blind signature scheme based on quantum cryptography. Optics Communications, 2009, 282(4): 666-669.

[20] Wang, T. Y., Cai, X. Q., and Zhang, R. L., Security of a sessional blind signature based on quantum cryptograph. Quantum Information Processing, 2014, 13 (8): 1677-1685.

[21] Jalalzadeh, S., Ahmadi, F., and Sepangi, H. R., Multi-dimensional classical and quantum cosmology: exact solutions, signature transition and stabilization. Journal of High Energy Physics, 2003(8): 012.

[22] Zuo, H. J., Zhang, K. J., and Song, T. T., Security analysis of quantum multi-signature protocol based on teleportation. Quantum Information Processing, 2013, 12(7): 2343-2353.

[23] Gao, F., et al., Cryptanalysis of the arbitrated quantum signature protocols. Physical Review A, 2011, 84(2): 022344.

[24] Choi, J. W., Chang, K. Y., and Hong, D., Security problem on arbitrated quantum signature schemes. Physical Review A, 2011, 84(6): 062330.

[25] Hwang, T., Luo, Y. P. and Chong, S. K., Comment on "Security analysis and improvements of arbitrated quantum signature schemes". Physical Review A, 2012, 85(5): 056301.

[26] Zhang, K. J., et al., Cryptanalysis of the Quantum Group Signature Protocols. International Journal of Theoretical Physics, 2013, 52(11): 4163-4173.

[27] Gao, F., Wen, Q. Y., Qin, S. J., et al. Quantum asymmetric cryptography with symmetric keys. Science in China, 2009, 52(12):1925-1931.

[28] Boykin, P. O. and V. Roychowdhury, Optimal encryption of quantum bits. Physical Review A, 2003, 67(4): 042317.

[29] Zhang, K. J., et al., Reexamination of arbitrated quantum signature: the impossible and the possible. Quantum Information Processing, 2013, 12(9): 3127-3141.

[30] Zhang, K. J., Li, D. and Su, Q., Security of the arbitrated quantum signature protocols revisited. Physica Scripta, 2014, 89(1): 015102.

[31] Zhang, K. J., Zhang, W. W., and Li, D., Improving the security of arbitrated quantum signature against the forgery attack. Quantum Information Processing, 2013, 12(8): 2655-2669.

[32] Schneier B., Applied Cryptography: Protocols, Algorithms and Source Code in C. 2nd ed. New York: John Wiley and Sons, 1996, 24-29.

[33] Okamoto T., Tanaka K., Uchiyama S., Quantum public-key cryptosystems. In: Advances in Cryptology: Crypto 2000 Proceedings. Berlin: Springer, 2000, LNCS, 1880: 147-165

[34] Koshiba T., Security notions for quantum public-key cryptography. E-print quant-ph/0702183

[35] Nikolopoulos G. M. , Applications of single-qubit rotations in quantum public-key cryptography. PhySical Review A, 2008, 77: 032348.

[36] GottesmanD. http://www. perimeterinstitute. ca/personal/dgottesman/ Public-key. ppt.

[37] Derka R, Buzek V, Ekert A. K. , Universal algorithm for optimal estimation of quantum states from finite ensembles via realizable generalized measurement. Phys Rev Lett, 1998, 80: 1571-1575.

[38] Bagan E, Baig M, Munoz-Tapia R. , Optimal scheme for estimating a pure qubit state via local measurements. PhySical Review Letter, 2002, 89: 277904.

[39] Nikolopoulos G M. Erratum: Applications of single-qubit rotations in quantum public-key cryptography. PhySical Review A, 2008, 78: 019903.

第7章　量子匿名通信

匿名性(Anonymity)是密码学的一个基本组成部分,其目的是隐藏消息发送者或消息接收者的身份,也可能是同时隐藏两者的身份。在经典密码领域,如何在通信中隐藏发送方或接收方的身份已经吸引了大量的关注,该研究在电子投票、电子拍卖和发送匿名电子邮件等方面发挥着重要的作用[3-7]。

Boykin[8]首先提出了如何利用量子力学进行匿名通信,但他的协议仅可以进行经典消息的匿名通信。Christandl 和 Wehner[9,10]最先定义了匿名量子传输的概念,并在假定 n 个参与者事先分享多粒子纠缠 GHZ 态的情况下,给出了一个详细的协议实现匿名量子传输。而且,他们引入了匿名纠缠这个关键的概念。假定 n 个参与者事先共享多粒子 GHZ 纠缠态,发送者和接收者最后匿名共享了一个 Bell 态 $|\Phi^+\rangle$,即只有发送者知道他选择的共享方(接收者),而接收者却不知道发送者的身份,而且其他参与者也不知道纠缠共享者的身份(发送者和接收者)。因此,发送者可以通过量子隐形传态的方式匿名发送量子信息给接收者[11]。在公开接收者(发送者)模型下,Bouda 和 Sprojcar[12]首先在事先没假定量子态在参与者间被共享的情况下完成了匿名量子传输。然而,Brassard 等指出主动攻击者可以以使协议失败的概率与发送者(接收者)的身份间存在关联性的攻击方式获取其身份信息[13]。因此,文献[12]中的协议不能确保发送者(接收者)的匿名性。基于在发送者和接收者间建立匿名量子纠缠,Brassard 等提出了第一个信息论安全的匿名量子传输协议[13]。然而,以前所有的协议都利用多粒子纠缠态来建立匿名量子纠缠,当 n 比较大时,多粒子纠缠态在实验上很难制备。因此,这类协议实现起来既不高效也不经济。

由于匿名纠缠是非常昂贵的资源,本章介绍如何消耗尽可能少的纠缠资源来建立匿名量子通信。7.1 节给出了匿名通信中用到的几个子协议。7.2 节和 7.3 节利用单粒子量子态和控制非操作(C-NOT)给出了构造匿名纠缠的有效方法,并在此基础上给出了一种接收者匿名的量子传输协议和完全匿名的量子传输协议。7.4 节利用量子一次一密提出了一个不需要匿名纠缠辅助的接收者匿名的量子安全通信协议。7.5 节基于两类纠缠量子态,提出了一个针对多候选人且同时具有保密性、不可重用性、可验证性、公平性以及自统计性的量子匿名投票协议,该协议还可扩展用于解决匿名多方安全计算问题。

7.1　预备知识

为了更好地理解本章后续协议,本节介绍匿名通信协议中用到几个子协议。

定理 7.1(通知[13,14]):存在一个通知协议,在该协议中,任何参与者可以通知他选择的其他参与者。每个参与者的输出是一个保密比特,该比特具体表明他是否被通知过至少一次，这个值以指数接近于 1 的概率被正确计算。即使面对主动攻击，这也是通过该协议唯一可获得的信息。

定理 7.2（匿名经典消息传输[13,14]）：存在一个匿名经典消息传输协议，在该协议中，有 n 个参与者 $P_1,P_2,\cdots,P_n$，一个真正的匿名发送者 $P_s(s\in\{1,2,\cdots,n\})$ 可以发送保密的经典消息给一个他选择的接收者 $P_r(r\in\{1,2,\cdots,n\}\backslash s)$，使得除了发送者 P_s 自己，没有人知道他的身份，而且除了发送者 P_s 和接收者 P_r，没有人知道传输的消息。若所有参与者是诚实的，则该消息被完美的发送，而且，除了指数小的概率，任何修改传输消息的企图将导致该协议终止。

定理 7.3（碰撞检测[13,14]）：存在一个碰撞检测协议，在该协议中，n 个参与者 $P_1,P_2,\cdots,P_n$ 中的每一个都输入一个经典比特。假定 r 表示输入比特“1”的个数，对应于 r 的三种取值 $r=0$，$r=1$ 或 $r\geqslant 2$，该协议有三种可能的输出结果。如果 n 个参与者都是诚实的，则正确值将以指数接近于 1 的概率被计算。没有参与者可以使协议终止，而且攻击者除了通过让腐败的(Corrupt)参与者输入比特“0”并忠实地执行协议的方法获得一些信息外，不能获得更多有用信息。无论其他的参与者输入的比特是什么（即使全部为“0”），一个腐败的参与者就可以使协议输出对应 $r\geqslant 2$ 的结果。而且，如果其他所有的参与者的输入为“0”（产生输出 $r=0$），一个腐败的参与者可以置他的输入为“0”；否则，他可以置他的输入为“1”（产生输出 $r\geqslant 2$）。除了这些，没有其他形式的欺骗存在。

定理 7.4（匿名广播[13,14]）：存在一个匿名广播协议，在该协议中，广播者 P_s（n 个参与者 $P_1,P_2,\cdots,P_n$ 中的一个）广播一个经典消息 M 给其他参与者，使得

(i) 所有参与者 $P_1,P_2,\cdots,P_n$ 都可以收到该消息 M；

(ii) 没有泄露广播者 P_s 身份的任何信息给攻击者，即一个控制 t 个腐败的参与者的攻击者能够正确猜测得到 P_s 身份的概率不大于 $\frac{1}{n-t}$；

(iii) 对该协议的任何扰乱将会被检测到。

定理 7.5（量子认证[13,22]）：存在一个信息论安全的量子认证协议，其能通过一个加密电路与一个解密电路以多项式长度 m 去认证任意 m 长的量子信息。通过使用长度 $2m+2t+1$ 随机保密秘钥，认证消息的长度可达 $m+t$。假设消息被接收的概率为 p，q 为获得量子态 $|\psi\rangle$ 的概率。如果认证消息并没有被改变，那么 $p=q=1$。否则，$pq+(1-p)>1-\frac{m+t}{t(2^t+1)}$。与此同时，该协议能很好的保证传输消息 $|\psi\rangle$ 的保密性。

控制非操作：$|c\rangle|t\rangle\rightarrow|c\rangle|c\oplus t\rangle$，即控制量子比特 c 置为 0，则目标量子比特 t 不变；否则目标量子比特 t 翻转。控制非操作也可用矩阵表示如下

$$\begin{bmatrix}1&0&0&0\\0&1&0&0\\0&0&0&1\\0&0&1&0\end{bmatrix} \tag{7-1}$$

7.2 匿名接收者的量子传输

7.2.1 协议描述

本节考虑和文献[12]中一样的情形：在 n 个参与者 $P_1,P_2,\cdots,P_n$ 中，一个公开的发送者 $P_s(s\in\{1,2,\cdots,n\})$ 要传送量子消息 $|\psi\rangle$ 给一个接收者 $P_r(r\in\{1,2,\cdots,n\}\backslash s)$，同时确保接收者 P_r 的匿名性，即除了 P_s 和 P_r 自己，任何人不能获得关于 P_r 身份的任何信息。而且，除了 P_s 和 P_r，没有人能够获得量子消息 $|\psi\rangle$ 的任何信息。为了达到该目标，假定 n 个参与者两两间共享一个量子信道，但和以前协议不同，这些量子信道并不要求是保密认证的。和以前协议一样，这里也要求一个经典广播信道，确保所有参与者通过该信道从一个公开的发送者那里收到一样的消息，而且该消息在传输中未被篡改过。

假定 k 为安全参数，l 为 P_s 要发送的量子消息 $|\psi\rangle$ 的长度，协议详细描述如下：

(1) 通知接收者

发送者 P_s 利用经典广播信道向所有参与者广播他的身份，接着通过执行通知协议(定理 7.1)通知他想要发送量子消息 $|\psi\rangle$ 给的接收者 P_r。

(2) 匿名纠缠产生

P_s 首先制备 $l+k$ 个单粒子量子态 $|+\rangle=\frac{1}{\sqrt{2}}(|0\rangle+|1\rangle)$。对每一个单粒子量子态 $|+\rangle$：

(2.1) P_s 随机选择一个相位操作 $U(\theta_s)$ 作用到该粒子 $|+\rangle$ 上，这里

$$\boldsymbol{U}(\theta_s)=|0\rangle\langle 0|+\mathrm{e}^{i\theta_s}|1\rangle\langle 1|,\theta_s\in[0,2\pi) \tag{7-2}$$

接着他将该粒子 $\boldsymbol{U}(\theta_s)|+\rangle$ 发送给他右手边的参与者 P_j。

(2.2) 当 P_j 收到 P_s 发送过来的单粒子 $\boldsymbol{U}(\theta_s)|+\rangle$ 后，如果他不是接收者 P_r，他执行和 P_s 在步骤(2.1)中一样的操作，即他也随机选择一个相位操作 $\boldsymbol{U}(\theta_j)$ 作用到该单粒子上，接着把它发送给他右手边的参与者，这里

$$\boldsymbol{U}(\theta_j)=|0\rangle\langle 0|+\mathrm{e}^{i\theta_j}|1\rangle\langle 1|,\theta_j\in[0,2\pi) \tag{7-3}$$

否则，他首先对该粒子 $\boldsymbol{U}(\theta_s)|+\rangle$(控制位)和他事先制备的单粒子量子态 $|0\rangle$(目标位)执行一个控制非操作，接着他执行相位操作 $\boldsymbol{U}(\theta_j)$ 到该粒子 $\boldsymbol{U}(\theta_s)|+\rangle$ 上，最后把它发送给他右手边的参与者。

(2.3) 收到发送过来的单粒子后，其他 $n-2$ 个参与者执行和 P_j 在步骤(2.2)中一样的操作，直到最后一个参与者把该粒子发送回 P_s。

(2.4) 每一个参与者 $P_j(j\neq s)$ 利用匿名经典消息传输协议(定理 7.2)把他的相位值 θ_j 发送给 P_s。

(2.5) 收到所有相位值 $\theta_j(j\in\{1,\cdots,n\})$ 后，P_s 执行相位操作 $\boldsymbol{U}\left(-\sum_{j=1}^{n}\theta_j\right)$ 到返回的这个单粒子。

显然，如果所有的参与者是诚实的，则仅仅接收者 P_r 纠缠了一个附加粒子到该粒子上，而且经过所有的相位操作后，该粒子和 P_r 纠缠的粒子将演化为 Bell 态

$$|\Phi^+\rangle_{sr}=\frac{1}{\sqrt{2}}(|00\rangle+|11\rangle) \tag{7-4}$$

这里下标 s 表示 P_s 制备的单粒子量子态 $|+\rangle$，r 表示 P_r 在步骤(2.2)或(2.3)纠缠的附加粒子。因此，如果所有的参与者是诚实的，则这一步完成后，P_s 和 P_r 可以共享 $l+k$ 个两粒子 Bell 态 $|\Phi^+\rangle_{sr}$，其中 P_s 拥有所有粒子 s，P_r 拥有所有粒子 r。

(3) 纠缠验证

P_r 从和 P_s 共享的 $l+k$ 个 Bell 态 $|\Phi^+\rangle_{sr}$ 中随机选择 k 个作为样本。对每一个样本 $|\Phi^+\rangle_{sr}$：

(3.1)P_r 随机选择 Z-基或 X-基测量他拥有的粒子 r，接着他利用匿名经典消息传输协议(定理 7.2)将该样本的位置、测量基和测量结果发送给 P_s。

(3.2)P_s 利用相同的测量基测量相应位置的粒子 s，接着他根据量子比特 s 和 r 间的关联关系

$$|\Phi^+\rangle_{sr}=\frac{1}{\sqrt{2}}(|00\rangle+|11\rangle)=\frac{1}{\sqrt{2}}(|++\rangle+|--\rangle) \tag{7-5}$$

判断是否有错误出现。具体地来讲，如果他和 P_r 的测量结果相同，则他认为没有错误出现；否则，他发现错误。如果没有错误出现，则该样本通过验证。

如果这 k 个样本都能通过上面的验证，则 P_s 认为所有参与者是诚实的，而且剩下的和 P_r 共享的 l 个 Bell 态 $|\Phi^+\rangle_{sr}$ 是完美的。于是他可以通过接下来的量子隐形传态协议发送量子消息 $|\psi\rangle$ 给 P_r；否则，协议终止。

值得注意的是在该步骤结束后，无论纠缠验证是否通过，P_s 都将其结果广播给所有的参与者。

(4) 隐形传态

P_s 利用和 P_r 共享的 l 个 Bell 态 $|\Phi^+\rangle_{sr}$ 将量子消息 $|\psi\rangle$ 发送给 P_r。详细如下：

(4.1)P_s 对共享的所有 Bell 态 $|\Phi^+\rangle_{sr}$ 中的 l 个 s 粒子和量子消息 $|\psi\rangle$ 的 l 个消息粒子执行联合 Bell 测量，并将 Bell 测量结果广播给所有参与者。

(4.2) 根据 P_s 广播的 Bell 测量结果，P_r 可以通过对共享的所有 Bell 态 $|\Phi^+\rangle_{sr}$ 中的 l 个 r 粒子执行相应的 Pauli 操作的方法成功恢复量子消息 $|\psi\rangle$。

到此为止，在公开发送者模型下，给出了一个新的匿名量子消息传输协议。

7.2.2 协议分析

该协议的正确性可以通过下面的定理 7.6 来给出。

定理 7.6(正确性)：假定在该协议中所有参与者是诚实的，则量子消息 $|\psi\rangle$ 以指数接近于 1 的概率被完美的传输。

证明：根据文献[13,14]的结论，即使所有参与者是诚实的，通知协议仍然可能产生一个不正确的输出(通知协议也可能终止)，但这种情况仅以指数小的概率发生。而且，如果所有参与者是诚实的，则在步骤(3)结束后，P_s 和 P_r 可以共享 l 个正确的 Bell 态 $|\Phi^+\rangle_{sr}$，这样 P_s 可以在步骤(4)中利用量子隐形传态协议将量子消息 $|\psi\rangle$ 完美地发送给 P_r。因此，若所有参与者是诚实的，则量子消息 $|\psi\rangle$ 以指数接近于 1 的概率被完美的传输。

对于本节提出的多方协议，安全性主要包括两方面：接收者 P_r 的匿名性和量子消息

$|\psi\rangle$ 的保密性。接下来，逐步分析该协议来证明：除了指数小的概率，该协议可以确保接收者 P_r 的匿名性和量子消息 $|\psi\rangle$ 的保密性。

步骤(1)的安全性可以直接从通知协议(定理 7.1)的无条件安全性来导出。然而，如果在该步骤中 P_s 通知 P_r 失败(这种情况以指数小的概率发生)，攻击者可以在接下来的协议中控制诚实的接收者而不被发现。在这种情况下，传输量子消息 $|\psi\rangle$ 的保密性无法保证，但除了可能通过该消息推得接收者 P_r 身份的一些信息外，并未威胁到 P_r 的匿名性。

在步骤(2)中，尽管接收者 P_r 被卷入，而且只有他通过控制非操作纠缠了一个单粒子量子态，然而我们指出没有人可以了解 P_r 的身份。为了判断诚实的参与者 P_i 是否接收者 P_r，攻击者 A 有两种途径：一种是发送假粒子给 P_i，另一种是在发送每一个粒子 $|+\rangle$ 给 P_i 之前，纠缠一个附加态。我们来讨论第一种途径，不失一般性，假定 A 制备一个量子态 $|\xi\rangle=a|0\rangle|\alpha\rangle+b|1\rangle|\beta\rangle$，这里 $|a|^2+|b|^2=1$，$|\alpha\rangle$ 和 $|\beta\rangle$ 表示任意相同维的量子态。接着代替真正的粒子 $|+\rangle$，他把量子态 $|\xi\rangle$ 的第一个粒子发送给 P_i。显然，如果 P_i 不是 P_r，经过 P_i 的相位操作，量子态 $|\xi\rangle$ 将演化为

$$|\xi^{\theta_i}\rangle=a|0\rangle|\alpha\rangle+e^{i\theta_i}b|1\rangle|\beta\rangle \tag{7-6}$$

否则，量子态 $|\xi\rangle$ 和 P_r 制备的粒子 r 将纠缠在一起，整个量子系统将演化为

$$|\gamma^{\theta_i}\rangle=a|0\rangle|\alpha\rangle|0\rangle+e^{i\theta_i}b|1\rangle|\beta\rangle|1\rangle \tag{7-7}$$

量子态 $|\xi^{\theta_i}\rangle$ 和 $|\gamma^{\theta_i}\rangle$ 的密度矩阵分别为

$$\boldsymbol{\rho}_i=aa^*\,|0\alpha\rangle\langle\alpha0|+ab^*\,e^{-\theta_i}\,|0\alpha\rangle\langle\beta1|+ba^*\,e^{\theta_i}\,|1\beta\rangle\langle\alpha|0|+bb^*\,|1\beta\rangle\langle\beta1| \tag{7-8}$$

和

$$\boldsymbol{\rho}_{i'}=aa^*\,|0\alpha0\rangle\langle0\alpha0|+ab^*\,e^{-\theta_i}\,|0\alpha0\rangle\langle1\beta1|+ba^*\,e^{\theta_i}\,|1\beta1\rangle\langle0\alpha0|+bb^*\,|1\beta1\rangle\langle1\beta1| \tag{7-9}$$

攻击者 A 的系统的约化密度矩阵为

$$\boldsymbol{\rho}_{i''}=\mathrm{Tr}_r(\boldsymbol{\rho}_{i'})=aa^*\,|0\alpha\rangle\langle\alpha0|+bb^*\,|1\beta\rangle\langle\beta1| \tag{7-10}$$

这里，Tr_r 是一个算子的映射，即对粒子 r 求偏迹。经过简单的计算，可得当且仅当 $a=0$ 或 $b=0$

$$\boldsymbol{\rho}_i\boldsymbol{\rho}_{i''}=\delta_{ii''}\boldsymbol{\rho}_{i''}^{\ 2} \tag{7-11}$$

等式(7-11)是量子态完美区分的充要条件[16]，这意味着没有测量可以完美区分量子态 $\boldsymbol{\rho}_i$ 和 $\boldsymbol{\rho}_{i''}$。事实上，即使攻击者 A 概率性的明确区分这两个量子态也是不可能的，因为在该协议中，除了 P_i 没有人知道相位 θ_i 的确切值。因此，攻击者 A 不可能区分 P_i 是否纠缠了一个量子态，即他不能利用这种攻击来判断 P_i 是不是 P_r。而且，因为无论 P_i 是不是 P_r，在步骤(3)中，这种攻击都将以指数接近于 1 的概率使协议终止，所以这种攻击使协议终止的概率与接收者的身份没有关联。接下来，我们讨论第二种途径，假定攻击者 A 在发送每一个量子比特 $|+\rangle$ 给 P_i 之前，纠缠了一个附加态，接着他测量该附加态来推断 P_i 的身份，利用类似上面的分析，可以得出结论：A 同样不能利用这种攻击获得关于 P_r 身份的任何有用信息。

对于步骤(3)，除了 P_s 在该步骤最后对纠缠验证结果的广播，其他所有的经典通信都是通过匿名消息传输协议完成的，其安全性由定理 7.2 来保证。而且，在步骤(2)，只要安全参数 k 充分大，无论 P_i 是不是 P_r，A 的攻击都将以指数接近于 1 的概率使纠缠验证失败。因此，纠缠验证通过与否和 P_r 的身份无关，所以 P_s 关于纠缠验证结果的广播并没有泄漏任何关于 P_r 的身份信息。

在步骤(4)中,尽管为了让接收者 P_r 能够重构量子消息 $|\psi\rangle$,P_s 不得不广播 Bell 测量结果给所有参与者,然而,很明显这并没有泄漏 P_r 的身份信息。

对于主动攻击者 A 来讲,为了获得量子消息 $|\psi\rangle$,一种可能的策略是在步骤(2)中,他在 $l+k$ 个单粒子 $|+\rangle$ 的每一个上,也纠缠一个附加态,但是他的攻击要想成功,必须躲避 P_s 和 P_r 在步骤(3)中的纠缠验证。然而,这是不可能的,除非 A 的量子态和被用来验证纠缠的量子比特 s 处于直积态。在步骤(3),P_s 通过 Bell 态

$$|\Phi^+\rangle=\frac{1}{\sqrt{2}}(|00\rangle+|11\rangle)=\frac{1}{\sqrt{2}}(|++\rangle+|--\rangle) \tag{7-12}$$

的两个粒子间的关联关系来判断是否存在错误。而且,测量基是从 Z-基或 X-基中随机选择的。因此,A 的这种欺骗要想不被 P_s 发现,当且仅当 A 纠缠的量子态 a、量子比特 s 和量子比特 r 满足

$$(c|00\rangle|\alpha'\rangle+d|11\rangle|\beta'\rangle)_{sra}=(c'|++\rangle|\alpha''\rangle+d'|--\rangle|\beta''\rangle)_{sra} \tag{7-13}$$

这里,$|\alpha'\rangle$,$|\beta'\rangle$,$|\alpha''\rangle$,$|\beta''\rangle$表示相同维的任意量子态,$|c|^2+|d|^2=1$,$|c'|^2+|d'|^2=1$。由等式(7-13)可得

$$\begin{aligned}c|\alpha'\rangle&=d|\beta'\rangle\\c'|\alpha''\rangle&=d'|\beta''\rangle\end{aligned} \tag{7-14}$$

这意味着 A 纠缠的量子态 a、量子比特 s 和量子比特 r 是直积关系。因此,除非 A 不能获得任何信息,否则这种欺骗将以指数接近于 1 的概率被发现。

另外一种可能获得量子消息 $|\psi\rangle$ 的可能攻击策略是攻击者 A 发送假粒子给 P_s,即代替 $l+k$ 个原始粒子 $|+\rangle$,攻击者 A 发送 $l+k$ 个假粒子(最大纠缠态的其中一个粒子)给 P_s,接着利用类似文献[1,2,17~19]中的攻击策略躲避检测。然而,这类策略对于该协议是无效的,这有两方面的原因:一是在步骤(3)中,攻击者 A 不知道用来验证纠缠的 k 个样本的具体位置,另外一个是除了 P_s 和 P_r,没有人参与纠缠验证的过程。因此,A 不能根据他的联合测量结果通过声明恰当相位操作的方法躲避检测。

因此,在步骤(1)P_s 成功通知 P_r 的情况下(这种情况以指数接近于 1 的概率发生),量子消息 $|\psi\rangle$ 的保密性由步骤(4)中量子隐形传态的基本性质来保证,因为攻击者 A 的任何攻击将以指数接近于 1 的概率被 P_s 在步骤(3)中发现,除非他不能获得任何信息。

7.2.3　结束语

在公开发送者模型下,本节给出了一种新的量子匿名传输协议。根据 7.2.2 节的分析,在该协议中,除了以指数小的概率,接收者 P_r 的匿名性和传输量子消息 $|\psi\rangle$ 的保密性被完美的保护。与文献[12]中的协议相比,该协议节省了量子资源,因为该协议利用单粒子代替多粒子纠缠态来构造匿名纠缠,而且参与者间的量子信道并不要求是保密认证的。另外,该协议构造一个匿名纠缠态 $|\Phi^+\rangle_{sr}$ 仅要求 $O(2)$ 个量子比特,而文献[12]中的协议则至少需要 $O(n)$ 个。因此,当 $n>2$ 时,该协议关于量子比特的效率更高(事实上,该协议关于量子比特的效率是最优的,因为构造一个匿名纠缠态 $|\Phi^+\rangle_{sr}$ 至少需要两个量子比特)。

7.3　完全匿名的量子传输

本节给出了一个新的匿名量子消息传输协议。与 7.2.1 节协议相比,该协议不仅可以

保护消息接收者 P_r 的匿名性，也可以保护消息发送者 P_s 的匿名性。

7.3.1 协议描述

本节考虑文献[10,13]中一样的情形：在 n 个参与者 $P_1,P_2,\cdots,P_n$ 中，发送者 $P_s(s\in\{1,2,\cdots,n\})$ 将量子消息 $|\psi\rangle$ 传给一个接收者 $P_r(r\in\{1,2,\cdots,n\}\backslash s)$，同时确保他和 P_r 的匿名性，即除了 P_s 和 P_r 自己，任何人不能获得关于他们身份的任何信息，而且 P_r 也不能获得关于 P_s 身份的任何信息。除了 P_s 和 P_r，没有人能够获得量子消息 $|\psi\rangle$ 的任何信息。为了达到该目标，假定 n 个参与者两两间共享一个量子信道，同样，这些量子信道也不要求是保密认证的。但该协议要求一个匿名广播信道（定理 7.4），确保所有参与者通过该信道从一个匿名发送者那里收到一样的经典消息，而且该消息在传输中未被篡改过。

假定 k 为安全参数，l 为 P_s 要传输的量子消息 $|\psi\rangle$ 的长度，协议详细描述如下：

(1) 多个发送者检测

参与者 $P_1,P_2,\cdots,P_n$ 一起执行碰撞检测协议（定理 7.3）来确定是否仅有一个参与者要传输消息。若不然，协议终止；否则，协议继续下一步。

(2) 通知接收者

参与者 $P_1,P_2,\cdots,P_n$ 一起执行通知协议（定理 7.1），利用该协议，发送者 P_s 匿名通知了一个接收者 P_r，即除了 P_s 和 P_r 自己，任何人不能通过该协议获得关于他们身份的任何信息，而且 P_r 也不能获得关于 P_s 身份的任何信息。

(3) 匿名纠缠产生

事先指定 n 个参与者中的一个（不妨假定为 P_1）制备 $l+k$ 个单粒子量子态 $|+\rangle$。对每一个单粒子量子态 $|+\rangle$：

(3.1) P_1 随机选择一个相位操作 $\boldsymbol{U}(\theta_1)$ 作用到该粒子 $|+\rangle$ 上，这里

$$\boldsymbol{U}(\theta_1)=|0\rangle\langle 0|+\mathrm{e}^{i\theta_1}|1\rangle\langle 1|,\theta_1\in[0,2\pi) \tag{7-15}$$

(3.2) 如果 P_1 既不是发送者 P_s 也不是接收者 P_r，他直接把该粒子发送给他右手边的参与者（不妨假定为 P_2）；否则，他首先对该粒子 $U(\theta_1)|+\rangle$（控制量子比特）和他事先制备的单粒子量子态 $|0\rangle$（目标量子比特）执行一个控制非操作，然后保存制备的单粒子量子态 $|0\rangle$，并将粒子 $U(\theta_1)|+\rangle$ 发送给 P_2。

(3.3) 当收到上一个参与者发送过来的单粒子后，P_2 和其他 $n-2$ 个参与者执行和 P_1 在步骤(3.1)和步骤(3.2)中一样的操作，直到最后一个参与者把该粒子发送回 P_1。

(3.4) 每一个参与者 $P_j(j\in\{1,\cdots,n\})$ 匿名广播他的相位值 θ_j（定理 7.4）。

(3.5) 收到所有相位值 $\theta_j(j\in\{1,\cdots,n\})$ 后，P_1 首先执行相位操作 $\boldsymbol{U}(-\sum_{j=1}^{n}\theta_j)$ 到返回的这个单粒子，接着用 X-基测量该粒子，并将测量结果广播给其他 $n-1$ 个参与者。

显然，如果每一个参与者都是诚实的，则只有发送者 P_s 和接收者 P_r 分别纠缠了一个附加粒子到该粒子 $|+\rangle$ 上，而且经过所有的酉操作后，粒子 $|+\rangle$、P_s 纠缠的粒子和 P_r 纠缠的粒子将演化为量子态

$$|+_3\rangle=\frac{1}{\sqrt{2}}(|0^3\rangle+|1^3\rangle)_{tsr}=\frac{1}{\sqrt{2}}(|+\rangle_t|\Phi^+\rangle_{sr}+|-\rangle_t|\Phi^-\rangle_{sr}) \tag{7-16}$$

这里下标 t,s 和 r 分别表示粒子 $|+\rangle$、P_s 纠缠的粒子和 P_r 纠缠的粒子。从等式(7-16)可以

看出如果 P_1 用 X-基测量粒子 t，则另外两个粒子 s 和 r 将塌缩为 Bell 态

$$|\Phi^+\rangle_{sr}=\frac{1}{\sqrt{2}}(|00\rangle+|11\rangle) \tag{7-17}$$

或

$$|\Phi^-\rangle_{sr}=\frac{1}{\sqrt{2}}(|00\rangle-|11\rangle) \tag{7-18}$$

即当 P_1 测量结果为 $|+\rangle$ 时，粒子 s 和 r 塌缩为 $|\Phi^+\rangle_{sr}$；否则，粒子 s 和 r 塌缩为 $|\Phi^-\rangle_{sr}$。

因此，如果每一个参与者都是诚实的，则这一步完成后，P_s 和 P_r 可以共享 $l+k$ 个 Bell 态 $|\Phi^+\rangle_{sr}$ 或 $|\Phi^-\rangle_{sr}$，其中 P_s 拥有所有粒子 s，P_r 拥有所有粒子 r。

(4) 纠缠验证

P_r 从和 P_s 共享的 $l+k$ 个 Bell 态 $|\Phi^+\rangle_{sr}$ 或 $|\Phi^-\rangle_{sr}$ 中随机选择 k 个作为样本。对每一个样本 $|\Phi^+\rangle_{sr}$ 或 $|\Phi^-\rangle_{sr}$：

(4.1) P_r 随机选择 $\boldsymbol{Z}$-基或 $\boldsymbol{X}$-基测量他拥有的粒子 r，接着他匿名广播（定理 7.4）该样本的位置、测量基和测量结果。

(4.2) P_s 利用相同的测量基测量相应位置的粒子 s，接着他根据量子比特 s 和 r 间的关联关系

$$|\Phi^+\rangle_{sr}=\frac{1}{\sqrt{2}}(|00\rangle+|11\rangle)=\frac{1}{\sqrt{2}}(|++\rangle+|--\rangle) \tag{7-19}$$

或

$$|\Phi^-\rangle_{sr}=\frac{1}{\sqrt{2}}(|00\rangle-|11\rangle)=\frac{1}{\sqrt{2}}(|+-\rangle+|-+\rangle) \tag{7-20}$$

判断是否有错误出现。具体地来讲，如果 P_1 对粒子 t 的测量结果、P_s 对粒子 s 的测量结果和 P_r 对粒子 t 的测量结果满足表 7-1 中所示关系，则 P_s 认为没有错误出现；否则，他认为发生错误。如果没有错误出现，则该样本通过验证。

如果这 k 个样本都能通过上面的验证，则 P_s 认为所有参与者是诚实的，而且剩下的和 P_r 共享的 l 个 Bell 态 $|\Phi^+\rangle_{sr}$ 或 $|\Phi^-\rangle_{sr}$ 是完美的。否则，协议终止。

该步骤结束后，无论纠缠验证是否通过，P_s 都将其结果匿名广播给所有的参与者。

表 7-1 测量结果之间的关系

P_1 对粒子 t 的测量结果	P_s 对粒子 s 的测量结果	P_r 对粒子 t 的测量结果
$\|+\rangle$	$\|0\rangle$	$\|0\rangle$
	$\|1\rangle$	$\|1\rangle$
	$\|+\rangle$	$\|+\rangle$
	$\|-\rangle$	$\|-\rangle$
$\|-\rangle$	$\|0\rangle$	$\|0\rangle$
	$\|1\rangle$	$\|1\rangle$
	$\|+\rangle$	$\|-\rangle$
	$\|-\rangle$	$\|+\rangle$

(5) 隐形传态

P_s 利用和 P_r 共享的 l 个 Bell 态 $|\Phi^+\rangle_{sr}$ 或 $|\Phi^-\rangle_{sr}$ 将量子消息 $|\psi\rangle$ 发送给 P_r。该过程和 7.2.1 节中步骤(4)类似,不同之处在于为了确保其匿名性,P_s 应当将 Bell 测量结果匿名广播给所有参与者。

到此为止,给出了一个新的匿名量子消息传输协议。与 7.2.1 节协议相比,该协议不仅可以保护消息接收者 P_r 的匿名性,也可以保护消息发送者 P_s 的匿名性。

7.3.2 协议分析

该协议的正确性可以通过下面的定理 7.7 来给出。

定理 7.7(正确性):假定在该协议中所有参与者是诚实的,则量子消息 $|\psi\rangle$ 以指数接近于 1 的概率被完美的传输。

证明:类似定理 7.6 的证明过程。

对于本节提出的多方协议,安全性主要包括两方面:发送者 P_s 和接收者 P_r 的匿名性以及量子消息 $|\psi\rangle$ 的保密性。定理 7.8 和 7.9 表明了该协议的安全性。

定理 7.8(匿名性):假定 t 为攻击者 A 控制的腐败的参与者的个数,则他正确判断出发送者 P_s 或接收者 P_r 的身份的概率不超过 $\frac{1}{n-t}$;而且,即使接收者 P_r 也是腐败的,攻击者 A 正确判断出发送者 P_s 身份的概率也不超过 $\frac{1}{n-t}$。

证明:根据文献[13]中的结论,通知协议和碰撞检测协议没有泄露关于发送者 P_s 或接收者 P_r 身份的任何信息。而且,所有涉及到发送者 P_s 或接收者 P_r 的经典通信都是利用匿名广播信道传输的,根据定理 7.4,该过程也没有泄露关于发送者 P_s 或接收者 P_r 身份的任何信息。因此,攻击者 A 不能通过经典过程来获得发送者 P_s 或接收者 P_r 身份的任何信息。

现在证明攻击者 A 也不能通过量子过程来获得发送者 P_s 或接收者 P_r 身份的任何信息。攻击者 Eve 可能有两种途径来获得发送者 P_s 或接收者 P_r 身份信息:一种是发送假粒子给诚实的参与者 P_i,另一种是在发送每一个粒子 $|+\rangle$ 给 P_i 之前,纠缠一个附加态。首先讨论第一种途径,不失一般性,假定 A 制备一个量子态 $|\xi\rangle=a|0\rangle|\alpha\rangle+b|1\rangle|\beta\rangle$,这里 $|a|^2+|b|^2=1$,$|\alpha\rangle$ 和 $|\beta\rangle$ 表示任意相同维的量子态。接着代替真正的粒子 $|+\rangle$,他把量子态 $|\xi\rangle$ 的第一个粒子发送给 P_i。显然,如果 P_i 不是 P_s 或 P_r,经过 P_i 的相位操作,量子态 $|\xi\rangle$ 将演化为

$$|\xi^{\theta_i}\rangle=a|0\rangle|\alpha\rangle+e^{i\theta_i}b|1\rangle|\beta\rangle \tag{7-21}$$

否则,量子态 $|\xi\rangle$ 和 P_s 或 P_r 制备的粒子将纠缠在一起,整个量子系统将演化为

$$|\gamma^{\theta_i}\rangle=a|0\rangle|\alpha\rangle|0\rangle+e^{i\theta_i}b|1\rangle|\beta\rangle|1\rangle \tag{7-22}$$

量子态 $|\xi^{\theta_i}\rangle$ 和 $|\gamma^{\theta_i}\rangle$ 的密度矩阵分别为

$$\boldsymbol{\rho}_i=aa^*|0\alpha\rangle\langle\alpha 0|+ab^*e^{-\theta_i}|0\alpha\rangle\langle\beta 1|+ba^*e^{\theta_i}|1\beta\rangle\langle\alpha|0|+bb^*|1\beta\rangle\langle\beta 1| \tag{7-23}$$

和

$$\boldsymbol{\rho}_{i'}=aa^*|0\alpha 0\rangle\langle 0\alpha 0|+ab^*e^{-\theta_i}|0\alpha 0\rangle\langle 1\beta 1|+ba^*e^{\theta_i}|1\beta 1\rangle\langle 0\alpha 0|+bb^*|1\beta 1\rangle\langle 1\beta 1| \tag{7-24}$$

攻击者 A 的系统的约化密度矩阵为

$$\boldsymbol{\rho}_{i''}=Tr(\boldsymbol{\rho}_{i'})=aa^*|0\alpha\rangle\langle\alpha 0|+bb^*|1\beta\rangle\langle\beta 1| \tag{7-25}$$

这里，Tr 是一个算子的映射，即对 P_s 或 P_r 纠缠的粒子求偏迹。经过简单的计算，同样可得

$$\boldsymbol{\rho}_i\boldsymbol{\rho}_{i''}=\delta_{ii''}\boldsymbol{\rho}_{i''}^{\,2} \tag{7-26}$$

当且仅当 $a=0$ 或 $b=0$，而这是量子态完美区分的充要条件[16]，这意味着没有测量可以完美区分量子态 $\boldsymbol{\rho}_i$ 和 $\boldsymbol{\rho}_{i''}$。事实上，即使攻击者 A 概率性的明确区分这两个量子态也是不可能的，因为在该协议中，除了 P_i 没有人知道相位 θ_i 的确切值。因此，攻击者 A 不可能区分 P_i 是否纠缠了一个量子态，即他不能利用这种攻击来判断 P_i 是 P_s，P_r 或两者都不是。而且，因为无论 P_i 是不是 P_s 或 P_r，在步骤(3)中，这种攻击都将以指数接近于1的概率使协议终止，所以这种攻击使协议终止的概率与 P_s 或 P_r 的身份没有关联。接下来，我们讨论第二种途径，假定攻击者 A 在发送每一个量子比特 $|+\rangle$ 给 P_i 之前，纠缠了一个附加态，接着他测量该附加态来推断 P_i 的身份，利用类似上面的分析，可以得出结论：A 同样不能利用这种攻击获得关于 P_s 或 P_r 身份的任何有用信息。

通过以上分析可以看出，即使接收者 P_r 也是腐败的，攻击者 A 也不能获得关于 P_s 身份的任何信息，这是因为除了量子消息 $|\psi\rangle$，P_r 没有提供任何其他关于 P_s 身份的有用信息。因此，攻击者 A 正确判断出发送者 P_s 或接收者 P_r 的身份的概率不超过 $\frac{1}{n-t}$；而且，即使接收者 P_r 也是腐败的，攻击者 A 正确判断出发送者 P_s 身份的概率也不超过 $\frac{1}{n-t}$。

定理 7.9(保密性)：假定接收者 P_r 是诚实的，则除了指数小的概率，不管攻击者 A 控制的腐败的参与者个数 t 有多大，他也不能获得量子消息 $|\psi\rangle$。

证明：为了获得量子消息 $|\psi\rangle$，一种可能的策略是在步骤(3)中，攻击者 A 在 $l+k$ 个单粒子 $|+\rangle$ 的每一个上，也纠缠一个附加态，但是他的攻击要想成功，必须躲避 P_s 和 P_r 在步骤(4)中的纠缠验证。然而，这是不可能的，除非 A 的量子态和被用来验证纠缠的量子比特 s 处于直积态。在步骤(4)，P_s 根据表 7-1 中所示关系来判断是否存在错误。因此，A 的这种欺骗要想不被 P_s 发现，当且仅当 A 纠缠的量子态 a、量子比特 s 和量子比特 r 满足等式(7-13)或

$$(e|00\rangle|\phi'\rangle+f|11\rangle|\psi'\rangle)_{\text{sra}}=(e'|+-\rangle|\phi''\rangle+f'|-+\rangle|\psi''\rangle)_{\text{sra}} \tag{7-27}$$

这里，$|\phi'\rangle$，$|\psi'\rangle$，$|\phi''\rangle$，$|\psi''\rangle$ 表示相同维的任意量子态，$|e|^2+|f|^2=1$，$|e'|^2+|f'|^2=1$。由等式(7-27)可得

$$\begin{aligned}e|\phi'\rangle&=d|\psi'\rangle\\ e'|\phi''\rangle&=f'|\psi''\rangle\end{aligned} \tag{7-28}$$

根据等式(7-14)和等式(7-28)可知，如果攻击者 A 能够躲避检测，那么 A 纠缠的量子态 a 与量子比特 s 和 r 必是直积关系。因此，除非 A 不能获得任何信息，否则这种欺骗将以指数接近于1的概率被发现。

另外一种可能获得量子消息 $|\psi\rangle$ 的可能攻击策略是攻击者 A 发送假粒子给 P_s，即代替 $l+k$ 个原始粒子 $|+\rangle$，攻击者 A 发送 $l+k$ 个假粒子(最大纠缠态的其中一个粒子)给 P_s，接着利用类似文献[1,2,17～19]中的攻击策略躲避检测。然而，利用类似 7.2.2 节的分析方法可得这类策略对于该协议也是无效的。

因此，在步骤(2)中 P_s 成功通知 P_r 的情况下(这种情况以指数接近于 1 的概率发生)，量子消息 $|\psi\rangle$ 的保密性由步骤(5)中量子隐形传态的基本性质来保证。

7.3.3 结束语

本节给出了一种完全匿名的量子传输协议。根据 7.3.2 节的分析，该协议可以确保发送者 P_s 和接收者 P_r 的匿名性，同时，除了指数小的概率，该协议也可确保传输量子消息 $|\psi\rangle$ 的保密性。与文献[10,13]中的协议相比，该协议节省了量子资源，因为该协议利用单粒子代替多粒子纠缠态来构造匿名纠缠，而且参与者间的量子信道并不要求是保密认证的。另外，该协议构造一个匿名纠缠态 $|\Phi^+\rangle_{sr}$ 仅要求 $O(3)$ 个量子比特，而文献[10,13]中的协议则至少需要 $O(n)$ 个。因此，当 $n>3$ 时，该协议关于量子比特的效率更高。

7.4 基于量子一次一密的匿名量子通信

本节提出了第一个无匿名纠缠辅助的接收者匿名的量子安全通信协议。与之前的研究成果相比，该协议并不需要量子纠缠辅助。通过利用量子一次一密以及现有的技术，在保证接收者匿名性的前提下，协议可让一个公开的发送者发送保密的量子信息给他/她所选定的接收者。

7.4.1 协议描述

本节考虑这样的情形：假设有 n 个参与者，记作 $p_1, p_2, \cdots, p_n$。公开的发送者 $p_s(s\in\{1,2,\cdots,n\})$ 想要发送 m 比特的保密量子信息 ρ 给他/她所选择的接收者 $p_r(r\in\{1,2,\cdots,n\}\backslash s)$ 并同时保证接收者的身份不被其他人所获知。

协议详细描述如下：

(1) p_s(为了简单假设公开的发送者为第一个参与者 p_1)与 p_i $(2\leqslant i\leqslant n)$ 共享两串秘钥 $\boldsymbol{a}_i=(a_i^1,a_i^2,\cdots,a_i^{m+t})$，$\boldsymbol{b}_i=(b_i^1,b_i^2,\cdots,b_i^{m+t})$，该过程可通过安全的 QKD 协议实现，例如 BB84 协议[20]。

(2) 公开的发送者 p_s 在其他参与者的合作帮助下匿名地通知他/她所选择的接收者 p_r(定理 7.1)。即使通知协议失败了(此情况发生的概率极小)，也没有任何与接收者 p_r 身份有关的信息泄露。

(3) p_s 随机生成长为 $2m+2t+1$ 的密钥串 k_s，长为 $m+t$ 的秘钥串 $\boldsymbol{a}_s$ 以及长为 $m+t$ 的秘钥串 $\boldsymbol{b}_s$。利用密钥 k_s，p_s 通过认证算法 $\boldsymbol{\rho}'=\mathrm{authenticate}(\rho,k_s)$ 将 m 比特量子信息 $\boldsymbol{\rho}$ 编码为 $m+t$ 比特 $\boldsymbol{\rho}'$。然后，p_s 对第 j 比特执行操作 $U_s^j=X^{a_s^j}Z^{b_s^j}$ $(1\leqslant j\leqslant m+t)$。待所有操作执行完后，$\boldsymbol{\rho}'$ 变为 $\boldsymbol{\rho}^s$。p_s 将 $\boldsymbol{\rho}^s$ 发送给他/她右边的参与者 p_2。

(4) 当 p_2 接收到 $\boldsymbol{\rho}^s$ 后，如果他/她不是接收者 p_r。根据密钥 a_2^j 和 b_2^j，p_2 对 j 比特执行操作 $\boldsymbol{U}_2^j=\boldsymbol{X}^{a_2^j}\boldsymbol{Z}^{b_2^j}$ $(1\leqslant j\leqslant m+t)$。此时，$\boldsymbol{\rho}^s$ 变为 $\boldsymbol{\rho}^2$。若 p_2 是接收者 p_r，那么他/她保留 $\boldsymbol{\rho}^s$ 并用随机的 $m+t$ 个 BB84 粒子制备新的序列 $\boldsymbol{\rho}^2$。随后，p_2 将 $\boldsymbol{\rho}^2$ 发送给他/她右边的参与者 p_3。

(5) 与 p_2 在步骤(4)相同，其余的参与者按次序完成对所收到序列的操作。最后，$\boldsymbol{\rho}'$ 变

为 $\boldsymbol{\rho}^n$，并且由 p_n 将其发送给 p_s。

(6) p_s 计算 $l_1=a_s\oplus\cdots\oplus a_{r-1}, l_2=b_s\oplus\cdots\oplus b_{r-1}$。最后，$p_s$ 利用匿名接收者信道[11]将序列 $k_s|l_1|l_2$ 发送给接收者 p_r。

(7) p_r 对从步骤(4)或者(5)接收到的量子态 $\boldsymbol{\rho}^{r-1}$ 执行操作 $\boldsymbol{U}=\boldsymbol{X}^{l_1}\boldsymbol{Z}^{l_2}$ ($\boldsymbol{X}^{l_1}=\oplus_{i=1}^{m+t}\boldsymbol{X}^{l_1^i}, \boldsymbol{Z}^{l_2}=\oplus_{i=1}^{m+t}\boldsymbol{Z}^{l_2^i}$)。也就是说，$p_r$ 将 $\boldsymbol{\rho}^{r-1}$ 变回 $\boldsymbol{\rho}'$ 并对其执行解码操作 $\boldsymbol{\rho}=\mathrm{decode}(\boldsymbol{\rho}', k_s)$。如果解码成功，那么 p_s 成功的将保密信息 $\boldsymbol{\rho}$ 发送给匿名的接收者 p_r，与此同时，p_r 利用匿名广播公布'1'(定理 7.4)。若解码失败，p_r 将不会得到保密量子信息 $\boldsymbol{\rho}$，那么他/她将利用匿名广播公布'0'。

为了更加形象生动的展示协议的具体过程，给出了四个参与者的协议示意图。在这里，假设公开发送者为 p_1，匿名接收者为 p_3，保密量子信息为 $\boldsymbol{\rho}$。

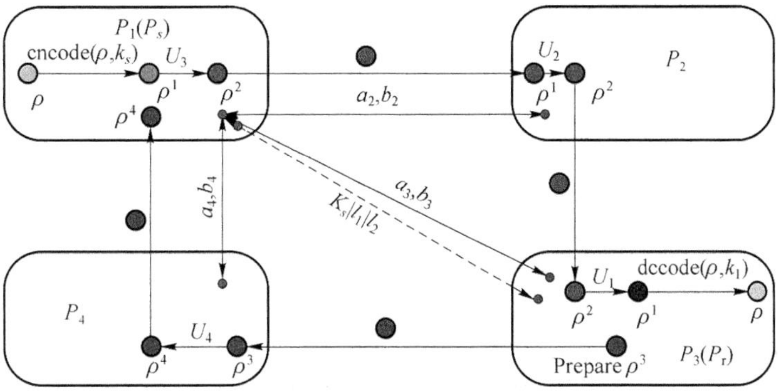

图 7-1 四个参与者的量子匿名通信示意图

其中实黑线代表量子信道，点褐线代表经典信道，点蓝线代表匿名接收者信道。

7.4.2 协议分析

匿名通信协议的安全性涉及两个方面：一是接收者身份的匿名性，二是量子信息的保密性。因而将着手从这两方面分析协议的安全性。另外在下面的讨论中，将涉及活跃的敌手。活跃的敌手是指很多想要窃取匿名接收者或者保密信息的恶意攻击者的团体总称。

首先分析接收者 p_r 的匿名性。若敌手想要从可能的接收者集合中寻找出 p_r，这里假设 p_r 想要判定 p_i 是否为匿名接收者，那么他/她可能采取的最一般的攻击策略如下[24,25]。敌手首先截获发送给 p_i 的量子态 $\boldsymbol{\rho}^A$ 并通过联合酉操作对其附加新的量子系统 B。最后，敌手将处于系统 A 中的量子态送还给 p_i。不失一般性，假设量子系统 B 的维度为 2^l，处于联合系统 AB 中的量子态为 $\boldsymbol{\rho}^{AB}$。

考虑 $2^{(m+t+l)}\times 2^{(m+t+l)}$ 个矩阵构成的空间的一组基底集合为 $\boldsymbol{X}^\alpha\boldsymbol{Z}^\beta$，其中 $\alpha,\beta\in\{S_1|S_1=\{0,1\}^{m+t+l}\}$，那么任意的量子态 $\boldsymbol{\rho}^{AB}$ 可在这组基底下展开，如下[23]：

$$\boldsymbol{\rho}^{AB}=\sum_{\alpha,\beta\in S_1}g_{\alpha,\beta}\boldsymbol{X}^\alpha\boldsymbol{Z}^\beta \tag{7-29}$$

此处 $g_{\alpha,\beta}=\dfrac{\mathrm{tr}(\boldsymbol{\rho}^{AB}\boldsymbol{Z}^\beta\boldsymbol{X}^\alpha)}{2^{(m+t+l)}}$。

如果 p_i 不是接收者 p_r，则他/她会得到量子态 $\boldsymbol{\rho}^{A'B'}$ 通过对 $\boldsymbol{\rho}^{AB}$ 执行操作 $\boldsymbol{U}_i=\boldsymbol{X}^{\alpha_i}\boldsymbol{Z}^{\beta_i}$。注

意 a_i 与 b_i 是随机生成的，除 p_s 与 p_i 外，没人能获得任何与之相关信息。由于敌手无法准确得到酉操作 $\boldsymbol{U}_i$，那么她只能以概率 P_{i_k} 猜测酉操作 $\boldsymbol{U}_{i_k}$。其中 $k\in\{S_2|S_2=\{1,2,\cdots,2^{2(m+t)}\}\}$，$\boldsymbol{U}_{i_k}\in\{X^aZ^b|a,b\in S_3,S_3=\{0,1\}^{m+t+l}\}$。从而，对敌手来说，$\boldsymbol{\rho}^{A'B'}$ 处于最大混合态。

$$\sum_{k\in S_2}P_{i_k}(\boldsymbol{U}_{i_k}\otimes\boldsymbol{I})\boldsymbol{\rho}^{AB}(\boldsymbol{U}_{i_k}\otimes\boldsymbol{I})^{\dagger} \tag{7-30}$$

$$\begin{aligned}
&=\frac{1}{2^{2(m+t)}}\sum_{a,b\in S_3}(\boldsymbol{X}^a\boldsymbol{Z}^b\otimes\boldsymbol{I})\boldsymbol{\rho}^{AB}(\boldsymbol{X}^a\boldsymbol{Z}^b\otimes\boldsymbol{I})^{\dagger}\\
&=\frac{1}{4^{(m+t)}}\sum_{\alpha,\beta\in S_3}(\boldsymbol{X}^a\boldsymbol{Z}^b\otimes\boldsymbol{I})\Big\{\sum_{\alpha,\beta\in S_1}g_{\alpha,\beta}\boldsymbol{X}^{\alpha}\boldsymbol{Z}^{\beta}\Big\}(\boldsymbol{X}^a\boldsymbol{Z}^b\otimes\boldsymbol{I})^{\dagger}\\
&=\frac{1}{4^{(m+t)}}\sum_{\alpha,\beta\in S_1}g_{\alpha,\beta}\sum_{\alpha,\beta\in S_3}(\boldsymbol{X}^a\boldsymbol{Z}^b\otimes\boldsymbol{I})\boldsymbol{X}^{\alpha}\boldsymbol{Z}^{\beta}(\boldsymbol{Z}^b\boldsymbol{X}^a\otimes\boldsymbol{I})\\
&=\frac{1}{4^{(m+t)}}\sum_{\alpha,\beta\in S_1}g_{\alpha,\beta}\sum_{\alpha,\beta\in S_3}\boldsymbol{X}^{a|o^1}\boldsymbol{Z}^{b|o^1}\boldsymbol{X}^{\alpha^1|\alpha^2}\boldsymbol{Z}^{\beta^1|\beta^2}\boldsymbol{Z}^{b|o^1}\boldsymbol{X}^{a|o^1}\\
&=\frac{1}{4^{(m+t)}}\sum_{\alpha,\beta\in S_1}g_{\alpha,\beta}\sum_{\alpha,\beta\in S_3}(-1)^{\alpha^1\cdot b\oplus\beta^1\cdot a}\boldsymbol{X}^{\alpha^1|\alpha^2}\boldsymbol{Z}^{\beta^1|\beta^2}\\
&=\sum_{\alpha,\beta\in S_1}g_{\alpha,\beta}\delta_{\alpha^1,o^2}\delta_{\beta^1,o^2}\boldsymbol{X}^{\alpha^1|\alpha^2}\boldsymbol{Z}^{\beta^1|\beta^2}\\
&=\sum_{\alpha^2,\beta^2\in S_4}g_{o^2|\alpha^2,o^2|\beta^2}\boldsymbol{X}^{o^2|\alpha^2}\boldsymbol{Z}^{o^2|\beta^2}\\
&=\boldsymbol{I}\otimes\sum_{\alpha^2,\beta^2\in S_4}g_{o^2|\alpha^2,o^2|\beta^2}\boldsymbol{X}^{\alpha^2}\boldsymbol{Z}^{\beta^2}
\end{aligned} \tag{7-31}$$

此处 $o^1=\{0\}^l,o^2=\{0\}^{m+t},\alpha^2,\beta^2\in\{S_4|S_4=\{0,1\}^l\},\alpha=\alpha^1|\alpha^2,\beta=\beta^1|\beta^2$。

如果 p_i 是接收者 p_r，那么他/她会保留系统 A 中的量子态并将其替换为 BB84 粒子序列 C。序列 C 随机选择于集合 S_5，其中 $S_5=\{|0\rangle,|1\rangle,|+\rangle,|-\rangle\}$。假设 $\boldsymbol{\sigma}(0)=|0\rangle$，$\boldsymbol{\sigma}(1)=|1\rangle,\boldsymbol{\sigma}(2)=|+\rangle,\boldsymbol{\sigma}(3)=|-\rangle$，可以得到 $C=\otimes_{i=1}^{m+t}\boldsymbol{\sigma}_i(j_i)$。

$$\sum_{C\in S_5}P_C C\otimes\mathrm{tr}(\boldsymbol{\rho}^{AB}) \tag{7-32}$$

$$\begin{aligned}
&=\frac{1}{4^{(m+t)}}\sum_{j_1=0,1,2,3}\{(\bigotimes_{i=1}^{m+s}\boldsymbol{\sigma}_i(j_i))(\bigotimes_{i=1}^{m+s}\boldsymbol{\sigma}_i(j_i))^{\dagger}\}\otimes\mathrm{tr}_A\Big(\sum_{\alpha,\beta\in S_1}g_{\alpha,\beta}\boldsymbol{X}^{\alpha}\boldsymbol{Z}^{\beta}\Big)\\
&=\frac{1}{2^{2(m+t)}}\boldsymbol{I}\otimes\sum_{\alpha,\beta\in S_1}g_{\alpha,\beta}\mathrm{tr}_A(\boldsymbol{X}^{\alpha^1|\alpha^2}\boldsymbol{Z}^{\beta^1|\beta^2})\\
&=\frac{1}{2^{2(m+t)}}\boldsymbol{I}\otimes\sum_{\alpha,\beta\in S_1}g_{\alpha,\beta}\mathrm{tr}_A(\boldsymbol{X}^{\alpha^1}\boldsymbol{Z}^{\beta^1})\boldsymbol{X}^{\alpha^2}\boldsymbol{Z}^{\beta^2}\\
&=\boldsymbol{I}\otimes\sum_{\alpha^2,\beta^2\in S_4}g_{o^2|\alpha^2,o^2|\beta^2}\boldsymbol{X}^{\alpha^2}\boldsymbol{Z}^{\beta^2}
\end{aligned} \tag{7-33}$$

通过公式(7-30)～公式(7-33)，可以很容易地得到密度算子与 p_i 的身份无关。也就是说，敌手无法判断 p_i 是否为接收者 p_r。根据上述证明，可以得到该协议能实现接收者 p_r 的匿名性。

对于量子信息的保密性将着重分析量子信息 $\boldsymbol{\rho}$。对敌手而言，最有效的攻击策略可描述如下[24,25]。敌手截获发送者 p_s 发送给 p_2 的量子信息 $\boldsymbol{\rho}^s$ 并制备假的量子态 $\boldsymbol{\rho}^{s'}$ 发送给 p_2。

通过上面的分析，可以很容易的得到在基底 $\{\boldsymbol{X}^{\alpha'}\boldsymbol{Z}^{\beta'} \mid \alpha',\beta' \in S_3\}$ 下 $\boldsymbol{\rho}' = \sum_{\alpha',\beta' \in S_3} g'_{\alpha',\beta'}\boldsymbol{X}^{\alpha'}\boldsymbol{Z}^{\beta'}$，其中 $g_{\alpha,\beta} = \frac{tr(\boldsymbol{\rho}^{AB}\boldsymbol{Z}^{\beta}\boldsymbol{X}^{\alpha})}{2^{(m+t+l)}}$。由于敌手并不知道 p_s 执行的酉操作 $\boldsymbol{U}_s$，因而对敌手而言，$\boldsymbol{\rho}'$ 处于最大混合态。

$$\sum P_{S_k}\boldsymbol{U}_{S_k}\boldsymbol{\rho}'\boldsymbol{U}_{S_k}^{\dagger} \tag{7-34}$$

$$= \frac{1}{4^{(m+t)}}\sum_{\alpha,\beta\in S_3}\boldsymbol{X}^{a}\boldsymbol{Z}^{b}\boldsymbol{\rho}'(\boldsymbol{X}^{a}\boldsymbol{Z}^{b})^{\dagger}$$

$$= \frac{1}{4^{(m+t)}}\sum_{\alpha,\beta\in S_3}\boldsymbol{X}^{a}\boldsymbol{Z}^{b}\boldsymbol{\rho}'\boldsymbol{Z}^{b}\boldsymbol{X}^{a}$$

$$= \frac{1}{4^{(m+t)}}\sum_{\alpha,\beta\in S_3}\boldsymbol{X}^{a}\boldsymbol{Z}^{b}\Big(\sum_{\alpha',\beta'\in S_3} g'_{\alpha',\beta'}\boldsymbol{X}^{\alpha'}\boldsymbol{Z}^{\beta'}\Big)\boldsymbol{Z}^{b}\boldsymbol{X}^{a}$$

$$= \frac{1}{4^{(m+t)}}\sum_{\alpha',\beta'\in S_3} g'_{\alpha',\beta'}\sum_{a,b\in S_3}(-1)^{\alpha'\cdot b\oplus\beta'\cdot a}\boldsymbol{X}^{\alpha'}\boldsymbol{Z}^{\beta'}$$

$$= \sum_{\alpha',\beta'\in S_3} g'_{\alpha',\beta'}\sum_{a,b\in S_3}\delta_{\alpha',o^2}\delta_{\beta',o^2}\boldsymbol{X}^{\alpha'}\boldsymbol{Z}^{\beta'}$$

$$= g'_{o^2,o^2}\boldsymbol{I}$$

$$= \frac{1}{2^{(m+t)}}\boldsymbol{I} \tag{7-35}$$

此外，敌手的不合法行为会被接收者 p_r 在第(7)步解密 $\boldsymbol{\rho}'$ 到 $\boldsymbol{\rho}$ 的过程中(定理 7.5)检测到。从上面的分析，我们可以得到敌手无法获得任何与量子信息 $\boldsymbol{\rho}'$ 有关的信息。也就是说，我们的协议可以很好的实现量子信息 $\boldsymbol{\rho}$ 的保密性。

值得一提的是，若公开的发送者或者匿名的接收者是恶意的，那么协议将毫无意义。在公开的发送者或者匿名的接收者都是诚实的情况下，$t(1\leqslant t\leqslant n-2)$ 个恶意的参与者若采取恶意的攻击总能在保护接收者的匿名性与量子信息的保密性的情况下被诚实的参与者发现。

7.4.3 结束语

本节中提出一个新的匿名量子通信协议。该协议并不需要量子纠缠辅助。通过利用量子一次一密以及现有的技术，在保证接收者匿名性的前提下，协议可让一个公开的发送者发送保密的量子信息给他/她所选定的接收者。与之前的协议相比，协议[21]的效率更高并且在构造一个匿名纠缠需要更少的经典信息与量子信息。在同样的假设下，即 p_s 想要发送 m 比特保密信息 $\boldsymbol{\rho}$ 给匿名接收者 p_r，我们在表 7-2 中给出了我们的协议与协议[21]的消耗比较。

表 7-2 两个匿名通信协议的通信消耗比较

	文献[21]	本节
是否需要匿名价值	是	否
经典通信	$c_2+(n-1)(m+m')c_4+m'\log_2(m+m')+2(m+m')$	$c_1+c_2+3(m+t)+c_3$
量子比特	$3m+2m'$	$q+2(m+t)$

其中 c_1 代表我们的协议在步骤(1)中共享密钥所需的经典通信，q 代表量子通信，c_2 与 c_4 分布代表通知协议与匿名经典消息传输协议在协议[13]和[14]中的经典消耗。m'代表检测窃听所需要的量子数，t 为安全参数。

从表 7-2 看出消耗的量子资源较多，主要是需要 $q \geqslant 2(n-1)(m+t)$ 个量子比特来保证 p_s 与其他 $n-1$ 参与者共享密钥。当然也许可通过其他方式避免这种量子消耗，例如可在协议执行前，通过面对面的方式实现密钥共享。我们的协议有一个明显优势是所需要的经典消耗较少。考虑协议[14]，可以得到 $c_4 \gg c_3$。同样不难得到 $c_2+2(m+m')(n-1)c_4+m'\log_2(m+m')+2(m+m') \gg c_2+c_3+3(m+t)$。此外，我们的协议具有重要的意义，较之前成果，我们的协议在无量子纠缠帮助下实现了匿名量子通信。

7.5 自统计量子匿名投票

在科研工作者研究如何利用量子机理保证通信双方身份匿名性的过程中，基于纠缠资源的投票协议相继被提出[26-28]。Horoshko 和 Kilin 设计了利用单粒子态投票，Bell 态窃听检测的量子匿名投票协议。近期，基于连续变量的量子匿名投票协议被提出[29]。然而，这些协议都有以下问题：(1)这些投票协议大都只考虑了两个投票者；(2)这些协议大都只考虑了选票的保密性而对其他性质考虑甚少。尤其从未有协议涉及到 Kiayias 和 Yung 在经典协议中提出的可自统计性，其要求任何对投票结果感兴趣的人都可在无须被人帮助的情况下自行统计出投票结果。该性质可避免引入额外的第三方，减少了协议的不安全因素。为了解决这一问题，在本节基于两类纠缠量子态，提出了一个针对多候选人且同时具有保密性、不可重用性、可验证性、公平性以及自统计性的量子匿名投票协议。该协议能够将所有投票者的选票按一定的顺序排列并匿名打开，所有对投票结果感兴趣的人可通过简单的计算得到投票结果。另外，该协议还可扩展用于解决匿名多方安全计算问题。

7.5.1 量子资源

本节中将利用两类多粒子量子纠缠态来给每个投票者分发投票箱以及索引号。下面详细介绍两类量子态及相关性质。

$$m \text{ 级 } n \text{ 粒子 GHZ 态 } |\chi_n\rangle \equiv \frac{1}{m^{\frac{n-1}{2}}} \sum_{\sum_{k=0}^{n-1} j_k \bmod m = 0} |j_0\rangle |j_1\rangle \cdots |j_{n-1}\rangle$$

式中，$|j_k\rangle \in \{|0\rangle, |1\rangle, \cdots, |m-1\rangle\}$。

定理 7.10：一个由 n 粒子构成的量子态处于状态 $|\chi_n\rangle$ 的形式，当且仅当它同时满足如下两个条件：当用计算基 $\{|0\rangle, |1\rangle, \cdots, |m-1\rangle\}$ 测量它的每一个粒子时，得到的 n 个测量结果模求和等于 0；当用傅里叶基 $\{F|0\rangle, F|1\rangle, \cdots, F|m-1\rangle\}$ 测量它的每一个粒子时，得到的 n 个测量结果相同。

$$n \text{ 级 } n \text{ 粒子单态 } |S_n\rangle \equiv \frac{1}{\sqrt{n!}} \sum_{S \in P_n^n} (-1)^{\tau(S)} |s_0\rangle |s_1\rangle \cdots |s_{n-1}\rangle$$

式中，P_n^n 是 $0,1,\cdots,n-1$ 构成的全排列集合，S 代表形如 $S=s_0 s_1 \cdots s_{n-1}$ 的排列，$\tau(S)$ 是逆序数。$|S_n\rangle$ 中的每个粒子在任一相同的基底下测量，其测量结果各不相同。

定理 7.11：一个由 n 个粒子构成的量子态处于状态 $|S_n\rangle$ 的形式，当且仅当它满足如下

条件：不论用计算基底还是傅里叶基底测量它的每一个粒子时，所有粒子的测量结果的排列 $\{s_0, s_1, \cdots, s_{n-1}\}$ 属于 P_n^n。

7.5.2 协议描述

本节考虑这样的情形：假设标记 $V_0, V_1, \cdots, V_{n-1}$ 为 n 个投票者，标记 $0, 1, \cdots, m-1$ 为 m 个候选人。每个投票者按照自己的意愿从 m 位候选人中选择出一位候选人作为选票内容。协议详细描述如下，其中图 7-2 刻画了协议的通信过程。

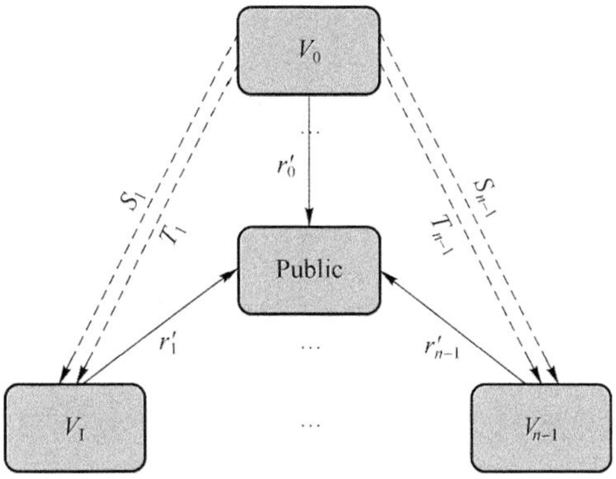

图 7-2 协议通信过程

其中实线代表量子信道，虚线代表经典同时广播信道。

(1) 分发保密的投票箱

(1.1) 制备量子态：n 个投票者中任一投票者制备 $n+n\delta_0$ 个 $|\chi_n\rangle$，其中 δ_0 是安全参数。不失一般性，在这里我们假设 V_0 被指定为分发者。每个 $|\chi_n\rangle$ 的第 j 个粒子构成粒子序列 $p_{j,0}, p_{j,1}, \cdots, p_{j,n-1}$。所有量子态 $|\chi_n\rangle$ 的粒子构成粒子矩阵 $\boldsymbol{p}_{j,k}$，其中 $0 \leqslant j \leqslant n+n\delta_0-1, 0 \leqslant k \leqslant n-1$。

(1.2) 分发量子态：分发者 V_0 将粒子矩阵的第 k 列 $S_k = \{p_{0,k}, p_{1,k}, \cdots, p_{n+n\delta_0-1,k}\}$ 分发给投票者 V_k。在这里 V_0 保留 S_0。

(1.3) 执行安全监测：待每个投票者收到 V_0 发送给他/她的粒子序列后，每个投票者按照次序作为检测者依次进行窃听检测来保证所有投票者共享的量子态处于 $|\chi_n\rangle$。以检测者 V_0 为例简叙窃听检测过程，他/她从粒子序列中随机挑选 δ_0 个粒子作为检测粒子，记作 $\vec{\boldsymbol{p}}_{\text{test}}^{0} = p_{i_0,0}, p_{i_1,0}, \cdots, p_{i_{\delta_0-1},0}$，检测粒子所在的量子态记作检测量子态。然后，$V_0$ 为每个检测量子态随机选择计算基或者傅里叶基作为测量基并公布每个检测量子态的位置以及测量基。所有投票者用 V_0 公布的测量基去测量他/她手中相应的检测量子态中的粒子序列 $\vec{\boldsymbol{p}}_{\text{test}}^{k} = p_{i_0,k}, p_{i_1,k}, \cdots, p_{i_{\delta_0-1},k}$，其中 $k=1,2,\cdots,n-1$。最后所有的投票者按照 V_0 要求的顺序将自己的测量结果 $r_{i_j,k}$ 发送给 V_0。如果 V_0 选择了计算基，那么 $\sum_{j=0}^{n-1} r_{i_j,k} \bmod m = 0$。如果 V_0 选择了傅里叶基，那么所有测量结果 $r_{i_j,0}, r_{i_j,1}, \cdots, r_{i_j,n-1}$ 相等。如果有任一组测量结果不符合，那么检测失败，协议终止。如果所有检测都通过了，下一个检测者像 V_0 一样继续

进行检测窃听，直到所有投票者都作为检测者完成了检测窃听过程并且所有检测都通过。

(1.4) 生成投票号：丢弃掉所有检测窃听粒子，每个投票者手中剩有 n 个粒子并用计算基测量每个粒子，测量结果记作 $r_{j,k}\in\{0,1,\cdots,m-1\}$，$r_{0,k},r_{1,k},\cdots,r_{n-1,k}$ 是 V_k 的 n 的保密投票号。根据定理 7.10，$\sum_{j=0}^{n-1} r_{i_j,k} \bmod m=0$，其中 $j=1,2,\cdots,n-1$。

(2) 分发保密索引号

(2.1) 制备量子态：与步骤(1.1)类似，n 个投票者中任一投票者制备 $1+n\delta_1$ 个 $|S_n\rangle$，其中 δ_1 是安全参数。不失一般性，在这里我们假设 V_0 被指定为分发者。每个 $|S_n\rangle$ 的第 j 个粒子构成粒子序列 $t_{j,0},t_{j,1},\cdots,t_{j,n-1}$。所有量子态 $|S_n\rangle$ 的粒子构成粒子矩阵 $t_{j,k}$，其中 $0\leqslant j\leqslant n\delta_1-1,0\leqslant k\leqslant n-1$。

(2.2) 分发量子态：分发者 V_0 将粒子矩阵中的第 k 列，$T_k=\{t_{0,k},t_{1,k},\cdots,t_{n\delta_1-1,k}\}$，分发给投票者 V_k。在这里，V_0 保留 S_0。

(2.3) 执行安全监测：待每个投票者收到 V_0 发送给他/她的粒子序列后，每个投票者按照次序作为检测者依次进行窃听检测来保证所有投票者共享的量子态处于 $|\chi_n\rangle$。以检测者 V_0 为例简叙窃听检测过程，他/她从粒子序列中随机挑选 δ_1 个粒子作为检测粒子，记作 $\vec{t}^{\,0}_{\text{test}}=t_{i_0,0},t_{i_1,0},\cdots,t_{i_{\delta_1-1},0}$，检测粒子所在的量子态记作检测量子态。然后，$V_0$ 为每个检测量子态随机选择计算基或者傅里叶基作为测量基并公布每个检测量子态的位置以及测量基。所有投票者用 V_0 公布的测量基去测量他/她手中相应的检测量子态中的粒子序列 $\vec{t}^{\,k}_{\text{test}}=t_{i_0,k},t_{i_1,k},\cdots,t_{i_{\delta_1-1},k}$，其中 $k=1,2,\cdots,n-1$。最后所有的投票者按照 V_0 要求的顺序将自己的测量结果 $r_{i_j,k}$ 发送给 V_0。不论 V_0 选择了计算基还是傅里叶基，所有测量结果 $d_{i_j,0},d_{i_j,1},\cdots,d_{i_j,n-1}$ 各不相同，即 $d_{i_j,0}d_{i_j,1}\cdots d_{i_j,n-1}\in P_n^n$。如果有任一组测量结果不符合，那么检测失败，协议终止。如果所有检测都通过了，下一个检测者像 V_0 一样继续进行检测窃听，直到所有投票者都作为检测者完成了检测窃听过程并且所有检测都通过。

(2.4) 生成索引号：丢弃掉所有检测窃听粒子，每个投票者手中剩有 1 个粒子并用计算基测量每个粒子，测量结果记作 $d_k\in\{0,1,\cdots,n-1\}$。d_k 是 V_k 的保密索引号。根据定理 7.11，所有投票者的索引号序列 $d_0d_1\cdots d_{n-1}\in P_n^n$。

(3) 投票

(3.1) 投票：当 $j=d_k$ 时，投票者 V_k 所选择的候选人为 $v_k\in\{0,1,\cdots,m-1\}$ 并计算 $r'_{i_j,k}=r_{i_j,k}+v_k \bmod m$；否则 $r'_{i_j,k}=r_{i_j,k}$。随后，所有投票者利用匿名同时广播[14,30,31]同时公布 $r'_{i_j,k}$。这样，所有的投票者同时可得到投票矩阵 $r'_{i_j,k}$。

(3.2) 自统计：利用投票矩阵 $\boldsymbol{r}'_{i_j,k}$，所有对投票结果感兴趣的人可通过计算每个候选人所得到的选票数从而得到最终的投票结果。计算 $R_j=\sum_{k=0}^{n-1} r'_{j,k} \bmod m$，由于 $r'_{j,k}=r_{j,k}+v_{k_0} \bmod m$ 和 $D\sum_{k=0}^{n-1} r_{j,k} \bmod m=0$，在这里 $d_{k_0}=j$。因而，$\{R_0,R_1,\cdots,R_{n-1}\}$ 是所有投票内容 $\{v_0,v_1,\cdots,v_{n-1}\}$ 的一个排列。候选人 V_i 得到的票数为 $N_i=\sum_{R_j=i} 1$。

(3.3) 安全监测：每个投票者 V_k 验证 R_{d_k} 是否等于 v_k。如果所有验证都通过，那么所有投票者的选票内容都被安全统计。否则，有恶意的投票者存在，协议终止。

为更好地阐述该协议，下面通过假定4个投票者V_0,V_1,V_2,V_3，3个候选人0,1,2，V_0，V_1,V_2,V_3的选票$(v_0,v_1,v_2,v_3)=(1,2,1,0)$为例来说明协议过程。执行完步骤(1)后，假设$V_0,V_1,V_2,V_3$所拥有的投票号所构成的投票矩阵为$\boldsymbol{r}_{j,k}=\begin{pmatrix}0&1&2&0\\2&2&1&1\\1&0&2&0\\0&1&1&1\end{pmatrix}$。执行完步骤(2)后，假设$V_0,V_1,V_2,V_3$所拥有的索引号为$(d_0,d_1,d_2,d_3)=(1,0,3,2)$。投票及自统计过程如表7-3所示。通过简单计算，最后可得到公开的$(R_0,R_1,R_2,R_3)=(2,1,0,1)$，显然这是$v_0,v_1,v_2,v_3$的一个重排。

表 7-3

	V_0	V_1	V_2	V_3	R_j
$r'_{0,k}$	0	1+2	2	0	2
$r'_{1,k}$	2+1	2	1	1	1
$r'_{2,k}$	1	0	2	0+0	0
$r'_{3,k}$	0	1	1+1	1	1

7.5.3 协议分析

(1) 保密性

保密性是自统计量子匿名投票协议的一项基本属性。通常来说，协议优先保护的是每个投票者的保密性，即除了投票者自己外任何外部人员或者其他投票者都不知道该投票者的投票内容。该协议中，攻击者可能是外部的窃听者，也可能是一个不诚实的投票者，又或者是几个不诚实的投票者合谋攻击。如果一个攻击者能成功地窃听到投票者V_k的投票号或者是索引号而不被发现，那么他/她将能够轻松地知道V_k投了哪一个候选人。因此，若能保证投票号或者索引号不被窃听，那么该协议就实现了保密性。

A 外部窃听者

作为一个外部窃听者，Eve能够在第(1.2)或(2.2)步截获S_k或者T_k。我们首先考虑Eve截获到S_k中的任意x个粒子的情况。如果$x<n$，且所有的粒子均不是检测粒子，这种情况发生的概率为

$$\begin{aligned}p_e&=\binom{n}{x}\Big/\binom{n+n\delta_0}{x}\\&=\frac{n!}{(n-x)!}\frac{(n+n\delta_0-x)!}{(n+n\delta_0)!}\\&=\prod_{k=n}^{n-x+1}\frac{k}{k+n\delta_0}\end{aligned}\tag{7-36}$$

$$p_e\sim O\left(\left(\frac{1}{\delta_0}\right)^x\right)\tag{7-37}$$

如果安全系数δ_0足够大，那么p_e将趋近于0。实际上，Eve截获的粒子越多，那么她成功通过安全检测的概率将越快地趋于0。因而，我们认为Eve在第(2)步截获并篡改S_k而

不被发现的概率是可忽略的。从而,对于足够大的 δ_0,δ_1,被干扰粒子不能逃过步骤(1.3)和(2.3)的安全性检测。

现在考虑另一种情况。假定 Eve 截获并修改了 S_k 中的 $p_{j_0,k}$,那么她将改变 $|\chi_n\rangle$ 的第 j_0 个备份,记这个被 Eve 干扰过的量子态为 $|\phi_e\rangle$。第(2.3)步中所有安全性检测通过的概率是

$$p_e=\left(\frac{1}{2}p_C+\frac{1}{2}p_F\right)^{n\delta_0} \tag{7-38}$$

式中

$$p_C=\sum_{\sum_k j_k \bmod m=0}|\langle\phi_e|j_0,j_1,\cdots,j_{n-1}\rangle_C|^2 \tag{7-39}$$

$$p_F=\sum_{j=0}^{m-1}|\langle\phi_e|j_0,j_1,\cdots,j_{n-1}\rangle_F|^2 \tag{7-40}$$

由于 $\langle\phi_e|\chi_n\rangle\neq 1$,根据定理 7.10 有 $p_C+p_F<1$。因此,对于足够大的 δ_0,

$$p_e\to 0 \tag{7-41}$$

关于 Eve 篡改投票者索引号的分析是类似的。根据定理 7.11,Eve 不能通过安全性检测当 δ_1 足够大。总之,只要安全系数 δ_0,δ_1 足够大,外部窃听者的攻击是可以被阻止的。应该注意到这里的安全性分析适用于 δ_0,δ_1 趋于无限的情况。在实际中 δ_0,δ_1 都是有限的,当它们增大时,对于不同的欺骗策略,界定其通过安全性检测的阈值需要一个更加细致的分析,这将是我们下一步的工作。

B 不诚实的投票者和选票号

在步骤(1)中,为了获得诚实投票者的投票号信息,不诚实的投票者可以截获步骤(1.2)中传送的粒子并在步骤(1.3)中宣布错误的结果来逃避诚实的投票者的检测窃听。由于 V_0 是唯一的一个负责制备和分发量子态的投票者,因而他/她扮演了一个不同于其他投票者的角色。为了更加详细地分析来自不诚实投票者的可能攻击策略,我们考虑以下两种情况:(1)V_0 是诚实的;(2)V_0 是不诚实的。

对于情况(1),不失一般性,我们假定一共有 l 个不诚实的投票者,$V_{i_0},V_{i_1},\cdots,V_{i_{l-1}}$。对他们来说,最普通的攻击是他们截获在步骤(1.2)中传递的粒子,对其纠缠一个事先制备好的量子系统并将被干扰的粒子返回给诚实的参与者。在这里,记整个量子系统量子态为 $|\Phi\rangle$。为了逃避在步骤(1.3)中的安全监测,所有诚实的参与者用傅里叶基测量他们手中握有的粒子时,所有测量结果应该全部相同,所以,$|\Phi\rangle$ 应该具有如下的形式:

$$|\Phi\rangle=\frac{\sum_{j=0}^{m-1}|j'\rangle_0|j'\rangle_{j_0}\cdots|j'\rangle_{j_{n-l-2}}|\phi_j\rangle}{\sqrt{m}} \tag{7-42}$$

其中 $|\varphi_j\rangle$ 是没有标准化的量子态处于从 V_0 发给不诚实投票者的 l 个粒子以及辅助系统粒子构成的复合系统 E_0 中,其中下标 $0,j_0,j_1\cdots j_{j_{n-l-2}}$ 代表诚实投票者所持有粒子 V_0, V_{j_0}, $V_{j_1},\cdots,V_{j_{n-l-2}}$。$|\Phi\rangle$ 在计算基下它可以被重新写为

$$|\Phi\rangle=\sum_{k_0,k_{j_0},\cdots,k_{j_{n-l-2}}=0}^{m-1}\frac{|k_0\rangle|k_{j_0}\rangle\cdots|k_{j_{n-l-2}}\rangle}{m^{\frac{n-l-2}{2}}}\otimes|\varphi_{k_0k_{j_0}\cdots k_{j_{n-l-2}}}\rangle \tag{7-43}$$

其中 $|\varphi_{k_0k_{j_0}\cdots k_{j_{n-l-2}}}\rangle=\sum_{j=0}^{m-1}\exp\left(\frac{2\pi ij(k_0+k_{j_0}+\cdots+k_{j_{n-l-2}})}{m}\right)|\phi_j\rangle$ 是 E_0 中没有标准化的量

子态。不诚实的投票者可以通过测量系统 E_0 来获得有关 $|\varphi_{k_0k_{j_0}\cdots k_{j_{n-l-2}}}\rangle$ 的某些信息，从而进一步推断诚实投票者在步骤(1.4)中的测量结果 $k_0k_{j_0}\cdots k_{j_{n-l-2}}$。然而，从 $|\varphi_{k_0k_{j_0}\cdots k_{j_{n-l-2}}}\rangle$ 的形式可以看出，对于任意两个不同的输出结果 $k_0k_{j_0}\cdots k_{j_{n-l-2}}$ 和 $k'_0k'_{j_0}\cdots k'_{j_{n-l-2}}$，我们有 $k_0k_{j_0}\cdots k_{j_{n-l-2}}=k'_0k'_{j_0}\cdots k'_{j_{n-l-2}}\bmod m$，$|\varphi_{k_0k_{j_0}\cdots k_{j_{n-l-2}}}\rangle=|\varphi_{k'_0k'_{j_0}\cdots k'_{j_{n-l-2}}}\rangle$。这意味着不诚实的投票者通过测量系统 E_0 能且只能得到关于 $(k'_0+k'_{j_0}+\cdots+k'_{j_{n-l-2}})\bmod m$ 的信息。然而这种攻击在某种意义下是平凡的，因为即使不用任何的窃听手段，在步骤(1.4)之后，不诚实的投票者通过合作也可以直接推断出诚实投票者的测量输出结果之和，即诚实投票者的选票号之和。

对于情况(2)，V_0 是不诚实的，我们假定这里还有 l 个其他不诚实的投票人 $V_{i_0},V_{i_1},\cdots,V_{i_{l-1}}$。对于他们来说，最一般的攻击策略与情况(1)是类似的。唯一的不同之处在于不诚实的投票者可以直接制备和分发伪造态给诚实的投票者而不再需要截获粒子。为了避免被诚实投票者检测到，这些态在形式上应该等同于式(7-42)或式(7-43)。通过对情况(1)的分析，我们不难得到与情况(1)相同的结论：在成功逃脱检测窃听的情况下，不诚实的投票者仅仅能获得诚实投票者的选票号之和。

C 不诚实的投票者和索引号

在步骤(2)中，为了获取诚实的投票者的索引号，不诚实的投票者可通过截获在步骤(2.2)中传输的粒子并在步骤(2.3)中公布错误的测量结果来逃避诚实的投票者的检测。与我们在前一部分分析投票号一样，在这里我们考虑两种情况：(1)V_0 是诚实的，(2)V_0 是不诚实的。

在情况(1)下，我们假设 l 个不诚实的投票者 $V_{i_0},V_{i_1},\cdots,V_{i_{l-1}}$。对他们来说，最普通的攻击是他们截获在步骤(2.2)中传递的粒子，对其纠缠一个事先制备好的量子系统并将被干扰的粒子返回给诚实的参与者。在这里，记整个量子系统量子态为 $|\psi\rangle$。为了逃避在步骤(2.3)中的安全监测，所有诚实的参与者用傅里叶基测量他们手中握有的粒子时，所有测量结果应该各不相同，因而 $|\psi\rangle$ 需具有下列形式：

$$|\psi\rangle=\sum_{S\in P_n^{n-l}}\frac{(-1)^{\tau(S)}F^{\otimes(n-l)}\ |S\rangle}{\sqrt{|P_n^{n-l}|}}\otimes|u_S\rangle \tag{7-44}$$

式中，$S=s_0s_{j_0}\cdots s_{j_{n-l-2}}$，$|u_S\rangle$ 处于发送给不诚实的投票者的 l 个粒子与附加系统所在的复合系统 E_1，$P_n^{n-l}=\{x_0x_1\cdots x_{j_{n-l-1}}\mid x_0,x_1,\cdots,x_{j_{n-l-1}}\in Z_n,\forall j\neq k,x_j\neq x_k\}$，$|P_n^{n-l}|=\dfrac{n!}{l!}$。$P_n^{n-l}$ 可分为 $\begin{pmatrix}n\\n-l\end{pmatrix}=\dfrac{n!}{l!\ (n-l)!}$ 个子集合，每个子集合对应于从 Z_n 中选取 $n-l$ 个各不相同的数所构成的 $(n-l)!$ 个全排列。另外，当 $S_0\in P_n^{n-l,w_0}$，$S_1\in P_n^{n-l,w_1}$ 且 $w_0\neq w_1$ 时，$|u_{S_0}\rangle$ 与 $|u_{S_1}\rangle$ 正交，即 $\langle u_{S_0}|u_{S_1}\rangle=0$。否则，不诚实的投票者无法判断诚实的投票者的测量结果属于哪个子集合 $P_n^{n-l,w}$，这样就无法安全地逃脱诚实的投票者的窃听检测过程。$|\psi\rangle$ 在计算基下可具有如下形式

$$|\psi\rangle=\frac{n^{-\frac{n-l}{2}}}{\sqrt{|P_n^{n-l}|}}\sum_{T\in R_n^{n-l}}|T\rangle\otimes|u_T\rangle \tag{7-45}$$

式中，$T=t_0t_{j_0}\cdots t_{j_{n-l-2}}$，$R_n^{n-l}=\{x_0x_1\cdots x_{n-l-1}\mid x_0,x_1,\cdots,x_{n-l-1}\in Z_n\}$，以及

$$|v_T\rangle = \sum_{S\in P_n^{n-l}} (-1)^{\tau(S)} \exp\left(\frac{2\pi i(s_0t_0+\sum_{k=0}^{n-l-2} s_{j_k}t_{j_k})}{2}\right)\otimes|u_S\rangle$$

$$= \sum_{w}\sum_{S\in P_n^{n-l}} (-1)^{\tau(S)} \exp\left(\frac{2\pi i(s_0t_0+\sum_{k=0}^{n-l-2} s_{j_k}t_{j_k})}{2}\right)\otimes|u_S\rangle$$

$\{|u_T\rangle\}$是系统 E_1 中非正规量子态。为成功逃脱诚实投票者在步骤(2.3)中的检测窃听，诚实投票者手中的粒子在计算基测量下其测量结果应各不相同。要求在公式(7-45)中满足如下两个条件：

(a) $T\in Q_n^{n-l}=\{x_0x_1\cdots x_{n-l-1}\mid x_0,x_1,\cdots,x_{n-l-1}\in Z_n,\exists j\neq k,x_j=x_k\}$

(b) 当 $T_0\in P_n^{n-l,w_0}$，$T_1\in P_n^{n-l,w_1}$ 且 $w_0\neq w_1$ 时，$|v_{T_0}\rangle$与$|v_{T_1}\rangle$正交，即 $\langle v_{T_0}|v_{T_1}\rangle=0$

由于 $S_0\in P_n^{n-l,w_0}$，$S_1\in P_n^{n-l,w_1}$ 且 $w_0\neq w_1$ 时，$\langle u_{S_0}|u_{S_1}\rangle=0$，条件(a)等价于对于任意的 w 和 $T\in Q_n^{n-l}$，等式 $\sum_{S\in P_n^{n-l,w}}(-1)^{\tau(S)}\exp\left(\frac{2\pi i(s_0t_0+\sum_{k=0}^{n-l-2}s_{j_k}t_{j_k})}{2}\right)\otimes|u_S\rangle=0$ 恒成立。也就是说，对于任意的 w 和 $S\in P_n^{n-l,w}$，所有$|u_s\rangle$应该相等，记$|u_s\rangle=|u_w\rangle$。根据定理 7.11，我们可以得到

$$|v_T\rangle = \sum_{w}\sum_{S\in P_n^{n-l,w}} (-1)^{\tau(S)} \exp\left(\frac{2\pi i(s_0t_0+\sum_{k=0}^{n-l-2} s_{j_k}t_{j_k})}{2}\right)\otimes|u_w\rangle \tag{7-46}$$

一旦不诚实的投票者成功躲避了在步骤(2.3)中的安全检测，他们可以通过测量$|v_T\rangle$来获取诚实投票者的索引号 $T=t_0t_{j_0}\cdots t_{j_{n-l-2}}$。然而，从公式(7-46)，我们可以看出当 T_0，$T_1\in P_n^{n-l,w}$ 时，$|v_{T_0}\rangle=|v_{T_1}\rangle$。也就是说，不诚实的投票者最多能知道诚实的投票者的索引号所在的集合，并不能有效的获悉某个诚实的投票者的索引号。与不诚实的投票者窃取投票号类似，该攻击可看作为一种平凡的攻击。

对于情况(2)，V_0 是不诚实的。对于不诚实的投票者来说，最一般的攻击策略与情况(1)是类似的。唯一的不同之处在于不诚实的投票者可以直接制备和分发伪造态给诚实的投票者而不再需要截获粒子。为了避免被诚实投票者检测到，这些态在形式上应该等同于(7-44)。通过对情况(1)的分析，我们不难得到与情况(1) 相同的结论：在成功逃脱检测窃听的情况下，不诚实的投票者仅仅能获得诚实投票者的索引号所在的集合。

(2) 自统计性

在该协议中，任何对投票结果感兴趣的人都可通过步骤(3.2)得到，即所有选票被匿名打开，从而得到投票结果。

(3) 不可重用性

在该协议中，没有投票者可以投超过一次，即任何投票者不能对一个候选人进行多次投票也不能同时对多个候选人进行多次投票。假设想要在步骤(3.1)中对候选人和进行两次投票。为了实现这样的目标，首先严格执行协议步骤将投掷到指定的投票号上，然后将投掷到其他的投票号上，假设该投票号的索引号为。由于所有投票者的索引号属于的一个排列，那么必定是某个投票者的投票索引号。若在步骤(3.3)中发现其选票被篡改，导致协议终止。也就是说我们的协议赋予每个投票者一次投票权利，每个投票者最多只能投一票。

(4) 可验证性

在步骤(3.3)中,每个投票者可以通过验证等式是否成立,来检测其投票是否被正确计算。

(5) 公平性

若一个投票者在投出自己的选票前获得了任何与其他投票者所投内容有关的信息,那么该投票者很可能改变自己的选票并在此情况下,做出他认为最优的选择,但这样显然对其他投票者不公平。在我们的协议中,投票者投掷选票在步骤(3)中通过统计来得到投票结果。这样保证了投票者在投掷出自己的选票前无法获得任何与其他投票者选票内容有关的信息,保证了协议的公平性。

7.5.4 协议扩展

将所有投票者的投票内容重排、匿名打开是我们所提协议的一个重要特点。该机理具有广泛的应用背景。典型的匿名多方计算有匿名排序、匿名广播。下面介绍该协议如何扩展用于解决匿名安全多方计算问题。

定义 7.1 匿名多方计算是指 n 个参与者 $P_0, P_1, \cdots, P_{n-1}$ 在保证自己的数据不泄露并且无须其他第三方帮助的情况下,其中 P_k 拥有数据 $y_k^0, \cdots, y_k^{i_k-1}$,合力计算函数 $f(y_0^0, \cdots, y_0^{i_0-1}, y_1^0, \cdots, y_1^{i_1-1}, \cdots, y_{n-1}^0, \cdots, y_{n-1}^{i_{n-1}-1})$。

匿名多方安全计算协议的步骤与自统计匿名投票协议类似,简略过程如下:

(a) P_0 制备 $\bar{n}+n\delta_2$ 个 m 维 n 粒子量子态个 $|\chi_n\rangle$,其中 $\bar{n}=\sum_{k=0}^{n-1} i_k$。同样,分发者 P_0 保留 S_0 并将粒子矩阵中第 k 列,$S_k=\{p_{0,k}, p_{1,k}, \cdots, p_{\bar{n}+n\delta_2-1,k}\}$,分发给参与者者 P_0。分发完粒子序列后,每个参与者按照次序作为检测者依次进行窃听检测来保证所有投票者共享的量子态处于 $|\chi_n\rangle$,其具体检查过程与步骤(1.3)相同。若所有参与者都作为检测者完成了检测窃听过程并且所有检测都通过,丢弃掉所有检测窃听粒子,每个参与者手中剩有 $\bar{n}$ 个粒子并用计算基测量每个粒子,得到数据号(类似于投票号)$r_{0,k}, r_{1,k}, \cdots, r_{\bar{n}-1,k}$。

(b) P_0 制备 $1+n\delta_3$ 个量子态个 $|S_{\bar{n}}\rangle$,保留 $T_0, T_1, \cdots, T_{i_0}$ 并将粒子序列 $T_{\sum_{t=0}^{k-1} i_t}, \cdots, T_{\sum_{t=0}^{k} i_t-1}$,分发给参与者 P_k。分发完粒子序列后,每个参与者按照次序作为检测者依次进行窃听检测来保证所有投票者共享的量子态处于 $|S_{\bar{n}}\rangle$,其具体检查过程与步骤(2.3)相同。若所有参与者都作为检测者完成了检测窃听过程并且所有检测都通过,丢弃掉所有检测窃听粒子,每个参与者手中剩有 i_k 个粒子并用计算基测量每个粒子,得到索引号序列 $d_{\sum_{t=0}^{k-1} i_t, k}, \cdots, d_{\sum_{t=0}^{k} i_t-1, k}$,其中 $d_{i,k}\in\{0, 1, \cdots, \bar{n}-1\}$。

(c) 根据自己手中的索引号,每个投票者将自己的保密数据隐匿于步骤(a)得到的数据号中,更新为新的数据号 $r'_{0,k}, r'_{1,k}, \cdots, r'_{\bar{n}-1,k}$。最后,所有参与者可通过计算 $R_j=\sum_{k=0}^{n} r'_{j,k} \bmod m$ 将所有参与者的所有数据匿名打开。

(d) 基于所有匿名打开的数据 $\cup y_j^i$,参与者可自行计算 $f(y_0^0, \cdots, y_0^{i_0-1}, y_1^0, \cdots, y_1^{i_1-1}, \cdots, y_{n-1}^0, \cdots, y_{n-1}^{i_{n-1}-1})$。

7.5.5 结束语

本节提出了一个能同时实现自统计性、保密性、不可重用性、可验证性及公平性的量子投票协议。同时该协议可扩展用于解决其他匿名安全多方计算问题，如匿名广播、匿名排序。探索该协议的扩展应用范围是接下来的一个研究方向。

本章参考文献

[1] Qin S J, Gao F, Wen Q Y, et al. A special attack on the multiparty quantum secret sharing of secure direct communication using single photons [J]. Optics Communications, 2008, 281(21): 5472-5474.

[2] Tian-Yin W, Su-Juan Q, Qiao-Yan W, et al. Analysis and improvement of multiparty controlled quantum secure direct communication protocol[J]. Acta Physica Sinica, 2008, 57(12): 7452-7456.

[3] Stajano F, Anderson R. The cocaine auction protocol: On the power of anonymous broadcast[C]//International Workshop on Information Hiding. Springer Berlin Heidelberg, 1999: 434-447.

[4] Chaum D. The dining cryptographers problem: Unconditional sender and recipient untraceability[J]. Journal of cryptology, 1988, 1(1): 65-75.

[5] Chaum D L. Untraceable electronic mail, return addresses, and digital pseudonyms [J]. Communications of the ACM, 1981, 24(2): 84-90.

[6] Boyan J. The anonymizer-protecting user privacy on the web[J]. 1997.

[7] Gabber E, Gibbons P B, Kristol D M, et al. Consistent, yet anonymous, Web access with LPWA[J]. Communications of the ACM, 1999, 42(2): 42-47.

[8] Boykin P O. Information security and quantum mechanics: security of quantum protocols [J]. arXiv preprint quant-ph/0210194, 2002, 1-166.

[9] S. Wehner. Quantum computation and privacy. Centrum Wiskunde & Informatica (2004).

[10] Christandl M, Wehner S. Quantum anonymous transmissions[C]//International Conference on the Theory and Application of Cryptology and Information Security. Springer Berlin Heidelberg, 2005: 217-235.

[11] Bennett C H, Brassard G, Crépeau C, et al. Teleporting an unknown quantum state via dual classical and Einstein-Podolsky-Rosen channels [J]. Physical review letters, 1993, 70(13): 1895.

[12] Bouda J, Sprojcar J. Anonymous transmission of quantum information[C]//Quantum, Nano, and Micro Technologies, 2007. ICQNM'07. First International Conference on. IEEE, 2007: 12-12.

[13] Brassard G, Broadbent A, Fitzsimons J, et al. Anonymous quantum communication[C]//International Conference on the Theory and Application of Cryptology and Information Security. Springer Berlin Heidelberg, 2007: 460-473.

[14] Broadbent A, Tapp A. Information-theoretic security without an honest majority [C]//International Conference on the Theory and Application of Cryptology and Information Security. Springer Berlin Heidelberg, 2007: 410-426.

[15] Goldreich O. Foundations of cryptography: volume 2, basic applications[M]. Cambridge university press, 2009.

[16] Feng Y, Duan R, Ying M. Unambiguous discrimination between mixed quantum states[J]. Physical Review A, 2004, 70(1): 012308.

[17] He G P. Comment on "Experimental single qubit quantum secret sharing"[J]. Physical review letters, 2007, 98(2): 028901.

[18] Wang T, Wen Q, Gao F, et al. Cryptanalysis and improvement of multiparty quantum secret sharing schemes[J]. Physics Letters A, 2008, 373(1): 65-68.

[19] Fei G, Qiao-Yan W, Fu-Chen Z. Teleportation attack on the QSDC protocol with a random basis and order[J]. Chinese Physics B, 2008, 17(9): 3189.

[20] Bennett C H, Brassard G. Quantum cryptography: Public key distribution and coin tossing[J]. Theoretical computer science, 2014, 560: 7-11.

[21] Wang T Y, Wen Q Y, Zhu F C. Quantum communications with an anonymous receiver[J]. Science China Physics, Mechanics and Astronomy, 2010, 53(12): 2227-2231.

[22] Barnum H, Crépeau C, Gottesman D, et al. Authentication of quantum messages [C]//Foundations of Computer Science, 2002. Proceedings. The 43rd Annual IEEE Symposium on. IEEE, 2002: 449-458.

[23] Boykin P O, Roychowdhury V. Optimal encryption of quantum bits[J]. Physical review A, 2003, 67(4): 042317.

[24] Liu B, Gao F, Huang W, et al. Multiparty quantum key agreement with single particles[J]. Quantum information processing, 2013, 12(4): 1797-1805.

[25] Nielsen M A, Chuang I L. Quantum information and quantum computation[J]. Cambridge: Cambridge University Press, 2000, 2(8): 23.

[26] Hillery M, Ziman M, et al. Towards quantum-based privacy and voting[J]. Physics Letters A, 2006, 349(1): 75-81.

[27] Dolev S, Pitowsky I, Tamir B. A quantum secret ballot[J]. arXiv preprint quant-ph/0602087, 2006,1-7.

[28] Bonanome M, Hillery M, et al. Toward protocols for quantum-ensured privacy and secure voting[J]. Physical Review A, 2011, 84(2): 022331.

[29] Jiang L, He G, Nie D, et al. Quantum anonymous voting for continuous variables [J]. Physical Review A, 2012, 85(4): 042309.

[30] S. Faust, E. Fasper, and S. Lucks, Efficient simultaneous broadcast, in International Workshop on Public Key Cryptography (Springer, Berlin, Heidelberg, 2008), pp. 180-196.

[31] Hevia A, Micciancio D. Simultaneous broadcast revisited[C]//Proceedings of the twenty-fourth annual ACM symposium on Principles of distributed computing. ACM, 2005: 324-333.

第8章　可验证的量子随机数扩展协议

20世纪早期量子物理的出现，导致了许多领域的变革。其中一个最主要的变革就是引入了真正的随机性，原因在于量子物理的特有属性。真正的随机数在很多领域中都是至关重要的资源，例如在计算模拟、样本统计、博弈和密码协议中。众所周知，在量子密钥分发协议中一个非常重要的假设是，应用到的随机性资源是每个比特等概率出现且与外界没有任何关联的。

在经典世界中并不存在真正的随机数。因为任意的经典系统本质上都有确定性的描述，其中任意的随机过程都可以看作是确定性经典过程的概率组合。所以经典过程所观测到的随机性其实是对系统的描述缺乏了解，因而表现出表面上的随机性。

量子系统中存在内禀随机性，其演变过程可以产生真随机数。更有意思的是，利用量子力学特有的性质，还可以验证产生的随机数是否与外界变量有关联[1]。也就是说，即使所用的设备是不可信的，只要能成功产生随机数，就能保证其他人不知道其任何信息。

本章8.1节从最初的设备无关量子随机数扩展框架入手，让大家对量子随机数扩展有一个初步的了解。8.2节介绍半设备无关随机数扩展模型，并讨论放松假设条件对模型的影响。8.3节给出半设备无关随机数协议的安全性分析。8.4节讨论如何提高半设备无关的随机数扩展协议中可验证的随机性。8.5节和8.6节分别研究基于2→1和3→1量子随机存取码的半设备无关部分自由随机源的随机性扩展。8.7节研究测量相关对设备无关下的广义CHSH-Bell测试的影响。

8.1　设备无关的量子随机数扩展

量子系统具有内禀随机性，可以产生真正的随机数。例如考虑处于叠加状态的量子比特：$|\phi\rangle=(1/\sqrt{2})(|0\rangle+|1\rangle)$，当使用$\{|0\rangle,|1\rangle\}$基（即Z基）测量该量子比特时，将以1/2的概率测得$|0\rangle$，1/2的概率测得$|1\rangle$。然而这种产生随机数的方法并不能保证随机数的独立性[1]。随着设备无关量子密码的发展，人们提出了设备无关量子随机数扩展方法[2-8]。该方法可以保证所产生的真随机数与外部变量无关，包括设备供应商在内的其他任何人都不能获知该随机数的任何信息，我们称之为“自验证真随机数”。

设备无关量子随机数扩展，最早由Roger Colbeck在2007年提出[2]，之后引起了众多学者的研究兴趣[28]。为了实现可验证的目的，该方法需要一部分随机数作为种子，进而产生新的随机数，产生的新随机数与原来的随机数种子之间没有任何关系，种子和新随机数都可以作为随机数使用，因此被称为随机数“扩展”。

设备无关量子随机数扩展的主要思想是把产生设备看成黑盒子，不对设备内部的参数做任何假设（这样就可以免疫所有设备不完美或不可信因素）。设备以随机数种子作为输入,接收到输入后设备相应地输出经典比特,之后统计输入输出之间的关联关系。如果此关系超出了经典物理范畴,那么它就是一种量子关联关系,此时设备中必含有量子系统,并且至少部分地在按照说明书中所描述的正确方式在工作。根据这种关联关系的具体数值,用户可以从输出结果中提取相应数量的自验证(与外部变量无关的)真随机数。2010 年,Stefano Pironio 等在 Nature 主刊上首次给出了基于 CHSH-Bell 不等式的设备无关量子随机数扩展的实验,并首次给出了如何定量地提取生成序列中的真随机数的方法[3]。下面我们对其进行简单的描述。

实验装置可以简化为图 8-1 所示,椭圆区域表示一个安全实验室:它不会主动向外泄露信息,且攻击者也无法进入该区域。装置中的两个黑盒子用于产生随机数①,记为 Alice 和 Bob。x,y 分别作为 Alice 和 Bob 的输入,a,b 为 Alice 和 Bob 的输出。试验中 Alice 和 Bob 之间处于类空间隔,即相互之间不能进行通信。Alice 和 Bob 各有两个测量力学量,分别用 $x,y\in\{0,1\}$ 进行选择,且每个测量力学量都对应两个输出结果 0 或 1,用 $a,b\in\{0,1\}$ 表示。连续进行多次实验,每一次试验都利用随机数种子随机独立地选择测量力学量,然后统计概率分布 $p(a,b|x,y)$,并计算以下概率分布的线性组合:

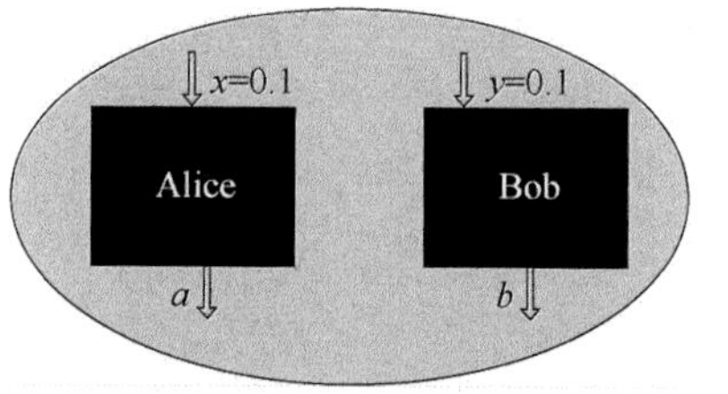

图 8-1　设备无关量子随机数扩展

$$\text{CHSH} = \sum_{a,b,x,y} (-1)^{a+b+xy} p(ab \mid xy)$$

在任何局域实在性理论中该组合所能达到的最大值均为 2,因此任何经典事件都不会违背该值。但量子理论却能违背此值,并且 CHSH 的最大值可以达到 $2\sqrt{2}$。这就是著名的 CHSH-Bell 不等式[5]。所以在实验中我们只需要统计 CHSH 的值,一旦其值大于 2,我们可以断定设备中必定含有量子系统,并且至少部分地在按照说明书中所描述的正确方式在工作,用户可以从输出结果中提取相应数量的自验证真随机数。在理想情况下(实验进行无数次,统计得到的频率无限接近概率,并且每次实验之间没有相互影响)所产生真随机性的量与 CHSH 的值之间的关系为,$H_\infty(a,b|x,y)\geqslant f(\text{CHSH})$。其中真随机性的利用条件极小熵 $H_\infty(a,b|x,y)$ 刻画,f 是如图 8-2 所示的凸函数。若条件极小熵 $H_\infty=0$,说明输出结果(a,b)中没有真随机性;若 $H_\infty=2$,说明(a,b)全部是真随机的;而当 $H_\infty=m(0<m<2)$ 时,说明(a,b)中有 m 比特的真随机性,进而可以利用随机数提取算法[4,5,6]提取出 m 长的自验证真随机数。

综上,量子力学原理可以保证一旦违背发生,获得的随机性就是内禀的且与任何其他变量无关的,进而可以提取出自验证真随机数。除了基于上述 CHSH-Bell 不等式的设备无关量子随机数扩展外,目前学者也提出了基于 GHZ 悖论[2]、Mermin 不等式[8]、KS 不等式[9]、链式 Bell 不等式[10]及量子目击违背[11]等的同类方案。此外,最初的方案要求所使用的随机数种子是完全独立于其他变量的。后来 Enshan Koh 等[7]和 Roger Colbeck 等[2]指出,只要独立程度高于一定的阈值,用与其他变量有关联的随机数种子也能产生新的自验证真随

① 如果设备是可信的,两个黑盒子中包含的应该是一种纠缠态,即 Bell 态。这里考虑设备有可能是不可信的,所以不需要对黑盒子中的态以及后面所采取的测量做任何假设。后文可以看到,只要最后输入输出之间的统计关系能违背 CHSH-Bell 不等式,就能保证该设备(至少部分地)诚实地制备了黑盒子中的态并执行了正确的测量。

机数。能否充分发掘量子力学特性,设计出各类性能指标更优的扩展方案,是目前学者们正在研究的方向。

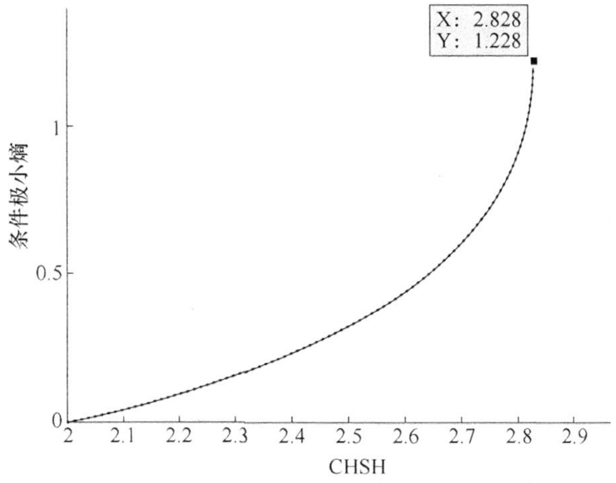

图 8-2 获得的真随机性与 CHSH 值之间的关系[9]

8.2 放松假设条件对半设备无关随机数扩展协议的影响

目前,很多商业化的随机数生成器是基于单向协议的,因而李宏伟老师等提出了不基于纠缠的半设备无关的随机数扩展协议[11,12]。它的安全性基于 $n\to1$ 量子随机存取码。同样的,它需要两个黑盒子,一个用于态的制备,一个用于态的测量。除了对量子系统维数的假定外,也不对系统的制备设备和测量设备的内部做任何假设。

半设备无关的随机数扩展协议可以用来生成可验证的随机数。它除了对系统的维数进行假定外,对设备的内部操作不做任何假设。在制备—测量框架下,2 维量子目击违背[11]已经被提出来用于随机数扩展。本节首先给出在放松系统维数的假定下,2 维量子目击违背可以用经典的过程来模拟,同时给出了在仅放松测量系统的维度时,其量子相关性也可以由经典的过程来模拟,因而使得产生的数本质上是确定的,即,称为是伪随机的。其次,证明当放松测量无关的假设条件时,存在一个确定的域使得在这个域内,量子相关性亦可以由经典过程来模拟。

8.2.1 半设备无关模型描述

首先介绍半设备无关随机数扩展模型[11,12],结构如图 8-3 所示。

半设备无关的思想首先是由 Pawlowski 等人在单向 QKD 中提出的[13]。它需要两个黑盒子,用于态制备和态测量,分别记为 Alice 和 Bob。Alice 随机的选择 $\boldsymbol{x}=x_0\cdots x_{n-1}\in\{0,1\}^n$,对应的制备态为 $\boldsymbol{\rho}_x\in\boldsymbol{C}^2$。在这个过程中,除了态的维数是 2,她不知道关于态的其他信息。Bob 的设备是一个测量黑盒子。他可以选择执行测量 $\boldsymbol{M}_y$,其中 $y\in\{0,1,\cdots,n-1\}$,得到输出结果为 $b\in\{0,1\}$。在此过程中 Bob 也不知道具体的测量是什么。在具体应用中应满足以下三条假设:

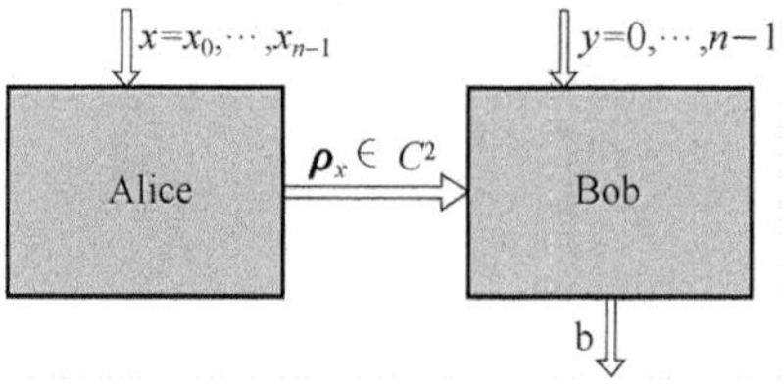

图 8-3　量子态的制备黑盒子和测量黑盒子。两个盒子都在实验室安全的地方

(1) 测量无关,态的制备和测量基的选择在协议中应该是随机且独立的;

(2) 制备的态是 d 维的;

(3) 测量算子是 d 维的,且其内部不能做高维测量。

此外,为了防止态的制备和测量过程向外泄露信息,用户的实验室应该是安全的。

通过重复这个过程多次,统计出条件概率分布

$$p(b \mid \boldsymbol{x}, y) = \mathrm{tr}(\boldsymbol{\rho}_x \boldsymbol{M}_y^b) \tag{8-1}$$

即,Alice 制备的态为 $\boldsymbol{\rho}_x$,在 Bob 执行的测量为 $\boldsymbol{M}_y$ 条件下输出结果 b 的概率。文献[11,12]提出的基于 2 维量子目击违背的半设备无关的随机数扩展,其安全性基于 $n\rightarrow$量子随机存取码[13-15],其公式为

$$T_n = \sum_{x,y} (-1)^{x_y} E_{xy} \tag{8-2}$$

式中 $E_{xy}=\mathrm{p}(\mathrm{b}=0|\boldsymbol{x},\mathrm{y})$。通常经典的上界记为 C_n,量子的上界记为 Q_n。在文献[11]中给出了在不同的 n 值时对应的经典的和量子的上界,例 $C_2=2, Q_2=2\sqrt{2}, C_3=6, Q_3=8\sqrt{3}/3$。经过统计在给定 $\boldsymbol{x}, y$ 下输出 b 的条件概率,通过计算经典界的违背,我们可以利用极小熵的概念量化该过程中所产生的随机性。

对于每一轮都有:

$$H_\infty(b \mid \boldsymbol{x}, y) = -\log_2\Big[\sum_{b,\boldsymbol{x},y} p(b \mid \boldsymbol{x}, y)\Big] \tag{8-3}$$

满足条件

$$\begin{aligned} E_{xy} &= \mathrm{tr}(\boldsymbol{\rho}_x \boldsymbol{M}_y^0) \\ \sum_{x,y} (-1)^{x_y} E_{xy} &= Q_n \end{aligned} \tag{8-4}$$

该优化过程取遍 2 维希尔伯特空间上的任意的态 $\boldsymbol{\rho}_x$ 和测量$\{\boldsymbol{M}_0^0,\cdots,\boldsymbol{M}_{n-1}^0\}$。实验实现二维目击违背的估计,测试过程必须在设备上连续的执行多次。在执行 N 次之后,我们标记最终的输出串为 $\boldsymbol{r}=\{b_1,\cdots,b_N\}$,输入串为 $\boldsymbol{s}=\{x_1,y_1,\cdots,x_N,y_N\}$,其中 $\boldsymbol{x}_i\in\{0,1\}^n$, $y_i\in\{0,\cdots,n-1\}$。理论上设备的行为在每一轮之间都是独立无关的,所以有 $p(\boldsymbol{r} \mid \boldsymbol{s}) = \prod_i p(b_i \mid x_i, y_i)$ 和 $H_\infty(r|s)=N\cdot H_\infty(b|x,y)$。因此可以提取的随机数有 $N\cdot H_\infty(b|x,y)$。文献[12]中指出,在 $n=3$ 时取得最优值,且该过程可以提取的随机数为$0.3425N$。进一步文献[16]给出了半设备无关和设备无关之间的转化,指出可以利用半正定规划问题来求解半设备无关的全局最优解。

针对于 $n=2$ 时,我们给出 BB84 粒子作为该过程的一个例子。在第一个盒子中态的制备:

$$|\phi_{00}\rangle=|0\rangle;|\phi_{11}\rangle=|1\rangle$$
$$|\phi_{01}\rangle=\frac{1}{\sqrt{2}}(|0\rangle+|1\rangle)$$
$$|\phi_{10}\rangle=\frac{1}{\sqrt{2}}(|0\rangle-|1\rangle) \tag{8-5}$$

式中 Bob 需要执行两个相应的测量，使得 Alice 与 Bob 之间允许一个 2→1 量子随机存取码的测试过程。

$$\begin{aligned} M_0^0=|\theta_0^0\rangle\langle\theta_0^0|;\quad M_0^1=|\theta_0^1\rangle\langle\theta_0^1| \\ M_1^0=|\theta_1^0\rangle\langle\theta_1^0|;\quad M_1^1=|\theta_1^1\rangle\langle\theta_1^1| \end{aligned} \tag{8-6}$$

式中有 $|\theta_0^0\rangle=\cos\left(\frac{\pi}{8}\right)|0\rangle+\sin\left(\frac{\pi}{8}\right)|1\rangle$，$|\theta_0^1\rangle=\cos\left(\frac{5\pi}{8}\right)|0\rangle+\sin\left(\frac{5\pi}{8}\right)|1\rangle$，$|\theta_1^0\rangle=-\cos\left(\frac{\pi}{8}\right)|0\rangle+\sin\left(\frac{\pi}{8}\right)|1\rangle$ 和 $|\theta_1^1\rangle=-\cos\left(\frac{3\pi}{8}\right)|0\rangle-\sin\left(\frac{3\pi}{8}\right)|1\rangle$。在这个态的制备和测量中，$T_2$ 的界可以达到 $Q_2=2\sqrt{2}$，是二维量子目击违背的最大值。由随机性的分析可知该协议原则上每轮可以提取的随机性为 0.2284。

8.2.2 模拟量子相关性

为了证明输出结果的随机性，定义猜测概率 G 是必要的（定义如同文献[7]）。然而在实际应用中用户的设备可能来自一个不可信的设备。他可能引入可以通过测试的潜在的模型来控制着设备。因而我们定义 $G(\lambda)=\max_{x,y}(p(b|\boldsymbol{x},y,\lambda))$，它界定了在提供商控制的潜在的变量 λ 下，猜测 Bob 可能的输出结果的概率。相应的有 $G=\int G(\lambda)\boldsymbol{\rho}(\lambda)d_\lambda$，其中 $\boldsymbol{\rho}(\lambda)$ 为 λ 的密度函数。这里我们仅仅是分析二维量子目击违背 T_n，并且在放松假设条件(2)、(3)的情形下给出它的上界。我们得到下面的定理。

定理 1：在维数不确定且 $p(\boldsymbol{x},y)=\frac{1}{2^n n}$ 时（所有的输入表现出随机性），得到

$$T_n^{\max}(G)=\sum_{x,y}(-1)^{x_y}E_{xy}\leqslant 2^{n-1}n(2G-1) \tag{8-7}$$

证明：由于有隐变量 λ 控制着设备的输入和输出。对应的条件概率分别为 $p(\lambda|\boldsymbol{x},y)$ 和 $p(b|\boldsymbol{x},y,\lambda)$。有 Bayes 公式得，$p(b\mid\boldsymbol{x},y)=\int p(\lambda\mid\boldsymbol{x},y)p(b\mid\boldsymbol{x},y,\lambda)d_\lambda$，所以有

$$\begin{aligned} T_n &= \sum_{\boldsymbol{x},y}(-1)^{x_y}E_{xy} \\ &= \sum_{\boldsymbol{x},y}(-1)^{x_y}\int p(\lambda\mid\boldsymbol{x},y)p(b=0\mid\boldsymbol{x},y,\lambda)d_\lambda \\ &= \int\sum_{\boldsymbol{x},y}(-1)^{x_y}p(\lambda\mid\boldsymbol{x},y)p(b=0\mid\boldsymbol{x},y,\lambda)d_\lambda \\ &\leqslant \int\sum_{\boldsymbol{x},y}(-1)^{x_y}p(\lambda\mid\boldsymbol{x},y)\frac{1-(-1)^{x_y}+2(-1)^{x_y}G(\lambda)}{2}d_\lambda \\ &\leqslant 2^{n-1}n(2G-1) \end{aligned} \tag{8-8}$$

因为 $G(\lambda)=\max_{x,y}p(b|\boldsymbol{x},y,\lambda)$，所以很容易得到倒数第二步的不等式，进而得到最后的值。

所以在放松维数假定下，T_n 所能达到的上界是 $2^{n-1}n$。式(8-8)已经指出在任意的 T_n 小于等于 $2^{n-1}n$ 的过程都可以由确定性经典过程来模拟。然而它需要制备和测量设备都是高维的。下面我们给出一个通过隐变量模型和 1 个量子比特通信条件下，仅需高维测量设备就可以用经典过程来模拟 $n\to 1$ 随机存取码测试。

假设设备来自不可信的第三方，他可能为用户提供的是一套特殊的设备。具体的，态制备的盒子和测量盒子共享处于单位圆上实的随机向量 $\vec{\boldsymbol{\lambda}}_1$ 和 $\vec{\boldsymbol{\lambda}}_2$。它们在单位圆上的分布是随机且独立的。除此之外态的制备盒子和测量盒子之间事先共享纠缠态 $|\psi^+\rangle=\frac{|00\rangle+|11\rangle}{\sqrt{2}}$。我们仍然把对两个黑盒子的操作看成是两方的操作，记为 Alice 和 Bob。

具体模拟过程如下：

(1) Alice 随机的选择编码串 $\boldsymbol{x}=\{0,1\}^n$，之后设备偷偷的将其编码成 $c_1=\mathrm{sgn}(\vec{\boldsymbol{a}}_x\cdot\vec{\boldsymbol{\lambda}}_1)$，$c_2=\mathrm{sgn}(\vec{\boldsymbol{a}}_x\cdot\vec{\boldsymbol{\lambda}}_2)$，其中 $\vec{\boldsymbol{a}}_x$ 是 Bloch 球上的单位向量。并且如果 $x\geqslant 0$，则有 $\mathrm{sgn}(x)=+1$；如果 $x<0$，则有 $\mathrm{sgn}(x)=-1$。根据(c_1,c_2)，设备对自己手中的粒子做如下的编码操作，之后将自己手中的粒子发送给 Bob。

编码 c：如果$(c_1,c_2)=(1,1)$设备不做任何操作；如果$(c_1,c_2)=(1,-1)$设备对自己手中的粒子做 $\boldsymbol{Z}$ 操作；如果$(c_1,c_2)=(-1,1)$设备采取 $\boldsymbol{X}$ 操作；如果$(c_1,c_2)=(-1,-1)$设备采取 $i\boldsymbol{Y}$ 操作。

(2) 当收到 Alice 发送过来的粒子后，Bob 随机的采取测量 $\boldsymbol{M}_y$，对应在 Bloch 球面上的正方向为 $\vec{\boldsymbol{b}}_y$，设备解码出 c 并且输出 $\beta=\mathrm{sgn}(\vec{\boldsymbol{b}}_y\cdot(c_1\cdot\vec{\boldsymbol{\lambda}}_1+c_2\cdot\vec{\boldsymbol{\lambda}}_2))$，当 $\beta=-1(\beta=1)$ 最终输出的 b 为 1(0)。

解码 c：当 Bob 收到粒子后进行 Bell 测量，可以确定性地恢复出 Alice 发送的信息。

至此完成了模拟过程的描述，下面证明$\langle\beta\rangle=\vec{\boldsymbol{a}}_x\cdot\vec{\boldsymbol{b}}_y$，它暗含着可以利用该过程模拟 $n\to 1$ 量子随机存取码。

证明：$d=\mathrm{sgn}(\vec{\boldsymbol{a}}_x\cdot\vec{\boldsymbol{\lambda}}_1)\cdot\mathrm{sgn}(\vec{\boldsymbol{a}}_x\cdot\vec{\boldsymbol{\lambda}}_2)$，然后

$$
\begin{aligned}
\langle\beta\rangle &= \frac{1}{(4\pi)^2}\int\mathrm{sgn}(\vec{\boldsymbol{b}}_y\cdot(c_1\vec{\boldsymbol{\lambda}}_1+c_2\vec{\boldsymbol{\lambda}}_2))d_{\vec{\lambda}_1}d_{\vec{\lambda}_2}\\
&=\frac{1}{(4\pi)^2}\int\mathrm{sgn}(\vec{\boldsymbol{a}}_x\cdot\vec{\boldsymbol{\lambda}}_1)\cdot\mathrm{sgn}(\vec{\boldsymbol{b}}_y\cdot(\vec{\boldsymbol{\lambda}}_1+d\cdot\vec{\boldsymbol{\lambda}}_2))d_{\vec{\lambda}_1}d_{\vec{\lambda}_2}\\
&=\frac{1}{(4\pi)^2}\int\mathrm{sgn}(\vec{\boldsymbol{a}}_x\cdot\vec{\boldsymbol{\lambda}}_1)\cdot\frac{1+d}{2}\cdot\mathrm{sgn}(\vec{\boldsymbol{b}}_y\cdot(\vec{\boldsymbol{\lambda}}_1+\vec{\boldsymbol{\lambda}}_2))d_{\vec{\lambda}_1}d_{\vec{\lambda}_2}\\
&\quad+\frac{1}{(4\pi)^2}\int\mathrm{sgn}(\vec{\boldsymbol{a}}_x\cdot\vec{\boldsymbol{\lambda}}_1)\cdot\frac{1-d}{2}\cdot\mathrm{sgn}(\vec{\boldsymbol{b}}_y\cdot(\vec{\boldsymbol{\lambda}}_1-\vec{\boldsymbol{\lambda}}_2))d_{\vec{\lambda}_1}d_{\vec{\lambda}_2}\\
&=\frac{1}{(4\pi)^2}\int 2\cdot\mathrm{sgn}(\vec{\boldsymbol{a}}_x\cdot\vec{\boldsymbol{\lambda}}_1)\cdot\mathrm{sgn}(\vec{\boldsymbol{b}}_y\cdot(\vec{\boldsymbol{\lambda}}_1-\vec{\boldsymbol{\lambda}}_2))d_{\vec{\lambda}_1}d_{\vec{\lambda}_2}
\end{aligned}
\tag{8-9}
$$

我们指出在倒数第二项里的四项之间有相关性 $\vec{\boldsymbol{\lambda}}_1\leftrightarrow\vec{\boldsymbol{\lambda}}_2$，$\vec{\boldsymbol{\lambda}}_2\leftrightarrow-\vec{\boldsymbol{\lambda}}_2$，所以每项都有相同的

期望值 $\int \frac{1}{2} \times \mathrm{sgn}(\vec{a}_x \cdot \vec{\lambda}_1) \times \mathrm{sgn}(\vec{b}_y \cdot (\vec{\lambda}_1 - \vec{\lambda}_2)) d\vec{\lambda}_1 d\vec{\lambda}_2$。该式子可以进一步计算：首先固定 $\vec{b}_y$ 在 Bloch 球面上的方向，沿 Z 轴正方向方向对 $\vec{\lambda}_2$ 积分；之后固定 $\vec{a}_x$ 在 Bloch 球面上的方向，沿 Z 轴正方向对 $\vec{\lambda}_1$ 积分。最后我们得到结果

$$\langle \beta \rangle = \vec{a}_x \cdot \vec{b}_y \tag{8-10}$$

对于给定的 $\vec{a}_x$ 和 $\vec{b}_y$，β 的期望值仍然可以被表示为

$$\langle \beta \rangle = \sum_{\beta} \beta p(\beta \mid \vec{a}_x, \vec{b}_y) \tag{8-11}$$

其中 $p(\beta \mid \vec{a}_x, \vec{b}_y)$ 代表测量结果为 $\beta(\beta \in \{1, -1\})$ 的概率。此外由测量结果的和为 1，可以得到

$$\sum_{\beta} p(\beta \mid \vec{a}_x \cdot \vec{b}_y) = 1 \tag{8-12}$$

通过上面的三个等式(8-10)(8-11)(8-12)，可以得到

$$p(\beta \mid \vec{a}_x \cdot \vec{b}_y) = \frac{1}{2}(1 + \beta \vec{a}_x \cdot \vec{b}_y) \tag{8-13}$$

因此 $E_{xy} = p(b=0 \mid \boldsymbol{x}, y) = p(\beta=1 \mid \boldsymbol{x}, y) = \frac{1}{2}(1 + \vec{a}_x \cdot \vec{b}_y)$，进而得到

$$T_n = \sum_{x,y} (-1)^{x_y} E_{xy} = \sum_{x,y} \frac{1}{2}(-1)^{x_y}(1 + (-1)^{x_y} \vec{a}_x \cdot \vec{b}_y) \tag{8-14}$$

当 $n=2$ 时：选择 Alice 的方向向量为 $\vec{a}_{00} = \left(\frac{1}{\sqrt{2}}, \frac{1}{\sqrt{2}}, 0\right)$，$\vec{a}_{01} = \left(-\frac{1}{\sqrt{2}}, \frac{1}{\sqrt{2}}, 0\right)$，$\vec{a}_{10} = \left(\frac{1}{\sqrt{2}}, -\frac{1}{\sqrt{2}}, 0\right)$，$\vec{a}_{11} = \left(-\frac{1}{\sqrt{2}}, -\frac{1}{\sqrt{2}}, 0\right)$。对应的，Bob 的选择为 $\vec{b}_0 = (0,1,0)$，$\vec{b}_0 = (1,0,0)$。可以计算出 $T_2 = 2\sqrt{2}$，可见它通过 2→1 随机存取码测试，但该过程中的随机性是 $-\log_2(\max_{x,y}(p(b \mid \boldsymbol{x}, y))) = 0$。

到目前为止给出了确定性过程可以模拟量子的 2→1 随机存取码测试。下面需要说明既然利用了量子通信，为什么称之为经典的过程。为了构建量子相关性，Alice 需要发送经典比特(c_1, c_2)给 Bob。在只允许 1 量子比特的通信下，为了实现 C 的传输，利用了稠密编码过程。Bob 的设备内部需要做高维测量，并且恢复出 C。可以看到在第 i 次实验中，$\vec{\lambda}_1$ 和 $\vec{\lambda}_2$ 的值是确定的，当输入 $\vec{a}_x$、$\vec{b}_y$ 时，输出的结果 b 也是确定的。观测到 b 的不确定性是因为对系统内部的不了解，其本质还是确定性的。它可以被看为是对初始串的代数操作，因而在上述过程中没有真正随机数的生成。标记生成的随机数序列为 r'，那么在以后的应用过程中，一旦窃听者知道了输入，那么会推断出 r'。

通过选择 Alice 和 Bob 恰当的方向，可以模拟量子 3→1 随机存取码测试。由于不可能存在猜测成功概率 $p > 1/2$ 的 $n > 3$ 的量子随机存储码，所以有些学者提出了共享随机数的 $n \to 1$ 随机存取码。两个盒子之间共享随机数是指利用共享的信息，对于给定的编码策略，寻找最优的解码策略。然而任意共享随机数的 $n \to 1(n > 3)$随机存取码测试都可以由 $n=2$

和 $n=3$ 测试的组合来实现。因而上述过程可以模拟任意的 $n\to 1$ 量子随机存取码过程。因此，如果拥有一套设备它的输入输出满足 $n\to 1$ 随机存取码测试的过程，在假设条件放松时不能确定生成的数是否是真正随机的。

目前为止完成了放松维数假定下随机数扩展的安全性分析，但是该分析仍然基于假设(1)。下面分析在放松假设(1)时，将会发生什么情况。实际中用户利用来自提供商的随机数生成器来控制态的制备和测量，而供应商可能潜在的操控着设备使得其能通过随机数测试。这会折衷 Alice 和 Bob 的测量无关，使得 Alice 和 Bob 似乎是在执行一个 $2\to 1$ 量子随机存取码的子游戏 $T_2(\lambda)=8\sum_{x,y}(-1)^{xy}p_{x|\lambda}q_{y|\lambda}E_{xy}$。$\lambda$ 是由供应商控制的潜在的变量，对应的密度函数为 $\boldsymbol{\rho}(\lambda)$，因而有 $T_2=\int T_2(\lambda)\boldsymbol{\rho}(\lambda)d_\lambda$。$\lambda$ 对 x,y 可能的影响用概率分布 $p_{x|\lambda}$ 和 $q_{y|\lambda}$ 表示。为了简化，仅考虑 $p_{x|\lambda}=\frac{1}{4}$ 的情形，表示对量子态的制备过程没有进行任何控制。记 $P=\max_{x,y,\lambda}q(y|\lambda)$，其中 $P\in[1/2,1]$，用于标记对测量基的控制程度。如果 $P=1$，代表对测量基的完全控制，$P=1/2$ 代表对测量基没有控制。对于量子的界少于经典的界的那些轮，量子相关性可以由经典过程模拟。这里给出在给定 λ 和维数假定条件下，使经典的界达到最优时的 $q_{y|\lambda}$ 的分布。因此给出使得量子界可以由经典过程模拟的有效域。下面对于每一轮省略了 λ 的书写。

在 2 维经典情况限制下，$T_2(\lambda)[q]_C$ 的上界为(最大值的取得对应于表 8-1 中的策略)：

$$\begin{cases}2+2(q_0-q_1), & q_0\geqslant q_1\\ 2+2(q_1-q_0), & q_1\geqslant q_0\end{cases}$$

表 8-1 用于模拟量子相关性的一个确定性模型，其中猜测概率为 1，$p\geqslant 1/\sqrt{2}$

右列的猜测概率是指 Alice 将 x 编码为 $\boldsymbol{\rho}_x$。

λ \ $q(y\|\lambda)$	$q(0\|\lambda)$	$q(1\|\lambda)$	编码策略($x\to\boldsymbol{\rho}_x$)
λ_1	P	$1-P$	00 → 0; 01 → 0; 10 → 1; 11 → 1。
λ_2	$1-P$	P	00 → 0; 01 → 1; 10 → 0; 11 → 1。

下面分析 $T_2[q]_C$ 最终达到的上界为 $4P$。因此一旦确定性的知道测量基的选择，即 $P=1$，此界可以达到 4。此时量子的界为 $T(\lambda)_2[q]_Q\leqslant 2\sqrt{2}$，其与 q 无关。

证明：这里省略了 λ，对于二维的情形下，T_2 对应的界为

$$\begin{aligned}T_2&=8\sum_{x,y}(-1)^{x_y}p_xq_yE_{xy}\\&=\frac{8}{2}\sum_{x,y}(-1)^{x_y}p_xq_y\hat{E}_{xy}\end{aligned}\tag{8-15}$$

式中，$E_{xy}=p(b=0|\boldsymbol{x},y)$，$\hat{E}_{xy}=p(b=0|\boldsymbol{x},y)-p(b=1|\boldsymbol{x},y)$。利用内积和纠缠之间的性

质，可以得到 $p(b|\boldsymbol{x},y)=\mathrm{tr}(\boldsymbol{\rho}_x\boldsymbol{M}_y^b)=2\ (\boldsymbol{\rho}_x\otimes(\boldsymbol{M}_y^b)^T)_{\boldsymbol{\Phi}_+}$，其中 $\Phi_+=\frac{1}{\sqrt{2}}(|00\rangle+|11\rangle)$。记 $\boldsymbol{A}_0=\frac{1}{4}(\boldsymbol{\rho}_{00}-\boldsymbol{\rho}_{11})$，$\boldsymbol{A}_1=\frac{1}{4}(\boldsymbol{\rho}_{01}-\boldsymbol{\rho}_{10})$，$\boldsymbol{B}_0=q_0\boldsymbol{M}_0$ 和 $\boldsymbol{B}_1=q_1\boldsymbol{M}_1$。我们可以得到 1/2 $\sum\limits_{x,y}\langle\boldsymbol{A}_0\otimes\boldsymbol{B}_0{}^T+\boldsymbol{A}_0\otimes\boldsymbol{B}_1^T+\boldsymbol{A}_1\otimes\boldsymbol{B}_0^T-\boldsymbol{A}_1\otimes\boldsymbol{B}_1^T\rangle_{\Phi_+}$，并且将其记为 S。执行类似于 Tsirelson 的推导过程，可以得到

$$S^2\leqslant\langle\boldsymbol{O}\rangle_{\Phi_+}+\langle[\boldsymbol{A}_0,\boldsymbol{A}_1]\otimes[\boldsymbol{B}_0,\boldsymbol{B}_1]T\rangle_{\Phi_+}\tag{8-16}$$

式中，$\boldsymbol{O}=(\boldsymbol{A}_0^2+\boldsymbol{A}_1^2)\otimes((\boldsymbol{B}_0^T)^2+(\boldsymbol{B}_1^T)^2)+(\boldsymbol{A}_0^2-\boldsymbol{A}_1^2)\otimes\{\boldsymbol{B}_0,\boldsymbol{B}_1\}^T+\{\boldsymbol{A}_0,\boldsymbol{A}_1\}\otimes((\boldsymbol{B}_0^T)^2-(\boldsymbol{B}_1^T)^2)$。此外，等式的获得是在 $\langle\boldsymbol{A}_0\otimes\boldsymbol{B}_0^T+\boldsymbol{A}_0\otimes\boldsymbol{B}_1^T+\boldsymbol{A}_1\otimes\boldsymbol{B}_0^T-\boldsymbol{A}_1\otimes\boldsymbol{B}_1^T\rangle_{\Phi_+}$ 和 $|v_+\rangle$ 之间有线性关系时。

又因为有 $-\boldsymbol{I}\leqslant\boldsymbol{B}_0,\boldsymbol{B}_1\leqslant\boldsymbol{I}$，所以有

$$\langle\boldsymbol{O}\rangle_{\Phi_+}\leqslant\langle[(q_0^2+q_1^2)(\boldsymbol{A}_0^2+\boldsymbol{A}_1^2)+2q_0q_1\cos(\theta)|\boldsymbol{A}_0^2-\boldsymbol{A}_1^2|+(q_0-q_1)\{\boldsymbol{A}_0,\boldsymbol{A}_1\}]\otimes\boldsymbol{I}\rangle_{\Phi_+}\tag{8-17}$$

式中，θ 为 B_0^T 和 B_1^T 在 *Bloch* 球面上的正方向之间的夹角。因为 $4\boldsymbol{A}_0$ 和 $4\boldsymbol{A}_1$ 迹为零，我们可以将其表示为 $\vec{\boldsymbol{r}}_0\cdot\vec{\boldsymbol{\sigma}}_0$ 和 $\vec{\boldsymbol{r}}_1\cdot\vec{\boldsymbol{\sigma}}_1$，其中 $\vec{\boldsymbol{r}}_0$ 和 $\vec{\boldsymbol{r}}_1$ 是 Bloch 球面上的三维单位实向量。所以有 $\boldsymbol{A}_0=\frac{1}{4}\vec{\boldsymbol{r}}_0\cdot\vec{\boldsymbol{\sigma}}_0$ 和 $\boldsymbol{A}_1=\frac{1}{4}\vec{\boldsymbol{r}}_1\cdot\vec{\boldsymbol{\sigma}}_1$。进一步有 $\boldsymbol{A}_0^2=\frac{1}{16}(\vec{\boldsymbol{r}}_0\cdot\vec{\boldsymbol{\sigma}})^2$，$\boldsymbol{A}_1^2=\frac{1}{16}(\vec{\boldsymbol{r}}_1\cdot\vec{\boldsymbol{\sigma}})^2$，$[\boldsymbol{A}_0,\boldsymbol{A}_1]=\frac{1}{16}[2(\vec{\boldsymbol{r}}_0\times\vec{\boldsymbol{r}}_1)\vec{\boldsymbol{\sigma}}]$ 和 $\{\boldsymbol{A}_0,\boldsymbol{A}_1\}=\frac{1}{16}[2(\vec{\boldsymbol{r}}_0\cdot\vec{\boldsymbol{r}}_1)\vec{\boldsymbol{\sigma}}]$。因为 $-\boldsymbol{I}\leqslant\boldsymbol{B}_0$，$\boldsymbol{B}_1\leqslant\boldsymbol{I}$，所以有 $|[B_0,B_1]|\leqslant2q_0q_1\boldsymbol{I}$。对于任意的算子 $\boldsymbol{A}$ 和 $\boldsymbol{B}$，有性质 $\mathrm{tr}(\boldsymbol{AB})\leqslant\mathrm{tr}[|\boldsymbol{A}|][|\boldsymbol{B}|]_\infty$。可以得到

$$\langle[\boldsymbol{A}_0,\boldsymbol{A}_1]\otimes[\boldsymbol{B}_0,\boldsymbol{B}_1]^T\rangle_{\Phi_+}=\frac{1}{2}\mathrm{tr}([\boldsymbol{A}_0,\boldsymbol{A}_1][\boldsymbol{B}_0,\boldsymbol{B}_1])\leqslant\frac{q_0q_1}{4}\|\vec{\boldsymbol{r}}_0\times\vec{\boldsymbol{r}}_1\|\tag{8-18}$$

隐含着当 $||\vec{\boldsymbol{r}}_0||=||\vec{\boldsymbol{r}}_1||=1$ 和 $\vec{\boldsymbol{r}}_0\cdot\vec{\boldsymbol{r}}_1=0$ 时，达到最大值。进一步，可以得到式(8-16)的结果。并且，可以得到在 Alice 制备如式子(8-6)的态和 Bob 采取式(8-7)的测量时，可以得到最大的界。 ■

因此若 $p\geqslant\sqrt{2}/2$，则经典的界将会大于量子的界。此时量子的界就可以用经典的过程模拟，此时使得生成的数不再含有真随机性。显然地如果提供商对 P 的控制能力达到 $p\geqslant\sqrt{2}/2$，然后提供商就可以用表 8-1 所示的策略来模拟量子的相关性。至此完成了通过影响 Bob 的测量基的选择，提供商可以愚弄用户，让用户可以通过 2→1 随机存取码测试，并且以为所产生的数是随机的，实际上是确定性的。此外也给出了可以采用表 8-1 所示的策略来模拟。然而这里的分析假定了提供商对量子态的制备没有控制，因此在将来需要进一步对一般性情况进行研究。

8.2.3 结束语

本节分析了放松假设条件对半设备无关的随机数扩展的影响[17]。如果供应商不可信，在放松假设的情形下，他可能引入潜在的可以通过用户测试的经典模型，使得产生的数并不是真正随机的。当测量设备的内部可以进行高维测量时，经典过程可以实现 $n\to1$ 量子随

机存储码测试。除此之外通过影响测量基的选择，供应商可以提供一个可以模拟量子相关性的经典过程。所以，如果将盒子完全的看成是黑盒子，那么即便产生的数通过了$n\to1$量子随机存取码测试，这不能够说明产生的随机数就是真正随机的。它可能是确定性的或者说是伪随机的，这在今后的使用中可能会产生不安全因素。

8.3 半设备无关随机数扩展协议的安全性

半设备无关随机数扩展协议利用真随机数去生成新的随机数的协议，除了希尔伯特空间的维数，量子设备的内部工作原理不作任何假设。生成的随机数由制备一测量测试的非经典相关来验证。目前，在理想和实际条件下，生成的随机性的量与非经典相关的程度之间的解析关系还不清楚。这个关系对评估半设备无关随机数扩展协议的安全性起着至关重要的作用。本节首先给出理想情况下两者之间的解析关系；在实际中，设备的行为在每一轮不是恒同独立的，同时在估计设备的非经典行为时存在误差，基于上述实际情形给出两者的解析关系；进一步，选择一个不同的抽取函数并给出安全证明。

8.2.1 节已给出半设备无关随机数扩展协议模型。定义

$$W=\sum_{b,\boldsymbol{x},y}(-1)^{x_y}P(b=0\mid \boldsymbol{x},y) \tag{8-19}$$

称作 W 表达式（或 T_n）。如果系统承认经典描述，那么基于 $2\to1$ 量子随机存储码的 W 表达式满足 $W\leqslant2$，表示为 $W_{2\to1}^{\text{classical}}\leqslant2$。显然，如果系统包含非经典的相关性（即，某些测量作用在纠缠量子态上），数据违反上面的不等式，使 W 表达式的值达到 $2\sqrt{2}$。同样，基于 $3\to1$ 量子随机存储码的 W 表达式满足 $W_{3\to1}^{\text{classical}}\leqslant6$，$W_{3\to1}^{\text{quantum}}\leqslant4\sqrt{3}$。

已知输入 $\boldsymbol{x},y$ 输出 b 的随机性的量可以由极小熵来刻画[18]

$$H_{\min}(B\mid \boldsymbol{X},Y)_P=-\log_2 p(B\mid \boldsymbol{X},Y) \tag{8-20}$$

其中最大猜测概率[18]是

$$p(B\mid \boldsymbol{X},Y)=\max_{b,\boldsymbol{x},y}P(b\mid \boldsymbol{x},y) \tag{8-21}$$

基于等式(8-20)，探索一个极小熵的下界等于探究最大猜测概率的上界。所以，接下来的优化问题是：计算生成的随机性可以转化为在给定 W 表达式值下探索最大猜测概率。

$$\text{maximize}\quad p(B|\boldsymbol{X},Y) \tag{8-22}$$

受限于：

$$P(b\mid \boldsymbol{x},y)=\operatorname{tr}(\boldsymbol{\rho}_x\boldsymbol{M}_y^b) \tag{8-23}$$

$$\sum_{b,\boldsymbol{x},y}(-1)^{x_y}P(b=0\mid \boldsymbol{x},y)=W \tag{8-24}$$

其中优化遍历所有的量子态 $\boldsymbol{\rho}_x$ 和定义在二维希尔伯特空间上的(POVM) $\{\boldsymbol{M}_y^0,\boldsymbol{M}_y^1\}$。

8.3.1 在理想条件下的解析关系

下面要找最大猜测概率和相应的 W 表达式的极大值之间的解析关系。此外，本节探讨当有可验证的随机性生成时 W 表达式的界。换句话讲，本节得到为什么违反了 W 表达式的经典界而没有可验证的随机数生成的原因。在这里，我们给出基本协议的结论。

定理 8-1 假设基于 $2\to1$ 量子随机存取码(QRAC)的半设备无关随机数扩展(SDI—

RNE)协议是基于二维希尔伯特空间上的。最大的猜测概率 p 和 W 表达式相应的最大值之间的解析关系如下给出

$$W_p^{\max}=\max_r\{r+(2p-1)r^2+2\sqrt{1-r^2}+2\sqrt{p(1-p)}r\sqrt{1-r^2}\} \tag{8-25}$$

式中，$p\in\left[\frac{1}{2}\left(1+\frac{1}{\sqrt{2}}\right),1\right]$，$r$ 是以 x 为变量的式(8-26)的某一实数解

$$4x^4+4[(2p-1)+4\sqrt{p(1-p)}]x^3+x^2-4[(2p-1)+2\sqrt{p(1-p)}]x-(2p-1)^2=0 \tag{8-26}$$

根据解析式(8-25)，记作 $W_p^{\max}=g_1(p)$，当存在可验证的随机性时，我们探索 W 表达式的临界值。令 $p=1$(即，输出中不含有可验证的随机性)，通过遍历 $4x^4+4x^3+x^2-4x-1=0$ 的所有实数根，我们得到 $W_{p=1}^{\max}=2.6403(r=0.7904)$。进一步，我们知道 g_1 是单调递减且连续的函数。只要 $W>2.6403$，输出中含有可验证的随机性 ($p<1$)。

定理 8-2 假设基于 3→1 量子随机存取码(QRAC)的半设备无关随机数扩展(SDI-RNE)协议是基于二维希尔伯特空间上的。最大的猜测概率 p 和 W 表达式相应的最大值之间的解析关系如下给出

$$\begin{aligned}W_p^{\max}=&\max_{\{(r,s,u,v)\}}\{(2p-1)r^2+(2p-1)\frac{\sqrt{1-m^2}}{m}r\sqrt{1-r^2}+\\&\frac{(2p-1)s+\sqrt{1-s^2}\sqrt{m^2-(2p-1)^2}}{2m}[(rv+\sqrt{1-r^2}\sqrt{1-v^2})m+\\&(\sqrt{1-r^2}v-r\sqrt{1-v^2})\sqrt{1-m^2}]+\frac{1}{2}\sqrt{4r^2+1+4rsv}+\sqrt{4r^2+1-4rsv}+\\&\sqrt{4(1-r^2)+1+4\sqrt{1-r^2}s\sqrt{1-v^2}}+\sqrt{4(1-r^2)+1-4\sqrt{1-r^2}s\sqrt{1-v^2}}\},\end{aligned} \tag{8-27}$$

式中，$p\in[\frac{1}{2}(1+\frac{1}{\sqrt{3}}),1]$，$(r,s,v,m)$ 是以变量 (x,y,z,u) 的方程组的实数解。

类似于上面的分析，当存在可验证的随机性，探索 W 表达式的临界值。令 $p=1$，取遍文献[19]方程组的所有实解，可以得到

$$W_{p=1}^{\max}=6.6543\quad((r,s,v,m)=(0.7730,0.3837,-0.1529,1)) \tag{8-28}$$

所以，只要 $W>6.6543$，生成的随机性就是可验证的真随机性。

8.3.2 实际条件下的解析关系

在实际中，实验过程中会存在一些现实的因素，例如，设备的行为在轮与轮之间是相关的，或者评估设备引起的非经典行为时存在偏差。本节建立了随机性的量和实际条件下的非经典的关联程度之间的解析关系。这样的结果可以应用于半设备无关场景下随机数扩展协议，其中量子系统是任意维，W 表达式是其他更一般的形式。

连续使用设备 t 次的描述 我们考虑一组设备 ($\mathscr{P}\&\mathscr{M}$)，其中态制备系统($\mathscr{P}$) 和测量($\mathscr{M}$) 被看作是黑盒子。制备的盒子包含一组任意的态 $\boldsymbol{\rho}\in\mathbb{C}^2$，测量的盒子包含一系列定义在二维希尔伯特空间上的测量$\{\boldsymbol{M}_{y_i}^{b_i}\}$，其中测量算子 $\boldsymbol{M}_{y_i}^{b_i}$ 表示输入 y_i，输出 b_i。

最基本的假设：

(1) 制备系统和测量系统满足量子理论；

（2）在每一轮中，态制备系统和测量系统之间没有额外通信。即态制备系统和测量系统仅有一个量子比特通信，不允许泄露信息给窃听者；

（3）输入 X,Y 是独立的，即与设备不相关的随机变量。

除了量子态的维数和上面的假设，没有任何其他限制。但在第 i 轮，设备的行为是不相同和独立的，这意味着之前的 $i-1$ 轮的态、测量算子和测量结果影响第 i 轮的测量结果。注意，类似于以前的工作[5,6]，在以下计算生成的随机性时，我们假设的态制备系统不纠缠于测量系统或任何其他方。

定义在第 i 轮的输入 $\boldsymbol{x}_i\in X$，$y_i\in Y$ 和测量输出 $b_i\in B$，前 i 轮的输入 $\boldsymbol{x}^i=(\boldsymbol{x}_1,\boldsymbol{x}_2,\cdots,\boldsymbol{x}_i)$，类似定义 $\boldsymbol{y}^i,\boldsymbol{b}^i$。每一轮设备的行为不是相同和独立的，即设备的行为是变化的，利用中间记忆从这一轮变换到到另一轮，这些中间记忆用一系列作用在$\mathbb{H}_P\otimes\mathbb{H}_M$的酉变换 $\boldsymbol{U}_0$、$\cdots$、$\boldsymbol{U}_{t-1}$描述。$\boldsymbol{U}_{i-1}$用于第 i 轮之前的态和测量上（第一轮 $\boldsymbol{U}_0=\boldsymbol{I}$）。具体的，假设第一轮 Alice 随机选择态 $\boldsymbol{\rho}_{x_1}$，Bob 随机选择测量基 $\boldsymbol{M}_{y_1}^{b_1}$，我们得到 $P(b_1\mid x_1,y_1)=\mathrm{tr}(\boldsymbol{\rho}_{x_1}\boldsymbol{M}_{y_1}^{b_1})$。Alice 和 Bob 随机选择 $\boldsymbol{\rho}_{x_2}$、$\boldsymbol{M}_{y_2}^{b_2}$，由于轮与轮之间的不恒同和相关性，可以得到 $P(b_2\mid x_2,y_2,b_1,x_1,y_1)=\mathrm{tr}(\boldsymbol{U}_1\rho_{x_2}\boldsymbol{M}_{y_2}^{b_2}\boldsymbol{U}_1^{\dagger})$，其中 $\boldsymbol{U}_1$ 加密输入 x_1,y_1 和输出 b_1 的信息。基于上述描述，输入输出的行为描述为 $P_{B^t\mid X^tY^t}(b^t\mid\boldsymbol{x}^t,y^t)$，

$$\begin{aligned}P_{B^t\mid X^tY^t}(\boldsymbol{b}^t\mid\boldsymbol{x}^t\boldsymbol{y}^t)&=\prod_{i=1}^{t}P(b_i\mid\boldsymbol{x}_iy_i\boldsymbol{b}^{i-1}\boldsymbol{x}^{i-1}\boldsymbol{y}^{i-1})\\&=\prod_{i=1}^{t}P(b_i\mid\boldsymbol{x}_iy_i\boldsymbol{e}^{i-1})\end{aligned}\tag{8-29}$$

式中，$P(b_i\mid\boldsymbol{x}_iy_i\boldsymbol{e}^{i-1})=\mathrm{tr}(\boldsymbol{U}_{i-1}\boldsymbol{\rho}_{x_i}\boldsymbol{M}_{y_i}^{b_i}\boldsymbol{U}_{i-1}^{\dagger})$，$\boldsymbol{e}^{i-1}=b^{i-1}\boldsymbol{x}^{i-1}\boldsymbol{y}^{i-1}$。第一个等式成立由于 Bayes′准则，第二个式子表示第 i 轮的输出结果仅与当前轮的输入和至前轮的输入输出有关。

我们知道最大猜测概率和 W 表达式相应的最大值之间有一一对应的关系（统称为 g_1）。解析关系显示

$$p=2^{\log_2 g_1^{-1}(W_p^{\max})}\leqslant 2^{\log_2 g_1^{-1}(W)}=2^{-g(W)}\tag{8-30}$$

式中 g_1 是单调递减且连续的函数，$g=-\log_2 g_1^{-1}(W)$是关于 W 表达式值的凸函数。

8.3.3 刻画非经典相关的程度

本节通过估计 W 表达式的值去刻画非经典相关的程度。

对于第一轮，W 表达式的值建立是由 $W_1[\boldsymbol{b}_1,\boldsymbol{x}_1,\boldsymbol{y}_1]=W[P(b_1\mid\boldsymbol{x}_1y_1)]$。对于其他轮稍微有些不同，因为当前轮的结果与此同时之前的输入输出相关。所以，第 i 轮时，W 表达式的值是 $W_i[\boldsymbol{b}^i,\boldsymbol{x}^i,\boldsymbol{y}^i]=W[P(b_i\mid\boldsymbol{x}_iy_i\boldsymbol{e}^{i-1})]$。

令

$$\overline{W}[\boldsymbol{b}^t,\boldsymbol{x}^t,\boldsymbol{y}^t]=\frac{1}{t}\sum_{i=1}^{t}W_i[\boldsymbol{b}^i,\boldsymbol{x}^i,\boldsymbol{y}^i]\tag{8-31}$$

为 W 表达式的平均值。为了计算平均值 $\overline{W}$，我们对观测数据引入估算子 $\hat{W}$：

$$\hat{W}[\boldsymbol{b}^t,\boldsymbol{x}^t,\boldsymbol{y}^t]=\frac{1}{t}\sum_{i=1}^{t}\hat{W}_i\tag{8-32}$$

式中 $\hat{W}_i=\sum_{b,x,y}\alpha_{b,x,y}\dfrac{\chi(\boldsymbol{x}_i=x,y_i=y,b_i=b)}{P_X(\boldsymbol{x})P_Y(y)}$是第 i 轮 W 表达式的观测值，

$$\chi(x)=\begin{cases}1, & \text{若 } x \text{ 被观测到}\\ 0, & \text{其他}\end{cases} \tag{8-33}$$

从而得到如下结论来估计平均值 $\overline{W}$。

引理 8-1：对任意的 $\delta>0$，平均值 $\overline{W}$ 和观测平均值 $\hat{W}$ 满足

$$P(\overline{W}\geqslant\hat{W}-\delta)\geqslant 1-2^{\frac{-t\delta^2}{2\ln 2\mu^2}} \tag{8-34}$$

式中 $\mu=\frac{\alpha_{\max}}{P_{\min}}+W_Q$，$\alpha_{\max}=\max|\{\alpha_{b,x,y}\}|$，$P_{\min}=\min\{P(x),P(y)\}$，$W_Q$是量子力学要求下可达到的最大值。

从等式（8-34）可发现当实验轮数趋于无穷，平均值 $\overline{W}$ 与平均观测值 $\hat{W}$ 仅相差 δ，这一事件发生的概率趋于 1。

极小熵的界　下面去寻找生成随机性的量和实际条件下观察到的平均值 $\hat{W}$ 之间的解析关系。正如文献[5,6]考虑 Bell 的平均值在某些区间是一个先决条件，使设备无关下讨论最小熵变得有意义，我们利用文献[6]方法去量化生成的随机性，条件上 $\hat{W}$ 平均值在某个区间时最小熵的下界。

定义 W_0 为满足 $H_{\min}(\boldsymbol{B}^t|\boldsymbol{X}^t\boldsymbol{Y}^t)=0$ 条件下的 W 表达式的最大值。$W_0>W_d$（W 表达式的经典界），与之前的 Bell 实验不相同的结论。我们划分区间 $[W_0,W_Q]\subset R$ 为 $\mathfrak{L}$ 不相交的块：$[W_0,W_Q]=\Phi_1\cup\Phi_2\cup\cdots\cup\Phi_L$，$\Phi_l=[W_{l-1},W_l)$。

一个基本的事件空间 $\mathfrak{G}$ 是包含实验时所有可能的事件$(\boldsymbol{b}^t,\boldsymbol{x}^t,\boldsymbol{y}^t,l)$的集合。定义事件 $\mathfrak{G}_1=\{(\boldsymbol{b}^t,\boldsymbol{x}^t,\boldsymbol{y}^t,l)|\overline{W}\geqslant\hat{W}-\delta\}$。根据引理 8-1，事件 $\mathfrak{G}_1$ 以很高的概率发生。事实上，$(\boldsymbol{b}^t,\boldsymbol{x}^t,\boldsymbol{y}^t)$的值可由 $\hat{W}$ 和 l 来决定。接下来，我们定义事件 $\mathfrak{G}_2=\{(\boldsymbol{b}^t,\boldsymbol{x}^t,\boldsymbol{y}^t,l)|P(\mathfrak{G}_1|\boldsymbol{x}^t,\boldsymbol{y}^t)\geqslant\frac{1}{2}\}$ 和事件 $\mathfrak{G}_3=\{(\boldsymbol{b}^t,\boldsymbol{x}^t,\boldsymbol{y}^t,l)|P_{L|\boldsymbol{X}^t\boldsymbol{Y}^t\mathfrak{G}_1}(l|\boldsymbol{x}^t,\boldsymbol{y}^t)\geqslant\frac{1}{\mathfrak{L}^2}\}$。令 $\mathfrak{G}_1\cap\mathfrak{G}_2\cap\mathfrak{G}_3$ 是好事件，记作 $\mathfrak{G}$。我们称 $\mathfrak{G}_1\cap\mathfrak{G}_2\cap\mathfrak{G}_3$ 是好事件（即 $\mathfrak{G}$），只要所有的事件（$\mathfrak{G}_1$，$\mathfrak{G}_2$ 和 $\mathfrak{G}_3$）都发生，我们就可以得到生成随机性的量。注意事件是包含基本事件空间一个或几个结果的集合，它是基本事件空间的子集。当然，一个事件的每个结果称作是一个元素（基本事件）。

引理 8-2：存在上述好事件 $\mathfrak{G}$ 以如下概率成立

$$P(\mathfrak{G})\geqslant 1-3\cdot 2^{\frac{-t\delta^2}{2\ln 2\mu^2}}-\frac{1}{\mathfrak{L}} \tag{8-35}$$

若考虑$(\boldsymbol{X}^t,\boldsymbol{Y}^t)$和观测平均值 $\hat{W}$ 落在某个区间，我们试着给出在上述先知条件下 B^t 的极小熵的界。

定理 8-3：令(X,Y)是恒同独立随机源和 $\delta>0$ 是任意的参数。对于任意的设备的行为，刻画 t 轮后观测到的分布 $P=\{P(\boldsymbol{b}^t,\boldsymbol{x}^t,\boldsymbol{y}^t)\}$满足

$$H_{\min}(\boldsymbol{B}^t|\boldsymbol{X}^t,\boldsymbol{Y}^t,l,G)\geqslant tg(W_l)-2\log\mathfrak{L}-1 \tag{8-36}$$

对于所有 $\boldsymbol{x}^t\in\boldsymbol{X}^t$，$\boldsymbol{y}^t\in\boldsymbol{Y}^t$，$l\in\{0,\cdots,\mathfrak{L}-1\}$，$P(\mathfrak{G})\geqslant 1-3\cdot 2^{\frac{-t\delta^2}{2\ln 2\mu^2}}-\frac{1}{\mathfrak{L}}$，$P_{\boldsymbol{B}^t\boldsymbol{X}^t\boldsymbol{Y}^tL|G}(\boldsymbol{b}^t,\boldsymbol{x}^t,\boldsymbol{y}^t,l)>0$。

证明：不是一般性，假设 l 是唯一满足 $W_{l-1}\leqslant\hat{W}-\delta<W_l$ 的值。

令$(\boldsymbol{b}^t,\boldsymbol{x}^t,\boldsymbol{y}^t,l)\in\mathfrak{G}_2\cap\mathfrak{G}_3$，我们考虑非平凡情况，即$(\boldsymbol{b}^t,\boldsymbol{x}^t,\boldsymbol{y}^t,l)\in\mathfrak{G}_1$。否则，$P(\boldsymbol{b}^t|\boldsymbol{x}^t,\boldsymbol{y}^t,l,\mathfrak{G}_1)=0$。

根据 $\mathfrak{G}$ 的描述，我们得到

$$\begin{aligned} p(\boldsymbol{B}^t|\boldsymbol{X}^t,\boldsymbol{Y}^t,l,G_1) &= \max_{\boldsymbol{b}^t,\boldsymbol{x}^t,\boldsymbol{y}^t} P_{\boldsymbol{B}^t|\boldsymbol{X}^t\boldsymbol{Y}^tLG_1}(\boldsymbol{b}^t|\boldsymbol{x}^t,\boldsymbol{y}^t,l) \\ &= \max_{\boldsymbol{b}^t,\boldsymbol{x}^t,\boldsymbol{y}^t}\frac{P_{\boldsymbol{B}^tLG_1|\boldsymbol{X}^t\boldsymbol{Y}^t}(\boldsymbol{b}^t,l|\boldsymbol{x}^t,\boldsymbol{y}^t)}{P_{LG_1|\boldsymbol{X}^t\boldsymbol{Y}^t}(l|\boldsymbol{x}^t,\boldsymbol{y}^t)} \\ &\leqslant \max_{\boldsymbol{b}^t,\boldsymbol{x}^t,\boldsymbol{y}^t}\frac{P_{\boldsymbol{B}^t|\boldsymbol{X}^t\boldsymbol{Y}^t}(\boldsymbol{b}^t|\boldsymbol{x}^t,\boldsymbol{y}^t)}{P_{G_1|\boldsymbol{X}^t\boldsymbol{Y}^t}\cdot P_{L|\boldsymbol{X}^t\boldsymbol{Y}^tG_1}(l|\boldsymbol{x}^t,\boldsymbol{y}^t)} \\ &\leqslant 2L^2 2^{-\mathrm{tg}(W_l)} \end{aligned} \tag{8-37}$$

其中倒数第二个式子成立由于 $P_{\boldsymbol{B}^tLG_1|\boldsymbol{X}^t\boldsymbol{Y}^t}(\boldsymbol{b}^t,l|\boldsymbol{x}^t,\boldsymbol{y}^t)\leqslant P_{\boldsymbol{B}^t|\boldsymbol{X}^t\boldsymbol{Y}^t}(\boldsymbol{b}^t|\boldsymbol{x}^t,\boldsymbol{y}^t)$，最后一个式子成立根据式子 (8-29)式(8-30)和式(8-31)。

进一步，根据上述不等式，很容易得到

$$\begin{aligned} H_{\min}(\boldsymbol{b}^t|\boldsymbol{x}^t,\boldsymbol{y}^t,l,\mathfrak{G})_P &= -\log_2\max_{\boldsymbol{b}^t} P_{\boldsymbol{B}^t|\boldsymbol{X}^t\boldsymbol{Y}^tL\mathfrak{G}}(\boldsymbol{b}^t|\boldsymbol{x}^t,\boldsymbol{y}^t,l,\mathfrak{G}) \\ &\geqslant \mathrm{tg}(W_l)-2\log\mathfrak{L}-1 \end{aligned} \tag{8-38}$$

这里，假设不相交的块 $\mathfrak{L}=100$，$\delta=0.000\,1$ 和实验的轮数 $t=1\,000$、$4\,000$。我们分别在图 8-4 和图 8- 5 中以基于 2→1 和 3→1 量子随机存取码的半设备无关随机数扩展协议为例，比较在理想与实际情况下生成随机性的极小熵的下界。

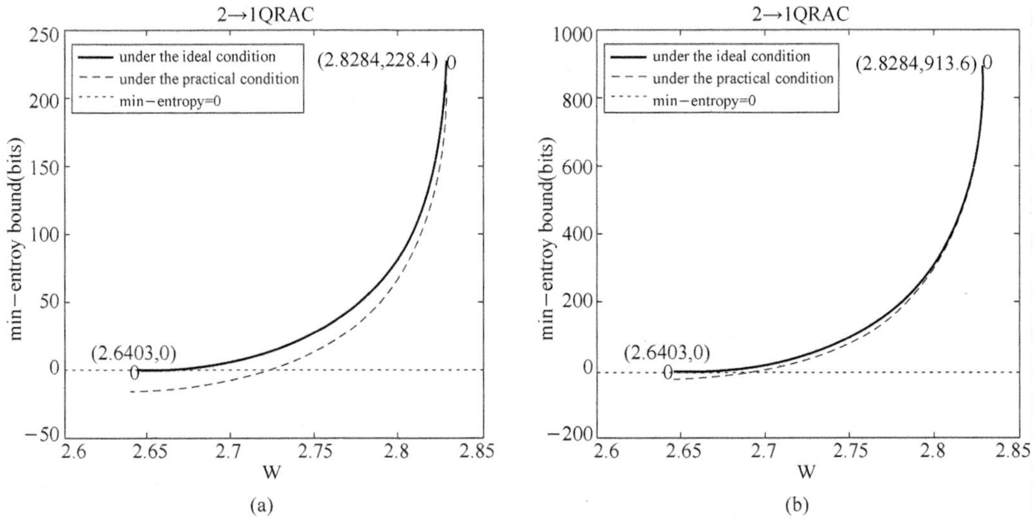

图 8-4 基于 2→1 的量子随机存取码的半设备无关随机数扩展协议，比较在理想与实际情况下生成随机性的极小熵的下界 (a)实验轮数 $t=1\,000$，(b)实验轮数 $t=4\,000$

显然，当实验轮数增加且要求不相交的块的数量是固定的，图像显示，在理想的和实际条件生成的随机量的之间的差距迅速变小。注意，图像中的 W 代表观测到的平均值。

随机性抽取 众所周知，通过使用随机提取器，输出 b^t 可以被转换成几乎是均匀的且与对手所知信息不相关的一串字符。

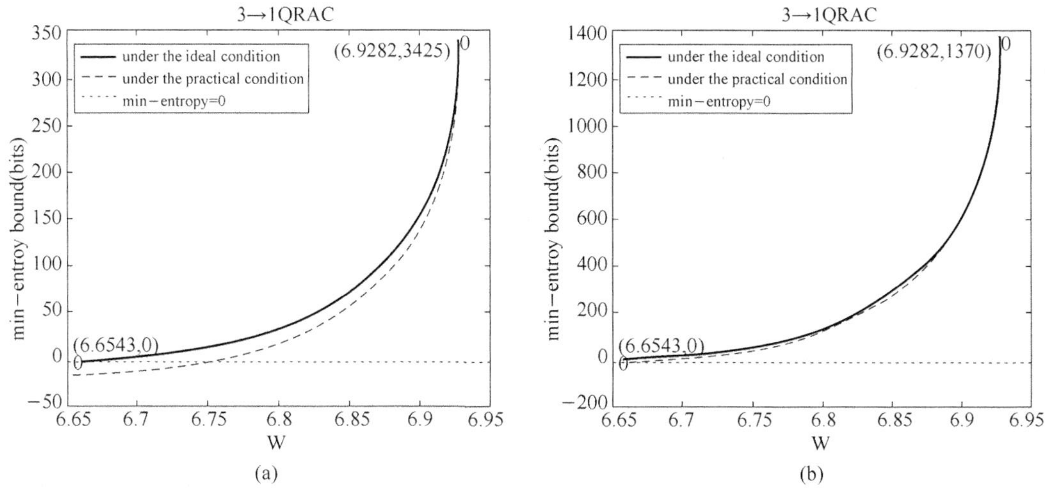

图 8-5 基于 3→1 的量子随机存取码的半设备无关随机数扩展协议，比较在理想与实际情况下生成随机性的极小熵的下界 (a)实验轮数 $t=1\,000$，(b)实验轮数 $t=4\,000$

我们给出半设备无关随机数扩展协议利用另一种不同于文献[5，6]的随机性提取器。用户要求提供方给予两个设备，态制备($\mathfrak{P}$)和测量($\mathfrak{M}$)，其中态制备有 2^n 种选择，测量系统有 n 种测量选择，每种测量有两个结果 0、1。此外，用户要求这些设备满足最基本的假设。但是，除了系统的维度他们设备的内部工作毫不了解。协议如下呈现：

用户允许在每一轮可以单个量子比特通信，但不发送任何信息到实验室外。

(1) 把真随机串 $\mathfrak{S}$ 分成 S_1 和 S；

(2) 引入 $(x_i,y_i)\in S_1$ 到设备获得输出 b_i；

(3) 重复第 (2)步直到用完 S_1 的随机数并建立输出串；

(4) 计算观测平均值和确定 l 使得 $\hat{W}-\delta\in\Phi_l$，若 $\hat{W}-\delta<W_0$，协议失败。

(5) 利用 S 去选择 two-universal 随机函数 f 并获得最终的串。基于定理 8-3，最终串的长度是

$$n_s=2\log(\varepsilon_{\text{sec}}-3\cdot 2^{\frac{-t\delta^2}{2\ln 2\mu^2}}-\frac{1}{\Omega})+tg(W_l)-2\log\Omega+1 \tag{8-39}$$

为了计算上述协议的安全性，我们准备一个引理。

引理 8-3：假设 $f:\{0,1\}^t\to\{0,1\}^{n_s}$ 是 two-universal 随机函数[17] $\boldsymbol{r}^{n_s}=f(\boldsymbol{b}^t)$，其中 $\boldsymbol{b}^t\in\{0,1\}^t$。我们得到

$$\sum_{r^{n_s},f}|P(r^{n_s},f\mid \boldsymbol{x}^t,\boldsymbol{y}^t,l,\mathfrak{S})-2^{-n_s}P(f\mid \boldsymbol{x}^t,\boldsymbol{y}^t,l,\mathfrak{S})|\leqslant\sqrt{2^{n_s}p(\boldsymbol{b}^t\mid \boldsymbol{x}^t,\boldsymbol{y}^t,l,\mathfrak{S})} \tag{8-40}$$

定理 8-4：上述的半设备无关随机数扩展协议是 ε_{sec} 安全。也就是说，它与理想协议是 ε_{sec} 不可区分的。

证明：基于协议安全性的定义，我们得到

$$
\begin{aligned}
& d(\boldsymbol{P}_{R^{n_s},\boldsymbol{X}^t,\boldsymbol{Y}^t,L,\mathfrak{F}},2^{-n_s}\boldsymbol{P}_{\boldsymbol{X}^t,\boldsymbol{Y}^t,L,\mathfrak{F}}) \\
&= \frac{1}{2}\sum_{\boldsymbol{r}^{n_s},\boldsymbol{x}^t,\boldsymbol{y}^t,l,f} | P(\boldsymbol{r}^{n_s},\boldsymbol{x}^t,\boldsymbol{y}^t,l,f)-2^{-n_s}P(\boldsymbol{x}^t,\boldsymbol{y}^t,l,f) | \\
&\leqslant \frac{1}{2}[\sum_{\boldsymbol{r}^{n_s},\boldsymbol{x}^t,\boldsymbol{y}^t,l,f} | P(\boldsymbol{r}^{n_s},\boldsymbol{x}^t,\boldsymbol{y}^t,l,f \mid G)-2^{-n_s}P(\boldsymbol{x}^t,\boldsymbol{y}^t,l,f \mid G) | + 2P(\overline{G})] \\
&\leqslant \frac{1}{2}\sum_{\boldsymbol{x}^t,\boldsymbol{y}^t,l} P(\boldsymbol{x}^t,\boldsymbol{y}^t,l \mid G)\sum_{r^{n_s},f} | P(r^{n_s},f \mid \boldsymbol{x}^t,\boldsymbol{y}^t,l,G)-2^{-n_s}P(f \mid \boldsymbol{x}^t,\boldsymbol{y}^t,l,G) | + P(\overline{G}) \\
&\leqslant \frac{1}{2}\sum_{\boldsymbol{x}^t,\boldsymbol{y}^t,l} P(\boldsymbol{x}^t,\boldsymbol{y}^t,l \mid G)\sqrt{2^{n_s}p(b^t \mid \boldsymbol{x}^t,\boldsymbol{y}^t,l,G)} + P(\overline{G}) \\
&\leqslant \varepsilon_{\text{sec}}
\end{aligned}
\tag{8-41}
$$

根据引理 8-3 可知倒数第二个式子成立。

8.3.4 结束语

本节展示了在理想和现实条件下，生成的可验证的随机性的量和非经典相关性的程度之间的关系[18]。另外，当存在可验证的随机性，W 表达式的临界值已经被给出。此外，敌手拥有关于设备的经典侧信息[6]，可以看作是本节先知条件下添加侧信息的特定值。最后，我们选择 two-universal 函数作为随机性抽取并给出安全证明。然而，仍有一些有趣的问题还未解决。直接使用观察到的概率分布，如何量化生成的随机性。此外，对于一个给定的概率分布，利用文献[4]是否或如何找到一个最优的维数目击。

8.4 提高半设备无关随机数扩展协议中可验证的随机性

量子系统可以被用来验证自然界中真随机性的存在，已经验证在制备一测量的框架下半设备无关的随机性扩展协议用来实现这一目标是可行的。通常，在这些协议中随机性的验证是通过一些不等式的违背来实现的。然而，实际实验中观测到的统计值所包含的信息要远远比一个不等式的违背值所含的信息丰富。因此我们能够验证的随机性和观测到的随机性之间必存在一个差值。本节的目的就是充分利用观测到的统计值来减少这两者之间的差。结果显示在半设备无关随机数扩展协议中直接验证不等式而不是通过不等式的违背值是可行的。除此之外，平均猜测概率也可以被考虑作为随机性刻画的标准，因为与最大猜测概率的方法相比较，它可以提取更多的随机性。在本节的分析过程中我们考虑了经典侧信道攻击。

当考虑基于 2 维目击违背可验证的随机性时，我们需要遍历使得违背发生的所有的概率分布(在量子框架下所能发生的)来得到最优的猜测概率。这里所考虑的不等式为 $W=\sum_{x,y}(-1)^{x_y}E_{xy}\leqslant 2$，其中 $E_{xy}=p(b=0\,|\,\boldsymbol{x},y)$定义在 2 维希尔伯特空间上。我们简单的记为 W-不等式。基于 W-不等式的违背值 Q 下最优的猜测概率由下面的优化问题给出：

$$G_{xy}=\max_b p(b\,|\,\boldsymbol{x},y)$$

$$\text{受限于}\begin{cases} W=Q \\ p(b|x,y)=\mathrm{tr}(\boldsymbol{\rho}_x \boldsymbol{M}_y^b) \end{cases} \tag{8-42}$$

其中优化过程遍历任意 2 维希尔伯特空间上的量子态和 POVM 测量。通过 W-不等式的违背得到的可验证的随机性定义为 $H_{\min}(B|\boldsymbol{X},Y)=-\log_2(G_{xy})$

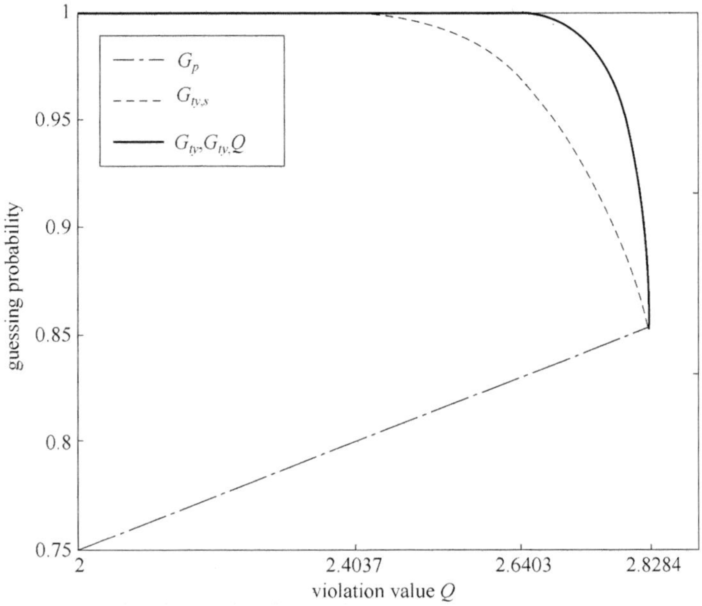

图 8-6 违背值 Q 和最大猜测值 $G_{\max}$ 之间的关系。利用最大猜测概率反映其中的随机性，其中 G_p 是 P 中直接观测到的最大概率分布，$G_{xy}(G_{xy,Q})$ 是 P 中利用 W-不等式所能验证的最大猜测概率，$G_{xy,S}$ 是 P 中直接从全概率分布中所能验证的最大猜测概率。$G_{xy,Q}$ 和 $G_{xy,S}$ 的曲线考虑了经典边信息在内

图 8-6 中蓝线显示的是 G_{xy} 与 Q 之间的关系，也即实验得到的可验证的随机性与违背值之间的关系。下面考虑由一组态和测量得到的概率分布 P 中的随机性，其中态为 $\boldsymbol{\rho}_x=\frac{I+\vec{\boldsymbol{r}}_x\cdot\vec{\boldsymbol{\sigma}}}{2}$ 其中

$$\begin{aligned} \vec{\boldsymbol{r}}_{00}&=(\cos^2(\theta),\cos(\theta)\sin(\theta),\sqrt{\sin^2(\theta)-\cos^2(\theta)})/\sin(\theta) \\ \vec{\boldsymbol{r}}_{01}&=(-\sin(\theta),\cos(\theta),0) \\ \vec{\boldsymbol{r}}_{10}&=(\sin(\theta),-\cos(\theta),0) \\ \vec{\boldsymbol{r}}_{11}&=(-\cos^2(\theta),-\cos(\theta)\sin(\theta),\sqrt{\sin^2(\theta)-\cos^2(\theta)})/\sin(\theta) \end{aligned} \tag{8-43}$$

测量为 $\boldsymbol{M}_y^b=\left\{\frac{I+(-1)^b\,\vec{\boldsymbol{a}}_y\cdot\vec{\boldsymbol{\sigma}}}{2}\right\}_{b\in\{0,1\}}$，$\vec{\boldsymbol{a}}_0=(0,1,0)$，$\vec{\boldsymbol{a}}_1=(\sin(2\theta),-\cos(2\theta),0)$，$\theta$ 是取自于区间值$[\pi/4,3\pi/4]$。P 中可观测的随机性为 $G_P=(1+\cos(\theta))/2$。事实上，此观测量也是 2→1 随机存取码测试中所能观测到的最大的随机性的量。利用图 8- 6 中的玫红线来表示 G_p 和 Q 之间的关系，$Q=8G_p-4$。我们可以发现可观测得到的随机性和可验证的随机性（蓝线所示）之间存在差值。

8.4.1 利用全部观测值量化随机性

如果存在2维空间上的量子态 $\boldsymbol{\rho}_x$ 和量子测量 POVMs $\{\boldsymbol{M}_y^b\}_{b\in\{0,1\}}$ 使 $p(b|\boldsymbol{x},y)=tr(\boldsymbol{\rho}_x\boldsymbol{M}_y^b)$，则统计得到的向量 $\boldsymbol{P}=\{p(b|\boldsymbol{x},y)\in R^{16}\}$ 对应一个2维空间上的量子实现。如文献[11,12]所述，由于在半设备无关中关于设备之间没有限定假设，所以很自然的，态和测量设备之间可能暗自共享事先建立的相关性。在具有事先共享的相关性时，得到的 $\boldsymbol{P}$ 可以构成一个凸集。我们用 $\boldsymbol{Q}$ 来表示得到的凸集。在 $\boldsymbol{Q}$ 中实际上存在两种类型的随机性，表面的随机性和内禀随机性[20]。$\boldsymbol{Q}$ 中任何的极值点，不能被写成其他的相关性的组合。内禀的随机性因为与外界变量无关，因而是私密的。相反的对于那些可以被写成其他相关性组合的概率分布，我们不知道得到的随机性是不是由对系统的无知和缺乏经典信息造成的，所以得到的随机性可能并不是真随机的，可能混合了由于缺乏经典信息而造成的表面的随机性。

为了去掉表面的随机性，这里考虑半设备无关的概念是用来抵抗设备的损坏或不完美[21]，因为在这种半设备无关下只需要考虑经典侧信息的影响。对于量子侧信息的影响留作将来的研究。假设存在一个窃听者 Eve，他掌握了量子态 $\boldsymbol{\rho}_x$ 的经典信息，并试图极大化他的猜测结果的概率值。他可以通过下面的联合量子态得到经典信息

$$\boldsymbol{\rho}_{xe}=\sum_{\lambda}q_{\lambda}\boldsymbol{\rho}_x^{\lambda}\otimes|\lambda\rangle\langle\lambda| \tag{8-44}$$

式中，λ 是潜在的被 Eve 已知的经典变量。$\boldsymbol{\rho}_x^{\lambda}$ 可以被设为是纯态，因为此时 Eve 可以获得最大的信息。由于设备是事先设好的，所以对于输入为 $\boldsymbol{x}$ 时设备所产生的态都可以设为是上述态。此时经过多轮试验后，用户实际得到的测量统计值为

$$p(b|\boldsymbol{x},y)=\sum_{\lambda}q_{\lambda}p_{\lambda}(b|\boldsymbol{x},y) \tag{8-45}$$

然而 Eve 在已知 $\boldsymbol{x},y,\lambda$ 的情况下，能够极大化其猜测成功的概率为

$$G'_{xy}=\sum_{\lambda}q_{\lambda}\max_b p_{\lambda}(b|\boldsymbol{x},y) \tag{8-46}$$

对应所有的可能的式(8-45)的分解中取最大。

由于式(8-45)的分解中可能含有无数个 λ，所以式(8-46)的优化问题并不好解决。然而注意到 Bob 的可能的输出结果个数为 $|b|=2$ 个，所以我们可以对式(8-46)进行重新定义，定义为

$$G'_{xy}=\sum_{\beta}q_{\beta}p_{\beta}(b=\beta|\boldsymbol{x},y) \tag{8-47}$$

其中

$$q_{\beta}=\{\sum_{\lambda}q_{\lambda}\mid\max_b p_{\lambda}(b|\boldsymbol{x},y)=p_{\lambda}(\beta|\boldsymbol{x},y)\}$$

$$p_{\beta}(\beta|\boldsymbol{x},y)=\{\frac{\sum_{\lambda}q_{\lambda}p_{\lambda}(\beta|\boldsymbol{x},y)}{\sum_{\lambda}q_{\lambda}}\mid\max_b p_{\lambda}(b|\boldsymbol{x},y)=p_{\lambda}(\beta|\boldsymbol{x},y)\} \tag{8-48}$$

其中 $\beta\in\{0,1\}$，由于 $\sum_{\beta}q_{\beta}=1$，并且 $\sum_{\beta}q_{\beta}p_{\beta}(b|\boldsymbol{x},y)=p(b|\boldsymbol{x},y)$，所以此定义可以看作式(8-44)的一个有效的分解。也可以看成是 Eve 的一个策略，在这个策略下 Eve 利用 q_{β} 的概率猜测到 Bob 的输出结果为 β，并且猜测到 Alice 制备的态是 $\boldsymbol{\rho}_x^{\beta}$。相应的 G'_{xy} 就是 Eve 在该策略下正确的猜测到 Bob 的结果的概率。这说明在优化猜测概率时只需考虑到两个 λ 的

可能取值就可以。通过遍历所有的这种策略，Eve 可以极大化它的猜测概率 G'_{xy}。将权重缩写概率分布 p_β 后，优化问题(8-44)可以进步写为

$$G'_{xy,S}=\max_{P_\beta}\sum_\beta p_\beta(\beta\mid \boldsymbol{x},y)$$

受限于

$$\sum_\beta p_\beta(b\mid \boldsymbol{x},y)=p(b\mid \boldsymbol{x},y) \tag{8-49}$$

式中 $p_\beta(b|\boldsymbol{x},y)$是非归一化的，可能来自于定义于 2 维空间上的非归一化的量子 $q_\beta\boldsymbol{\rho}_\beta$ 和投影测量 POVMs$\{\boldsymbol{M}_y^b\}_{b\in\{0,1\}}$。$p(b|\boldsymbol{x},y)$是实际从试验中观测得到的概率分布。注意到这个优化问题直接利用观测到的统计值来刻画最大的猜测概率，而没有利用不等式。随机性的验证过程就变为解决优化问题(8-49)。

由于优化问题涉及到维数是限定的，利用改进的 NPA-方法来解决问题(8-49)。NPA-方法通常被用测量一测量的情形，对于制备-测量的情形，利用设备的最大纠缠来模拟制备设备[16]，可以将其转化为测量一测量的情形。与利用 W-等式相比较，下面我们将展示直接从观测到的概率值中验证随机性所存在的优势。

1. 基于最大的猜测概率

事实上在考虑经典边信息时，优化问题(8-42)可以被重写为

$$G'_{xy,Q}=\max_{P_\beta}\sum_\beta p_\beta(\beta\mid \boldsymbol{x},y)$$

$$\text{受限于}\begin{cases}\displaystyle\sum_{\beta,b}p_\beta(b\mid \boldsymbol{x},y)=1\\ \displaystyle\sum_{\boldsymbol{x},y}(-1)^{x_y}\sum_\beta p_\beta(0\mid \boldsymbol{x},y)=Q\end{cases} \tag{8-50}$$

式中 $p_\beta(b|\boldsymbol{x},y)$是 2 维量子希尔伯特空间上的非归一化的量子实验。此时可验证的随机性由最差情形下的条件极小熵来定义，$H_\infty(B|\boldsymbol{X},Y)=-\log(G'_{xy,Q})$。类似的对于优化问题(8-49)中的随机性为 $H_\infty(B|\boldsymbol{X},Y)=-\log(G'_{xy,S})$。我们考虑概率分布 P 来展示利用全部统计值刻画随机性的优势。图 8-6 给出了来自于优化问题 (8-49)和优化问题(8-50)的数值计算结果。此结果反映了中验证的随机性的多少。

通过图中的比较结果可以看出，(1)并非来自于纯态和投影测量得到的概率分布都能展示内禀的随机性。因为由他们得到的概率分布在考虑经典边信息时完全有可能由混态等得到 (如这里的 P 所示)；(2)基于优化问题(8-42)来验证随机性量的方法是可以抵抗经典边信息的。由图 8-6 可以看出其所能验证的随机性的量和由(8-50)所能验证的量是相等的；(3)直接从全概率分布的方法可以实现更多随机质的验证。并且一旦 Q 值达到 2.403 7 就存在可验证的随机性，而不是之前的 2.640 3。

2. 基于平均猜测概率

既然只有违背值 Q 达到大于 2 的某个值时才能验证随机性的存在，例如达到 2.403 7、2.640 3，所以说利用最大猜测概率的方法来量化随机性其实并不是最优的方法。李宏伟等人提出利用平均猜测概率可以验证更多的随机性。并且一旦违背值 Q 大于 2 就可以存在可验证的随机性。具体的考虑下面的平均猜测概率

$$\tilde{G}_1 = \frac{1}{8}\sum_{\boldsymbol{x}\in\{0,1\}^2, y\in\{0,1\}} \max_b p(b \mid \boldsymbol{x}, y)$$
$$\tilde{G}_2 = \frac{1}{4}\sum_{\boldsymbol{x}\in\{00,01\}, y\in\{0,1\}} \max_b p(b \mid \boldsymbol{x}, y)$$
$$\tilde{G}_3 = \frac{1}{4}\sum_{\boldsymbol{x}\in\{00,11\}, y\in\{0,1\}} \max_b p(b \mid \boldsymbol{x}, y) \tag{8-51}$$
$$\tilde{G}_4 = \frac{1}{2}\sum_{\boldsymbol{x}=00, y\in\{0,1\}} \max_b p(b \mid \boldsymbol{x}, y)$$

其所能验证的随机性的量如图 8- 7 所示。图 8-7 给出了以$\tilde{G}_i$ 做为优化问题(8-42)的目标函数时，$\tilde{G}_i$ 和 Q 之间的关系。

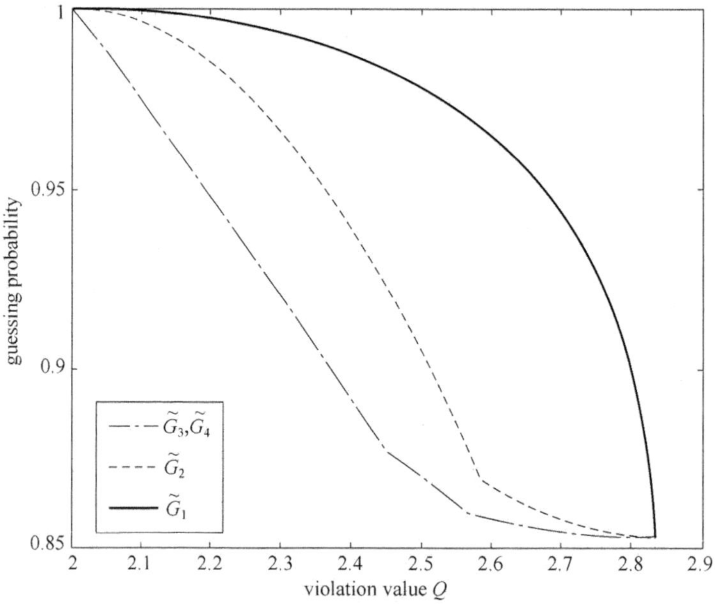

图 8- 7　Q 和最大猜测概率$\tilde{G}_i$ 之间的关系，没有考虑经典边信息时，其中$\tilde{G}_3$和 $\tilde{G}_4$ 是重合的

由于图 8- 7 所显示的结果是基于优化问题(8-42)给出的，所以并没有考虑到经典侧信息在内。事实上抵抗经典侧信息是半设备无关随机性验证应该满足的一个必要条件。下面我们需要分析上面定义的平均猜测概率是否抵抗经典侧信息。进一步我们将其作为量化随机数的工具，研究其在全概率分布的方法中验证随机性的优势。

在考虑经典侧信息时首先给出，针对不同输入测量的平均猜测概率的一般表示形式，

$$\begin{aligned}\tilde{G}' &= \frac{1}{|A|}\sum_{x,y}\sum_{\boldsymbol{\lambda}} q_{\boldsymbol{\lambda}} \max\nolimits_b p_{\boldsymbol{\lambda}}(\boldsymbol{b}_{x,y} \mid \boldsymbol{x}, y) \\ &= \frac{1}{|A|}\sum_{\boldsymbol{\lambda}} q_{\lambda} \max\nolimits_b \sum_{x,y} p_{\lambda}(\boldsymbol{b}_{x,y} \mid \boldsymbol{x}, y)\end{aligned} \tag{8-52}$$

式中 $\boldsymbol{A}=\{(00,0),\cdots,(\boldsymbol{x},y)\}$，$\boldsymbol{b}=(b_{00,0},\cdots,b_{x,y})$，$\boldsymbol{x}$、$y$ 是所选择的输入，此外 $\boldsymbol{\lambda}=(\lambda_{00,0},\cdots,\lambda_{x,y})$。与先前的分析类似，这里的 λ 取值是不确定的，为了使得优化问题简单，我们需要重

新定义 $\widetilde{G}'$ 为 $\frac{1}{|\mathbf{A}|}\sum_{x,y}\sum_{\beta}p_{\beta}(\beta_{x,y}\mid\boldsymbol{x},y)$，其中

$$q_{\beta_{x,y}}=\left\{\sum_{\lambda}q_{\lambda}\mid \max\nolimits_{b_{x,y}}p_{\lambda}(b_{x,y}\mid\boldsymbol{x},y)=p_{\lambda}(\beta_{x,y}\mid\boldsymbol{x},y)\right\}$$

$$p_{\beta_{x,y}}(\beta_{x,y}\mid\boldsymbol{x},y)=\left\{\frac{\sum_{\lambda}q_{\lambda}p_{\lambda}(\beta_{x,y}\mid\boldsymbol{x},y)}{\sum_{\lambda}q_{\lambda}}\mid \max\nolimits_{b_{x,y}}p_{\lambda}(b_{x,y}\mid\boldsymbol{x},y)=p_{\lambda}(\beta_{x,y}\mid\boldsymbol{x},y)\right\}\tag{8-53}$$

式中 $\beta=(\beta_{00,0},\cdots,\beta_{x,y})$。这意味着对于每一个输入对 $(\boldsymbol{x},y)$，都存在 Eve 的一个策略，以概率 $q_{\beta_{x,y}}$ 猜测 Bob 的输出是 $\beta_{x,y}$ 并制备量子态 $\boldsymbol{\rho}_{x}^{\beta_x}$ 发送给 Bob。此策略是(8-44)式的一个有效分解，所以我们只需要考虑 $|b|^{|x|\cdot|y|}$ 个 λ 的取值。

以 $\mathbf{A}=\{(00,0),(00,1)\}$ 为例来计算其中可验证的随机性。在此集合下基于全概率分布刻画随机性的方法对应于优化问题

$$\begin{gathered}\widetilde{G}_{4,S}=\frac{1}{2}\sum_{x=00,y\in\{0,1\}}\max_{P_{\beta}}\sum_{\beta}p_{\beta}(\beta_{x,y}\mid\boldsymbol{x},y)\\ \text{受限于}\sum_{\beta}p_{\beta}(b_{x,y}\mid\boldsymbol{x},y)=p(b_{x,y}\mid\boldsymbol{x},y)\end{gathered}\tag{8-54}$$

以 W-不等式的方法量化随机性的问题对应于优化问题

$$\begin{gathered}\widetilde{G}_{4,Q}=\frac{1}{2}\sum_{x=00,y\in\{0,1\}}\max_{P_{\beta}}\sum_{\beta}p_{\beta}(\beta_{x,y}\mid\boldsymbol{x},y)\\ \text{受限于}\begin{cases}\sum_{\beta,b_{x,y}}p_{\beta}(b_{x,y}\mid\boldsymbol{x},y)=1\\ \sum_{x,y}(-1)^{x_y}\sum_{\beta}p_{\beta}(0\mid\boldsymbol{x},y)=Q\end{cases}\end{gathered}\tag{8-55}$$

式中 $p_{\beta}(b|\boldsymbol{x},y)$ 是 2 维希尔伯特空间上非归一化的量子实现。

由优化问题(8-54)[优化问题(8-55)]所能验证的随机性为 $H_{\infty}(B|\boldsymbol{X},Y)=-\log(\widetilde{G}_{4,Q})$ [$H_{\infty}(B|\boldsymbol{X},Y)=-\log(\widetilde{G}_{4,S})$]。

图 8-8 展示了概率分布 P 中分别利用不等式的方法和全概率的方法所得到的随机性之间的差别。其中绿线来自于优化问题(8-54)，红线来自于优化问题(8-55)。蓝线所示是直接由 P 中观测到的。以 $\mathbf{A}=\{(00,0),(00,1)\}$ 为所选择的输入集合计算平均猜测概率。结果显示(8-51)所定义的 $\widetilde{G}_i(i=1,2,3,4)$ 是可以抵抗经典侧信息的。无论是利用全概率的方法还是通过 W-不等式的方法，其中所能验证的随机性相比较之前最大猜测概率的方法要多的多。此外，与 W-不等式的方法相比较，我们也可以看到利用全概率的方法还是可以提高所验证的随机性的量。这里的分析可以被直接的利用到其它所定义的部分或全部平均猜测概率上。

目前为止我们已经完成了基于量子随机存取码测试下的半设备无关协议直接利用全概率统计来验证其中的随机性，并给出了利用全概率分布所能带来的优势。接下来证明，实际上此方法等价于对于一个给定的概率的计算，遍历所有可能的 W-不等式，找到能验证最大随机数的相应的 W-不等式。具体的，直接从全概率的方法验证随机性的优化问题都具有一个对偶形式。以 $\widetilde{G}'$ 为目标函数的优化问题所对应的对偶问题为，

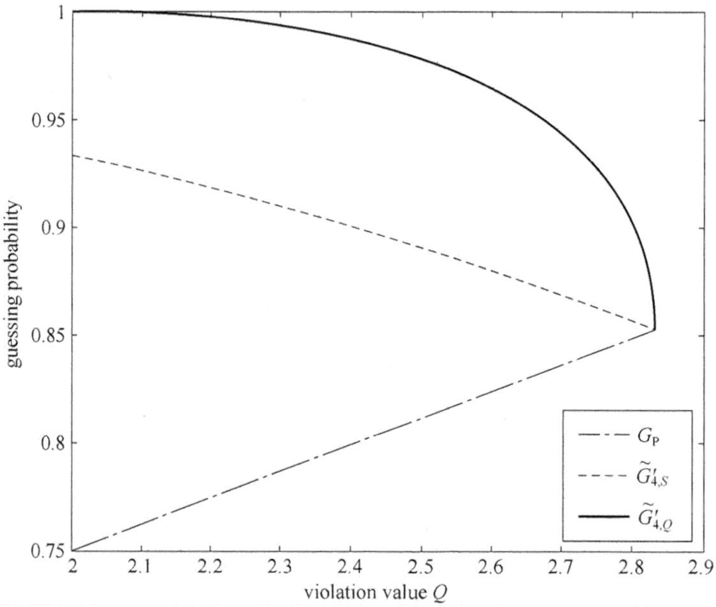

图 8-8 来自于全概率分布方法的 $\widetilde{G}_{4,S}$ 与来自于 W-不等式方法得到的 $\widetilde{G}_{4,Q}$ 之间的差别。此结果考虑了经典侧信息。曲线 $\widetilde{G}_{4,Q}$ 和图 8-7 中的曲线 $\widetilde{G}_4$ 是重合的

$$\widetilde{D}' = \min_{c_{b_{\boldsymbol{x},y}xy}} \sum_{b_{\boldsymbol{x},y},\boldsymbol{x},y} c_{b_{\boldsymbol{x},y}xy} p(b_{\boldsymbol{x},y} \mid \boldsymbol{x}, y)$$

$$\text{受限于} \begin{cases} \sum\limits_{b_{\boldsymbol{x},y},\boldsymbol{x},y} c_{b_{\boldsymbol{x},y}xy} p'(b_{\boldsymbol{x},y} \mid \boldsymbol{x}, y) \geqslant_Q \sum\limits_{\boldsymbol{x},y} \dfrac{p'(\beta_{\boldsymbol{x},y} \mid \boldsymbol{x}, y)}{\mid \mathbf{A} \mid} \\ p' \in Q \end{cases} \tag{8-56}$$

这里的 $c_{b_{\boldsymbol{x},y}xy}$ 是优化变量，Q 是上面所提及到的凸集。此对偶问题所对应的任意的可行解都对应一个线性的量子目击表达式，$\sum_{b_{\boldsymbol{x},y},\boldsymbol{x},y} c_{b_{\boldsymbol{x},y}xy} p(b_{\boldsymbol{x},y} \mid \boldsymbol{x}, y)$。基于如下事实，此表达式可以提供目击违背的一个上界：

$$\begin{aligned} \widetilde{G}' &= \max_{P_\beta} \frac{1}{\mid \mathbf{A} \mid} \sum_{\boldsymbol{x},y} \sum_{\beta} p_\beta(\beta_{\boldsymbol{x},y} \mid \boldsymbol{x}, y) \\ &\leqslant \max_{P_\beta} \sum_{\beta} \sum_{b_{\boldsymbol{x},y},\boldsymbol{x},y} c_{b_{\boldsymbol{x},y}xy} p_\beta(b_{\boldsymbol{x},y} \mid \boldsymbol{x}, y) \\ &= \max_{P_\beta} \sum_{b_{\boldsymbol{x},y},\boldsymbol{x},y} c_{b_{\boldsymbol{x},y}xy} \sum_{\beta} p_\beta(b_{\boldsymbol{x},y} \mid \boldsymbol{x}, y) \\ &= \sum_{b_{\boldsymbol{x},y},\boldsymbol{x},y} c_{b_{\boldsymbol{x},y}xy} p(b_{\boldsymbol{x},y} \mid \boldsymbol{x}, y) \end{aligned} \tag{8-57}$$

因此对偶问题等价于寻找所有的给出最低的关于 $\widetilde{D}'$ 的上界的线性目击表达式。另一方面，我们注意到，此对偶问题实际上有可行解，如，对所有的 $b_{\boldsymbol{x},y}, \boldsymbol{x}, y, c_{b_{\boldsymbol{x},y}xy} = 1$。所以原始问题和对偶问题之间并不存在误差。也就是说 $\widetilde{G}' = \widetilde{D}'$。所以说考虑全概率统计值的方法验证随机性等价于确定一个能使得随机性达到最大的线性目击不等式。

8.4.2 结束语

本节给出了基于随机存取码的半设备无关随机数扩展协议可以从全概率分布的方法而非单一 W-不等式的方法验证输出结果中所含的随机性[23]。与基于 W-不等式的方法相比较，基于全概率分布的方法可以验证更多的随机性。与此同时，无论是在全概率的方法下还是在 W 不等式的方法下，该协议都可以抵抗经典侧信道攻击。在存在经典侧信息的假设下，我们也考虑了不同的平均猜测概率在量化随机性，与先前的最大猜测概率的方法相比较，它可以提高可验证的随机性的量。

8.5 半设备无关部分自由随机源的随机性增强方案

文献[2-8]中的结论表明完全自由源在设备无关的框架下可以被扩展。2012 年，Colbeck 等人证明即使是部分自由源在设备无关的框架下也可以产生新的随机性[24]，更准确地说，部分自由源可以被增强为完全自由随机源，因此该过程也被称为设备无关随机性增强。

通过提出设备无关的协议，Pironio 等人和 Colbeck 等人证明完全自由随机源和部分自由随机源可以用来生成新的随机性[3,24]。随后，李宏伟等人在半设备无关的框架下研究了该内容并且证明可以从完全自由随机源中得到新的随机性[11,12]。本节研究是否和如何在半设备无关的方案中使得部分自由随机源可以带来新的随机性。首先提出一个半设备无关部分自由随机源的随机性扩展协议，并且得到部分自由随机源可以产生新随机性应该满足的条件；其次在分析的过程中，得到一个二维量子维数目击。进一步，建立可验证的随机性和二维量子维数目击违背之间的解析关系。

8.5.1 模型简介

令 X 为一变量。考虑 X 在相对时空中的因果结构，若 λ 不处于 X 的未来光锥内，则称 λ 不被 X 引起。记 Λ 是所有不能被 X 引起且与设备有可能关联的变量的集合，其可能是敌手，或者来自更高的理论。

定义 8-1： X 被称为 ε-自由比特，$\varepsilon<1/2$，若对于任意 $\lambda\in\Lambda$，均有 $|P(0|\lambda)-1/2|\leqslant\varepsilon$。特别地，当 $\varepsilon=0$ 时，称 X 是完全自由比特。

在此，如果每一个比特都是 ε-自由且相互独立的则称该比特是根据 ε-自由随机源生成的。

其次，我们介绍基于 $n\to1$ 量子随机存取码的半设备无关部分自由随机源的随机性扩展协议(图 8-9)。基于该协议的典型因果结构[24]，我们假设 λ 可能关联两个包含弱随机性的源，Alice 制备的态和 Bob 所选择的测量。

该方案描述如下。Alice 根据 ε_1-自由随机源 S_1 选择一个 n 比特串 $\boldsymbol{a}=a_0a_1\cdots a_{n-1}$，并将其加密到 1 个量子比特 $\boldsymbol{\rho}_{a,\lambda}$ 上。然后通过量子信道将其发送给 Bob。Bob 在量子态上执行二维空间上的测量$\{\boldsymbol{M}^b_{y,\lambda},b=0,1\}$，其中根据 ε_2-自由随机源 S_2，选择 $y=0,1,\cdots,n-1$，并输出测量结果 b。特别地设备之间不含纠缠。

我们构造一个与众不同的二维量子目击。

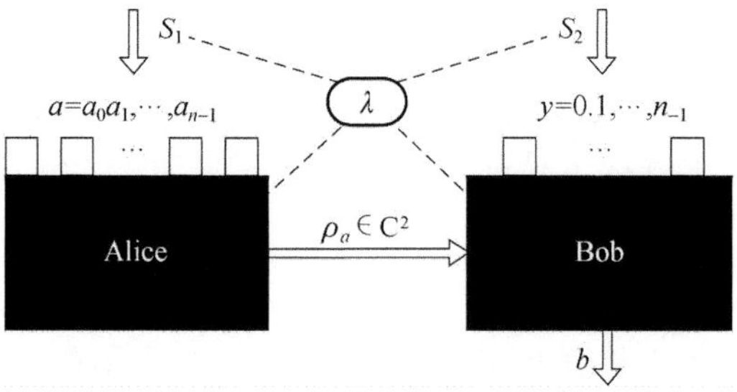

图 8-9　半设备无关部分自由源的随机性扩展协议。虚线表示隐变量可能与之关联，该协议包括两个安全区域，即黑盒子且彼此不纠缠

该方案的成功概率的期望是：

$$E \equiv \sum_{\boldsymbol{a},y} P(\boldsymbol{a},y)P(b=a_y \mid \boldsymbol{a},y) = \sum_{\lambda} P(\lambda)E_\lambda \tag{8-61}$$

式中，$E_\lambda = \sum_{\boldsymbol{a},y} P(\boldsymbol{a},y \mid \lambda)P(b=a_y \mid \boldsymbol{a},y,\lambda)$，$P(b \mid \boldsymbol{a},y,\lambda) = \mathrm{tr}(\boldsymbol{\rho}_{a,\lambda}\boldsymbol{M}^b_{y,\lambda})$。

通过重复试验多次可以得到概率分布 $P(a,y,b)$，然后估计 E 的值。

再次，方案在集合 Λ 的作用下输出测量结果，为了量化测量结果所含有的随机性，我们引入极小熵的定义：

$$H_\infty(B \mid \boldsymbol{A},Y,\Lambda) \equiv -\log_2 \max_{\boldsymbol{a},y,b,\lambda} \sum_{\lambda\in\Lambda} P(\lambda)P(b \mid \boldsymbol{a},y,\lambda) \tag{8-61}$$

本文主要讨论基于 2→1 量子随机存取码的半设备无关部分自由源的随机性扩展协议。下节将介绍该协议的可行域和随机性认证。

8.5.2　可行域和随机性认证

在 Colbeck 等人提出的设备无关随机性增强[24]中，只讨论了 $\varepsilon_1=\varepsilon_2$ 的情况，并且由于需要考虑无穷多个参数而无法得到二维量子维数目击和极小熵界之间的关系。在本节中，我们放松 $\varepsilon_1=\varepsilon_2$ 的假设。即不要求 Alice 拥有的随机源与 Bob 的相同，并且得到可行域。

定义 8-2：若存在一个半设备无关部分自由源的随机性扩展协议，其中 Alice 和 Bob 分别使用 ε_i-自由源 S_i，$i=0$、1，且可验证出新随机性，则称$(\varepsilon_1,\varepsilon_2)$是一个可行对。所有的可行对组成的集合称为半设备无关部分自由源的随机性扩展协议的可行域 R。

对于任意的 $\lambda\in\Lambda$，随着 $P(\boldsymbol{a},y|\lambda)$和均匀分布之间的距离的增加，可从结果 b 中提取的随机性将随之减少。假设敌手攻击设备的目的是使得协议产生最少可验证的随机性。为了实现这一目标，对于任意的 $\lambda\in\Lambda$，敌手须令

$$\left|P(a_i=0 \mid \lambda)-\frac{1}{2}\right| = \varepsilon_1, i=0,1$$

$$\left|P(y=0 \mid \lambda)-\frac{1}{2}\right| = \varepsilon_2 \tag{8-62}$$

并且对于任意 $\boldsymbol{a}\in\{00,01,10,11\}$，$y\in\{0,1\}$均有

$$P(\boldsymbol{a},y) = \sum_{\lambda} P(\lambda)P(\boldsymbol{a},y \mid \lambda) = \frac{1}{8} \tag{8-63}$$

不失一般性，假设只有 8 个隐变量 λ_k，$k=0$、1、…、7 以对应于式(8-63)中的 8 种情况。

为方便起见，令

$$P(a_i=0|\lambda_k)=\frac{1}{2}+(-1)^{k_i}\varepsilon_1,i=0,1$$

$$P(y=0|\lambda)=\frac{1}{2}+(-1)^{k_2}\varepsilon_2 \tag{8-64}$$

式中 $k_0k_1k_2$ 是 k 的二元表示。易证在该假设下敌手可同时满足式(8-63)和式(8-64)，证明如下：条件式(8-65)显然满足式(8-63)。此外，式(8-64) 等价于

$$P(a_i=0)=\sum_{k=0}^{7}P(\lambda_k)P(a_0=0\mid\lambda_k)=\frac{1}{2},i=0,1$$

$$P(y=0)=\sum_{k=0}^{7}P(\lambda_k)P(y=0\mid\lambda_k)=\frac{1}{2} \tag{8-66}$$

式(8-66) 可写成：

$$\sum_{k=0,1,2,3}P(\lambda_k)-\sum_{k=4,5,6,7}P(\lambda_k)=0$$

$$\sum_{k=0,1,4,5}P(\lambda_k)-\sum_{k=2,3,6,7}P(\lambda_k)=0$$

$$\sum_{k=0,2,4,6}P(\lambda_k)-\sum_{k=1,3,5,7}P(\lambda_k)=0 \tag{8-67}$$

式(8-67)均是 $\lambda_k,k=0,1,\cdots,7$ 的线性方程，易得该方程组必存在多个解。

对于一对$(\varepsilon_1,\varepsilon_2)$，如果在敌手的攻击下，二维量子目击违背仍然存在，并且当二维量子目击违背达到最大值时极小熵的界大于 0，则称$(\varepsilon_1,\varepsilon_2)$属于 R。

记 $E_{\lambda_k,c}$在为参数 λ_k 下经过经典过程达到的成功概率的期望。对于任意的 k，通过加密映射：$a_0a_1\rightarrow a_{k_2}$，比特 a_{k_2} 的解密映射：$0\rightarrow 0,1\rightarrow 1$，和比特 $a_{(1-k_2)}$ 的解密映射：$0,1\rightarrow k_{(1-k_2)}$，$E_{\lambda_k,c}$可达到最大值。对于任意的 k，$E_{\lambda_k,c}$达到同一个最大值。显然地，经典过程所能达到的最大的期望值为

$$E_c=\frac{3}{4}+\frac{1}{2}(\varepsilon_1+\varepsilon_2)-\varepsilon_1\varepsilon_2 \tag{8-68}$$

记 $E_{\lambda_k,q}$为参数 λ_k 下经过量子过程达到的成功概率的期望。E_{λ_k} 显然满足线性关系。对于任意的 k，通常要考虑每个二维空间上的量子态 $\boldsymbol{\rho}_{a,\lambda_k}$ 和 POVM$\{\boldsymbol{M}_{y,\lambda}^0,\boldsymbol{M}_{y,\lambda}^1\}$。因为每一个混合态可以写成纯态的凸组合。另一方面，每一个 POVM 可以写成投影测量的凸组合，其中投影测量包括秩为 1 的投影测量，测量$\{\boldsymbol{I},0\}$和$\{0,\boldsymbol{I}\}$[25]。与文献[11,12]不同，我们指出测量$\{\boldsymbol{I},\boldsymbol{0}\}$和$\{\boldsymbol{0},\boldsymbol{I}\}$同样需要考虑。不过，可以证明一旦选择测量$\{\boldsymbol{I},\boldsymbol{0}\}$和$\{\boldsymbol{0},\boldsymbol{I}\}$，必有 $E_{\lambda_k,q}\leqslant E_c$ 且等号可以成立。总之，此处只需考虑纯态和秩为 1 的投影测量。

为了纯态和秩为 1 的投影测量的可视化，我们考虑 Bloch 球面表示。不失一般性，设测量$\{\boldsymbol{M}_{y,\lambda_k}^0,\boldsymbol{M}_{y,\lambda_k}^1\}$的球面表示为$\{\boldsymbol{v}_{y,\lambda_k},-\boldsymbol{v}_{y,\lambda_k}\}$，并设对于任意的 k，均有 $\boldsymbol{v}_{0,\lambda_k}=(1,0,0)$。令纯态 $\boldsymbol{\rho}_{a,\lambda_k}$ 的球面表示为 $\boldsymbol{r}_{a,\lambda_k}$。

对于任意的$(\varepsilon_1,\varepsilon_2)$，定义

$$t\equiv\frac{8\varepsilon_1^2(1+4\varepsilon_2^2)}{1+16\varepsilon_1^4-4\varepsilon_2^2-64\varepsilon_1^4\varepsilon_2^2}\geqslant 0 \tag{8-69}$$

$$\boldsymbol{v}_{a,\lambda_k}\equiv\sum_{i=0,1}(-1)^{a_i}(\frac{1}{2}+(-1)^{k_2}\varepsilon_2)\boldsymbol{v}_{i,\lambda_k} \tag{8-70}$$

如果 $t>1$，对于任意的 k，其最优编码方案为：$\boldsymbol{v}_{1,\lambda_k}=(1,0,0)$，$\boldsymbol{r}_{a,\lambda_k}=v_{a,\lambda_k}/\parallel v_{a,\lambda_k}\parallel$。因

此 E 的最大值为

$$E_{q_1}=\frac{3}{4}+\frac{1}{2}\varepsilon_2+\varepsilon_1^2(1-2\varepsilon_2)\leqslant E_c \tag{8-71}$$

如果 $t\leqslant 1$，对于任意的 k，其最优编码方案为：$\boldsymbol{v}_{1,\lambda_k}=((-1)^{k_0+k_1}t,\sqrt{1-t^2},0)$，$\boldsymbol{r}_{a,\lambda_k}=\boldsymbol{v}_{a,\lambda_k}/\|\boldsymbol{v}_{a,\lambda_k}\|$。经过简单的分析和计算，可得 $E_{\lambda_k,q}$ 将会达到同样的最大值。因此量子过程所能达到的最大的 E 为

$$E_{q_2}=\frac{1}{2}+\frac{1}{2}\sqrt{\frac{1}{2}+8\varepsilon_1^4+2\varepsilon_2^2+32\varepsilon_1^4\varepsilon_2^2} \tag{8-72}$$

若要建立二维量子目击，需保证 $E_q=\max\{E_{q_1},E_{q_2}\}>E_c$。因此，需使得 $E_q=E_{q_2}$，且当 $E=E_q$ 时，其极小熵为为

$$H_\infty=1-\log_2\left(1+\frac{t+\delta}{\sqrt{\delta^2+2t\delta+1}}\right) \tag{8-73}$$

式中 $\delta=(1+2\varepsilon_2)/(1-2\varepsilon_2)$。

综上，如果 $(\varepsilon_1,\varepsilon_2)$ 属于 R 需满足 $t\leqslant 1$，$E_c<E_q$ 和 $H_\infty>0$。可行域如图 8- 10 所示。而且二维量子目击对应的经典和量子的界分别为 E_c 和 E_q，

对于 $k=0,1,\cdots,7$，隐变量 λ_k 得到的成功概率期望为

$$E_{\lambda_k}=\sum_{\boldsymbol{a},y}P(\boldsymbol{a},y\mid\lambda_k)P(b=a_y\mid\boldsymbol{a},y,\lambda_k) \tag{8-74}$$

不妨以 λ_0 为例，令纯态 $\boldsymbol{\rho}_{a,\lambda_0}$，投影测量 $\{\boldsymbol{M}^0_{y,\lambda_0},\boldsymbol{M}^1_{y,\lambda_0}\}$ 的 Bloch 球面表示分别为 $\boldsymbol{r}_{a,\lambda_0}$，$\{\boldsymbol{v}_{y,\lambda_0},-\boldsymbol{v}_{y,\lambda_0}\}$，其中 $\boldsymbol{a}\in\{00,01,10,11\}$，$y\in\{0,1\}$。不是一般性，令 $\boldsymbol{v}_{0,\lambda_0}=(1,0,0)$，利用文献[13]可知

$$P(b|a,y,\lambda_0)=\mathrm{tr}(\boldsymbol{\rho}_{a,\lambda_0}\boldsymbol{M}^b_{y,\lambda_0})=\frac{1}{2}(1+\boldsymbol{r}_{a,\lambda_0}\cdot(-1)^b\boldsymbol{v}_{y,\lambda_0}) \tag{8-75}$$

其中"·"表示内积。经过简单的计算可得

$$\begin{aligned}E_{\lambda_0}&=\frac{1}{2}+\frac{1}{2}\sum_{a,y}P(a,y\mid\lambda_0)\boldsymbol{r}_{a,\lambda_0}\cdot(-1)^b\boldsymbol{v}_{y,\lambda_0}\\&=\frac{1}{2}+\frac{1}{2}\sum_{a}P(a\mid\lambda_0)\boldsymbol{r}_{a,\lambda_0}\cdot\boldsymbol{v}_{a,\lambda_0}\\&\leqslant\frac{1}{2}+\frac{1}{2}\sum_{a}P(\boldsymbol{a}\mid\lambda_0)\|\boldsymbol{v}_{a,\lambda_0}\|\end{aligned} \tag{8-76}$$

式中 $\boldsymbol{v}_{a,\lambda_0}$ 如式(8-69)所示。以下只考虑 $\|\boldsymbol{v}_{a,\lambda_0}\|\neq 0$。若取 $\boldsymbol{r}_{a,\lambda_0}=\boldsymbol{v}_{a,\lambda_0}/\|\boldsymbol{v}_{a,\lambda_0}\|$，式(8-76)可取到最大值。进一步地，令 $\boldsymbol{v}_{0,\lambda_0}$ 和 $\boldsymbol{v}_{1,\lambda_0}$ 之间的夹角为 θ，则

$$\begin{aligned}&\|\boldsymbol{v}_{00,\lambda_0}\|^2+\|\boldsymbol{v}_{01,\lambda_0}\|^2=1+4\varepsilon_2^2\\&P(00|\lambda_0)+P(11|\lambda_0)=\frac{1}{2}+2\varepsilon_1^2\\&P(01|\lambda_0)+P(10|\lambda_0)=\frac{1}{2}-2\varepsilon_1^2\end{aligned} \tag{8-77}$$

式中 Alice 和 Bob 分别使用 ε_i- 自由源 S_i，$i=0,1$ 选择 a，y。

由式(8-77)可得

$$\begin{aligned}\sum_{a} P(\boldsymbol{a} \mid \lambda_0) \| \boldsymbol{v}_{a,\lambda_0} \| &= \left(\frac{1}{2}+2\varepsilon_1^2\right) \| \boldsymbol{v}_{00,\lambda_0} \| \\ &= \left(\frac{1}{2}+2\varepsilon_1^2\right) \| \boldsymbol{v}_{00,\lambda_0} \| + \left(\frac{1}{2}-2\varepsilon_1^2\right) \| \boldsymbol{v}_{01,\lambda_0} \| \\ &\leqslant \sqrt{\frac{1}{2}+8\varepsilon_1^4}\sqrt{1+4\varepsilon_2^2}\end{aligned} \tag{8-78}$$

当且仅当 $\| \boldsymbol{v}_{00,\lambda_0} \| / \| \boldsymbol{v}_{01,\lambda_0} \| = (1+4\varepsilon_1^2)/(1-4\varepsilon_1^2)$ 时，式(8-78)取得最大值，即夹角 θ 满足 $\cos\theta=t$，定义 t 如式 (8-68)。

如果对于$(\varepsilon_1,\varepsilon_2)$有 $t\leqslant 1$，则令 $\theta=\arccos t$，将得到 E_{λ_0} 的最大值为

$$E_{\lambda_0,q}^{\max}=\frac{1}{2}+\frac{1}{2}\sqrt{\frac{1}{2}+8\varepsilon_1^4+2\varepsilon_2^2+32\varepsilon_1^4\varepsilon_2^2} \tag{8-79}$$

同时，变量 λ_0 下的最大成功猜测概率为

$$P(b=0|00,0,\lambda_0)=\frac{1}{2}\left(1+\frac{t+\delta}{\sqrt{\delta^2+2t\delta+1}}\right) \tag{8-80}$$

如果$(\varepsilon_1,\varepsilon_2)$有 $t>1$，则令 $\cos\theta=1$，即 $\theta=0$ 以得到最大值：

$$E_{\lambda_0,q}^{\max}=\frac{3}{4}+\frac{1}{2}\varepsilon_2+\varepsilon_1^2(1-2\varepsilon_2)$$

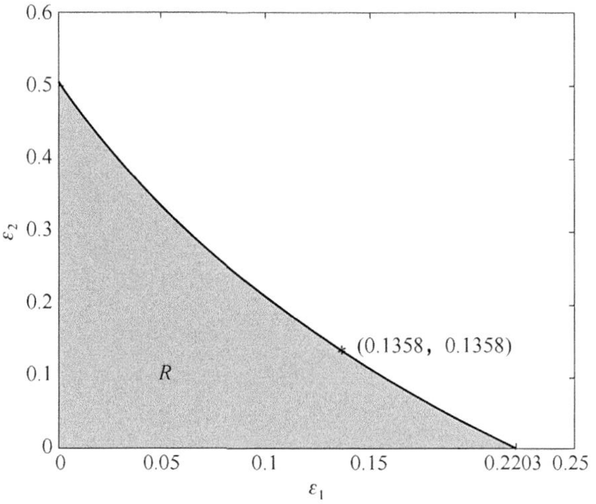

图 8-10 半设备无关部分自由源的随机性扩展协议的可行域 R 为图中黄色区域且不包括绿线。Alice 和 Bob 分别根据 ε_1-自由源 S_1 和 ε_2-自由源 S_2 选择 $\boldsymbol{a},y$

紧接着，对于任意$(\varepsilon_1,\varepsilon_2)\in R$，我们对于一个观测到的 E 可通过以下优化过程给出其极小熵的界：

$$\begin{gathered}\min_{\boldsymbol{a},y,b,\lambda} H_{\infty}(B|\mathbf{A},Y,\Lambda) \\ \text{受限于}: E=\sum_{k=0}^{7} P(\lambda_k)E_{\lambda_k} \\ E_{\lambda_k}=\sum_{\boldsymbol{a},y} P(\boldsymbol{a},y \mid \lambda_k)P(b=a_y \mid \boldsymbol{a},y,\lambda_k)\end{gathered} \tag{8-81}$$

优化将遍历二维空间上所有的量子态 $\boldsymbol{\rho}_{a,\lambda}$ 和 POVMs $\{\boldsymbol{M}_{y,\lambda}^0,\boldsymbol{M}_{y,\lambda}^1\}$，其中 $\boldsymbol{a}\in\{00,01,10,11\}$，$y\in\{0,1\}$。然后我们可以估计极小熵的界。然后利用随机性抽取器提取出完全随机数[5,6]。事实上，极小熵的界若可以表示为二维量子目击的解析函数，则在很多方面都有重要的意义，比如半设备无关随机性扩展的安全性分析[5,6,19]。

8.5.3 解析函数

在李宏伟等人提出的半设备随机性扩展协议[11,12]中，只给出了二维量子目击和极小熵界的关系图，却并未考虑其解析关系。在本节中，对于任意的$(\varepsilon_1,\varepsilon_2)\in R$，我们探讨

$$E=\sum_{k=0}^{7}P(\lambda_k)E_{\lambda_k} \tag{8-82}$$

和 $H_\infty^{(E)}=-\log_2 p$ 之间的解析关系，其中由式 (8-80)可以推出

$$\frac{1}{2}+\frac{t+\delta}{2\sqrt{\delta^2+2t\delta+1}}\leqslant p\leqslant 1$$

不妨以 λ_0 为例。为了描述隐变量 λ_0 影响后的加密解密方案，我们提取两个参数$[E_{\lambda_0},\max_{\boldsymbol{a},y,b,\lambda_0}P(b|\boldsymbol{a},y,\lambda_0)]$，可以看成二维空间上的点坐标。对于一个给定的加密解密方案，E_{λ_0} 可为由纯态和投影测量组成的方案所获得的成功概率期望的凸组合，同时$\max_{\boldsymbol{a},y,b,\lambda_0}P(b|\boldsymbol{a},y,\lambda_0)$将不超过这些方案的最大猜测概率的凸组合。即对于给定的 E_{λ_0}，纯态和投影测量组成的方案将提供一个$\max_{\boldsymbol{a},y,b,\lambda_0}P(b|\boldsymbol{a},y,\lambda_0)$的凹上界，记为 p_{λ_0}。以下仅考虑这个凹上界。

显然地，p_{λ_0} 可以表示为 E_{λ_0} 的凹函数，记 $p_{\lambda_0}=C(E_{\lambda_0})$，$C$ 是凹函数。另一方面，随着 E_{λ_0} 的增加，量子过程所提取的随机性将单调减少，因此 C 是连续且递增的。

幸运的是，以上讨论同样适用于其他隐变量 λ_k，$k\neq 0$。对于可实现点$(E_{\lambda_0},\max_{\boldsymbol{a},y,b,\lambda_0}P(b|\boldsymbol{a},y,\lambda_0))$，其余隐变量也可以通过一个简单的编码得到。简言之，对于 $E_{\lambda_k}=E_{\lambda_0}$，$p_{\lambda_k}$ 将会达到同样的上界 p_{λ_0}，即 $p_{\lambda_k}=C(E_{\lambda_k})$。

对于式(8-82)给出的 E，极小熵的下界为

$$\begin{aligned}H_\infty^{(E)}&=-\log_2\sum_{k=0}^{7}P(\lambda_k)\max_{\boldsymbol{a},y,b,\lambda_k}P(b\mid\boldsymbol{a},y,\lambda_k)\\&=-\log_2\sum_{k=0}^{7}P(\lambda_k)p_{\lambda_k}\end{aligned} \tag{8-83}$$

利用 Jensen 不等式，有且仅有 $E_{\lambda_k}=E_{\lambda_{k'}}$，$k\neq k'$，可得到极小熵的下界。不失一般性，令 $E=E_{\lambda_0}$，则 $p=p_{\lambda_0}$，因此有

$$H_\infty^{(E)}=-\log_2 C(E) \tag{8-84}$$

接下来是如何描述 C，记 E_l 为

$$E_l=\max\{E_{\lambda_0}:C(E_{\lambda_0})=1\} \tag{8-85}$$

显然地，根据函数 C 的单调性，可以推出当 $E\leqslant E_l$ 时，$C(E)=1$。因此，接下来只需得到在闭区间$[E_l,E_q]$中，函数 C 的表达式，并且确定 E_l 的值。

基于文献[11,12]，函数 C 在 $E\in[E_l,E_q]$上是单值的，记其逆函数为 C^{-1}，即 $E=C^{-1}(p)$。可通过以下优化过程得到函数 C^{-1}：

$$\begin{aligned}&\max_{\boldsymbol{a},y,b,\lambda_0} E=\sum_{\boldsymbol{a},y}P(\boldsymbol{a},y\mid\lambda_0)P(b=a_y\mid\boldsymbol{a},y,\lambda_0)\\&\text{受限于}\\&\max_{\boldsymbol{a},y,b,\lambda_0}P(b\mid\boldsymbol{a},y,\lambda_0)=p\end{aligned}\tag{8-86}$$

优化将遍历二维空间上所有的量子态 $\boldsymbol{\rho}_{a,\lambda}$ 和 POVMs $\{\boldsymbol{M}_{y,\lambda}^0,\boldsymbol{M}_{y,\lambda}^1\}$，其中 $\boldsymbol{a}\in\{00,01,10,11\}$，$y\in\{0,1\}$ 和 $\lambda\in\Lambda$。

我们考虑优化过程(8-86)遍历纯态和秩为 1 的投影测量得到的 E。幸运的是，E 可以表示为 $\varepsilon_1,\varepsilon_2$ 和 p 确定的函数 $G(\varepsilon_1,\varepsilon_2,p)$，为方便起见，令 $E=E_{\lambda_0}$，$p=p_{\lambda_0}$。

为达到满足条件 $\max\limits_{\boldsymbol{a},y,b}P(b|\boldsymbol{a},y,\lambda_0)=p=\dfrac{1}{2}(1+\cos\beta)$ 下 E 的最大值，我们需要考虑可能 16 个概率 $P(b|\boldsymbol{a},y,\lambda_0)$ 都可以达到 p，其中，

$$(t+\delta)/\sqrt{\delta^2+2t\delta+1}\leqslant\cos\beta\leqslant 1\tag{8-87}$$

显然地，达到 p 的肯定是猜测成功概率，而且需要满足以下条件：

(1) 对于 $\boldsymbol{a}\in\{00,01,10,11\}$，应是 $P(b=a_0|\boldsymbol{a},y=0,\lambda_0)$。由 $P(y=0|\lambda_0)\geqslant P(y=1|\lambda_0)$ 可知当 $P(b=a_0|\boldsymbol{a},y=0,\lambda_0)\geqslant P(b=a_1|\boldsymbol{a},y=1,\lambda_0)$ 时，可得到更大的 E。

(2) 对于任意的 a,y，其 Bloch 向量 $\boldsymbol{r}_{a,\lambda_0},\boldsymbol{v}_{y,\lambda_0}$ 在一个平面上，并且 $\boldsymbol{r}_{a,\lambda_0}$ 在 $(-1)^{a_0}\boldsymbol{v}_{0,\lambda_0}$ 和 $(-1)^{a_1}\boldsymbol{v}_{1,\lambda_0}$ 之间。

只需考虑满足条件(2)的四种情况 $P(b=a_0|\boldsymbol{a},y=0,\lambda_0)=p$，并且始终满足

$$P(b=a_1|\boldsymbol{a},y=1,\lambda_0)\leqslant P(b=a_0|\boldsymbol{a},y=0,\lambda_0)\tag{8-88}$$

(a) 令

$$P(b=1|11,y=0,\lambda_0)=p\tag{8-89}$$

即 $-\boldsymbol{v}_{0,\lambda_0}$ 与 $\boldsymbol{r}_{11,\lambda_0}$ 之间的夹角为 β，假设 $\boldsymbol{r}_{11,\lambda_0}$ 与 $-\boldsymbol{v}_{1,\lambda_0}$ 之间的夹角为 $\beta+\alpha$. 因为 $P(b=1|11,y=1,\lambda_0)\leqslant p$，所以令 $\alpha\geqslant 0$。幸运的是，对于任意的 $\alpha\geqslant 0$，至少有一种情况可以满足 $P(b=0|00,y,\lambda_0)\leqslant p$，其中令 $\boldsymbol{r}_{00,\lambda_0}$ 与向量 $\boldsymbol{v}_{0,\lambda_0}+\boldsymbol{v}_{1,\lambda_0}$ 方向相同。

为了确保

$$\begin{aligned}P(b=0|01,y=0,\lambda_0)\leqslant p\\P(b=1|10,y=0,\lambda_0)\leqslant p\end{aligned}\tag{8-90}$$

由 $[\pi-(2\beta+\alpha)]/2\geqslant\beta$ 可推得 $\alpha\leqslant\pi-4\beta$。综上可以确定 α 的范围为 $[0,\pi-4\beta]$。对于确定的 α，$\boldsymbol{v}_{0,\lambda_0}$ 与 $\boldsymbol{v}_{1,\lambda_0}$ 之间的夹角亦确定，因为已假设 $\boldsymbol{v}_{0,\lambda_0}=(1,0,0)$，因此 $\boldsymbol{v}_{1,\lambda_0}$ 可确定。接下来只需要考虑如何确定 $\boldsymbol{r}_{a,\lambda_0}$ 以求得到最大的 E。

首先，r_{00,λ_0} 是确定的。

第二，记 φ 为 $\boldsymbol{r}_{01,\lambda_0}$ 与 $\boldsymbol{v}_{0,\lambda_0}$ 之间的夹角，$\varphi\leqslant\pi/2$。为了得到更大的 E，最好令

$$r_{01,\lambda_0}=\boldsymbol{v}_{01,\lambda_0}/\parallel\boldsymbol{v}_{01,\lambda_0}\parallel\tag{8-91}$$

同时必须满足 $\varphi\geqslant\beta$，因此我们必须保证

$$\tan\varphi=\frac{\sin(2\beta+\alpha)}{\delta-\cos(2\beta+\alpha)}\geqslant\tan\beta\tag{8-92}$$

由三角函数的知识可得，式(8-89)等价于 $\sin(3\beta+\alpha)\geqslant\delta\sin\beta$。综合 $\alpha\in[0,\pi-4\beta]$ 和 $\sin(3\beta+\alpha)\geqslant\delta\sin\beta$ 可得只有 $\alpha\in[a_1,a_2]$ 时，式(8-92)才成立。其中 $a_1=\max\{0,\arcsin(\delta\sin\beta)-3\beta\}$，$a_2=\pi-3\beta-\arcsin(\delta\sin\beta)$。

如果 $\alpha\in[0,a_1)\cup(a_2,\pi-4\beta]$，则令 $\varphi=\beta$。

最后，同样地，对于 $\alpha\in[a_1,a_2]$，设 $\boldsymbol{r}_{10,\lambda_0}=\boldsymbol{v}_{10,\lambda_0}/\|\boldsymbol{v}_{10,\lambda_0}\|$。若 $\alpha\in[0,a_1)\cup(a_2,\pi-4\beta]$，设 $\boldsymbol{r}_{10,\lambda_0}$ 与 $-\boldsymbol{v}_{0,\lambda_0}$ 之间的夹角为 β。当 $\alpha\in[b_1,b_2]$时，令 $\boldsymbol{a}_{00,\lambda_0}=\boldsymbol{v}_{00,\lambda_0}/\|\boldsymbol{v}_{00,\lambda_0}\|$。若 $\alpha\in[0,b_1)\cup(b_2,\pi-4\beta]$，令 $\boldsymbol{a}_{00,\lambda_0}$ 与 $\boldsymbol{v}_{0,\lambda_0}$ 之间的夹角为 β，其中 $b_1=\arcsin(\delta\sin\beta)-\beta$，$b_2=\min\{\pi-4\beta,\pi-\arcsin(\delta\sin\beta)-\beta\}$。注意对于任意可行对均有 $b_1\leqslant a_2$。

基于以上分析，将 E 的值记为 $G_1(\varepsilon_1,\varepsilon_2,p,\alpha)$。简单计算可得

$$\begin{aligned}G_1(\varepsilon_1,\varepsilon_2,p,\alpha)&=\sum_{a,y}P(a,y\mid\lambda_0)P(b=a_y\mid a,y,\lambda_0)\\&=\frac{1}{2}+\frac{1}{2}\left(\frac{1}{2}-\varepsilon_1\right)^2\left(\frac{1}{2}-\varepsilon_2\right)[\delta\cos\beta+\cos(\beta+\alpha)+f(\varepsilon_1,\varepsilon_2,p,\alpha)]\end{aligned}\tag{8-93}$$

其中 $f(\varepsilon_1,\varepsilon_2,p,\alpha)$如式(8-98)所示。

(b) 令

$$P(b=0|01,y=0,\lambda_0)=p$$

即 $-\boldsymbol{v}_{0,\lambda_0}$ 与 $\boldsymbol{r}_{01,\lambda_0}$ 的夹角为 β，令 $\boldsymbol{r}_{01,\lambda_0}$ 与 $-\boldsymbol{v}_{1,\lambda_0}$ 的夹角为 $\beta+\alpha$。显然地，α 的范围为$[0,\pi-4\beta]$。

同理，记 E 为 $G_2(\varepsilon_1,\varepsilon_2,p,\alpha)$，则有

$$G_2(\varepsilon_1,\varepsilon_2,p,\alpha)=\frac{1}{2}+\frac{1}{2}\left(\frac{1}{2}-\varepsilon_1\right)^2\left(\frac{1}{2}-\varepsilon_2\right)[\delta\sigma\cos\beta+\sigma\cos(\beta+\alpha)+g(\varepsilon_1,\varepsilon_2,p,\alpha)]\tag{8-94}$$

函数 g 详见式(8-99)。

(c) 令

$$P(b=1|10,y=0,\lambda_0)=p$$

$-\boldsymbol{v}_{0,\lambda_0}$ 与 $\boldsymbol{r}_{10,\lambda_0}$ 的夹角为 β，令 $\boldsymbol{r}_{01,\lambda_0}$ 与 $-\boldsymbol{v}_{1,\lambda_0}$ 的夹角为 $\beta+\alpha$。则由 $P(a=10)=P(a=01)$可得 E 等于 $G_2(\varepsilon_1,\varepsilon_2,p,\alpha)$。

(d) 令

$$P(b=0|00,y=0,\lambda_0)=p$$

令 $\boldsymbol{r}_{00,\lambda_0}$ 与 $\boldsymbol{v}_{1,\lambda_0}$ 夹角为 $\beta+\alpha$. 记 E 为 $G_3(\varepsilon_1,\varepsilon_2,p,\alpha)$，$\alpha\in[0,\pi-4\beta]$，同$(a)$可得，当 $\alpha\in[0,b_1]\cup[b_2,\pi-4\beta]$，有

$$G_3(\varepsilon_1,\varepsilon_2,p,\alpha)=G_1(\varepsilon_1,\varepsilon_2,p,\alpha)\tag{8-95}$$

当 $\alpha\in[b_1,b_2]$时有

$$\begin{aligned}G_3(\varepsilon_1,\varepsilon_2,p,\alpha)=&\frac{1}{2}+\frac{1}{2}\left(\frac{1}{2}-\varepsilon_1\right)^2\left(\frac{1}{2}-\varepsilon_2\right)[\sigma^2\delta\cos\beta+\\&\sqrt{\delta^2+1+2\delta\cos(2\beta+\alpha)}+\sigma^2\cos(\beta+\alpha)+k(\varepsilon_1,\varepsilon_2,p,\alpha)]\end{aligned}$$

其中

$$k(\varepsilon_1,\varepsilon_2,p,\alpha)=\begin{cases}2\sigma\sqrt{\delta^2+1-2\delta\cos(2\beta+\alpha)},\alpha\in[b_1,a_2)\\2\delta\sigma\cos\beta-2\sigma\cos(3\beta+\alpha),\alpha\in[a_2,b_2]\end{cases}\tag{8-96}$$

因此，当 $\alpha\in[b_1,b_2]$时有

$$G_1(\varepsilon_1,\varepsilon_2,p,\alpha)\geqslant G_3(\varepsilon_1,\varepsilon_2,p,\alpha)\tag{8-97}$$

综上，由式(8-95)和式(8-97)可得

$$G(\varepsilon_1,\varepsilon_2,p)=\max_{\alpha\in[0,\pi-4\beta];j=1,2}\{G_i(\varepsilon_1,\varepsilon_2,p,\alpha)\}$$

$$f(\varepsilon_1,\varepsilon_2,p,\alpha)=\begin{cases}(2\delta\sigma+\sigma^2\delta)\cos\beta+\sigma^2\cos(\beta+\alpha)-2\sigma\cos(3\beta+\alpha),\alpha\in[0,a_1)\cup(b_2,\pi-4\beta]\\ \sigma^2\delta\cos\beta+\sigma^2\cos(\beta+\alpha)+2\sigma\sqrt{\delta^2+1-2\delta\cos(2\beta+\alpha)},\alpha\in[a_1,b_1)\\ \sigma^2\sqrt{\delta^2+1+2\delta\cos(2\beta+\alpha)}+2\sigma\sqrt{\delta^2+1-2\delta\cos(2\beta+\alpha)},\alpha\in[b_1,a_2)\\ \sigma^2\sqrt{\delta^2+1+2\delta\cos(2\beta+\alpha)}+2\delta\sigma\cos\beta-2\sigma\cos(3\beta+\alpha),\alpha\in[a_2,b_2]\end{cases}\tag{8-98}$$

$$g(\varepsilon_1,\varepsilon_2,p,\alpha)=\begin{cases}\delta\sigma\cos\beta+\sigma\cos(\beta+\alpha)+(\sigma^2\delta+\delta)\cos\beta-(\sigma^2+1)\cos(3\beta+\alpha),\alpha\in[0,a_1)\cup(b_2,\pi-4\beta]\\ \delta\sigma\cos\beta+\sigma\cos(\beta+\alpha)+(\sigma^2+1)\sqrt{\delta^2+1-2\delta\cos(2\beta+\alpha)},\alpha\in[a_1,b_1)\\ \sigma\sqrt{\delta^2+1+2\delta\cos(2\beta+\alpha)}+(\sigma^2+1)\sqrt{\delta^2+1-2\delta\cos(2\beta+\alpha)},\alpha\in[b_1,a_2)\\ \sigma\sqrt{\delta^2+1+2\delta\cos(2\beta+\alpha)}+(\sigma^2\delta+\delta)\cos\beta-(\sigma^2+1)\cos(3\beta+\alpha),\alpha\in[a_2,b_2]\end{cases}\tag{8-99}$$

特别地，通过 MATLAB 可得当 $\varepsilon_1=\varepsilon_2\leqslant 0.1358$ 时，有 $\arcsin(\delta\sin\beta)\leqslant 0$ 和 $\pi-\arcsin(\delta\sin\beta)-\beta\geqslant\pi-4\beta$。则 $a_1=0,b_2=\pi-4\beta$，且集合存在，计算会得到简化。

第二，考虑优化过程(8-86)遍历纯态和投影测量$\{I,0\}$，$\{0,I\}$，只得到当 $p=1$ 时，$E=E_c$。

如果 $E_{\varepsilon_1,\varepsilon_2}\geqslant E_c$，含有测量$\{\boldsymbol{I},\boldsymbol{0}\}$或$\{\boldsymbol{0},\boldsymbol{I}\}$的方案可以被纯态和秩为 1 的投影测量组成的方案模拟，记 $E_{\varepsilon_1,\varepsilon_2}=G(\varepsilon_1,\varepsilon_2,1)$，因此 $E=G(\varepsilon_1,\varepsilon_2,p)$。

相反地，如果 $E_{\varepsilon_1,\varepsilon_2}<E_c$，则我们必须考虑由$(G(\varepsilon_1,\varepsilon_2,p),p)$和$(E_c,1)$确定的凹集以获得 E 的上界，记为 $F(\varepsilon_1,\varepsilon_2,p)$，即由 $\varepsilon_1,\varepsilon_2$ 和 p 确定的函数。事实上，点$(F(\varepsilon_1,\varepsilon_2,p),p)$同时提供一个极小熵的下界。然而，我们无法确定该界是否紧的。

基于以上分析，推出 $E_l=\max\{E_c,E_{\varepsilon_1,\varepsilon_2}\}$，且对于 $E_l\leqslant E\leqslant E_q$，有

$$E=C^{-1}(p)=\begin{cases}G(\varepsilon_1,\varepsilon_2,p), & E_{\varepsilon_1,\varepsilon_2}\geqslant E_c\\ F(\varepsilon_1,\varepsilon_2,p) & E_{\varepsilon_1,\varepsilon_2}<E_c\end{cases}\tag{8-100}$$

式中，$1/2+(t+\delta)/(2\sqrt{\delta^2+2t\delta+1})\leqslant p\leqslant 1$。

事实上，函数 G 和 F 可以详细地描画二维量子目击违背和极小熵下界之间的关系。记 $\beta=\arccos(2p-1)$，则有

$$G(\varepsilon_1,\varepsilon_2,p)=\max_{\alpha\in[0,\pi-4\beta],i=1,2}\{G_i(\varepsilon_1,\varepsilon_2,p,\alpha)\}\tag{8-101}$$

其中 G_1,G_2 为

$$G_1(\varepsilon_1,\varepsilon_2,p,\alpha)=\frac{1}{2}+\frac{1}{2}\left(\frac{1}{2}-\varepsilon_1\right)^2\left(\frac{1}{2}-\varepsilon_2\right)[\delta\cos\beta+\cos(\beta+\alpha)+f(\varepsilon_1,\varepsilon_2,p,\alpha)]$$

$$G_2(\varepsilon_1,\varepsilon_2,p,\alpha)=\frac{1}{2}+\frac{1}{2}\left(\frac{1}{2}-\varepsilon_1\right)^2\left(\frac{1}{2}-\varepsilon_2\right)[\delta\sigma\cos\beta+\sigma\cos(\beta+\alpha)+g(\varepsilon_1,\varepsilon_2,p,\alpha)]\tag{8-102}$$

式中，$\sigma=(1+2\varepsilon_1)/(1-2\varepsilon_1)$ (f,g 详见 式(8-98)，式(8-99))。

函数 F 可通过 G 表示：当 $p\geqslant p_0$ 时，有

$$F(\varepsilon_1,\varepsilon_2,p)=(G(\varepsilon_1,\varepsilon_2,p_0)-E_c)(1-p)/(1-p_0)+E_c\tag{8-102}$$

当 $p<p_0$ 时，有 $F(\varepsilon_1,\varepsilon_2,p)=G(\varepsilon_1,\varepsilon_2,p)$，其中 p_0 满足

$$\frac{G(\varepsilon_1,\varepsilon_2,p_0)-E_c}{p_0-1}=\min_{p}\left\{\frac{G(\varepsilon_1,\varepsilon_2,p)-E_c}{p-1}\right\} \tag{8-103}$$

特别地，对于 $\varepsilon_1=\varepsilon_2<0.135\,8$；$\varepsilon_1<0.220\,3$，$\varepsilon_2=0$ 和 $\varepsilon_1=0$，$\varepsilon_2<0.5$，有

$$E_{\varepsilon_1,\varepsilon_2}=\max_{\alpha\in[0,\pi-4\beta]}\{G_1(\varepsilon_1,\varepsilon_2,1,\alpha)\} \tag{8-104}$$

在文献[8]，二维量子目击违背和极小熵下界之间的关系可由 $E=G(0,0,2^{-H_\infty^{(E)}})$ 表示。

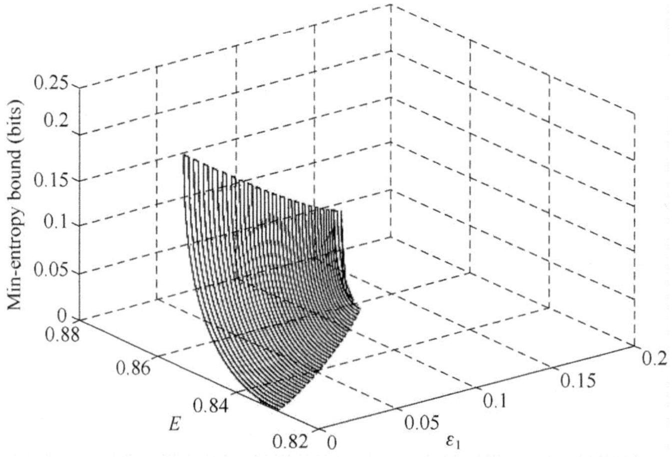

图 8-11　极小熵的界与二维量子目击的关系图，其中 $0\leqslant\varepsilon<0.135\,8$，通过 ε-自由源 S_1 和 S_2 选择态和测量

许多文献只考虑秩为 1 的投影测量是因为恰好满足 $E_{\varepsilon_1,\varepsilon_2}\geqslant E_c$，如文献[8,9]。可以 $\varepsilon_1=\varepsilon_2=\varepsilon$为例，事实上，当 $\varepsilon\leqslant0.123\,48$ 时可满足 $E_{\varepsilon_1,\varepsilon_2}\geqslant E_c$，然而当 $0.123\,48<\varepsilon<0.135\,8$ 时，则有 $E_{\varepsilon_1,\varepsilon_2}<E_c$。换言之，随着 $\varepsilon_1,\varepsilon_2$ 的增大，满足 $E_{\varepsilon_1,\varepsilon_2}<E_c$ 的情况将会出现，则必须考虑测量$\{I,0\}$和$\{0,I\}$。进一步地，在 $\varepsilon_1=\varepsilon_2$ 的情况下，二维量子目击违背和极小熵下界之间的关系图 8- 11 所示。

8.5.4　结束语

本节通过提出基于 2→1 量子随机存取码的半设备无关弱随机源的随机性扩展[26]。在不严格限制 $\varepsilon_1=\varepsilon_2$ 的条件下，得到弱随机源可以生成新随机性应满足的条件（ε_1-自由源和 ε_2-自由源分别用来选择态和测量）。进一步地，建立二维量子目击违背和极小熵下界之间的解析关系。我们推断基于 n→1 量子随机存取码（$n\geqslant3$）的半设备无关弱随机源的随机性扩展将会得到更好的结果。

8.6　基于 3→1QRAC 的半设备无关部分自由随机源随机性扩展协议

定义 8-3　源 S 被称为 ε-自由，如果它产生的比特串 $x_0,x_1,\cdots,x_j,\cdots$，其中 $x_j=0,1$ 对于任意预先存储的变量 λ 和所有 j，条件概率 $p(x_j|x_0,x_1,\cdots,x_{j-1},\lambda)$满足

$$\frac{1}{2}-\varepsilon\leqslant p(x_j\,|\,x_0,x_1,\cdots,x_{j-1},\lambda)\leqslant\frac{1}{2}+\varepsilon,0\leqslant\varepsilon\leqslant\frac{1}{2} \tag{8-105}$$

在本文中，源 S 同样可以产生一串 trit，或者 dits $x_0,x_1,\cdots,x_j,\cdots$，其中 $x_j=0,1,\cdots,d-1$。对于任意预先存储的变量 λ 和所有 j，条件概率 $p(x_j\,|\,x_0,x_1,\cdots,x_{j-1},\lambda)$满足

$$\frac{1}{d}-\varepsilon\leqslant p(x_j\,|\,x_0,x_1,\cdots,x_{j-1},\lambda)\leqslant\frac{1}{d}+\varepsilon,0\leqslant\varepsilon\leqslant\frac{d-1}{d} \tag{8-106}$$

特别地，当 $\varepsilon=0$ 和 $\varepsilon>0$ 时，S 分别被称为完全自由和部分自由源。

注意，除了 $x_0,x_1,\cdots,x_{j-1}$外，变量 λ 可以是导致 x_j 发生的任意的一个因素。它的提供者有可能是敌手 Eve，或者一个更高的理论，与文献[8,10]中 λ 可以是 $x_0,x_1,\cdots,x_{j-1}$不同。

在本节中，与 Colbeck 和 Renner 基于 Santha-Vazirani 源的工作[24]不同，考虑独立分布的弱随机源模型。换言之，以下假设 $p(x_j\,|\,x_0,x_1,\cdots,x_{j-1},\lambda)=p(x_j\,|\,\lambda)$对于所有变量 λ 和所有 j 都成立。

基于 $n\to1$ 量子随机存取码半设备无关部分自由源随机性扩展协议需要两个黑盒子，其中不包含纠缠(如图 8- 9 所示)。基于该协议的典型因果结构，我们假设 λ 可能与两个部分自由源、第一个黑盒子制备的态、和第二个盒子执行的测量产生关联[24]。

我们的模型描述如下。第一个黑盒子根据 ε_1-自由源产生的 n 比特输入 $a=a_0a_1\cdots a_{n-1}$ 制备一个量子比特 $\boldsymbol{\rho}_{a\lambda}$，并将其通过量子信道发送到第二个黑盒子。第二个黑盒子根据 ε_2-自由源产生的输入 $y=0,1,\cdots,n-1$ 对态 $\boldsymbol{\rho}_{a\lambda}$ 执行测量$\{\boldsymbol{M}_{y\lambda}^b\}$，并且输出测量结果 $b=\{0,1\}$。

在本节中，我们引入一类利用条件成功概率期望所构造的二维量子目击。即

$$E\equiv\sum_{\boldsymbol{a},y}P(\boldsymbol{a},y)P(b=a_y\mid\boldsymbol{a},y)=\sum_{\lambda}P(\lambda)E_\lambda \tag{8-107}$$

式中 $E_\lambda=\sum_{\boldsymbol{a},y}P(\boldsymbol{a},y\mid\lambda)P(b=a_y\mid\boldsymbol{a},y,\lambda)$，$P(b\mid\boldsymbol{a},y,\lambda)=\mathrm{tr}(\boldsymbol{\rho}_{a,\lambda}\boldsymbol{M}_{y,\lambda}^b)$ 通过多次重复试验可以得到概率分布 $P(\boldsymbol{a},y,b)$，则可以观测到 E。

为了量化测量结果 b 在 $\boldsymbol{a},y$ 条件下的随机性，下面引入极小熵函数：

$$H_\infty(B\mid\boldsymbol{A},Y,\Lambda)=-\log_2\max_{\boldsymbol{a},y,b}\sum_{\lambda\in\Lambda}P(\lambda)P(b\mid\boldsymbol{a},y,\lambda) \tag{8-108}$$

如李宏伟等人所呈现的结果，在基于 $n\to1$ 量子随机测量无关码完全自由源的半设备无关随机性扩展协议中，可验证的随机性是一个关于 n 的函数，并且在 $n=3$ 时达到最大值[9]。直观上讲，该命题在部分自由源的情况下依然成立。因此，我们讨论基于 $3\to1$ 量子随机测量无关码部分自由源的半设备无关随机性扩展协议。

8.6.1 可行域

在本节中，讨论 ε_1-自由源 S_1 和 ε_2-自由源 S_2 若想验证出新随机性所应该满足的条件。与之前提出的设备无关随机性扩展协议中要求 $\varepsilon_1=\varepsilon_2$ 不同，我们考虑的是更为一般的情况，即 $\varepsilon_1,\varepsilon_2$ 可以独立取值。因此，我们的设定将更灵活和更有意义地利用部分自由源。为了更好的描述该条件，下面给出可行域的定义。

定义 8-4：如果存在一个半设备无关随机性扩展协议利用 ε_1-自由源 ε_1 和 ε_2-自由源 S_2 做为种子，并且认证出新的随机性，则称$(\varepsilon_1,\varepsilon_2)$为该协议的一个可行对。该协议所有可行对组成的集合被称之为其可行域 R。

对于 *Eve* 来讲，得到可验证的随机性越少越好。因此，令两个部分自由源与均匀分布

具有最远的距离，即，

$$\left|P(a_i=0|\lambda)-\frac{1}{2}\right|=\varepsilon_1, i=\{0,1,2\}$$

$$\max_{y\in\{0,1,2\}}|p(y|\lambda)-\frac{1}{3}|=\varepsilon_2 \tag{8-109}$$

对于任意的 $\lambda\in\Lambda$ 都成立。

Eve 为了假装两个部分自由源并未被影响，同时令

$$P(\boldsymbol{a},y)=\sum_{\lambda}P(\lambda)P(\boldsymbol{a},y|\lambda)=\frac{1}{24} \tag{8-110}$$

满足式(8-109)的共有八种情况，满足式(8-110)在 $\varepsilon_2\leqslant\frac{1}{2}$ 和 $\frac{1}{3}<\varepsilon_2\leqslant\frac{2}{3}$ 的情况下，各需要考虑六种和三种情况。该事实意味着 Eve 会根据 ε_2 的值采取不同的攻击。不失一般性，我们假设共有 48 个隐藏变量 $\lambda_k, k\in K\equiv 0,1,\cdots,47$ 以对应满足式(8-109)的 48 种情况。这里 $kk_0k_1k_2k_3$，记为 $k(\text{mod } 16)$ 的二进制表示，$k_4\equiv k(\text{mod } 3)$。所以，我们假设与 λ_k 相关的概率分布为

$$P(a_i=0|\lambda_k)=\frac{1}{2}+(-1)^{k_i}\varepsilon_1,\quad i=0,1,2, \tag{8-111}$$

$$P(y=k_4|\lambda_k)=\frac{1}{2}-\{2+(1)_i^k[1+S(\varepsilon_2)]\}_4^{\varepsilon_2} \tag{8-112}$$

$$P(y=k_4+1|\lambda_k)=\frac{1}{3}+\varepsilon_2 \tag{8-113}$$

式中，当 $\varepsilon_2\leqslant 1/3$ 时，$S(\varepsilon_2)=1$，当 $\varepsilon_2>1/3$ 时，$S(\varepsilon_2)=-1$。注意，根据中国剩余定理[29]，$k_0k_1k_2k_3$ 和 k 之间是一一对应的。

基于这样的考虑，可以得到 E 的经典界，记为 E_c。当 $\varepsilon_1+\varepsilon_2\leqslant 1/6$ 和 $\varepsilon_1+\varepsilon_2>1/6$ 时，分别有

$$E_c=\frac{3}{4}+\varepsilon_1^2,\quad 和\quad E_c=\frac{2}{3}+\frac{2}{3}\varepsilon_1+\frac{1}{2}\varepsilon_2-\varepsilon_1\varepsilon_2 \tag{8-114}$$

E_c 记为 E 的量子界。当 $\varepsilon_2\leqslant 1/3$ 和 $1/3<\varepsilon_2\leqslant 2/3$ 时，分别有

$$E_q=\max\{E_{q_1},E_{q_3}\}\quad 和\quad E_q=\max\{E_{q_2},E_{q_3}\} \tag{8-115}$$

式中，

$$E_{q_1}=\frac{1}{2}+\frac{1}{2\sqrt{2}}\sqrt{(1+48\varepsilon_1^4)(1+6\varepsilon_2^2)} \tag{8-116}$$

$$E_{q_2}=\frac{1}{2}+\frac{1}{2\sqrt{3}}\sqrt{(1+48\varepsilon_1^4)(1+\frac{2}{9}\varepsilon_2^2)} \tag{8-117}$$

$$E_{q_3}=\frac{1}{2}+\frac{1}{3}\varepsilon_1-\varepsilon_1\varepsilon_2+\frac{1}{6}\sqrt{(1+16\varepsilon_1^4)(2+6\varepsilon_2+3\varepsilon_2^2)} \tag{8-118}$$

$$E_{q_4}=\frac{1}{2}+\frac{1}{3}\varepsilon_1-\frac{1}{2}\varepsilon_1\varepsilon_2+\frac{1}{6}\sqrt{(1+16\varepsilon_1^4)(2+3\varepsilon_2+\frac{45}{4}\varepsilon_2^2)} \tag{8-119}$$

这里 E_{q_j}，只有在条件 j 成立的时候才能取到，$j=1,2,3,4$。

在本节中，R 表示该协议的可行域。对于一对$(\varepsilon_1,\varepsilon_2)$来说，如果二维目击违背存在，并且极小熵 H_∞ 在 $E=E_q$ 时大于 0，则我们说该对属于 R。在图 8-12 中，蓝线下的区域内 E_c

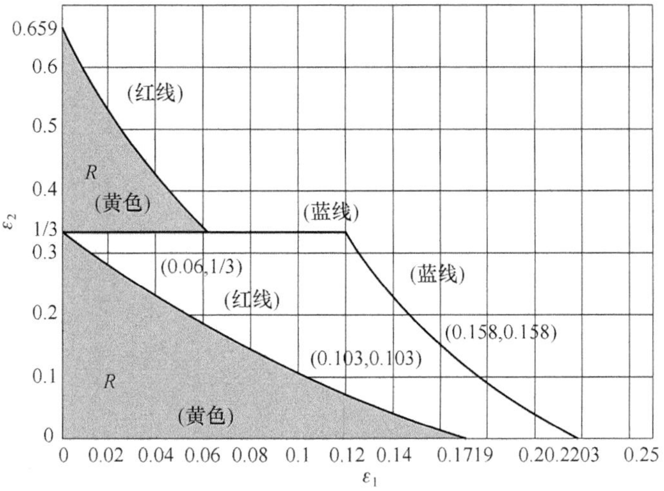

图 8-12 可行域 R 是指红线下面的区域但是不包括红线。注意 a 和 y 分别由 ε_1-自由源和 ε_2-自由源产生

$<E_q$ 成立。然而，当 $E=E_{q_3}$ 或者 $E<E_{q_4}$ 时，$H_\infty=0$，因此，可行域 R 是图 2 中的黄色区域。图 8-13 意味着如果该协议是用 $\varepsilon_1=\varepsilon_2$-自由源，则应低于 0.1030。此外，当 $\varepsilon_1=\varepsilon_2<0.1580$ 时，$E_c<E_q$ 始终成立。更重要的是，如果 a 是根据完全自由源选择的，那么几乎总是可以存在验证的随机性。

8.6.2 随机性认证和解析函数

在本节中，将讨论可验证的随机性，极小熵 H_∞ 的下界和二维量子目击 E 之间的解析关系。显然地，解析关系是一个更全面和更深刻的理解半设备无关随机性扩展协议的强有力工具，比如安全性分析[15]。

对于任意的 $(\varepsilon_1,\varepsilon_2)\in R$，和观测到的二维量子目击 E，其极小熵界，记为 $H_\infty^{(E)}$ 可通过以下优化问题得到：

$$\min H_\infty(B|\boldsymbol{A},Y,\Lambda) \tag{8-120}$$

受限于

$$E=\sum_{k=0}^{47} P(\lambda_k)E_{\lambda_k}$$

$$E_{\lambda_k}=\sum_{\boldsymbol{a},y} P(\boldsymbol{a},y|\lambda_k)P(b=a_y|\boldsymbol{a},y,\lambda_k) \tag{8-121}$$

该优化算法取遍所有二维希尔伯特空间上量子态 $\boldsymbol{\rho}_{a,\lambda}$ 和 POVM 测量 $\{\boldsymbol{M}^0_{y,\lambda_k},\boldsymbol{M}^1_{y,\lambda_k}\}$ 其中 $\boldsymbol{a}\in\{0,1\}^3$ 和 $y\in 0,1,2$。一旦验证出新的随机性，则通过随机性抽取器可以获得新的完全自由比特[5,6]。当 $1/3<\varepsilon_2\leqslant 2/3$ 和 $1/3<\varepsilon_2\leqslant 2/3$ 时，我们分别得到

$$H_\infty^{E_q}=1-\log_2\left(1+\frac{(1+3\varepsilon_2)^2+24\varepsilon_2^2(1+3\varepsilon_2^2)+144\varepsilon_2^4(1+2\varepsilon_2+7\varepsilon_2^2)}{(1+12\varepsilon_1^2)(1+3\varepsilon_2)\sqrt{3(1+48\varepsilon_1^4)(1+6\varepsilon_2^2)}}\right) \tag{8-122}$$

$$H_\infty^{E_g}=1-\log_2\left[1+\frac{\sqrt{2}(\varepsilon_2^2)(1+3\varepsilon_2)^2+12\varepsilon_1^2 m+48\varepsilon_1^4 n}{\varepsilon_2(1+12\varepsilon_1^2)(1+3\varepsilon_2)\sqrt{3(1+48\varepsilon_1^4)m}}\right] \tag{8-123}$$

式中，$m=3-4\varepsilon_2+2\varepsilon_2^2+4\varepsilon_2^3+6\varepsilon_2^4$，$n=3-4\varepsilon_2+3\varepsilon_2^2+10\varepsilon_2^3+15\varepsilon_2^4$

显然，如果 $\varepsilon_1=\varepsilon_2=0$，则有 $H_{\infty g}^{E}=0.342\,5$。与该情况相比，在用部分自由源的协议中，即 $\varepsilon_1>0$，或者，$\varepsilon_2>0$，$H_{\infty g}^{E}$ 一直低于 0.342 5。特别地，以为 $\varepsilon_1=\varepsilon_2$ 例，对比完全自由源和部分自由源所对应的极小熵的下界，如图 8- 13 所示。

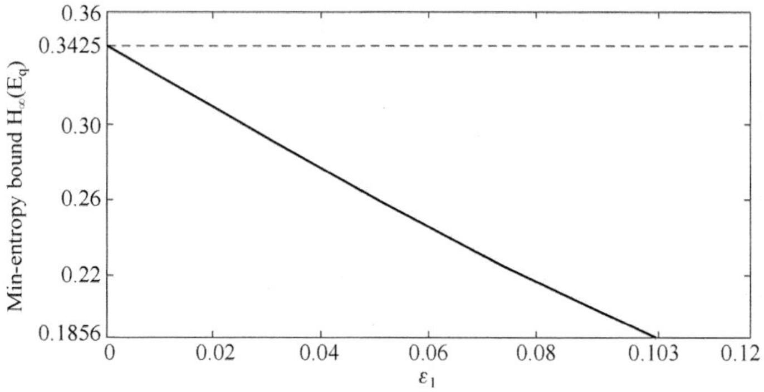

图 8-13　$\varepsilon_1=\varepsilon_2$ 时极小熵的下界，其单位是比特。红色虚线是为了更加直观地表示完全自由源与弱随机源的不同

通过 Matlab 与文献[26]的协议相比，对于任意可行对，该协议可认证出更多的随机性。

能否进一步找到满足 $H_{\infty g}^{E}=F(E)$ 的解析函数 F。在这里，以 $\varepsilon_2=0$ 为例，至于可行域中的其余可行对，可采取相似的方式得到解析函数。

首先，对于一个给定的 E_{λ_k}，检查其对应的 $\max\limits_{a,y,b}P(b|\boldsymbol{a},y,\lambda_k)$ 的值，并将其记为 $P_{\text{guess},\lambda_k}^{E_{\lambda_k}}$ 则对于所有 $k\in K$，均有

$$P_{\text{guess},\lambda_k}^{E_{\lambda_k}}=f(E_{\lambda_k}) \tag{8-124}$$

式中，f 是一个连续递增凹函数[27]。

对于观测到的 E，可推测到

$$H_\infty=-\log_2\sum_{k=0}^{47}P(\lambda_k)P_{\text{guess},\lambda_k}^{E_{\lambda_k}}=-\log_2\sum_{k=0}^{47}P(\lambda_k)f(E_{\lambda_k})\geqslant-\log_2 f(E) \tag{8-125}$$

式(8-125)的不等号是由 Jesen 不等式得到的。特别地，H_∞ 的下界当且仅当对于任意的 $k\neq k'$，均有 $E_{\lambda_k}=E_{\lambda_k}$ 时才能取到。由此得出对于任意的 $k\in K$，均有 $E=E_{\lambda_k}$ 因此

$$H_\infty^{E}=\log f(E) \tag{8-126}$$

接下来，我们以 λ_0 为例去刻画 f，即 $E=E_{\lambda_0}$ 基于文献[26]可知 f 在 $E_l\leqslant E\leqslant E_q$ 上是一一对应函数，其中 E_l 记为确定 $f(E)<1$ 是否成立的临界值。则 f 的逆函数，记为 f^{-1}，可通过以下优化算法得到：

$$\max_{a,y,b}E_{\lambda_0}=\sum_{a,y}P(a,y\mid\lambda_0)P(b=a_y\mid\boldsymbol{a},y,\lambda_0) \tag{8-127}$$

受限于

$$\max_{a,y,b}P(b|\boldsymbol{a},y,\lambda_0)=p \tag{8-128}$$

该优化算法取遍二维希尔伯特空间上所有的量子态和 POVM。注意每一个 POVM 和量子态都可以分别被表示为投影测量和量子纯态的凸组合[25]。同时因为 E_{λ_0} 满足线性关系，只需要在优化算法(8-127)，(8-128)中考虑投影测量和量子纯态即可。在本节中，投影测量包括秩为 1 的投影测量和秩为 2 的投影测量(测量$\{\boldsymbol{I},\boldsymbol{0}\}$，$\{\boldsymbol{0},\boldsymbol{I}\}$)。

在优化算法(8-127),(8-128)中考虑量子纯态和秩为 1 的投影测量可得 $E_{\lambda_0}=g(1,x_p,y_p)$,其中,$(x_p,y_p)$记为 $g(1,x,y)$关于(x,y)的极点。

另一方面,在优化算法(8-127),(8-128)中考虑量子纯态和秩为 2 的投影测量,只得到当时,

$$E_l=\max\{g(1,x_1,y_1),E_c,E_q\} \tag{8-129}$$

如果 $E_l=g(1,x_1,y_1)$则 f^{-1}可由 g 完全决定。如果 $E_1\neq g(1,x_1,y_1)$则必须考虑秩为 2 的投影测量。基于以上的分析,我们得知对于任意的$(\varepsilon_1,0)\in R$ 均有

$$E_{\infty}^{E}=F(E)=-\log_2 f(E) \tag{8-130}$$

进一步地,当 $E_c\leqslant E\leqslant E_l$ 时,$H_{\infty}^{E}=0$,当 $E_l\leqslant E\leqslant E_q$,$H_{\infty}^{E}=-\log_2 p$ 时,可以得到 f^{-1}如下所示。如果 $E_l=g(1,x_1,y_1)$,即 $\varepsilon_1<0,158\ 1$ 我们得到

$$\begin{aligned}E&=f^{-1}(p)=g(p,x_p,y_p)\\&=\frac{1}{2}+\frac{1}{6}\left(\frac{1}{2}+\varepsilon_1\right)^3\sqrt{1+4\cos^2 x_p+4\cos x_p\sin y_p}+\\&\left(\frac{1}{2}-\varepsilon_1\right)^3[\cos\beta+2\cos x_p\sin(y_p+\beta)]+\\&\left(\frac{1}{4}-\varepsilon_1^2\right)[\sqrt{1+4\cos^2 x_p-4\cos x_p\sin y_p}]+2\sqrt{1+4\sin^2 x_p}\end{aligned} \tag{8-131}$$

式中,$\beta=\arccos(2p-1)$,$0\leqslant x_p,y_p\leqslant\pi/2$。

如果 $E_l\neq g(1,x_1,y_1)$,即 $0.158\ 1\leqslant\varepsilon_1<0.171\ 9$,我们得到

$$E=f^{-1}(p)=E_l+\frac{[g(p,x_p,y_p)-E_l](1-p)}{1-p_0} \tag{8-132}$$

式中,p_0 满足

$$\frac{g(p_0)y_{p_0}y_{p_0}-E_l}{p_0-1}-\min_{p}\left\{\frac{g(px_py_p)-E_l}{p-1}\right\} \tag{8-133}$$

最后,可以得到 $F(\cdot)=-\log_2 f(\cdot)$,以刻画当$(\varepsilon_1,0)\in R$ 时极小熵界 R_{∞}^{E}与 二维量子目击 E 之间的解析关系,如图 8- 15 所示。显然,随着 Eve 掌握信息的增多,所认证的随机性也将逐渐减少至零。

8.6.3 结束语

本节基于 3→1 量子随机存取码提出了一个半设备无关部分自由源随机性扩展协议,并且其提升了随机性生成的效率[27]。首先给出了一类二维量子目击的经典界和量子界,可成功验证出新随机性的部分自由随机源所满足的条件。最后,给出了所验证的随机性和二维量子目击违背之间的解析关系。根据相关研究,我们推断基于 n→1 量子随机测量无关码的半设备无关部分自由源随机性扩展协议是在 $n=3$ 时取得最大随机性生成效率。

8.7 测量相关对广义 CHSH-Bell 测试在单轮和多轮情况的影响

本节探讨测量相关对广义 CHSH-Bell 测试在单轮和多轮情况的影响。

在单轮情景中,探究了测量相关、猜测概率和不同输入分布下(一般输入分布和可分解

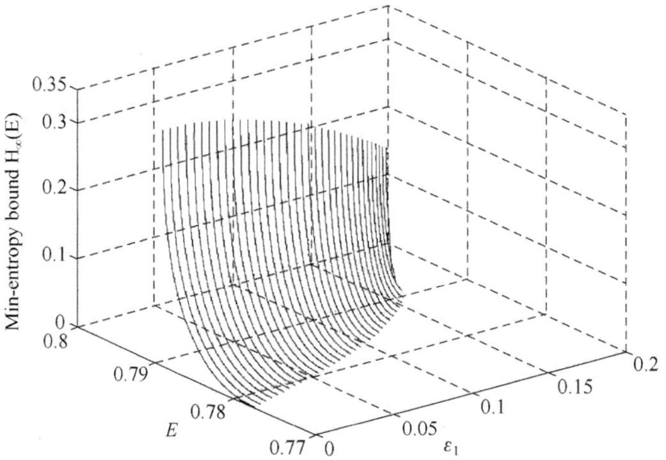

图 8-14　在基于 3→1 量子随机测量无关码的半设备无关 $\varepsilon_1,\varepsilon_2$-自由随机性扩展协议中，当 $\varepsilon_1<0.171\,9$，$\varepsilon_1=0$ 时，极小熵界 H_∞^E 与二维量子目击 E 之前的解析关系。

输入分布)Eve 可以伪造的相关函数的最大值间的关系。此外，给出相应的经典攻击策略，这些策略满足 Eve 可以伪造广义 CHSH-Bell 相关函数的最大值。

在多轮情景中，在一般输入分布和可分解输入分布中，建立了测量相关和广义 CHSH-Bell 相关函数的最大值的关系。值得注意的是，在特殊可分解输入分布的多轮情景中(即，一方的输入分布是均匀的，另一方的输入分布是偏差的)，与最简单的 CHSH-Bell 测试，在广义的 CHSH-Bell 测试中导致 Eve 更难伪造最大量子违背。

8.7.1　单轮场景

在这里，我们考虑单轮情景，即假定任意方的输入在不同轮中是不相关的。在广义 CHSH-Bell 测试中，我们希望建立测量相关，猜测概率和 Eve 可以伪造的相关函数的最大值之间的关系。

一般地，假设 Alice 和 Bob 各有 M 个二分测量。Alice 和 Bob 使用的设备看作黑盒子，这个设备由敌手 Eve 制造。Alice 和 Bob 的输入分别标记为 X_j,Y_k，其输出标记为 a，b。其中 $j,k\in\{0,1,\cdots,M-1\}$ $a,b\in\{-1,1\}$。进行有效轮数之后，获得概率分布 $\{p(a,b|X_j,Y_k)\}$。广义 CHSH-Bell 相关函数可写成

$$\begin{aligned} S_M &= \sum_{j=0}^{M-1}\sum_{a,b}p(a,b\mid X_j,Y_j)ab+\sum_{j=0}^{M-2}\sum_{a,b}p(a,b\mid X_j,Y_j)ab \\ &\quad -\sum_{a,b}p(a,b\mid X_0,Y_{M-1})ab \\ &= \sum_{a,b\in\{+1,-1\}\,j,k\in\{0,\ldots,M-1\}}(\delta_{j-k}^{0}\oplus\delta_{j-k}^{1}\oplus\delta_{k-j}^{M-1})(-1)^{\delta_{j-k}^{0}\cdot\delta_{j-k}^{1}+\delta_{k-j}^{M-1}} \\ &\quad p(a,b\mid X_j,Y_k)ab \end{aligned} \tag{8-134}$$

其中⊕表示模 2 加运算，

$$\delta_x^c=\begin{cases}1 & x=c\\ 0 & x\neq c\end{cases} \tag{8-135}$$

准确的讲，Eve对输入和输出的控制由隐变量λ刻画。相应地，条件概率描述为$\{p(a,b \mid X_j, Y_k,\lambda)\}$。根据Bayes′定理，$p(a,b|X_j,Y_k)=\sum_\lambda p(\lambda|X_j,Y_k)p(a,b|X_j,Y_k,\lambda)$。每对输入看似相等的事实（即，$p(X_j,Y_k)=\frac{1}{M^2},\forall j,k\in\{0,1,\cdots,M-1\}$）使得Alice和Bob不能够从观测到的概率中探测到差别。

利用文献[7]中的方法，可以刻画Eve对输入和输出的控制程度。随机参数P用来刻画测量相关，

$$P=\max_{j,k,\lambda} p(X_j,Y_k \mid \lambda) \tag{8-136}$$

显然，$P\in[\frac{1}{M^2},1]$，其中$P=\frac{1}{M^2}$意味着Eve对输入一无所知，$P=1$意味着Eve预先完全知道输入。因此，$p(a,b \mid X_j,Y_k)$重新表示为

$$p(a,b|X_j,Y_k)=\frac{\sum_\lambda p(\lambda)p(X_j,Y_k|\lambda)p(a,b|X_j,Y_k,\lambda)}{p(X_j,Y_k)} \tag{8-137}$$

非超光速条件迫使边概率$p_A(a \mid X_j,\lambda)$，$p_B(b \mid Y_k,\lambda)$分别独立与Y_k,X_j，如果式(8-137)满足局域隐变量理论，$p(a,b \mid X_j,Y_k)$重新表示为

$$p(a,b|X_j,Y_k)=\frac{\sum_\lambda p(\lambda)p(X_j,Y_k|\lambda)p_A(a|X_j,\lambda)p_B(b|Y_k,\lambda)}{p(X_j,Y_k)} \tag{8-138}$$

进一步 式(8-138)带入式(8-134)，S_M推导为

$$\begin{aligned}S_M=&M^2\sum_\lambda p(\lambda)\sum_{a,b\in\{+1,-1\}j,k\in\{0,\ldots,M-1\}}(\delta_{j-k}^0\oplus\delta_{j-k}^1\oplus\delta_{k-j}^{M-1})(-1)^{\delta_{j-k}^0\cdot\delta_{j-k}^1+\delta_{k-j}^{M-1}}\\&p(X_j,Y_k|\lambda)p_A(a|X_j,\lambda)p_B(b|Y_k,\lambda)ab\end{aligned} \tag{8-139}$$

接下来，类似文献[7]中的定义，把对输出的预测记作猜测概率G，

$$G=\sum_\lambda p(\lambda)G(\lambda) \tag{8-140}$$

$$G(\lambda)=\max_{a,b,j,k}\{p_A(a|X_j,\lambda),p_B(b|Y_k,\lambda)\} \tag{8-141}$$

对给定的隐变量λ，$G(\lambda)$表示遍历所有边概率取最大值，意味着Eve利用λ猜测输出的最大概率。$G=\frac{1}{2}(G=1)$表示Eve有完全不确定（确定）策略。

此时，在广义CHSH-Bell测试的单轮场景下，建立Eve可以伪造的最大值，测量相关和猜测概率之间的关系。

基于Eve对Alice和Bob的输入的控制，输入分布分为一般的输入分布和可分解的输入分布[31]。一般的输入分布要求Eve在每一轮联合地控制Alice和Bob的输入。与此同时，可分解的输入分布要求Eve在每一轮中独立控制Alice和Bob的输入，即，$p(X_j,Y_k \mid \lambda)=p_A(X_j \mid \lambda)p_B(Y_k \mid \lambda)$。

首先，关于一般输入分布，我们建立关系。

定理8-5 假设Alice和Bob的输入满足一般分布。对于测量相关P和猜测概率G，Eve可以伪造的最大的广义CHSH-Bell相关函数值$S_M^{\max}(G,P)$满足

$$\begin{cases}S_M^{\max}(G,P)=2M, & P\geqslant\frac{1}{M^2-1}\\2M-2M^2[1-(M^2-1)P](2G-1), & \frac{1}{M^2}\leqslant P\leqslant\frac{1}{M^2-1}\end{cases} \tag{8-142}$$

其中每对输入看起来相等(即，$p(X_j,Y_k)=\frac{1}{M^2}$)。

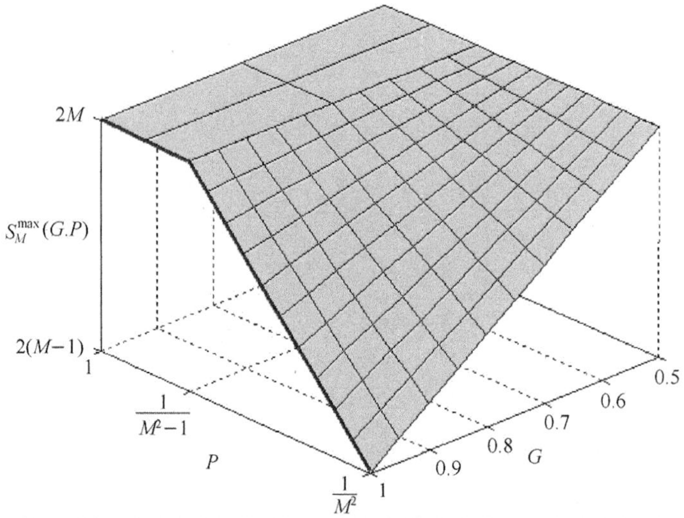

图 8-15　对于一般输入分布，Eve 可以伪造的广义 CHSH-Bell 相关函数的最大值 $S_M^{\max}(G,P)$ 对测量相关 P 和猜测概率 G 的关系。红色的线条代表 Eve 使用一个完全确定的策略时 $S_M^{\max}(1,P)$ 和 P 之间满足的关系

证明：令 $p_A(-1|X_j,\lambda)=m_j$，$p_B(-1|Y_k,\lambda)=n_k$，$p(-1,-1|X_j,Y_k,\lambda)=c_{j,k}$，可以得到

$$\begin{aligned} p(-1,1|X_j,Y_k,\lambda)&=m_j-c_{j,k}\\ p(1,-1|X_j,Y_k,\lambda)&=n_k-c_{j,k}\\ p(1,1|X_j,Y_k,\lambda)&=1+c_{j,k}-m_j-n_k \end{aligned} \tag{8-143}$$

所以，$p(a,b|X_j,Y_k,\lambda)\in\{c_{j,k},m_j-c_{j,k},n_k-c_{j,k},1+c_{j,k}-m_j-n_k\}$。

$$\max\{0,m_j+n_k-1\}\leqslant c_{j,k}\leqslant\min\{m_j,n_k\} \tag{8-144}$$

根据 $\langle a_jb_k\rangle$ 的定义，可以得到

$$\begin{aligned} \langle a_jb_k\rangle&=\sum p(a=b|X_j,Y_k)-\sum p(a\neq b|X_j,Y_k)\\ &=1+4c_{jk}-2(m_j+n_k) \end{aligned} \tag{8-145}$$

所以，通过如下关系

$$\begin{aligned} \min\{x,y\}&=\frac{1}{2}[x+y-|x-y|]\\ \max\{x,y\}&=\frac{1}{2}[x+y+|x-y|] \end{aligned} \tag{8-146}$$

可以得到

$$2|m_j+n_k-1|-1\leqslant\langle a_jb_k\rangle\leqslant 1-2|m_j+n_k| \tag{8-147}$$

那么，S_M 可以表示为

$$
\begin{aligned}
S_M &= \sum_{\lambda}\Big[\sum_{j=0}^{M-1} p(\lambda \mid X_j Y_j)\langle a_j b_j\rangle_\lambda + \sum_{j=0}^{M-2} p(\lambda \mid X_{j+1} Y_j)\langle a_{j+1} b_j\rangle_\lambda - p(\lambda \mid X_0 Y_{M-1})\langle a_0 b_{M-1}\rangle_\lambda\Big] \\
&\leqslant \sum_{\lambda}\Big[\sum_{j=0}^{M-1} p(\lambda \mid X_j Y_j)(1-2\mid m_j - n_j\mid) \\
&\quad + \sum_{j=0}^{M-2} p(\lambda \mid X_{j+1} Y_j)(1-2\mid m_{j+1} - n_j\mid) - p(\lambda \mid X_0 Y_{M-1})(2\mid m_0 + n_{M-1} - 1\mid - 1)\Big] \\
&\leqslant \sum_{\lambda}\Big[\sum_{j=0}^{M-1} p(\lambda \mid X_j Y_j) + \sum_{j=0}^{M-2} p(\lambda \mid X_{j+1} Y_j) + p(\lambda \mid X_0 Y_{M-1}) \\
&\quad - 2\Big(\sum_{j=0}^{M-1}\mid m_j - n_j\mid + \sum_{j=0}^{M-2}\mid m_{j+1} - n_j\mid + \mid m_0 + n_{M-1} - 1\mid\Big)\min p(\lambda \mid X_j, Y_k)\Big] \\
&\leqslant 2M - 2\sum_{\lambda} J(\lambda)
\end{aligned}
\tag{8-148}
$$

式中

$$
J(\lambda) = \Big(\sum_{j=0}^{M-1}\mid m_j - n_j\mid + \sum_{j=0}^{M-2}\mid m_{j+1} - n_j\mid + \mid m_0 + n_{M-1} - 1\mid\Big)\min p(\lambda \mid X_j, Y_k) \tag{8-149}
$$

令 $K = \sum_{j=0}^{M-1}\mid m_j - n_j\mid + \sum_{j=0}^{M-2}\mid m_{j+1} - n_j\mid + \mid m_0 + n_{M-1} - 1\mid$，与最简单的 CHSH-Bell 测试相比，这个结果的推导更复杂。对 K 的不同项里利用三角不等式，可以得到

$$
K \geqslant |m_j - n_k| + |m_j + n_k - 1| \tag{8-150}
$$

式中 $j,k\in\{0,\cdots,M-1\}$。

因为 $G(\lambda)=\max_{j,k\in\{0,\cdots,M-1\}}\{m_j, n_k, 1-m_j, 1-n_k\}$，$G(\lambda)$ 必须是等于其中某一项。不失一般性，假如 $G(\lambda)=n_k$（即，$n_k \geqslant n_k, m_j, 1-n_k, 1-m_j$，其中 $j,k\in\{0,\cdots,M-1\}$），我们总能找到合适的推导使得

$$
K \geqslant 2n_k - 1 = 2G(\lambda) - 1 \tag{8-151}
$$

进一步，$J(\lambda)=[2G(\lambda)-1]\min p(\lambda|X_j, Y_k)$。那么，可以得到

$$
\begin{aligned}
S_M &\leqslant 2M - 2\sum_{\lambda}[2G(\lambda)-1]\min p(\lambda|X_j, Y_k) \\
&= 2M - 2M^2\sum_{\lambda}[2G(\lambda)-1]p(\lambda)\min p(X_j, Y_k|\lambda)
\end{aligned}
\tag{8-152}
$$

下面分析 $\min p(X_j, Y_k|\lambda)$ 的值。

(1) 假设 $P \geqslant \frac{1}{M^2-1}$，$\min p(X_j, Y_k|\lambda)=0$。

(2) 假设 $\frac{1}{M^2} \leqslant P \leqslant \frac{1}{M^2-1}$，除了 $p(X_{j_1}, Y_{k_1}|\lambda)$，令 $p(X_j, Y_k|\lambda)=P$ 其中 $(j_1, k_1)\neq(j, k)$，所以，$\min p(X_j, Y_k|\lambda)=p(X_{j_1}, Y_{k_1}|\lambda)=1-(M^2-1)P$。

定理 8-5 与图 8-16 中，以设备无关随机数扩展为例来说明在不同情况下的结果。

(1) 如果 Eve 对输入没有预先了解（$P=\frac{1}{M^2}$），Eve 尝试预编程序确定性地输出（$G=1$）。不幸的是，在这样一种方式下，Alice 和 Bob 获得的观测值 S_{obv} 不会大于 $2(M-1)$。坦

率地说，如果她没有控制输入($P=\frac{1}{M^2}$)，Eve 不能成功模拟违背。

(2) 如果 Eve 通过利用局域隐藏变量 λ 能正确知道输入($P=1$)，Eve 很容易预编程序确定性的输出($G=1$)。因此，她掩盖局域性以便 Alice 和 Bob 获得 S_M 的任意值直到其最大值(即，$2(M-1)<S_M\leqslant 2M$)。确切地说，只要 $P\geqslant\frac{1}{M^2-1}$，Eve 可以使用一个确定性策略去模拟其任意的违背。

(3) 在上述情况下，在 Eve 的干预下没有真正的随机性。我们感兴趣的是什么时候存在真正的随机性。毫无疑问，对 $P\in(\frac{1}{M^2},\frac{1}{M^2-1})$，Eve 对于一个给定的确定性策略可以实现 $S_M^{\max}(1,P)$。如果观测值满足 $S_{\text{obv}}>S_M^{\max}(1,P)$，Alice 和 Bob 可以确保输出包含真正的随机性。

接下来，对可分解的输入分布构建关系。

定理 8-6 假设 Alice 和 Bob 的输入满足可分解的条件。对于测量相关 P 和猜测概率 G，Eve 可以模拟的最大的广义 CHSH-Bell 相关函数值 $S_M^{\max}(G,P)$ 满足

$$\begin{cases} S_M^{\max}(G,P)=2M, & P\geqslant\frac{1}{M(M-1)} \\ 2M-2M[1-M(M-1)P](2G-1), & \frac{1}{M^2}\leqslant P\leqslant\frac{1}{M(M-1)} \end{cases} \tag{8-153}$$

其中每对输入看起来相等(即，$p(X_j,Y_k)=\frac{1}{M^2}$)。

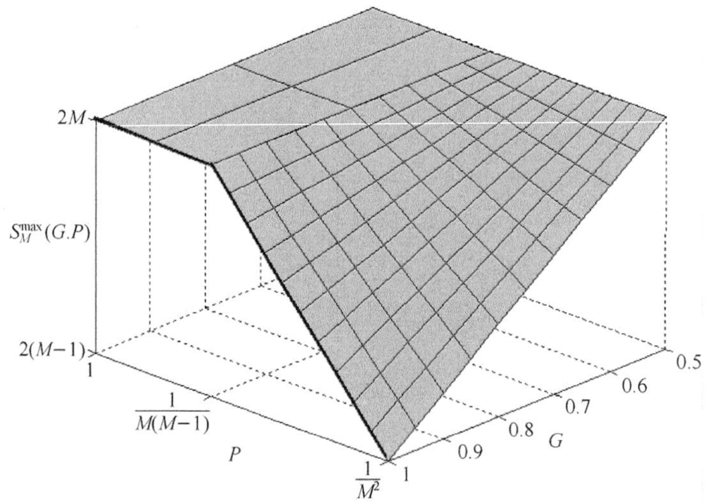

图 8-16 对于可因式分解的输入分布，Eve 可以模拟的广义 CHSH-Bell 相关函数的最大值 $S_M^{\max}(G,P)$对测量相关 P 和猜测概率 G 的关系。红色的线条代表 Eve 使用一个完全确定的策略时 $S_M^{\max}(1,P)$和 P 之间满足的关系

证明：S_M 的推导过程与定理 8-5 的证明相同。两者不同之处在于分析 $\min p(X_j,Y_k|\lambda)$。

令 $P=P_AP_B$，式中 $P_A=\max P_A(X_j|\lambda)$，$P_B=\max P_B(Y_k|\lambda)$，$p(X_j,Y_k|\lambda)=P_A(X_j|\lambda)$

$P_B(Y_k|\lambda)$，我们得到

$$\begin{aligned}\min p(X_j,Y_k|\lambda)&=\min P_A(X_j|\lambda)\min P_B(Y_k|\lambda)\\&=1-(M-1)(P_A+P_B)+(M-1)^2P\end{aligned}\tag{8-154}$$

(1) 假设 $\min p(X_j,Y_k|\lambda)\neq 0$,(即，$\min p_A(X_j|\lambda)\neq 0,\min p_B(Y_k|\lambda)\neq 0$)，我们得到

$$\frac{1}{M}\leqslant P_A,P_B\leqslant\frac{1}{M-1}$$

所以，对于 $\frac{1}{M^2}\leqslant P\leqslant\frac{1}{M(M-1)}$，$(P_A,P_B)$ 的最大值是 $(MP,\frac{1}{M})$，进一步，$\min p(X_j,Y_k|\lambda)=\frac{1}{M}-(M-1)P$。

(2) 假设 $P\geqslant\frac{1}{M(M-1)}$,可以得到 $\min p(X_j,Y_k|\lambda)=0$。

类似于上面的分析,基于定理 8-6 和图 8-17 我们得到了一些相似的结论。

在单轮场景中,对比这些定理和图像,我们得知在可的分布中,为了得到广义 CHSH-Bell 测试相同的违反值,Eve 需要知道更多关于输入的信息。也就是说,在单轮场景中，在广义 CHSH-Bell 测试中保证观察违背值真正来自非局域的影响,用户更愿意选择可分解的输入分布。

8.7.2　多轮场景

在实践中，Alice(Bob)的输入在不同轮之间是关联的,这是不可避免的,我们称这个场景为多轮场景。在单轮场景中,Eve 试图通过一个确定的策略模拟 Bell 违背,这样她欺骗用户认为观察到的输出并不是预先确定的。更重要的是,在多轮场景下,随着轮数的增加模拟 Bell 违背更容易,因为 Eve 可以从不同轮的输入相关中获得额外的信息。所以，在多轮场景中,对于一个给定的测量与确定性策略,我们的目标是 Eve 可以模拟的广义 CHSH-Bell 相关函数的最大值。即,在多轮场景中,我们探索对于一个给定的测量相关,广义 CHSH-Bell 测试的最佳攻击策略。

现在,假设输入在每个连续 N 轮可能相关,其中 $N=1$ 代表单轮场景和 $N>1$ 代表了多轮场景。在每一个 N 轮中,定义 $x_i(y_i)\in\{0,1,\cdots,M-1\}$ 和 $a_i(b_i)\in\{-1,1\}$ 为分别为 Alice (Bob)第 i 轮的输入和输出,其中 $i=1,2,\cdots,N$。每个 N 轮的相关可以表示为

$$p(\boldsymbol{x},\boldsymbol{y}|\boldsymbol{\lambda})=p(x_1,\cdots,x_N,y_1,\cdots,y_N|\lambda_1,\cdots,\lambda_N)\tag{8-155}$$

作为之前的推广，输入的随机参数定义为

$$\mathbb{P}=[\max_{\boldsymbol{x},\boldsymbol{y},\boldsymbol{\lambda}}p(\boldsymbol{x},\boldsymbol{y}|\boldsymbol{\lambda})]^{\frac{1}{N}}\tag{8-156}$$

类似于单轮的场景,我们需要多次执行 N 轮得到一个准确的估计。

在多轮场景中，对于一个给定的测量相关,为了研究 Eve 可以模拟的广义 CHSH-Bell 相关函数的最大值,我们仍然考虑两种情况(一般输入分布和可分解的分布)。

现在,我们关注于一般输入分布的结果。

1. 一般输入分布

我们从单轮场景中的最优攻击入手以获得灵感。式(8-134)的左边的等价地被视为广义 CHSH-Bell 游戏的平均分数,然后集中注意力在给定的测量相关 P 的情况下最大化平

均分。输入是 X_j, Y_k, $j,k\in\{0,1,\cdots,M-1\}$和输出是 $a,b\in\{+1,-1\}$,其输出由输入和局域隐藏变量决定(即,Alice(Bob)获得分数+1 或−1)。因此,基于式(8-139),游戏估分为

$$S_M = M^2 \sum_{\lambda} p(\lambda) \sum_{j,k\in\{0,1,..,M-1\}} (\delta^0_{j-k} \oplus \delta^1_{j-k} \oplus \delta^{M-1}_{k-j})(-1)^{\delta^0_{j-k}\cdot\delta^1_{j-k}+\delta^{M-1}_{k-j}} p(X_j, Y_k \mid \lambda) ab \tag{8-157}$$

任意一对输入 (X_j, Y_k),对于广义 CHSH-Bell 游戏正确的结果是:对于 $j-k\in\{0,1\}$,输出是相同的,对于 $k-j=M-1$,输出是相反的。为了满足广义 CHSH-Bell 测试,我们只考虑 $2M$ 对输入 $(X_jY_j, X_{j+1}Y_j, X_0Y_{M-1}, j\in\{0,1,..,M-1\})$ 只有一对给出错误的答案。Eve 完全随机地选择 $\lambda\in\{0,1,\cdots,M-1\}$ $(p(\lambda)=\frac{1}{M})$,唯一地定义预先确定的输出(图 8- 17)。

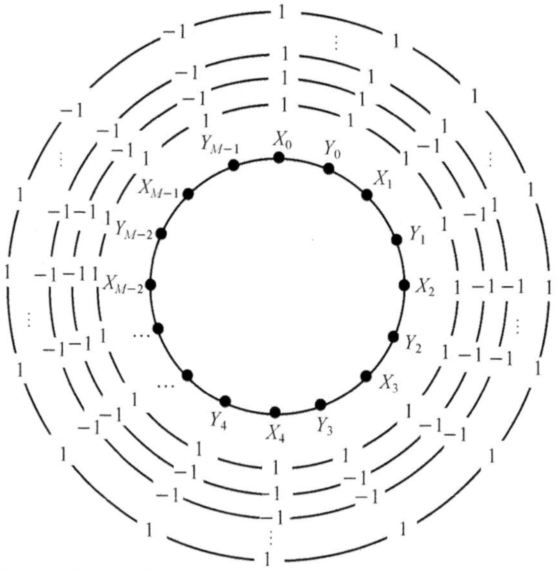

图 8-17 输出由局域隐变量 λ 和输入决定。每一层代表输出结果。从里向外分别是隐变量控制($l=0,1,\cdots$),在 l 层的 $a_j(b_k)$ 表示由 $X_j(Y_k)$和 λ_l 确定的输出

对于给定的测量相关 P,寻求广义 CHSH-Bell 游戏的最高分。利用上述策略(图 8-17),式(8-157) 表示为

$$\begin{aligned} S_M &= M^2 \sum_{l=0}^{M-1} p(\lambda_l)\left[\sum_{j=0}^{M-1} p(X_jY_j \mid \lambda_l) + \sum_{j=l}^{M+l-2} p(X_{j+1}Y_j \mid \lambda_l) - p(X_lY_{l+M-1} \mid \lambda_l)\right] \\ &= 2M - 2M^2 \sum_{l=0}^{M-1} p(\lambda_l) p(X_lY_{l+M-1} \mid \lambda_l) \end{aligned} \tag{8-158}$$

式中,X,Y 的下角标表示模 M 的值。

另外,由于 $\sum_{l=0}^{M-1} p(X_j,Y_k \mid \lambda_l)p(\lambda_l) = p(X_j,Y_k)$,$p(X_j,Y_k)=\frac{1}{M^2}$ 和 $p(\lambda_l)=\frac{1}{M}$,我们增加限制条件

$$\sum_{l=0}^{M-1} p(X_j, Y_k \mid \lambda_l) = \frac{1}{M} \tag{8-159}$$

对所有的 (X_j, Y_k)。

基于定理 8-5，我们只考虑 $P\in[\frac{1}{M^2},\frac{1}{M^2-1}]$。对于给定的 P，Eve 模拟 S_M的最大值，只要 S_M(式(8-158))负的部分 尽量的小。即，$p(X_l,Y_{l+M-1}|\lambda_l)(l\in\{0,1,\cdots,M-1\})$ 尽可能小。等价地，对任意不同于$(X_l,Y_{l+M-1},\lambda_l)$ 的(X_j,Y_k,λ_l)，$p(X_j,Y_k|\lambda_l)$ 要尽可能大。我们把 $p(X_j,Y_k|\lambda_l)$ 赋值为 P，那么，$p(X_l,Y_{l+M-1}|\lambda_l)=1-(M^2-1)P$。我们得到

$$S_M = 2M - 2M^2 + 2M^2(M^2-1)P \tag{8-160}$$

显然，在 $P=\frac{1}{M^2-1}$，S_M的最大值是 $2M$。

受启发于单轮的最优攻击，我们探索在多轮场景下的最优攻击。N 轮输入、输出，隐变量分别刻画为 $\boldsymbol{x},\boldsymbol{y},\boldsymbol{\lambda}\in\{0,1,\cdots,M-1\}^N$。多轮场景下的广义 CHSH-Bell 相关函数被写为

$$S = \frac{M^2}{N}\sum_{i=1}^{N}\sum_{a_i,b_i,x_i,y_i,\lambda_i}(\delta^0_{x_i-y_i}\oplus\delta^1_{x_i-y_i}\oplus\delta^{M-1}_{y_i-x_i})(-1)^{\delta^0_{x_i-y_i}\cdot\delta^1_{x_i-y_i}+\delta^{M-1}_{y_i-x_i}} \\ p(\boldsymbol{\lambda})p(\boldsymbol{x},\boldsymbol{y}\mid\boldsymbol{\lambda})p_A(a_i\mid x_i,\lambda_i)p_B(b_i\mid y_i,\lambda_i)a_ib_i \tag{8-161}$$

在单轮场景中的策略关注于哪些(X_j,Y_k,λ_l) 给出正确的答案，扩展到 N-轮要求对于集合 $(\boldsymbol{x},\boldsymbol{y},\boldsymbol{\lambda})$ 有多少对的答案是正确的。同时，为了最大化广义 CHSH-Bell 在多轮场景下的分数，每一轮的输出必须来自策略(图 8- 18)。那么，满足策略图 8-17 的式(8-161) 可以写为

$$\begin{aligned} S &= \frac{M^2}{N}\sum_{i=1}^{N}\sum_{x_i,y_i,\lambda_i}(\delta^0_{x_i-y_i}\oplus\delta^1_{x_i-y_i}\oplus\delta^{M-1}_{y_i-x_i})(-1)^{\delta^0_{x_i-y_i}\cdot\delta^1_{x_i-y_i}+\delta^{M-1}_{y_i-x_i}}p(\boldsymbol{\lambda})p(\boldsymbol{x},\boldsymbol{y}\mid\boldsymbol{\lambda})a_ib_i \\ &= 2M^2\sum_{\boldsymbol{\lambda}}p(\boldsymbol{\lambda})S_\lambda + 2M - 2M^2 \end{aligned} \tag{8-162}$$

式中

$$S_\lambda = \frac{1}{N}\sum_{x,y}p(\boldsymbol{x},\boldsymbol{y}\mid\boldsymbol{\lambda})K(\boldsymbol{x},\boldsymbol{y}\mid\lambda) \tag{8-163}$$

$K(\boldsymbol{x},\boldsymbol{y}|\lambda)$ 定义为任意的$(\boldsymbol{x},\boldsymbol{y})$，使 $(\delta^0_{x_i-y_i}\oplus\delta^1_{x_i-y_i}\oplus\delta^{M-1}_{y_i-x_i})(-1)^{\delta^0_{x_i-y_i}\cdot\delta^1_{x_i-y_i}+\delta^{M-1}_{y_i-x_i}}a_ib_i$取值为 0 或 1 的个数。

下面，在确定性策略下，建立 S 的最大值和测量相关的关系。

定理 8-7 假设 Alice 和 Bob 的输入满足一般分布。在多轮场景中当 N 趋于无穷，对于测量相关和确定性策略，Eve 可以模拟的最大的广义 CHSH-Bell 相关函数值 S 满足

$$\begin{aligned} \lim_{N\to\infty}\mathbb{P} &= \left[\left(\frac{\bar{t}}{2M-1}\right)^{\bar{t}}(1-\bar{t})^{1-\bar{t}}\bar{k}\right]^{\bar{k}}\left[\frac{1-\bar{k}}{M(M-2)}\right]^{1-\bar{k}} \\ \lim_{N\to\infty}S &= 2M^2(1-\bar{k}+\bar{k}\bar{t})+2M-2M^2 \end{aligned} \tag{8-164}$$

其中 $\bar{t}=\frac{t'}{k}\in\left[\frac{2M-1}{2M},1\right]$，$\bar{k}=\frac{k'}{N}\leqslant 1-\frac{M^2-2M}{M^2-2M+\left[\left(\frac{\bar{t}}{2M-1}\right)^{\bar{t}}(1-\bar{t})^{1-\bar{t}}\right]^{-1}}$

证明 对于给定的 $(\boldsymbol{x},\boldsymbol{y})$，对于 $i\in\{1,2,\cdots,N\}$，k 是$(\delta^0_{x_i-y_i}\oplus\delta^1_{x_i-y_i}\oplus\delta^{M-1}_{y_i-x_i})$ (−

$1)^{\delta^0_{x_i-y_i}\cdot\delta^1_{x_i-y_i}+\delta^{M-1}_{y_i-x_i}}a_ib_i$中非 0 重量 $\{+1,-1\}$ 的个数。t 是$(\delta^0_{x_i-y_i}\oplus\delta^1_{x_i-y_i}\oplus\delta^{M-1}_{y_i-x_i})(-1)^{\delta^0_{x_i-y_i}\cdot\delta^1_{x_i-y_i}+\delta^{M-1}_{y_i-x_i}}a_ib_i$取值为 1 的个数。那么，$K(\boldsymbol{x},\boldsymbol{y}|\boldsymbol{\lambda})=N-k+t$。所以，我们得到

$$S_\lambda=\frac{1}{N}\sum_{x,y}(N-k+t)p_{(N-k+t)}(\boldsymbol{x},\boldsymbol{y}\mid\boldsymbol{\lambda}) \tag{8-165}$$

式中当$(N-k+t)$取相同的值时，我们要求 $p_{(N-k+t)}(\boldsymbol{x},\boldsymbol{y}|\boldsymbol{\lambda})$ 也相同。记 $p_{(N-k+t)}(\boldsymbol{x},\boldsymbol{y}|\boldsymbol{\lambda})$ 为 $p_{(N-k+t)}$。

遍历 $\boldsymbol{x},\boldsymbol{y}$，分别在每个 S_λ 取最优值，

$$S_\lambda=\frac{1}{N}\sum_{k=0}^{N}\sum_{t=0}^{k}\binom{N}{k}(M^2-2M)^{N-k}\binom{k}{t}(2M-1)^t(N-k+t)p_{(N-k+t)} \tag{8-166}$$

进一步，式 (8-166) 可以写为

$$S=\frac{2M^2}{N}\sum_{k=0}^{N}\sum_{t=0}^{k}\binom{N}{k}(M^2-2M)^{N-k}\binom{k}{t}(2M-1)^t(N-k+t)p_{(N-k+t)}+2M-2M^2 \tag{8-167}$$

同时满足

$$\sum_{x,y}p(\boldsymbol{x},\boldsymbol{y}\mid\boldsymbol{\lambda})=1 \tag{8-168}$$

式(8-168)代入，得

$$\sum_{k=0}^{N}\sum_{t=0}^{k}\binom{N}{k}(M^2-2M)^{N-k}\binom{k}{t}(2M-1)^t p_{(N-k+t)}=1 \tag{8-169}$$

式(8-168)利用线性规划。我们最大化 S 对于给定的$\mathbb{P}$（即，$p(\boldsymbol{x},\boldsymbol{y}|\boldsymbol{\lambda})\leqslant\mathbb{P}^N$ 对所有 $\boldsymbol{x},\boldsymbol{y},\boldsymbol{\lambda}$）。那么，我们把 $p_{(N-k+t)}$ 赋值为$\mathbb{P}^N$ 其中 $(N-k+t)$ 是一较大值其余为 0。假设存在整数 k',t'使得

$$\begin{aligned}&\text{对于 } N-k+t>N-k'+t', \quad p_{N-k+t}=\mathbb{P}^N\\&\text{对于 } N-k+t<N-k'+t'-1, \quad p_{N-k+t}=0\end{aligned} \tag{8-170}$$

式中，$p_{N-k'+t'}$满足式(8-169)要求。

那么，式(8-167)、式(8-170)可以写成

$$\mathbb{P}=\left[\sum_{k=0}^{k'}\sum_{t=t'}^{k}\binom{N}{k}(M^2-2M)^{N-k}\binom{k}{t}(2M-1)^t\right]^{-\frac{1}{N}} \tag{8-171}$$

$$\begin{aligned}S=&\frac{2M^2}{N}\sum_{k=0}^{k'}\sum_{t=t'}^{k}\binom{N}{k}(M^2-2M)^{N-k}\binom{k}{t}(2M-1)^t(N-k+t)\\&\left[\sum_{k=0}^{k'}\sum_{t=t'}^{k}\binom{N}{k}(M^2-2M)^{N-k}\binom{k}{t}(2M-1)^t\right]^{-1}+2M-2M^2\end{aligned} \tag{8-172}$$

接下来，利用 Stirling's approximation 和 Chernoff bound，我们得到 最终的结果。

对于不同的 N，一些关系在图 8- 18 中呈现。与单轮场景相比 $(N=1)$，我们发现随着 N 的增加，Eve 从输入中可以获得更多的信息，那么，它模拟广义 CHSH－Bell 违背更容易。

下面，在可分解的输入分布中解决相同的问题。

2. 可分解的输入分布

我们的目标是在可分解的输入分布的多轮场景中，探索对于一个给定的测量相关，Eve 可以用确定性策略模拟广义 CHSH-Bell 相关函数的最大值。

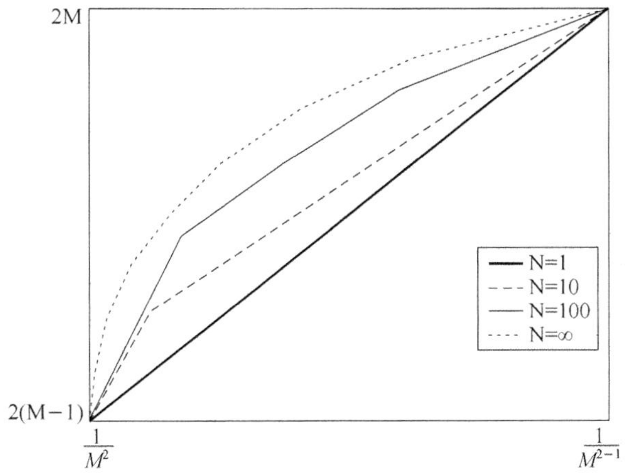

图 8-18　在一般的输入分布中随着 N 的变化，我们通过确定性策略建立 Eve 可以模拟的最大相关函数值 S 与测量相关$\mathbb{P}$ 的关系

表示满足可分解输入分布的广义 CHSH-Bell 相关函数如下：

$$S_M = M^2 \sum_{\lambda} p(\lambda) \sum_{a,b\in\{+1,-1\} j,k\in\{0,1,\ldots,M-1\}} (\delta_{j-k}^{0} \oplus \delta_{j-k}^{1} \oplus \delta_{k-j}^{M-1})(-1)^{\delta_{j-k}^{0}\cdot\delta_{j-k}^{1}+\delta_{k-j}^{M-1}}$$
$$p_A(X_j \mid \lambda) p_B(Y_k \mid \lambda) p_A(a \mid X_j,\lambda) p_B(b \mid Y_k,\lambda) ab \tag{8-173}$$

仍然回顾在单轮场景中的最优策略，对某一给定的 λ，

$$p_A(0|X_j,\lambda)=p_B(0|Y_k,\lambda)=1$$
$$p_A(1|X_j,\lambda)=p_A(1|Y_k,\lambda)=0 \tag{8-174}$$

利用上述策略，式 (8-173) 表示为

$$S_M = M^2 \sum_{\lambda} p(\lambda)\Big[\sum_{j=0}^{M-1} p_A(X_j \mid \lambda) p_B(Y_j \mid \lambda)$$
$$+ \sum_{j=0}^{M-2} p_A(X_{j+1} \mid \lambda) p_B(Y_j \mid \lambda) - p_A(X_0 \mid \lambda) p_B(Y_{M-1} \mid \lambda)\Big] \tag{8-175}$$

令 $P_A=\max_{j,\lambda} p_A(X_j|\lambda)$，$P_B=\max_{k,\lambda} p_B(Y_k|\lambda)$ 和 $P=P_AP_B$，式 (8-175)可以推导为

$$S_M \leqslant 2M^2[P_B(1-p_A(X_0|\lambda))] \leqslant 2M^2(M-1)P$$

如果 $P_B=\dfrac{1}{M}, P_A=MP$，那么等式成立。所以，对于给定的测量相关 P，S_M 的最大值是 $2M^2(M-1)P$。也就是说，在广义 CHSH-Bell 测试中，我们找到了最优攻击。当临界值 $P=\dfrac{1}{M(M-1)}$，Eve 模拟的最大值是 $2M$。

由单轮场景中的经典策略，我们是加密 N 轮输入。由于 Eve 独立地控制 Alice 和 Bob 的输入，简便起见，N 轮的输入由 Eve 的隐变量 λ 控制，即，

$$p(\boldsymbol{x},\boldsymbol{y}|\lambda)=p_A(x_1,\cdots,x_N|\lambda)p_B(y_1,\cdots,y_N|\lambda) \tag{8-176}$$

式中，$x_i(y_i)\in\{0,1,\cdots,M-1\}$ 表示 Alice (Bob)的第 i 个输入。尽管在一般输入分布和可分解的输入分布中，Eve 控制输入的方式不相同，但是它不影响 Eve 在广义 CHSH-Bell 测试中模拟的最大值。

广义 CHSH-Bell 相关函数在可分解输入分布的多轮场景下可表示为

$$S=\frac{M^2}{N}\sum_{i=1}^{N}\sum_{a_i,b_i,x_i,y_i,\lambda}(\delta^0_{x_i-y_i}\oplus\delta^1_{x_i-y_i}\oplus\delta^{M-1}_{y_i-x_i})$$
$$(-1)^{a_i\oplus b_i+\delta^0_{x_i-y_i}\cdot\delta^1_{x_i-y_i}+\delta^{M-1}_{y_i-x_i}}p(\lambda)p_A(\boldsymbol{x}\mid\lambda)p_B(\boldsymbol{y}\mid\lambda) \tag{8-177}$$
$$p_A(a_i\mid x_i,\lambda)p_B(b_i\mid y_i,\lambda)$$

为了最大化 S 值，每一轮的输出必须满足策略（8-174），式(8-177）表示为

$$S=\frac{M^2}{N}\sum_{x,y,\lambda}\sum_{i=1}^{N}(\delta^0_{x_i-y_i}\oplus\delta^1_{x_i-y_i}\oplus\delta^{M-1}_{y_i-x_i})$$
$$(-1)^{\delta^0_{x_i-y_i}\cdot\delta^1_{x_i-y_i}+\delta^{M-1}_{y_i-x_i}}p(\lambda)p_A(\boldsymbol{x}\mid\lambda)p_B(\boldsymbol{y}\mid\lambda)$$
$$p_A(0\mid x_i,\lambda)p_B(0\mid y_i,\lambda) \tag{8-178}$$
$$=\frac{M^2}{N}\sum_{i=1}^{N}\sum_{x_i,y_i,\lambda}(\delta^0_{x_i-y_i}\oplus\delta^1_{x_i-y_i}\oplus\delta^{M-1}_{y_i-x_i})$$
$$(-1)^{\delta^0_{x_i-y_i}\cdot\delta^1_{x_i-y_i}+\delta^{M-1}_{y_i-x_i}}p(\lambda)p_A(\boldsymbol{x}\mid\lambda)p_B(\boldsymbol{y}\mid\lambda)$$

由于在单轮场景中，最优策略只需要一方是有偏的条件概率。在多轮场景中，我们只分析了 *Alice* 的输入有偏的而 *Bob* 的输入是均匀分布。也就是说，

$$P_B=\frac{1}{M^N},\quad P=\frac{P_A}{M} \tag{8-179}$$

式中，$P_A=[\max_{\boldsymbol{x},\lambda}p_A(\boldsymbol{x}|\lambda)]^{\frac{1}{N}}$。

把策略（8-174）带入式（8-178），

$$S=\frac{1}{NM^{N-2}}\sum_{\lambda}p(\lambda)\sum_{x,y}\sum_{i=1}^{N}(\delta^0_{x_i-y_i}\oplus\delta^1_{x_i-y_i}\oplus\delta^{M-1}_{y_i-x_i})$$
$$(-1)^{\delta^0_{x_i-y_i}\cdot\delta^1_{x_i-y_i}+\delta^{M-1}_{y_i-x_i}}p_A(\boldsymbol{x}\mid\lambda) \tag{8-180}$$
$$=\sum_{\lambda}p(\lambda)S_\lambda$$

式中：

$$S_\lambda=\frac{1}{NM^{N-2}}\sum_{x,y}\sum_{i=1}^{N}(\delta^0_{x_i-y_i}\oplus\delta^1_{x_i-y_i}\oplus\delta^{M-1}_{y_i-x_i})$$
$$(-1)^{\delta^0_{x_i-y_i}\cdot\delta^1_{x_i-y_i}+\delta^{M-1}_{y_i-x_i}}p_A(\boldsymbol{x}\mid\lambda) \tag{8-181}$$

在满足可分解的输入分布条件下建立测量相关和 Eve 利用确定性策略模拟到的 S 的最大值之间的关系。

定理 8-8 假设 Alice 和 Bob 的输入满足可分解分布。在多轮场景中当 N 趋于无穷，对于测量相关和确定性策略，Eve 可以模拟的最大的广义 CHSH-Bell 相关函数值 S 满足

$$\lim_{N\to\infty}\mathbb{P}=\frac{1}{M}\bar{h}^{\bar{h}}\left(\frac{1-\bar{h}}{M-1}\right)^{1-\bar{h}}$$
$$\lim_{N\to\infty}S=2M(1-\bar{h}) \tag{8-182}$$

其中 $\bar{h}=\frac{h'}{N}\in\left[0,\frac{1}{M}\right]$。

对于不同的 N，一些关系在图 8-20 中呈现。与单轮场景相比（$N=1$），我们发现随着 N 的增加，Eve 从输入中可以获得更多的信息，那么，他模拟广义 CHSH-Bell 违背更容易。

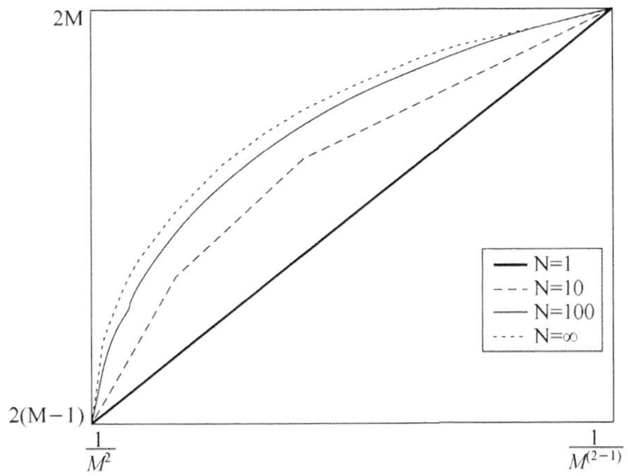

图 8-19 在可分解的输入分布中随着 N 的变化，我们通过确定性策略建立 Eve 可以模拟的最大相关函数值 S 与测量相关$\mathbb{P}$ 的关系。

8.7.3 结束语

总之，在单轮场景下，本节建立测量相关，猜测概率和 Eve 可以模拟的广义 CHSH-Bell 相关函数的最大值的关系。同时在多轮场景下讨论相同的问题[28]。

有意思的是，在多轮场景中，特殊的可分解的输入分布(即，一方输入分布是均匀的，另一方是有偏的)，Eve 伪造各自最大的量子违背值时，在广义 CHSH-Bell 测试中比在最简单的 CHSH-Bell 测试中更困难。同时，对于广义 CHSH-Bell 测试来说，为了伪造到相同的违背值，Eve 在多轮场景中比在单轮场景中需要获取关于输入更少的信息。进一步，在相同的场景下，为了伪造到相同的违背值，Eve 在一般输入分布中需要获取关于输入更少的信息。

本章参考文献

[1] 王玉坤，高飞，秦素娟，等，量子真随机数，中国密码学会通讯，第 6 期:33-36(2015).

[2] R. Colbeck. Device-independent information protocols: Measuring dimensionality, randomness and nonlocality [C]. Cambridge University (2007).

[3] S. Pironio, A. Acín, S. Massar, et al. Random numbers certified by Bell's theorem [J]. Nature,2010,464:1021.

[4] M. Navascués, S. Pironio, and A. Acín. A convergent hierarchy of semidefinite programs characterizing the set of quantum correlations [J]. New Journal of Physics, 2007,10:073013.

[5] S. Fehr, R. Gelles, and C. Schaffner. Security and composability of randomness expansion from Bell inequalities [J]. Physical Review A,2013,87:073013.

[6] S. Pironio, and S. Massar. Security of practical private randomness generation [J]. Physical Review A,2013, 87:012336.

[7] D. E. Koh, M. J. W. Hall, Setiawan, et al. Effects of reduced measurement

independence on Bell-based randomness expansion [J]. Physical Review, Letters. 2012, 109:233202.

[8] R. Gallego, L. Masanes, G. De La Torre, et al. Full randomness from arbitrarily deterministic events [J]. Nature Communication,2013, 4: 2654.

[9] M. Um, et al. Experimental certification of random numbers via quantum contextuality [J]. Scientific Reports,2012, 3: 1627.

[10] R. Colbeck and R. Renner. No extension of quantum theory can have improved predictive power [J]. Nature Communition,2011, 2: 411.

[11] H-W. Li, Z-Q. Yin, Y-C. Wu, X-B. Zou, S. Wang, W. Chen, G-C. Guo, and Z-F. Han, Semi-device-independent random-number expansion without entanglement, Physical Review A,2011,84:034301.

[12] H-W. Li, M. Pawlowski, Z-Q. Yin, G-C. Guo, and Z-F. Han, Semi-device-independent randomness certification using n→1 quantum random access codes, Physical Review A 2012,85: 052308.

[13] A. Ambainis, A. Nayak, A. Ta-Shma, and U. Vazirani, Dense Quantum Coding and Quantum Finite Automata,J. ACM,2002, 49: 496.

[14] A. Ambainis, D. Leung, L. Mancinska, and M. Ozols, Quantum Random Access Codes with Shared Randomness, e-printarXiv:0810. 2937.

[15] M. Hayashi, K. Iwama, H. Nishimura, R. Raymond, and S. Yamashita, (4,1)-Quantum random access coding does not exist—one qubit is not enough to recover one of four bits. New Journal of Physics. 2006 8: 129.

[16] H-W. Li, M. Pawlowski,P. Mironowicz,Z-Q. Yin,Y-C. Wu,S. Wang,W. , H-G. Hu, G-C. Guo, and Z-F. Han, Relationship between semi- and fully-device-independent protocols, Physical Review A,2013, 87:020302.

[17] Yu-Kun Wang, Su-Juan Qin, Ting-Ting Song, Fen-Zhuo Guo, et al, Effects of relaxed assumptions on semi-device-independent randomness expansion, Physical Review A, 2014, 89: 032312.

[18] Köenig, R. , Renner, R. & Schaffner, C. The operational meaning of min and max-entropy. IEEE Transaction on Information Theory, 2009, 55: 4337-4347.

[19] Dan-Dan Li, Qiao-Yan Wen, Yu-Kun Wang, Yu-Qian Zhou , Fei Gao, Security of Semi-Device- Independent Random Number Expansion Protocols, Scientific Reports, 2015, 5: 15543.

[20] C. Dhara, G. de la Torre, A. Acín. Can observed randomness be certified to be fully intrinsic? [J]. Physical Review Letters, 2014, 112: 100402.

[21] A. Acín, S. Massar, et al. Randmoness versus nonlocality and entanglement [J]. Physical Review Letters, 2012,108: 100402.

[22] O. Nieto-Silleras, S. Pironio and J. Silman, Using complete measurement statistics for optimal device-independent randomness evaluation, New Journal of Physics, 2014, 16: 013035.

[23] Yu-Kun Wang, Su-Juan Qin, Xia Wu, Fei Gao, and Qiao-Yan Wen, Reduced gap between observed and certified randomness for semi-device-independent protocols, Physical Review A, 2015, 92: 052321.

[24] R. Colbeck, and R. Renner, free randomness can be amplified, Nature Physics, 2012,8: 450-453.

[25] L. Masanes, Extremal quantum correlations for N parties with two dichotomic observables per site, arXiv:0512100.

[26] Y.-Q. Zhou, H.-W. Li, Y.-K. Wang, D.-D. Li, F. Gao, and Q.-Y. Wen, Semi-device-independent randomness expansion with partially free random sources, Physical Review A, 2015, 92: 022331.

[27] Yu-Qian Zhou, Fei Gao, Dan-Dan Li, Xin-Hui Li, and Qiao-Yan Wen, Semi-device-independent randomness expansion with partially free random sources using 3→1 quantum random access code, Physical Review A, 2016, 94:032318.

[28] Dan-Dan Li, Yu-Qian Zhou, Fei Gao, Xin-Hui Li, and Qiao-Yan Wen, Effects of measurement dependence on generalized Clauser-Horne-Shimony-Holt Bell test in the single-run and multiple-run scenarios, Physical Review A, 2016, 94: 012104.